TRAITÉ PHYSIQUE ET HISTORIQUE DE L'AURORE BORÉALE.

Par M.r DE MAIRAN.

Suite des Mémoires de l'Académie Royale des Sciences,
ANNÉE M. DCCXXXI.

SECONDE ÉDITION,

Revûe, & augmentée de plusieurs Éclaircissemens.

A PARIS,
DE L'IMPRIMERIE ROYALE.

AVERTISSEMENT.

CETTE Edition du Traité de l'Aurore Boréale diffère peu de la première, qui parut en 1733 avec les Mémoires de l'Académie de 1731. Tout ce que j'ai appris ou pensé depuis sur ce sujet, & qui demandoit quelque discussion, a été renvoyé aux Eclaircissemens que j'y ai ajoûtés. Je ne pouvois guère abréger de semblables recherches, dont les plus importantes roulent sur de longs dénombremens, sans en affoiblir les résultats, ni les insérer en entier dans le corps de l'ouvrage, sans risquer de le défigurer. Les additions faites au Traité sont donc peu considérables, & ne consistent le plus souvent qu'en de simples notes au bas du texte. J'ai pris ce parti, non seulement comme le plus sûr & en même temps le plus commode, mais aussi comme le plus propre à montrer le progrès de nos connoissances sur le Phénomène dont il s'agit. Du reste, on trouvera dans le premier Eclairciſſement une hiſtoire ſuccincte du ſort qu'a eu ce Traité depuis qu'il eſt public, des critiques qu'il a ſouffertes, des ſuffrages qu'il a obtenus; c'eſt une eſpèce de Préface qui me diſpenſera d'en dire ici davantage.

TABLE

Des Sujets contenus dans ce Volume.

SECTION PREMIÈRE.

SECTION II.

SECTION III.

TABLE.

SECTION IV.

SECTION V.

ERRATA.

Page.	*Ligne.*	*Faute.*	*Correction.*
33.	28.	Le P. *Lecompte.*	Le P. *le Comte.*
42.	26.	*Ticho.*	*Tycho.*
63.	Note.	*Delisle.*	de l'*Isle.*
202.	33.	P. 108.	P. 107.
401.	19.	. . . . *ajoûtés à la marge.*	* Mort le 4 janv. 1752.
404.	*marge.*	*p. 64.*	*P. 394.*
509—513 . . .		*Delisle.*	de l'*Isle.*

TRAITE'

TRAITÉ
PHYSIQUE ET HISTORIQUE
DE
L'AURORE BORÉALE.

DANS le Mémoire que je donnai il y a cinq ans à l'Académie, ſur la fameuſe Aurore Boréale du 19.me Octobre 1726, qui venoit de paroître, je me bornai à la ſimple deſcription du Phénomène: je ne voulus entrer dans aucune diſcuſſion Phyſique ſur ce ſujet, & j'eus d'autant moins de peine à m'en abſtenir, que peu ſatisfait des explications qui étoient venues juſqu'alors à ma connoiſſance, je ne fis pas même attention à celle que j'avois imaginée autrefois, & dont j'avois parlé dans ma Diſſertation ſur la Lumière des Phoſphores & des Noctiluques, préſentée à l'Académie de Bordeaux en 1717. Ce n'a été qu'à force de revoir l'Aurore Boréale, devenue, comme on ſait, très-fréquente, & de méditer ſur toutes les ſingularités qui la caractériſent, que j'ai pensé à chercher ce qui pouvoit la produire, & que je me suis rappelé mon explication avec toutes ses dépendances. Cette explication, d'ailleurs assez éloignée de l'effet à la première vûe, & peut-être par-là peu capable de prévenir les Lecteurs en sa faveur, m'ayant semblé constamment gagner à être approfondie, j'ai cru devoir enfin l'approfondir, c'est-à-dire, observer soigneusement toutes les Aurores Boréales qui ont paru depuis, recueillir de divers Auteurs, tant anciens que modernes, celles qui avoient précédé, & comparer les unes & les autres, dans ce qu'il y a de commun & de particulier entr'elles avec l'origine & la cause que je leur attribue. Comme cette cause tient à la structure générale du Monde, ou du moins à tout le Systême Solaire, elle exige aussi, pour être développée, plusieurs observations générales, qui sont curieuses par elles-mêmes, & qui peuvent nous intéresser indépendamment du phénomène dont il s'agit. J'espère donc, ne fût-ce qu'en faveur de la partie astronomique de mon hypothèse, que les Savans voudront bien l'examiner, & faire à l'avenir quelque attention à ce qui pourroit la confirmer ou la détruire. C'étoit pour les engager à cet examen, & dans la juste défiance où je dois être de mes lumières sur un sujet si compliqué & si difficile, que je communiquai, il y a deux ans, mon idée à l'Académie, comme on le trouve sur ses Regîstres; c'est dans le même esprit que je la redonne aujourd'hui * à cette Compagnie, & au Public, avec plus de précision & de détail. On observera sur un nouveau plan, & avec de nouvelles vûes; ce qui est toûjours utile, y ayant une infinité d'objets dans la Nature qui nous échappent, faute d'en soupçonner l'existence, & que nous ne verrons jamais qu'après avoir été avertis que nous devons les voir.

* En Déc. 1731.

EXPLICATION SOMMAIRE DE L'AURORE BORÉALE; ET PLAN DE CET OUVRAGE.

L'AURORE BORÉALE est un phénomène lumineux, ainsi nommé, parce qu'il a coûtume de paroître du côté du Nord, ou de la partie Boréale du Ciel, & que sa lumière, lorsqu'elle est proche de l'Horizon, ressemble à celle du point du jour, ou à l'Aurore.

Sa véritable cause est, selon que je le pense, la *Lumière Zodiacale*.

LA LUMIÈRE ZODIACALE est une clarté ou une blancheur souvent assez semblable à celle de la voie Lactée, que l'on aperçoit dans le Ciel en certains temps de l'année, après le coucher du Soleil, ou avant son lever, en forme de lance ou de pyramide, le long du Zodiaque où elle est toûjours renfermée par sa pointe & par son axe, appuyée obliquement sur l'Horizon par sa base, découverte, décrite, & ainsi nommée par feu M. *Cassini*.

La Lumière Zodiacale n'est autre chose que L'ATMOSPHÈRE SOLAIRE, qu'un fluide ou une matière rare & ténue, lumineuse par elle-même, ou seulement éclairée par les rayons du Soleil, qui environne le globe de cet Astre, mais qui est en plus grande abondance & plus étendue autour de son Equateur que par-tout ailleurs.

La Lumière Zodiacale est plus ou moins visible, selon que les circonstances nécessaires pour son apparition sont plus ou moins favorables. Quand ces circonstances manquent jusqu'à un certain point, elle ne paroît point du tout.

L'Atmosphère Solaire ne s'est donc pas toûjours manifestée par la Lumière Zodiacale; mais elle a toûjours été aperçue autour du globe du Soleil, dans ses éclipses totales, pendant qu'il a été caché par celui de la Lune.

A ij

Une des circonſtances les plus eſſentielles à l'apparition de l'Atmoſphère Solaire dans la Lumière Zodiacale, c'eſt qu'elle ait une étendue ou une longueur ſuffiſante ſur le Zodiaque; car ſans cela ſa clarté nous eſt entièrement dérobée par celle du crépuſcule, ſoit avant le lever du Soleil, ſoit après le coucher.

La longueur de la Lumière Zodiacale varie quelquefois réellement, & quelquefois ſeulement en apparence: la Lumière Zodiacale pourroit donc quelquefois être fort étendue, & le paroître peu, par des circonſtances extérieures & paſſagères; mais elle ne ſauroit paroître fort étendue, ſans l'être en effet, n'y ayant aucune illuſion optique qui puiſſe produire cette apparence.

Il eſt certain, comme on le démontrera d'après un grand nombre d'obſervations qui ne ſont pas équivoques, que l'Atmoſphère du Soleil, vûe en qualité de Lumière Zodiacale, atteint quelquefois juſqu'à l'Orbite Terreſtre & au de-là.

C'eſt alors que la matière qui compoſe cette Atmoſphère venant à rencontrer les parties ſupérieures de notre air, en deçà des limites où la Peſanteur univerſelle commence à agir avec plus de force vers le centre de la Terre que vers le Soleil, tombe dans l'Atmoſphère Terreſtre à plus ou moins de profondeur, ſelon que ſa peſanteur ſpécifique eſt plus ou moins grande, eu égard aux couches d'air qu'elle traverſe, ou ſur leſquelles elle ſe ſoûtient: & comme il n'y a point d'apparence que cette matière ou cet air ſolaire, non plus que le nôtre, ſoit ſi parfaitement homogène, qu'il n'y ait aucune différence de figure, de groſſeur, de contexture & de poids dans les parties qui le compoſent, il doit deſcendre plus ou moins bas dans l'Atmoſphère Terreſtre, à raiſon du différent poids de ces parties, & s'y aſſembler ſur des couches de différente hauteur. Les couches les plus baſſes & le plus près de nous ſeront chargées des parties les plus groſſières & les moins inflammables; & c'eſt de-là que réſulteront ces brouillards épais, mais d'ordinaire tranſparens, & cette eſpèce de fumée, qui accompagnent ſi ſouvent l'Aurore Boréale, qui nous la cachent en partie, & qui en sont presque toûjours comme les précurseurs, tantôt sous la forme d'un Segment de cercle qui borde l'Horizon du côté du Nord, tantôt comme de simples nuages répandus çà & là, ou dans tout le ciel, sombres & fumeux par le côté qu'ils tournent vers nous, mais blancs & lumineux par leur côté supérieur. Il y a donc au dessus de la matière obscure & fumeuse, une matière plus légère & plus inflammable, & actuellement enflammée, soit par elle-même, soit par sa collision avec des particules d'air, ou par la fermentation qu'y cause le mélange de l'air; & cette matière, auparavant le sujet de la Lumière Zodiacale, deviendra en cet état le sujet de ce que l'on appelle aujourd'hui la Lumière ou l'Aurore Boréale.

Si toute notre Atmosphère étoit également impregnée de parties de l'Atmosphère Solaire, il est clair que nous en verrions la lumière & le brouillard plus denses sur l'Horizon que par-tout ailleurs ; ou que dans le cas d'une petite épaisseur, nous pourrions même les voir à l'Horizon sans les apercevoir au Zénit ; & cela parce que le rayon visuel du spectateur, toutes choses d'ailleurs égales, a plus de chemin à faire dans l'air qui l'environne vers l'Horizon, que vers le Zénit. Par cette raison, & parce qu'on a tout lieu de croire que l'Atmosphère Terrestre est plus épaisse ou plus grossière vers le Pole & dans les Pays Septentrionaux que vers l'Equateur, on pourroit conclurre que l'Aurore Boréale doit être plus visible du côté du Pole que vers l'Equateur. C'est en effet ce que l'expérience justifie; mais nous avons une cause plus efficace de cette apparence qui n'est pas simplement optique, & nous ferons voir en son lieu, qu'il y a une tendance réelle de la matière de l'Aurore Boréale de la Zone Torride vers les Poles, dont la Rotation de la Terre sur son Axe, & son mouvement annuel nous fourniront le principe.

De-là les Aurores Boréales plus fréquentes & plus considérables dans les Pays du Nord, & à mesure qu'ils ont une plus grande Latitude, que dans les Pays Méridionaux. De-là le siège constant du Phénomène vers ce côté du Monde, ſoit que la matière qui le compoſe ne s'étende pas plus loin, ſoit que plus abondante, elle ſemble ſe répandre comme de ce foyer ſur tout le reſte de l'Hémiſphère viſible du Ciel. De-là enfin ſa forme ordinaire en Arc, ou en pluſieurs Arcs concentriques, poſés ſur un Segment de cercle obſcur qui ſe joint à l'Horizon, & qui paroît avoir à peu près le Pole terreſtre Boréal pour centre : car les diverſes couches d'air qui ſont au deſſus, ou tout autour, étant chargées ou pénétrées plus ou moins de la matière Solaire ou Boréale, ſelon qu'elle eſt deſcendue plus ou moins bas dans notre Atmoſphère, y doivent produire aux yeux de ceux qui les regardent de la Zone Tempérée, ces apparences d'Arcs & de Segment, circulaires, ou elliptiques, plus ou moins éclairés, ou ſombres, & quelquefois ſemblables à des amas de fumée.

Les Colonnes & les Jets de lumière perpendiculaires à l'Horizon, ou concentriques à l'Arc & au Segment obſcur, d'où ils ſemblent ſortir, viendront des longues traînées de cette matière, qui en tombant perpendiculairement de la région la plus élevée de l'Atmoſphère juſqu'à celles où eſt le fort de l'incendie, & où il ſe fait ſans ceſſe de nouvelles inflammations, s'y trouveront ſubitement enflammées, ou ſeulement éclairées ; car ce dernier ſuffit, de même que la pouſſière & les autres petits corps répandus dans un lieu ſombre ne s'y laiſſent apercevoir que quand la lumière vient à les frapper par quelque ouverture.

Ce qui rend tous ces Phénomènes viſibles de la Zone Tempérée, & de lieux fort éloignés du Pole, c'eſt la grande hauteur de la Région qu'ils occupent dans l'air, hauteur qui eſt prouvée & même déterminée juſqu'à un certain point par la Parallaxe ſenſible, & l'abaiſſement apparent & régulier des Arcs & du Segment obſcur, ſelon que l'obſervateur eſt placé plus loin du Pole, & à des Latitudes décroiſſantes. D'où il ſuit, ou que l'Aurore Boréale conſiſte en une matière plus rare & plus légère que les parties ſupérieures de notre air, quelque rare, quelque léger & délié qu'il doive être à ces grandes diſtances, ſelon l'opinion commune, ou que l'Atmoſphère eſt beaucoup plus élevée qu'on ne l'a cru juſqu'ici, ce qui eſt, ſelon moi, bien plus probable, & ce que j'eſpère prouver.

Quant à l'extrême rareté de la matière du Phénomène, elle ſe déduit encore de ce que l'on diſtingue ordinairement les corps lumineux à travers les parties qui le compoſent, ſoit éclairées, ſoit obſcures & fumeuſes telles que le Segment qui borde l'Horizon vers le Nord; & c'eſt une propriété qui lui eſt commune, comme elle le doit être, avec la Lumière Zodiacale ou l'Atmoſphère Solaire qui en eſt la ſource.

Voilà un précis de mon idée ſur la cauſe Phyſique de l'Aurore Boréale dans ce qu'elle a de plus général & de plus ordinaire, ou qui la caractériſe le mieux. Il me reſtera à parler de quelques autres de ſes phénomènes, & de pluſieurs circonſtances remarquables qui les accompagnent, ſur-tout quand elle eſt fort étendue & du nombre de celles que j'appellerai *grandes Aurores Boréales complètes;* de cette eſpèce de Couronne & de point de réunion qu'on y voit quelquefois au Zénit, ou proche du Zénit; de cette quantité de petits nuages ou flocons de matière lumineuſe répandus ſur diverſes parties de l'Atmoſphère, & quelquefois dans tout l'Hémiſphère viſible, comme autant d'Ardens, qui ſemblent aller par ſecouſſes, & concourir du Nord & de preſque tout l'Horizon vers le Zénit; de ces éclairs plus ou moins fréquens, & quelquefois de ce tremblotement univerſel & de ces vibrations réglées de lumière, qui frappent toutes les parties du Phénomène; des diverſes couleurs dont il eſt peint, & de quelques gros nuages épais & couleur de ſang, qui s'y joignent.

L'Aurore Boréale complète, conſidérée dans toute ſa compoſition, & dans tout l'appareil dont l'expérience nous a fait voir qu'elle étoit ſuſceptible, nous fournira aiſément de quoi expliquer celles de différent ordre, & qui lui ſont inférieures par le nombre & par la qualité des phénomènes, juſqu'à celles qui ne ſont marquées que par quelque légère impreſſion de lumière que l'on aperçoit dans l'air du côté du Nord, ou par quelque nuage blancheâtre & quelques flocons du Phosphore répandus comme au hasard sur notre Atmosphère.

Les circonstances dans lesquelles l'Aurore Boréale paroît, ou cesse de paroître, quoiqu'en un sens, extérieures au Phénomène, ne méritent pas une moindre attention, & elles nous seront peut-être d'un plus grand secours que tout le reste, pour fixer sa véritable origine. Telles sont, par exemple, l'heure de la nuit où elle a coûtume de se montrer, & sur-tout les saisons de l'année où elle est plus fréquente. Ce dernier article m'a paru de si grande importance, que je n'ai rien voulu négliger pour la validité des inductions qu'on en peut tirer: j'ai fait une soigneuse recherche de tous les Phénomènes de ce genre qui ont été observés dans les siècles précédens & dans celui-ci, jusqu'à l'année 1731 inclusivement, & j'en ai dressé une Table, où l'on peut les voir d'un coup d'œil, & en comparer les temps & la fréquence. Ce dénombrement a dû être accompagné d'une détermination exacte des Nœuds, des Poles, des Limites & de la Déclinaison de l'Atmosphère du Soleil, par rapport à l'Ecliptique, ou à la route annuelle que tient la Terre.

Enfin la liaison & le rapport que l'Aurore Boréale & sa cause m'ont semblé avoir avec plusieurs autres effets de la Nature, donneront peut-être un nouveau jour à l'explication que j'ai adoptée de ce phénomène.

Ce sont autant de Chefs ou d'Articles que j'ai renfermés dans cinq Sections qui feront le contenu de cet ouvrage.

La première Section est entièrement destinée à l'histoire & à la description de la Lumière Zodiacale ou de l'Atmosphère Solaire, principal fondement de toute cette Théorie.

La seconde traitera de l'Atmosphère Terrestre, de sa hauteur, de la Région qu'y occupe la matière des Aurores Boréales, & de l'exclusion que cette circonstance donne à quelques causes auxquelles on les a attribuées jusqu'ici.

Dans la troisième, j'en viens à la formation du Phénomène & de ses diverses parties, & à l'explication détaillée de tout ce que je n'ai fait qu'indiquer dans ce Préliminaire.

La

La quatrième Section roulera sur les preuves historiques de mon hypothèse, sur les Mémoires qui nous restent de l'Aurore Boréale, sur les traits auxquels on peut la reconnoître chez les Anciens, sur la correspondance de ses reprises avec les divers états de la Lumière Zodiacale ou de l'Atmosphère Solaire, & sur l'analogie qui règne entre ses apparitions & les positions ou les mouvemens de la Terre en différens points de son Orbite.

Dans la cinquième & dernière Section je parlerai succinctement, & par manière de questions ou de doutes, de quelques Phénomènes qui n'ont qu'un rapport éloigné avec l'Aurore Boréale; je traiterai de même quelques articles qui tiennent plus immédiatement à mon sujet, mais sur lesquels je n'ai pû ou osé m'expliquer sous une autre forme dans le cours de cet ouvrage.

SECTION PREMIERE.

De la Lumière Zodiacale, & de l'Atmosphère Solaire.

Les premières Observations de feu M. *Cassini* sur la Lumière Zodiacale furent faites au Printemps de 1683, & rapportées dans le Journal des Savans du 10 Mai de la même année. M. *Fatio de Duillier*, qui se trouvoit alors à Paris en liaison avec M. *Cassini*, & qui étoit très-capable de sentir toute la beauté de cette découverte, y fut témoin de plusieurs de ces Observations. Etant passé peu de temps après à Genève, il observa de son côté très-soigneusement le même Phénomène, pendant les années 1684, 1685, & jusque vers le milieu de 1686, où il en écrivit à M. *Cassini* une grande Lettre, qui fut imprimée à Amsterdam la même année. M. *Cassini* a fait mention de cette Lettre, & avec éloge, en plus d'un endroit du Traité qu'il nous a laissé sur ce sujet, sous le titre de *Découverte de la Lumière Céleste qui paroît dans le Zodiaque*, & qui fut donné au public quatre ans après, dans le Volume des Voyages de l'Académie des Sciences. Il est parlé encore dans les *Miscellanea Naturæ curiosorum* *, de plusieurs Observations de cette Lumière, faites en Allemagne par Mrs *Kirch* & *Eimmart*, aux années 1688, 89, 91, & 93, jusqu'au commencement de 1694; mais il n'y en a qu'un petit nombre qui y soient détaillées. C'est de ces sources, & principalement de l'Ouvrage de M. *Cassini*, que je tirerai tout ce que j'ai à rapporter sur cette matière: car depuis 1688 où se terminent les Observations de M. *Cassini*, & 1694 où finissent celles de M. *Eimmart*, je ne sache pas qu'on en trouve rien ailleurs qui ait quelque suite, non pas même dans ces dernières années, où je suis pourtant bien sûr que la Lumière Zodiacale a été souvent très-visible:

* *Decuriæ tertiæ, annus 1, pag. 285, & seqq.*

& je ne comprends pas par quel ſort un objet qui touche de ſi près l'Aſtronomie moderne & la Phyſique Céleſte, a été négligé juſqu'à ce point par les Aſtronomes & par les Auteurs Météorologiques. J'y joindrai mes propres Obſervations commencées depuis trois ou quatre ans, c'eſt-à-dire, depuis que j'ai entrepris de chercher la cauſe des Aurores Boréales.

CHAPITRE PREMIER.

De la réalité & de la viſibilité de la Lumière Zodiacale & de l'Atmoſphère Solaire.

IL ſemble d'abord qu'on pourroit douter de la réalité d'un Phénomène, qui devoit occuper une grande étendue dans le Ciel, qu'on pouvoit apercevoir à la vûe ſimple, qui n'étoit cependant pas connu avant la fin du dernier ſiècle, & qui, comme on en convient, n'a été vû depuis que d'un petit nombre d'Obſervateurs: mais quoique la Lumière Zodiacale ſoit à peu près dans ce cas, il n'eſt plus poſſible de révoquer en doute ſon exiſtence. On ne ſauroit en même temps ne ſe pas perſuader que cette Lumière réſulte d'un amas prodigieux de matière qui environne le corps du Soleil, & qu'on peut regarder comme ſon *Atmoſphère*, avec feu M. *Caſſini*, & avec tous les Aſtronomes modernes qui en ont parlé, & qui après lui l'ont déſignée ſous ce nom. Quand les Obſervations de feu M. *Caſſini* ne ſeroient pas ſuffiſantes pour cela, il eſt aiſé de s'en convaincre par ſoi-même, aujourd'hui ſur-tout & depuis quelques années où cette Lumière paroît fréquemment dans toute ſa ſplendeur. Il faut ſeulement prendre garde que pluſieurs des circonſtances qui ont été cauſe qu'on l'a connue ſi tard, ou qui l'ont fait confondre avec quelques autres apparences céleſtes, peuvent encore ſouvent nous empêcher de l'apercevoir, ou de la démêler d'avec d'autres objets. Sa poſition oblique, & peu éloignée du plan de l'Ecliptique, ne nous permet guère de la voir distinctement, & assez élevée sur l'Horizon, que quelque temps après le coucher du Soleil vers la fin de l'Hiver & dans le Printemps, ou avant le lever en Automne & vers le commencement de l'Hiver. Il est rare qu'on la voie commodément en d'autres temps, & plus rare encore qu'on puisse l'observer le soir & le matin en un même jour. Un crépuscule trop fort l'empêche de se montrer, & un trop grand clair de Lune la fait disparoître: comme il arrive à la Voie Lactée, pour laquelle aussi l'on pourroit quelquefois la prendre, si l'on ne savoit pas exactement le lieu que l'une & l'autre doivent occuper dans le Ciel, & la situation actuelle où elles doivent être sur l'Horizon.

Les Observations du soir & du matin ne sauroient donc jamais nous faire apercevoir que les parties supérieures de l'Atmosphère Solaire, eu égard à l'Horizon de l'Observateur: car à mesure que le globe du Soleil monte & s'approche de l'Horizon, ou avant qu'il soit descendu de plusieurs degrés au dessous, le crépuscule devient ou est encore trop fort pour nous permettre de la voir.

C'est ce que l'on comprendra encore mieux par la Figure ci-jointe, où *IKOA* représente la Lumière Zodiacale, & dans une position des plus favorables pour être aperçûe sur l'Horizon *HR*; savoir, comme elle seroit vûe à Paris, le soir, sur la fin du crépuscule, vers le dernier jour de Février, par exemple, ou le premier de Mars, à la section du Printemps, ou le premier point d'*Aries* étant supposé en *K*, sur le plan de l'Horizon, le Soleil en *S*, au 10.me degré du Signe des *Poissons*, sur la ligne ou sur le cercle Finiteur des crépuscules *CP*, 18 degrés au dessous de l'Horizon. L'Écliptique *TKZ*, qui se confond ici avec l'axe *AZ* de la Lumière Zodiacale, fait avec *HR* un angle d'environ 64 degrés, & la pointe *A* de cette Lumière tombe entre les Étoiles du cou & de la tête du *Taureau*, & se termine au 10.me degré du signe des *Gémeaux*. D'où il suit que la distance *AS* de sa pointe au Soleil, seroit alors de 90 degrés. La ligne *AS* étant donc prise pour rayon ou sinus total,

Fig. I.

donne à peu près la mesure des autres dimensions de la Lumière & du reste de la figure. Ainsi la largeur *IO* de cette Lumière, ou de sa base près de l'Horizon, sera dans ce cas de plus de 20 degrés, &c. le reste *IDZLO* de la matière qui la compose, se trouvant nécessairement caché sous l'Horizon, savoir, la partie *IDLO* de la moitié supérieure *DLA*, & toute la moitié inférieure *DLZ*.

La même figure représente encore la situation *aΣz* que cette même Lumière doit avoir, toutes choses d'ailleurs égales, le matin des mêmes jours immédiatement avant le crépuscule, l'angle *Rtz* de l'Ecliptique avec l'Horizon étant d'environ 26 degrés; en imaginant seulement que le Spectateur qui avoit le soir le Pole Boréal *B* à sa droite, & le Méridional *M* à sa gauche, s'étant tourné vers l'Orient, aura au contraire le Septentrion à sa gauche, & le Midi à sa droite. Et l'inverse de tout cela, en regardant, si l'on veut, la figure par derrière à travers le jour, donnera l'apparence *IKOA* de la Lumière Zodiacale pour le matin, en Automne, vers le 13 ou le 14 Octobre, le Soleil étant au 20.me degré du signe des *Balances*, & le premier point de ce signe, ou la section d'Automne étant supposée en *K*, sur le plan de l'Horizon: il n'y aura à changer que les Etoiles correspondantes.

Ce ne sera donc tout au plus que la partie *GEZ* ou *gez*, de la moitié *DLZ*, qui pourra paroître sur l'Horizon le matin à la fin de Février, ou au commencement de Mars, & pareille portion de la moitié *dlA*, le soir en Automne vers le 13 ou le 14 Octobre; & comme la pointe est en ces cas fort basse, il faudra, pour qu'elle devienne visible, que l'Horizon soit extrêmement dégagé de vapeurs.

Si l'on vouloit projeter une semblable figure pour les temps de l'année où la lumière peut être vûe le soir & le matin en un même jour, ce qui arrive autour des Solstices, & sur-tout au Solstice d'Hiver, il faudroit dans ce dernier cas, & malgré l'égalité des angles de l'Ecliptique avec l'Horizon, soir & matin, faire celui de l'axe de la Lumière

Zodiacale avec le même Horizon, d'environ 55 degrés pour l'apparence du matin, & seulement de 43 pour l'apparence du soir: nous en donnerons les raisons dans la suite.

D'où l'on voit que la Lumière Zodiacale ou l'Atmosphère Solaire *ADZO*, ne sauroit jamais se montrer sur l'Horizon par son milieu *DdLl* qui environne le Soleil, sans que la clarté du jour ou du crépuscule ne la fasse disparoître, ou ne rende ses bords tout-à-fait incertains: telle a été du moins jusqu'ici la nature de cette Lumière. Il n'y a que les Eclipses totales de Soleil, qui nous la montrent, si je l'ose dire, jusqu'à sa racine, & dans sa partie la plus dense: car on a vû ou l'on sait, qu'en 1706 & en 1724, par exemple, aux Eclipses totales de Soleil qu'il y eut dans ces deux années, l'une dans les parties Méridionales de la France, l'autre dans les Septentrionales, on sait, dis-je, que dès que le disque de la Lune eut entièrement caché celui du Soleil, & même un peu auparavant, il parut autour de la Lune un Limbe éclairé, un Nimbe & une espèce de chevelure d'autant plus épaisse, qu'elle approchoit davantage de ses bords. Mais aussi ne voit-on d'ordinaire dans les Eclipses totales du Soleil que cette partie inférieure de son Atmosphère: celle qu'on observe le soir ou le matin, & qui fait la Lumière Zodiacale, est presque toûjours alors imperceptible ; je dis d'ordinaire & presque toûjours, parce que j'ai lieu de croire, comme je le rapporterai ailleurs, qu'il y a eu des cas si favorables, & où l'Atmosphère du Soleil étoit si étendue & si épaisse, qu'on l'a vûe sous la forme d'un Cone & d'une Pyramide pendant les Eclipses mêmes, comme on la voit en qualité de Lumière Zodiacale. Mais ce qui fait l'extrême rareté de ces cas, dont je ne voudrois pas même absolument garantir la certitude, c'est que l'obscurité dans les Eclipses totales de Soleil ne va d'ordinaire qu'à nous laisser apercevoir les Planètes qui se trouvent sur l'Horizon & les Etoiles de la première, deuxième & troisième grandeur tout au plus, & que la Lumière Zodiacale ne se montre qu'au même degré d'obscurité à peu près qui laisse discerner la Voie

Lactée. Et c'eſt cette partie denſe de l'Atmoſphère qui environne le globe du Soleil, qui répand encore trop de clarté, & qui empêche que l'obſcurité ne ſoit aſſez grande pour nous laiſſer voir ſes extrémités, ou ce que nous appelons la Lumière Zodiacale, lorſqu'elle n'eſt pas d'une denſité extrême. *Képler* a très-bien connu & très-bien décrit cette apparence; car après s'être fait la queſtion, pourquoi les Eclipſes totales de Soleil ne nous jettent pas dans une nuit profonde? Il répond, que c'eſt à cauſe de la ſubſtance groſſière qui environne le Soleil... *ſubſtantia craſſa circà Solem, non hîc in noſtro aëre, ſed in ipſâ ſede Solis, apparetque etiam tecto Sole, ut flamma circulariter emicans* *.

On ne voit donc ordinairement l'Atmoſphère Solaire que par parties, & à la faveur de certaines circonſtances quelquefois aſſez rares. Cela ſuffit cependant pour nous convaincre qu'elle exiſte, & pour nous perſuader qu'elle eſt vrai-ſemblablement auſſi ancienne que le Monde.

* *Epitom. Aſtr. Copern. l. VI, p. 895.*

CHAPITRE II.

De l'ancienneté de la Lumière Zodiacale & de l'Atmoſphère Solaire.

LA connoiſſance de l'Univers, & ſur-tout celle d'une Atmoſphère & d'une matière *craſſe* autour du Soleil, n'a pû qu'être infiniment retardée par les préjugés de pureté & d'incorruptibilité, que la première Philoſophie avoit touchant les Aſtres. La Lumière Zodiacale, effet viſible de cette Atmoſphère, aura donc paru, mais elle aura été priſe pour toute autre choſe que pour ce qu'elle étoit. « On pourroit conjecturer, dit feu M. *Caſſini*, que ce phénomène « a paru autrefois, & qu'il eſt du nombre de ceux que les « Anciens ont appelé *Trabes* ou Poutres, dont il ſeroit à « ſouhaiter qu'ils euſſent fait l'hiſtoire & la deſcription * ». Il me ſemble qu'ils l'ont encore mieux déſigné quelquefois par

* *Découverte de la Lumière &c.* Art. 31.

le *Cone de lumière* & par la *Pyramide,* comme nous le verrons dans la ſuite de cet ouvrage. « M. *Deſcartes*, ajoûte-t-il, parle » de ces ſortes de phénomènes, comme s'il eût vû le nôtre, ou qu'il en eût entendu parler. »

Ce que M. *Caſſini* rapporte là de *Deſcartes*, eſt tiré apparemment de ſes *Principes, Artt.* 136, 137 de la 3.me Partie, où ce Philoſophe, après avoir donné ſon hypothèſe ſur les Comètes, explique comment leur queue doit paroître venir du Soleil, en forme d'une longue *Poutre*, ou d'un Chevron de feu, & comment il en peut paroître deux, un le matin, l'autre le ſoir, lorſque le Soleil eſt juſtement entre la Terre & la Comète. Sur quoi M. *Caſſini* remarque que « comme l'on ne s'arrête guère à rendre raiſon des phé- » nomènes, que l'on n'en ait d'ailleurs quelque connoiſſance, » il y a lieu de croire que M. *Deſcartes* avoit du moins en- » tendu parler de quelque phénomène ſemblable à la Lumière » qui ſe fait voir ſoir & matin, lorſque l'obliquité du Zodiaque » à l'Horizon, après le coucher, ou avant le lever du Soleil, » n'eſt pas ſi grande qu'elle puiſſe empêcher l'une ou l'autre apparence ». M. *Caſſini* ſe rappelle auſſi d'avoir vû dès l'année 1668, étant à Bologne, un phénomène fort ſemblable à celui dont il s'agit, dans le temps que le Chevalier *Chardin* en obſervoit un tout pareil dans la Ville capitale d'une des Provinces de Perſe.

Mais un avertiſſement que *Childrey* donna aux Mathématiciens à la fin de ſon Hiſtoire naturelle d'Angleterre *(Britannia Baconica)* écrite environ l'an 1659, porte quelque choſe de plus poſitif ſur ce ſujet, & dont M. *Caſſini* n'a pas oublié de lui faire honneur. « C'eſt, dit le ſavant Anglois, » qu'au mois de Février, un peu avant & un peu après, il a » obſervé pendant pluſieurs années conſécutives vers les ſix » heures du ſoir, & quand le crépuſcule a preſque quitté l'Ho- » rizon, un chemin [lumineux] fort aiſé à remarquer, qui ſe darde vers les Pléïades, & qui ſemble les toucher. »

Enfin M. *Caſſini* ajoûte à ces témoignages celui de pluſieurs anciens Auteurs qui ont vû des apparences céleſtes qu'on qu'on ne peut méconnoître pour la Lumière Zodiacale, quoiqu'ils ne l'aient pas soupçonnée en tant que telle, & qui achèvent de le convaincre de l'ancienneté de ce phénomène. On en trouvera de nouvelles preuves répandues dans cet ouvrage.

Il est donc très-vrai-semblable que si dans tous les siècles il y a eu des Aurores Boréales, comme on ne peut en douter, & comme nous le verrons plus particulièrement dans la suite, il y a eu aussi toûjours une Atmosphère autour du Soleil, capable, selon notre hypothèse, d'en fournir la matière, & de les produire.

CHAPITRE III.

De la nature ou de la matière de la Lumière Zodiacale & de l'Atmosphère Solaire.

LA Lumière Zodiacale, ou l'Atmosphère Solaire qui nous est indiquée par elle, est certainement quelque chose de très-différent de l'Ether, puisque celui-ci ne réfléchit point la lumière, & qu'il se trouve par-là & par son extrême ténuité, tout-à-fait imperceptible.

Nous n'examinerons point si la matière qui compose cette Atmosphère, est une émanation du corps du Soleil, une espèce d'effervescence ou de dépuration de ses parties les plus grossières, comme il semble que *Descartes* l'a pensé, ou si ce n'est qu'un amas de parties hétérogènes répandues dans l'Ether, qui se rassemblent de toutes parts, & qui tombent vers le Soleil, comme on pourroit le recueillir des Ecrits de M. *Newton.* Cet examen ne seroit pas moins inutile que supérieur à nos connoissances : il ne s'agit ici que de chercher la nature de cette matière d'après ses effets les plus immédiats.

Nous voyons d'abord que l'Atmosphère qui environne le Soleil, nous éclaire, & qu'elle paroît lumineuse. C'est peut-être par ſa propre nature, ou parce qu'étant très-inflammable, elle eſt actuellement enflammée par les rayons du Soleil, ou enfin ſeulement parce que conſiſtant en des parties beaucoup plus groſſières que celles de la lumière, elle la réfléchit vers nous. C'eſt à ce dernier ſentiment que nous nous arrêterons le plus, comme ſuffiſant pour expliquer les apparences de la Lumière Zodiacale, ſans pourtant exclurre l'inflammabilité, ou l'inflammation actuelle de la matière qui la compoſe : car elle pourroit être enflammée en tout ou en partie, nous réfléchir en même temps les rayons du Soleil, & être encore plus viſible par-là que par ſa propre lumière.

L'opinion la plus reçûe touchant la lumière que les Queues de Comète nous renvoient, eſt qu'elle conſiſte dans la réflexion des rayons du Soleil. Or M. *Caſſini* remarque en cent endroits de ſon ouvrage, la reſſemblance extrême de la Lumière Zodiacale avec la Queue des Comètes. « Les
» Queues des Comètes, dit-il *, font une apparence ſem-
» blable à celle de notre Lumière, elles ſont de la même
» couleur .... Leur extrémité, qui eſt plus éloignée du Soleil,
» paroît auſſi douteuſe; de ſorte qu'en un même inſtant elles
» paroiſſent diverſement étendues à diverſes perſonnes, étant
» de même variables, ſelon les divers degrés de clarté de l'air,
» & ſelon le mélange de la lumière de la Lune & des autres
» Aſtres : on voit auſſi au travers de ces Queues les plus petites
» Etoiles; de ſorte que par tous ces rapports, on peut juger que l'une & l'autre apparence peut avoir un ſujet ſemblable. »

* *Art.* 41.

M. *Fatio,* qui a auſſi examiné très-aſſidûment la Lumière Zodiacale pendant trois ou quatre années, en porte le même jugement. Ce ſera donc vrai-ſemblablement, comme M. *Fatio* l'inſinue en pluſieurs endroits de ſa Lettre, une eſpèce de *Fumée* ou de *Brouillard,* mais ſi délié, qu'on voit les plus petites Etoiles à travers. Cette dernière circonſtance eſt remarquable, & ſe trouve ſouvent de même, ou à peu près, ſoit dans les parties les plus claires & les plus brillantes de l'Aurore Boréale, ſoit dans les plus obſcures & les plus fumeuses, telles que le Segment qui borde l'Horizon, & qui est concentrique aux Arcs lumineux.

M. *Cassini* compare encore très-souvent la Lumière Zodiacale à la Voie Lactée, tant parce qu'elle paroît ou disparoît dans les mêmes circonstances, que par leur rapport de clarté. C'est sous cette idée qu'il l'annonça aux Savans dans le Journal de 1683 .... « une Lumière semblable à celle qui blanchit la Voie de Lait, mais plus claire & plus « éclatante vers le milieu, & plus foible vers les extrémités, « s'est répandue par les signes que le Soleil doit parcourir, &c. » Mais il paroît qu'elle augmenta de force & de densité dans la suite, & sur-tout en 1686 & 1687.

A en juger par mes propres yeux depuis que je l'observe, elle est aussi plus forte, plus dense, que la Lumière de la Voie de Lait, dans les jours favorables à l'Observation, & presque toûjours plus uniforme que ne la fait M. *Cassini*, moins blanche quelquefois, & tirant un peu vers le jaune ou le rouge, dans sa partie qui borde l'Horizon : ce qui pourroit aussi venir sans doute des vapeurs & du petit brouillard dont il est rare que l'Horizon soit parfaitement dégagé; & dans cet état, je ne vois pas qu'on puisse distinguer les petites Etoiles à travers, excepté vers les extrémités de la Lumière. M. *Derham** de la Société Royale de Londres, aperçut cette couleur rougeâtre dans la Lumière Zodiacale en 1707. On peut avoir pris garde aussi depuis quelques années, que sa base est très-souvent confondue avec une espèce de nuage fumeux qui nous en dérobe la clarté, que ce nuage déborde plus ou moins au-delà, à droite & à gauche sur l'Horizon, & qu'il est tout-à-fait semblable par sa couleur & par sa consistance apparente, au segment obscur qu'on a coûtume de voir au dessous de l'Arc lumineux de l'Aurore Boréale. L'Aurore Boréale s'y mêle encore d'ordinaire en cette occasion, & fait corps avec la Lumière Zodiacale au dessus du nuage fumeux, en s'étendant vers le Nord-ouest, & quelquefois jusqu'au Nord & au delà.

* *Philos. Transf.* N.° 310.

Enfin je ne dois pas passer sous silence une singularité

remarquable du tiſſu apparent de cette Lumière : c'eſt qu'en la regardant attentivement par de grandes Lunettes, feu M. *Caſſini* y a vû pétiller comme de petites étincelles. Il a douté pourtant ſi cette apparence n'étoit point cauſée par la forte application de l'œil, ne pouvant déterminer ni le nombre, ni la configuration de ces Atomes lumineux, & ceux qui obſervoient avec lui n'y diſtinguant rien de plus fixe. J'ai vû deux fois ce pétillement avec une Lunette de 18 pieds, & même avec une de 7, & ce me ſemble auſſi une fois ſans Lunette. J'avoue que je me défie beaucoup avec M. *Caſſini*, du témoignage des yeux, quand il s'agit d'objets de cette nature & ſi peu marqués : mais je trouve encore quelques autres Obſervations de cette eſpèce dont je parlerai avant que de finir ce Traité, & dont on peut inférer qu'il y a eu des temps & certains cas où les étincelles aperçues dans la Lumière Zodiacale, & ce pétillement, ont été ſenſibles à la vûe ſimple, ſi ce n'eſt dans cette Lumière, du moins dans celle de la Queue des Comètes, qui lui reſſemble déjà ſi fort par d'autres endroits.

Ubi ſuprà, Art. 41.

CHAPITRE IV.

De la Figure de la Lumière Zodiacale & de l'Atmoſphère Solaire.

IL n'y a qu'un Sphéroïde aplati & de forme Lenticulaire, qui, étant toûjours vû de profil & par ſon tranchant, puiſſe toûjours paroître, ou être projeté ſous la figure d'un *Fuſeau*. La Lumière Zodiacale ou l'Atmoſphère Solaire étant donc toûjours vûe de la Terre ſous cette figure à peu près, pendant toute la révolution annuelle du Globe Terreſtre, il s'enſuit que ſa forme ne ſauroit s'éloigner beaucoup de celle d'une Lentille. On la voit étendue en manière de lance ou de pyramide plus ou moins pointue, toûjours dirigée par ſa baſe vers le corps du Soleil, & par ſa pointe vers quelque

Etoile qui ne ſort jamais du Zodiaque. C'eſt ainſi qu'elle paroît le ſoir dans le Printemps, & le matin en Automne, ſa pointe orientale ou dirigée vers l'Orient, ſe montrant le ſoir, & ſa pointe occidentale le matin. On peut même s'aſſurer de ſes deux pointes dans l'eſpace d'un même jour, comme il a été remarqué ci-deſſus, ſavoir, vers les Solſtices, lorſque l'Ecliptique fait le ſoir & le matin des angles à peu près égaux avec l'Horizon, & aſſez grands pour laiſſer une partie conſidérable de la pointe du phénomène au deſſus de la ligne des crépuſcules, de manière qu'elle puiſſe ſe montrer encore au delà ſur l'Horizon. C'eſt ainſi que feu M. *Caſſini* l'obſerva le 4 Décembre 1687 à 6 heures ½ du ſoir, & le matin ſuivant à 4 heures 40'. Le ſolſtice d'Eté a le deſavantage d'une plus grande obliquité de l'Ecliptique ſur l'Horizon, & l'incommodité des plus grands crépuſcules: c'eſt tout le contraire au ſolſtice d'Hiver. Mais la poſition particulière du plan ſur lequel la Lumière Zodiacale eſt couchée de part & d'autre, & qui décline un peu par rapport au plan de l'Ecliptique, ſe trouve encore ici compliquée avec la circonſtance des Saiſons, comme il ſera plus particulièrement expliqué.

Il eſt donc certain que l'Atmoſphère du Soleil eſt rangée autour de ſon globe en forme de Lentille, ou approchant; je dis approchant, car on conçoit bien, qu'une matière à laquelle on a déja vû qu'il eſt ſurvenu de ſi grands changemens, & qui, par des circonſtances d'Optique qui lui ſont étrangères, peut devenir plus ou moins viſible, & paroître plus ou moins uniformément terminée, ne ſauroit manquer de ſe montrer quelquefois ſous une figure un peu différente.

On peut voir ici la projection de cette Lentille ſur une partie de la concavité de l'Hémiſphère boréal du Ciel, & ſur le plan de l'Equateur Solaire, qui ſe confond, comme on verra bien-tôt, avec le diſque même de la Lentille *AGFK.* L'œil eſt ſuppoſé élevé au deſſus de ce plan dans l'Axe du Soleil, prolongé de ſon Pole Auſtral *S*, à une diſtance telle, que les bords de la Lentille y paroiſſent ſous Fig. II.

un angle d'environ 45 degrés. Le Pole Boréal de l'Écliptique se trouve par là en *Q*, & celui du monde en *P*, le Colure des Solstices en *PQX*, les nœuds & les limites de l'Équateur Solaire en $\nu\delta$, $\lambda\mu$, &c. Et si l'on imagine ensuite que l'Observateur soit transporté sur quelque point du plan de cet Équateur, comme, par exemple, en *A*, *N* ou *Z*, il y verra l'Atmosphère du Soleil, ou la Lentille, sous la forme de Fuseau représentée dans la figure I. Les autres particularités de cette projection, telles qu'on a pû les renfermer dans ce petit espace, sont suffisamment indiquées dans la Figure même, & le feront encore mieux par l'usage que nous en ferons dans la suite.

Le 6 du mois d'Octobre 1684, M. *Fatio* aperçut la pointe *IAO* (*Fig I.*) distinctement terminée par deux lignes droites, qui faisoient entre elles un angle de 26 $\frac{1}{2}$ degrés; & M. *Eimmart* la trouva à peu près de même le 13 Janvier 1694*. Souvent, lorsque l'air est un peu chargé, on la voit tronquée, sa partie *IONQ*, la plus proche de l'Horizon ou du Soleil, demeurant seule visible. Je l'ai vûe quelquefois sous cette forme, en 1728, & je trouve dans les Transactions Philosophiques*, que c'est ainsi que la vit M. *Derham*, au mois de Mars 1706. Elle paroît en certains temps très-aigue, ne faisant pas par sa pointe un angle de 10 degrés. Elle sembla un peu courbée à M. *Cassini* le 14.e Novembre 1686, & de la figure d'une Faulx*. M. *Fatio* lui a trouvé un jour un peu d'inflexion vers ses deux côtés, comme si elle résultoit de deux Conchoïdes tracées de part & d'autre d'une commune Asymptote. Elle me parut avoir cette figure le 18.e Mars 1729. Enfin M. *Fatio* y a remarqué quelque ondoyement: Il *incline même à supposer que la masse du phénomène est effectivement coupée dans son milieu par la surface ondoyante de l'Écliptique de l'air Céleste**. C'est ainsi qu'il appelle les particules de matière répandues dans l'Ether, capables de détourner & de réfléchir la Lumière, & qui forment une Atmosphère autour du Soleil; & il renferme cet *air Céleste* entre deux surfaces courbes &

* *Miscellan. Nat. curios. Decur. 3. an 1. Tab. XI. Fig. XVI.*

* *N.° 320. p. 309.*

* *Art. 35.*

* *Lettre à M. Cassini, p. 53.*

ondoyantes, afin qu'elles puissent comprendre dans un moindre espace les Orbites de Mercure, de Vénus & de la Terre, qui sont à différente distance du Soleil & différemment inclinées entre elles.

Mais comme les Observations qui donnent cette figure, sont très-rares, de même que la figure de la faulx, qu'elles peuvent être occasionnées par des circonstances particulières & purement Optiques, & que la Lumière Zodiacale paroît presque toûjours comme un bout de lance ou de fuseau, ou lorsqu'elle est plus large, comme une pyramide, nous lui donnerons pour l'ordinaire la figure que cette apparence suppose; c'est-à-dire que dans les inductions que nous en pourrons tirer par rapport à notre sujet, nous imaginerons l'Atmosphère du Soleil comme un Sphéroïde aplati en forme de Lentille circulaire par son Limbe, ou approchant du circulaire. C'est aussi la figure que d'autres phénomènes, & sur-tout le concours de toutes les Planètes dans une Zone assez étroite de part & d'autre de l'Ecliptique, semblent donner à tout le Tourbillon Solaire dans lequel cette Atmosphère est renfermée.

Nous parlerons ailleurs d'une apparence de la Lumière Zodiacale, que je vois être assez fréquente depuis que j'observe ce phénomène, & que je ne doute point qui n'ait eu lieu dans les temps & dans les siècles précédens; c'est celle d'une simple clarté indéterminée, qui occupe une grande partie du Ciel au dessus de l'Horizon, un faux crépuscule qui devance, ou qui suit le véritable, & qui s'étend au loin à droite & à gauche, par rapport à la place où l'on a coûtume de voir la Lumière Zodiacale.

CHAPITRE V.

De la situation de la Lumière Zodiacale & de l'Atmosphère Solaire.

LA forme de Lance ou de Pyramide que la Lumière Zodiacale conserve pendant tout le cours annuel de la Terre, ne nous indique pas moins la position de l'Atmosphère Solaire que sa figure : car si le rayon visuel qui part de notre œil, étoit quelquefois perpendiculaire ou peu oblique à la Lentille, sous la forme de laquelle nous avons imaginé cette Atmosphère, la Lumière Zodiacale se montreroit alors à nous au dessus de l'Horizon comme un Segment de Cercle ou d'Ellipse, & arrondie par l'extrémité que nous appelons sa pointe ; ce qu'elle ne fait jamais, si ce n'est peut-être dans quelques occasions où elle nous paroît tronquée, & cela visiblement par des circonstances qui lui sont étrangères. Aussi vient-on de voir dans le sentiment que nous avons rapporté de M. *Fatio*, sur la figure de l'Atmosphère Solaire, que ses extrémités & son tranchant doivent beaucoup approcher du plan de l'Ecliptique ou de l'Orbite Terrestre : car la section du plan ondoyant sur lequel il la conçoit couchée de part & d'autre, donnant une courbe qui va rencontrer l'Orbite des Planètes, il est possible que les bords de la Lentille ondée, qui se trouveront entre la Terre & Vénus, ou au delà entre la Terre & Mars, se confondent avec le plan de l'Ecliptique.

La position que lui donne quelquefois M. *Cassini*, ne s'éloigne pas beaucoup de celle-là : mais il paroît en général par toutes les Observations qu'on recueille de son grand ouvrage *, & par la manière dont il s'en explique en plusieurs endroits, que le plan qui partage en deux portions égales l'Atmosphère Solaire, est le plan même de la révolution du Soleil sur son Axe, ou de son Equateur. Et c'est encore à cette

* *Art. 7, 18, 39, 42, &c.*

cette ſituation de l'Atmoſphère du Soleil, que nous nous arrêterons, pour tout ce que nous avons à en déduire dans la ſuite, non ſeulement parce qu'elle eſt la plus généralement conforme aux Obſervations, mais encore parce qu'elle s'accorde parfaitement avec les idées Phyſiques que nous fournit le ſujet; car, ſi la matière qui compoſe cette Atmoſphère eſt chaſſée du corps du Soleil par le mouvement de Rotation qu'il a ſur ſon Axe, comme il arriveroit à un fluide renfermé dans une Sphère creuſe percée de pluſieurs trous, & que l'on feroit tourner rapidement, il faut qu'elle rejailliſſe plus loin de ſon Equateur, où eſt la plus grande force centrifuge, que de tout autre endroit de ſa ſurface. Et ſi cette matière ſe trouve autour du Soleil, ſeulement parce qu'elle y eſt tombée de toutes parts du reſte du Ciel, il eſt à préſumer que la même cauſe qui retient les ſix Planètes principales dans les limites du Zodiaque, & de part & d'autre de l'Equateur du Soleil, qui partage également leurs Orbites, y aſſemblera à peu près de même ſon Atmoſphère.

M. *Caſſini* marque avoir fort bien ſenti ce Méchaniſme *. Mais, indépendamment de toute conjecture Phyſique, nous pouvons là-deſſus nous en tenir à ſes Obſervations, qui s'accordent parfaitement en ce point avec les nôtres, en nous indiquant une inclinaiſon ſenſible entre l'Ecliptique & le plan de l'Atmoſphère Solaire.

* *Art. 18 & 42.*

Nous ſerons donc guidés par les lumières de ce grand Aſtronome pour déterminer la quantité de cette inclinaiſon, & nous la ferons ici la même que celle de l'Equateur du Soleil, ſavoir, de $7\frac{1}{2}$ degrés. Elle doit paroître ſouvent beaucoup moindre, ou diſparoître ſenſiblement dans la Lumière Zodiacale, lorſque la Terre ſe trouve dans certains Aſpects avec elle; mais nous nous réſervons de traiter plus particulièrement cet Article, quand nous examinerons les ſuites qu'il peut avoir par rapport aux Aurores Boréales.

CHAPITRE VI.

De l'étendue de la Lumière Zodiacale & de l'Atmosphère Solaire.

A EN juger par les Obſervations, & à raſſembler toutes les circonſtances qui les accompagnent, je trouve que la Lumière Zodiacale, lorſqu'elle a été aperçûe, n'a jamais occupé guère moins de 50 ou 60 degrés de longueur depuis le Soleil juſqu'à ſa pointe, & de 8 à 9 degrés de largeur à ſa partie la plus claire, ou la plus proche de l'Horizon. Ce ſont des dimenſions qu'elle eut ſouvent en l'année 1683, où M. *Caſſini* commença de l'obſerver. Elle ne parut avoir que 45 degrés de longueur en 1688, le 6 Janvier; mais les brouillards qu'il y avoit près de l'Horizon, & la clarté de la Planète de Vénus, où elle ſe terminoit, ne peuvent manquer de l'avoir beaucoup diminuée. Je trouve de même que ſa plus grande étendue apparente, & c'eſt aux années 1686, 1687, a été de 90, 95 & juſqu'à 100 ou 103 degrés de longueur, & de plus de 20 degrés de largeur.

Sur quoi il faut obſerver, 1.° Que la plus grande largeur ne ſe rencontre pas toûjours avec la plus grande longueur, la première n'étant, par exemple, le 4 Février 1687, que de 13 à 14 degrés, tandis que la longueur paroiſſoit de 100 degrés, & le 5 Septembre 1685, la largeur étant de plus de 20 degrés, quand la longueur n'en avoit que 75. D'où l'on peut inférer que quelquefois une même quantité de matière, ſelon qu'elle s'étend plus ou moins ſur le plan de l'Equateur du Soleil, ou qu'elle s'arrange autour de ſon globe, pourroit la faire paroître ſous ces différentes formes. Mais il faut bien ſe garder de rien imaginer ici de conſtant & de régulier dans ce genre. Le contraire arrive ſouvent, & le plus ſouvent, ſur-tout depuis quelques années, où la Lumière Zodiacale n'est presque jamais plus large par sa base que lorsqu'elle s'étend plus loin par sa pointe, soit que l'augmentation tombe simplement sur le volume, ou sur la quantité absolue de la matière.

2.° La Terre se trouvant vis-à-vis des plus grandes distances du tranchant de la Lentille, par rapport au plan de l'Ecliptique, le profil du Sphéroïde, ou la lame formée par la Lumière Zodiacale, nous doit paroître plus large que quand elle est à ses nœuds. Ainsi l'œil étant supposé en *O*, par exemple, sur le plan Horizontal *HQOA*, & la Lumière Zodiacale étant rapportée à un Plan vertical *AQTZ*, l'Observateur doit voir cette Lumière de la largeur *AQ* ou *AZQ*, au lieu de *AM*, ou *AZM* seulement, qu'il verroit si la Terre se trouvoit près des Nœuds du tranchant de la Lentille avec l'Ecliptique. Ce qui sera plus approfondi dans la suite, & nous servira à donner raison de quelques irrégularités apparentes de la Lumière Zodiacale. Fig. III.

3.° On juge sûrement du nombre de degrés qu'occupe la Lumière Zodiacale visible, en remarquant à quelles Etoiles se termine sa pointe, & sachant à quel degré de l'Ecliptique se trouve actuellement le Soleil, comme on a fait, par exemple, ci-dessus, *(p. 12, Fig. I)*. Mais il n'en est pas de même de sa largeur; celle qu'on voit sur l'Horizon ne décide pas absolument de l'épaisseur que l'Atmosphère peut avoir auprès du globe du Soleil; & c'est peut-être en ayant égard à ce défaut, que *Gregori*, dans son Astronomie physique, fait aller cette épaisseur jusqu'à 30 degrés. Quoi qu'il en soit, la largeur de la Lumière Zodiacale, ou l'épaisseur de l'Atmosphère du Soleil auprès de son globe, importe peu ici à notre sujet, où il ne s'agit que de son étendue, en tant qu'elle peut aller jusqu'à l'Orbite de la Terre.

Les plus grandes Elongations des Planètes inférieures nous donnent leurs distances au Soleil, relativement à sa distance de la Terre. Ainsi la plus grande Elongation de Vénus, par exemple, étant d'environ 48 degrés, la résolution du Triangle rectangle où cette Planète occupe le sommet de l'angle droit, la Terre le ſommet de l'angle de 48 degrés, & le Soleil le troiſième, & où le rayon viſuel du Spectateur fait la tangente à l'Orbite de la Planète, nous apprend que la diſtance de Vénus au Soleil eſt, par rapport à celle de la Terre, comme le ſinus de 48 degrés au ſinus total ou de 90 degrés. Tout de même les bords extérieurs de l'Atmoſphère Solaire *AX*, ou ſon tranchant aperçû de la Terre *T*, en forme de Lance, ſur l'Horizon *HR*, lorſque le Soleil ſe trouve ſur la ligne *CP* des crépuſcules, étant regardés comme l'Orbite d'une Planète, le rayon viſuel *TV* du Spectateur, mené au ſommet *A* de ſa pointe projetée ſur le Zodiaque *LV*, en ſera la tangente, & le ſommet *A* de cette pointe, conſidéré comme le lieu actuel d'une Planète, en donnera la véritable diſtance *AS* au Soleil *S*, par rapport à celle de la Terre *TS*.

Fig. IV, *Extraite de la ſeconde, ſup. p. 21.*

Si la plus grande Elongation de ſa Planète étoit de 90 degrés, il eſt clair par la même Théorie, que le point de ſon Orbite où elle ſeroit aperçûe, ſeroit actuellement auſſi éloigné du Soleil que l'eſt la Terre; & le triangle précédent *AST*, ſe change alors en une eſpèce d'iſoſcèle *GTS* qui eſt cenſé avoir deux angles droits, à cauſe que l'*angle au Soleil* devient nul ou infiniment petit. Ainſi lorſque la pointe de la Lumière Zodiacale eſt vûe en *G*, de manière que le rayon viſuel *TG*, mené de ſa Terre, répond à des Etoiles *D* du Zodiaque, qui ſont à 90 degrés du vrai lieu *L* du Soleil *S*, l'*angle à la Terre LTD* étant droit, tel, par exemple, que feu M. *Caſſini* l'obſerva le 7 Mars 1687, & que nous l'avons obſervé quelquefois depuis trois ou quatre années, on peut en conclurre ſûrement que l'Atmoſphère Solaire s'étend alors tout au moins juſqu'à l'Orbite Terreſtre priſe à ſa diſtance actuelle au point d'Obſervation. C'eſt tout au moins, parce qu'il eſt plus que vraiſemblable que ſon extrémité réelle va au delà de ſon extrémité aperçûe, & qu'il faut que le rayon *TG* ait fait un aſſez long chemin dans l'Atmoſphère Solaire *YGF*, ſur-tout étant près de ſes bords, pour qu'elle y devienne viſible.

A plus forte raison devra-t-on en tirer cette conséquence, lorsque la pointe apparente de la Lance aura de plus grandes Elongations, & qu'elle sera vûe, par exemple, en *E* ou *I*, à 93, 95, à 100 degrés ou plus, du lieu *L* du Soleil. Feu M. *Cassini* a vû quelquefois la Lumière Zodiacale à de pareilles distances; on peut en déduire autant de quelques-unes des Observations de M. *Eimmart* indiquées ci-dessus; & nous observâmes aussi cette Lumière d'environ 100 degrés de longueur, le 3.me Décembre 1728, depuis 5h & ½ du matin jusqu'à près d'un quart-d'heure de crépuscule. En cet état il est clair que la tangente *RN*, menée de l'Horizon au tranchant de l'Atmosphère *ZEH*, ne peut passer ni par la Terre *T*, ni par la pointe aperçûe en *E* de cette Atmosphère vûe de profil par l'Observateur qui est en *T*, parce que sa partie *TRE* n'est point assez dense pour être visible; du moins ne connois-je point encore d'Observation qui donne l'angle *HTI* droit, ou plus que droit, & qui fasse passer la pointe de la Lumière Zodiacale vers *RE*, à l'opposite de sa base sur l'Horizon. Mais ce que l'on n'observe pas comme Lumière Zodiacale, on l'a peut-être observé plus d'une fois sous une autre idée, & comme une appartenance de l'Aurore Boréale.

L'Atmosphère du Soleil renfermera donc alors le grand Orbe, & passera bien loin au delà; & si la Terre se trouve du côté le plus étendu de ce Sphéroïde Lenticulaire, & sur-tout auprès de ses Nœuds avec l'Ecliptique, comme il est sûr qu'elle peut s'y trouver, elle y sera entièrement plongée pendant une partie de son cours, & pendant tout le temps que durera cette extension.

Il est donc de la dernière certitude que l'Atmosphère du Soleil peut atteindre jusqu'à nous, que la Terre peut en être, pour ainsi dire, inondée, & que cela doit être arrivé plusieurs fois : cela est, dis-je, certain & démontré indépendamment de toute hypothèse Physique, & de l'explication de l'Aurore Boréale que je crois en dépendre. Et c'est ce qui mérite assûrément quelque attention, puisqu'une cause si étendue & si efficace, un fluide assez dense pour réfléchir ou pour darder jusqu'à nous la Lumière, que nous traversons, & dans lequel nous & notre Atmosphère nous trouvons quelquefois plongés bien avant, ne sauroit manquer de produire des effets considérables à notre égard.

CHAPITRE VII.

Du mouvement de la Lumière Zodiacale & de l'Atmosphère Solaire.

JE n'ai jamais pû me convaincre d'aucun mouvement propre dans la Lumière Zodiacale, & je ne trouve pas que M. *Cassini* lui en ait attribué d'autre que celui qu'elle doit avoir, ou paroître avoir en qualité de compagne, ou
Art. 18. d'Atmosphère du Soleil. « Elle paroît, dit-il, s'avancer peu
» à peu d'occident en orient, & parcourir les signes du Zodiaque par un mouvement à peu près égal à celui du Soleil. » Ce fut d'abord une des principales raisons qu'il apporta pour prouver que le sujet de cette Lumière n'étoit pas dans la Sphère Elémentaire.

J'avoue qu'il est difficile que les Observations nous fassent apercevoir d'aucun autre mouvement que de celui-là dans un Sphéroïde tel que nous l'avons décrit, & dans l'apparence sous laquelle nous le voyons. Mais l'analogie des mouvemens célestes en général, semble exiger que cet amas de matière ait encore un mouvement propre & périodique autour du globe Solaire, à peu près comme les Planètes qui se trouveroient aux mêmes distances que les parties qui le composent. C'est du moins une hypothèse très-recevable, & que M. *Fatio* a adoptée dans la Lettre que nous avons
P. 25. déjà citée plusieurs fois : « Mon hypothèse, dit-il, est con-
» forme à la Physique en ceci, que je suppose que ces corps
» déliés sont répandus en rond autour du Soleil, c'est-à-dire,
» autour du centre du *Tourbillon* de matière céleste, & qu'ils

ſont emportés à l'entour par les mouvemens inégaux des « différentes parties du Ciel dans lequel ils nagent. » Il conçoit donc, comme il l'explique encore un peu plus bas, « que « toute la maſſe du Phénomène tourne à l'entour du Soleil, « & que ces différentes parties vont plus vîte à proportion, « qu'elles ſont plus proche de cet Aſtre; mais cette maſſe, « ajoûte-t-il, étant conſidérée comme un ſeul corps, garde « une même ſituation dans le Ciel, & demeure toûjours ren- « fermée dans le même eſpace ».

Nous n'en dirons pas davantage ſur cet Article, trop dépendant, en un ſens, du Syſtème général de Phyſique que l'on auroit adopté : car nous tâcherons, autant qu'il nous ſera poſſible, de conſerver à nos recherches l'avantage de ſe ſoûtenir avec tous les ſyſtèmes, en n'y admettant que des Obſervations & des faits qui puiſſent être avoués de part & d'autre.

CHAPITRE VIII.

Des changemens réels ou apparens de la Lumière Zodiacale & de l'Atmoſphère Solaire, & de quelques inductions qu'on en peut tirer par rapport à l'Aurore Boréale.

SI les corps les plus ſolides & les plus brillans, tels que les Planètes & les Etoiles fixes, nous laiſſent remarquer en eux des changemens, on peut juger combien la Lumière Zodiacale & l'Atmoſphère Solaire, doivent être ſuſceptibles de variété, & ſouffrir de viciſſitudes. Mais cette analogie nous en indique encore moins que les Obſervations; & il eſt certain qu'indépendamment des circonſtances optiques, qui ne nous y font découvrir quelquefois que des variations apparentes, il y en a de réelles dans l'Atmoſphère Solaire, & qui doivent être beaucoup plus conſidérables à certains égards, que celles que nous connoiſſons de l'Atmoſphère Terreſtre.

Les changemens que nous sommes le plus à portée d'observer dans l'Atmosphère du Soleil, & qui se manifestent sur-tout dans la Lumière Zodiacale, roulent sur son étendue, sur sa clarté, sur sa figure & sur sa situation. Celui de son étendue semble le plus réel, & renferme souvent tous les autres : il est aussi le plus important par rapport à notre sujet.

Ce n'est pas toûjours faute d'Observateurs, que le phénomène est demeuré inconnu ; il y a tout lieu de croire qu'il a été de longs intervalles de temps sans paroître, & que l'on n'auroit pas manqué de l'apercevoir 40 ou 50 ans plus tôt, & depuis le renouvellement de l'Astronomie, s'il avoit eu la même durée, la même force & la même étendue qu'il eut lorsque M. *Cassini* en fit la découverte. Le témoignage de ce grand Astronome là-dessus n'est pas équivoque, & ne sauroit être suspect. Il emploie un article de son ouvrage* à rapporter les raisons, *d'où l'on peut inférer que la Lumière Zodiacale n'a pas toûjours été visible, aux temps de l'année qu'il est le plus facile de la distinguer, quoiqu'elle puisse avoir paru autrefois.* Ces temps sont, comme nous l'avons remarqué ci-dessus, le soir au mois de Février, de Mars & d'Avril. Or il assure avoir fait les années précédentes dans ces mêmes mois, plusieurs Observations qui l'engageoient à diriger ses regards vers l'endroit du Ciel où la Lumière Zodiacale auroit dû paroître, & ne l'y avoir point aperçûe : & ces Observations rouloient la plûpart sur des Comètes qu'il cherchoit en ces endroits du Ciel, en 1665, 1672, & tout récemment en 1681, deux ans seulement avant la découverte de la Lumière Zodiacale, & la publication qu'il en fit dans les Journaux des Savans. Combien étoit-il difficile qu'en de pareilles circonstances un objet si remarquable eût échappé à des yeux si clair-voyans !

* *Art. 30.*

Ce fut vers ces temps-là, c'est-à-dire, autour de l'an 1672, que divers Astronomes allèrent par ordre du Roi aux Indes, tant orientales qu'occidentales, & dans la Zone Torride : nous avons les Observations qu'ils y firent, & l'on ne trouve point qu'ils aient vû le phénomène dont il s'agit.

Il

Il doit cependant être plus visible dans la Zone Torride que par tout ailleurs, soit à cause que l'Ecliptique y est moins inclinée sur l'Horizon, soit par la brièveté des crépuscules.

Mais en 1684, le P. *Noel* Jésuite, voyageant dans les Indes orientales & tout proche de l'Equateur, l'aperçoit à la suite du crépuscule, il voit, dis-je, la Lumière Zodiacale *semblable à la Voie Lactée, & sous la forme d'une grande queue de Comète qui s'élève jusqu'à 60 ou 70 degrés au dessus de l'Horizon, sur une amplitude de plus de 15 degrés; après quoi elle s'abaisse peu à peu, & se cache enfin en suivant toûjours la route & le mouvement du Soleil** ; & il la voit si souvent & si régulièrement dans toutes ces contrées & jusque dans la Chine, qu'il croit pouvoir lui imposer le nom de *second crépuscule*.

* *Observationes Mathem. & Phys. in India & China factæ, &c. p. 133.*

» M. de *la Loubère*, Envoyé du Roi à Siam, la remarqua plusieurs fois après le crépuscule du soir, vers la fin de « l'année 1687. Il la jugea beaucoup plus large que la Voie « de Lait, & il apprit de M. l'Evêque de *Metelopolis*, qu'on « la voyoit à Siam depuis trois ou quatre ans*. »

* Cassini, *ubi suprà Art. 43.*

Le P. *Richaud* Jésuite, dans les Observations mises au jour par le P. *Goüie*, & insérées dans les anciens Mémoires de l'Académie, rapporte, « que non seulement on avoit observé cette Lumière à Siam l'an 1686 & 1687, mais qu'il « l'avoit remarquée plusieurs fois à Pondicheri en 1690*. »

* *Mém. de l'Acad. tome VII, p. 824.*

Je trouve encore dans une Relation manuscrite, dont l'extrait m'a été communiqué par le P. *Duhalde* de la même Compagnie, que vers ces mêmes temps, & à compter depuis 1685, jusqu'en 1693 & 94, le P. *Lecompte* avoit observé plusieurs fois à Siam & à la Chine, des Phénomènes dont il est très-probable que la Lumière Zodiacale, si ce n'est peut-être aussi l'Aurore Boréale, étoit le sujet, ou faisoit partie... *De longues traces d'ombre & de lumière qu'on voyoit souvent le soir & le matin dans le Ciel, & auxquelles leur figure pyramidale avoit fait donner le nom de Verges.* Ce qui s'accorde avec les Observations de M. *Eimmart* à

Nuremberg, par lesquelles il paroît que cette Lumière a été très-visible pendant toutes ces années, & jusqu'en 1694.

Voilà donc un nouvel objet, qu'il est moralement impossible que l'on n'eût pas aperçû dans l'intervalle de plusieurs années, s'il avoit été le même, ou aussi fréquent, dans un temps où les Observateurs n'étoient ni moins nombreux, ni moins éclairés, ni moins attentifs. Aussi l'accroissement de la Lumière Zodiacale est-il si marqué par la
Art. 34. suite de ces premières Observations, que M. *Cassini* trouvoit que dans l'espace de trente-sept mois, à compter depuis l'année 1683, sa longueur avoit augmenté de 30 ou 33 degrés du côté de son orient, c'est-à-dire, dans la partie qu'on en voit après le crépuscule du soir.

L'augmentation de clarté & de densité y fut encore observée en 1686, & par M. *Cassini* & par M. *Fatio*. Le
Art. 35. premier « trouve surprenant que personne ne regardât alors cette Lumière que comme un simple brouillard; » & le second dont les Observations finissent au commencement de cette année-là, conclud « qu'il sembloit que la matière du
Page 59. phénomène se fût épaissie par la succession du temps. »

Après l'année 1687, où la longueur de la Lumière alla un jour à 100 degrés, depuis sa pointe jusqu'au globe du Soleil, il semble qu'elle n'ait fait que diminuer, du moins jusqu'en 1688, où se terminent les Observations de M. *Cassini*.

La conséquence que j'ai à tirer de tout ce détail, c'est que l'Atmosphère Solaire s'étendit enfin jusqu'à l'Orbe annuel de la Terre & au delà, qu'elle parvint jusqu'à la Terre même, & qu'elle se mêla avec notre air, tout au moins avec celui des Régions supérieures.

Que l'Atmosphère du Soleil se soit étendue jusqu'à l'Orbe annuel dans les années 1686 & 1687, c'est ce qui suit des Observations que nous venons d'indiquer, & de ce qui a été démontré dans le Chapitre VI: & à l'égard de son mélange avec l'Atmosphère terrestre, nous le conclurons, selon notre hypothèse, de ce que l'Aurore Boréale, dont on n'entendoit plus parler depuis 1621, commence à reparoître en Allemagne dans le Ringaw * en 1686, & en Danemarck la même année ou en 1687, comme je l'apprends de M. *Horrebow*, ſavant Aſtronome & Profeſſeur à Coppenhague. +

* *Miſcellan. Curioſa, anno 1686. Decur. 2, p. 215.*

Quant aux Obſervations que je fais depuis quelques années, elles ont donné ſouvent 80, 90, & juſqu'à 100 degrés de longueur à la Lumière Zodiacale, ſur 15, 20, ou 25 de largeur & plus.

On voit donc par-là tout au moins, qu'il ne faut pas s'étonner que l'Aurore Boréale, en la ſuppoſant auſſi liée que je penſe qu'elle l'eſt avec l'Atmoſphère du Soleil, ait été de longs intervalles de temps ſans paroître, qu'en d'autres temps elle ait ſouvent paru, & qu'elle ait fait quelquefois de foibles apparitions, qui n'ont point eu de ſuite, & qui par-là ne nous ont pas contraints d'y faire une attention particulière comme nous faiſons depuis l'année 1716.

Si la clarté & la denſité de la Lumière Zodiacale n'augmentent pas avec ſon étendue, ſi elles diminuent au contraire quelquefois, comme cela peut fort bien arriver, & ſi ſa pointe en eſt moins terminée, l'Atmoſphère Solaire pourra atteindre juſqu'à nous, ſans que les Obſervations nous en donnent connoiſſance, & la Lumière Boréale pourra paroître ſans qu'on l'ait vû précéder par la Lumière Zodiacale.

Un ſemblable effet arrivera encore, mais par une cauſe en apparence toute contraire, ſi la denſité ou la clarté de la partie du milieu de la Lumière Zodiacale, & la plus proche de l'Horizon, augmente trop avec ſon étendue ; car elle lui ſera auſſi nuiſible que le crépuſcule, elle effacera tout le reſte, & alors les bords apparens & la pointe paroîtront tout-à-fait incertains. C'eſt ce que j'ai tout lieu de croire avoir éprouvé, & à un point extraordinaire l'Automne

+ Memini me anno ætatis meæ ſeptimo vel octavo, id eſt circà annum 1686 vel 1687, vidiſſe primâ vice Auroram Borealem. *Lettre MSC de M.* Horrebow *du 26 Décembre 1731, adreſſée à M. le Comte de* Plelo *Ambaſſadeur de France à la Cour de Danemarck.*

dernier 1731, où les Aurores Boréales ont été si magnifiques & si fréquentes : car ayant voulu deux ou trois fois observer le matin la Lumière Zodiacale, dans le mois d'Octobre, le temps m'ayant paru le soir très-favorable pour cela, elle m'a toûjours été dérobée, tantôt par un reste d'Aurore Boréale, dont la lumière s'étendoit du Nord jusqu'à l'orient, & tantôt par une clarté aussi vive qu'un fort crépuscule, & qui occupoit toute la partie de l'Horizon, où le Soleil devoit paroître, quoique ce fût plus de deux heures avant son lever. On peut s'apercevoir aisément que cet inconvénient est le même par rapport aux limites de la Lumière Zodiacale, que ce que l'on éprouve pendant les Eclipses totales du Soleil, où la partie la plus basse, la plus dense & la plus brillante de son Atmosphère efface, ou rend absolument indéterminées ses extrémités, paroissant ramassée autour de son globe comme une espèce de chevelure, ainsi qu'il a été remarqué ci-dessus *.

* Page 14.

J'ai encore observé plusieurs fois, qu'après que la Lumière Zodiacale avoit cessé de paroître le soir sous sa forme de lance ou de fuseau, toute la partie du couchant demeuroit plus éclairée que le reste du Ciel, sur 30 ou 40 degrés d'amplitude. Mais ce qui dans la suite m'a le plus souvent empêché d'observer la longueur & les extrémités de la Lumière Zodiacale, c'est qu'elle venoit se confondre avec l'Aurore Boréale, comme je l'ai dit de l'Automne dernier. C'est ce que j'ai aussi remarqué depuis quelques années, dans les mois de Mars & d'Avril, & cela avec tant de règle & de constance, qu'il sembloit quelquefois que ce phénomène allât devenir aussi ordinaire que le crépuscule.

Nous avons déjà touché quelque chose des variations réelles ou apparentes qui surviennent à l'Atmosphère du Soleil dans sa figure & dans sa situation, en traitant ces articles; & cela suffit si l'on ne la considère que comme un Sphéroïde plat, parfaitement circulaire par ses bords & concentrique au Soleil. Mais ne seroit-il pas possible que l'Atmosphère du Soleil fût elliptique par son tranchant, & que le corps de cet Astre n'y occupât qu'un des Foyers de l'Ellipse, plustôt que le centre, comme dans les Orbites des Planètes? Il faut tout au moins dire un mot des apparences qui s'en ensuivroient.

Soit donc l'Atmosphère Solaire *ABCD* projetée sur le plan de l'Equateur du Soleil, & située par rapport à l'Orbite terrestre *EXGH* vûe sur le même plan, de manière que leurs Axes ou Apsides *AC, EG*, se coupent sous un grand angle quelconque *CSG* à leur Foyer commun *S*, où se trouve le Soleil. Soit le centre de la première en *K*, & son petit Axe *DKB*. Cela posé, la Terre se trouvant en *H*, ou en *h*, par exemple, sur la projection du grand Axe *AC* de l'Ellipse *ABCD*, elle verra deux portions égales de cette Ellipse, *KBAK, KDAK*, ou *KBCK, KDCK*, de part & d'autre du centre *K*, & du Soleil *S*, qui est sur la même ligne. Et si l'Atmosphère Solaire *ABCD* étoit uniformément visible dans toutes ses parties également distantes de l'Axe *AC*, l'Observateur placé à l'un de ces deux points *H* ou *h*, la jugeroit comme nous avons fait *(chap. IV)* & par les raisons que nous en avons rapportées, un Sphéroïde aplati, exactement circulaire & concentrique par ses bords au globe du Soleil. Fig. V.

On aura encore la même apparence à cet égard, lorsque la Terre se trouvera sur les points de son Orbite *X, L*, par exemple, ou équivalens, d'où l'angle visuel compris entre deux lignes ou tangentes, menées aux extrémités visibles de l'Atmosphère Solaire, sera partagé en deux également par la ligne menée au Soleil ou Foyer commun *S*. En toute autre rencontre, en *F* ou *f*, par exemple, sur le petit Axe de l'Ellipse prolongé ou non prolongé, & par-tout où la Terre ne sauroit voir le Soleil *S*, au milieu *K* de l'angle visuel que forment les deux tangentes *FT, FN*, mais au dessus ou au dessous, comme en *FS*, les deux moitiés du Sphéroïde devront paroître de différente grandeur entre elles.

à chacune de ces ſtations différentes, & ſous une infinité de rapports.

Donc on pourra dans tous ces cas ſe tromper ſur la figure de l'Atmoſphère Solaire, parce qu'on pourra la juger ſeulement d'une différente étendue en total, quoique réellement elle ait demeuré toûjours la même, comme réciproquement dans les cas inverſes on auroit pû la croire de la même étendue, quoiqu'elle eût réellement changé.

Selon cette Théorie, il n'y auroit qu'un grand nombre d'Obſervations faites le matin & le ſoir dans le même jour, & en différentes ſaiſons de l'année, qui puſſent enfin nous aſſurer de la véritable figure ou la plus ordinaire du Sphéroïde dont il s'agit: car on en verroit alternativement les deux moitiés, l'occidentale & l'orientale. Mais rien n'eſt ſi rare, comme nous l'avons expliqué, que de pouvoir obſerver deux fois la Lumière Zodiacale en un même jour. Il faudroit pour cela ſe trouver dans quelqu'une de ces contrées de la Zone Torride, où l'inclinaiſon de l'Ecliptique à l'Horizon, moins grande ou moins variable que par-tout ailleurs, & où la ſérénité conſtante du climat, favoriſeroient la ſuite non interrompue de pareilles Obſervations. Je ne me ſouviens guère d'en avoir vû qu'une de cette eſpèce, bien circonſtanciée parmi le grand nombre d'autres qu'en rapporte feu M. *Caſſini* *. Les deux moitiés furent vûes égales le ſoir & le matin du 4 au 5 Décembre 1687, & chacune de 70 de longueur ſur 20 de largeur.

* *Art. 39.*

Nous n'inſiſterons donc pas davantage ſur cette idée d'excentricité, juſqu'ici trop gratuite, & pluſtôt contraire que conforme aux Obſervations; ſans compter que la rotation du Soleil ſur ſon Axe, ne peut imprimer au fluide dont il eſt immédiatement environné que le mouvement circulaire, ni le déterminer de proche en proche, & dans toutes ſes couches, à prendre d'autre figure que la circulaire, & concentriquement au Soleil.

Comme les Obſervations les plus ſuivies de la Lumière

Zodiacale souffrent ordinairement de grandes interruptions, & qu'il ne faut pas prétendre pouvoir jamais les mettre en règle autrement qu'à force d'en multiplier extrêmement le nombre, il n'est pas possible de démêler dans celles qui nous ont été transmises jusqu'ici, & qui ne s'étendent que sur quatre, cinq ou huit années, à quoi peuvent appartenir certains changemens brusques, qui surviennent à l'étendue, à la densité & aux autres modifications de cette Lumière, tandis que dans le total & sur de grandes masses de temps, il y règne un progrès assez régulier. Par exemple, elle augmente selon M. *Cassini* *, depuis le milieu de Janvier 1686, jusqu'au milieu de Février, où sa longueur approche de 90 degrés d'étendue, à compter depuis le Soleil jusqu'à sa pointe : elle diminue ensuite, en se soûtenant aux environs de 80 ou 75 degrés, jusqu'au 11.me Avril, où elle tombe assez vîte à 58, ou même à 53 degrés. Mais on la voit tout d'un coup reparoître en trois jours, dès le 14 du même mois, avec 90 degrés de longueur, jusques vers le milieu du mois de Mai, où elle en a 93. Cependant il résulte de la totalité des Observations de M. *Cassini*, comparées avec les premières de l'an 1683, que la Lumière Zodiacale a augmenté de plus de 30 degrés de longueur.

* Art. 34 & 35.

Je remarque des variations fort semblables depuis quelques années, quoique le phénomène soit, à mon avis, plus apparent & qu'il ait plus de corps que du temps des Observations de M. *Cassini*. Par exemple, le 8.me Janvier 1730, la Lumière Zodiacale, vers les 6 $\frac{1}{2}$ heures du soir, se terminoit par sa pointe auprès de la tête de la *Baleine*, & avoit par conséquent 85 ou 90 degrés de longueur; & onze jours après, le 19 du même mois, à la même heure, je la trouvai d'environ 30 degrés plus courte, & n'allant que jusqu'au dessous de la Section du signe du *Bélier* vers le sud, près de la queue de la *Baleine*. J'ai vû même des nuits assez belles, sans clair de Lune, & sans aucune apparence des obstacles qui s'opposent d'ordinaire à l'apparition de cette Lumière, où elle ne se montroit point du tout, après avoir paru quelques jours auparavant, ou ſeule, ou confondue avec l'Aurore Boréale, & quelquefois malgré des circonſtances peu favorables.

J'ai de la peine à croire qu'il y ait toûjours de la réalité dans ces changemens, & qu'ils ne ſoient pas dûs le plus ſouvent à de ſimples apparences, ou à quelques diſpoſitions particulières & accidentelles du milieu à travers lequel nous les voyons.

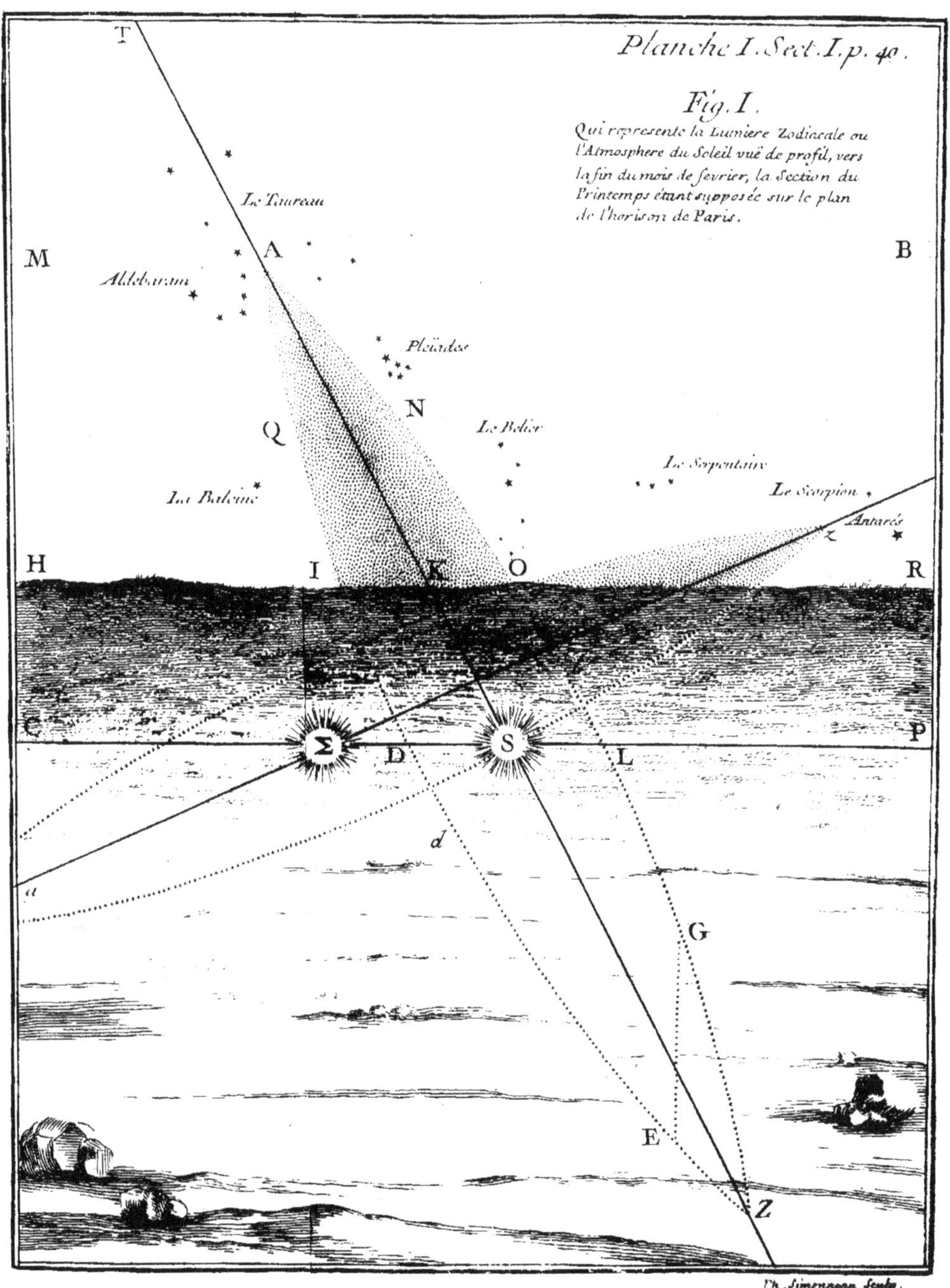
Planche I. Sect. I. p. 40.
Fig. I.
Qui represente la Lumiere Zodiacale ou l'Atmosphere du Soleil vuë de profil, vers la fin du mois de fevrier, la Section du Printemps étant supposée sur le plan de l'horison de Paris.
T
Le Taureau
M
A
B
Aldebaran
Pleïades
N
Q
Le Belier
Le Serpentaire
La Baleine
Le Scorpion
Antarés
z
H
I
K
O
R
C
Σ
D
S
L
P
d
a
G
E
Z
Ph. Simonneau Sculp.

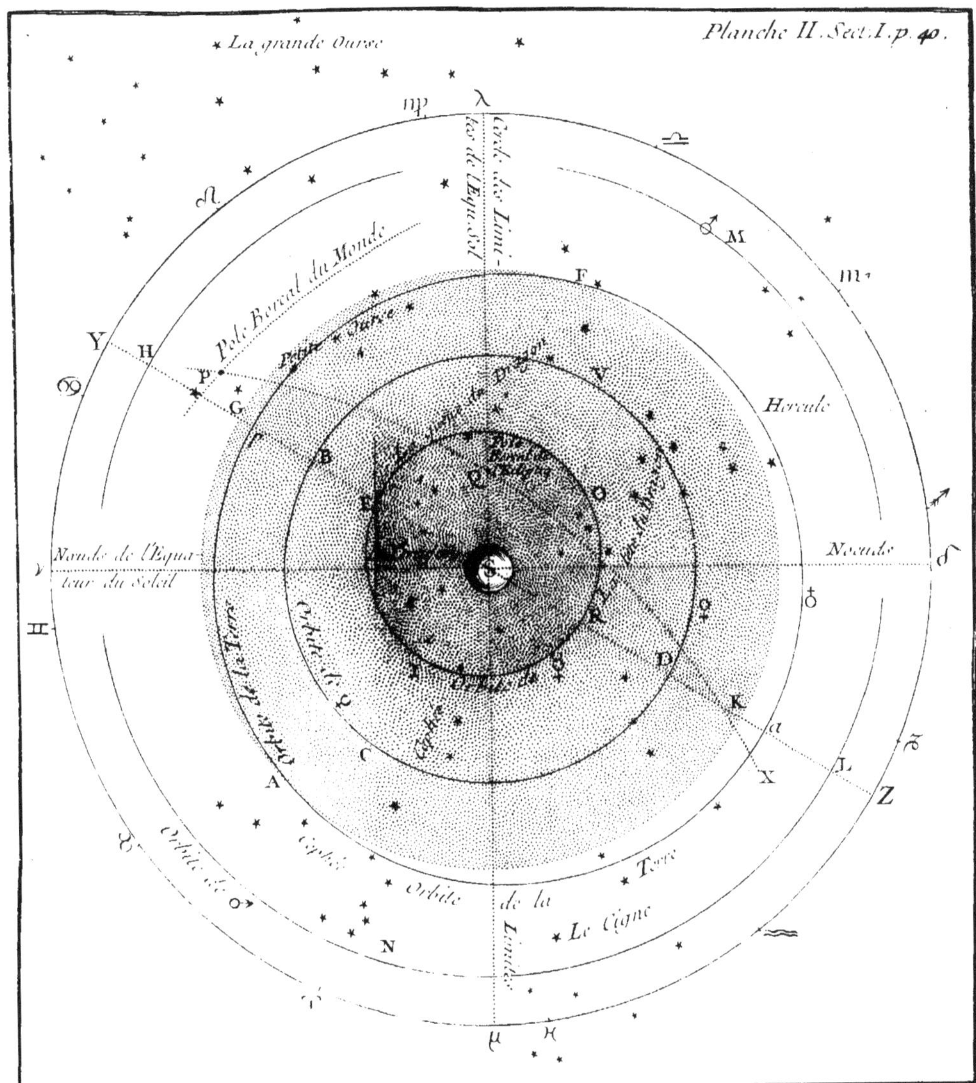

Fig. II. Qui represente l'Atmosphere du Soleil projettée sur le plan de son Equateur, et sur une partie de la concavité de l'Hemisphere Boreal du ciel ; l'oeuil etant suposé sur l'Axe du Soleil prolongé de son Pole Austral (S) à une distance telle que cette Atmosphere, y est vüe sous un angle de 45 degrés. Cette Figure sera plus particulierement expliquée dans la 4me Section.

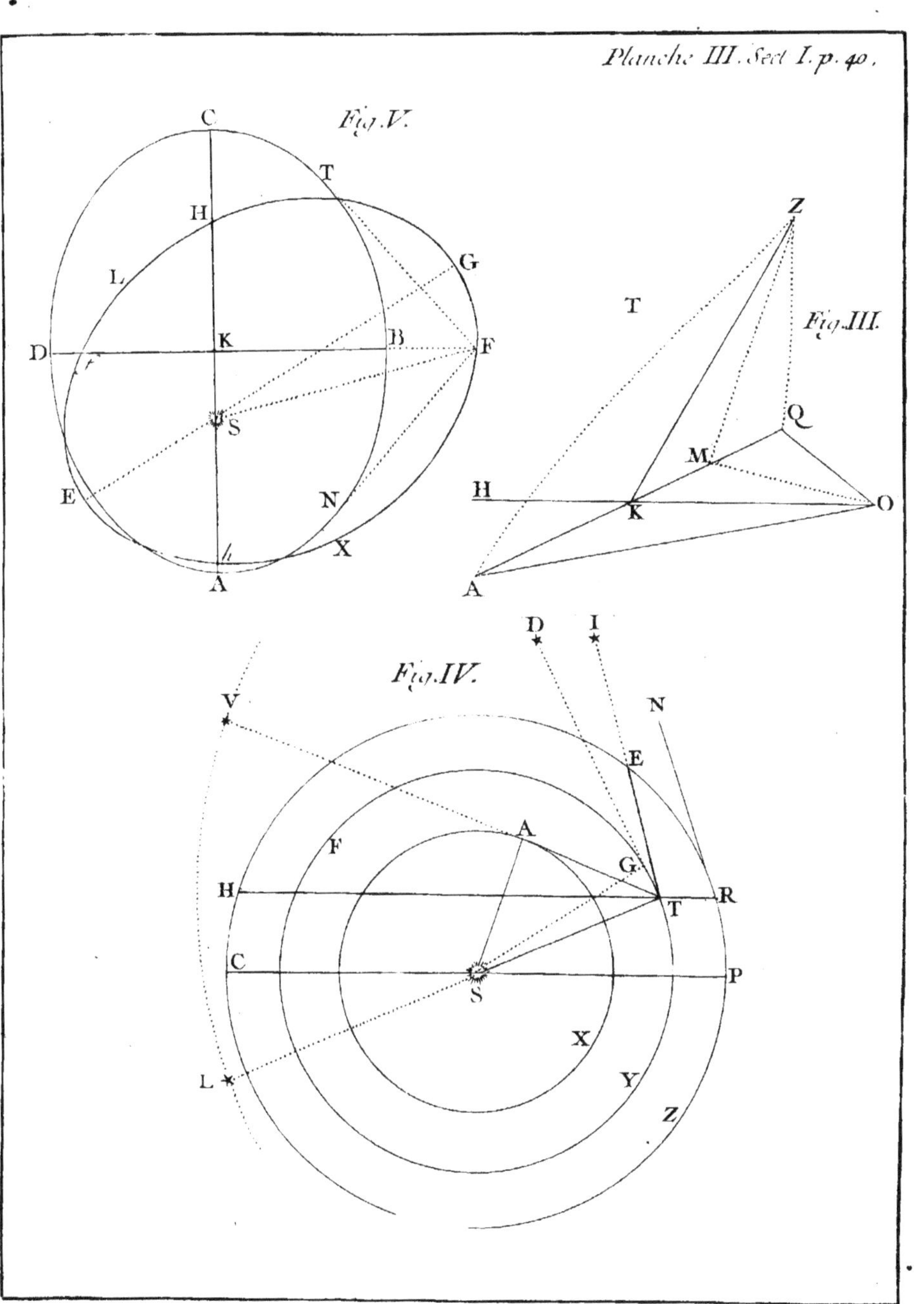

Ph. Simonneau Sculp.

SECTION II.

De l'Atmoſphère Terreſtre, de ſa hauteur, de la Région que l'Aurore Boréale y occupe, & de l'excluſion que cette circonſtance donne à quelques cauſes auxquelles on avoit juſqu'ici attribué le Phénomène.

J'ENTENDS par l'*Atmoſphère Terreſtre,* tout cet air, ou ce fluide quelconque qui enveloppe le globe de la Terre, qui pèſe vers ſon centre & ſur ſa ſurface, & qui eſt emporté avec elle, en participant à tous ſes mouvemens, l'annuel & le diurne.

Cela poſé, on ne ſauroit douter que l'Aurore Boréale ne ſoit dans l'Atmoſphère Terreſtre, puiſqu'elle ſuit viſiblement ſon mouvement diurne, & que l'on n'aperçoit dans aucune de ſes parties le mouvement extérieur du premier mobile ou cette révolution apparente que les Aſtres font régulièrement tous les jours autour de la Terre, d'orient en occident. C'eſt à quoi j'ai été attentif dans le cours de pluſieurs de mes Obſervations, où j'ai trouvé que la maſſe totale du phénomène demeuroit immobile, ou affectoit au contraire de ſe porter d'occident en orient, en ſe rangeant plus exactement autour du Pole de la Terre, après avoir commencé par décliner beaucoup vers l'occident. Il eſt impoſſible d'ailleurs de concevoir que les matières qui compoſent l'Aurore Boréale, puſſent ſe ſoûtenir dans l'Éther, qui eſt, de quelque façon qu'on l'entende, tout ce que nous imaginons de plus léger & de plus ſubtil. Il n'eſt pas moins certain, par un grand nombre d'Obſervations, dont nous verrons bien-tôt le détail, que l'Aurore Boréale eſt dans une Région très-élevée, & fort au dessus de la hauteur qu'on donne communément à notre Atmosphère. Ce phénomène est donc lui-même une forte preuve de la grande hauteur de l'Atmosphère Terrestre, en comparaison de celle qu'on lui a donnée jusqu'ici. Nous n'en demeurerons pas là cependant, cette question étant assez importante par rapport à notre sujet, & assez curieuse par elle-même pour mériter un plus ample examen.

CHAPITRE PREMIER.

Des moyens qu'on a employés jusqu'ici, pour connoître la hauteur de l'Atmosphère Terrestre.

PRESQUE toutes les Méthodes dont les Physiciens & les Astronomes se sont servis jusqu'à présent, pour déterminer la hauteur de notre Atmosphère, peuvent être réduites à deux.

La première & la plus ancienne est prise de la durée des crépuscules, & fixe la hauteur de l'Atmosphère à celle des dernières couches d'air qui nous réfléchissent les rayons du Soleil; soit qu'on observe l'élévation apparente de ces couches sur l'Horizon, en degrés & minutes, pendant que le crépuscule subsiste, soit qu'on la déduise de la fin du crépuscule ou du commencement de l'Aurore, lorsque le Soleil est environ 18 degrés au dessous de l'Horizon. Cette méthode a été employée par *Alhazen*, Auteur Arabe, qui vivoit dans le 11.me siècle, & par *Vitellon* son contemporain, par *Ticho-Brahé*, *Kepler* & plusieurs autres Astronomes du 16.me & du 17.me siècle, & enfin par M. *de la Hire*, qui nous a laissé un excellent Mémoire sur ce sujet *.

* *Mém. 1713. p. 54.*

La seconde manière de mesurer la hauteur de l'Atmosphère, qui est la plus moderne & la plus suivie aujourd'hui, est fondée sur les différentes hauteurs du mercure dans le Baromètre, en tant qu'elles répondent à des hauteurs Terrestres accessibles, & actuellement mesurées au dessus du niveau de la Mer ou de la surface de la Terre; d'où l'on déduit par le calcul, & en conséquence de quelques dilatations connues de l'air, la hauteur où l'air doit arriver, pour n'avoir plus de densité sensible, & pour terminer ce qu'on appelle communément l'*Atmosphère*. Cette méthode fut imaginée peu de temps après la découverte de la pesanteur de l'Air, ou de l'invention du Baromètre. M. *Pascal* est le premier qui s'en soit servi pour connoître la hauteur des montagnes. Mais M. *Mariotte*, dans son essai de la *Nature de l'Air*, en conclut la hauteur de l'Atmosphère, par une progression des dilatations de l'Air à différentes distances de la surface de la Terre, & par l'épaisseur que doivent avoir les couches qui y répondent, & qui sont indiquées par les hauteurs réciproques du mercure. M. *Halley* * l'employa aussi au même usage, en faisant représenter ces hauteurs du mercure, ou les pressions aux abcisses d'une Hyperbole entre ses Asymptotes, & les volumes ou les raréfactions de l'Air, aux appliquées ou aux espaces hyperboliques compris entre elles; ce que M. *Bouguer* * a pratiqué en dernier lieu, par les Coordonnées de la Logarithmique.

* *Philosoph. Transact. N.° 181, anno 1686.*

* *Essai d'Optique sur la gradation de la Lumière, p. 153.*

Quelque diversité qui règne dans la manière de se servir des deux méthodes précédentes, selon les différentes vues, & le différent génie des Auteurs qui les ont mises en pratique, elles se sont presque toûjours accordées jusqu'ici, en ce qu'elles ont renfermé les limites & la hauteur de l'Atmosphère conçûe à la manière ordinaire, & comme un simple amas d'air capable de produire des effets sensibles, entre quinze ou vingt lieues de hauteur. Je ne sache que *Kepler* * qui diffère beaucoup de ce résultat, en employant la première méthode, & feu M. *Maraldi* * en employant la seconde, l'un & l'autre faisant l'Atmosphère beaucoup plus basse.

* *Epitom. Astron. Copern. p. 74.*

* *Mém. Acad. année 1703, p. 234.*

Nous remarquerons aussi que M. *de la Hire* semble donner la préférence à la Méthode des crépuscules sur celle du Baromètre: car il dit au sujet de la recherche de M. *Mariotte*,

fondée ſur cette ſeconde Méthode : « Mais ces ſortes de
» calculs ne peuvent jamais avoir beaucoup de juſteſſe, parce
» qu'ils ſont déduits de quelques peſanteurs de l'air proche de
» la Terre ; & de plus nous ne pouvons pas ſavoir par nos
» expériences, juſqu'à quelle hauteur les particules à reſſort de
» l'air peuvent ſe dilater dans l'Éther, ni la progreſſion de
» leur dilatation, & c'eſt beaucoup ſeulement d'avoir approché
autant qu'a fait M. *Mariotte.* »

Quoi qu'il en ſoit, les différences qu'il pourroit y avoir dans les hauteurs de l'Atmoſphère, qui ſe déduiſent de ces deux Méthodes, de quelque façon qu'elles ſoient employées, ne ſont ici de nulle conſidération, & nous avons bien d'autres exceptions à apporter contre les limites qu'elles donnent à cette hauteur, en concevant, comme nous avons dit, ſous l'idée d'Atmoſphère Terreſtre, tout le fluide quelconque, homogène ou non homogène, qui enveloppe le globe de la Terre, & qui participe à ſes mouvemens.

Car, 1.° à l'égard des crépuſcules, ils nous donnent la hauteur des dernières couches d'un air encore aſſez denſe, ou compoſé de particules aſſez groſſières pour nous réfléchir ſenſiblement la lumière du Soleil : mais ils ne ſauroient nous rien apprendre de l'air, ou de tel autre fluide qui eſt au delà, & qui ne nous réfléchit plus une ſemblable lumière, quoique d'ailleurs capable de produire une infinité d'autres effets ſenſibles qu'on a ignorés juſqu'ici.

2.° J'en dis autant du Baromètre, il nous indique le poids de la colonne de cet air groſſier, qui ne ſauroit paſſer à travers les pores du verre ou du mercure, & nullement le poids abſolu de toute la colonne d'Air en général, ou de tel autre fluide qui ne fait pas moins partie de l'Atmoſphère Terreſtre, que cet Air groſſier.

Le premier article ne ſouffre aucune difficulté ; nous allons tâcher d'éclaircir & de juſtifier le ſecond.

CHAPITRE II.

Que le Baromètre ne nous indique point le véritable poids de l'Atmosſphère, ni par conſéquent ſa hauteur.

COMME les inductions qu'on tire des différentes dilatations de l'Air à différentes hauteurs, par les abaiſſemens du mercure dans le Baromètre, ſont entièrement fondées ſur ce principe, que les compreſſions & les raréfactions de ce fluide peuvent être pouſſées à l'infini, ou indéfiniment, & garder toûjours néanmoins une proportion conſtante avec les poids dont il eſt chargé, il ſuit à la rigueur que l'Atmoſphère pourroit être conçue d'une hauteur infinie; car à quelque couche d'air que l'on arrive au deſſus des premières, il en faudra toûjours imaginer une autre au delà, qui, ſur un égal abaiſſement du mercure, ſe trouvera plus épaiſſe, & ainſi de ſuite à l'infini, ſelon la progreſſion donnée ou ſuppoſée d'après les expériences faites auprès de la ſurface de la Terre. Mais paſſé un certain terme, au delà, par exemple, de quinze ou ſeize lieues de vingt-cinq au degré, & dans l'hypothèſe des dilatations de l'air en raiſon inverſe des poids qu'il ſoûtient, l'air ſe trouvant plus de quatre mille fois plus dilaté que ne l'eſt celui que nous reſpirons, il n'eſt plus compté pour rien, & la plûpart des Phyſiciens qui ont employé cette Méthode & admis cette hypothèſe, ont regardé ce terme comme les bornes ſenſibles de notre Atmoſphère. En effet, les expanſions de l'air qui eſt au deſſus y croiſſent ſi rapidement, & deviennent bien-tôt ſi prodigieuſes, qu'au double de cette hauteur, c'eſt-à dire, à 30 lieues, elles devroient, ſelon le calcul de M. *Mariotte*, être plus de huit millions de fois plus grandes qu'auprès de la ſurface de la Terre*; & le mercure qui ſe ſoûtient ici bas à environ 28 pouces, n'auroit pas la vingt-millième partie d'une ligne, étant porté à une telle hauteur.

* *De la Nat. de l'Air, page 176. 4.°*

L'idée qu'on a prise par-là du poids, de la consistance, & de la hauteur de l'Atmosphère Terrestre, me paroît très-différente de celle qu'on doit en avoir : car, outre que d'autres hypothèses, & plus conformes aux nouvelles Observations sur les dilatations de l'air au haut des montagnes, pousseront beaucoup plus loin la hauteur de l'Atmosphère, & lui feront soûtenir de beaucoup plus grands poids, pourquoi borner la matière de l'Atmosphère, & l'air même à cet air grossier, qui ne sauroit passer au travers du Verre? Plusieurs expériences doivent nous persuader que toutes les particules de l'air ne sont pas de la même grosseur ; & que s'il y en a quelques-unes pour lesquelles le Verre n'est pas perméable, il y en peut avoir une infinité d'autres qui passent plus ou moins librement à travers ses pores.

1.° Des Baromètres faits de différent Verre en peuvent fournir une preuve : car il arrive presque toûjours que le mercure s'y soutient à des hauteurs qui diffèrent de 2, 3, 4, & jusqu'à 6 ou 7 lignes. C'est une expérience que j'ai faite avec des Verres neufs, qui sortoient de la Verrerie, & dont on peut se convaincre par soi-même, ou la voir exécutée par M. *Amontons*, dans les Mémoires de l'Académie, année 1705 *. Ce qui ne peut venir que de la différente porosité des Verres, dont les uns laissent passer des particules d'air plus grosses que ne font les autres. Je n'ignore pas que les Mémoires de l'année suivante 1706 *, tendent à révoquer en doute cette cause, sur ce que les tubes lavés avec de l'Esprit de vin, produisent des effets semblables, qu'un peu d'humidité suffit pour faire baisser le mercure, & qu'on croit que c'est par la grande raréfaction qu'elle produit sur le peu d'air qui demeure toûjours enfermé dans le tube. Mais outre l'expérience des Verres neufs & bien secs, il est aisé de voir encore que l'effet de l'humidité ou de l'Esprit de vin sur les tubes de Baromètre, ne peut agir que par quelque cause semblable à celle que nous venons d'indiquer, & nullement par voie de ressort & de réaction contre le mercure ; puisque tous ces tubes étant chargés & inclinés, le mercure y monte

* *pp. 229, 232, 234 & 267.*

* *p. 16.*

librement, & en touche aussi exactement le bout que dans les Verres les plus secs. M. *Amontons* qui pensoit que l'Esprit de vin, en lavant les parois intérieures du tube, & en détergeant la crasse du mercure engagée dans ses pores, ouvroit de nouveaux passages à l'air subtil, n'a pas eu le temps de faire sentir l'inconséquence des objections qu'on faisoit contre son explication, étant mort l'année 1705: mais j'ose avancer, en attendant que je le fasse voir ailleurs plus au long s'il est nécessaire, que lorsqu'on pesera bien les raisons alléguées, & les faits apportés en preuve de part & d'autre, on trouvera que M. *Amontons* étoit fondé en tous chefs. Du reste, quelle apparence y a-t-il que toutes les parties de l'air soient exactement de la même grosseur & de la même figure? Bien d'autres expériences confirment leur diversité. Ainsi les parties de l'air peuvent ne pas agir toutes sur la surface extérieure du mercure, pour le soûtenir dans le tube du Baromètre, parce que quelques-unes d'entre elles passent à travers ses pores, & appuient en même temps sur la surface intérieure du mercure. Et comme on ignore où commencent & où finissent les grosseurs & les figures qui conviennent aux pores du Verre ou du Baromètre, & qui s'ajustent avec eux, on ne sauroit dire aussi quelle est la partie du poids absolu de l'air & de l'Atmosphère prise en ce sens étroit, que cet instrument nous indique auprès de la surface de la Terre.

2.° De l'eau bien purgée d'air, demeure suspendue dans un tuyau de 3 ou 4 pieds de longueur, surmonté d'une grosse boule de verre, qui en est aussi remplie, quoique le tout soit renfermé dans le vuide de la machine pneumatique. Cette expérience fut faite d'abord par M. *Huguens*, & répétée ensuite par la Société Royale de Londres, à qui il l'avoit communiquée. M. *Huguens* se trouvant quelque temps après en Angleterre, on fit encore la même expérience devant lui dans une assemblée de cette Société. « M. *Boyle* s'avisa « ensuite de la faire sans l'aide de la machine, simplement « avec du vif-argent enfermé dans un tuyau de verre, dont

» le bout ouvert trempoit dans d'autre vif-argent, ayant trouvé
» le moyen de purger parfaitement d'air le mercure pendant
» trois ou quatre jours. Enfin l'essai réussit, & au lieu que dans
» l'expérience de *Torricelli* le mercure descend dans le tuyau
» de verre, jusqu'à ce qu'il n'y en reste que 27 ou 28 pouces
» au dessus du niveau du mercure dans lequel le tuyau trempe,
» M. *Boyle*, & en même temps aussi M. le Vicomte *Brounker*
» Président de la Société Royale d'Angleterre, le firent tenir
» premièrement à la hauteur de 34 pouces, puis à celle
» de 52, de 55, & à la fin jusqu'à la hauteur de 75 pouces,
» le tuyau demeurant toûjours plein, sans que l'on sache
encore jusqu'où peut aller la plus grande hauteur possible. »
Voilà ce que M. *Huguens* nous apprend dans une de ses lettres adressée à l'Auteur du Journal des Savans, & insérée dans la feuille du 25 Juillet 1672. On voit aussi les mêmes faits & plus détaillés dans l'Hydrostatique de M. *Wallis* *.

* Oper. Mathem, t. 1, p. 1051.

3.° Enfin dans la fameuse expérience de *Guerick* de Magdebourg, on s'aperçut bien-tôt que les deux Hémisphères creux, & vuides d'air, ou les deux marbres polis appliqués l'un contre l'autre, soûtenoient un beaucoup plus grand poids que celui qui pouvoit répondre à la colonne d'air qui appuyoit sur leur surface. Nous trouvons encore sur ce sujet dans le Journal des Savans du 17me Avril 1679, une expérience faite à Leyde, où deux Plans polis de 2 $\frac{1}{4}$ pouces de diamètre se coloient & s'unissoient si bien ensemble par la simple *juxta-position*, & frottés seulement avec un peu de graisse, qu'ils soûtenoient un poids de 580 livres attaché au Plan inférieur, sans se séparer. On n'explique pas si ces Plans étoient quarrés ou circulaires; le mot de diamètre semble dire le dernier. Mais fussent-ils quarrés, il s'ensuit que le poids soûtenu étoit plus de neuf fois aussi grand que celui de la colonne d'air indiquée par le Baromètre ordinaire. Car 2 $\frac{1}{4}$ pouces de côté donnent une base de 5 $\frac{1}{16}$ pouces quarrés, qui étant multipliés par 28, hauteur du Baromètre, font environ 141 pouces cubes, & ceux-ci multipliés encore par 7 $\frac{1}{4}$ onces, qui est à peu près le poids du pouce cube de mercure, produiront

produiront 990 onces & quelques gros, ou environ 62 livres, ce qui ne fait pas la 9me partie de 580+. Que si l'on suppose les Plans circulaires, comme il est naturel de le juger par l'expression de diamètre, le poids soûtenu sera près de douze fois aussi grand que celui de la colonne d'air qui répond à 28 pouces de mercure. Ce rapport augmente encore, & environ du double, dans une semblable expérience faite depuis peu par M. *Musschenbroek**.

* *Dissertationes Physicæ, &c. p. 436.*

Or il me paroît que quelque force que l'on donne à la contiguité des parties, ou à la ténacité & à l'adhésion des molécules graisseuses qui joignent les deux Plans, la résistance ou la force qui se manifeste dans toutes ces expériences, la surpasse infiniment, & doit être attribuée en plus grande partie à la pression extérieure de l'air subtil ou du fluide quelconque qui pèse dans l'Atmosphère conjointement avec l'air grossier, & qui passe plus ou moins librement à travers les pores du verre, selon les circonstances.

Car pour ne parler ici que de l'expérience du Baromètre répétée plusieurs fois * à Londres par M. *Boyle*, & devant M. *Huguens*, je consens qu'on accorde à l'adhésion, ou, si l'on veut, à l'attraction réciproque des parties contigues du mercure & du verre une aussi grande force qu'on voudra, & capable de tenir la surface extérieure de l'un colée contre la surface inférieure de l'autre, malgré le poids d'une colonne qui excède de 47 pouces celle qui fait équilibre à l'air grossier, qui n'est que de 28. J'y consens, parce qu'aucun fait connu ne peut nous servir à déterminer cette prétendue force. Mais il n'en est pas de même de l'adhésion du mercure au mercure; ce n'est pas ici un corps tout d'une pièce: nous savons, ou plustôt nous voyons que la plus petite force suffit pour faire glisser les parties de ce fluide les unes sur

* Idemque . . . frequenti experientiâ. Wallis *ubi sup.*

+ C'en sera plus que la 8me partie, si, au lieu de ne faire le poids du pouce cube de mercure que de $7\frac{1}{4}$ onces, conformément à ce que M. *Homberg* en avoit donné à l'Académie, on le fait d'environ $8\frac{3}{4}$ onces, avec quelques Auteurs plus modernes. Mais on voit bien que cela est ici de nulle conséquence.

les autres ; & s'il falloit la comparer avec le poids d'une colonne de 47 pouces, nous la trouverions plusieurs milliers de fois au dessous. Nous voyons encore que le mercure purgé n'en est que plus fluide & plus mobile, & qu'en quelque état qu'il soit, l'attraction du verre ne l'empêche pas de couler, du moins à la plus petite distance sensible de sa surface. Or, cela posé, imaginons ce cylindre de mercure de 75 pouces de hauteur, qui se soûtient dans le tube. Ne pourrons-nous pas aussi, dans ce cylindre même, en imaginer un ou plusieurs autres plus petits? Je demande donc comment on conçoit que ce second cylindre de mercure dans le mercure résiste à l'impulsion d'une telle pesanteur, ou ne glisse point étant poussé par une force presque double de celle de tout le poids de l'Atmosphère d'air grossier, en un mot, par une force égale au poids d'une colonne de mercure de 47 pouces de hauteur?

La petitesse des tuyaux qu'on soupçonne sans aucun fondement, qui pourroient avoir été employés à cette expérience, seroit ici d'une foible ressource, & l'on ne songe pas qu'au contraire le mercure se tient toûjours un peu plus bas dans les Baromètres à tuyau capillaire, que dans les autres, parce que le mercure ne mouille pas le verre. Mais ces Baromètres, & quelque capillaire qu'en soit le tuyau, ne nous fournissent-ils pas d'ailleurs une preuve sensible du peu d'adhésion qu'il y a du mercure au verre? Car le mercure y monte & y descend, & nous y indique les mêmes variations de l'air que dans les Baromètres ordinaires. C'est là pourtant que cette adhésion devroit se montrer dans toute sa force; & si c'est l'adhésion qui les tient seulement un peu plus bas, de 3, 4, 5 ou 6 lignes, sur la hauteur de 27 ou 28 pouces, elle n'y fait pas la 50.me partie de l'effort résultant de la gravitation de l'Atmosphère sur le mercure, & moins encore la 100.me partie de cet effort, dans le cas des expériences de Londres.

Il paroît donc qu'on ne sauroit assigner de cause plus vrai-semblable de l'effet proposé, que le poids d'un air moyen ou plus ſubtil que celui qui agit ſur les Baromètres ordinaires.

Mais, ajoûtera-t-on, comment concevoir que le mercure, quelque purgé d'air qu'il ſoit, puiſſe ſe ſoûtenir dans un tube dont le verre donne paſſage à ce nouvel air? Cet air ou ce fluide, appuyant contre la ſurface ſupérieure du mercure dans le tube comme il appuye ſur celui qui eſt dans la boîte, ne l'abaiſſera-t-il pas, & ne le remettra-t-il pas promptement en équilibre avec la colonne de 28 pouces?

Pour répondre à cette objection, je prends garde que, ſelon ce qui nous eſt rapporté de l'expérience de Londres, la moindre bulle d'air qui vient à monter au haut du tube, & la moindre ſecouſſe étant capables de faire deſcendre le mercure à ſon point ordinaire, il faut néceſſairement que dans le cas de la ſuſpenſion, les parties du mercure bouchent les pores du verre qui peuvent donner paſſage à l'air ſubtil, & d'autant plus que le mercure eſt mieux purgé d'air: car on voit bien que les particules de l'air groſſier que contient le vif-argent non purgé, en doivent déranger un peu la contexture, & l'empêcher de s'appliquer auſſi immédiatement à la ſurface intérieure du verre, & de s'engrainer auſſi-bien dans les interſtices de ſes parties ſolides, que lorſqu'il eſt plus pur & plus fluide.

Je remarque auſſi que le vif-argent impregné d'air groſſier, peut donner un libre paſſage à l'air ſubtil, ou à tel autre fluide de même nature dont le poids le tiendroit arrêté à 75 pouces & au delà, qu'il ne lui donnera plus, lorſqu'il en ſera purgé; de même qu'un corps déjà mouillé & impregné d'eau, peut être plus aiſément pénétré par une autre liqueur aqueuſe que s'il étoit ſec: car ce fluide montant continuellement de la ſurface du mercure de la boîte juſqu'au haut de celui qui remplit le tube, & venant à ſe mettre entre lui & le tube, il y peſera & l'abaiſſera juſqu'à la hauteur où il n'eſt ſoûtenu que par l'air groſſier, quand même les pores du verre ſeroient impénétrables à ce fluide.

Enfin il eſt poſſible de concevoir que l'air groſſier mêlé

avec le mercure, & en l'état où il a coûtume d'être dans les liqueurs, laissera passer un air ou un fluide plus subtil sans donner passage à son semblable; parce que, comme on le sait par plusieurs expériences, & comme je l'ai expliqué ailleurs+, l'air intimement mêlé & engagé dans les corps, & sur-tout dans les liquides, y est sous une forme toute différente de celle qu'il a en masse & lorsqu'il est libre.

Quelles que soient ces conjectures, on peut conclurre, ce me semble, de la totalité des faits, que l'air dont le Baromètre nous indique le poids, n'est ni le dernier, ni le seul qui entre dans la production des effets de la Nature, & dans la composition de l'Atmosphère conçûe en général, & selon que nous l'avons définie au commencement de cette Section. Eh! comment d'ailleurs cette profonde enveloppe qui fait notre Atmosphère, seroit-elle si parfaitement uniforme, qu'il n'y eût dans son tissu ou dans ses interstices, des parties de différente figure & de différente grosseur? La Lumière, qui est de tous les fluides le plus pur & le plus homogène en apparence, que nous connoissions, en a, & c'est vrai-semblablement à la différente grosseur de ses corpuscules, & par-là à leurs différentes vîtesses qu'on doit attribuer ses différens degrés de réfrangibilité, & ses différentes couleurs *.

* *Voy. Mém. Acad. 1737, page 29; & 1738, p. 23.*

Et n'oublions pas, comme nous l'avons insinué d'après M. *de la Hire**, que quand même les poids de l'air indiqués par le Baromètre, seroient suffisans pour déterminer celui de toute l'Atmosphère, l'induction qu'on en tire de la hauteur des différentes couches qui leur répondent, demeureroit toûjours très-douteuse, par la juste raison qu'on a de croire, que si les raréfactions de l'air, & les poids soûtenus par le mercure, gardent auprès de la surface de la Terre le rapport supposé dans le calcul de M. *Mariotte*, ils en ont un tout différent à de plus grandes hauteurs,

* *Sup. p. 43.*

+ *Dissertation sur la Glace, 3me édition insérée dans le* Traité des vertus médicinales de l'eau commune. *Paris, 1730, tome II, page 614; & 4me édition, Imprimerie Royale, 1749, page 133.*

& qui se montre même déjà au haut des Montagnes +.

Le Baromètre ne peut donc nous représenter la hauteur réelle de l'Atmosphère Terrestre, ni jusqu'où elle est capable de produire des effets sensibles ; & rien de connu jusqu'ici ne sauroit assigner des bornes à cette hauteur.

Il résulte encore de notre Théorie, que l'Atmosphère en général doit être plus étendue, & plus élevée vers l'Equateur & au dessus de la Zone Torride, que hors des Tropiques & sous les Poles. Car toutes choses supposées d'ailleurs égales, & que ce fluide, de même que l'eau, tende par son propre poids au parallélisme autour de la surface de la Terre, la force centrifuge, plus grande vers l'Equateur que vers les Poles, doit l'assembler en plus grande quantité au dessus de la Zone Torride, que par-tout ailleurs, l'y élever, & en rendre les couches plus épaisses ou plus profondes. Ce qui est tout le contraire de ce que le Baromètre nous indique; puisque, comme on sait, il s'en faut beaucoup, & de plus d'un pouce*, que le mercure ne s'élève aussi haut entre les Tropiques que dans nos climats, quoiqu'il s'élève encore moins dans ceux-ci que dans les Pays septentrionaux. Mais le Baromètre ne nous trompe pas à l'égard de cette partie de l'Atmosphère du poids de laquelle il est la mesure, de cet air grossier qui ne sauroit passer à travers les pores du verre ; & il s'accorde en cela avec d'autres expériences qui concourent à nous persuader que cet air est en plus grande quantité, ou plus grossier & plus dense dans les Pays voisins du Pole, que dans les Zones Tempérées & Torride.

* *Obs. Astron. & Phys. faites à la Caienne. Mém. Acad. t. VII. p. 323.*

+ *Ceci étoit écrit, & fut lû à l'Académie en 1731. Voyez les Observations qui suivirent en 1733.* Mém. de l'Ac. 1733, page 40. Réflex. sur la hauteur du Baromètre observée sur diverses Montagnes par M. *Cassini*, « dont il résulte, *p. 48, ce sont les » paroles de M. Cassini,* que la dila- » tation de l'air dans l'Atmosphère, » à différens degrés de hauteur, se fait » encore dans une proportion plus grande que les quarrés des poids « dont il est chargé, ce qui doit « donner la hauteur de l'Atmosphère « beaucoup plus grande qu'on ne l'a « cru jusqu'à présent, puisque suivant « cette règle, lorsque l'air ne sera « chargé que du poids d'une ligne « de mercure, l'étendue qui y répond « sera de 1185450 toises, ou de « plus de 500 lieues ».

CHAPITRE III.

De la Région que l'Aurore Boréale occupe dans l'Atmosphère.

J'OSAI avancer en 1726, dans l'Assemblée publique de l'Académie après la S.t Martin, & à l'occasion de l'Aurore Boréale du 19me Octobre, qu'on venoit de voir, qu'il falloit que la matière de ce phénomène eût été à plus de 70 lieues au dessus de la surface de la Terre ; & que si j'en jugeois par quelques Observations particulières qui m'en avoient été communiquées, sa hauteur seroit beaucoup plus grande. Cette proposition, qui étoit peut-être alors assez hardie, & qui ne manqua pas de contradicteurs, vû le préjugé du peu de hauteur de l'Atmosphère, ne sera bien-tôt, si je ne me trompe, que l'énoncé d'une opinion commune, devenue telle par la fréquente inspection de l'Aurore Boréale.

Tout objet vû au dessus de la surface de la Terre, qui a une Parallaxe sensible, ou qui étant aperçû de différens lieux, paroît être à différentes hauteurs, devient bien-tôt d'une élévation connue. La matière de l'Aurore Boréale, qui se trouve dans le cas, auroit donc été fixée de bonne heure à la hauteur qui lui convient, si les parties qui la composent, & la lumière dont elles brillent, n'en rendoient les extrémités indécises & mal terminées, ou même si la plusparts des Observateurs trop prévenus que ce n'étoit qu'un phénomène du nombre de ceux que produisent les vapeurs & les exhalaisons terrestres, & un vrai Météore, n'avoient le plus souvent négligé les circonstances qui en pouvoient donner le lieu dans l'Atmosphère. C'est principalement dans les Pays Méridionaux où l'Aurore Boréale est presque toûjours moins fréquente, moins marquée, & plus basse, qu'on a moins appuyé sur ces circonstances ; car dans nos contrées, à Paris, à Londres & en Allemagne, on a été bien-tôt à portée d'y faire attention. Mais, comme on sait, la Parallaxe ne peut résulter que des Observations correspondantes, & ces Observations ne la donnent avec quelque justesse, qu'autant qu'elles sont faites en des lieux considérablement éloignés l'un de l'autre. Cependant on en a encore assez de ce genre, pour pouvoir conclurre avec certitude, que la matière de l'Aurore Boréale est dans une Région de l'Atmosphère bien supérieure à celle des Météores ordinaires, & à celle des derniers rayons du Crépuscule. N'y eût-il que l'Observation vague, mais constante, du même Phénomène vû presque toûjours en même temps en plusieurs lieux très-éloignés l'un de l'autre, on en tireroit une forte preuve de sa hauteur.

L'Aurore Boréale du 12 Septembre 1621, observée par *Gassendi* à Peynier en Provence, entre Aix & Saint-Maximin, fut une des premières qui réveilla l'attention des Philosophes sur la distance des lieux où le Phénomène a coûtume de paroître. Cette Aurore Boréale fut vûe en même temps dans toute la Provence, en Dauphiné, à Bordeaux, à Dijon, à Paris, à Rouen, en un mot dans toute la France & bien au delà, jusqu'à Alep en Syrie, c'est-à-dire, à près de 700 lieues vers l'orient de la France, & à environ 12 degrés de plus vers le midi que Paris. C'est ce que nous apprend *Gassendi (a)* & que je trouve confirmé par *Bouillaud (b)* qui observoit le même Phénomène à Loudun, pendant que *Gassendi* l'observoit à Peynier, & *Galilée* à Venise.

(a) Quod non mihi modo, & circumvicinæ proximè regioni apparuerit, sed proditum fuerit apparuisse etiam ad ortum Alepii. *Gass. in Diog. Laert. p. 1139.*

(b) Descriptio Meteori quod unà cum parente Ismaele Bullialdo Loduni observavi, ab ipso Gallicè conscripta, à me deinceps in Latinum versa, &c. Observavit quoque illud Meteorum vir clariss. Petrus Gassendus Peynerii non longè ab aquis Sextiis ad ortum hiemalem, descripsitque in appendice ad exercitationem epistolicam adversùs Fladdum. Venetiis a Galileo observatum quoque fuit. IN ASIA ALEPI quoque observatum. *Tiré d'un des volumes manuscrits de ce savant Astronome, qui appartenoient à feu M. de Sain-Port, & qui sont présentement à la Bibliothèque du Roi. Volume in fol.° que j'avois coté DM. On avoit cru sans fondement que* Alepii *dans Gassendi, ne vouloit dire qu'*Aulps *en Provence.*

Celui du 17me Mars 1716, observé dans la plufpart des parties feptentrionales de l'Europe, le fut en même temps par des Anglois qui faifoient route vers l'Amérique, & dont le vaiffeau fe trouvoit alors proche des côtes d'Efpagne, à 46 degrés 36 minutes de hauteur. Quant à l'Aurore Boréale du 19me Octobre 1726, on fait qu'elle parut à *Warfovie*, à *Mofcow*, à *Péterfbourg*, à *Rome*, à *Naples*, à *Madrid*, à *Lifbonne*, &, felon quelques relations, jufqu'à *Cadiz*. Ce qui a été remarqué de quantité d'autres, dont le dénombrement feroit fuperflu.

Or, en prenant les chofes fur le plus bas pied, & en fuppofant, par exemple, que le Phénomène vû en même temps à Lifbonne & à Péterfbourg, n'y fût aperçû qu'à la plus petite hauteur apparente qu'il pût avoir, c'eft-à-dire, tout auprès de l'horizon, on aura, malgré cette fuppofition forcée, & qu'on fait être bien éloignée de la vérité, près de 58 lieues de hauteur perpendiculaire pour le lieu où fe coupent les deux tangentes que forment les rayons vifuels des Obfervateurs, & où la matière du Phénomène a été vûe. Car, felon les dernières Obfervations de M.rs *Delifle* & des PP. *Carbon* & *Capaffo*, Lifbonne eft au 38° 42½′ de latitude, plus méridional que Péterfbourg, qui eft à 60 degrés, de 21° 17½′; fa longitude eft de 11° 33′ à l'Occident de Paris, celle de Péterfbourg de 28° 16½′ à l'Orient, ce qui donne 39° 49½′ de différence en longitude, entre Lifbonne &

Fig. VI. Péterfbourg. Faifant donc paffer un grand cercle *LEP*, par ces deux villes, ainfi que la Trigonométrie Sphérique l'enfeigne, on trouvera environ 32 degrés ou 800 lieues de 25 au degré, de diftance entre les deux points *L*, *P*, qui en déterminent la pofition.

Car foit *T*, la matière du Phénomène aperçûe fur le bord de l'horizon, & fur les tangentes *LT*, *PT*; leur interfection *T*, donne le lieu le plus bas & le plus près de la Terre, où il puiffe avoir été vû en même temps de Lifbonne & de Péterfbourg. Menant la fécante *CET* du centre *C*, & les deux rayons *CL*, *CP*, on a les deux triangles *CTL*,

CTL, CTP, égaux, ſemblables & rectangles, & où chacun des angles *LCT, PCT*, eſt de $\frac{32^\circ}{2} = 16^\circ$, & partant *LTC, PTC*, chacun de 74 degrés.

Donc faiſant le demi-diamètre de la Terre de $1432\frac{1}{2}$ lieues de 25 au degré, l'analogie *CTP*, (Sin. de 74°). *CP* ($1432\frac{1}{2}$) :: *TPC* (90° ou Sin. tot.). *CT*, donnera $1490\frac{1}{4}$ lieues pour *CT*; d'où ôtant $CE = CP = 1432\frac{1}{2}$ lieues, il reſte $57\frac{3}{4}$ lieues pour *ET*, hauteur verticale du lieu où ſe trouvoit la matière viſible du Phénomène.

Il eſt bien certain que cette hauteur eſt fort au deſſous de la véritable, en tant qu'elle eſt fondée ſur la ſuppoſition que le Phénomène a été vû ſur le bord de l'horizon, tant à Péterſbourg qu'à Liſbonne: car tout au moins ſavons-nous qu'il a été vû fort haut à Péterſbourg. Tout le reſte demeurant donc comme ci-deſſus, & ſuppoſant ſeulement que le Spectateur en *P*, voit la lumière en *M*, ſous un angle *TPM*, par exemple, de 40°, le calcul précédent ou un ſemblable donnera pour la perpendiculaire *FM*, plus de 200 lieues de hauteur. Car le triangle *TPM* étant connu, ou aiſé à connoître, à cauſe du côté *TP*, que le calcul précédent fournit, & des deux angles *TPM, PTM*, qui réſultent de l'Obſervation, on a les deux côtés *PM, PC*, & l'angle compris *CPM* du triangle *CMP*, d'où l'on tire par la Trigonométrie ordinaire, la valeur de *CM*, & par conſéquent celle de *FM*.

Une objection qui ſe préſente contre cette manière de déterminer la hauteur d'un Phénomène, c'eſt que ſon étendue pourroit être ſi grande dans l'Atmoſphère *TGD*, que le Spectateur en *L*, n'en verroit que la partie *T*, qui eſt de ſon côté, & le Spectateur en *P*, la partie *D*, qui ſe trouve en même temps du ſien, quoique ces parties fuſſent éloignées l'une de l'autre de toute la diſtance *TD*. Le calcul précédent donneroit donc en ce cas la hauteur apparente *FM*, au lieu de la véritable *FG* ou *ET*, qui eſt d'autant moindre par rapport à l'autre, que la diffuſion de la matière du Phénomène eſt plus grande.

Je conviens que la méthode dont il s'agit, appliquée à l'exemple donné, n'est pas la meilleure dont on puisse se servir pour avoir la hauteur de l'Aurore Boréale, quoiqu'en général, & répétée un grand nombre de fois, elle pût fournir une forte preuve. Mais c'est par un endroit tout opposé au but de l'objection, que cette méthode doit être rejetée, & en ce qu'elle feroit la hauteur du Phénomène trop petite. Car elle le suppose placé entre les deux Observateurs *L, P,* en sorte que celui de Lisbonne, *L,* par exemple, le voit vers le Nord-est, tandis que celui de Pétersbourg *P,* le voit au Sud-ouest. Or cette supposition est manifestement contraire à l'expérience, qui nous apprend que tant dans l'exemple proposé, que dans presque tous les autres, l'Aurore Boréale proprement dite, & cet Arc lumineux qu'on a coûtume d'y remarquer, ont été vûs par tous les Observateurs du côté du Nord directement, ou à peu près. C'est donc là le cas principalement sur lequel il faudra fonder nos calculs; & il doit, comme on va voir, toutes choses d'ailleurs égales, nous donner plus de hauteur que le précédent.

Le rayon visuel *LT,* du lieu le plus éloigné du Nord, demeurant immobile, soit imaginé l'autre rayon ou la ligne *PT,* mobile sur le point *P,* comme centre, tournant vers *M,* & parcourant de suite toutes les positions *PT, PM, PZ, Pm, P*μ, &c. il est clair que le même point d'intersection, *T, M, Z, m,* μ, &c. vû en même temps par les deux Observateurs *L, P,* se trouvera d'autant plus élevé au dessus de la surface de la Terre, que la ligne *PT* aura fait plus de chemin, ou parcouru un plus grand angle, de *T* vers *M, Z,* &c.

Sur quoi l'on peut remarquer que tant que les verticales *TE, MF,* ou les sécantes *TC, MC,* menées des points aperçûs *T, M,* passeront entre les deux lieux de l'Observation *L, P,* ces points seront d'autant plus élevés sur la surface de la Terre, que l'angle formé par le rayon visuel *PM,* & la tangente *PT,* sera plus grand, & cela depuis cette tangente jusqu'au zénit *Z,* ou jusqu'à l'angle droit *TPZ.*

Mais au delà vers *m*, *μ*, &c. & jusqu'au parallélisme du rayon mobile avec *LZ*, la hauteur réelle du point visible *m*, *μ*, &c. augmentera d'autant plus, que la hauteur apparente, ou l'angle d'observation *mPϑ*, *μPϑ*, &c. sera plus petit. Ce qui est évident, si l'on prend garde que le mouvement de la ligne *PT* vers le Nord *N*, lui fait toûjours diminuer de plus en plus l'angle parallactique *LTP*, *LMP*, *LmP*, &c. jusqu'à zéro ou au parallélisme, qui donneroit une hauteur infinie ou inassignable.

Pour appliquer donc le calcul aux parallaxes que peuvent fournir les parties de l'Aurore Boréale qui se trouvent vers le Nord, & pour évaluer toûjours les choses sur le plus bas pied, il faudra choisir entre les Observations données, celles qui font la hauteur apparente plus grande, pour le lieu où le Phénomène a été vû plus élevé, & qui est le plus près du Nord, & au contraire celles qui font la hauteur apparente plus petite, pour le lieu où le Phénomène a été vû plus bas, & qui est le plus éloigné du Nord.

Une autre raison doit nous engager à ce choix, c'est que la portion du Phénomène observée la plus haute vers le Nord, ou sous le plus grand angle du lieu le plus septentrional, est la plus proche du lieu méridional où se fait l'observation correspondante; & par-là c'est celle qu'il est le plus vrai-semblable qui y ait été vûe.

De toutes les parties qui composent l'Aurore Boréale, il n'y en a point ordinairement de plus visible & de mieux terminée, ni qui soit plus long-temps dans la même position & de la même grandeur, que l'Arc lumineux qui l'accompagne, & qui renferme presque toûjours un segment de cercle obscur & fumeux qui lui est concentrique+. S'il est rompu & brisé par les rayons qui s'en échappent, &

+ C'est cet Arc que M. Celsius a si souvent désigné depuis que cet ouvrage est public, par *Arcus lucidus, albus, quietus, IMMOBILIS*, dans ses Observations *de Lumine Boreali*, faites à Torno en Bothnie, années 1736 & 1737. *Acta lit. & scient. Sueciæ*, &c. *p.* 254 *& seqq.* & en Suède, *Acta Societ. Reg. Scient. Upsaliensis. Ann.* 1740.

par des incendies fréquens qui semblent le dissiper, il se rétablit souvent sous sa première forme & dans sa première position, comme il arriva pendant la fameuse Aurore Boréale de 1726. C'est de cet Arc que feu M. *Maraldi*, grand Observateur du Phénomène, entendoit parler, lorsqu'il disoit simplement que l'Aurore Boréale & sa lumière avoient été vûes à telle ou telle hauteur, & c'est des différentes hauteurs où il parut en 1726, selon que le lieu d'où on l'observoit étoit plus ou moins méridional, que ce savant Astronome conclut que l'Aurore Boréale avoit une parallaxe. Comme d'ailleurs M. *Maraldi* avoit reçû plusieurs lettres & plusieurs relations sur ce sujet, & que l'Académie avoit coûtume de lui remettre tout ce qui venoit à la Compagnie dans ce genre, il étoit extrêmement en état d'en faire la comparaison, & c'est de lui * aussi que nous emprunterons en partie les déterminations nécessaires pour l'exemple & le calcul suivans.

* *Mémoires de l'Acad. 1726, p. 332.*

M. *Maraldi* avoit observé l'Aurore Boréale du 19e Octobre 1726 à Thury, qui est 13 lieues Nord au dessus de Paris, & là il avoit trouvé l'Arc lumineux de 38 à 40 degrés de hauteur. M. *Godin* l'avoit observé en même temps à Paris de 37 degrés, ce qui s'accorde assez bien avec la différence de latitude entre Thury & Paris ; & S. E. M. le Cardinal de *Polignac*, avec M. *Bianchini*, de 20 degrés à Frescati ou à Rome. Et l'on peut d'autant plus compter sur cette dernière observation, qu'indépendamment du poids que lui donnent les illustres Observateurs, elle est constatée par des Etoiles où se terminoit la lumière, ainsi que feu M. *Bianchini* l'avoit mandé dans une de ses lettres. Les amplitudes de l'Arc alloient aussi en diminuant dans tous ces lieux, à mesure qu'ils s'éloignoient du Nord. Je trouvai sa hauteur moindre à Breuillepont, qui est à 17 lieues de Paris, & qui en differe peu de latitude ; en quoi je crois n'avoir pas été assez exact, ne faisant point alors autant d'attention à cette circonstance que j'y en ai fait depuis. Car il règne un accord entre l'observation de hauteur de M. *Godin*, celle de M. *Maraldi*, & celle de M. *Bianchini*, qui en confirme beaucoup l'exactitude. Pour plus de sûreté, je fonderai mon calcul sur les deux observations faites à de plus grandes distances; sur celles de Paris & de Rome. Et comme c'est ici un point des plus curieux & des plus essentiels que nous ayons à traiter, & à la discussion duquel nous ne saurions apporter trop de précaution, j'observerai encore, que ce n'est pas sur la distance absolue des lieux qu'il faut calculer la parallaxe dont il s'agit, mais seulement sur la distance en latitude, comment les deux lieux étoient sur le même Méridien. Et cela, parce que dans les exemples dont nous avons à nous servir, la hauteur observée de l'Arc le donnant toûjours vers le Nord, il en résulte une position de la matière qui le compose, autour du Pole de la Terre, ou à peu près, qui le rend presque parallèle à l'Equateur, & le fait répondre dans toutes ses parties à un cercle de latitude ou Parallèle Terrestre, de la manière qu'il sera expliqué dans la Section suivante. D'où il suit que quoique la partie apparente la plus haute, vûe à Rome, par exemple, ne soit pas la plus haute apparente, vûe à Paris, l'une & l'autre cependant doivent être supposées à une égale hauteur réelle sur la surface de la Terre. Le calcul reviendra donc au même dans le cas posé, entre deux villes de différente longitude, que si elles étoient sur le même Méridien. J'avoue que les Observations faites dans des lieux qui se trouveroient tels en effet, à Rome, par exemple, & à Coppenhague, seroient préférables, mais elles sont rares, ou ne se rencontrent jusqu'ici que sur de petites distances.

Soit *RPE* une portion du Méridien de Paris, où *P* désigne Paris même, & *R* l'intersection du parallèle de Rome avec ce Méridien. Rome étant plus méridionale que Paris de 6° 56′, ce sera la valeur de l'arc *RP*. Ayant mené les rayons *PC, RC,* & les tangentes ou horizontales *PT, R ϑ*, on a par les observations ci-dessus les hauteurs apparentes *TPM, ϑRM,* de la Lumière Boréale ou du Limbe de l'Arc Boréal, de 37, & de 20 degrés. Ayant tiré les lignes Fig. VII.

qui les désignent, & la sécante *MEC*, il en résulte trois triangles, savoir, *PCR*, *PMR* & *PMC*. Le premier qui est isoscèle, est donné par construction & par hypothèse, & son angle aigu *PCR*, étant de 6° 56', chacun des deux autres *CPR*, *CRP* sera de 86° 32'. L'angle observé *TPM*, de 37°, & le droit *CPT*, de 90°, étant ajoûtés à *CPR*, ce sera en tout 213° 32', dont le complément à quatre droits autour du point *P*, donnera 146° 28' pour l'angle *RPM* du triangle *RMP*, qu'on fait aussi être égal à deux droits $-TPM + \frac{1}{2} PCR$. On a donc de quoi connoître tout ce triangle, puisqu'ayant encore l'angle ♁*RM*, observé de 20°, & le côté *RP*, corde de l'Arc Terrestre connu qui y répond, l'angle *PRM* doit être égal à ♁$RM + \frac{1}{2} PCR$, & en tout de 23° 28', d'où l'on tirera le côté *PM*.

Ce côté *PM*, est commun au triangle *PCM*, dont le côté *CP* est encore connu, de même que l'angle compris *CPM*, égal à la somme de l'angle droit *CPT*, & de celui d'observation *TPM*, qui fait 127°. Donc on aura par les opérations ordinaires tout le triangle *PCM*, & par conséquent le côté *CM*, qu'on trouvera être de $1699\frac{1}{4}$ lieues de 25 au degré, ou de $2282\frac{2}{5}$ toises chacune; d'où ôtant $CE = CP$, rayon de la Terre, de $1432\frac{1}{2}$ lieues, il reste *EM* de $266\frac{3}{4}$ lieues, pour la hauteur perpendiculaire du point observé *M*, au dessus de la surface de la Terre.]

C'est donc plus de 266 lieues de hauteur que nous trouvons à la matière de l'Aurore Boréale, en apportant toutes les précautions possibles à mettre toûjours les élémens de notre calcul sur le plus bas pied.

La résolution du triangle *PCM*, donne l'angle *C*, ou l'Arc *PE* de 10° 41'; ce qui montre que la partie *M* du Phénomène a dû être vûe au zénit des lieux situés à 10° 41' Nord, par rapport à Paris (48° 50') c'est-à-dire, à 59° 31' de Latitude, qui est à peu près la hauteur de Péterſbourg.

Ce calcul fait voir encore que la correction que nous avons cru devoir faire aux distances des lieux de l'observation, en les réduisant à la même Longitude, n'est pas sans fondement; car, outre la raison que nous en avons apportée ci-dessus p. 61, on peut remarquer ici que le point visible *M* élevé de 266 lieues perpendiculairement sur Pétersbourg, ou en Z *(Fig. VI)* n'auroit pû être aperçû de Lisbonne dans la supposition du calcul de la page 57, & en faisant l'Arc *LP*, de 32°, qu'à environ 33 minutes sur l'horizon, comme il est aisé de s'en convaincre par le calcul. Ce qui n'auroit pas été suffisant pour y faire remarquer un Phénomène qu'on ne connoissoit pas, au lieu que par la correction, ou en faisant *LP* de la seule différence des Latitudes, 21° 17′ 30″, la hauteur apparente de la Lumière Boréale se trouvera être à Lisbonne de plus de 13° 43′, qui est très-sensible, & conforme aux relations que nous eûmes alors de ce pays-là.

Nous apprenons par une lettre de M. le Comte de *Plelo* Ambassadeur de la Cour de France en Danemarc, écrite à M. *du Fay* de cette Académie, que l'Aurore Boréale du 8 Octobre dernier (1731), avoit paru à Coppenhague avec beaucoup de splendeur du côté du Nord tirant vers l'Est, & que le sentier de lumière qui la terminoit, *aboutissoit plus-que à moitié chemin de l'horizon au zénit.* Ce qui lui donne 46 à 47 degrés de hauteur apparente ou angulaire. Le même Phénomène observé à Breuillepont, qui ne differe que d'environ 7 minutes de la Latitude de Paris+, me parut avoir 25 à 26 degrés d'élévation *. Si l'on fait là-dessus un calcul semblable au précédent, en supposant Coppenhague plus septentrional que Paris d'environ 6° 51′, & en prenant le milieu des hauteurs indiquées, on trouvera encore la hauteur réelle de plus de 250 lieues.

* *Mém. de l'Acad. 1731, p. 387.*

Nous avons peu de ces Observations faites à de si grandes distances, & assez circonstanciées pour fournir matière au calcul. Elles sont d'autant plus précieuses, que d'assez grandes erreurs dans l'évaluation des angles, ne produiroient pas des résultats bien différens de ceux qu'on vient de voir.

+ Vers le Nord. Carte de la Normandie de feu M. Delisle, publiée en 1716.

Quant aux obſervations correſpondantes à de plus petites diſtances, & qui ſont en plus grand nombre, je me diſpenſe d'en rapporter ici le détail & les calculs, par le doute que la petiteſſe de ces diſtances répand ſur leurs réſultats, & dans l'eſpérance, que ſi l'Aurore Boréale continue de ſe montrer auſſi fréquemment qu'elle fait depuis quelques années, le temps nous fournira aſſez de matériaux ſur ce ſujet. Cependant l'on peut conclurre de la totalité de ces obſervations que j'ai examinées, qu'elles donnent pour la pluſpart environ 200 lieues de hauteur au Phénomène; que quelques-unes le mettent à 100, & que quelques autres le portent au delà de 300 lieues.

On pourra auſſi quelquefois profiter de certaines circonſtances heureuſes, & ſe ſervir de quelqu'autre partie de l'Aurore Boréale, pour en déterminer l'élévation au deſſus de la ſurface de la Terre. Par exemple, dans l'Aurore Boréale du 15me Février 1730, il y eut entre autres ſingularités, une eſpèce de Zone ou de chevron circulaire, lumineux & coloré, qui fut obſervé à Genève par M. *Cramer* Profeſſeur de Mathématique dans cette ville, & en même temps à Montpellier par un de ſes amis, qui lui en communiqua l'obſervation. Sur quoi M. *Cramer* calcula & me manda peu de temps après, que, ſelon cette obſervation, la matière du chevron coloré devoit être élevée d'environ $\frac{111}{1000}$ du rayon de la Terre au deſſus de ſa ſurface; ce qui fait la valeur de plus de 160 lieues.

Cette obſervation nous fait voir, que ce n'eſt pas ſeulement vers le Nord & autour du Pole, que la matière du Phénomène eſt à une ſi grande hauteur, mais encore dans le reſte du Ciel, & en particulier vers le Midi. Car, ſelon la deſcription envoyée à M. *Cramer,* « c'étoit une manière » d'Aurore Boréale, ou pluſtôt Auſtrale......... un chevron » couleur de feu, dont les jambes s'appuyoient l'une à peu près » ſur l'Orient, & l'autre ſur l'Occident. Le ſommet dont la » rougeur étoit foible, aboutiſſoit du côté du Midi à environ » 12 degrés du zénit. On voyoit à travers, les Etoiles de la 1ere, 2me, & peut-être de la 3me grandeur », &c. Ainſi il il y a tout lieu de croire que les matières du Phénomène ne different de hauteur au dessus de la surface de la Terre, que par des circonstances qui leur sont propres, à raison, par exemple, de leur plus ou moins de ténuité, de leur état actuel d'inflammation, ou de repos, ou de chûte, & nullement ou très peu, en vertu de leur Latitude. Par conséquent il ne faut pas toûjours attribuer les différens résultats de nos calculs, en diverses Aurores Boréales, ou dans les différentes parties de la même, à l'incertitude ou à la variété des observations; puisqu'il est très-possible, ou plustôt très-probable, que cette variété vienne des objets qui en fournissent la matière. C'est ce que nous verrons encore mieux dans la Section suivante, en traitant de la formation du Phénomène, & de la prodigieuse épaisseur qu'il doit occuper dans les parties supérieures de notre Atmosphère.

Quant à la Lumière proprement dite, dont brille souvent toute la partie polaire au dessus du Segment obscur & de l'Arc, ou parmi les matières blanches & colorées de l'Aurore Boréale, ou simplement au dessus de l'horizon, lorsque toute cette partie du Ciel se découvre, & que le Phénomène est sur ses fins, elle est trop indéterminée & trop nuancée, pour donner prise aux parallaxes. Il paroît aussi que ce n'est que la région moyenne ou inférieure de notre Atmosphère éclairée par les matières lumineuses ou enflammées de l'Aurore Boréale, à peu-près comme elle l'est pendant l'Aurore vraie, ou pendant le Crépuscule du soir.

Enfin j'ajoûte ici qu'on trouvera dans le premier tome des Mémoires de l'Académie Impériale de Péterſbourg*, un Problème très-ingénieux de M. *Maïer*, qui fournira peut-être quelque jour un moyen fort exact de déterminer la distance de l'Arc Boréal à l'Observateur, par une seule observation, & ayant, avec les élémens astronomiques de la position du lieu de l'observation, la hauteur du sommet de cet Arc & son amplitude. Comme je n'ai eu d'abord connoissance de ce Problème que par l'analyse & la construction que M. de *Maupertuis* en a donnée à l'Académie*, & après

* *An. 1726.*

* Le 19 Mars 1731.

avoir presque entièrement fini mon ouvrage, je me contenterai de renvoyer le Lecteur à son Ecrit. Car nous n'avons jusqu'à présent de M. *Maier* que l'énoncé & la Formule Analytique de sa Méthode, sans figure ni démonstration *. Cependant j'ai trouvé, en assignant des nombres aux grandeurs algébriques de cette Formule, & en l'appliquant à quelques-unes des Aurores Boréales, dont l'observation m'en a paru le plus susceptible, qu'elle donnoit quelquefois trois ou quatre cens lieues de distance entre l'Arc & le lieu de l'observation, & plus de cent ou deux cens lieues de hauteur à la matière de cet Arc au dessus de la surface de la Terre, comme il est aisé de le déduire. Ce qui s'accorde suffisamment avec les résultats de plusieurs de nos Parallaxes.

Mais de quelque prix que soit cette Méthode, par l'élégance de l'invention, & par l'avantage singulier qu'elle a de n'exiger qu'un seul Observateur & une seule station, je crois qu'en général on doit lui préférer celle des Parallaxes, toutes les fois qu'on peut employer celle-ci sur de grandes distances. Car ce Problème suppose l'Arc Boréal concentrique au Pole, ou à l'Axe de la Terre prolongé; parce que son Amplitude mesurée par la distance égale de ses jambes à ce point, ou par son complément pris du côté de l'Est ou de l'Ouest, en est un des principaux élémens. Or cet Arc n'étant presque jamais sans une déclinaison considérable, occidentale pour l'ordinaire, & devenant même par-là vraisemblablement elliptique ou ovale, comme nous verrons dans la Section suivante, il en doit naître une erreur considérable dans le résultat du calcul. La Méthode des Parallaxes au contraire ne suppose que l'observation d'un seul point quelconque du Phénomène. Si ce point est le Sommet apparent de l'Arc, il est absolument le même pour les deux Observateurs, lorsque les lieux de leur observation ne different

* Il avoit donné l'une & l'autre à l'Académie de Péterſbourg dès 1728; mais son Mémoire sur ce sujet ne fut rendu public que cinq à six années après. On trouvera un plus ample détail de tout ceci dans un des éclaircissemens qui suivent ce Traité.

pas ſenſiblement de longitude; & la hauteur calculée doit être alors infiniment exacte. Si ce point n'eſt pas le même, comme il doit arriver lorſque les Obſervateurs different de longitude, la hauteur obſervée eſt la même dans le cas de la concentricité au Pole, ce qui produit un effet équivalent à celui du même point. Et ſi enfin la longitude des lieux n'eſt pas la même, & que de plus l'Arc décline de quelques degrés vers l'Oueſt, comme il arrive le plus ſouvent, le calcul qui en réſultera ne ſauroit s'éloigner que peu de la vérité, & encore moins dans le cas de l'ellipticité, que dans celui de la circularité parfaite; parce qu'une erreur de pluſieurs degrés à droite ou à gauche du point pris pour ſommet de l'Arc, ne donne qu'une très-petite erreur dans la hauteur obſervée, & d'autant plus petite que l'Arc eſt plus grand, & plus ſurbaiſſé ou plus elliptique, ſavoir, en raiſon du Sinus verſe à la Corde, ou au Sinus droit; ſans compter que les Amplitudes de l'Arc ſont très-ſouvent incertaines, & que l'obſervation en eſt quelquefois impraticable, faute d'un horizon aſſez découvert, & aſſez exactement terminé.

La Méthode de M. *Maïer* a encore un inconvénient qui n'eſt pas de petite importance dans l'uſage fréquent qu'on en voudroit faire, c'eſt l'extrême compoſition du calcul numérique qu'elle renferme. Je dois dire cependant qu'il n'eſt pas impoſſible de la ſimplifier, & d'y faire auſſi quelques autres changemens qui en rendroient l'uſage plus commode; mais je me diſpenſe pour le préſent d'entrer dans ce détail, & d'autant plus que tout cela dépend d'une théorie que je n'ai pas encore donnée.

On doit auſſi remarquer, par rapport à nos calculs des Parallaxes, que l'erreur qui peut naître de la différence de longitude des deux Lieux de l'obſervation, diminue à meſure que la différence des latitudes eſt plus grande, & que la matière du Phénomène eſt plus loin, ou répond perpendiculairement à un point de la Terre plus éloigné des Obſervateurs.

CHAPITRE IV.

De l'opinion commune qui attribue l'Aurore Boréale aux vapeurs & aux exhalaiſons Terreſtres.

QUELQUE forte que ſoit l'induction que je tire de la prodigieuſe hauteur des Aurores Boréales en faveur de mon hypothèſe, & contre celle qui ne leur donne pour matière que les vapeurs & les exhalaiſons terreſtres, j'avoue qu'on pourra toûjours m'oppoſer, que j'ignore l'extrême ténuité à laquelle peuvent parvenir les parties graſſes, ſulfureuſes & inflammables qui s'élèvent dans l'Air, & à quelle hauteur elles peuvent être soûtenues dans l'Atmoſphère ; que par conſéquent l'Aurore Boréale pourra être plus élevée que la plûpart des Météores ſans ſortir de leur genre, & ſans qu'il ſoit néceſſaire d'aller chercher ailleurs que dans la Terre même les matériaux dont elle eſt composée. On a pû dire de même, on l'a dit auſſi pendant pluſieurs ſiècles, & c'étoit encore l'opinion dominante du temps de nos pères, que les Comètes n'étoient que des productions fortuites & paſſagères, des exhalaiſons terreſtres, ſubtiles & lumineuſes, aſſemblées dans l'Air, en un mot de vrais *Météores* qui ſe formoient & ſe montroient principalement dans les années de grande ſéchereſſe *, &c. On pourra encore alléguer la hauteur que certains Feux volans ont paru avoir, tels, par exemple, que celui dont M. *Montanari* nous a laiſſé la deſcription, & qu'il jugea à 13 ou 14 lieues au deſſus de la ſurface de la Terre, le globe de feu dont parle M. *Kirck* dans ſes Ephemérides, obſervé en 1686, & quelques autres ſemblables dont nous avons eu un exemple en 1719, qui tous, dit-on, ou la plûpart, ont été jugés autant ou plus élevés que celui de M. *Montanari*, & regardés pourtant comme de ſimples Météores. J'avoue, dis-je, que je n'ai point de réponſe ſans replique, à de pareilles objections, le ſujet

* Ariſtot. *Meteorolog. l. I, c. VII, &c.*

n'en est pas susceptible; mais j'ai quelques réflexions à faire, qui, jointes à la totalité des preuves que fournit cet Ouvrage, feront sentir l'insuffisance de l'objection.

Voilà du moins l'Aurore Boréale d'une espèce bien différente à cet égard, des Météores ordinaires, du *Tonnerre*, des *Feux-folets*, de l'*Iris*, des *Parhélies*, & autres semblables, qui ne passent pas la Région des nuées. Car malgré l'instabilité de tous ces objets, & la difficulté d'y trouver un point assez bien terminé pour fixer les angles que donne la double station qu'on y emploie, on sait assez à quoi s'en tenir touchant leur hauteur dans l'Air, & l'on est sûr du moins qu'elle ne va guère au-delà d'une ou deux lieues tout au plus*. Un nuage blanc, dont la hauteur fut mesurée en même temps par les PP. *Riccioli* & *Grimaldi*, ne fut trouvé qu'à 2177 pas, ou 10885 pieds Bolonois, qui font environ 2124 de nos toises, au dessus de la surface de la Terre; & l'on sait que du sommet des hautes Montagnes on voit souvent les nuages au dessous de soi. A l'égard des *Arc-en-Ciels*, des *Parhélies*, des *Couronnes*, & de quelques autres Météores de même nature, qui d'une première vûe sembleroient avoir tant de rapport avec les Phénomènes de l'Aurore Boréale, les plus exactes observations nous les donnent encore plus bas que la plûpart des nuages, & il résulte des angles pris par *Descartes* & par les Auteurs que je viens de citer, que la matière qui nous rend ces objets visibles n'est guère au dessus d'une demi-lieue. Il faudroit sans doute à l'Aurore Boréale, pour s'élever si prodigieusement au dessus des Météores, une matière infiniment plus rare & plus légère que la leur. Mais outre ce plus de rareté qui ne va pas à moins de plusieurs centaines de millions de fois, il y a encore ici d'autres conditions à remplir, & dont l'assemblage est indivisible.

Car 1.° il faut une matière terrestre ou aërienne capable de darder ou de réfléchir vers nous, malgré cette grande hauteur & cette extrême ténuité, une lumière aussi vive, ou plus vive que celle des Météores dont nous venons de

* Tacquet, *Geom. Pract. lib. I, c. V, Probl. 14, 15 & 16.*

parler. Nous avons vû cependant que tout ce que peuvent faire les particules de l'air, avec les vapeurs, les exhalaisons, & toutes les autres matières terrestres qui s'y mêlent, étoit de nous réfléchir les derniers & les plus foibles rayons du Crépuscule à 15 ou 20 lieues tout au plus, de hauteur perpendiculaire, n'ayant plus assez de densité au delà pour nous renvoyer une lueur sensible. Comment à une élévation quinze à seize fois plus grande, & avec une densité de plusieurs millions de fois plus petite, ces mêmes matières nous éclaireront-elles au point de nous faire distinguer les caractères d'une écriture ordinaire? car c'est ce qu'on a éprouvé quelquefois à la lumière de l'Aurore Boréale.

2.° Il est vrai que les Feux volans qu'on a jugés à 13 ou 14 lieues au dessus de la surface de la Terre, malgré le préjugé reçû que les bornes de l'Atmosphère ne s'étendoient guère au delà, semblent prouver que des particules d'air qui ne sauroient plus nous réfléchir qu'un foible Crépuscule, peuvent soûtenir des matières terrestres ou sulfureuses capables de darder jusqu'à nous une forte lumière. Mais cette hauteur est-elle bien constatée? Nous savons du moins qu'un de ces Feux, qui fut vû en 1719, ne fut trouvé à Bologne, & par d'habiles Astronomes, qu'à 6 ou 7 lieues de distance de la Terre*. Sans compter que de se servir des Feux volans pour favoriser l'opinion commune sur l'Aurore Boréale, & pour détruire notre hypothèse, ce seroit peut-être apporter en preuve ce qui est en question. Car toute abstraction faite du peu de connoissance que nous avons de Phénomènes, ou, pour parler le langage ordinaire, de Météores aussi rares, aussi passagers & aussi instantanées que ceux-ci, il n'est pas impossible, s'ils sont réellement aussi élevés qu'on les fait, qu'ils ne tiennent à quelque cause fort approchante de celle que j'attribue à l'Aurore Boréale, plustôt qu'aux exhalaisons sulfureuses qui s'élèvent de la Terre. C'est le sentiment d'un savant Astronome qui a beaucoup travaillé sur cette matière, & qui n'a aucun intérêt à favoriser mon opinion : je veux parler de M. *Halley*, qui après avoir calculé avec soin la

* *Comment. Acad. Bonon. t. I, page 286.*

hauteur, la vîtesse & la grandeur des Feux volans, & trouvé qu'ils pouvoient être élevés en effet de 13 à 14 lieues au dessus de la Terre, n'a pû se résoudre à les mettre au nombre des Météores ordinaires, & à leur donner pour cause les exhalaisons terrestres. « J'ai fait, dit-il *, une grande attention à cette apparence; je crois que c'est une des plus difficiles Questions « que j'aie encore vûe dans les Phénomènes des Météores, « je suis porté à croire qu'il faut que ce soient quelques amas « d'atomes que la Terre rencontre en allant dans son Orbite, « qui ne se sont formés que depuis peu, & avant qu'ils aient « acquis une grande vîtesse de chûte vers le Soleil. » M. *Halley* leur attribue une cause d'autant plus extérieure à la Terre, qu'il leur trouve une vîtesse beaucoup plus grande que celle du mouvement diurne, & peu différente de celle du mouvement annuel. Mais sans entrer dans la discussion de ces circonstances, il nous suffira de remarquer que ces Phénomènes supposés à la plus grande hauteur où les mettent les Observations & les Calculs les plus favorables, demeurent encore plus de 200 lieues au dessous de l'Aurore Boréale, qu'ils n'ont été vûs qu'en mouvement, qu'ils sont rares & instantanées, & qu'il nous laissent dans le doute de leur nature & de leur véritable cause. C'en est assez pour infirmer toutes les conséquences qu'on en pourroit tirer contre notre théorie.

* *Philosoph. Transact. N.° 341.*

3.° Qu'on jette les yeux sur les Observations Météorologiques faites avec assiduité depuis cinquante ans * en France, en Allemagne, en Angleterre, & dans quelques autres endroits de l'Europe, c'est toûjours plus ou moins de pluie ou de sécheresse, plus ou moins de Tonnerres & d'Éclairs, d'Arc-en-Ciels, de Parhélies, &c. & il est aisé de remarquer dans la vicissitude qui y règne, sur-tout à l'égard des mêmes Pays & des mêmes Saisons, une suite de variations renfermées dans des bornes assez étroites, & qui à la longue disparoissent, ou se rapprochent beaucoup de l'uniformité; de sorte qu'à en juger par ces effets, les changemens qui arrivent au total de notre Atmosphère sont insensibles. Qu'on se rappelle ensuite l'histoire des Aurores Boréales, on y trouvera des cinquante ou

* *Ceci étant écrit en 1730 ou 31.*

ſoixante ans, & peut-être des ſiècles d'intervalle, des ſiècles où malgré une foule d'Obſervateurs & d'Aſtronomes attentifs, elles n'auront été aperçûes que trois ou quatre fois, & après cela un temps où elles paroiſſent toutes les années; vingt ou trente fois dans une ſeule année, & juſqu'à dix à onze fois dans l'eſpace de treize jours, ainſi qu'on a pû l'obſerver l'Automne dernière *. Un même principe produiroit-il tant d'uniformité d'une part, & tant de variété de l'autre?

* Mém. de l'Ac. 1731, p. 379.

4.° Il ſeroit encore plus difficile d'accorder l'hypothèſe des exhalaiſons terreſtres, avec la plûpart des Phénomènes qui accompagnent & qui caractériſent l'Aurore Boréale. Et, pour ne parler ici que de la place conſtante qu'elle affecte vers le Nord, par quelle tendance particulière les vapeurs & les exhalaiſons qui en feroient la matière, ſe jetteroient-elles toûjours vers ce côté du Monde, comme à leur Foyer, ou pourquoi en paroîtroient-elles partir comme de leur ſource? Pourquoi ne voit-on l'Arc lumineux & le Segment obſcur que ſous le Pole? De tels amas fortuits ne devroient-ils pas ſe diſperſer au gré des vents, tantôt d'un côté, tantôt de l'autre? Ce n'eſt pas aſſûrément que les terres de la Zone Polaire Boréale renferment plus de matières graſſes, inflammables & bitumineuſes, que celles qui ſont dans notre Zone Tempérée, & dans la Zone Torride: les Tonnerres, les tremblemens de terre, les éruptions des Volcans, les Lacs de Bitume & d'Aſphalte, & tous les Feux aëriens qui en ſont des ſuites, & qui ſont infiniment plus fréquens dans celles-ci que dans la Zone Glaciale, nous doivent perſuader tout le contraire. Mais nous verrons encore que, toutes choſes d'ailleurs égales, les vapeurs & les exhalaiſons qui s'élèvent de la Terre, devroient pluſtôt tendre & s'amaſſer vers l'Equateur que vers les Poles.

5.° Tous ces Météores, le Tonnerre, les Eclairs, les Feux-folets, les Etoiles courantes, & en général tous les effets qui proviennent des exhalaiſons terreſtres, ſulfureuſes & inflammables, ſont plus fréquens en Eté qu'en Hiver. Ce qui eſt encore tout le contraire des Aurores Boréales.

6.°

6.° Ce que feu M. *Cassini* remarque à ce sujet, & par rapport à la Lumière Zodiacale *, convient ici parfaitement à notre Phénomène, & nous indique en même temps l'identité de matière que j'attribue à l'une & à l'autre. *Il n'y a*, dit-il, *point d'exemples d'objets lumineux formés dans la région de l'air, qui soient de longue durée. Les Arc-en-Ciels, les Couronnes, les Parhelies, les Paraséléne, & d'autres objets semblables formés dans l'air par les réfractions & réflexions des rayons du Soleil & de la Lune, ou par d'autres manières*, à quoi nous pouvons ajoûter les Ardents ou Feux folets, *ne durent, les uns que quelques minutes, & les autres que quelques heures, & rarement quelques jours : joint que l'on ne les voit jamais mieux que quand l'air est brouillé, au lieu que l'on ne voit jamais mieux notre Lumière que quand l'air est très-serein & très-pur, & lorsque l'on distingue mieux les petites Etoiles.* Toute la différence que je trouve à cet égard entre la Lumière Zodiacale & l'Aurore Boréale, c'est que la première ne nous est visible que pendant quelques heures tout au plus, après le coucher, ou avant le lever du Soleil, & que la seconde paroît quelquefois toute la nuit, & plusieurs nuits de suite, lors même que les nuits sont le plus longues.

* Art. 17.

7.° Enfin il ne faut pas oublier, qu'indépendamment de tout ce que nous venons de dire, & soit que les vapeurs & les exhalaisons terrestres montent à la région des Aurores Boréales, ou n'y montent pas, il est toûjours certain qu'il existe réellement une autre matière hors du Globe Terrestre, savoir, la matière de l'Atmosphère du Soleil, qui est douée de la propriété de réfléchir ou de darder vers nous une lumière sensible, comme le prouve la Lumière Zodiacale; que cette matière peut arriver jusqu'à notre Atmosphère, qu'elle y arrive en effet, & passe souvent bien au de-là de l'Orbite Terrestre; qu'elle est par conséquent à portée de se mêler avec les parties supérieures de notre Atmosphère, & qu'elle est aussi, selon que nous le ferons voir, une cause suffisante du Phénomène dont il s'agit.

CHAPITRE V.

De l'Hypothèse des Glaces & des Neiges de la Zone Polaire, pour la formation de l'Aurore Boréale; & de l'opinion qui rapporte ce Phénomène à la matière Magnétique.

L'HYPOTHÈSE des glaces & des neiges, en tant qu'elles pourroient réfléchir les rayons du Soleil & sa lumière vers la surface concave des couches supérieures de l'Atmosphère, & produire par-là les apparences de l'Aurore Boréale, auroit cela de commode, qu'elle expliqueroit fort bien, pourquoi le Phénomène se trouve presque toûjours placé vers le Pole, plustôt que d'un autre côté de l'Horizon; & pourquoi il seroit plus fréquent & plus commun pour les habitans qui approchent des Mers Glaciales, que pour ceux des Pays Méridionaux. Elle rendroit aussi assez bien raison de l'arc, & de quelques autres apparences particulières. Mais elle est d'ailleurs & en général si peu conforme aux Phénomènes de l'Aurore Boréale, & même à ceux dont nous venons de parler, considérés à certains égards, qu'il n'est pas possible de lui donner aucune part à la production des uns ni des autres.

Car, 1.° si la lumière du Soleil n'est réfléchie par les glaces & par les neiges des Zones Polaires, que vers les parties supérieures de l'Atmosphère, & de-là vers l'œil de l'Observateur, l'Aurore Boréale devient un vrai Crépuscule, & par-là un Phénomène ordinaire du soir & du matin, & qui suit une loi constante. Or il est certain qu'il n'y a rien de pareil à cette régularité & à cette constance dans l'Aurore Boréale, en quelques pays que ce soit : elle est en certains temps très-fréquente, & ensuite plusieurs années, & presque des siècles sans paroître.

2.° La Lumière de l'Aurore Boréale devroit toûjours être

accompagnée de celle du Crépuscule, en être effacée, ou du moins se trouver toûjours plus basse que celle ci; puisque les rayons directs du Soleil monteront toûjours plus haut, & approcheront davantage du Zénit de l'Observateur, par leur simple réfraction dans l'air, que par une réfraction précédée de la réflexion sur les glaces ou les neiges, qui les rejette en arrière. Car, soit *GPO* le Globe Terrestre environné de son Atmosphère *ATFR; XP* l'Axe, *P* le Pole Septentrional, *O* l'Observateur, & Z le Zénit de l'Observateur. Soit *SVRS* un rayon ou plustôt une petite baguette de rayons solaires & sensiblement parallèles, dont le supérieur, par exemple, *SV*, après s'être rompu en *V* sur la surface ou couche de l'Atmosphère Terrestre *ATR*, continue son chemin *VFL*, en passant infiniment proche de la surface de la Terre, jusqu'au point *L* de la couche *ATR*, tandis que l'inférieur *SR*, après s'être rompu de même en *R*, vient se réfléchir en *G* sur les glaces ou les neiges de la Zone Polaire, d'où il est renvoyé au point *A* de la même couche *ATR*. Il est évident, par hypothèse, & toutes choses d'ailleurs égales, que l'Observateur placé dans la Zone tempérée en *O*, verra le point lumineux ou crépusculaire *L* plus élevé sur l'horizon *HO*, & plus près de son Zénit Z, que le point lumineux *A*, réfléchi par les glaces; puisque la réflexion de celui-ci a dû nécessairement lui faire couper le rayon *VL* en *F*, par exemple, & le rejeter au delà de *L* vers le Pole, pour se réfléchir de nouveau vers l'Observateur, par *AO* au dessous de *LO*. Fig. VIII.

3.° La difficulté que nous avons touchée ci-dessus a lieu encore ici; savoir, la prodigieuse élévation des parties de l'Atmosphère, qui devroient nous réfléchir cette lumière. Car il est aisé de démontrer indépendamment des calculs précédens, que lorsque le Soleil est au Solstice d'Hiver, & que nous voyons un Arc lumineux à l'Aurore Boréale, élevé, par exemple, de 40 degrés sur l'horizon, il faudroit que la couche d'air qui nous en réfléchiroit la lumière à Paris, fût, selon cette hypothèse, plus de 300 lieues au deſſus de la ſurface de la Terre. Et comment l'Atmoſphère pourroit-elle nous réfléchir ſenſiblement les rayons du Soleil à cette diſtance, ne le pouvant plus à 15 ou 20 lieues dans le cas du Crépuſcule?

4.° Si c'eſt contre des nuages ou des amas d'exhalaiſons terreſtres, que l'on veut que ſe faſſe la ſeconde réflexion des rayons ſolaires, après avoir frappé les glaces & les neiges, l'hypothèſe peut encore moins ſubſiſter avec la hauteur du Phénomène, puiſque ces amas & ces nuages ne ſauroient y arriver, ni à rien d'approchant, ſelon tout ce que nous avons de connoiſſances ſur ce ſujet. Et comment d'ailleurs des nuages capables de réfléchir juſqu'à la Zone tempérée une lumière ſi vive, laiſſeroient-ils voir les Etoiles à travers la matière qui les compoſe?

5.° La hauteur de l'Arc devroit croître & décroître régulièrement dans les quatre Saiſons de l'année, avec la déclinaiſon du Soleil, & ſelon que cet aſtre s'approche ou s'éloigne du Pole vers lequel l'Aurore Boréale eſt obſervée; il devroit être vû fort haut en Eté, & fort bas en Hiver; ce qui eſt aiſé à comprendre, & qu'on ſait n'avoir aucun rapport avec ce qui arrive au Phénomène.

6.° Les Aurores Boréales ſont, je l'avoue, plus rares en Eté qu'en Hiver, & par les raiſons que nous verrons dans la ſuite; mais il y en a cependant en Eté, & de très-grandes, telles, par exemple, que celle du 21 Juin 1730, dans le temps du Solſtice, qui n'eſt pas celui des glaces & des neiges.

7.° Comme les rayons rompus & réfléchis ſeroient toûjours & plus forts, & en plus grande quantité vers les couches les plus baſſes de l'Atmoſphère, que vers les plus hautes, la partie la moins élevée de l'Aurore Boréale, & la plus proche de l'horizon, ſeroit toûjours celle qui nous devroit paroître de beaucoup la plus lumineuſe, étant vûe de la Zone tempérée; mais c'eſt juſtement au contraire dans la plûpart des Aurores Boréales l'endroit le moins éclairé, & celui-là même qui eſt occupé par le ſegment obſcur.

8.° Enfin tous les Phénomènes particuliers qui accompagnent l'Aurore Boréale, ces flocons de matière répandus dans tout le Ciel jusqu'au Zénit, ces jets de lumière, ces Arcs & ces Chevrons colorés vûs quelquefois du côté du Midi, ces éclairs, ces vibrations de lumière, & mille marques visibles d'embrasement, sont autant de circonstances incompatibles avec l'hypothèse qui attribue l'Aurore Boréale aux glaces & aux neiges de la Zone Polaire, en ce qu'elles pourroient réfléchir la lumière vers les couches de l'Atmosphère Terrestre.

Une autre hypothèse qui ne manque pas de partisans célèbres, & dont je crois devoir faire mention, parce qu'elle semble d'abord se lier assez bien avec la position la plus ordinaire du Phénomène, est celle qui en rapporte la cause & la formation à la matière magnétique qui sort du globe de la Terre, ou qui circule tout autour. L'Aurore Boréale, dit-on, décline le plus souvent vers le Nord-ouest, de 14 ou 15 degrés, & c'est-là aussi à peu près la déclinaison de l'aiguille aimantée, en France, en Angleterre, & dans plusieurs autres lieux de l'Europe où nous observons l'Aurore Boréale. On oublie d'ajoûter, depuis douze ou quinze ans; puisque la déclinaison de l'aiguille aimantée n'est pas constante. Par exemple, elle est cette année * à l'Observatoire, de 15 degrés 15 minutes Nord-ouest; elle n'étoit de ce même côté que de 8 degrés 12 minutes en 1700; elle fut observée nulle à Paris en 1666 *, année de l'établissement de l'Académie des Sciences, après avoir été auparavant orientale de plusieurs degrés, & autant que nous la voyons aujourd'hui occidentale. Si l'on insiste, que la position de l'Aurore Boréale a aussi ses variations, qu'elle est quelquefois nulle, & quelquefois orientale, je réponds qu'il n'y a pas la moindre ressemblance entre ces deux sortes de variations, que celle de l'aiman est progressive, comme insensible & seulement de quelques minutes tous les ans, qu'elle est réglée & périodique, qu'il lui a fallu près d'un siècle pour passer ainsi de 14 ou 15 degrés Nord-est, à

* 1731.

* *Mém. Acad. 1721, p. 254.*

14 ou 15 degrés Nord-ouest; tandis que la même année, le même mois, nous font voir l'Aurore Boréale vers l'Ouest, vers l'Est, & quelquefois directement sous le Pole. Eh! que devient alors son analogie avec la direction de la matière magnétique ? De plus, ou l'on conçoit que cette matière en fait le principal sujet, & en ce cas je demande comment la matière magnétique jusqu'ici invisible, & plus subtile peut-être que la lumière même, plus capable du moins de passer librement à travers les substances les plus serrées, & telles que l'Or, devient visible & nous réfléchit la lumière étant portée à deux ou trois cens lieues de hauteur, c'est-à-dire, infiniment au dessus de la région des Crépuscules ? Ou si ce n'est que par le secours des matières terrestres & sulfureuses poussées vers le Pole & à cette région par la matière magnétique, supposé qu'une telle impulsion soit possible de la part d'un fluide qui pénètre tout avec tant de facilité ; je demande encore, comment les vapeurs & les exhalaisons terrestres perdent par ce moyen leur poids ordinaire, & montent au centuple de la hauteur où elles ont coûtume de s'arrêter dans l'Atmosphère? J'ignore sur quelles observations & sur quels faits on s'appuyeroit, pour faire circuler la matière magnétique à ces grandes distances, ou de bas en haut, au dessus de la surface de la Terre. Enfin je ne vois pas comment cette hypothèse, qui roule sur une cause permanente, pourroit s'accorder avec les cessations & les reprises de l'Aurore Boréale.

CHAPITRE VI.

De quelques autres Phénomènes qui dépendent des glaces & des neiges des pays voisins du Pole. De la Lumière septentrionale ou de l'Aurore Boréale de ces pays. Et savoir si ses apparitions y sont réglées & perpétuelles, comme on le croit communément.

JE pense qu'il faut soigneusement distinguer certains Phénomènes, certains effets de lumière, que les glaces & les neiges qui ne cessent presque jamais de couvrir les Terres Polaires, & les Mers qui les environnent, y peuvent produire, d'avec la *Lumière Septentrionale* proprement dite, ou l'Aurore Boréale. La grossièreté de l'air de ces climats, la force & la longueur des crépuscules que l'on y éprouve, lorsque le Soleil commence à entrer dans les signes Septentrionaux, doivent y être la source d'une infinité de singularités en ce genre, mais qui ne sauroient passer la région inférieure de l'Atmosphère, ni sortir de la classe des météores, dans laquelle il convient de les ranger.

Frédéric Martens de Hambourg, dans son Voyage au Spitzberg & au Groenland, rapporte qu'il y a dans le Spitzberg, c'est-à-dire aux environs du 80me degré de Latitude, « sept grandes montagnes * de glace, toutes dans une « même ligne, & entre de hauts rochers... qu'elles paroissent « d'un beau bleu, aussi-bien que la neige... qu'il y avoit des « nuages autour & vers le milieu de ces montagnes: qu'au dessus « de ces nuages, la neige étoit fort lumineuse, que les véritables « rochers paroissoient tout en feu, & que le Soleil n'y donnoit « qu'une lueur pâle, la neige réfléchissant au contraire une lumière « fort vive... Que * dans ces endroits où la glace est prise « en mer, on voit au dessus dans le Ciel une clarté blancheâtre « comme celle du Soleil... d'où l'on peut connoître où est la « glace ferme & immobile... mais qu'à quelque distance de là, «

* Recueil de Voyages au Nord, Tome II, p. 24.

* Ibid. pp. 44, 56, &c.

» l'air paroît bleu & noirâtre... Ce qui ne provient, dit-il, » que de ce que la lumière est réfléchie de la neige en l'air, de » la même manière que se fait la réflexion de la lueur du feu la » nuit... que la présence du Soleil n'empêche pas ces effets, » sur-tout lorsqu'il est près de l'Horizon, & qu'il en fait tout » le tour, comme il arrive au commencement du Printemps, » & vers la fin de l'Eté... que sa clarté ressemble à un clair » de Lune... que la poussière des petits glaçons ou de la neige » répandue dans l'air, ou autour des montagnes y produit alors de fréquens Parhélies, & d'espèces d'Arc-en-Ciels, » & plusieurs autres Phénomènes en effet très-analogues aux lieux & aux circonstances dont il fait mention.

Mais ces Phénomènes joints aux grands crépuscules du Nord, n'auront-ils jamais été confondus avec l'Aurore Boréale, lorsqu'on a commencé de la revoir dans nos climats? Je ne saurois m'empêcher de le croire, & je suis confirmé dans cette pensée par toutes les recherches que j'ai faites sur ce sujet. Tel Relateur qui avoit eu connoissance dans le Nord, de quelques-unes de ces apparences, & de ce crépuscule étonnant qui y tient quelquefois lieu de jour, ne pouvoit parler que sur le rapport d'autrui des Aurores Boréales qui avoient paru dans la Zone tempérée, & tel autre, qui a vû l'Aurore Boréale en France, en Angleterre, ou en Allemagne, n'a examiné peut-être, ni par lui-même, ni d'après des témoins éclairés, ce que c'est que tous ces Phénomènes, & cette *Lumière Septentrionale* à laquelle les habitans du Nord ont donné tant de noms +. D'où il est arrivé qu'on n'a pas plustôt oui parler de quelque lumière nocturne de ces pays, vers lesquels d'ailleurs l'Aurore Boréale est presque toûjours placée comme en son lieu propre, qu'on a conjecturé que ce n'étoit que l'Aurore Boréale même. On va voir un exemple frappant de ces méprises dans l'Auteur même

+ Nord-ligt, Nord-skjen, Nord-ljus, Nord-blyss, Nord-blass, Lotter-skien, Lyssnor, &c. *c'est-à-dire*, LUMIÈRE DU NORD, LUEUR, ÉCLAIR, SOUFFLE, CRÉPUSCULE, LUSTRE ou CHANDELIER DU NORD, &c.

même de la Relation du Groenland. Mais je crois à propos de donner ici auparavant une idée plus complète de ces grands crépuscules d'Eté des pays septentrionaux.

On sait que les crépuscules en géneral sont d'autant plus grands & d'autant plus longs dans le temps du Solstice d'Eté, que le Soleil se lève & se couche plus près du Pole, ou, ce qui revient au même, qu'il est moins enfoncé sous l'horizon. Donc si l'enfoncement du Soleil sous l'horizon est beaucoup moindre que l'étendue actuelle de la Lumière Zodiacale ou de l'Atmosphère qui entoure le Soleil, comme il arrive en pareille saison dans les pays septentrionaux, la Lumière Zodiacale se joindra à la Lumière du crépuscule, en augmentera la force, la hauteur & la durée, & produira au-dessus du Pole une splendeur semblable à celle de l'Aurore Boréale, & qui n'est pourtant pas l'Aurore Boréale. Or cette espèce de phénomène doit être d'autant plus ordinaire & d'autant plus marqué dans les pays septentrionaux, qu'il est même assez commun dans nos climats aux grandes extensions de l'Atmosphère Solaire; & voici comment feu M. *Cassini* s'en explique dans sa *Découverte* de la Lumière Zodiacale, à l'article intitulé, *Observations* du *Crépuscule Solstitial de cette année 1687**. « Au solstice d'Eté de cette année 1687, la Lune approchant de son plein, toute la nuit étoit si claire « que les plus petites Etoiles étoient toutes effacées; de sorte « que l'on ne pouvoit presque distinguer la voie de lait. On « voyoit néanmoins du côté du Septentrion une lumière beaucoup plus claire que le reste du Ciel, laquelle suivoit le « Soleil d'Occident en Orient, & qui ne s'effaça pas entièrement même lorsque la Lune fut pleine.... On peut douter « si cette lumière étoit celle du crépuscule ordinaire simple, « ou si elle étoit mêlée de la lumière Zodiacale, qui le plus « souvent a beaucoup de latitude Boréale, &c. » Le reste de l'article contient de semblables observations pour les jours suivans, jusque dans le mois de Juillet, & des conjectures très-plausibles de la même lumière observée par *Hipparque* à la même latitude que Paris, & rapportée par *Strabon*. Or

* *Art.* 37.

je laisse à penser combien cette lumière septentrionale, dans les pays septentrionaux, doit avoir produit de mal-entendus chez les Historiens de ces pays, & chez les Voyageurs, tant anciens que modernes, par rapport à notre Aurore Boréale.

Je ne prétends pas cependant que l'Aurore Boréale ne soit pas plus fréquente dans les terres Arctiques près du Pole, qu'en Allemagne ou en France : elle le doit être, puisque c'est là en effet son siège ordinaire, & qu'ayant une Parallaxe, ainsi que nous l'avons expliqué, elle peut très-souvent être visible pour les habitans de la Zone Polaire, & pour ceux qui en sont voisins, & ne l'être pas pour nous, à cause de sa petite étendue. Mais je ne saurois trop le dire, il ne faut point oublier qu'il y a aussi dans ces mêmes pays du Nord plusieurs autres phénomènes qui ressemblent à l'Aurore Boréale, qui doivent se mêler & se combiner avec elle, & que des Observateurs peu exacts, ou peu instruits, pourroient bien quelquefois nous avoir donnés pour elle, tandis qu'elle n'y avoit aucune part. Ne fût-ce que ce grand crépuscule, qui éclaire un air grossier, il seroit souvent aisé de s'y méprendre. Car il doit tantôt avoir l'apparence de l'Aurore Boréale, & tantôt l'effacer lorsqu'elle est foible & peu marquée.

C'est à quelque chose de semblable qu'il faut rapporter ce que dit *Olaus Magnus*, dans son Histoire des Peuples Septentrionaux *, que vers la fin de l'Hiver, & autour du Printemps, on a coûtume de voir dans ces pays encore couverts de neige, un grand cercle blanc qui s'étend sur tout l'horizon ; que ce cercle est surmonté de trois ou quatre autres fort petits, qui semblent imiter le Soleil, & qui sont diversement colorés ; mais qu'il en contient quelquefois au dedans un autre qui est noirâtre, plus grand & plus dense que ceux qui sont au dehors. Et pour se convaincre qu'il ne s'agit point ici de l'Aurore Boréale, il n'y a qu'à en lire la suite dans les Chapitres cités, & jetter les yeux sur les Figures que l'Auteur y ajoûte. On verra que tous ces phénomènes

* *Lib. I, cap. XIV, XV & XVI.* De circulis hyemalibus. De circulis repentinis. De circulis vernalibus, *&c. Hist. de Gentib. Sept. Edit. Romæ 1555.*

ne consistent qu'en un crépuscule fort dense au dessus d'un horizon ou d'un air fort épais, en des reflets de lumière, & en quelques espèces de parhélie. J'avoue qu'il doit paroître extraordinaire qu'un Ecrivain qui s'est si fort étendu sur toutes les particularités naturelles des climats septentrionaux, en ait omis une, qui pourroit passer pour la principale & pour la plus merveilleuse de toutes. Mais on n'en sera point surpris, si l'on prend garde au temps où *Magnus* a écrit ; temps qui a été précédé, selon toute apparence, d'une assez longue cessation des Aurores Boréales du Nord. Et cet Auteur n'ayant peut-être pas été témoin occulaire de ces Aurores Boréales, ou ne l'ayant été que d'un petit nombre, & mal marquées, il les aura sans doute confondues avec les phénomènes qu'il nous a décrits.

Quoi qu'il en soit, si la cause que nous donnons à l'Aurore Boréale, est conforme à la Nature, il est très-vrai-semblable que ce Phénomène aura eu ses intervalles & ses reprises dans les pays les plus septentrionaux, comme dans ceux qui le sont le moins, toutes proportions d'ailleurs gardées ; c'est-à-dire, que les cessations dans les uns, & les reprises dans les autres, seront réciproquement plus courtes ou plus longues, mais qu'il y aura eu des cessations & des reprises universelles, par rapport à tout le globe Terrestre. Et c'est en effet ce que je trouve avoir été à mesure que j'approfondis davantage cette Question.

La Suède, le Danemarck ou la Norvège qui en dépend, sont assurément à portée de voir les Aurores Boréales, pour ainsi dire, dans leur source, & les plus Polaires, si la matière qui les compose s'y trouve à la même hauteur au dessus de la surface de la Terre, que dans celles que nous observons d'ici, & dont nous avons calculé les parallaxes. Car une tangente menée du 59me degré de latitude, lequel passe à peu-près au milieu des pays dont je parle, iroit couper l'Axe prolongé de la Terre, à un point au dessus du Pole qui seroit plus bas que la région que nous avons assignée à ce Phénomène dans l'Atmosphère ; comme on peut voir par les calculs rapportés dans le troisième Chapitre de cette Section. Ainsi un Observateur placé sur le 59me degré de latitude verroit la matière même du Phénomène, qui seroit immédiatement sous le Pole. Sans compter que les réfractions élèvent encore plus les objets célestes dans ces pays-là que dans celui ci. Comment se peut-il donc que l'Aurore Boréale ait été de longs intervalles de temps sans paroître en Suède, en Danemarck & en Norvège, & qu'on l'y eût presque oubliée, si elle étoit réglée & perpétuelle dans la haute Norvège & dans toutes les Terres Arctiques? M. le Comte de *Plelo* Ambassadeur de France à Coppenhague, dont j'ai déjà cité le témoignage, & qui a bien voulu me communiquer tout ce qu'il a appris sur ce sujet, après s'être adressé pour cela à des personnes très-capables de l'en instruire, nous assure qu'*il n'y a pas trente ans que les Aurores Boréales sont fréquentes en Danemarck, & qu'on les connoissoit même si peu encore en 1709, qu'une très-grande & très-lumineuse s'étant manifestée, plusieurs corps-de-garde sortirent, prirent les armes, & battirent le tambour. Présentement,* ajoûte M. le Comte de *Plelo, on n'y fait plus d'attention.* Nous pourrions en dire autant des habitans de Pétersbourg que de ceux de Coppenhague, quoiqu'à plus de cent lieues plus près du Pole. Dans le grand Mémoire que M. *Maïer* donna en 1726 à l'Académie Impériale de Pétersbourg, & dont nous avons parlé ci-dessus, il commence par déclarer, que l'on n'est plus étonné dans ce pays, de l'Aurore Boréale, comme on l'étoit autrefois, *que le vulgaire même ne l'y admire plus* +. Le vulgaire l'y admiroit donc autrefois.

Lettre du 16 Octob. 1731.

Voilà une différence de temps & de traditions bien marquée, & qui ne pourroit guère avoir lieu, si l'on confondoit l'Aurore Boréale avec ces phénomènes réglés & périodiques, qui se font voir auprès du Pole.

Il faudroit encore savoir en quel temps & dans quelles

+ Cum in Borealibus nostris oris apparitio lucis hujus (Borealis) tam frequens sit, ut & vulgus eam non admiretur amplius, &c. *Comment. &c. Tom. I. p. 351.*

circonſtances ont voyagé dans ces pays, ou en ont écrit, les Auteurs qui nous parlent de la *Lumière Septentrionale.* Car ſelon que ces temps ſe confondent avec ceux des repriſes, ou des ceſſations de l'Aurore Boréale, ou qu'ils en approchent, nous pourrons expliquer ce que quelques Auteurs nous en diſent, & le ſilence de quelques autres qui n'étoient ni moins inſtruits, ni moins en occaſion de s'étendre ſur ce Phénomène. Nous en avons déja vû un exemple dans *Olaus Magnus ;* voyons-en quelques autres, & découvrons, s'il ſe peut, la ſource de ce que l'on a débité ſur ce ſujet.

La Peyrere, Auteur de deux Relations du Nord, l'une de l'Iſlande, l'autre du Groenland, les a compoſées toutes deux à Coppenhague, où il avoit été avec M. de *la Thuilerie* Ambaſſadeur de la Cour de France en Danemarck. La première fut écrite en 1644, & la ſeconde en 1646. Ce n'eſt que dans la dernière, celle du Groenland, qu'il nous rapporte tout ce qu'il avoit pû recueillir ſur la *Lumière Septentrionale ;* & ſelon l'idée qu'il nous en donne, il n'y a pas de doute qu'il n'ait voulu parler de l'Aurore Boréale. On voit en même temps que cet Auteur étoit parti de France inſtruit de ce Phénomène qui avoit été obſervé une vingtaine d'ans auparavant par *Gaſſendi*, avec qui *la Peyrere* avoit été en commerce. C'eſt pourquoi ſi *la Peyrere* avoit vû quelque choſe de pareil en Danemarck, il n'auroit pas manqué aſſurément de nous l'apprendre : mais il n'en dit pas un mot, parce qu'en effet l'Aurore Boréale avoit ceſſé alors de paroître depuis pluſieurs années. *La Peyrere* ne parle donc que de la *Lumière Septentrionale*, telle qu'elle paroiſſoit en Groenland, & il a recours, pour la décrire, à l'ancienne Chronique Iſlandoiſe, qu'il ſe faiſoit expliquer. Voici ce qu'il rapporte d'après cette autorité. « L'Eté du Groenland, dit-il, eſt toûjours « beau, jour & nuit, ſi l'on doit appeller *nuit* ce crépuſcule « perpétuel qui y occupe en Eté tout l'eſpace de la nuit. Comme « les jours y ſont très-courts en Hiver, les nuits en récompenſe « y ſont très-longues, & la Nature y produit une merveille « que je n'oſerois vous écrire, ſi la Chronique Iſlandoiſe ne «

Voyages au Nord, Tome I, p. 126.

» l'avoit écrite comme un miracle, & si je n'avois une entière » confiance en M. *Kets*, qui me l'a lûe, & fidèlement expli» quée. Il se lève au Groenland une Lumière avec la nuit, » lorsque la Lune est nouvelle, ou sur le point de le devenir, » qui éclaire tout le pays, comme si la Lune étoit au plein. Et » plus la nuit est obscure, plus cette Lumière luit. Elle fait » son cours du côté du Nord, à cause de quoi elle est appelée » *Lumière Septentrionale*; elle ressemble à un feu volant, & » s'étend en l'air comme une haute & longue palissade. Elle » passe d'un lieu à un autre, & laisse de la fumée aux lieux » qu'elle quitte. Il n'y a que ceux qui l'ont vûe qui soient » capables de se représenter la promptitude & la légèreté de » son mouvement. Elle dure toute la nuit, & s'évanouit avec » le Soleil levant... On m'a assuré que cette Lumière Septen» trionale se voit clairement de l'Islande & de la Norvège, » lorsque le Ciel est serein, & que la nuit n'est troublée d'au» cun nuage. Elle n'éclaire pas seulement les peuples de ce » continent Arctique, elle s'étend jusqu'à nos climats: & cette » lumière est la même sans doute, que notre ami célèbre, le » très-savant & très-judicieux Philosophe M. *Gassendi* m'a » dit avoir observé plusieurs fois, & à laquelle il a donné le nom d'*AURORE BORÉALE* ».

C'étoit-là sans doute la tradition récente du Danemarck en 1646, lorsque *la Peyrere* écrivoit sa Relation d'après les historiens du pays, &, pour ce qui regarde cet article, d'après la Chronique d'Islande. Cette Chronique fut composée en Islandois par un habitant de cette Isle*, qui en avoit été Juge souverain en 1215, ou *Nomophylax*, comme l'appelle *Arngrimus Jonas* dans sa *Crymogée* ou son Histoire d'Islande. Et ce qui est rapporté ici, que la Lumière Septentrionale n'éclaire pas seulement les peuples du continent Arctique, mais qu'elle s'étend jusqu'au climat du Danemarck, n'est avancé visiblement que par ouï dire, & pour le temps passé: ce n'est que ce que l'on a *assuré* à *la Peyrere*, & non ce que *la Peyrere* a vû. Il étoit si peu au fait de cette Lumière que *son ami célèbre* avoit observée en France, & à laquelle

* SNORRO STURLÆSONIUS.

ce *Philosophe avoit donné le nom d'Aurore Boréale*, qu'il l'a confond avec *ce crépuscule perpétuel qui occupe en Été tout l'espace de la nuit dans le Groenland*: deux choses cependant si différentes, & d'autant plus, que l'une n'a guère lieu qu'en Hiver, dans ces pays où les nuits d'Été sont si claires, & l'autre qu'en Été. Rapportons encore à ce sujet les remarques de feu M. *Cassini*. *Lum. Zod. Art. 38.*

« L'Auteur, dit-il, de la Relation du Groenland, cité par M. *Gassendi* au Tome II, p. 108, parle à la page 99, d'une « lumière remarquable que l'on y voyoit du côté du Septen- « trion, pendant les nuits d'Été, en ces termes. *L'Été du* « *Groenland*, &c. c'est la description même qu'on vient de « voir ci-dessus. Après quoi, continue l'illustre Astronome, « cet Auteur ajoûte que cette Lumière Septentrionale se voit « clairement en Islande & en Norvège, lorsque le Ciel est « serein, & que la nuit n'est troublée d'aucun nuage ; qu'elle « n'éclaire pas seulement les peuples de ce monde Arctique, « mais qu'elle s'étend jusqu'à nos climats, & il croit que cette « lumière est la même qui a été observée par M. *Gassendi* « le 12 Septembre 1621, & décrite dans la vie de M. « *Peyresc*, & ailleurs, appelée Aurore Boréale. Mais ce Phé- « nomène observé par M. *Gassendi*, comme il paroît par sa « description, est un météore rare, accompagné d'une diver- « sité d'apparences qui ne conviennent point au crépuscule « d'Été, ayant été observé au mois de Septembre; ni à notre « Phénomène *(la Lumière Zodiacale)* qui en ce temps-là de « l'année ne paroît point au Septentrion, comme celui de « M. *Gassendi*, mais s'étend du Sud-est vers le midi, comme « il paroît par les observations des années 1685 & 86, « que nous avons rapportées. Ce Phénomène du Groenland « pourroit donc plustôt être le crépuscule mêlé de notre lu- « mière *(Zodiacale)* qui est plus éclatante lorsque la Lune « ne paroît point. »

Thormodus Torféus né en Islande, Historiographe du Roi de Danemarck, & célèbre par plusieurs grands ouvrages d'Histoire sur les Pays du Nord, nous a donné en 1706,

une Description Latine de l'ancien Groenland +, où il parle aussi de la Lumière septentrionale connue dans le pays, sous le nom de *Nordrlios,* comme d'un Phénomène fort commun dans ces Terres Polaires. La description qu'il en fait dans un Chapitre où il traite de la constitution du Ciel du Groenland *, est curieuse : mais il est aisé de s'apercevoir que c'est la même que l'on vient de lire d'après *la Peyrere;* & l'on apprend en effet qu'elle est tirée de la même source, de la Chronique Islandoise. On y trouve seulement un peu plus de détail en quelques endroits, par exemple, touchant les jets de lumière, qui y sont comparés à des tuyaux d'orgue, ou à des roseaux lumineux qui paroîtroient & disparoîtroient dans un clin d'œil. *Torféus* remarque, & toûjours d'après la Chronique Islandoise, que le Ciel du Groenland en général est beaucoup plus doux, plus tranquille & plus serein que celui d'Islande, quoiqu'on y éprouve de temps en temps de très-grands froids & de rudes tempêtes. Mais cet Auteur ne nous dit rien d'ailleurs par lui-même touchant la Lumière septentrionale, sinon que « *Petrus*
» *Claudii* s'est trompé, quand il a cru que ce Phénomène étoit
» particulier au Groenland, à l'Islande & aux extrémités de la
» Norvège. A quoi il ajoûte, qu'il avoit vû ce même mé-
» téore en Islande de ses propres yeux ; que c'étoit, à la vérité,
» une lumière plus tranquille & plus continue, quoiqu'elle
» ne laissât pas quelquefois de se mouvoir avec impétuosité ;
» qu'il étoit encore enfant, mais qu'il se souvient fort bien

* Cap. XIV. pag. 101.

+ *Groenlandia antiqua seu veteris Groenlandiæ descriptio, ubi cœli marisque natura ... ex antiquis memoriis præcipuè Islandicis ... exponuntur. Authore* THORMODO TORFÆO, *rerum Novergicarum Historiographo Regio. Hauniæ, ex typographeo Regiæ majest. & univers. 1706. Impensis Autoris.* D'autres exemplaires portent, au lieu de ces dernières paroles, & de cette date ; *Hauniæ, apud Hier. Christ. Pauli Reg. Univers. Bibliopolam, anno 1715;* mais c'est absolument la même édition, ce qu'il est bon d'observer ici : car si *Torféus* avoit écrit en 1715, après avoir été témoin de l'Aurore Boréale de 1709 qui causa tant d'alarme à Coppenhague où il résidoit, il n'est pas naturel de croire qu'il n'en eût pas dit un mot dans cet article, & sur-tout en parlant de la terreur qu'un semblable Phénomène avoit produite autrefois sur ses compatriotes. *Torféus* est mort *accablé de vieillesse* en 1716.

de

de l'étonnement & de la frayeur que cet objet terrible avoit « causés à tous les habitans de l'Isle. »

Sur quoi je remarque, 1.° que l'erreur de *Petrus Claudii*, ou *Peder Clausen*, ne peut être fondée que sur ce que, du temps qu'il écrivoit, la Lumière Septentrionale ne se montroit pas en Danemarck, ni dans les parties Méridionales de la Norvège. Et en effet on trouve que cet Auteur, dont les ouvrages ne furent imprimés qu'en 1632, & plusieurs années après sa mort, avoit vécu & écrit avant le commencement du XVIIme siècle, où il y avoit eu une interruption considérable de l'Aurore Boréale, après la grande reprise de 1574 & 1575, comme on le verra dans la 4me Section. Et à l'égard du pays où *Peder Clausen* résidoit, & qui faisoit son terme de comparaison, j'apprends aussi que ce ne pouvoit être que dans la partie la plus Méridionale de la Norvège, dans le diocèse de *Stavanger*, dont il étoit Chanoine à l'Eglise Cathédrale, & où il avoit la Cure d'*Undal;* c'est-à-dire, peu au dessous du 59me degré de latitude. Or nous avons fait voir qu'il étoit impossible qu'il y eût des Aurores Boréales un peu fortes dans le Groenland, & dans des terres encore plus-reculées vers le Pole, sans qu'on ne pût les apercevoir du 55me degré de latitude, du Danemarck, de toute la Norvège, & par conséquent du 59me degré. Il est donc visible que ce que cet Auteur avoit vû ou appris des apparitions de la Lumière Septentrionale en Groenland & en Islande, se rapportoit à des temps de reprise de ce Phénomène, & où, toutes proportions gardées, il a coûtume de se montrer dans des pays d'une beaucoup moindre latitude.

2.° L'étonnement que *Torféus* peint dans ses compatriotes, à la vûe d'un Phénomène dont l'aspect leur paroissoit si terrible, ne sauroit guère s'accorder avec le préjugé dont il s'agit, que les apparitions de l'Aurore Boréale fussent réglées, périodiques & perpétuelles en Islande. Les Islandois auroient été accoûtumés de temps immémorial à ce Phénomène, comme les habitans de Coppenhague le font depuis vingt ou trente ans, s'il n'avoit souffert de longues interruptions chez eux, à peu près comme en Danemarck, & ils s'y seroient d'autant plus aisément accoûtumés, que leur pays approchant davantage du Pole, les reprises de l'Aurore Boréale y doivent être plus longues & plus marquées, & ses apparitions plus fréquentes.

3.° Ce que nous venons de dire de l'Islande porte nécessairement sur le Groenland. Car je ne vois pas qu'il puisse y avoir à cet égard d'autre différence entre ces deux pays, que celle qui naît d'un Ciel communément plus serein, & qui ne sauroit être la cause que d'un peu plus de fréquence dans les apparitions du Phénomène en un endroit, plustôt que dans l'autre. Cette même sérénité du climat de Groenland dont parlent *Torséus* & *la Peyrere*, ou plustôt la Chronique Islandoise, prouve bien que la partie des Terres appelées *Groenland*, de laquelle il s'agit ici, n'est autre que celle qui est auprès de l'Islande, à l'Ouest & au Nord-ouest de cette Isle, & dont la Latitude ne differe que peu ou point du tout de celle du milieu de l'Islande. On sait que les parties plus septentrionales du Groenland, vers le Spitzberg, par exemple, sont un climat affreux par le froid & par les glaces, & bien éloigné d'être susceptible de la peinture qu'on nous fait ici du Groenland voisin de l'Islande. Car, selon les dernières Cartes de M. *Delisle*, ce vaste pays s'étend du Sud-ouest au Nord-est sur plus de 40 degrés en Longitude, & de 20 en Latitude, ou depuis le 60me degré jusqu'aux dernières Terres connues auprès du Pole. Ce que dit encore *la Peyrere* des nuits de l'Eté du Groenland, éclairées par un Crépuscule perpétuel, ne peut tomber que sur la partie qui est en deçà du Cercle Polaire, c'est-à-dire, au dessous du 66me $\frac{1}{2}$ degré, ou même beaucoup plus bas, à cause des réfractions septentrionales; puisqu'au delà c'est le Soleil même qui y paroît continûment une partie de l'Eté sans se cacher sous l'horizon. Si l'Aurore Boréale a donc souffert de longues interruptions en Islande, elle en aura souffert à peu-près de même dans le Groenland.

4.° Enfin nous pouvons faire les mêmes réflexions sur

la Chronique Islandoise, par rapport à la fin du XIIme siècle, ou au commencement du XIIIme, où elle a été écrite. L'Auteur de cette Chronique y parle sans doute du Groenland voisin de l'Islande, & des apparitions de l'Aurore Boréale qu'il y avoit vûes, ou qu'il savoit seulement par tradition y avoir paru, mais que nous devons toûjours supposer se rapporter à quelque temps de reprise du Phénomène.

D'un autre côté je parcours les Journaux des Voyages faits vers le Nord, & dans les pays mêmes dont nous venons de parler, ou encore plus Septentrionaux. De tous les Voyageurs qui ont visité les Terres Arctiques, il n'y en a point, ce me semble, dont le témoignage ou le silence puisse être d'un plus grand poids sur la matière que nous traitons, que celui de *Frédéric Martens*, déja cité ci-dessus. Selon l'Auteur du Préliminaire qui a été mis à la tête du Recueil des Voyages au Nord, il est à croire que *Martens* entreprit son voyage du Spitzberg & du Groenland, pour satisfaire aux curieuses recherches de la Société Royale de Londres; & cela paroît en effet, par son attention à observer tout ce qui pouvoit servir à éclaircir l'Histoire naturelle du Nord. Cet habile Voyageur partit de l'Elbe au mois d'Avril de l'an 1671, temps où l'Aurore Boréale étoit tombée dans l'oubli, & où je ne sache point qu'on en ait vû la moindre apparence dans nos climats. Aussi ne trouve-t-on dans sa relation aucun vestige de la *Lumière Septentrionale* que *la Peyrere* & *Torféus* nous ont décrite d'après la Chronique Islandoise. On a vû cependant avec combien d'exactitude & de détail *Frédéric Martens* nous décrit la constitution de l'air du Groenland & du Spitzberg, les Météores qu'on y remarque, & plusieurs Phénomènes particuliers, qui ne pouvoient manquer de le conduire à nous parler de celui dont il s'agit, s'il avoit été aussi fréquent alors dans ce pays qu'il l'avoit été chez nous au commencement du même siècle, ou seulement si l'on en avoit conservé la mémoire. J'avoue qu'on ne voyage dans ces Terres ou Mers Arctiques, qu'en Été, & que ce n'est pas-là le temps d'y voir l'Aurore Boréale.

Cependant *Frédéric Martens* nous parle plus d'une fois de ce qui s'y passe en Hiver, soit d'après les habitans du pays, soit d'après ce qu'il en avoit pû apprendre d'ailleurs. Car, si le Spitzberg est inhabitable ou inhabité, le Groenland ne l'est pas. Il faut encore prendre garde que dans ces temps de l'année où le Soleil ne cesse point d'être sur l'horizon, il y paroît si éteint & si pâle, que les grandes Aurores Boréales telles qu'on nous les décrit actuellement dans ces pays Septentrionaux, ne laisseroient pas de s'y montrer sans équivoque, comme celles qui ont paru quelquefois ailleurs en pleine Lune. *La nuit,* dit notre habile Navigateur, *lorsque le Soleil luit, sa clarté ressemble à un beau clair de Lune, & on peut contempler le Soleil aussi facilement que la Lune* *. De quelque manière qu'on l'entende il seroit toûjours bien extraordinaire que dans une Relation aussi curieuse & aussi circonstanciée que celle-ci, & sur-tout par rapport à l'Histoire Naturelle, cet Auteur ne nous eût pas dit un seul mot de la Lumière Boréale, s'il en avoit eu la moindre connoissance.

* *Ibid. Ch. IV.* De l'Air.

Le Capitaine *Jean Wood* *, qui fut cinq ans après vers ces mêmes contrées, dans le dessein d'y découvrir un passage pour les Indes Orientales, n'en dit pas davantage sur cet article. *Jean Huyghen de Linschot*, qui avoit eu le même dessein en 1594 & 1595, dans ses deux Voyages au Nord par le détroit de Nassau ou de Waeigat, a gardé le même silence à cet égard, quoiqu'il ait eu plus d'une fois occasion d'en parler, & sur-tout dans une longue conversation qu'il eut avec des Samogedes *, touchant les particularités du pays & du climat. Il y a même grande apparence que le préjugé que nous tâchons ici de détruire, n'avoit pas encore pris naissance; car il n'y avoit pas alors quinze ou vingt ans que l'Aurore Boréale avoit paru plusieurs fois dans tout le reste de l'Europe, comme il a été remarqué ci-dessus, & comme on verra dans la 4me Section : ce qui sans doute n'auroit pas manqué d'inspirer à *Linschot* quelque curiosité touchant ce Phénomène dans les pays Septentrionaux, lorsqu'il étoit si bien sur les lieux pour la satisfaire. Il semble tout au moins

* *Ibid. Tome II, page 206.*

* *Ibid. Tome IV, p. 195 du second Voyage.*

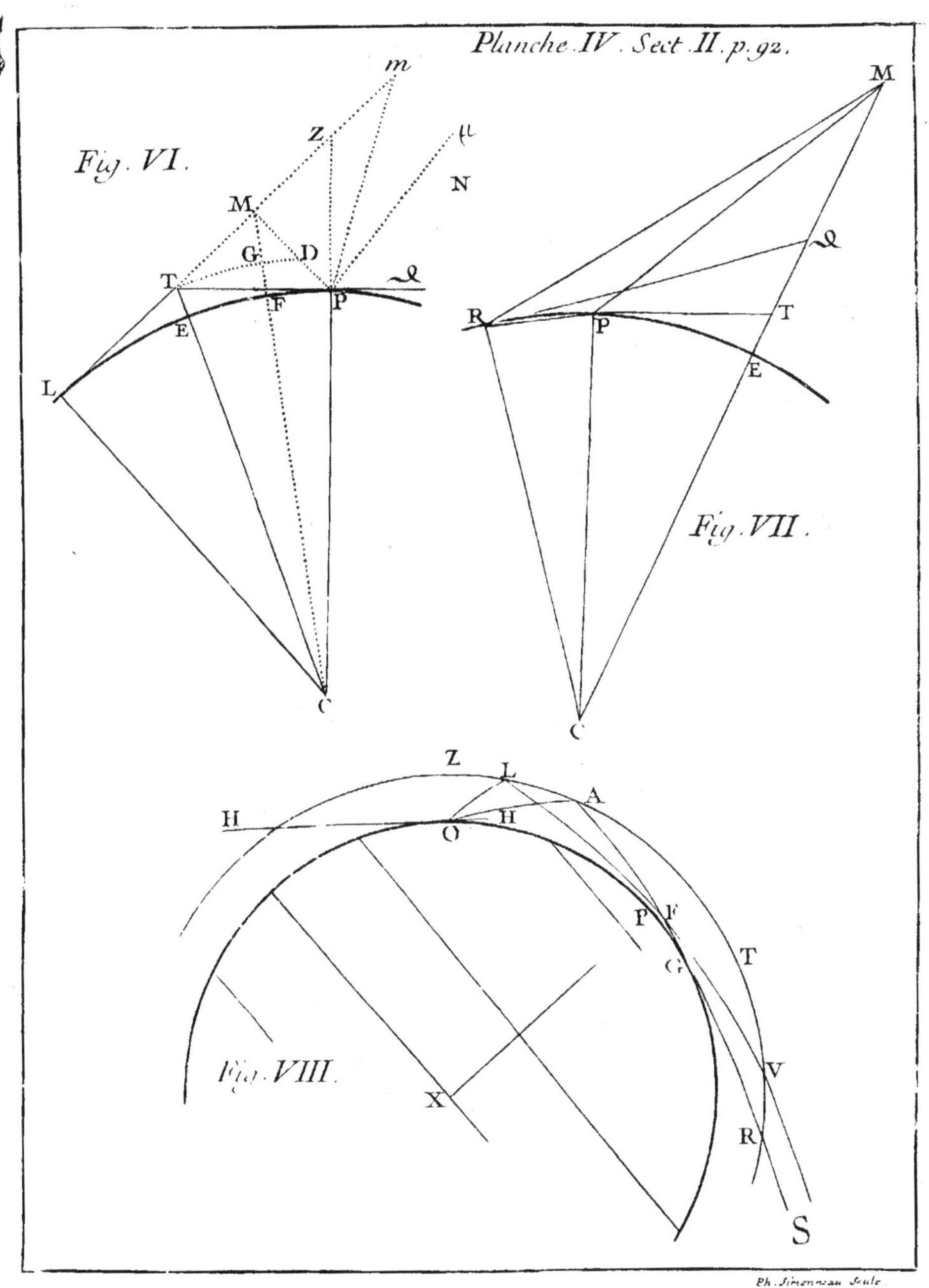

Planche IV. Sect. II. p. 92.
Fig. VI.
m
Z
μ
N
M
G
D
T
F
P
E
L
C
M
Q
R
P
T
E
Fig. VII.
C
Z
L
A
H
H
O
P
F
G
T
Fig. VIII.
X
V
R
S
Ph. Simonneau Sculp.

qu'il nous en auroit dit quelque chose, s'il avoit pensé là-dessus comme on pense communément aujourd'hui. Cependant l'Auteur du Supplément aux Voyages du Capitaine *Jean Wood*, & de *Frédéric Martens*, nous assure *, que « tous « ceux qui ont été dans ces pays-là disent des choses surpre- « nantes d'un certain Phénomène qu'on nomme *Lumière du* « *Nord*, & que ceux qui ne l'ont pas vû ont peine à concevoir, &c. » Mais il ne cite pour garant que *la Peyrere*, dont il rapporte à peu près les paroles qu'on a lûes ci-dessus.

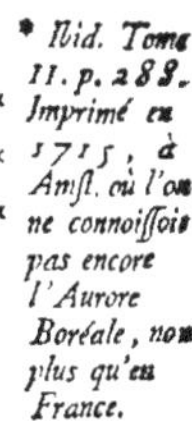
* *Ibid.* Tome II. p. 288. Imprimé en 1715, à Amst. où l'on ne connoissoit pas encore l'Aurore Boréale, non plus qu'en France.

Ainsi tout ce qui se trouve sur ce sujet dans le Recueil de Voyages au Nord, & dans une infinité d'autres Livres, étant évalué, se réduit au seul témoignage de *la Peyrere*, qui ne tient ce qu'il en dit, que d'une Chronique composée il y a 500 ans, & dans laquelle encore il n'y a rien, qui, bien entendu, puisse le moins du monde favoriser la prétendue perpétuité de l'Aurore Boréale dans les pays Septentrionaux.

SECTION III.

Explication des divers Phénomènes qui composent, ou qui accompagnent l'Aurore Boréale.

CE que nous avons dit de la formation de l'Aurore Boréale en général dans l'Explication sommaire qui est à la tête de ce Traité, ne sauroit être mieux éclairci, que par le détail des parties qui composent ce Phénomène, & par l'explication particulière que nous allons tâcher d'en donner : les deux Sections précédentes en feront la base. L'une nous a fait connoître le fonds & le réservoir de la matière dont l'Aurore Boréale est formée, savoir, l'Atmosphère Solaire ; l'autre a étendu & rectifié l'idée qu'on avoit du lieu & du fluide dans lequel l'Aurore Boréale se forme & se fait voir, qui est l'Atmosphère Terrestre. Nous avons même touché, dans l'une & dans l'autre de ces deux Sections, plusieurs points préliminaires qui n'aideront pas peu à abréger nos explications, & à justifier la théorie dont elles dépendent. Il ne s'agit donc plus que d'appliquer cette théorie aux exemples ou aux faits, & de montrer comment elle s'accorde avec eux.

CHAPITRE PREMIER.

De la distance d'où la matière de l'Atmosphère Solaire peut tomber dans l'Atmosphère Terrestre, ou des Limites de la Force Centrale qui agit vers la Terre, relativement à celle qui agit vers le Soleil.

IL suffit, comme nous l'avons remarqué, que l'Atmosphère Solaire ou la Lumière Zodiacale parvienne quelquefois visiblement jusqu'à l'Orbite Terrestre, pour avoir tout lieu de croire qu'elle s'étend ſouvent juſqu'à cette diſtance, ou même beaucoup au-delà, par ſa partie inviſible, par les bords de ſon tranchant ou de ſa pointe, qu'une trop grande ténuité rend imperceptibles, ou que la plus foible clarté peut effacer. C'en eſt aſſez, dis-je, pour l'explication de notre hypothèſe en général, que la matière de l'Atmoſphère du Soleil puiſſe arriver quelquefois inconteſtablement juſqu'à la Terre, & à plus forte raiſon juſqu'à l'Atmoſphère Terreſtre. Mais s'il eſt vrai què cette matière doive y tomber de fort loin, de pluſieurs milliers de lieues, par exemple, & que par conſéquent il ne ſoit point néceſſaire que la Lumière Zodiacale s'étende juſqu'à nous, pour la formation de l'Aurore Boréale, ce ſera ſans doute une ſurabondance de droit que nous ne devons pas négliger.

La Peſanteur univerſelle des Corps conſidérée, non comme une qualité eſſentielle de la matière, mais comme un effet qui réſulte de la conſtruction primitive & actuelle du Monde, me paroît moins aujourd'hui un ſyſtème ſur lequel on puiſſe ſe partager, qu'un fait avoué, & que les mouvemens de toutes les parties de l'Univers juſtifient. Tout Corps Céleſte, toute Planète, tant Principale que Secondaire, circule autour d'un centre : donc il y a pour tout Corps Céleſte un *Point Central* où il tend, ou vers lequel il eſt pouſſé par une Force ou par un fluide inviſible quelconques ; ſans quoi ce corps quitteroit bien-tôt la courbe de ſa circulation, & s'échapperoit infailliblement en ligne droite, par la Tangente menée du point ſur lequel il ſe trouveroit dans l'inſtant où la *Force Centrale* ceſſeroit d'agir ſur lui. La tendance à s'écarter du centre, eſt comme on ſait, l'effet de la *Force Centrifuge*, Force qui ſuit néceſſairement de tout mouvement curviligne, & qui eſt toûjours oppoſée à la Force Centrale qu'elle balance. Quant à la Peſanteur particulière des parties des Planètes vers leur propre centre, on la conclud, ou de la Circulation de leurs Satellites à l'égard des Principales, ou en général tant à l'égard de celles-ci que de leurs Satellites, de la figure ſphérique que l'on remarque dans toutes.

La loi ſelon laquelle la Force Centrale s'exerce, en raiſon renverſée des quarrés des diſtances, & celle des Temps Périodiques de la Révolution des Planètes, &c. dont on déduit la valeur de cette force rapportée au centre de leurs circulations, ne ſont ni moins connues, ni moins liées avec les obſervations modernes. Nous les admettrons donc ici conformément à ce qui s'en trouve dans les Principes Mathématiques de *Newton*, quant aux faits, & ſans prétendre entrer en aucune manière dans la diſcuſſion des cauſes, ou engager le Lecteur à choiſir entre les Syſtèmes généraux dont on pourroit les faire dépendre : car ce ſont, à mon avis, autant de vérités ou de prémiſſes qui appartiennent déſormais à toute Philoſophie Naturelle, ſans en excepter celle qui ſemble le plus s'oppoſer à la Philoſophie de *Newton*. Un Ciel mieux connu, & des Principes du mouvement mieux développés ont donné à ce grand homme un avantage ſur *Deſcartes* & ſur les premiers Cartéſiens, qui ne ſauroit ôter à ceux-ci la gloire qu'ils ont ſi juſtement acquiſe, & qui doit encore moins tourner au préjudice de leurs ſucceſſeurs, ou leur interdire l'uſage des connoiſſances que les temps ont amenées, ſous prétexte qu'elles ne ſont point ſorties de leur école.

Newton a trouvé par les durées périodiques de la révolution de Vénus autour du Soleil, & de la Lune autour de la Terre, que les Forces Centrales ou *Centripetes* du Soleil & de la Terre devoient être reſpectivement comme 1 & $\frac{1}{227512}$, ou 227512 & 1 ; c'eſt-à-dire, qu'une même portion de matière portée à égale diſtance du centre de chacun de ces deux globes hors de leurs ſurfaces, peſeroit vers leur centre dans le rapport de 227512 à 1 +.

Cela

+ *Philoſ. Natur. Princ. Mathem. Lib. III, prop. 8, édit. 2ª*. Les nombres qui expriment les Forces Centrales *abſolues* de la Terre & du Soleil ſont différens dans les trois éditions des Principes de *Newton* ; parce qu'il y a ſuivi différentes hypothèſes ſur la Parallaxe Solaire, dont l'invention & le rapport de ces Forces dépendent en raiſon triplée inverſe, ayant pris cette Parallaxe de 20″ dans la première édition, de 10″ dans la ſeconde, & de 10″ 30‴ dans la troiſième. Nous nous ſommes déterminés ſur

Cela posé, & les loix mentionnées ci-dessus, soit le Soleil imaginé fixe en *S*, & le Globe Terrestre en *T*; & soit *TS* la distance de l'un à l'autre. Fig. IX.

Pour avoir la *Limite L*, c'est-à-dire le point entre *S* & *T*, où devroit se trouver un Corpuscule quelconque, pour être poussé par des forces égales vers *S* & vers *T*, ou pour y être en équilibre, & de manière qu'un peu en deçà il iroit vers la Terre, & un peu au delà vers le Soleil; il est évident qu'il faut que la quantité $\frac{1}{TL^2}$ soit égale à $\frac{227512}{\overline{TS-TL}^2}$. D'où, & par la simple extraction des racines, on tirera $TL = \frac{TS}{478}$ ou environ. Or donnant à *TS*, 20626 demi-diamètres Terrestres, qui est la distance correspondante à 10″ de Parallaxe Solaire, on trouvera $TL = \frac{20626}{478} = 43\,\frac{72}{478}$ demi-diamètres Terrestres, ou environ 61813 lieues de 25 au degré, en supposant que le demi-diamètre de la Terre en contient $1432\frac{1}{2}$.

Il est donc évident que la matière de l'Atmosphère Solaire pourroit tomber dans le Tourbillon de la Terre, & enfin dans son Atmosphère, non seulement du lieu où cette matière s'étend lorsqu'elle arrive jusqu'à l'Orbite Terrestre, & au point actuel qu'y occupe la Terre, mais encore de plus de 60 mille lieues au delà.

Pour avoir plus généralement cette distance, & pour mieux voir la raison du Calcul précédent ; ayant nommé *F* la Force Centrale en *S*, & φ la Force Centrale en *T*, on trouvera $TL = \frac{TS\sqrt{\varphi}}{\sqrt{F}+\sqrt{\varphi}}$; ou, plus généralement encore, $TL = \frac{TS\sqrt{m\varphi}}{\sqrt{nF}+\sqrt{m\varphi}}$, en supposant le rapport des impulsions vers *S* & vers *T*, indéterminé, & en raison de *m* à *n*; ou

sur cet article en faveur de la seconde édition, tant à cause que la Parallaxe de 10″, qui est celle que feu M. *Cassini* avoit adoptée, & que nous adopterons dans la suite de ce Traité, est aussi très-reçue, que pour quelques autres raisons qu'il seroit trop long de rapporter ici.

enfin, en rapportant la comparaiſon au point S, $SL = \frac{ST \cdot \sqrt{nF}}{\sqrt{nF} + \sqrt{m\varphi}}$.

La diſtance à laquelle un Corpuſcule L, ſe trouveroit en équilibre entre deux Forces Centrales S & T, ſera donc toûjours exprimée par rapport à l'un ou à l'autre de ces deux points, *par le produit de leur diſtance commune, & de la racine de la Force Centrale du point qui fait le terme de comparaiſon, diviſé par la ſomme des racines des deux Forces.*

Si l'on prolonge ST vers I, il eſt évident qu'il y aura ſur cette ligne un autre point I, où les actions des deux Forces, S & T, ſeront égales. Cela eſt évident, non ſeulement parce que l'Equation d'où nous avons tiré la valeur Algébrique de TL, doit avoir une ſeconde racine $TI = \frac{TS \sqrt{\varphi}}{\sqrt{\varphi} - \sqrt{F}}$, qui ſoit négative ou qui s'étende vers le côté oppoſé; mais de plus cela eſt néceſſaire, d'une néceſſité Phyſique; parce que la Force abſolue en T, étant la plus petite, ſon action, qui ne ſe trouve la plus forte qu'auprès du point Central T, doit être bien-tôt ſurmontée par l'action de la Force en S, en s'éloignant du point T: ce qui ne ſauroit ſe faire ſans paſſer par l'égalité.

Et comme ce n'eſt pas ſeulement ſur la ligne ST ou SI, que les deux Forces Centrales agiſſent, il eſt évident encore, qu'il y aura tout autour de cette ligne une infinité de points tels que L, I, Q, P, &c. où leurs actions ſeront égales.

Pour ne point entrer ici dans un détail ſuperflu, je me contenterai de dire que le lieu de tous ces points d'égalité d'actions ou d'impulſions vers S & vers T, eſt un Cercle, ou pluſtôt une ſurface ſphérique formée par la révolution du cercle LQI, autour de la ligne LI, qui en eſt l'axe ou le diamètre, & ſur lequel la Terre T ſe trouve placée à environ 130 lieues du centre K vers S. Car on a, par l'Analyſe, TI, de $43 \frac{158}{476}$ demi-diamètres Terreſtres, ou d'environ 62073 lieues, qui étant ajoûtées à TL (61813) font en tout

123886 lieues, dont la moitié, 61943, excède *TL* de 130.

Une surface sphérique donneroit de même le lieu de toutes les impulsions en raison quelconque de *m* à *n*, vers les points *S, T,* & il n'y auroit à changer que les valeurs précédentes, conformément à l'expression particulière du nouveau rapport.

Mais il est bien clair que la surface sphérique, & la condition d'égalité dans les Forces *Accélératrices* qui agissent vers *S* & vers *T*, ne donnent ni un lieu d'Equilibre, ni les Limites de tout l'espace d'où la matière de l'Atmosphère Solaire peut tomber sur la Terre, dans la supposition que cette matière s'étende au delà de *T* vers *I, Q, R,* &c. n'y ayant dans toute la Sphère *LPIQ*, que le seul point *L*, qui soit dans le cas. Car 1.° le point opposé *I*, & tous ceux qui se trouveroient sur la même ligne *TI*, à quelque distance que ce pût être, seroient visiblement tirés ou poussés vers *T*, par les deux forces dont les directions concourent, & se confondent sur *IS*. 2.° Les points *P, Q,* &c. pris sur la surface de la Sphère, autre part qu'en *L*, sont tirés par deux forces égales, dont le résultat sera la diagonale ou la droite qui partage en deux également chacun des angles *SPT, SQT*. Or dans le cas des distances données de la Terre au Soleil, & au point *L*, & à cause de la grande proximité du point *T*, avec le centre *K*, l'angle que font les lignes *TP*, &c. avec la tangente au cercle en ces points, differe peu de l'angle droit, & se trouve par conséquent plus grand que la moitié de celui qui résulte du concours des deux lignes *TP, SP*. Donc la diagonale menée du point *P*, coupera le Cercle, & entrera dans la Sphère, & par conséquent la portion de matière quelconque *P, Q*, devra tomber sur la Terre *T*. 3.° Enfin en quelque lieu que soit pris le point *R*, hors de la Sphère, si la composition des Forces, ou la diagonale qui partage l'angle *SRT*, en raison quelconque, & qui détermine la direction dans laquelle se réunit leur effort commun au point *R*, vient couper la surface sphérique *LPIQ*, ou conduit à un point d'où la diagonale vienne la couper, il est évident,

& par les mêmes raisons, que le corpuscule R pourra tomber sur la Terre.

D'où l'on voit que la surface *Limitatrice* dont il s'agit, ne sauroit être ni celle d'une Sphère, ni aucune autre quelconque rentrante en elle-même; mais que c'est celle d'un Conoïde MLN, qui touche la Sphère précédente, vers laquelle elle est concave, en L, & qui s'étend à l'infini au delà de T, & autour de l'axe commun LT prolongé. De manière que la tangente ou l'élément de sa courbe génératrice LMN, en quelque point M ou N que ce soit, se confondra toûjours avec la diagonale ou la direction qui résulte de l'effort commun des deux impulsions vers S & vers T, sur les lignes MS, MT, &c.

Il est donc clair que toute la matière renfermée dans un Conoïde MLN, qui s'étendroit à l'infini, pourroit tomber sur la Terre, & par conséquent, que lorsque l'Atmosphère Solaire atteint jusqu'au Globe Terrestre T, & qu'elle passe par delà, vers Q, I, R, &c. la matière qui la compose peut tomber, s'assembler, & s'entasser dans l'Atmosphère Terrestre, non seulement des parties voisines, & de 60 mille lieues; mais encore d'infiniment plus loin, de 100, de 200 mille lieues, d'un million, &c.

Il faut se souvenir cependant que tout ceci n'est exactement vrai en particulier, que dans le cas posé du repos mutuel des parties de la Terre & du Soleil, & en faisant abstraction de tout mouvement, soit translatif, soit centrifuge, de la part de l'Atmosphère Solaire. Aussi ne donnons-nous pas ces déterminations comme rigoureusement conformes à la Nature, mais par manière d'exemple, & comme de simples approximations propres à fixer l'imagination du Lecteur. Car il est clair que tout au moins le mouvement de la Terre doit apporter un changement sensible à la chûte de la matière Zodiacale dans notre Atmosphère, tant à l'égard de la plus grande distance d'où elle peut y tomber, que des lignes qu'elle doit décrire en y tombant; autre considération qui ne doit entrer pour rien dans notre sujet : puisqu'il nous importe peu que cette matière arrive jusqu'à nous par des droites ou par des courbes, & des courbes de telle ou telle nature, de près ou de loin, pourvû qu'elle y arrive; ou enfin, qu'arrivant aux couches supérieures de notre Atmosphère par des courbes, elle y continue son chemin par des droites. Il suffira donc ici pour l'ordinaire, & après ces notions générales, d'imaginer que la Terre & son Atmosphère nagent quelquefois dans la matière Zodiacale, & qu'elles en sont, pour ainsi dire, inondées. C'est sur ce cas, sur cette extension suffisante, ou plus que suffisante, de l'Atmosphère Solaire, que nous fonderons la plusspart des explications que nous allons tâcher de donner dans cette Section, touchant les divers phénomènes de l'Aurore Boréale. Les circonstances dont nous venons de parler, & surtout l'abondance de la matière, peuvent seulement influer sur la force & sur la durée plus ou moins grande de ces phénomènes. C'est à quoi nous ferons attention en son lieu; & c'est par-là aussi, comme nous l'avons déjà remarqué, & comme nous le montrerons plus particulièrement dans la suite, que les temps où il y a eu le plus d'Aurores Boréales, & plus marquées, ont été ceux où l'Atmosphère du Soleil a été plus étendue & plus apparente.

Il ne me reste qu'à lever une difficulté qui semble naître des bornes que nous avons assignées ci-dessus à l'effet de la pesanteur Terrestre, c'est-à-dire, à la distance du point de Limite *L*, entre la Terre *T* & le Soleil *S*, où un Corpuscule se trouveroit en équilibre. Cette distance ne va pas à 44 demi-diamètres Terrestres, & la Lune, qui n'est pourtant retenue dans son Orbite que par ses gravitations vers la Terre, s'éloigne souvent de ce point central, & pendant une grande partie de son cours, de plus de 60 de ces mêmes demi-diamètres. Ne devroit-elle pas alors, & lorsqu'elle se trouve à peu près sur la ligne *TS*, au delà du point *L*, abandonner la Terre, tomber sans retour sur le Soleil, ou aller circuler immédiatement autour du Soleil?

Oui sans doute elle le devroit dans le cas du repos de la Planète principale autour de laquelle elle se meut, & qui la fait circuler conjointement avec elle autour du Soleil. Mais cette circulation commune, & la Force Centrifuge qui en résulte dans les deux Planètes, laquelle surpasse de beaucoup & l'effet de la distance du Satellite au delà du point *L*, vers le Soleil, & sa Force Centrifuge propre à l'égard de sa Planète principale, retient la Lune, ou la repousse vers *T*, & la conserve à la Terre, fût-elle quatre à cinq fois aussi loin de la Terre au delà du point *L;* ainsi que l'on peut s'en convaincre par le calcul des Forces Centrales, Centripetes & Centrifuges, qui se trouvent ici données par les distances, & par les vitesses des Mobiles. De sorte que la Lune doit être considérée au delà du point *L*, & pendant les deux Quadratures qui avoisinent sa Conjonction avec le Soleil, comme assujétie dans son Orbite par quatre Forces, qui s'exercent continuellement sur elle, & qui se balancent sous différens rapports : savoir, la Force Centrale qui la pousse vers le Soleil, & celle qui la pousse vers la Terre, la Force Centrifuge qu'elle a vers le Soleil, & celle qui tend à l'en écarter, ou qui la rejette vers la Terre.

Nous ne parlerons point ici des effets que pourroient produire les interpositions de la Lune par rapport à la chûte de la matière de l'Atmosphère Solaire vers le Globe Terrestre : cette nouvelle circonstance ne feroit qu'embarrasser inutilement notre théorie, & les applications que nous allons en faire. Si nous devons en dire quelque chose, ce sera dans la cinquième & dernière Section de ce Traité.

CHAPITRE II.

Pourquoi l'Aurore Boréale paroît ordinairement du côté du Nord !

LA question est d'autant mieux fondée, que par la cause générale que nous attribuons à ce phénomène, savoir, l'Air ou l'Atmosphère Solaire, que le Globe Terrestre & son Atmosphère rencontrent sur leur chemin, & où ils se trouvent souvent entièrement plongés, il semble que toutes les parties de notre air & de notre horizon devroient se charger également & indifféremment de cette matière, ou même, que celles qui sont renfermées dans les Tropiques & qui répondent au Zodiaque, devroient encore plus s'en charger que celles qui approchent des Poles. C'est donc là une des premières circonstances & des plus essentielles que nous ayons à constater, & ensuite à expliquer touchant l'Aurore Boréale.

Quoique la lumière des Aurores Boréales ait paru quelquefois en d'autres endroits du Ciel que vers le Nord, quoiqu'elle y soit même rarement placée directement, & qu'elle décline d'ordinaire vers le couchant, quoiqu'enfin elle se soit répandue souvent depuis quelques années autour de l'horizon, & dans tout l'hémisphère supérieur du Ciel, il est pourtant certain que de toutes les circonstances qui caractérisent ce Phénomène, il n'y en a point qui lui soit plus propre, & qui reçoive moins d'exceptions. C'est en général du côté du Nord qu'il commence, & s'il arrive quelquefois qu'on l'aperçoive ailleurs auparavant, il ne manque guère de se fixer vers le Nord, & de finir là son apparition.

Ce n'est pas seulement dans cette dernière reprise d'Aurores Boréales, que nous éprouvons depuis quinze à seize ans, qu'elles affectent de paroître du côté du Nord; nous voyons dans toutes les anciennes descriptions qui nous restent de ce Phénomène, que c'étoit aussi toûjours vers le Pole Boréal que se trouvoit l'origine de l'incendie. Son nom d'*Aurore Boréale* en est une bonne preuve, & ce nom que l'on croit communément lui avoir été imposé par le fameux *Gassendi*, je prouverois aisément par *Gassendi* même, qu'elle l'avoit avant lui & qu'il n'en est pas l'inventeur +.

\+ Gass. Animadv. in Diog. Laert. p. 1137. *Is fulgor est, qui aliquando nocte intempestâ, & silente Lunâ, totum septemtrionalem tractum ita occupat, ut claram Auroram mentiatur; unde & Aurora Borea AB ALIQUIBUS dicitur.* Et il y avoit alors plus de mille ans que *Grégoire* de Tours, en décrivant un de ces Phénomènes, l'avoit comparé à l'Aurore; *sed & cœlum ab ipsâ septemtrionali plagâ ita resplenduit, ut putaretur* AURORAM *producere.* Greg. Turon. Hist. Franc. Lib. VI. §. 33.

L'Aurore Boréale a donc presque toûjours occupé le dessus du Pole Boréal ou de la Zone qui l'environne, préférablement à tout autre endroit du Ciel. Nous pourrions dire plus généralement, qu'elle a occupé les Poles ou les Zones Polaires. Mais comme nous ignorons, quant au fait, ce qui arrive à cet égard du côté du Pole opposé au nôtre, & dont nos seuls Voyageurs ont approché en passant, nous nous contenterons de supposer, que si les mêmes circonstances Physiques s'y rencontrent, il y aura aussi, selon nos principes, des *Aurores Australes* dans l'hémisphère Austral comme il y en a de Boréales dans le Boréal.

Mais ce Phénomène qu'on pourroit par-là appeler *Polaire*, l'est encore à ce titre, qu'il est d'autant plus visible, que les pays d'où on l'observe approchent davantage du Pole, & qu'il n'est visible que pour les pays situés au delà d'une certaine Latitude. Du moins n'ai-je pas connoissance qu'on l'ait vû bien marqué au dessous du 35me degré *(a)*, & excepté celui du 19me Octobre 1726, qui fut observé à Lisbonne, & jusqu'à Cadiz, & peut-être dans des parties encore plus méridionales, je ne sache pas qu'il ait paru avec les circonstances qui le distinguent ici, au dessous même du 40me degré. Depuis 1716 l'Aurore Boréale n'a pas discontinué de se montrer en France, en Angleterre & en Allemagne, & on l'y observe assidûment; mais elle étoit si peu connue en Italie il y a neuf à dix ans, qu'au rapport de M. *Zanotti*, Secrétaire de l'Académie de l'Institut de Bologne, elle y fut observée pour la première fois vers la fin de 1722 *(b)*, ou au commencement de 1723, & elle n'a été observée à Bologne par un Astronome*, que le 14me Mars 1727;

* *M.* [Eustach.] Manfredi. *Comment. Acad. Bonon. t. I. p. 297.*

(a) Je trouve dans un de mes Recueils de Notes & Observations, N.° 124. Ce 13 Juillet 1737, j'apprends de M. *Guedda*, Suédois, Envoyé d'Angleterre à Alger, où il a été environ deux ans, & qui, à la prière de M. *Celsius*, y faisoit grande attention aux Aurores Boréales, qu'il n'y en avoit jamais pû voir aucune. *La Latitude d'Alger est de 36° 49′ 30″; & je crois qu'il n'y avoit pas un an que M.* Guedda *en étoit de retour.*

(b) Affirmare utique possumus, Borealem Auroram hanc primam esse quæ Italis fuerit observata; nam nullam aliam antè apparuisse memoriæ proditum est. *Comment. Academ. Bonon. t. I. p. 287.*

dans

dans cette Ville, cependant si accoûtumée à élever de grands Observateurs & des Astronomes célèbres. Tant il est certain que le véritable siège du Phénomène a été jusqu'ici presque toûjours au Pole, ou aux régions Polaires.

La cause de cet effet n'est pas unique. Nous avons déjà remarqué que la grossièreté de l'air qui couvre le Pole & les régions Polaires par rapport à notre climat, devoit favoriser l'amas qui s'y fait de la matière Zodiacale, plustôt que par-tout ailleurs, l'y retenir & la rendre plus visible pour nous. On sait aussi que la Pesanteur y agit plus fortement que vers l'Equateur; ce qui pourroit y déterminer d'autant la chûte des extrémités de l'Atmosphère Solaire. Mais le mouvement diurne de la Terre doit plus que tout cela contribuer à fixer le siège de l'Aurore Boréale vers le Pole, & à faire aller de ce côté une partie de la matière qui tombe en deçà, & qui pourroit s'attacher à des portions plus méridionales de l'Atmosphère Terrestre.

Si les Aurores Boréales ne consistoient que dans l'amas des vapeurs & des exhalaisons sulfureuses qui s'élèvent dans l'Air, la matière qui les compose devroit non seulement se trouver autant ou plus abondante vers la Zone Torride, & dans les Zones Tempérées, que dans les Polaires ou Glaciales, par les raisons qui en ont été données dans la Section précédente; mais elle devroit encore, en s'élevant jusqu'aux régions supérieures de l'air, tendre sans cesse à s'assembler vers l'Equateur & la Zone Torride, & s'y assembler en effet en plus grande quantité qu'ailleurs, par le mouvement diurne de la Terre. Car ces vapeurs & ces exhalaisons, de même que tout autre fluide qui tourne actuellement avec les parties extérieures de la Terre, ont d'autant plus de force centrifuge, qu'elles se trouvent plus près de l'Equateur. Elles doivent donc tendre à s'y assembler par le principe qui a fait conclurre à Mrs *Huguens* & *Newton*, que la Mer & le Globe Terrestre devoient être plus élevés vers l'Equateur que vers les Poles, principe assez connu, & que nous avons expliqué ailleurs *, en montrant de quelle manière il pouvoit être

* *Mém. de l'Acad. 1720. p. 231 & suiv.* Art. 11. 19. 20. &c.

concilié avec les différentes figures attribuées à la Terre, soit qu'elle ait été primitivement sphérique, oblongue ou aplatie par ses Poles, soit que, par sa rotation, elle ait aquis & qu'elle conserve actuellement une de ces figures quelconque.

Mais si la matière des Aurores Boréales vient d'autre part que de la Terre, si elle est originairement extérieure à l'Atmosphère Terrestre, où elle tombe seulement dès qu'elle est rencontrée en deçà des limites de la Pesanteur ou de la Force Centrale quelconque de notre Globe, & de celle du Soleil; en un mot, si ce n'est qu'une partie de l'Atmosphère Solaire qui descend dans les régions supérieures de notre air, elle doit être repoussée par les parties de cet air, qui ont le plus de mouvement, & rejaillir vers celles qui en ont le moins, c'est-à-dire, de l'Equateur vers les Poles. Car cette matière n'a nulle Force Centrifuge par rapport à l'axe de la Terre, tandis qu'elle est rencontrée & heurtée par un fluide qui participe à la rotation autour de cet axe. Ce fluide tendra donc à l'écarter en ce sens, & par conséquent elle passera en partie à côté des endroits où la rotation est plus grande, & elle s'assemblera en plus grande quantité aux endroits où elle est moindre, c'est-à-dire, vers les Poles.

On dira peut-être, que si les couches de l'Atmosphère sur la Zone Torride & à ses moindres Latitudes, tendent à en écarter la matière Zodiacale, & à la repousser vers les Poles, & qu'elles se refusent d'autant à en être divisées & pénétrées, elles doivent aussi, selon les principes posés de la Force Centrifuge, y être d'autant plus légères & plus rares, & donner en ce sens d'autant plus de facilité à cette matière étrangère & extérieure pour les pénétrer, & pour tomber sur la Zone Torride en plus grande abondance que sur les Zones Tempérées, & sur celles-ci plustôt que sur les Polaires.

L'objection est fondée; voilà sans doute une nouvelle cause qui s'oppose à l'effet de la précédente: il ne s'agit que de savoir laquelle des deux doit l'emporter.

Le plus de légèreté ou de rareté de l'Atmosphère Terrestre aux moindres Latitudes, doit être en raison de l'excès de la pesanteur des corps, aux plus grandes Latitudes, & l'excès de la pesanteur des corps aux plus grandes Latitudes, quelque idée qu'on se fasse de cette force, & de la figure de la Terre, y sera en raison de l'excès des longueurs du Pendule. Supposant donc, par exemple, que le Pendule qui bat les secondes à Paris est de 3 pieds 8 $\frac{5}{9}$ lignes, & qu'un semblable Pendule sous l'Equateur n'est que de 3 pieds 6 $\frac{3}{4}$ lignes; & la différence de ces deux longueurs ou l'excès de l'une sur l'autre se réduisant à $\frac{1}{244}$, il suit que le même corps qui pèse 244 sous le parallèle de Paris, ne pèseroit que 243 sous l'Equateur, & que par conséquent les couches de l'Atmosphère sous l'Equateur ne sont plus légères ou moins denses qu'à Paris que de $\frac{1}{244}$. Mais les vîtesses du même fluide par lesquelles il se refuse à être divisé ou pénétré par la matière Zodiacale qui tombe sur lui, & par lesquelles il tend à la repousser vers les Poles, sont en raison des sinus des complémens de Latitude : de sorte, par exemple, que ces vîtesses étant sous l'Equateur ou à 0 de Latitude, comme 100000, elles ne seront sous le parallèle de Paris, ou à 48° 50', que comme 65825. Donc cet excès de vîtesse ou cette nouvelle cause est à celle qui fournit l'objection, comme $\frac{100000 - 65825}{100000}$ ou $\frac{34175}{100000}$ est à $\frac{1}{244}$, ou, réduisant ces deux fractions à même dénomination, comme 8338700 à 100000, ou enfin à peu près, comme 83 est à 1. Et si, comme le comportent cette théorie & celle des Forces Centrifuges, on prend au lieu des simples vîtesses, leurs quarrés, la fraction précédente se convertira en celle-ci, $\frac{100000 \times 100000 - 65825 \times 65825}{100000 \times 100000}$ ou $\frac{5667069375}{10000000000}$ qui est beaucoup plus que centuple de $\frac{1}{244}$, & environ comme 138 est à 1. Donc la première cause, celle que nous avons donnée de la tendance de la matière du Phénomène vers le Pole, demeure dans son entier, ou, ce qui revient au même, elle doit l'emporter de beaucoup sur la seconde.

Cet excès de vîtesse des couches de moindre Latitude croîtra encore davantage, & à l'infini, en avançant vers le Pole, & en prenant le premier terme de comparaison d'une Latitude finie ; parce que les sinus des complémens diminuent alors en plus grande raison : & c'est ce qui a lieu ici, puisqu'on y considère le Globe Terrestre & l'Atmosphère qui l'enveloppe, comme plongés de toutes parts dans la matière de l'Atmosphère Solaire.

Une autre cause concourt souvent à charger davantage de la matière Zodiacale un Pole du Globe Terrestre que l'autre, par exemple, le Pole Boréal, que l'Austral & qu'aucune autre de ses parties : c'est le mouvement qu'a la Terre vers cette matière par ce Pole qui se trouve le premier à la rencontrer pendant une moitié de l'année, où d'autres circonstances favorisent d'ailleurs l'apparition de l'Aurore Boréale. Voici comment je l'imagine.

Le mouvement annuel de la Terre, & le parallélisme que garde son axe, peuvent être conçûs comme se faisant autour d'un Cylindre ou d'un Cylindroïde, droit par rapport à l'Equateur, & oblique par rapport à l'Ecliptique.

Fig. X. Soit *XZ* ce Cylindre décrit par le mouvement de la ligne *AX* autour de l'axe *Gg*, sur la base *ACZ*♑. Soit *ITQR* l'Orbite Terrestre résultante de la section oblique par le plan de l'Ecliptique *IQ*; *RKT*, un de ses diamètres, qui passe par les points des Solstices *T*, *R*, & par son centre *K* où l'on peut imaginer le Soleil; *oKe*, l'Equateur, parallèle à *OTE*. La droite *AX* génératrice de la surface cylindrique *XALZ*, doit être imaginée comme l'axe prolongé de la Terre, ou comme une broche qui enfile le Globe Terrestre par ses Poles, & le long de laquelle ce Globe peut se mouvoir ou couler vers *X* & vers *A*, cette droite demeurant toûjours parallèle à elle-même & dirigée par son extrémité *X*, vers le Pole Boréal *B* du Monde, qu'il faut imaginer à une distance infinie. Les Signes ascendans de l'Ecliptique vont de *RI* vers *T*, & les descendans de *TQ* vers *R*; le Spectateur étant supposé avoir le visage tourné vers le Pole *B*, & placé perpendiculairement au dessus du plan de la Figure, à une distance infinie.

Cela posé, si le Globe Terrestre *T* ou *ONES*, se trouve en *T*, après avoir parcouru l'arc *IT* de son Orbite, il est évident que cet arc peut être regardé comme la diagonale d'un rectangle *I♎Tt*, décrite par le centre du Globe, en conséquence de son mouvement composé, ou de ses deux mouvemens de *I* vers *t* & de *I* vers ♎, le premier provenant du transport de l'axe de *AX* en *CT*, & le second de telle autre cause qu'on voudra imaginer; par exemple, de l'impulsion d'un fluide qui se mouvroit circulairement, ou par une courbe quelconque rentrante en elle-même; de *C* vers *T*, ♋, *P*, *R*, &c. dans des plans toûjours parallèles au plan *CP*, qui est celui du Colure des Solstices supposés en *T* & en *R*. Car par ce moyen l'axe de la Terre *ns* ou *P*♑, étant porté du Solstice du Capricorne *R* en *XA*, & de *XA* en ♋*C*, sur le Solstice du *Cancer*, & ainsi de suite sur *LZ*, jusqu'à ce qu'il revienne en *P*♑, le Globe Terrestre dont le centre ne quitte jamais la surface cylindrique *XZ*, ni son Orbite *ITQR*, montera ou coulera sur son axe vers le Pole *B*, pendant tout le temps qu'il parcourra les Signes ascendans ♑, ♒, ♓, &c. de *R* en *I*, de la quantité *rI*, & de *I* en *T*, de la quantité *I*♎ ou *tT*, jusqu'au Solstice du *Cancer*, d'où il descendra ensuite par un mouvement contraire, pendant qu'il sera dans les Signes Descendans ♋, ♌, ♍, &c.

Donc si l'Atmosphère Solaire se trouve assez étendue, & que la Terre & l'Atmosphère Terrestre puissent venir à la rencontrer, ce sera par leurs parties Nord ou Boréales *n*, *N*, qu'elles la rencontreront, depuis le premier degré de *Caper* (*R*) jusqu'au premier degré de *Cancer* (*T*), c'est-à-dire, depuis le Solstice d'Eté, au mois de Juin, jusqu'au Solstice d'Hiver, en Décembre; & au contraire, par leurs parties Sud ou Australes *S*, *s*, depuis le premier degré de *Cancer* jusqu'au premier de *Caper*, de Décembre en Juin. Dans le premier cas, le Pole Boréal de la Terre, & les régions d'alentour, ou plustôt l'Atmosphère qui les couvre, & qui, selon tout ce que nous en indiquent les Obſervations du Baromètre, doit être beaucoup plus denſe & beaucoup plus peſante que celle qui répond aux Zones Tempérées & Torride, ſe plongera dans l'air Solaire, comme la Proue d'un Navire qui fend les eaux, s'en impregnera la première, & ſe trouvera par-là d'autant plus en état de nous montrer le Phénomène de l'Aurore Boréale vers le Nord, ſi les autres circonſtances néceſſaires à le produire s'y rencontrent; & ce ſera tout le contraire dans le ſecond cas.

Il eſt vrai que quelque grand que ſoit le mouvement de la Terre de *It* vers *ϑT*, il eſt toûjours moindre que celui de *Iϑ* vers *tT*, & que par-là on ne peut douter que dans le cas de l'immerſion totale du Globe Terreſtre dans l'Atmoſphère Solaire, ce ne ſoient les parties actuellement orientales *E* de la Zone Torride, qui s'y plongent les premières, & avec le plus de force. Mais le mouvement diurne tendant toûjours à écarter la matière Solaire vers les Poles, comme nous l'avons expliqué, il rendra preſque toûjours l'effet de cette rencontre inutile, ou beaucoup moindre, au lieu qu'il fortifiera ſans ceſſe l'effet du mouvement dirigé le long de l'axe, & favoriſera d'autant la rencontre de la même matière par les Zones Polaires.

Dans les cas où l'Atmoſphère Solaire eſt autant ou plus étendue que l'Orbite Terreſtre, & où cependant elle ne touche pas la Terre, à cauſe de ſa figure de Lentille, & de ſa Déclinaiſon, & dans tous ceux où elle ne s'étend pas juſqu'à cette diſtance, & où elle eſt pourtant aſſez proche pour tomber dans l'Atmoſphère Terreſtre, il eſt ſans difficulté que la matière Zodiacale tombera ſur le Pole & ſur les régions Polaires voiſines qui ſont en avant, & qui vont à ſa rencontre, préférablement à tout autre endroit du Globe ou à la Zone Tempérée correſpondante, & à la Zone Torride. Mais comme ces cas ſe compliquent avec les différentes Saiſons de l'année, par rapport aux Nœuds & aux Limites de l'Atmoſphère Solaire, dont nous traiterons particulièrement dans la Section ſuivante, c'eſt-là que nous en renvoyons l'examen. Cependant dans les cas où la Terre & ſon Atmoſphère nagent dans la matière de l'Atmoſphère Solaire, il eſt clair,

1.° Que toutes choſes d'ailleurs égales, le Phénomène doit être plus fréquent pour les habitans de l'Hémiſphère Septentrional, depuis leur Solſtice d'Eté juſqu'à leur Solſtice d'Hiver, que depuis leur Solſtice d'Hiver juſqu'à leur Solſtice d'Eté; & au contraire, pour les habitans de l'Hémiſphère Méridional, ſuppoſé que le même Phénomène y ait lieu comme il ſuit de toute cette théorie.

2.° Que les Aurores Boréales qui paroiſſent de l'un à l'autre des deux Solſtices, depuis la fin du mois de Juin, juſqu'à la fin de Décembre, doivent ſe trouver en général plus marquées vers le Pole Boréal, & moins répandues ſur le reſte de l'horizon, que celles qui paroiſſent depuis le mois de Décembre juſqu'à celui de Juin. Car ces dernières arrivent dans le temps que le Pole Boréal, & la Zone qui l'environne fuyent, pour ainſi dire, la matière du Phénomène, par un mouvement contraire au précédent. De ſorte que ſi cette matière vient à s'enflammer dans les parties ſupérieures de l'Atmoſphère Terreſtre, avant que d'avoir eu le temps d'être repouſſée par le mouvement diurne des parties de la Zone Tempérée & de la Zone Torride Boréales, vers le Pole de cet Hémiſphère, ou avant que ce Pole en ſoit impregné, elle nous pourra faire voir ailleurs la Lumière Boréale, & indifféremment ſur toutes les autres parties de l'horizon.

3.° Que les conſéquences précédentes doivent avoir d'autant plus lieu que le mouvement d'approche ou de fuite du Pole Septentrional ou du Méridional de la Terre vers la matière du Phénomène eſt plus rapide : c'eſt-à-dire, ſelon que la Terre coule davantage le long de l'axe tT, pendant le tranſport ϑT de cet axe; ou, ce qui revient au même, ſelon que la portion de l'Ecliptique où elle ſe trouve, fait un plus grand angle avec l'Equateur ou avec le parallèle correſpondant. Ce qui arrive, comme on ſait, au milieu des intervalles de l'un à l'autre Solstice & dans le temps des Equinoxes.

4.° Et enfin, que les Equinoxes auront encore cet avantage sur tous les autres temps de l'année, que lorsque la Terre vient à passer par ces points, ou tout proche de ces points d'intersection entre l'Equateur & son Orbite, la direction de son mouvement de rotation coupe sous le plus grand angle, ou à peu près, le plan sur lequel l'Atmosphère Lenticulaire du Soleil se trouve couchée de part & d'autre *. Ce qui, toutes choses d'ailleurs égales, favorise d'autant la force & l'effet du choc des parties supérieures de l'Atmosphère Terrestre contre les bords ou les extrémités de celle du Soleil, pour les repousser vers les Poles, & y produire des Aurores Boréales plus fréquentes & mieux formées.

* Sup. Sect. I. Ch. V.

L'expérience semble avoir parfaitement confirmé jusqu'ici toutes ces remarques; & ce n'est en effet que l'expérience & mes observations, qui m'ont fait naître l'idée de la théorie qu'on vient de voir.

Quant à la place du Phénomène, plus marquée & plus constante vers le Nord, autour de l'Equinoxe d'Automne, lorsque la Terre est près de la Section du *Bélier*, qu'autour de l'Equinoxe du Printemps, lorsqu'elle est proche des *Balances*, c'est ce que je ne saurois guère justifier par le témoignage d'autrui. Car la plupart des Auteurs, & sur-tout les Anciens, ne paroissent avoir tenu compte que des Aurores Boréales, ou très-grandes, ou très brillantes, ou proprement dites, & dont le siège étoit bien déterminé vers le Pole; & il n'y a souvent en effet qu'une attention particulière pour ce Phénomène, & une grande habitude à l'observer, qui puissent le faire apercevoir sous d'autres formes. J'ai donc remarqué depuis que j'observe, & que je travaille à m'instruire sur ce sujet, qu'avant & après l'entrée du Printemps, on voyoit plusieurs Aurores Boréales indécises dont la matière étoit presque également répandue sur tout l'horizon, & quelquefois vers le couchant seulement, ou même vers le Midi. On en vit une de ces dernières le 9 Janvier 1730, à à 10 heures du soir, qui s'étendoit précisément à l'Est Sud-est, avec des bandes claires & obscures, & avec quelques rayons. Le 15 Février de la même année, il en parut une à Genève, en Provence, & en Languedoc, qui étoit singulière par la Zone lumineuse & mouvante couchée le long du Zodiaque, qu'on y remarqua, & par plusieurs autres circonstances; comme je l'appris par des Lettres de Mrs *Cramer*, & *Bouillet*, tous deux Professeurs de Mathématique, l'un à Genève, l'autre à Béziers. Elle étoit, en ce sens, *toute Méridionale, & par-là beaucoup plus remarquable que le demi-grand cercle vertical de celle du 16 Novembre 1729 qui jusque-là étoit unique.* *Hist. Acad. 1730. p. 8.*

On trouvera sans doute quelques exemples contraires à la théorie précédente, & l'Aurore Boréale de 1729, que nous venons de citer, semble en fournir un par le temps de son apparition. Mais c'est que cette théorie se complique avec celle d'une autre cause, dont il n'est pas temps de parler. Car, comme nous l'avons déjà dit, & nous ne saurions trop le répéter, il s'agit toûjours ici de raisonner sur le plus grand nombre; & s'il y a quelque sujet où les exceptions ne doivent pas détruire les vûes générales, c'est assurément celui que nous traitons, par sa complication infinie, & par les causes différentes, & presque contraires, qui agissent souvent pendant la production du même effet.

Un autre de ces Phénomènes des plus singuliers que j'aye vûs, & qui rentre dans notre théorie, est celui du 4me Février, encore de l'année 1730. Il parut à environ 7 heures & demie du soir, presque directement au Midi, avec des rayons & des jets de lumière blancheâtres comme il a coûtume de paroître vers le Nord; mais il se joignit bien-tôt avec un autre Phénomène semblable, & véritablement Boréal, par plusieurs bandes qui alloient du Midi au Nord, où enfin il s'arrêta à 9 heures & demie, & où il finit à 10 heures.

Je dois remarquer aussi que depuis quelques années, & pendant le Printemps, j'ai vû des quinze nuits de suite, &

des mois entiers où la matière du Phénomène étoit vaguement & indistinctement répandue dans le Ciel, souvent même avec le clair de la Lune, ou avec la pluie, & parmi plusieurs nuages.

CHAPITRE III.

De la déclinaison Occidentale de l'Aurore Boréale, de l'heure de son apparition, de l'ordre successif des Phénomènes qui l'accompagnent, & du temps qu'il lui faut pour se former.

L'AURORE Boréale, comme nous venons de voir, est presque toûjours placée du côté du Nord; mais rarement y est-elle de façon que son milieu réponde exactement au dessous du Pole, plus rarement encore ce milieu se trouve-t-il du côté de l'Orient, & le Phénomène, à en prendre toute la masse, décline pour l'ordinaire de 10 à 12, & quelquefois de 15 à 20 degrés vers le Couchant, sur-tout lorsqu'il commence à se montrer.

Cette circonstance n'est pas particulière à notre climat, ou à notre siècle: elle se fait remarquer dans les pays les plus Septentrionaux de l'Europe, comme dans ceux qui le sont le moins. M. *Roemer*, en parlant des Aurores Boréales qu'il avoit observées à Coppenhague en 1707, dit les avoir toûjours vûes *entre l'Occident & le Septentrion* *. M. *Horrebow*, digne disciple de ce savant Astronome, & son successeur dans les Recherches de Physique Céleste, observe la déclinaison Occidentale de ce Phénomène, tant en général qu'en particulier, dans tout ce qu'il a bien voulu me communiquer de curieux sur ce sujet; & l'on verra enfin dans le dénombrement que nous donnerons des Aurores Boréales, tant anciennes que nouvelles, & dans ce que nous rapporterons de leurs descriptions, que la déclinaison Occidentale, comme la plus fréquente, a été aperçûe dans tous les temps,

* *Miscell. Berolin. Tome I. p. 132.*

& dans tous les lieux d'où nous avons des observations.

Le commencement du Phénomène arrive communément deux, trois, ou quatre heures tout au plus après le coucher du Soleil, c'est-à-dire qu'il arrive presque toûjours le soir, & jamais, que je sache, le matin après minuit, lorsque les nuits sont un peu longues. Les grandes Aurores Boréales commencent ordinairement de bonne heure, peu de temps après la fin du Crépuscule, & quelquefois auparavant.

D'abord c'est une espèce de brouillard assez obscur, que l'on aperçoit vers le Septentrion, avec un peu plus de clarté vers l'Ouest que dans le reste du Ciel, c'est-à-dire, plus qu'il ne convient qu'il n'y en ait, par rapport à l'heure du Crépuscule, s'il est encore sur l'Horizon.

Ce n'est pas que je n'aye remarqué bien des fois, & assez long-temps auparavant, des circonstances qui précédent celles-là, & qu'une grande habitude à observer le Phénomène m'a fait connoître pour ses avant-coureurs; telle est, par exemple, une certaine pâleur répandue dans l'air, une couleur grisâtre qui se mêle avec le bleu céleste, & une légère extinction dans les Etoiles les plus brillantes qui se trouvent aux environs des endroits où l'Aurore Boréale doit paroître. Mais comme ce sont des indices délicats, sujets à exception, & presque de sentiment, je ne prétends point les mettre en ligne de compte, ne voulant adopter ici que ce qu'il y a de plus marqué, de plus ordinaire, & que ce que l'on trouve dans la plupart des descriptions qui nous ont été données des Aurores Boréales.

Le brouillard Septentrional se range communément sous la forme à peu-près d'un Segment de Cercle étendu sur l'horizon, ou dont l'horizon fait la Corde. La partie visible de sa circonférence se trouve bien-tôt bordée d'une lumière blancheâtre, d'où résulte un Arc lumineux, ou plusieurs Arcs concentriques, lorsque le premier est bordé lui-même d'une partie de cette matière obscure de l'intérieur du Segment, & que celle-ci l'est à son tour d'une matière lumineuse; & ainsi de suite jusqu'à deux ou trois.

Après cela viennent les jets & les rayons de lumière diversement colorés, qui partent de l'Arc, ou plustôt du Segment obscur & fumeux où il se fait presque toûjours quelque brèche éclairée, de laquelle ces rayons paroissent sortir.

On aperçoit alors, quand le Phénomène augmente, & qu'il doit se répandre au loin, un mouvement général & une espèce de trouble dans toute sa masse, tant à cause des brèches fréquentes qui se forment & qui se détruisent successivement dans le Segment obscur & dans l'Arc, que par les vibrations de lumière & les éclairs qui viennent frapper delà par secousses toutes les parties & tous les flocons de la même matière enflammée, ou non enflammée, qui se trouvent dans l'Hémisphère visible du Ciel.

Ce n'est jamais qu'après cet incendie, & par une grande extension de la matière Boréale, qu'on a vû la Couronne au Zénit, ce point de réunion où tous les mouvemens d'alentour paroissent concourir, & qui fait comme la clef de la voûte, la lanterne d'une coupole, ou comme quelques-uns l'ont exprimé, le sommet d'un pavillon ou d'une tente.

C'est-là le moment de la plus grande magnificence du Phénomène, tant par la variété des objets, que par la beauté des couleurs dont quelques-uns d'entre eux se trouvent peints.

Il n'a plus après cela pour l'ordinaire qu'à diminuer, qu'à se calmer & à s'éteindre, non sans ressource, à la vérité, & sans des reprises qui renouvellent quelquefois à peu-près tout ce qu'on avoit vû auparavant, les jets de lumière, les éclairs, la Couronne, & les couleurs plus ou moins vives tantôt d'un côté du Ciel, tantôt de l'autre; mais enfin le mouvement cesse, la lumière se rapproche de plus en plus de l'horizon, elle quitte les parties Méridionales du Ciel, celles de l'Orient, & celles de l'Occident, pour passer & s'arrêter du côté du Nord, qui en demeure seul chargé; le Segment obscur se dissipe, il devient lumineux; c'est d'abord une clarté assez dense près de l'horizon, plus rare à quelques degrés au dessus, & qui se perd insensiblement dans le Ciel; qui diminue quelquefois avec rapidité, & quelquefois avec lenteur, & qu'on voit enfin s'éteindre totalement, si elle ne se joint au Crépuscule du matin. Car c'est ainsi que finissent la plufpart des grandes Aurores Boréales; & il reste du moins presque toûjours après elles, une impression de clarté sur l'Horizon du côté du Nord, qui n'est effacée que par les approches du jour.

Tous ces Phénomènes, & l'ordre dans lequel ils se manifestent & se succèdent, sont une suite naturelle, & bien aisée à reconnoître, de la cause générale qui les produit.

Le Couchant est à la fin du jour la dernière portion de notre Atmosphère qui a rencontré l'Atmosphère Solaire, & qui s'est impregnée de la matière qui la compose : ce qui en est tombé du côté de l'Orient depuis le Crépuscule du matin & le lever du Soleil, a eu le temps de se dissiper, & de se consumer en partie, ou de se ranger plus près du Pole. Ainsi tout cet amas d'air Solaire, mêlé avec le nôtre dans ses régions supérieures, & qui est le sujet de l'Aurore Boréale, se trouvant en plus grande quantité vers l'Occident, & plus loin du Pole, quelques heures après le coucher du Soleil, que par-tout ailleurs, il n'est pas extraordinaire que l'Aurore Boréale ait coûtume de décliner vers l'Occident, sur-tout dans ses commencemens, qui arrivent presque toûjours à cette heure-là.

Car c'est un fait qui ne peut être ignoré de ceux qui ont observé le Phénomène, ou qui en ont lû les relations, qu'il se montre presque toûjours quelques heures après le coucher du Soleil, le soir, avant minuit ; & je ne sache pas qu'on l'ait vû commencer le matin après minuit, si ce n'est peut-être dans les grands jours, où le Crépuscule du soir s'éloigne peu de minuit, & où il vient se confondre avec celui du matin. Encore ce que je connois d'Aurores Boréales qui ont été remarquables après minuit, avoient-elles toûjours commencé long-temps auparavant, à mes yeux ; & il n'y avoit que la grande clarté du Crépuscule qui les empêchât d'être assez apparentes pour être reconnues par ceux qui y font peu d'attention. Telle fut, par exemple, celle du 21 Juin 1730 qui parut à minuit & demi, & à une heure avec un très-grand éclat, & avec une Couronne entourée de rayons, au Zénit, mais dont j'avois remarqué les approches à 10 heures du soir, étant à Sceaux. M. *Godin* l'avoit observée à Paris depuis 9h ½ jusqu'à 10h ¼, après quoi quelques nuages qui s'élevèrent du côté du Nord, la lui cachèrent.

Mais dans les Saisons où les nuits sont longues, j'ai toûjours vû le grand éclat des Aurores Boréales arriver avant minuit, & les Relations que j'ai lûes sur ce sujet sont conformes à mon expérience. Les Aurores Boréales les plus fameuses ont commencé à paroître le soir, de très-bonne heure, & avant la fin du Crépuscule. Telle fut celle du 19me Octobre 1726, celle du 17me Mars 1716, décrite par M. *Halley,* celle du 12me Septembre 1621, rapportée par *Gassendi* dans la vie de M. de *Peyresc,* & en dernier lieu deux ou trois des plus grandes qui ont paru cette année 1731 ; ainsi que plusieurs autres que je passe sous silence.

Sur quoi il faut observer, qu'il y a telle Aurore Boréale, qui sera petite & peu remarquable pour les pays où elle n'aura paru que tard, & qui se trouvera grande & magnifique dans ceux où elle se sera montrée de bonne heure. Par exemple, le 2me Novembre 1730, étant à la Campagne à 17 lieues de Paris, j'aperçûs à 9 heures du soir une lueur dans le Ciel vers le Nord-nord-ouest, que je soupçonnai être le commencement d'une Aurore Boréale. Je la perdis peu de temps après, à cause de quelques brouillards qui s'élevèrent de ce côté-là : mais à 11 heures ½, la même clarté ayant reparu encore plus marquée, je ne doutai plus que ce ne fût en effet l'Aurore Boréale, & j'en écrivis la note, comme telle, sur mon Registre d'Observations. Or j'apprends depuis dans les *Transactions Philosophiques* *, que le Phénomène avoit paru le même jour à 6 heures ½ du soir en Amérique dans la Nouvelle Angleterre *, c'est-à-dire, à douze ou treize cens lieues d'ici, & sous le 42me degré de Latitude, avec tout l'éclat & tout l'appareil des plus grandes

* N.° 418. p. 55.

* Où 6 heures du soir répondent à environ nos 11 heures.

Aurores Boréales ; comme on le peut voir dans l'exacte relation que nous en a donnée M. *Greenwood* Professeur de Mathématique au Nouveau Cambridge.

Mais ce n'est pas seulement à ces grandes distances, d'Europe & d'Amérique, qu'un Phénomène qui ne s'est montré que fort tard, & même long-temps après minuit, en un endroit, se trouve quelquefois avoir paru de très-bonne heure dans un autre. Il est rapporté dans une Lettre de *Serrarius* à *Kepler**, que le 18 Novembre 1605, à 3 ou 4 heures du matin, il avoit paru à Mayence un Phénomène (*Phasma*) vers le Septentrion, le Levant & le Couchant d'Hiver, avec des rayons, &c. qui n'est, à mon avis, que l'Aurore Boréale qu'on avoit remarquée à Paris * dès la veille, c'est-à-dire le 17 vers les 6 à 7 heures du soir. Car vû ce qui a été prouvé ci-dessus de la hauteur de l'Aurore Boréale, & les grandes distances où elle a coûtume de paroitre en même temps, il n'y a nulle apparence que ce qui fut aperçû de celle-ci à Paris avec éclat le 17me au soir, ne l'eût pas été à Mayence, c'est-à-dire, à une centaine de lieuës seulement de Paris, & sur un Parallèle encore plus Septentrional, si des circonstances particulières & locales, prises de la région des Météores, ne l'avoient pas empêché.

* *Epistolæ ad* Jo. Keplerum, & Kepleri &c. *p.* 350.

* *Journal d'*Henri IV. *de* P. de l'Etoile, *tome* II. *p.* 88.

Delà, & de toutes les autres circonstances dont je viens de parler, je tire cette conséquence, que la matière des Aurores Boréales est du moins en grande partie celle-là même qui s'est assemblée pendant le jour, ou qui a été échauffée par les rayons du Soleil peu de temps avant qu'elles paroissent, dans la région de notre Atmosphère qui leur est propre ; quoiqu'elle y soit tombée peut-être, ou qu'elle se soit détachée de la masse de l'Atmosphère Solaire, pour y tomber, depuis long-temps. C'est-à-dire que pour l'ordinaire, l'amas visible & l'inflammation de la matière de l'Aurore Boréale suivent de près le mélange qui s'en fait avec notre air, à une certaine distance de la surface de la Terre. Car sans cela pourquoi ne verroit-on pas dans les longues nuits, autant d'Aurores Boréales commencer quelques heures après minuit, qu'il y en a qui commencent avant minuit?

Leur place, qui eſt ſouvent plus proche du milieu du Nord, quelque heure après qu'elles ont commencé, que dans leur commencement, fortifie encore cette conjecture. Car il paroît que ce ne peut être que parce que tout cet amas de matière, qui n'avoit pas d'abord eu le temps de ſe ranger circulairement autour du Pole, eſt de plus en plus déterminé à prendre cette forme régulière, par la rotation de la Terre, à meſure qu'il approche des parties plus denſes de notre Atmoſphère, & plus capables par-là de le repouſſer vers le Pole.

Du reſte, il ne doit pas paroître impoſſible que la matière du Phénomène, qui tombe de fort loin de l'Atmoſphère Solaire dans le Tourbillon Terreſtre, n'arrive en fort peu de temps à la Région des Aurores Boréales, vû la prodigieuſe facilité qu'elle trouve d'abord à diviſer le fluide dans lequel ſe fait ſa chûte. C'eſt ſans doute, pour nous ſervir du langage ordinaire, un vuide infiniment plus parfait à cet égard, que celui de la Machine Pneumatique, dans laquelle on fait cependant que le duvet le plus léger ſe précipite avec autant de rapidité qu'une maſſe de Plomb.

Les petites Aurores Boréales qui commencent tard, celles qu'on nomme *Tranquilles*, dont la lumière eſt plus exactement ſous le Pole, plus uniforme, & ſans ce Segment obſcur qui fait preſque toûjours la baſe des grandes dans leur commencement, nous indiqueront au contraire une matière qui a plus ſéjourné dans notre Atmoſphère, & qui a eu le temps de s'y allumer & de s'éteindre en partie, ou de ſe diſſiper.

Les autres Phénomènes dont nous avons fait mention, ces Arcs, ces jets de lumière, ces vibrations & ces éclairs, cette Couronne au Zénit, cette eſpèce de conflagration univerſelle du Ciel, & enfin ce repos qui lui ſuccède, cette lumière, & cette dernière lueur qui ſe fixe & qui ſe termine au Nord, ſe lieront de même, & dans l'ordre ſelon lequel nous les avons rapportés, avec la chûte, la fermentation, l'inflammation, l'inflammation & l'extinction successives de la matière de l'Atmosphère Solaire mêlée avec notre air : ainsi que nous allons tâcher de le montrer dans les articles particuliers qui leur sont destinés.

CHAPITRE IV.

Du Segment obscur qui borde l'Horizon dans la plufpart des Aurores Boréales, de l'Arc ou des Arcs lumineux qui les accompagnent, & des Creneaux qui en interrompent quelquefois le Limbe.

LA matière du Phénomène en plus grande quantité vers la Zone Polaire qu'ailleurs, & ses parties les plus grossières, les moins inflammables, & non encore enflammées, qui occupent le lieu le plus bas & le plus près de la surface de la Terre, doivent y former cette espèce de Calotte dont la partie supérieure & les bords étant aperçus de la Zone Tempérée, y prendront l'apparence d'un nuage, d'un brouillard, d'un amas de fumée grisâtre & quelquefois tirant sur le violet, en forme de *Segment* circulaire ou elliptique *obscur*, GBFG, Fig. XI. plus ou moins élevé par son sommet, & d'une Amplitude plus ou moins grande, selon son étendue réelle & la Latitude du lieu d'où il est vû.

Des parties de l'Atmosphère Solaire plus légères, plus inflammables & déjà enflammées, ou simplement éclairées par un foyer de lumière placé au-delà, étant couchées sur ce Segment obscur, dont l'Horizon sensible fait la Corde, comme sur une base, & y débordant de tous côtés, nous feront paroître cet Arc lumineux, ou ce *Limbe* qui couronne le Segment obscur, tel que *GBFCG*.

Une matière plus ténue qui tombera sur celle-ci, ou qui se sera enflammée avant que d'arriver à sa superficie, y produira l'apparence d'un second Arc lumineux *ADHEA*, concentrique au premier; & ainsi de suite, jusqu'à un troisième qui eſt preſque toûjours le dernier; encore ce cas n'eſt-il pas commun. Cependant M. *Burmann* croit en avoir aperçû quatre dans l'Aurore Boréale du 20 Septembre 1717, obſervée à Upſal, mais il ne s'eſt tenu bien aſſuré que de trois *. *J'en ai vû quatre*, dit-il, *ou tout au moins trois les uns ſur les autres, & ſéparés les uns des autres par des intervalles obſcurs.* Et cette remarque ſur le mêlange alternatif de ces Arcs lumineux avec les obſcurs, doit nous faire juger que des Auteurs moins exacts, qui diſent indiſtinctement avoir vû des Aurores Boréales à ſix ou ſept Arcs, n'y en ont vû réellement que trois ou quatre, comme nous l'entendons.

* Quatuor ad minimum aut tres, mediocribus tenebrarum intervallis diſtincti, & unus ſuprà alterum poſiti. *Philoſ. Tranſ. n. 385. p. 175.*

Si dans cette chûte de la matière Zodiacale ou Boréale ſur celle qui occupe le lieu le plus bas, il y en a encore d'aſſez groſſière, & d'aſſez peſante, pour arriver uniformément de tous côtés juſqu'à cette dernière, & pour ſe joindre au Segment obſcur, elle en augmentera l'étendue, tant réelle qu'apparente, c'eſt-à-dire, ſa hauteur & ſon Amplitude ſur l'Horizon, pour le Spectateur qui le regarde de la Zone Tempérée. Ainſi qu'on le voit arriver dans la pluſpart des grandes Aurores Boréales, au commencement de leur formation; après quoi le Segment obſcur & l'Arc lumineux demeurent quelquefois, & pendant aſſez long-temps, de la même grandeur.

Que ſi, au lieu de tomber uniformément, cette matière plus groſſière n'arrive juſqu'au Segment obſcur que par flocons ſéparés, & par colonnes, elle interrompra l'Arc ou le Limbe éclairé par des intervalles obſcurs, plus ou moins grands & plus ou moins régulièrement ſemés, ſelon la diſtribution fortuite qui s'en fera, & qui dans le cas d'un peu de régularité & de l'égalité des intervalles, produira l'apparence d'une bande crenelée.

Enfin s'il vient à tomber ſur ces Creneaux, une matière plus légère, non enflammée encore, & qui ſoit étendue uniformément, elle y pourra faire paroître un Arc obſcur, qui terminera la bande crenelée concentrique au Segment.

C'eſt ce que j'ai vû une fois arriver, & durer pendant quelques minutes; ſavoir, dans l'Aurore Boréale de 1726, à 7 heures ½ du soir. Car il résultoit de ce tout une espèce de palissade, à travers laquelle on eût crû apercevoir l'incendie d'une campagne +. J'en dessinai la figure que je rapporte ici, Fig. XII. parce qu'elle peut servir à mettre sous les yeux une partie de ce que nous venons de dire.

Du reste, ce qu'il y a de plus ordinaire dans les grandes Aurores Boréales, c'est que le Segment obscur soit terminé par un Arc ou Limbe éclairé d'un blanc qui tire foiblement sur le jaune-orangé à ses extrémités, & sur le verd-céladon auprès du Segment. Cet Arc s'élargit quelquefois, se divise concentriquement en deux, l'intérieur étant toûjours le plus dense & le plus continu, & se réunit enfin en se perdant insensiblement dans le bleu du Ciel, par sa partie extérieure.

Ces nuances insensibles de clarté, qui terminent l'Arc lumineux & tout ce qui l'accompagne, doivent provenir de deux causes. L'une sera la lumière directe que dardent vers nous les couches les plus rares & les plus legères de la matière Zodiacale, assemblée & enflammée uniformément dans les parties les plus élevées de l'Atmosphère Terrestre. L'autre, la lumière réfléchie de toute la masse du Phénomène sur les parties d'air les plus basses de cette même Atmosphère, sur ces parties qui font le sujet de l'Aurore proprement dite, ou du Crépuscule, & qui par leur proximité doivent nous paroître à la même hauteur que la matière du Phénomène la plus élevée, la compliquer, & se projetter avec elle sur le même fond du Ciel.

La possibilité que quelques rayons du Soleil, directs ou rompus, éclairent de dessous l'Horizon une partie de la

+ On vit quelque chose d'assez semblable dans l'Aurore Boréale du 4 Octobre 1733 (*Mém. Acad. p. 495*). Nos anciens Auteurs ont aussi quelquefois qualifié ce Phénomène de *Palissade*, Vallum. Et je suis bien trompé, si la fameuse Aurore Boréale du 12 Septembre 1621, n'eut pas aussi des momens où elle présenta la même apparence. *Cœpere exinde*, dit Gassendi (in Diog. Laert. p. 1138) *loco radiorum distingui manifestius quædam quasi trabes, seu columnæ* alternis *albicantes & subobscuræ, duos circiter gradus latæ, & continenter perpendiculares; adeò ut totam illam faciem quasi* striatam *exhiberent. Cœpit & brevi circumferentia quasi fimbria quædam discerpi, &c.*

matière Boréale assemblée vers le Pole, & y forment quelque apparence d'Arcs, a été suffisamment expliquée dans la Section précédente, lorsque nous avons examiné le Système des Glaces Polaires. Et l'on a vû que ce cas, & les foibles effets qui en pourroient suivre à l'égard de nos climats, ne devoient avoir lieu que dans les saisons de l'année où le Soleil est dans les Signes Septentrionaux, & fort près du Solstice. L'Aurore Boréale se montrant dans toutes les saisons de l'année, & même plus fréquemment & plus fortement dans celles où le Soleil répond aux Signes Méridionaux, il est clair que les rayons directs ou rompus du Soleil qui viennent de dessous l'Horizon, ne peuvent entrer dans la formation des Arcs lumineux, & des autres parties du Phénomène, que comme un très-petit accessoire, & par voie de complication.

La largeur de l'Arc lumineux ou de son Limbe varie extrêmement, à raison de la hauteur ou de l'épaisseur de la couche de matière dont il résulte. On en voit de 2, 3, 4, 5, & jusqu'à 8 ou 10 degrés de largeur. Son bord supérieur est souvent assez bien terminé, quoiqu'il se confonde aussi quelquefois insensiblement avec le bleu du Ciel, ou avec la lumière générale que répand tout le Phénomène. Son amplitude sur l'Horizon ou sa longueur n'est pas moins diverse dans les différentes Aurores Boréales, à raison encore de l'amas de matière Solaire, & de l'étendue de la calotte qu'elle forme autour du Pole. On en voit à Paris de 50, jusqu'à 150 degrés d'Amplitude sur l'Horizon. Il me semble cependant que dans la plupart des grandes Aurores Boréales l'Arc lumineux parvenu à son dernier période, s'y arrête d'ordinaire à 100 & quelques degrés d'étendue. C'est en le prenant par le milieu du Limbe, ou par son bord extérieur, ou par l'intérieur qui le sépare du Segment obscur. Car il est quelquefois mieux terminé par l'un des deux que par l'autre; & c'est à quoi les Observateurs doivent faire attention. Sa hauteur sur l'horizon, prise à son sommet, va de 10, 20, 30 à 40 degrés, rarement au delà ou au dessous, dans les Aurores Boréales remarquables.

L'Amplitude, & en général, la grandeur de l'Arc des Aurores Boréales, vient toûjours de la grandeur réelle du cercle ou de l'Ellipse vraie ou apparente dont cet Arc fait partie. Mais la grandeur apparente de la portion de cercle vûe par le Spectateur de la Zone Tempérée, peut provenir de deux causes presque opposées; de la proximité du parallèle sur lequel la matière du Phénomène s'est rangée par rapport à l'Equateur ou au parallèle du lieu de l'observation, & de l'éloignement ou de la hauteur de cette matière par rapport à la surface du Globe Terrestre. Dans le premier cas, on voit un Arc plus surbaissé, un moindre segment, mais appartenant à un plus grand cercle. Dans le second, l'Arc est moins étendu, mais plus haut à proportion, & faisant une plus grande partie d'un plus petit cercle. Car il est évident qu'à hauteur égale, la matière du Phénomène rangée circulairement sur le 60me degré de Latitude, par exemple, formera un cercle d'un plus grand diamètre, & nous donnera à Paris une apparence d'Arc, dont l'Amplitude sera plus grande que celle de la matière semblablement posée, qui répondroit au 70me dégré de Latitude: & il n'est pas moins clair, qu'à Latitude égale, la matière du Phénomène la plus haute nous laissera voir une plus grande portion de cercle, & donnera une plus grande hauteur apparente au sommet de l'Arc, à raison de son Amplitude, jusqu'à ce que le diamètre horizontal du cercle ou de la calotte dont résulte cet Arc, monte au dessus de l'Horizon; car dès-lors l'Amplitude horizontale est d'autant plus petite que l'Arc est plus grand.

Il y aura donc toûjours des Latitudes, en avançant de plus en plus vers le Pole, d'où l'Observateur pourra voir & le demi-cercle, & une plus grande portion du cercle +, & enfin le cercle entier de la calotte sur l'Horizon.

+ C'est sous cette forme d'Arc plus que sémi-circulaire que l'Aurore Boréale paroît souvent à Upsal, c'est-à-dire, vers les 59 ou 60me degrés de Latitude; comme M. *Celsius* me le dit, étant à Paris en 1734, & comme je l'apprends de nos Académiciens qui ont fait le voyage de Laponie, pour la mesure de la Terre. La même apparence se voit encore à de moindres Latitudes; car ces Académiciens allant à Torno, & *s'esti-*

La matière Boréale rassemblée uniformément à même hauteur, & à même Latitude, produit nécessairement un Limbe régulier, ou une circonférence de cercle parfait, concentrique aux Parallèles Terrestres, ou ayant du moins comme eux son centre sur l'axe de la Terre. Au contraire, le défaut de l'une de ces conditions, ou de toutes les deux, fera naître une autre courbe, *ovaliforme*, plus ou moins régulière, & le plus souvent du nombre de celles qui ne peuvent être tracées que dans un solide & qui sont *à double courbure.* Car à même hauteur & à différente Latitude, ces courbes peuvent être à la surface d'une même Sphère, sans être des cercles, seule & unique section de la Sphère; & à hauteur différente, elles coupent la surface de plusieurs Sphères concentriques, toutes les parties de la courbe pouvant répondre d'ailleurs à une semblable Latitude.

On voit donc par là, & en conséquence de la génération que nous avons donnée de l'Arc des Aurores Boréales autour du Pole, que lorsque l'Amplitude de cet Arc n'est pas partagée en deux également par le plan du Méridien du lieu de l'Observation, & qu'il décline à l'Occident ou à l'Orient, ou que d'ailleurs il n'est pas bien circulaire & bien régulier, on voit, dis-je, qu'il faut nécessairement que la matière qui le compose ne se soit pas assemblée selon les conditions que nous venons d'expliquer. Ce qui fournit une nouvelle raison de préférence pour la Méthode des Parallaxes du sommet apparent de l'Arc, que nous avons employée pour savoir la hauteur réelle de la matière du Phénomène au dessus de la Terre, sur-tout lorsque les deux lieux qui donnent cette Parallaxe, different beaucoup de Latitude, & très-peu de Longitude.

Mais nous remarquerons en passant, & conformément à ce que nous en avons insinué dans la seconde Section *, que

* *p. 67.*

mant sur le Doggers-banck à 54° 35' de hauteur, le 4 Mai 1736, y virent une Aurore Boréale qui *formoit un Arc Elliptique, mais dont les extrémités qui se terminoient vers l'Horizon avoient une Amplitude considérablement moins grande que les parties de cet Arc qui répondoient au grand axe de l'Ellipse.*

si l'on veut supposer que la déclinaison de l'Arc, occidentale, par exemple, ne vienne que d'une extension de la matière du Phénomène, toûjours concentrique à la Terre & parallèle à sa surface, on pourra se servir utilement, & sans erreur bien sensible, du Problème de M. *Maïer*, en feignant seulement que la Longitude du lieu de l'Observation soit reculée d'autant vers l'Occident, & faisant tout le reste comme l'indique la Formule. Car dans le cas de la déclinaison Occidentale causée, comme nous l'avons expliqué, par ce reste de matière que l'Atmosphère Solaire laisse vers le coucher du Soleil, & de la tendance autour du Pole, il arrive souvent que malgré cette déclinaison par rapport à tout l'arc, sa partie la plus élevée ne laisse pas de se trouver assez exactement sous le Nord, ou qu'il en résulte un sommet parallèle à l'horizon, & une espèce d'Arc surbaissé qui est de la même hauteur sur plusieurs degrés d'étendue.

La pluspart des Arcs ou Limbes bien tranchés, lorsque toutes les circonstances de l'Aurore Boréale ont concouru à les produire, m'ont presque toûjours paru assez réguliers & sensiblement circulaires ou elliptiques; du moins n'y ai-je point remarqué d'inflexion, ni de rebroussement: car pour les interruptions & les brisures, elles sont assez ordinaires pendant l'inflammation & les jets de lumière.

Entre les Aurores Boréales les plus remarquables pour la régularité & les limites bien terminées de l'Arc ou des Arcs, on peut compter celle du 19me Octobre 1726, telle que je la vis à Breuillepont, & qu'on la vit en plusieurs autres endroits de l'Europe, comme une des principales. On doit encore mettre de ce nombre celles du 17me Février & du 1er Mars 1721, observées à Giessen en Allemagne, par M. *Liebknecht*, Professeur de Mathématiques *, & décrites à cet égard, comme à plusieurs autres, avec beaucoup d'exactitude. Celles-ci ne parurent que foiblement à Paris.

* *Acta Lipf.* 1721. pag. 157.

CHAPITRE V.

Des Colonnes, des Rayons ou jets de Lumière, des brèches du Segment obſcur, & des briſures de l'Arc lumineux.

LES jets de lumière qui s'élèvent du Segment obſcur & de l'Arc, peuvent être de deux eſpèces différentes. Les premiers, que j'appellerai plus particulièrement *Colonnes*, pour les diſtinguer des autres, conſiſteront en des traînées oblongues, & à peu-près verticales, de la matière du Phénomène, viſible par elle-même dans le temps de ſon inflammation, ou devenue telle par une lumière étrangère qui la frappe & qu'elle réfléchit vers nous. Les ſeconds, que je nommerai *Rayons de lumière*, ou ſimplement *Rayons*, ne réſulteront que d'une ſemblable réflexion de la lumière qui part des brèches du Segment obſcur ou de l'Arc, & qui vient darder contre la matière Boréale indiſtinctement répandue autour du Segment & de l'Arc. Car c'eſt, ſelon moi, un effet tout-à-fait ſemblable à celui des rayons proprement dits que le Soleil couchant ou levant laiſſe échapper à travers des nuages entrecoupés, & qui ſe rendent viſibles par la réflexion qui s'en fait ſur l'air épais, ou ſur les nuages répandus à la ronde. Les Colonnes peuvent donc ſe montrer par leur propre lumière, ou par celle qu'elles réfléchiſſent, & ſouvent par l'une & par l'autre; mais les rayons, beaucoup plus communs & plus fréquens que les Colonnes, ne ſeront jamais que l'effet d'une lumière réfléchie.

Quelque élevée que ſoit la matière Boréale la plus baſſe au deſſus de la ſurface de la Terre, il faut imaginer, & l'enchaînement de toutes les parties du Phénomène nous conduit à le croire, qu'il y en a preſque toûjours une beaucoup plus haute, & que la couche ou la région ſupérieure de l'Atmoſphère qui ſe trouve chargée de cette dernière, eſt d'une très-

très-grande épaiſſeur. Or cette matière y eſt quelquefois aſſez uniformément répandue, & alors il n'en réſulte qu'une clarté qui s'étend fort loin tout autour, ſi l'inflammation eſt achevée, ou de ſimples Rayons, ſi l'inflammation eſt partiale, & ſi la partie ſupérieure n'eſt éclairée que par l'inflammation de celle qui eſt beaucoup plus baſſe, & d'où réſultent les brèches du Segment, & les briſures de l'Arc. Mais ſi la matière Solaire ne ſe mêlant pas par-tout uniformément, ne tombe dans notre Atmoſphère que par pelotons, & par des traînées dont les parties les plus groſſières deſcendent ſucceſſivement le plus bas, en ſe ſéparant des plus ténues, & en ſe tamiſant, pour ainſi dire, à travers les couches ſupérieures & très-rares de notre Atmoſphère, il en naîtra cette apparence de Colonnes dont nous venons de parler. Elles ne ſeront aperçûes que durant des inſtans aſſez courts, ſi elles nous réfléchiſſent ſimplement la lumière qui part des brèches du Segment ; mais elles deviendront plus permanentes, ſi elles ſont enflammées & lumineuſes par elles-mêmes, & ce dernier cas m'a paru juſqu'ici aſſez rare. Les Colonnes ſont auſſi preſque toûjours plus courtes & un peu moins droites que les Rayons de lumière. Fig. XIII.

Cependant la matière Boréale ſi ſouvent répandue en flocons qui rendent tout le Ciel pommelé, comme il l'eſt quelquefois par de vrais nuages, nous montre par-là qu'elle ne ſe mêle pas toûjours ni par-tout uniformément avec notre air, & qu'elle y eſt peut-être en bien des occaſions, comme une liqueur huileuſe éparſe dans l'eau, en gouttes ou petits amas ſenſiblement ſéparés les uns des autres.

Mais les jets de lumière permanens, & éclairés par eux-mêmes, n'en ſont pas plus communs pour cela, parce que ce n'eſt pas tant de la hauteur réelle que peuvent avoir les Colonnes, que réſulte en général la hauteur apparente des jets ſur l'Horizon, que des parties ambiantes de la matière répandue ſphériquement au deſſus de l'Atmoſphère, entre le Segment ou l'Arc lumineux, & le lieu de l'Obſervation. Et pour le faire comprendre, je n'ai qu'à rappeler encore ici l'effet semblable que produisent les rayons d'un Soleil couchant entre des nuages. Ainsi les jets de lumière dans les Aurores Boréales ne consistent en général & pour l'ordinaire qu'en de simples Rayons échappés des brèches enflammées du Segment, & dardés contre la matière fumeuse ambiante, tant au dessus que latéralement.

Quand on s'attache à regarder fixement les Rayons de l'Aurore Boréale, on les voit se former & se détruire pour l'ordinaire en une ou deux minutes. Cependant ils naissent ou s'évanouissent presque toûjours par des degrés & des nuances si insensibles, que si l'on ne s'étoit assuré de leur existence par leur fréquente répétition, on seroit tenté de croire que ce que l'on a vû auparavant, dans l'intervalle de leur commencement & de leur fin, n'a été qu'une illusion des sens.

Les jets de lumière sont pour l'ordinaire blancs, citrins, ou verdâtres à leur origine, près du Segment, ou de l'Arc & des brèches d'où ils partent, & d'un rouge orangé fouetté plus ou moins de couleur de feu à leur extrémité opposée.

J'ai vû quelquefois des jets de lumière fort inclinés à l'horizon, & diversement dirigés vers le Ciel pendant le grand fracas de l'incendie. Mais ce spectacle est rare, & dure peu; les jets de lumière sont le plus souvent à peu-près perpendiculaires à l'horizon, & un peu convergens vers le Pole de la Terre, ou vers le milieu du Segment circulaire, où se trouve la plus grande abondance de la matière du Phénomène, & où l'inflammation est plus fréquente & plus grande, ainsi que nous l'avons expliqué.

Il est bon de remarquer sur la perpendicularité des jets de lumière à l'horizon, & sur-tout de ceux que je qualifie plus particulièrement de *Colonnes*, lorsque cette perpendicularité est complète & générale, qu'elle peut quelquefois, & doit même presque toûjours, n'être qu'optique ou apparente : savoir, lorsque les longues traînées de la matière du Phénomène, en tombant dans la région supérieure de notre Atmosphère, s'y dirigent sensiblement vers le centre ou perpendiculairement à la surface de la Terre. Car alors il est clair, 1.° qu'à l'exception de celles qui viennent directement du Zénit, elles couperont toutes obliquement, & sous tous les angles possibles, le plan horizontal & tangent de la Sphère, sur le point de contact duquel l'Observateur est censé placé. 2.° Il n'est pas moins clair que ces Colonnes, que nous pouvons prendre ici pour des lignes droites, se trouvant toutes par-là dans des plans qui coupent l'horizon à angles droits, elles devront toutes y être vûes perpendiculaires; puisque toute ligne située de façon quelconque dans un plan qui coupe à angles droits un autre plan, doit être vûe perpendiculaire à cet autre plan, lorsque l'œil se trouve placé dans le plan même de cette ligne & dans la commune section des deux plans. Voilà, dis-je, précisément le cas de nos Colonnes optiquement perpendiculaires à l'horizon. L'Observateur qui les voit du point de contingence du plan horizontal avec la sphère, se trouve au centre de tous les cercles Azimutaux qui, comme on sait, coupent l'horizon à angles droits, & il n'y en a aucune qui, par l'hypothèse, ne soit dans le plan de quelqu'un de ces cercles. Donc toutes ces Colonnes, tant celles qui s'élèvent, ou semblent s'élever du sommet de l'Arc & du Segment obscur, que celles qui s'élèvent de ses extrémités, quelle qu'en soit l'Amplitude, seront vûes perpendiculaires à l'horizon, quoique réellement divergentes & réellement inclinées à l'horizon sous tous les angles possibles.

Il y a seulement une distinction à faire, c'est que toutes ces Colonnes, considérées dans leur partie inférieure, depuis l'Horizon jusqu'à 20 ou 30 degrés de hauteur, se montreront sensiblement parallèles entre elles; tandis que par leur partie supérieure, supposée s'étendre indéfiniment au dessus, elles paroîtront concourir au Zénit, comme font en effet tous les Azimuts : mais le cas le plus ordinaire est que nos Colonnes se rompent ou disparoissent au-delà d'une certaine hauteur, & qu'elles ne reparoissent quelquefois au dessus, que dans ces grandes Aurores Boréales où elles vont former ce que j'appelle la *Couronne au Zénit*, ou tout proche du

Zénit, ainsi que nous l'expliquerons dans l'un des Chapitres suivans.

Je n'insisterai pas davantage sur l'origine des rayons & jets de lumière, & je ne chercherai pas non plus à prouver que les brèches du Segment obscur, & les trous qui s'y font, ne viennent que de l'inflammation de diverses parties de la matière qui le compose, ou de celle qui lui est superposée, & dont la lumière le pénètre dans les endroits où son tissu est le plus mince. La simple inspection de quelques Aurores Boréales, & un peu d'attention, suffisent pour s'en convaincre parfaitement.

Je dois seulement avertir que les Rayons qu'on voit quelquefois au dessus du Segment obscur & de l'Arc, sans appercevoir aucune brèche ni aucun trou au dessous, ce qui est rare, partent sans doute des parties supérieures du Segment, ou postérieures par rapport à nous, & par-là invisibles : car j'explique ce que je ne vois pas dans cette occasion, par des effets semblables que je vois, & qui sont les plus ordinaires.

Les jets de lumière, dans les grandes Aurores Boréales, montent souvent jusqu'au Zénit, & passent même quelquefois au-delà. On en voit aussi quelques-uns de tronqués, brisés, ou interrompus ; ce qui arrive aux endroits où la matière du Phénomène éclairée par le rayon de lumière qui part du Segment, est elle-même interrompue & séparée par quelque intervalle considérable. Et c'est ce qui fait qu'on apperçoit quelquefois plustôt le jet de lumière par son extrémité supérieure que par son origine ou du côté de l'Arc.

Quant aux brisures & aux interruptions de l'Arc, il est clair qu'elles viennent d'une cause toute opposée en un sens à celle des brèches du Segment, savoir, d'une matière fumeuse & non enflammée qui le traverse, ou, ce qui suffit, qui passe entre son Limbe & l'œil de l'Observateur.

C'est cette matière qui, si elle vient à se trouver distribuée par intervalles à peu-près égaux, donnera l'apparence d'une Bande crénelée, ou d'une palissade circulaire, comme il a été expliqué dans le Chapitre précédent.

CHAPITRE VI.

Des Eclairs & des Vibrations de lumière, des Ondulations, de l'espèce de Fumée, du mouvement réel ou apparent qui les accompagnent, & du silence qui régne dans tous les Phénomènes de l'Aurore Boréale.

LES Eclairs sont en grand & pour l'étendue ce que les rayons de lumière sont en petit. Une portion de la matière du Phénomène allumée, & qui n'est resserrée par aucune de ses pareilles dans un amas ou un tout non allumé, lance à la ronde une clarté qui paroît s'étendre plus ou moins loin, selon que les objets qui la reçoivent sont plus ou moins étendus. Mais les Eclairs ont cela de particulier, qu'ils sont l'effet d'une lumière ordinairement plus subite & moins soûtenue que celle des rayons; parce qu'ils résultent d'une inflammation plus isolée, & qui n'ayant point à gagner de proche en proche, ne peut se communiquer, ou paroître se communiquer, que par sauts & par reprises, aux pelotons de matière séparés de celui qui produit l'Eclair actuel.

S'il arrive pourtant, par la distribution accidentelle de ces flocons, & de leur inflammation successive, que les Eclairs deviennent plus fréquens, & se suivent à intervalles de temps à peu-près égaux, comme je le remarquai pendant le fort de l'Aurore Boréale du 19me Octobre 1726, ils deviendront ce que j'appelai, dans la description que je lûs de ce Phénomène à l'Académie, des *Vibrations de lumière*, uniquement à cause de leur fréquence & de la régularité de leurs retours.

Je n'ai vû ces Vibrations bien marquées, que dans l'Aurore Boréale dont je viens de parler, & dans une ou deux autres, où la matière du Phénomène tapissoit presque tout le Ciel par petits pelotons plus ou moins séparés. Car dans celles où cette matière est distribuée en grandes pièces, & en longues traînées, comme je l'ai observé dans quelques-unes de celles de l'Automne dernier (1731)* qui d'ailleurs ne le cèdent point aux plus magnifiques qui ayent paru, pour l'abondance & pour la variété, elles n'ont donné que des Eclairs dont l'émission n'étoit ni fort régulière ni fort fréquente.

* Voyez-en la Relation, Mém. Acad. 1731. p. 379.

Les Eclairs & les Vibrations de lumière diminuent de force & de fréquence, à mesure que l'incendie se répand plus uniformément, ou qu'il approche de sa fin, & que toute la matière du Phénomène se rassemble autour du Pole; & je les ai vû toûjours cesser long-temps avant que l'Aurore Boréale finisse: ce qui arrive cependant plusieurs fois de même aux reprises & aux incendies nouveaux, qui surviennent par la chûte & par l'inflammation d'une nouvelle matière qui se trouvoit auparavant dans une région plus élevée.

Outre les Vibrations de lumière que je remarquai dans la fameuse Aurore Boréale de 1726, je crûs y apercevoir un *tremblotement* universel qui les fortifioit, & qui redoubloit leurs secousses. Je jugeai dès-lors que la cause de cette apparence ne consistoit que dans les réfractions interrompues & changées par le mélange entrecoupé de matière fumeuse & de flocons diversement enflammés, & j'ai été confirmé dans cette pensée par tout ce que j'en ai vû depuis, quoique moins marqué. C'est donc, à mon avis, un effet semblable à cette trépidation qu'on aperçoit dans l'air, lorsque pendant la grande chaleur du jour, on regarde horizontalement la surface d'une campagne où le Soleil darde ses rayons. Les exhalaisons qui s'élèvent alors de la Terre, & à travers lesquelles on voit les objets, changent continuellement la réfraction ordinaire du milieu, & interrompent d'autant le cours des rayons visuels, comme la matière Boréale répandue dans l'air, & qui passe entre l'œil du Spectateur & les divers objets du Phénomène, fait varier à chaque instant la place des divers points du Ciel où il les rapporte.

Quant à cette espèce de *Fumée* qui se mêle indistinctement avec toutes les parties du Phénomène, elle est une suite de la grande abondance de la matière Zodiacale tombée dans notre Atmosphère; car il y en a presque toûjours une partie qui n'est pas encore enflammée, qui ne s'enflammera que tard, ou même qui ne s'enflammera jamais. Aussi ne remarque-t-on guère cette Fumée éparse & mêlée avec les parties lumineuses, que dans les grandes Aurores Boréales, où tout le Ciel semble rempli de la matière du Phénomène : mais dans celles-ci la Fumée est très-ordinaire, peut-être en est-elle inséparable dans certains momens, & je n'ai point observé de grande Aurore Boréale qui en fût exempte. L'on a vû dans la Section précédente, que la même apparence n'étoit pas inconnue dans la Zone Polaire, puisque *la Peyrere* & *Torféus* en ont fait mention d'après la Chronique Islandoise, en nous disant ce qu'ils avoient appris en *Danemarck* de la Lumière Septentrionale du *Groenland ;* & l'on verra dans la suite, & quand nous rapporterons ce que les Anciens nous ont laissé touchant l'Aurore Boréale, qu'elle a vrai-semblablement toûjours été la même à cet égard. Cette Fumée a aussi été sans doute la source de ces alarmes d'incendie que l'Aurore Boréale a causées dans tous les temps, lorsqu'elle est venue à paroître après quelque longue interruption.

Tout est alors en mouvement dans le Phénomène ; mais tout y paroît être encore dans un plus grand mouvement qu'il n'est en effet. Tel jet de lumière, par exemple, semblera se mouvoir avec rapidité vers l'Orient, ou vers l'Occident, & ce ne sera que la suite de plusieurs jets qui finissent & qui naissent très-promptement les uns après les autres, ou le mouvement même du rayon de lumière qui éclaire successivement la matière du Phénomène répandue dans tout le Ciel. Car un très-petit mouvement dans les bords ébréchés du Segment obscur ou de l'Arc, peut faire paroître loin delà un très-grand mouvement dans la matière qui est éclairée par l'extrémité courante du rayon qui sort de la brèche. Aussi voit-on bien distinctement, quand on y fait attention, qu'il n'y a jamais dans l'Aurore Boréale aucun de ces mouvemens de translation qu'on aperçoit dans les nuages ordinaires lorsqu'ils sont poussés par les vents. Celui de tous qui en approcheroit le plus, est le mouvement oblique de la matière Zodiacale qui se porte de l'Equateur vers le Pole; mais je suis fort trompé s'il n'est la plusspart du temps insensible. Du reste ce n'est ici pour l'ordinaire qu'accroissement ou diminution de matière qui gagne vers un côté par voie d'accumulation, tandis qu'elle perd de l'autre par voie de dissipation, de chûte & d'extinction. Une traînée fumeuse qui viendra à s'enflammer successivement depuis un de ses bouts jusqu'à l'autre, dans un endroit du Ciel peu éclairé, produira le même effet à nos yeux qu'une lumière ou qu'un corps lumineux qui courroit dans le même espace. Ce mouvement cependant, que quelques Observateurs ont bien voulu appeler *rapide*, est toûjours selon moi très-lent, en comparaison de celui des *Etoiles coulantes*, soit par la différence de la matière, qui ne s'allume pas si vîte, soit par un beaucoup plus grand éloignement, auquel la vîtesse apparente se trouve toûjours proportionnelle. Au contraire, de la matière fumeuse qui tombe successivement sur une ligne qui est ou qui paroît horizontale, si elle tombe dans un grand tas de matière lumineuse, & si elle s'y enflamme ou s'y confond avec la matière enflammée, en ne faisant plus qu'un même corps a[illegible]lle, tandis que le côté opposé se conserve obscur par l'add[illegible] continuelle de la matière fumeuse qui s'y applique, fera en apparence un nuage sombre & fumeux en mouvement, & que l'on pourra quelquefois distinguer des nuages proprement dits, lorsqu'on apercevra les Etoiles à travers. Enfin je pense que la plusspart de ces mouvemens, & cette *rapidité incroyable* qu'on dit avoir remarquée dans les parties de l'Aurore Boréale, ne sont que de nouveaux coups de lumière qui rendent visibles des objets qui ne l'étoient point auparavant, & cela avec plus ou moins de vîtesse, de soudaineté, ou de gradation. Et en effet, quels mouvemens d'une autre nature que ceux que nous venons de décrire, pourroit-il y avoir dans une région si supérieure à celle des vents?

Ces Eclairs & ces Vibrations de lumière qui partent quelquefois de tout l'Horizon, qui frappent les flocons du Phosphore répandus dans tout l'Hémisphère visible du Ciel, &

& qui sont mêlés avec la fumée dont nous venons de parler, font paroître tout l'assemblage de cette matière comme un grand fluide qui s'élève par ondes de l'Horizon, & sur-tout du Nord jusqu'au Zénit: & ces *Ondes*, ces *Ondulations* sont d'autant plus régulières, que les pelotons de nuages apparens sont plus régulièrement semés. A cet égard encore le Phénomène de 1726, dont nous avons si souvent fait mention, l'emporte sur tous ceux que j'ai vûs les années suivantes.

Tant d'agitation, d'inflammation, & d'éruptions subites, qui produisent les Eclairs, sembleroient aussi devoir être suivies du tonnerre, ou du moins de quelque bruit sensible.

Nous n'avons garde de vouloir réfuter à cette occasion ce qu'on lit dans la plupart des Auteurs qui ont précédé le dernier siècle, touchant les bruits entendus à quelques Aurores Boréales dont ils nous ont laissé la description. Des gens qui voyoient presque toûjours dans ce Phénomène le combat sanglant de deux Armées en l'air, ne pouvoient manquer d'y entendre le fracas des armes, l'artillerie, & apparemment aussi le bruit des tambours & le son des trompettes. Comme il ne s'agit ici d'expliquer que ce que des yeux Philosophes ont pû voir, nous ne nous attachons de même qu'à ce que de semblables oreilles auroient pû entendre.

J'ai donc trouvé des personnes éclairées qui disoient avoir démêlé des bruits particuliers dans le cours des grandes Aurores Boréales, *des sifflemens, & une espèce de murmure*, & j'ai lû la même chose dans quelques descriptions modernes. Mais j'avoue que c'est ce que je ne saurois croire exempt d'illusion, n'ayant jamais rien entendu moi-même de pareil, ou que je pusse distinguer des bruits ordinaires qui se font alentour, & qui proviennent des voix & du mouvement des habitans dans les Villes, ou de l'agitation des Arbres par quelque souffle de vent à la campagne. J'y ai été cependant très-attentif, & il n'y a guère eu d'Aurore Boréale remarquable depuis 1726, que je n'aie observée avec soin & à cette intention.

En quoi le témoignage de mes sens s'accorde parfaitement avec tout ce qu'on sait aujourd'hui du lieu qu'occupe l'Aurore

Boréale, & de la nature du Son. La hauteur & l'éloignement seuls de ce Phénomène, fit-il autant de bruit que le tonnerre, suffiroient pour nous empêcher de l'entendre : & que sera-ce si l'on ajoûte à cette circonstance celle de la rareté du milieu dans lequel il réside ? C'est un fait connu, que l'air grossier que nous respirons, cet air qui ne peut passer à travers les pores du verre, est le véhicule du Son, & que les frémissemens du corps sonore ne sauroient se transmettre jusqu'à nos organes, s'ils ne se font dans cet air. Une Montre sonnante enfermée dans la Machine Pneumatique, avec les précautions requises, & après en avoir pompé l'air, ne s'y fait plus entendre. Cependant on ne pompe jamais l'air dans cette Machine, jusqu'au point de raréfaction où il est dans la région des Aurores Boréales : ou plustôt, comme nous l'avons prouvé, la région des Aurores Boréales ne contient plus un air comparable à celui qui nous transmet le Son ; c'est à cet égard un véritable vuide, & plus parfait que celui que les hommes ont pû jusqu'ici se procurer par art.

Nous ignorons donc entièrement si dans l'Aurore Boréale il se fait quelqu'une de ces explosions auxquelles il ne manque qu'un air grossier pour produire le bruit, & si l'on veut, un bruit semblable à celui du tonnerre, ou de quelques autres Météores. Mais ce qu'on peut assûrer, c'est que le tonnerre & ces Météores, pour se faire entendre avec tant de force, doivent se trouver fort près de la surface de la Terre, & dans un milieu qui ne differe pas beaucoup de l'air que nous respirons. Ainsi les Feux volans dont il a été parlé dans la Section précédente, & dont le bruit *ressembloit*, dit-on, *à celui d'un feu d'artifice*, ou *des roues d'un chariot*, ou *d'un fer rouge qu'on éteint dans l'eau* *, doivent avoir été beaucoup moins élevés dans l'Atmosphère qu'on ne l'a cru, ou n'avoir fait entendre leur bruit que par leur chûte de ce lieu élevé, & dans des momens où ils étoient beaucoup plus près de la Terre, que lorsqu'on a pris leur Parallaxe. †

* V. Halley *loc. cit. sup. p. 71 & Gem.* Montanari, *La fiamma volante, &c.*

† Ne feroit-ce point aussi l'inflammation accidentelle de quelqu'un de ces météores, arrivée pendant l'apparition de l'Aurore Boréale, qui en auroit

CHAPITRE VII.

Du concours des Rayons & de la matière du Phénomène au Zénit, ou près du Zénit, & de la Couronne.

IL s'agit ici d'un des Phénomènes qui caractérisent le mieux les grandes Aurores Boréales. On pourroit même ne les regarder comme grandes & complètes, que lorsqu'elles ont eu le *concours des Rayons au Zénit*, ou près du Zénit, & la *Couronne* qui en résulte. Car je trouve que cette apparence ou quelque chose de semblable a été observé dans tous les siècles, aux Aurores Boréales dont on a le plus parlé, & que les Auteurs ont décrites avec le plus de soin.

Dans l'Aurore Boréale du 19me Octobre 1726, la Couronne parut plus marquée, plus variée, & plus long-temps que je ne l'ai jamais vûe : elle représentoit le plus souvent la lanterne d'une coupole, & la clef d'une voûte sphérique, où tous les voussoirs iroient aboutir. Tantôt c'étoit une simple ouverture circulaire, qui laissoit apercevoir le Ciel d'un bleu-pâle à travers plusieurs flocons de nuages lumineux ou teints de diverses couleurs, tantôt une Gloire rayonnante semblable à celles qu'on voit dans les tableaux, & renfermant toûjours vers son milieu le point de réunion & de repos

fait attribuer le bruit à celle-ci ! Quoi qu'il en soit, je n'ai pas trouvé une seule occasion de changer de sentiment sur ce sujet, depuis 1731 jusqu'à cette nouvelle édition, dans l'espace de vingt ans, où j'ai observé bien des Aurores Boréales : & je ne suis pas le seul qui en ait fait la remarque à la vûe de ces Phénomènes où il y avoit en apparence le plus grand fracas. *Cæterum*, conclud M. le Marquis *Poleni*, en finissant sa description de la fameuse Aurore Boréale du 16 Décembre 1737, *vel eadem, vel ferinè eadem, quæ in principio, perseveravit aëris tranquillitas ; neque ex tantâ materiâ objectâ oculis ullus ad aures aut strepitus, aut rumor, aut sibilus, promanavit.* Et M. *Clairaut*, à son retour de Bothnie en 1737, m'a dit que, *malgré l'attention particulière qu'il y avoit faite, il n'avoit jamais pû entendre aucun bruit dans les Aurores Boréales.* Où devroit-on cependant le mieux entendre ce bruit, qu'en Bothnie & sous le Cercle polaire, où la matière du Phénomène est presque toûjours si abondante, & directement sur la tête de l'Observateur !

où concouroient les vibrations de lumière & les ondulations qui s'élevoient de toutes parts ſur l'Horizon. Il s'en élevoit beaucoup plus cependant du côté du Nord, que du côté du Midi. Son diamètre étoit pour l'ordinaire environ quatre fois plus grand que celui du Soleil ; & ſon centre déclinoit de 7 à 8 degrés vers le Midi, avec quelque léger mouvement, vrai ou apparent, qui s'y faiſoit de temps à autre.

Entre les Phénomènes extraordinaires décrits dans les hiſtoires de *Grégoire de Tours*, & dont quelques-uns ne ſont viſiblement que des Aurores Boréales, il y en a un en l'an 585, & que je rapporte au mois de Septembre, qui reſſemble infiniment à notre Aurore Boréale de 1726, ſur-tout par la réunion des rayons au Zénit, & par la Couronne, qu'il y décrit ſous l'idée du ſommet d'une tente : *Nous vîmes*, dit-il, *pendant deux nuits de ſuite des ſignes dans le Ciel, c'eſt-à-dire, des Rayons de lumière qui s'élevoient du côté de l'Aquilon, ainſi qu'il arrive ſouvent. Une grande clarté s'empara d'une partie du Ciel, & ſembloit le parcourir... & il y avoit au milieu du Ciel un nuage fort lumineux auquel tous ces Rayons alloient ſe réunir ſous la forme d'une Tente, dont les bandes beaucoup plus larges vers le pied, montoient en ſe rétréciſſant juſqu'à ſon ſommet où elles ſe terminoient comme une eſpèce de Capuchon (a).*

Corneille Gemma Profeſſeur de Médecine à Louvain, fils de *Gemma Friſon*, & dont nous aurons ſouvent à employer le témoignage dans la ſuite, indique la même apparence dans deux Phénomènes ſemblables qu'il avoit obſervés en 1575, & par une tente ou un pavillon circulaire, comme *Grégoire de Tours*, & par un *Cornet à jouer aux dés (b)*.

Quelquefois les Auteurs des ſiècles paſſés nous ont tranſmis

(a) Et erat nubes in medio cœli ſplendida ad quam ſe hi radii colligebant in modum TENTORII, quod ab imo ex amplioribus inccœptum faſciis anguſtatis in altum, in unum CUCULLI CAPUT ſæpè colligitur. *Greg. Turon. Lib VIII. cap. XVII. p. 390. Edit. Par. 1699.*

(b) Converſa eſt cœli facies per horæ ſpatium in ORCAM ALEATORIAM atque FRITILLI ſpeciem peregrinam, alternantibus ſeſe, *&c. Cornelius Gemma. De Prodigioſa ſpecie naturaque Cometæ .... anni 1577..... adjuncta his explicatio duorum chaſmatum, an. 1575 ... Antuerp. 1578. p. 10, &c.*

cette partie de l'Aurore Boréale par le seul concours de la matière du Phénomène au Zénit; *Des flammes, des rayons,* disent-ils, *qui courent rapidement vers le sommet du Ciel, qui s'y assemblent, qui y séjournent quelque temps, & qui après cela se dissipent**. Et il y a eu des temps, tels que celui auquel se rapportent ces témoignages, où le Phénomène de la Couronne devoit être bien plus commun qu'il ne l'est aujourd'hui; car je trouve encore dans un Historien de la Reine *Elisabeth*, qu'*en 1574, au mois de Novembre, se ramassèrent en rond du Septentrion au Midi, des nuages fumans: & la nuit suivante le Ciel sembla être ardent, les flammes courant de toutes parts de l'Horizon, & se rencontrant au point vertical**; deux nuits consécutives. Mais ce qui est encore plus ordinaire chez les anciens Auteurs, c'est d'y trouver ce concours de Rayons sous l'idée de *lances, d'épées ardentes qui se croisent,* ou du *conflict de deux armées qui en sont aux mains.*

* Squarcialupus, *Dissert. de Cometis ad an.* 1575.

* Camden, *Hist. d'Elisabeth, traduct. de* Paul de Bellegent. *L. II. p.* 386.

Cependant il faut prendre garde que le concours des Rayons & de la matière du Phénomène vers le Zénit accompagne bien toûjours l'apparence de la Couronne, mais que celle-ci, ou le Pavillon bien formé, ne sont pas toûjours la suite du simple concours, lorsqu'il n'est pas continué avec une certaine régularité jusqu'au point vertical du Ciel. C'est pourquoi *Gassendi**, dans la description de l'Aurore Boréale du 12 Septembre 1621, d'ailleurs très-grande & très-complète, & M. *Kirck**, dans la description de celle du 6me Mars 1707, qui étoit à peu près du même genre, n'ont fait mention que des Colonnes blanches & lumineuses qui montoient de tous les côtés de l'Horizon au Zénit, parce qu'apparemment il n'en résultoit pas une réunion constante, ni rien de bien déterminé. Mais M. *Halley*, en décrivant l'Aurore Boréale du 17me Mars 1716*, qui fut très-grande, & comme l'époque du renouvellement de ces Phénomènes, après quoi ils n'ont point cessé de paroître tous les ans, parle formellement de la *Couronne* que l'on y vit au Zénit, & la dépeint à peu-près comme nous avons fait celle de 1726. Enfin les mêmes Phénomènes, de 1716 & 1726,

* Peyreskii *vita, p.* 267.

* *Miscell. Berolin. t. I. p.* 135.

* *Philos. Trans. n.* 347.

& quelques-uns de ceux qui les ont suivis, ayant été observés en des lieux très-éloignés, & jusqu'en Amérique, ce point de réunion & cette Couronne y ont été vûs au Zénit de l'Observateur.

Il faut remarquer cependant que cette position n'est pas si exacte, que l'on n'y observe presque toûjours une déclinaison sensible, & qui se trouve le plus souvent du côté du Midi. C'est de ce côté que déclinoit, comme nous avons vû ci-dessus, la Couronne du Phénomène de 1726. Celle de 1716 parut d'abord à Londres vers le Septentrion, mais elle se rabattit aussi-tôt vers le Midi. Dans le Phénomène du 17me Février 1721, qui fut très-brillant à Paris, à Giessen, à Dublin, & en plusieurs autres endroits de l'Europe, on ne vit la Couronne autre part, que je sache, qu'à Dublin, & ce fut avec une déclinaison de 7 à 8 degrés du Zénit au Midi *. La déclinaison fut beaucoup plus grande vers ce même côté du Ciel, dans celle du 2 Novembre 1730, observée en Amérique * par M. *Greenvood*, savoir, d'environ 20 degrés : elle avoit été la même en 1607, dans un semblable Phénomène, communiqué à *Képler*, par un de ses amis *, & vû à Kaufbeuren en Souabe. Enfin la Couronne qui commençoit à se former dans l'Aurore Boréale du 7me Octobre 1731, déclinoit aussi de quelques degrés vers le Midi.

* *Philos. Trans. n. 368. page 180.*

* *Ib. n. 418. p. 63. Obs. 20.*

* *Epist. ad* Joan. Kepl. *p. 274.*

Ne parlons d'abord que de la tendance, ou de la position au Zénit en général, sans avoir égard à la déclinaison Méridionale.

La circonstance d'une place si marquée, toûjours la même en des lieux & en des temps si différens, fait bien voir que la Couronne de l'Aurore Boréale est un objet purement Optique, une simple apparence, qui peut résulter d'un assemblage, ou d'une distribution particulière des Colonnes, ou des pelotons de la matière Zodiacale qui tombe dans notre Atmosphère. Cette distribution exigeant une certaine régularité, comme nous l'allons faire voir, elle doit être rare ; mais aussi est-elle, comme on le peut juger par le Phénomène dont il s'agit qui en est la suite, & qui est aujourd'hui si peu commun, qu'entre une centaine d'Aurores Boréales que j'ai observées, je ne l'ai vû que deux ou trois fois tout au plus.

Supposons donc que la matière du Phénomène tombe par pelotons de la superficie de notre Atmosphère, ainsi que nous l'avons expliqué ci-dessus *(Chapitre cinquième)*, & qu'en tombant jusqu'aux couches où ses parties les plus grossières s'arrêtent, après s'être séparées des plus ténues & des plus légères, qui demeurent au dessus, il s'en forme une infinité de traînées ou de Colonnes perpendiculaires ou à peu-près, à la surface de la Terre, les unes déjà enflammées, & visibles par elles-mêmes, les autres frappées seulement de la lumière que produisent les inflammations qui se font tout autour. En cet état, il est clair que l'œil du Spectateur ne voyant dans le Ciel aucun lieu vuide de cette matière, que celui où les rayons visuels sont, ou peu s'en faut, parallèles à la direction des Colonnes, & qui ne peut être qu'au Zénit ou auprès du Zénit, rapportera à cet endroit l'apparence que nous avons appelée *Couronne, Lanterne du dome*, &c. & qui se trouvera semblablement placée pour tout autre Observateur, quelque éloigné qu'il soit de celui-ci. Un Bois planté en Quinconge donne à peu-près de même une allée ouverte vis-à-vis tout Spectateur, par quelque côté qu'il y arrive.

Ces Colonnes vûes de bas en haut, & plus ou moins obliquement par leur bout inférieur tout autour du Zénit, y produiront un Ciel pommelé, & tapissé plus ou moins de ces pelotons lumineux, selon qu'elles y seront plus serrées, & plus uniformément répandues; & c'est aussi ce qui fait l'accompagnement ordinaire de la Couronne. Pour les colonnes qui sont à une fort grande distance de l'œil vers l'horizon sensible, elles doivent être vûes couchées & plus longues, & paroître ce qu'elles sont en effet, des colonnes, des traînées lumineuses, & convergentes vers le Zénit, & d'autant plus distinctement qu'elles seront plus isolées.

Soit l'œil du Spectateur placé en O, sur la Terre TR; & soient plusieurs de ces Colonnes AB, CD, EF, &c. Fig. XIV.

au Zénit, ou autour du Zénit Z. Si l'on mène à leurs extrémités les rayons visuels *OA, OB, OC, OD, OE*, &c. il est clair que les colonnes les plus près du Zénit, & telles que *AB, CD*, étant imaginées rangées circulairement ou à peu-près, y produiront l'apparence d'un trou, d'un entonnoir renversé, ou du sommet d'un Pavillon, ou enfin d'une Couronne, si l'œil du Spectateur les projette sur la superficie concave du Ciel ; & cette Couronne sera plus ou moins rayonnante, selon la distribution fortuite des colonnes ambiantes *A, C, E, L*, &c. & avec toutes les variétés dont est susceptible un Phénomène qui n'est formé que par une matière en mouvement, qui se dissipe, & à laquelle il en succède continuellement de nouvelle qui ne reprend pas toûjours exactement la même place. C'est ainsi que feu M. *Maraldi*, pendant l'Aurore Boréale de 1726, vit d'abord un Globe au Zénit, qui se changea bien-tôt après en un *Anneau**, & que je vis de même successivement toutes les figures & les apparences relatives aux divers noms que je leur ai donnés.

Fig. XV.

* *Mém. 1726. p. 335.*

Ce qui favorise extrêmement l'explication précédente de la formation de la Couronne près du Zénit, & la liaison nécessaire qu'elle paroît avoir avec ce Ciel pommelé & uniformément tapissé de pelotons du Phosphore très-serrés, c'est que dans plusieurs grandes Aurores Boréales que nous avons vûes depuis, & où la matière lumineuse ou éclairée n'étoit pas moins abondante qu'en 1726, il n'y a point eu de Couronne au Zénit ; parce que, selon ma conjecture, cette matière étoit distribuée en grandes pièces non interrompues, & qui ne pouvoient que difficilement produire l'apparence dont il s'agit. Il y eut trois ou quatre de ces grandes Aurores Boréales l'Automne dernier (1731) qui me donnèrent tout le temps de faire attention à cette circonstance avec l'exemple sous mes yeux. Ce ne fut qu'à celle du 7me Octobre que la Couronne au Zénit sembla vouloir se former, & plusieurs fois ; mais elle n'y fut jamais ni achevée, ni bien marquée. Le moment où elle fut le plus visible, fut vers le minuit ; elle représentoit

représentoit les trois quarts ou environ de la circonférence d'une Ellipse assez régulière, de 10 à 12 degrés d'ouverture à son grand diamètre, & de 8 à 9 au petit, & se trouvoit par-là cinq à six fois plus grande que celle de 1726. Mais elle fut bien-tôt effacée, & confondue avec les grandes & larges traînées de matière qui les entouroient.

La Couronne doit encore être vûe au Zénit ou près du Zénit, par cette raison qu'à rareté ou densité égale, les colonnes verticales qui se présentent à l'œil par le côté, & loin du Zénit, doivent paroître moins denses, & être moins visibles que celles qui sont vûes en raccourci, & par leur bout inférieur auprès du Zénit, le rayon visuel ayant moins de chemin à faire dans la matière qui les compose dans le premier cas que dans le second.

Du reste on conçoit assez que l'arrangement des colonnes ne sauroit être toûjours & par-tout aussi régulier qu'il le faudroit pour faire voir la Couronne exactement au Zénit, & qu'elle peut décliner plus ou moins par rapport à ce point, selon les circonstances, & le lieu de la trouée la plus capable d'en produire l'apparence. Une plus grande quantité de matière ou de colonnes d'un côté que de l'autre, doit lui donner une position qui décline du Zénit vers le côté opposé, c'est-à-dire, vers l'endroit où le tissu de cette matière est moins serré, moins uniforme, & par où il laissera plustôt apercevoir le vuide. Or cet endroit, selon tout ce que nous avons dit de la formation du Phénomène en général, & de celle de la Couronne en particulier, se trouvera plustôt à l'opposite du Nord & vers le Midi, que vers tout autre point du Ciel. Donc par cette raison, & pour l'ordinaire, la déclinaison de la Couronne devra être Méridionale, comme les observations la donnent : car d'ailleurs rien ne seroit si surprenant dans ce genre que la régularité parfaite.

Mais si nous rappelons ici la Théorie du Chap. II de cette Section, nous trouverons encore une cause plus constante, & une raison moins vague de la disposition qu'a ordinairement cette partie du Phénomène à se montrer du côté du Sud ;

& ce sera la même raison qui fait qu'en général tout le Phénomène tend à se rassembler vers le Nord. Car les couches de notre Atmosphère les moins éloignées ou les plus basses, & par-là les plus denses, ayant, toutes choses d'ailleurs égales, plus de force pour repousser la matière Zodiacale qui tombe sur elles, vers le Pole, que les couches plus élevées & plus rares, de la manière dont nous l'avons expliqué, la partie inférieure des colonnes du Phénomène devra avancer la première vers ce point, & s'y trouver réellement plus avancée, parce qu'elle y est poussée depuis plus long-temps que la partie supérieure. D'où il arrivera que le Fût de ces colonnes sera un peu incliné à l'horizon, & qu'elles pencheront vers le Sud. Or cela posé, il est clair que l'apparence optique expliquée ci-dessus, la Couronne, doit décliner d'autant plus vers le Sud, que ces colonnes y sont plus inclinées.

Fig. XVI. Car le rayon visuel OX, parallèle à peu-près à la direction des colonnes, passe par le milieu du plus grand intervalle $BAOCD$ aperçû du point O, entre AB & CD, & fait avec la verticale OZ, du côté du Sud S, & à l'opposite du Nord N, un angle XOZ, à peu-près égal à celui de l'inclinaison des colonnes, &c.

Au reste on conçoit bien que la Couronne n'est pas la seule apparence optique qu'on pourroit remarquer dans l'Aurore Boréale, & qu'il y en doit avoir une infinité d'autres & dans toutes ses parties, selon le lieu d'où ces parties sont aperçûes, par rapport à leur situation, à leur étendue, à leur figure, ou même à leur visibilité & à leurs couleurs, selon que le Spectateur se trouve dans la ligne, ou hors de la ligne de réfraction ou de réflexion des rayons rompus ou réfléchis de la lumière qui en est le sujet. Mais nous nous dispenserons d'entrer là-dessus dans un détail qui seroit peut-être assez inutile. Il suffit d'y faire attention en général, pour ne pas attribuer au Phénomène des variétés qui ne partent que de la différence des lieux. Eh! comment n'y en auroit-il pas, puisque les descriptions qui ont été faites dans la même Ville, ou à quelques lieues de distance, se trouvent souvent très-différentes à certains égards, par la seule différence des yeux à qui elles sont dûes?

J'ajoûte ici la Figure qui représente la Couronne de la fameuse Aurore Boréale de 1726, avec tous les autres objets qui l'entouroient en même temps, & qui faisoient peut-être le spectacle le plus magnifique que l'on ait vû dans ce genre. Cette Figure, que je dessinai dès le lendemain du Phénomène, n'est autre chose qu'une projection de l'Hémisphère supérieur du Ciel, sur les principes dont on se sert communément en Géographie pour les Mappemondes ou Hemisphères Polaires. Elle doit être regardée de bas en haut. La bordure inégale qui est autour représente l'Horizon sensible du lieu; *a*, *b*, le Segment & le cintre obscur; *N*, *S*, *E*, *O*, les quatre points Cardinaux; & le point blanc qui occupe le milieu de la Couronne, une Etoile de la Constellation d'*Andromède*, qui s'y montra pendant quelques momens vers les $9^h \frac{1}{4}$, & qui me servit à en déterminer la position. Fig. XVII.

CHAPITRE VIII.

De la Densité, & de la Transparence de l'Aurore Boréale.

LA *Densité* des matières qui composent l'Aurore Boréale ne paroît si bien nulle part, que dans le Segment obscur qui borde l'horizon du côté du Nord, & dans cet Arc ou ces Arcs lumineux qui l'accompagnent. On remarque aussi quelquefois beaucoup de consistance dans ses autres parties, dans quelques-unes de ses colonnes, & dans ses jets de lumière, dans certains flocons de matière blancheâtres ou colorés, & autour de la Couronne; mais cela est rare, le Phénomène est presque toûjours plus dense du côté du Nord que par-tout ailleurs.

Rien ne mérite plus d'attention de notre part que cette Densité, parce que rien n'est peut-être d'abord plus difficile à comprendre, vû l'extrême ténuité de la Lumière Zodiacale ou de l'Atmoſphère Solaire, à l'endroit ſur-tout de cette Atmoſphère d'où l'Aurore Boréale tire ſon origine: car ce n'eſt le plus ſouvent que par ſa partie la plus rare, & qui eſt quelquefois à peine viſible, que la matière Zodiacale ſe communique à la Terre, ou à l'Atmoſphère Terreſtre.

Cependant la difficulté s'évanouit, ſi l'on prend garde que la matière Zodiacale ou de l'Atmoſphère Solaire a tout le temps de s'aſſembler en tombant dans notre Atmoſphère, par le ſéjour qu'y fait le Globe Terreſtre, par le mouvement de tranſport & de rotation avec lequel il en ramaſſe continuellement de nouvelles parties, & par l'entaſſement qui s'en fait ſur les mêmes points, ou aux mêmes endroits de l'Atmoſphère Terreſtre. La convergence des lignes de chûte vers le centre de la Terre doit encore contribuer un peu à la Denſité de la matière Zodiacale la plus proche de la Terre. Mais tout cela eſt peu de choſe en comparaiſon de l'effet que doit produire ſur cette matière le nouveau poids qu'elle acquiert par la circonſtance du nouveau centre de Peſanteur qui vient à ſa rencontre avec la Terre, & vers lequel elle doit tendre, & ſe comprimer d'autant plus qu'elle en eſt plus proche. Car ſelon les principes expliqués dans le Chapitre premier de cette Section, l'effet de la Force Centrale ou de toute Peſanteur augmente en approchant du point central, en raiſon inverſe des quarrés des diſtances. De ſorte que la Peſanteur actuelle ou *relative* d'un corps, à une diſtance quelconque du point central, ſera toûjours en raiſon directe de la Force Centripète ou de la Peſanteur *abſolue*, & en raiſon inverſe du quarré de ſa diſtance.

Conſidérant donc en cet état, & par rapport à la Terre, la matière Zodiacale qui eſt devenue le ſujet de l'Aurore Boréale, elle devra être d'autant plus peſante, & vrai-ſemblablement d'autant plus denſe auprès de la Terre, que ſa diſtance du centre de la Terre, comparée à celle où elle étoit du centre du Soleil, eſt plus petite, en raiſon double inverſe de ces diſtances, & directe des Peſanteurs abſolues ou Forces Centripètes, qui agiſſent vers le Soleil & vers la Terre. Nous trouverons donc, en suivant ces principes, & conformémen aux applications que nous en avons déjà faites, que la matière Solaire ou Zodiacale, entassée & comprimée dans l'Atmosphère Terrestre à deux ou trois cens lieues de hauteur, y doit peser vers le centre de la Terre, environ 1200 fois plus qu'elle ne faisoit vers le Soleil, quand elle constituoit en partie son Atmosphère à la distance de l'Orbite Terrestre.

Car delà que les Forces Centrales absolues vers le Soleil & vers la Terre sont respectivement comme 227512 & 1 *, & qu'une portion de matière portée à égale distance du centre de chacun de ces deux Globes, hors de leurs surfaces, peseroit vers eux selon ce rapport, il en faut conclurre, qu'à des distances qui seroient respectivement comme 10000 & 104, c'est-à-dire, selon M. *Newton*, sur les surfaces mêmes du Soleil & de la Terre, les poids de la même portion de matière seroient en raison de 10000 à 410. Or puisque les mêmes corps, à mesure qu'ils s'éloignent du point central, diminuent de pesanteur en raison doublée de leur éloignement, la matière Zodiacale supposée à la distance de l'Orbite Terrestre, & par-là environ 200 fois plus loin du centre du Soleil qu'elle ne seroit à sa surface, pesera 200 × 200, ou 40000 fois moins vers le Soleil; & cette Pesanteur comparée à celle qu'elle auroit à sa surface, ne sera plus que comme $\frac{1}{4}$ est à 10000. Mais la même matière, à deux ou trois cens lieues au dessus de la surface de Terre, y doit peser encore environ les trois quarts de ce qu'elle feroit sur sa surface, c'est-à-dire, à peu-près en raison de 300, au lieu de 410. Donc ce nombre 300 surpassant 1200 fois $\frac{1}{4}$, la même portion de matière y sera 1200 plus pesante.

* Sup. p. 96.

Donc si cette matière suit à peu-près la raison des poids dont elle est chargée, dans les compressions dont elle est capable à de pareilles distances, sa Densité pourra être 1200 fois plus grande dans l'Aurore Boréale, qu'elle n'étoit au tranchant de l'Atmosphère Solaire, ou à la pointe de la Lumière Zodiacale, lorsque cette pointe étoit vûe à environ

90 degrés de diſtance du lieu du Soleil : & cela plus ou moins ſelon que l'épaiſſeur de ſes couches dans notre Atmoſphère, & que ſes entaſſemens ſeront plus ou moins grands.

Ainſi il ne faut point s'étonner que les parties, tant obſcures que lumineuſes, de l'Aurore Boréale, paroiſſent avoir en général, & aient en effet beaucoup plus de corps que les extrémités de l'Atmoſphère Solaire, qui ſe manifeſtent dans la Lumière Zodiacale. Il ne ſeroit pas même extraordinaire qu'il y eût dans le Phénomène bien des portions de matière viſibles, qui ne l'étoient point du tout auparavant dans le lieu & aux extrémités de cette Lumière ou de l'Atmoſphère du Soleil qu'elles occupoient.

Nous avons pris pour terme de comparaiſon des Denſités de la même matière avant qu'elle tombe dans le Tourbillon de la Terre, & après qu'elle y eſt tombée, la partie de l'Atmoſphère Solaire que nous ſuppoſons atteindre juſqu'à l'Orbite Terreſtre, comme tenant un milieu entre la partie originairement plus denſe, en tant que plus proche du Soleil, par exemple de 60 mille lieues, qui eſt la diſtance d'où nous avons dit qu'elle pouvoit tomber ſur la Terre, & celle qui ſeroit plus rare en tant que plus éloignée, & qui s'étendroit au delà de la Terre. Mais on pourra auſſi comparer telle autre partie qu'on voudra de la Lumière Zodiacale à celles de l'Aurore Boréale, par une méthode toute ſemblable à la précédente, pourvû qu'on ſache à peu-près la diſtance de la première au Soleil. Ainſi l'on trouvera, par exemple, que la partie de la Lumière Zodiacale, qui eſt vûe à 46 degrés de diſtance du Soleil, & qui eſt un peu au deſſous de l'Orbite de Vénus, doit y être environ 600 fois moins peſante ou moins denſe que dans les parties de notre Aurore Boréale.

Ce que nous venons de dire de la Denſité de la matière de l'Aurore Boréale, Denſité qui va ſouvent juſqu'à produire l'Opacité dans quelques-unes de ſes parties, & ce que nous avons remarqué dans la deuxième Section touchant la rareté & la légèreté des couches de l'Atmoſphère Terreſtre, qui nous réfléchiſſent les derniers rayons de la lumière du Soleil dans le Crépuſcule, n'a rien qu'on ne puiſſe très bien accorder enſemble. Car 1.° l'air ou le fluide quelconque qui fait partie de notre Atmoſphère, & qui ſoûtient l'Aurore Boréale, eſt dans le même cas de Peſanteur vers la Terre, & d'autant plus que ſes couches ſont plus baſſes. 2.° Les particules de cet air peuvent fort bien n'avoir pas entre elles la Denſité néceſſaire, ou n'être pas aſſez groſſières, ou aſſez près les unes des autres au delà d'une certaine hauteur, pour réfléchir ſenſiblement vers nous une ſemblable lumière & ſe trouver cependant en état de ſoûtenir une autre matière plus légère, capable de réfléchir vers nous une lumière fort vive. Il ſuffit pour cela que cette matière, l'Atmoſphère Solaire, par exemple, de différente nature, & avec des parties plus ténues & plus raréfiées que celles de l'air, ſoit cependant d'un tiſſu plus ſerré, & qui laiſſe moins d'eſpace entre elles. Les mélanges Chimiques de certaines liqueurs qu'on fait devenir ſucceſſivement opaques & tranſparentes, troubles & limpides, & de différentes couleurs, ſans rien changer à leur Peſanteur ſpécifique, prouvent la poſſibilité du fait, & un peu de Géométrie doit nous apprendre en même temps, que la diviſibilité infinie ou poſſible de la matière, la groſſeur, la figure, les intervalles, & les arrangemens différens de ſes parties peuvent produire dans ce genre des variétés infinies.

La même théorie ne s'oppoſe pas davantage à la *Tranſparence* que l'on remarque en même temps dans la pluſpart des parties de l'Aurore Boréale. Mille, ou douze cens degrés de Denſité de plus pourroient n'être que peu ſenſibles à cet égard; ils le ſont beaucoup cependant en pluſieurs occaſions. Mais en général, il ne faut pas oublier que nos ſens ſont de mauvais juges, quand il s'agit de conclurre ce que les objets ſont en eux-mêmes d'après les ſenſations que nous éprouvons à leur occaſion. La matière de l'Atmoſphère Solaire eſt tranſparente dans la Lumière Zodiacale, elle l'eſt ſouvent encore dans l'Aurore Boréale, quoiqu'elle y ſoit 1200 fois plus denſe: & cela n'eſt pas plus extraordinaire, que ſi l'on disoit, qu'on lit à la lumière directe du Soleil, & qu'on y lit encore, quoique réfléchie, & environ 300000 fois plus foible; comme il est certain qu'on le fait à la lumière de la Lune. Car 300000 : 1 est à peu-près le rapport de la lumière ordinaire du Soleil à celle de la Pleine Lune *.

* *Essai sur la Gradation de la Lumière, par M.* Bouguer, *p. 31.*

Mais la transparence de l'Aurore Boréale doit paroître fort grande, si l'on fait attention au brillant de quelques-unes de ses parties, & à l'obscurité de quelques autres, à travers lesquelles on ne laisse pas quelquefois de distinguer les Etoiles. Cependant, à la considérer en elle-même, je ne la trouve pas à beaucoup près aussi grande que je l'avois imaginé sur la plusspart des descriptions qui nous en avoient été données, & avant que d'en avoir jugé par mes yeux : à moins que l'on ne dise qu'en ces derniers temps du renouvellement de ce Phénomène, la matière qui le compose aura augmenté de quantité & de Densité; ce qui ne seroit pas impossible, & qui s'accorderoit assez bien avec l'extrême fréquence des Aurores Boréales, & avec ce que nous avons remarqué en son lieu des changemens de la Lumière Zodiacale.

En général, la matière de l'Aurore Boréale répandue dans l'air me paroît y produire une certaine pâleur qui ternit tous les objets que l'on voit à travers, & qui affoiblit considérablement le brillant des Etoiles. Dans les endroits où cette matière est plus dense, soit en clarté, soit en obscurité, comme, par exemple, au Limbe lumineux de l'Arc, ou aux Colonnes blancheâtres, & au Segment obscur, je n'y distingue qu'à peine les Etoiles de la seconde grandeur, & j'y ai même quelquefois perdu jusqu'à celles de la première. Je ne sais ce qui arrive à des vûes plus perçantes que la mienne; mais je ne suis pas le seul qui ait éprouvé ces effets, & qui ait porté le même jugement de la Transparence & de l'Opacité de cette matière, selon qu'on peut la considérer sous ces différens aspects. M. *Kirck* *, à l'occasion de l'Aurore Boréale vûe en Allemagne le 6me Mars 1707, pour prouver que l'obscurité du Segment intérieur de l'Arc lumineux n'étoit pas l'effet des nuages, ni d'un brouillard, comme quelques Auteurs

* *Miscell. Berolin Tome I. p. 135.*

Auteurs l'ont d'abord cru, avant que les Aurores Boréales fussent devenues si fréquentes, dit qu'il y avoit vû les Etoiles à travers, mais que ce n'étoit que par le moyen d'un *Tube* fort gros & de deux pieds de longueur, dont il se servit sans doute, pour n'avoir pas l'œil frappé de la lumière des environs. Car si ce *Tube* étoit une vraie Lunette, la transparence de la matière du Segment & de l'Arc auroit dû être bien moindre, & c'eût été une Aurore Boréale extraordinaire par cette circonstance.

Il arriva une chose assez remarquable à celle du 17 Février 1721, observée à Giessen * par M. *Liebknecht;* les petites Etoiles d'abord cachées par le Segment obscur, commencèrent à se montrer immédiatement après la formation d'un troisième Arc lumineux qui parut au dessus.

* *Act. Erud. an.* 1721. *p.* 159.

Celle du 15me Février 1730, qui fut si singulière par la bande ou Zone Méridionale qu'on y aperçût, le fut encore par l'opacité de quelques-unes de ses parties, & surtout par celle de cette bande, qui étant rouge dans presque toute sa longueur, faisoit voir les Etoiles ternies, & toutes rougeâtres derrière elle; elle les cachoit même entièrement quelquefois, & la Planète de Jupiter, toute brillante qu'elle est, en fut souvent obscurcie *.

* *Lettre de M.* Cramer, *sup. p.* 64. *Voy. aussi les Transf. Philos. n.* 413.

J'ai observé au contraire des Aurores Boréales, où malgré la clarté de l'Arc, & la fumée épaisse du Segment, on ne laissoit pas de distinguer fort bien les Etoiles à travers. Il en a paru quelques-unes de ce genre l'Automne dernière (1731): celle du 3me Octobre, par exemple, qui laissa toûjours voir la seconde Etoile du *Cocher (β* dans *Bayer)* quoiqu'elle fût plongée, du côté de l'Est, dans une partie des plus obscures.

On ne voit jamais mieux l'effet de l'interposition de la matière Boréale par rapport aux Etoiles, que lorsque la partie supérieure du Ciel en est semée par intervalles, sous la forme de ces flocons de Phosphore ou de nuages blanchêatres, dont nous avons parlé tant de fois. Car l'affoiblissement des Etoiles devant lesquelles ils passent, & qu'on avoit vûes un moment auparavant à découvert, eſt alors tout-à-fait ſenſible, & ſouvent très-conſidérable.

CHAPITRE IX.

Des Couleurs de l'Aurore Boréale.

ON demandera peut-être pourquoi l'on voit diverſes *Couleurs* dans l'Aurore Boréale, n'y ayant guère que du blanc, ou de la clarté dans la Lumière Zodiacale dont elle tire ſon origine? Mais outre la denſité qu'il y a de plus dans l'Aurore Boréale, & qui eſt certainement une cauſe de la vivacité des Couleurs qu'on y remarque quelquefois, il ne faut, pour répondre à cette queſtion, que prendre garde aux différens milieux par où paſſent les rayons de lumière qui nous rendent ces deux objets viſibles. Dans la Lumière Zodiacale ils viennent à nous de l'Éther, & dans les mêmes circonſtances que les rayons du Soleil; ainſi rien ne doit occaſionner entre eux, pour l'ordinaire, la ſéparation ſenſible des Couleurs ou des parties de différente réfrangibilité. Dans l'Aurore Boréale, au contraire, les rayons de lumière partent de l'Atmoſphère, & ils ſe filtrent, pour ainſi dire, dès leur naiſſance, à travers des amas de la même matière, mais de différente denſité entre eux, enflammés dans un endroit, & non enflammés dans l'autre: ainſi la divergence qui naît de l'hétérogénéité des parties de la Lumière, de leur différente réfrangibilité, ou, comme nous l'avons expliqué ailleurs*, de leurs différentes vîteſſes, peut ſe rendre ſenſible, de même que dans l'expérience du Priſme, ou plus particulièrement, comme il arrive quelquefois aux rayons du Soleil, à l'occaſion des vapeurs ou des nuages qui ſe trouvent près de l'horizon à ſon lever, ou à ſon coucher.

* *Mém. Acad. 1737, p. 29; & 1738, p. 23.*

Si l'Atmoſphère Solaire vient à atteindre juſqu'à l'Atmoſphère Terreſtre, & à ſe mêler avec elle, vers la Zone Torride ſeulement, elle pourra alors, & avant que d'avoir pris ſa place, & la forme qu'elle a d'ordinaire dans l'Aurore Boréale, nous paroître colorée, par quelque rayon échappé de lumière qui la vient frapper d'ailleurs; & je suis fort trompé, si ce n'est là le cas de ces grandes Zones ou bandes rouges, & différemment nuancées qu'on a vû quelquefois le long du Zodiaque, & dont nous avons rapporté un exemple dans le Chapitre précédent.

On peut donc réduire à deux classes, les Couleurs de l'Aurore Boréale; savoir, à celles qui viennent d'une lumière directe ou rompue, émanée de l'objet même, ou filtrée à travers, & à celles qui ne sont visibles que par le moyen d'une lumière réfléchie.

Les premières consistent d'ordinaire en un violet cendré, & tirant sur l'ardoise, dans le Segment obscur; en une couleur blanche, tantôt un peu jaunâtre, & tantôt verdâtre, céladon *(subviridis, thalassinus)* mais très-lavée, dans le limbe lumineux, dans les brèches du Segment obscur, & à l'origine des jets de lumière; & en un blanc assez pur, dans la plus-part des ces flocons cotonneux de matière, qui se répandent dans le Ciel pendant les grandes Aurores Boréales, *Candidissimi fumi*, comme *Gassendi* les exprime.

Les secondes, qui sont d'ordinaire celles qui s'étendent davantage, ne nous font guère voir, à mon avis, qu'un peu de jaune, & un couleur de feu plus ou moins vif, à droite & à gauche du Segment & de l'Arc, souvent assez loin de l'un & de l'autre, sur la matière du Phénomène qui les environne, à l'extrémité des jets de lumière, & par intervalles à quelques rayons de la Couronne. A l'égard du rouge-foncé, fouetté & tacheté de brun que l'on remarqua sur un gros nuage à l'Occident, pendant l'Aurore Boréale de 1726, (vers *O*, Fig. XVII) que j'ai revû depuis dans quelques autres, & qui étoit si propre à nous rappeler l'idée de ces Pluies terribles de Sang, dont les Naturalistes & les anciens Historiens sont si prodigues, je juge qu'il nous est réfléchi, ou par un grand amas de la matière grossière du Phénomène non enflammée, & tout-à-fait semblable à celle du Segment obscur qui est vers le Nord, ou par un véritable nuage.

Ces deux effets differens, que la même matière du

Phénomène pourroit produire pour la Couleur, ne sont pas mal-aisés à comprendre. Dans le cas du nuage apparent occidental, il n'y a rien d'éclairé ni de lumineux derrière elle, elle ne fait que nous réfléchir la lumière dardée sur sa surface à sa partie antérieure ou tournée vers nous. Dans le cas du Segment obscur, au contraire, elle se trouve interposée entre nous & le fort de l'incendie qui se passe derrière : elle n'est point du tout éclairée du côté qu'elle tourne vers nous, ou elle ne l'est que très-foiblement par quelque rayon échappé & doublement réfléchi, qui peut tout au plus y produire cette petite nuance de violet, que l'on y voit quelquefois.

On peut trouver aussi beaucoup d'analogie entre le couleur de feu, tantôt plus ou moins vif, & quelquefois orangé, qui fouette l'extrémité des jets de lumière, ou quelques autres parties du Phénomène, & le Système de M. *Newton* sur les couleurs, tel que je l'ai conçû dans les Mémoires cités ci-dessus. Selon cet admirable Système, le rouge est la couleur de la lumière la moins réfrangible, ou, ce qui revient au même, la plus inflexible, la plus forte & la plus capable de résister aux obstacles qui s'opposent à la manifestation des Couleurs pendant la nuit, & auxquels les plus foibles doivent céder les premières. Car ce moins de réfrangibilité des globules de la lumière qui excitent en nous la sensation du rouge, peut être expliqué par une plus grande force qu'ils ont en traversant le milieu, & qu'ils conservent après l'avoir traversé. Je conjecture donc que c'est par une semblable méchanique, & par de semblables rayons rompus, & ensuite réfléchis vers nous, que la couleur rouge est après le blanc, couleur ordinaire de la lumière, celle qui se trouve le plus généralement répandue sur les diverses parties de l'Aurore Boréale.

Les différentes Couleurs de l'Aurore Boréale, & la Région que nous avons fait voir qu'occupe ce Phénomène, prouvent que la *matière Réfractive* est à une beaucoup plus grande hauteur dans notre Atmosphère qu'on ne l'avoit cru *, ou que l'Aurore Boréale résulte d'une matière douée elle-même de la propriété de rompre les rayons de lumière.

* Hist. Acad. an. 1714. p. 66.

CHAPITRE X.

De la constitution de l'Air, & des autres circonstances favorables, ou contraires à la formation & à l'apparition de l'Aurore Boréale.

IL y a grande apparence que les parties supérieures de notre Atmosphère où se forment les Aurores Boréales, & où la matière qui en fait le sujet s'enflamme ou se rend visible, ne sont pas entièrement exemptes d'altération & de changemens qui leur sont propres. Ces changemens favoriseront, sans doute, plus ou moins cette inflammation ou telle autre modification, ils la rendront plus prompte en certains temps, & plus lente, plus difficile & tout-à-fait impossible dans d'autres, où la matière du Phénomène tombera, & se dissipera dans l'Atmosphère, sans y produire aucun effet sensible à nos yeux. Cette matière elle-même dans son propre siège, & indépendamment de son mélange avec notre Atmosphère, ne doit pas non plus être inaltérable : elle peut changer sans doute intérieurement dans sa contexture, comme elle change extérieurement dans son étendue, & se trouver par-là tantôt plus, tantôt moins en état de recevoir de nouveaux changemens étant mêlée avec d'autres matières. Nous avons vû dans la première Section, que la Lumière Zodiacale paroît souvent pétiller de mille étincelles, lorsqu'on la regarde avec de grandes Lunettes, & qu'il est même à présumer qu'elle a eu quelquefois bien sensiblement cette apparence, étant regardée à la vûe simple. Or il est possible que cette espèce de *Facules* & d'*Atomes lumineux* favorisent son inflammation dans les parties supérieures de notre Air, qu'ils y produisent l'effet d'autant de petits foyers qui embrasent tout ce qui se rencontre à la ronde; ou, au contraire, qu'ils y dissipent ou y consument promptement tout ce qui étoit le plus disposé à s'enflammer. Ce sera, dis-je, l'un ou l'autre;

car bien-loin de vouloir décider & prendre un parti dans cette alternative, nous n'oserions pas même en faire le sujet de nos conjectures : & c'est-là en général ce que nous entendons presque toûjours dans cet ouvrage, quand nous parlons des circonstances favorables ou contraires à la formation de l'Aurore Boréale, tant pour la matière qui la compose, que de la part du lieu où elle réside.

Il est cependant une autre espèce d'altération dont la région supérieure de notre Atmosphère doit être continuellement affectée, & dont nous pouvons aussi plus particulièrement démêler la cause. Je veux parler de la diversité de ses mouvemens, occasionnée par le conflict, tantôt plus grand, tantôt plus petit, & quelquefois nul, de la rotation de la Terre sur son axe, & de son transport annuel autour du Soleil, les directions de ces deux mouvemens faisant entre elles un angle d'environ 23 ½ degrés aux points d'intersection de l'Ecliptique & de l'Equateur, un angle successivement plus petit depuis ces points ou des Equinoxes jusqu'aux Solstices, & se réduisant enfin au parallélisme sous les Solstices. C'est ce même conflict de directions, continuellement variable, sur lequel *Galilée* établissoit son hypothèse du Flux & Reflux de la mer, hypothèse defectueuse & insoûtenable, en ce qu'elle ne donne qu'un Flux & Reflux en 24 heures, mais qui, selon les loix d'hydrostatique, & dans le point de vûe où nous la considérons ici, doit nécessairement entrer pour quelque chose dans la modification des marées, des vents & des tempêtes qui régnent communément autour des Equinoxes, comme dans les mouvemens dont il s'agit par rapport à la région supérieure de l'Atmosphère Terrestre *. Or si l'agitation du milieu où se forme & où réside l'Aurore Boréale peut contribuer en quelque chose à sa formation & à son apparition, par l'inflammation ou la fermentation quelconque des matières qui la composent, comme on voit qu'il arrive à certains phosphores, & à quelques autres substances, tant solides, que fluides, lorsqu'elles viennent à être exposées à l'air libre, la région supérieure de l'Atmosphère Terrestre,

* Galil. de Systemate Mundi. Dial. IV.

en tant que susceptible d'agitation, pourra aussi favoriser en ce sens la formation & l'apparition de l'Aurore Boréale, & d'autant plus que l'agitation sera plus grande. D'où il suit que les Equinoxes où se trouve le *maximum* de conflict & d'agitation, & qui ont déjà bien des avantages pour la production de ce Phénomène *, seront encore à cet égard les lieux de sa plus grande fréquence.

* *Sup. Ch. II. p. 111.*

Mais notre hypothèse sur la cause de l'Aurore Boréale, & la grande hauteur de ce Phénomène dans l'Atmosphère, en rendent la formation tout-à-fait indépendante de ce qui se passe plus bas & dans la Région des Météores : du moins ne saurions-nous voir par la liaison d'aucune théorie, ni d'aucun fait connu, quelles pourroient être la constitution & la température de l'Air, sensibles auprès de la surface de la Terre, qui seroient capables d'aider ou de faire obstacle à sa formation.

Il n'en est pas de même de son apparition ; on conçoit assez qu'un Ciel trop couvert, ou trop éclairé, peuvent la cacher, ou l'éteindre à nos yeux, & que toutes choses d'ailleurs égales, les journées, les saisons & les années, où il aura fait un temps plus capable de produire un Air plus serein, relativement au lieu de l'observation & au climat, seront celles où le Phénomène se sera montré davantage. Nous avons vû *(Chap. III)* que telle Aurore Boréale qui n'avoit été ici que foiblement indiquée, se trouve avoir paru ailleurs avec tout son éclat, en Amérique, par exemple, & à une Latitude moindre de 6 à 7 degrés que la nôtre. Tout au contraire on aura observé plusieurs jours de suite l'Aurore Boréale dans des pays plus Méridionaux que celui-ci, & où l'Air est plus clair & plus serein que le nôtre, mais douteuse ou peu marquée, en des temps où elle n'aura paru chez nous qu'une seule fois avec beaucoup d'éclat. Nous en avons un exemple dans celle du 3 Janvier 1723, observée à Paris & en Angleterre, sans être précédée ni suivie d'aucune autre, depuis le 2 Décembre, & jusqu'au 4 Février, mais confondue en Italie avec cinq à six autres, qui s'y montrèrent consécutivement avant & après. C'est ainsi que les suites d'une cause constante se trouvent interrompues ou altérées en apparence, & nous sont quelquefois tout-à-fait dérobées par des circonstances extérieures aux Phénomènes, dont l'observation est pourtant tout-à-fait dépendante. Mais hors de cette vûe générale, je ne connois jusqu'ici aucune espèce de température d'Air, ni froid, ni chaud, ni sécheresse, ni humidité, ni vents, ni calme, qui influent par eux-mêmes sur l'apparition de l'Aurore Boréale.

Avant que ces Phénomènes fussent devenus aussi fréquens qu'ils le sont depuis quelques années, on s'étoit fait divers Systèmes sur les temps & sur la constitution de l'Air qui devoient les précéder ou les suivre, & l'on étoit d'autant plus fondé à les considérer par cette face, qu'on en croyoit la cause & le lieu renfermés dans cette Région de l'Air, qui est elle-même le siège de toutes les vicissitudes du temps. Comment en effet un Phénomène qui tireroit de là son origine & sa substance, ne participeroit-il pas infiniment aux changemens qui s'y font? Les Météores en sont la preuve. Mais pour peu qu'on ait continué d'observer l'Aurore Boréale dans ces dernières années, & qu'on ait pris soin de comparer les diverses observations qui en ont été faites en différens lieux, je m'assure qu'on se sera convaincu qu'il n'y a aucune correspondance marquée entre ce Phénomène & les vicissitudes ordinaires du temps, en un mot qu'on ne peut jusqu'ici rien établir de solide sur cet article.

Que l'Aurore Boréale paroisse le plus souvent en un temps sec, après un beau coucher du Soleil, & par un vent qui annonce ou qui ramène la sérénité dans l'Air, il n'y a rien là d'extraordinaire; c'est ce qui doit arriver, & il seroit superflu d'en chercher les raisons & les preuves. Mais que le Phénomène se montre en un temps sombre & humide, après un coucher nébuleux, par des vents qui ont coûtume d'amener la pluie ou les nuages, & pendant la pluie même, c'est ce qui mérite quelque attention, parce que cela devroit être très-rare, ou ne point arriver du tout, selon l'ancien préjugé de son origine. Nous en avons cependant plus d'un exemple depuis peu.

Le

Le mois d'Octobre dernier (1731) nous en a fourni trois ou quatre, savoir, le 7, le 8, le 24 & le 25 de ce mois, où il a paru malgré tous ces obstacles des Aurores Boréales, dont quelques-unes doivent être mises au nombre des plus grandes & des plus magnifiques; comme on le peut voir dans la relation que j'en donnai bien-tôt après à l'Académie *. J'ai vû quelques autres Aurores Boréales remarquables à cet égard dans les années précédentes; mais je ne doute point qu'il ne m'en ait échappé plusieurs, faute d'avoir imaginé qu'elles pussent paroître en des jours qui leur sembloient si contraires.

* *Mém. 1731. p. 385 & suiv.*

Il faut aussi que les Aurores Boréales, en même temps qu'elles se sont rendues plus communes, soient devenues plus marquées & plus fortes. Peut-être encore le sont-elles davantage dans ce siècle, & dans cette reprise du Phénomène, qu'elles ne l'ont été, par exemple, dans celle du commencement du siècle passé du temps de *Gassendi :* car il semble qu'elles ne se montroient alors qu'en l'absence de la Lune, *silente Lunâ.* La condition d'une Lune nouvelle est aussi rapportée comme indispensable pour les apparitions de ce Phénomène, dans l'ancienne Chronique Islandoise citée ci-dessus d'après *la Peyrere* & *Torféus ;* les Aurores Boréales que l'Auteur de cette Chronique avoit observées en Groenland & en Islande, ou dont il avoit connoissance, étant sans doute du nombre de celles que la lumière de la Lune peut effacer. Mais aujourd'hui, & dans nos climats, à moins que la Lune ne soit très-brillante, très-élevée sur l'Horizon, & presque dans son plein, sa clarté n'empêche plus qu'on ne les aperçoive, sur-tout quand elles sont un peu grandes. Elle les affoiblit seulement, & elle diminue leur étendue, en y faisant disparoître tout ce qui n'est pas assez vif, ou assez dense. L'Aurore Boréale du 8 Octobre, dont nous venons de parler, & qui ne laissa pas d'être très-marquée malgré les nuages & la pluie, eut encore cela de particulier, qu'elle ne fut point effacée par la Lune, qui étoit sur l'Horizon, & qui avoit accompli son premier quartier. Celle de la veille avoit paru de même avec la Lune; mais les autres circonstances du temps lui étoient moins contraires. On peut trouver quelques autres Aurores Boréales semblables dans les Auteurs modernes; on peut voir aussi dans les Anciens, qu'ils n'ont pas toûjours été privés de ce spectacle, & qu'en 1580, par exemple, qui n'étoit pas loin du fort de la reprise de 1574, 1575, &c. le Phénomène parut le 21 Septembre avec la Lune, & encore le 16 Février 1581; ainsi qu'on le peut recueillir de ce que rapporte *Moestlin*, dans son Livre sur la Comète de 1580.

Il est très-vrai-semblable en effet qu'à mesure que l'Atmosphère Solaire augmente, qu'elle s'approche de la Terre, & qu'elle y peut tomber d'une plus grande étendue & en plus grande quantité, comme on peut juger qu'il arrive, lorsque les Aurores Boréales deviennent fréquentes, ces Phénomènes acquièrent une consistance & une densité qui les mettent en état de résister à une lumière étrangère, qui dans des cas moins favorables avoit coûtume de les effacer.

CHAPITRE XI.

Des divers genres d'Aurores Boréales.

LA division des Aurores Boréales en divers genres, suit naturellement de la description qu'on a vûe de leurs Phénomènes, & de l'explication que nous en avons donnée dans les Chapitres précédens. On peut regarder comme *Grandes & Complettes*, celles qui ont tous ces Phénomènes; comme *Grandes* seulement, celles qui sont fort étendues dans le Ciel, & où il en manque quelqu'un, la Couronne, par exemple, qui ne s'est pas trouvée dans plusieurs qui étoient d'ailleurs très-magnifiques, & où brilloient toutes les autres parties. Après cela viendront celles qui auront eu le Segment, l'Arc, les Jets & les Vibrations de lumière, mais seulement du côté du Nord, & qu'on pourra désigner par la dernière circonstance, *Aurores Boréales à Vibrations de lumière, ou à E'clairs, &c.* & ainsi de suite, en y retranchant une partie, dans l'ordre renversé des Articles où j'en ai parlé. De sorte qu'on aura après celles-ci les Aurores Boréales *à Jets de lumière, à Arc, à Segment,* & enfin *à simple Lumière Septentrionale;* car l'ordre de ces Chapitres est relatif à l'assemblage & à la suite les plus ordinaires des Phénomènes qui en font le sujet. Ainsi dans les Aurores Boréales où l'on voit des Vibrations de lumière, par exemple, on peut supposer, & on les voit presque toûjours auparavant, les Jets de lumière & l'Arc ou les Arcs, & ainsi du reste.

Ce que j'imaginai en 1721, touchant les Parhélies, & que M. de *Fontenelle* a rapporté dans son Histoire, je le pense à l'égard des Aurores Boréales : « que ces Phénomènes assez différens les uns des autres en apparence, sur-tout par le « nombre des parties qui les composent, ne sont jamais effecti- « vement que le même Phénomène, & que ce qui les fait pa- « roître différens entre eux, ce sont des parties qui manquent à « quelques-uns, parce qu'en ces endroits, les matières ont man- « qué, ou parce que les couleurs y sont trop foibles, ou obscur- « cies par d'autres endroits voisins trop éclairés, ou enfin parce « que dans les endroits douteux, l'observation elle-même a été « imparfaite * ». Il faudra donc prendre le plus composé de ces Phénomènes pour modèle, ou pour base de tous les autres, lesquels se réduiront à celui-ci diversement mutilé.

* *Hist. de l'Acad. 1721. p. 8.*

Cette suite de circonstances qui rendent successivement l'Aurore Boréale plus composée & plus complette, ou qui, étant retranchées en ordre renversé, la simplifient de plus en plus, recevra sans doute quelques exceptions. Par exemple, on trouvera des Aurores Boréales *à Jets de lumière,* & qui cependant n'auront point eu de Segment obscur : & ce sera lorsque l'inflammation de toute la partie antérieure du Phénomène aura précédé l'heure de son apparition ; comme on le vit dans l'Aurore Boréale du 26 Septembre 1726, décrite dans les Mémoires de l'Académie de la même année, & dont nous joindrons ici la Figure. Elle ne différoit guère que par cette circonstance de celle que nous observâmes au mois de

Fig. XVIII.

Septembre dernier (1731) au même jour & en même lieu, & dont on a vû la Figure *(Planche VIII)*. Mais j'ose assûrer que ce ne seront que des exceptions, & qu'en général & presque toûjours les Phénomènes dont nous venons de parler, & qui peuvent constituer autant de genres d'Aurores Boréales, se succèderont dans l'ordre énoncé ci-dessus.

* Hist. Acad. 1721. p. 10.

On appelle *Aurores Boréales Tranquilles**, celles qui ne donnent point de jets de Lumière, & où l'on n'aperçoit que peu ou point de mouvement. Ainsi cette Classe comprendra les Aurores Boréales *à Segment* & *à Arc*, & sur-tout celles qui ne donnent qu'une simple clarté vers le Nord, & qui méritent plus souvent le nom de *Tranquilles* que toutes les autres. Ces dernières ne sont pour l'ordinaire, selon moi, que des Aurores Boréales qui s'éteignent, mais qui ont encore assez de matière enflammée au dessous de l'horizon sensible, pour éclairer notre Atmosphère, précisément comme il arrive dans les Crépuscules du soir & du matin. Elles s'éteignent, & sont sur leur fin, eu égard du moins à l'Observateur à qui elles se font voir sous cette forme; car elles pourroient commencer, ou être dans toute leur force pour un autre pays, ainsi qu'il a été expliqué dans le Chapitre III; ou bien ce sont des Aurores Boréales qui résultent d'une petite quantité de matière qui s'est allumée au même temps qu'elle est tombée dans notre Atmosphère, & qu'elle s'est assemblée vers le Pole.

Il faut encore mettre au nombre des Aurores Boréales *Tranquilles*, celles qu'on a appelées *Horizontales*, à cause qu'elles répandent leur lumière à une petite hauteur, non seulement vers le Nord, mais quelquefois tout autour de l'Horizon. On vit l'Aurore Boréale sous cette forme en 1717, & assez souvent pour vouloir dès-lors lui ôter le nom de *Lumière Septentrionale* qu'elle portoit depuis l'année précédente, & lui donner celui de *Lumière Horizontale**. Ces Phénomènes arrivèrent à peu-près au temps où, selon nos principes, la matière qui en fait le sujet se trouve moins déterminée à aller vers le Pole Boréal de la Terre, c'est-à-dire après le Solstice d'Hiver. Cependant je les attribue en généra

* Hist. Acad. 1717. p. 7.

à la même cause que les Aurores Boréales *Tranquilles*, qui ne paroissent que vers le Nord, avec cette différence que les *Horizontales* résulteront d'une matière qui est en plus grande abondance & plus répandue.

Quant aux Aurores *Occidentales*, *Orientales* & *Méridionales*, qui peuvent être nommées *Irrégulières*, ce ne sont, à mon avis, que des Aurores Boréales qui n'ont pas eu le temps de se former, ou que des parties, des fragmens d'Aurores Boréales dont tout le reste nous est caché, ou s'est dissipé. On voit assez qu'elles supposent que le Phénomène ait paru seulement vers les côtés du Ciel qui les désignent, ce qui est très-rare, ou que paroissant aussi à sa place ordinaire, vers le Nord, il y ait eu un plus grand amas de matière lumineuse, ou fumeuse, en ces endroits, qu'on n'a coûtume d'y en remarquer. Outre ce qu'il doit toûjours y avoir d'accidentel dans la formation de ces Phénomènes, nous avons touché ci-dessus quelques causes assez générales, qui sont capables de les produire. Ce que nous avons dit, par exemple, de la déclinaison ordinaire des Aurores Boréales vers l'Occident, suffit pour comprendre comment une matière plus promptement enflammée vers ce côté du Ciel, peut les rendre tout-à-fait *Occidentales*. Une inflammation trop retardée au contraire, ou déjà éteinte vers l'Occident, avant que l'Aurore Boréale soit visible, la fera paroître *Orientale*. Il en sera de même à peu-près de celles qu'on peut appeler *Méridionales*, excepté que dans celles-ci il peut encore y avoir dans certains temps de l'année, une cause plus efficace qui est la rencontre de l'Atmosphère Solaire, par les parties Méridionales de notre Globe, comme nous l'avons expliqué.

Une chose qui m'a paru caractériser les Aurores Boréales *irrégulières*, c'est que lorsqu'elles se trouvent au Sud, par exemple, & qu'elles sont accompagnées de jets de lumière, ces jets sont toûjours des *Colonnes*, des bandes ou des traînées, & jamais, que je sache, des *Rayons* pris au sens étroit que nous leur avons donné dans le Chapitre V, *p. 128*. Ce qui est très-analogue à la formation que nous avons attribuée aux uns & aux autres. Car 1.° ces objets vûs au Midi par rapport à nous, doivent répondre encore beaucoup en deçà de l'Equateur à notre Hémisphère Polaire. D'où il arrive que la matière Zodiacale qui tombe actuellement en ces endroits, tend à se porter vers le Pole Boréal, par les raisons que nous en avons données, & qu'elle ne peut s'y assembler en assez grande quantité, ou sous la forme nécessaire, pour y produire l'apparence du Segment obscur. 2.° On n'y voit aussi le plus souvent que des bandes, des Zones lumineuses ou colorées, qui s'étendent de l'Ouest à l'Est, ou qui partent quelquefois d'un centre, qui vont aboutir vers le Nord, le Nord-ouest, ou le Nord-est. Car c'est au Nord enfin, comme nous l'avons remarqué, que le Phénomène va s'arrêter à demeure, sans qu'il en reste de trace vers le Midi. 3.° Les rayons dépendant, comme nous l'avons expliqué, des brèches & des éruptions subites de lumière qui se font dans un grand amas de matière, tel que celui du Segment obscur, il ne doit point y en avoir, ou ils doivent être fort rares dans tous ces Phénomènes dont la situation ne favorise point cet amas.

Je nomme Aurores Boréales *Informes*, celles qui ne se manifestent que par une matière fumeuse & obscure à sa partie inférieure, mais blanche & claire au dessus, vaguement répandue par pelotons dans le Ciel, & presque toûjours pourtant avec quelque gros nuage ou brouillard plus marqué du côté du Nord qu'ailleurs, sans que l'on puisse attribuer cette clarté & cette blancheur de leur partie supérieure à aucune autre cause qu'à celle de l'Aurore Boréale. Nous avons déjà remarqué que ces Phénomènes doivent être, & qu'ils sont en effet plus ordinaires depuis le Solstice d'Hiver jusqu'au Solstice d'Eté, & sur-tout au Printemps, que depuis le Solstice d'Eté jusqu'au Solstice d'Hiver & en Automne; & nous en avons donné la raison.

En général, j'observe une sorte de retour périodique des Aurores Boréales de même genre aux mêmes Saisons de l'année.

Enfin il y a des Aurores Boréales *Indécises*, qui consistent

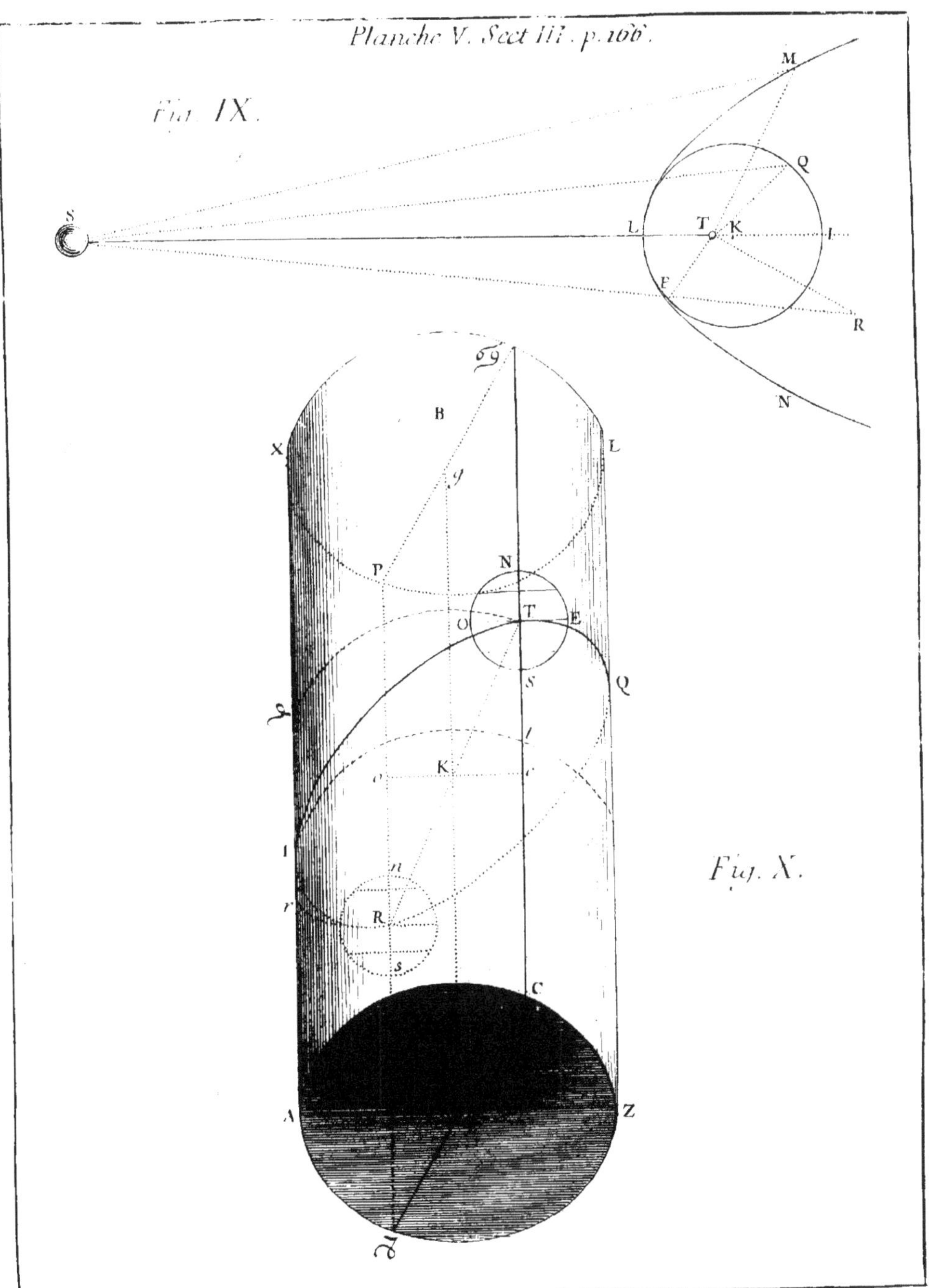
Planche V. Sect III. p. 166.
Fig. IX.
S
M
Q
L
T
K
I
F
R
N
B
X
L
g
P
N
T
O
E
S
Q
K
I
n
R
r
s
C
A
Z
Fig. X.

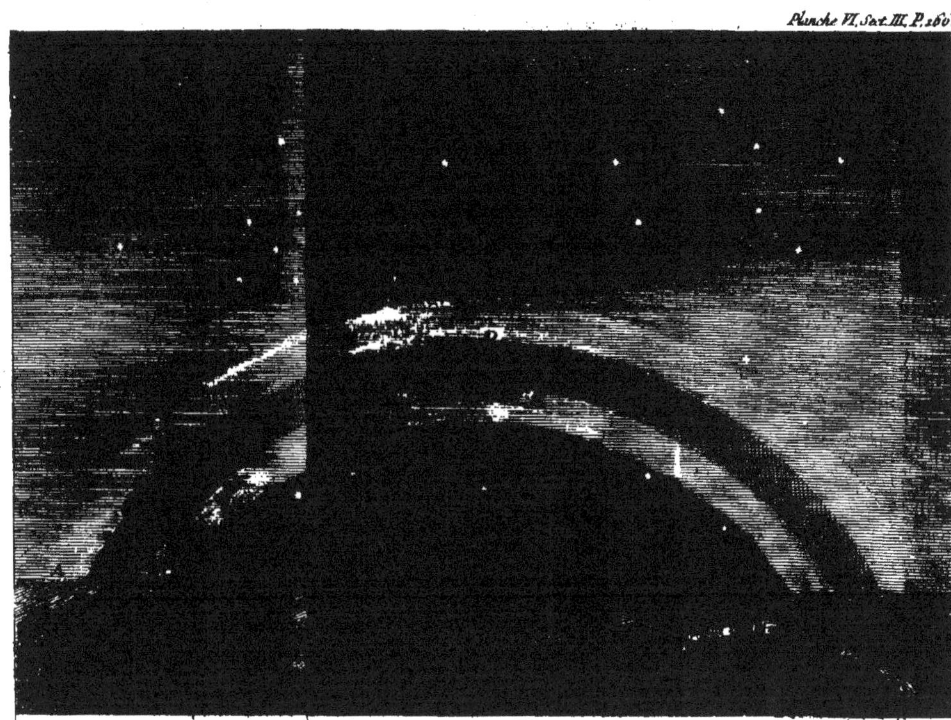

Fig. XI. Aurore Boreale vuë à Giessen le 17.me Fevrier 1721. d'aprés la figure qui en fut donnée dans les Actes de Lipsic, dépouillée des rayons et jets de Lumiere.

Ph. Simonneau Sculp.

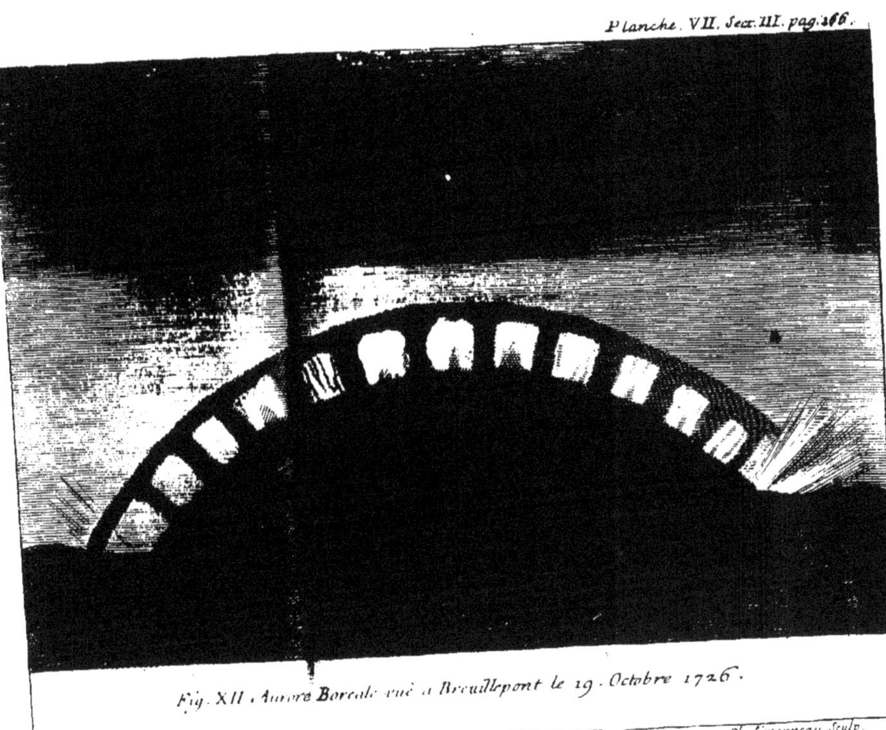

Fig. XII. Aurore Boreale vuë a Breuillepont le 19. Octobre 1726.

Ph. Simonneau Sculp.

Planche VIII. Sect. III. p. 166.

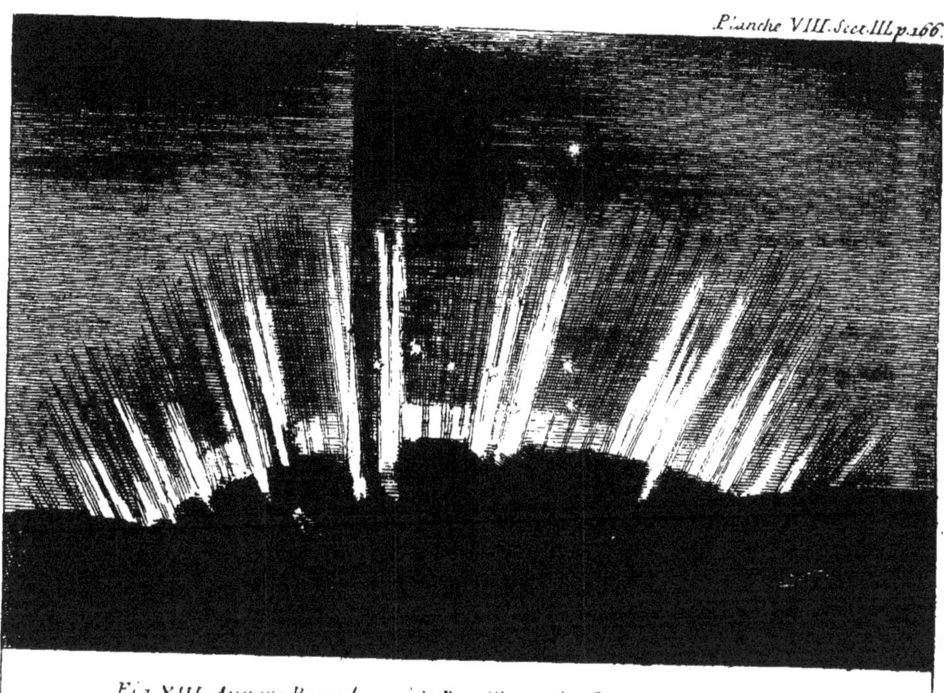

Fig. XIII. Aurore Boreale vuë à Brevillepont le 26. Septembre 1731 à 9. heures.

Ph. Simonneau Sculp.

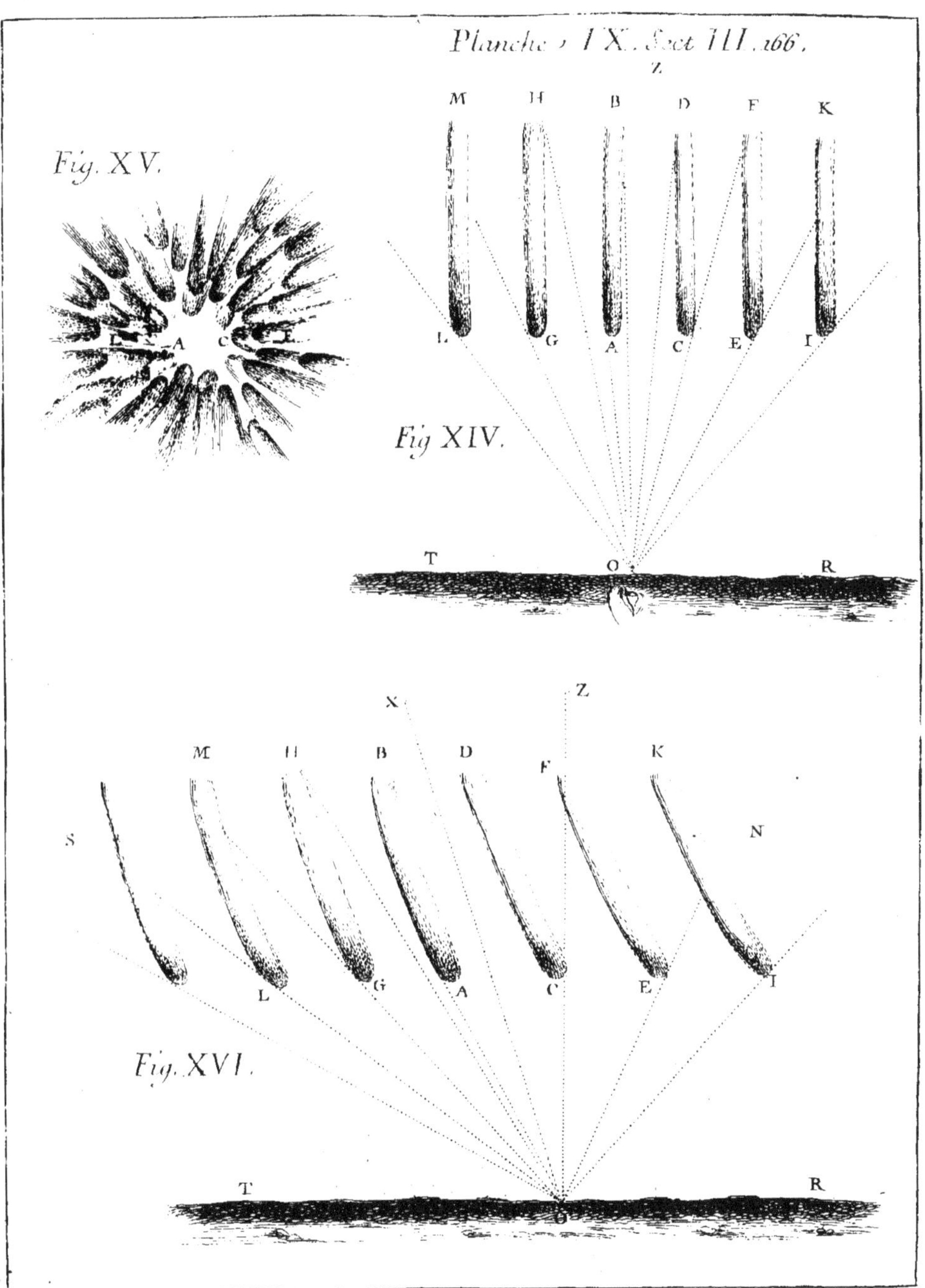

Ph. Simonneau Sculp.

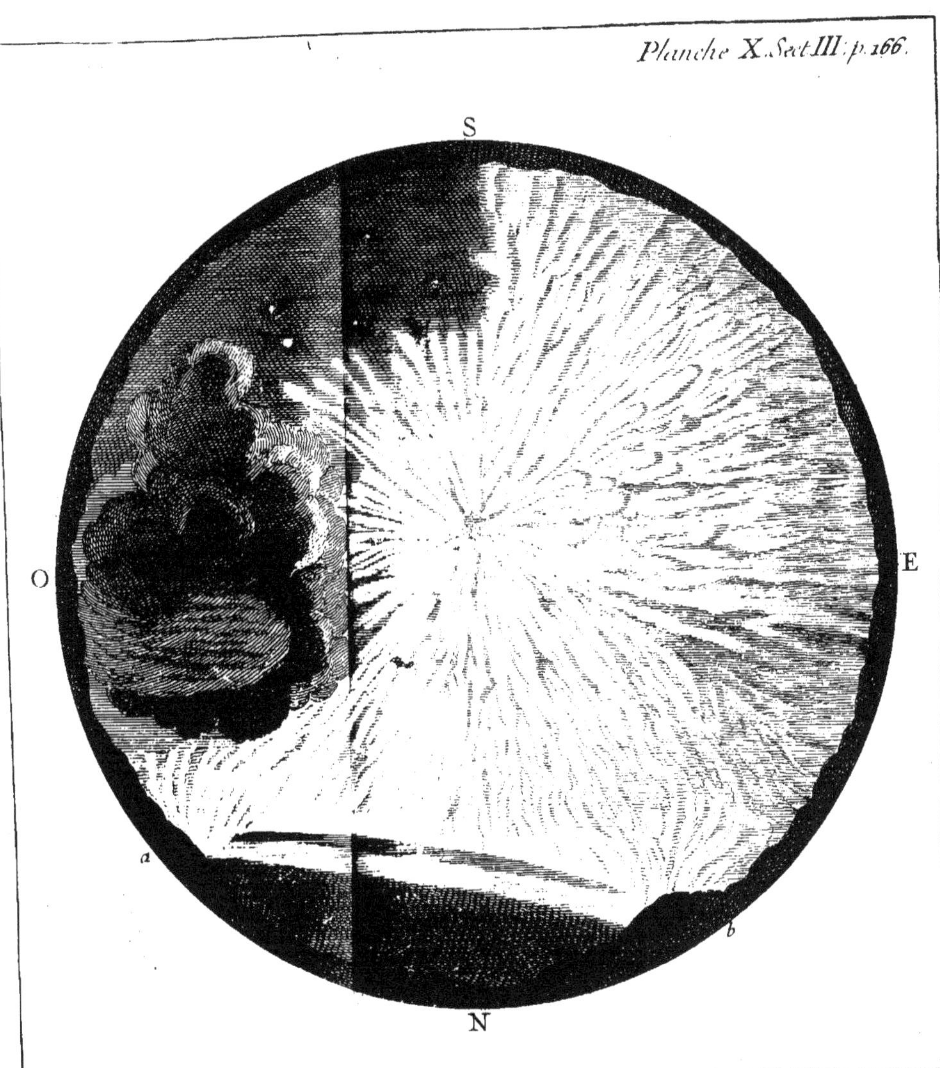

Fig. XVII. Aurore Boreale du 19.me Octobre 1726. telle qu'elle parut dans tout l'Hemisphere Superieur du Ciel, vers les 8. heures du Soir, à Breuillepont, Diocese d'Evreux, 15. ou 16. Lieues à l'Occident de Paris.

Ph. Simonneau Sculp.

Planche XI. Sect. III. P. 166.

Figure XVIII. Aurore Boreale vuë a Breuillepont le 26. Septembre 1726.

Ph. Simonneau Sculp.

en une petite clarté répandue sur le bord de tout l'Horizon, ou dans quelque autre apparence que ce puisse être, qu'on ne sauroit réduire avec certitude à celle de l'Aurore Boréale, soit par elle-même, soit à cause des circonstances & des obstacles extérieurs du temps & de la température actuelle de l'Air. Nous n'entrerons point dans le détail des divers accidens qui peuvent produire de pareils Phénomènes, le Lecteur y pouvant aisément suppléer; mais nous ajoûterons qu'on ne doit point négliger de les observer, & de marquer le jour de leur apparition, quoiqu'on ne sache point d'abord en quelle Classe les ranger. Car outre ce que l'habitude peut fournir de connoissances sur ce sujet, il y a presque toûjours une ressource pour s'assurer dans la suite, s'ils appartenoient véritablement à l'Aurore Boréale, qui est de voir dans les Journaux Littéraires & dans les Ephémérides Météorologiques qui se publient aujourd'hui dans plusieurs endroits de l'Europe, si l'Aurore Boréale dont on est incertain n'a point paru ailleurs le même jour avec plus d'éclat, & d'une manière qui ne soit pas équivoque; car il est rare que cela n'arrive. C'est une épreuve que j'ai souvent faite avec succès, & qui peut en bien des occasions jeter un nouveau jour sur la théorie de ce Phénomène.

SECTION IV.

Des apparitions de l'Aurore Boréale, en tant qu'elles dépendent de l'étendue, de la position & de la figure de l'Atmoſphère Solaire.

L'AURORE Boréale peut être regardée comme un Phénomène *Coſmique*, non ſeulement parce qu'elle tient à une ſtructure générale du Monde, mais encore parce qu'elle eſt vrai-ſemblablement auſſi ancienne que le Monde. Elle differe cependant des Phénomènes *Coſmiques* proprement dits, & en particulier de celui de la Lumière Zodiacale ou de l'Atmoſphère Solaire, dont elle tire ſon origine, en ce que celui-ci peut, & doit ſans doute avoir toûjours exiſté ſans interruption, n'ayant reçû que des variations d'étendue, qui nous l'ont rendu tantôt plus, tantôt moins viſible, au lieu que l'Aurore Boréale a dû ceſſer réellement, & être autant de temps ſans paroître & ſans exiſter, qu'il y en a eu où l'Atmoſphère Solaire n'a point atteint juſqu'à l'Orbite Terreſtre, ou juſqu'aux limites de la chûte des corps vers la Terre. Auſſi avons-nous déjà prouvé en plus d'un endroit de cet ouvrage, que l'Aurore Boréale a été en effet de longs intervalles de temps ſans ſe montrer, & cela non ſeulement à l'égard des pays ſitués dans la Zone Tempérée, mais auſſi, & toutes proportions gardées, dans ceux qui approchent le plus du Pole, & où, ſur d'aſſez légers fondemens, quelques Auteurs ont cru qu'elle étoit perpétuelle. Nous avons encore indiqué dans la première Section, ces viciſſitudes, tant apparentes que réelles, de l'Atmoſphère du Soleil, qui peuvent être attribuées à ſa différente étendue, à ſa denſité, à ſa figure, à ſon mouvement & à la complication de toutes ces circonſtances avec ſa poſition par rapport à l'Orbite de la Terre, & nous avons

avons fait sentir comment il en pouvoit naître autant de causes capables d'influer sur l'apparition de l'Aurore Boréale. Mais nous nous sommes réservé de traiter plus particulièrement quelques-uns de ces articles, & sur-tout ceux qui dépendent de la position de l'Atmosphère du Soleil, par rapport au chemin annuel que tient le Globe Terrestre, & de montrer comment les cessations & les retours de l'Aurore Boréale doivent être relatifs à ces causes, ainsi qu'ils paroissent en effet l'avoir été jusqu'ici, à en juger par tout ce que l'Histoire & les Mémoires des Savans nous en apprennent. C'est donc encore sur le détail historique des Reprises & des apparitions de l'Aurore Boréale en divers temps, que nous devons établir nos recherches, & que nous tâcherons de donner raison, tant des périodes les plus réglées de ce Phénomène, que de son inconstance apparente.

CHAPITRE PREMIER.

Histoire de l'Aurore Boréale, des Mémoires qui nous en restent, de ses Reprises, & de ses interruptions.

JE donne le nom de *Reprise* aux retours de l'Aurore Boréale & à la suite de ses apparitions, après qu'elle a été quelques années sans paroître.

On ne peut douter qu'il ne nous ait échappé dans les siècles passés une infinité d'observations de l'Aurore Boréale, faute d'Observateurs qui l'aient vûe avec des yeux assez attentifs, ou assez dégagés du préjugé de leur temps touchant la cause de ce Phénomène. L'idée vague du Météore accidentel, & plus souvent celle du prodige & du signe de la colère céleste, paroissent avoir si fort occupé la plupart des Anciens dans ce qu'ils nous ont laissé sur ce sujet, qu'on ne peut que rarement y démêler ce qui est Aurore Boréale & ce qui ne l'est pas : toûjours fort prolixes sur ce qu'elle signifie, ils ne nous disent que par hasard ce qu'elle est. Les

Hiſtoriens ſur-tout ſemblent n'en avoir parlé que dans cet eſprit : ce n'eſt pas un Phénomène qu'ils vous rapportent, c'eſt le préſage d'une grande bataille, ou de quelque événement conſidérable. Les Philoſophes ſeroient ſans doute plus inſtructifs dans cette occaſion, ſi l'eſprit de l'ancienne Philoſophie étoit d'aſſembler & de circonſtancier des faits. Je rendrai cependant cette juſtice à *Ariſtote* & à *Sénèque* touchant le Phénomène dont il s'agit, qu'ils paroiſſent l'avoir très-bien connu, pour les pays où ils vivoient. Car c'eſt ce qu'il faut encore remarquer; la pluſpart des anciens Auteurs ont écrit dans des pays fort Méridionaux, où par conſéquent l'Aurore Boréale devoit être moins fréquente, plus baſſe & moins étendue que chez nous. Et comme d'ailleurs ces pays plus chauds que le nôtre, n'en étoient que plus ſujets aux Météores ignées ou lumineux de toute eſpèce, il n'eſt pas étonnant que les Anciens aient ſouvent confondu ceux-ci avec les Phénomènes de l'Aurore Boréale, & d'autant plus qu'ils leur attribuoient à tous une cauſe commune. La Lumière Zodiacale s'eſt auſſi mêlée quelquefois dans les deſcriptions qui nous reſtent de l'Aurore Boréale, &, ſi je ne me trompe, encore la Queue de quelques Comètes. Mais enfin il y a eu des temps dans tous les ſiècles, où l'Aurore Boréale s'eſt montrée avec tant de ſplendeur aux yeux même les moins éclairés & les plus prévenus, que les Hiſtoriens n'ont pû éviter de nous en tranſmettre la mémoire ſans équivoque. C'eſt ainſi qu'on la verra du temps de *Grégoire de Tours*, accompagnée des circonſtances les plus frappantes qui la caractériſent.

Pour commencer par *Ariſtote* & remonter par ſon moyen à ce qu'on en peut inférer des temps plus reculés, on ne ſauroit douter que ce Philoſophe n'ait connu par lui-même un Phénomène qu'il a ſi bien circonſtancié. Je me perſuade qu'il le vit ſur-tout pendant les huit années qu'il paſſa en Macédoine auprès d'*Alexandre*, pluſtôt qu'à Athènes; car la Macédoine eſt de trois ou quatre degrés, c'eſt-à-dire, de 80 ou 100 lieues plus Septentrionale que l'Attique, ce qui peut apporter une très-grande différence à la fréquence & à l'éclat des apparitions de l'Aurore Boréale. Quoi qu'il en soit, je trouve dans *Aristote* des traits qui peignent parfaitement ce Phénomène, quand il le compare * *à une Flamme mêlée de Fumée*, à la lumière *d'une Lampe qui s'éteint*, & à *l'embrasement d'une campagne dont on brûle le chaume*. C'est à quoi en effet elle ressemble encore de nos jours, où j'ai vû quelquefois aussi des personnes peu versées à l'observer, la prendre pour la clarté de quelque fournaise allumée. *Elle a principalement cette apparence*, dit-il, *lorsqu'elle s'étend beaucoup en longueur & en largeur*; ou, comme nous le dirions, *lorsque sa Lumière a beaucoup d'Amplitude & de hauteur sur l'Horizon. Ce sont*, ajoûte-t-il, *de ces Phénomènes qui ne paroissent que pendant la nuit, & dans un temps serein*, & qu'il nomme à ce qu'il paroît d'après les expressions reçûes de son temps, *les Gouffres, les Fosses*, des *Tisons allumés* & des *Chèvres*. Le *Gouffre*, (Chasma) & la *Fosse* désignent le Segment sombre & fumeux, & *Aristote* donne raison de cette dénomination: Le *Gouffre*, dit-il, *l'ouverture* qu'on voit à cet endroit du Ciel, *à cause de l'interruption de la lumière*, qui frappe tout ce qui l'environne, *& de la couleur bleue & noirâtre dont il est peint*, est ainsi appelé parce qu'il *nous paroît avoir une sorte de profondeur*. Les parties qu'il qualifie de *Tisons allumés*, de *Torches*, de *Lampes*, ou de *Poutres ardentes*, car le mot qu'il y employe*, peut avoir toutes ces significations, seront sans doute les colonnes ou les jets de Lumière, qui sont d'ordinaire rouges & comme embrasés par leur bout supérieur. Mais la *Poutre* * signifie aussi quelquefois, comme l'a pensé feu M. *Cassini*, la Lumière Zodiacale. Dans les Auteurs du XVIme siècle où l'Aurore Boréale étoit très-fréquente, la *Poutre enflammée* est souvent son Arc lumineux, & ils la déterminent à avoir cette signification par ce qu'ils ajoûtent de sa place vers le Nord & de sa Courbure, *versus Aquilonem, & incurvata*. Quant aux *Chèvres, capræ saltantes*, comme s'expriment encore quelques Auteurs du même siècle, ce n'est autre chose, à mon avis, que l'assemblage des pelotons blancheâtres, qui rendent quelquefois le Ciel tout

* *Liv. I. des Météores, Ch. IV & V.*

* Δαλοί.

* Δοκός, *Trabs.*

pommelé, pendant les grandes Aurores Boréales, où ils paroiſſent avoir un mouvement de trépidation, qui pourroit aſſez bien réveiller l'idée d'un troupeau de Chèvres. Enfin *Ariſtote* remarque que *les couleurs le plus généralement répandues ſur le Phénomène, ſont le pourpre, le rouge vif, & le couleur de ſang.* Il a mis le blanc ſale, mélangé & fumeux au ſommet, ou aux bords du Segment obſcur, ou, comme il l'appelle, du *Gouffre :* d'où doit réſulter l'Arc de l'Aurore Boréale proprement dite.

Des noms qu'*Ariſtote* & ſes Contemporains donnoient à l'Aurore Boréale ou aux diverſes parties qui la compoſent, ſont dérivés dans les ſiècles ſuivans, tous ceux dont on s'eſt ſervi pour la déſigner. Il eſt vrai qu'on en a fait quelquefois autant d'eſpèces différentes, tandis que d'un autre côté on a confondu avec elle la Lumière Zodiacale & la Queue de quelques Comètes. Mais en cela l'Aurore Boréale a eu le ſort qu'ont toutes les théories mal affermies & qui ne ſont pas encore en règle, où l'on diviſe mal-à-propos, & où l'on confond de même.

C'eſt ainſi que les Latins nous ont parlé de ce Phénomène ſous l'idée de *Flambeaux,* de *Torches,* de *Lampes* & de *Soleils Nocturnes,* ſous le nom de *Lueur* & d'*Embraſement du Ciel (a),* &, après les Grecs, ſous celui de *Gouffre,* de *Lances,* de *Chevelures* ou *Barbes,* de *touffes de Cyprès,* de *Tonnes de feu (b),* &c.

Cicéron ſemble avoir eu en vûe quelque choſe de pareil à l'Aurore Boréale, dans ſa troiſième Catilinaire, lorſqu'il dit, *on a vû des Torches ardentes vers l'Occident, & le Ciel tout en feu.* Mais ce qui n'eſt pas ordinaire à notre Phénomène, c'eſt qu'il eſt pris ici en bonne part, & mis au nombre des ſignes les plus manifeſtes de la protection des Dieux.

Pline fait ſouvent mention de l'Aurore Boréale ſous divers noms & ſous divers aſpects, dans le ſecond Livre de ſon *Hiſtoire Naturelle, Ch.* XXVI, XXVII, &c. Il diviſe les *Torches ardentes* en deux eſpèces, en celles qui ſont appelées *Lampes,*

(a) Faces, Lampades, Nocturni Soles, Fulgores, Cœli ardor, &c.

(b) Chaſmata, Bolides, Pogoniæ, Cypariſſiæ, Pithyæ, &c.

qui n'ont que peu de longueur, & qui paroissent brûler par leur partie antérieure, & en celles qu'on nomme *Lances* (Bolidas) *beaucoup plus longues, & qui sont enflammées dans toute leur étendue. Les Poutres*, ajoûte-t-il, *que les Grecs appelent* Δοκοὺς, *brillent aussi à peu-près de la même manière: & tel étoit le Phénomène qui parut lorsque les Lacédémoniens vaincus en un combat naval, perdirent l'empire de la Grèce. On voit aussi quelquefois le* Chasma *ou le Gouffre, cette interruption* de la voûte & de la clarté *du Ciel; on voit encore, & rien n'est d'un plus terrible présage pour les humains, on voit* dans le Ciel *un incendie qui semble tomber sur la Terre en pluie de sang; ainsi qu'il arriva la troisième année de la cent septième Olympiade, lorsque Philippe travailloit à soûmettre la Grèce.* Ce qui se rapporte sans doute à la Reprise de ce Phénomène, dont *Aristote* pût être témoin en Macédoine quelques années après; ainsi que nous l'avons conjecturé ci-dessus. *Pline* ajoûte quelques lignes plus bas, que pendant le Consulat de *C. Cecilius* & de *Cn. Papirius*, c'est-à-dire, vers l'an de Rome 641, on avoit vû *une clarté pendant la nuit, qui la rendoit peu différente du jour.... Que peu de temps après le coucher de la Lune, la Lampe avoit paru; & il n'y a rien*, dit-il, *d'extraordinaire, à voir ainsi le Ciel tout en feu, c'est ce qui est arrivé plusieurs fois.* Et enfin adoptant le préjugé populaire des *armées vûes dans le Ciel*, il cite les exemples de *celles qui ont paru se choquer de part & d'autre de l'Orient & de l'Occident*, sans oublier *le bruit des armes & le son des trompettes que l'on y a entendu* *. Quant à ce qu'il dit de ce *Bouclier ardent qu'on vit courir dans le Ciel, pendant le Consulat de* L. Valerius *& de* C. Marius, l'an de Rome 654, je crois qu'on doit plustôt le rapporter à ces Globes de feu volans dont nous avons parlé dans la seconde Section.

Sénèque s'est expliqué encore plus clairement sur ce sujet dans le premier Livre de ses *Questions Naturelles.* Car en faisant le dénombrement des Feux célestes; *Les uns*, dit ce

* Armorum crepitus, & tubæ sonitus auditos è Cœlo Cimbricis bellis accepimus... Spectata arma cœlestia ab ortu occasuque inter se concurrentia... ipsum ardere Cœlum, *&c. Lib. II, cap. LVII.*

Philosophe, *ressemblent à une Fosse creusée circulairement, comme l'entrée d'une caverne ; les autres semblables à une immense Tonne remplie de feu, demeurent quelquefois à la même place, & quelquefois sont portés çà & là. On voit aussi les Gouffres* (Chasmata) *lorsque le Ciel entr'ouvert semble vomir des flammes (a)* : où il fait, si je ne me trompe, plusieurs Phénomènes d'un seul, & sur-tout du Segment obscur décrit par *Aristote. Ces feux*, continue-t-il, *brillent de différentes couleurs ; les uns sont d'un rouge très-vif, les autres ressemblent à une flamme légère qui va s'éteindre, la lumière de ceux-ci est blanche & étincelante, celle de quelques autres tire sur le jaune, & demeure tranquille sans aucune émission de rayons.* Et rapportant ensuite tous ces noms, que nous avons dit que les Grecs donnoient à l'Aurore Boréale, ou, comme l'appelle ce Philosophe, à ces *Lueurs*, & à ces *Lumières Nocturnes : Il est douteux*, ajoûte-t-il, *s'il faut ranger dans cette classe, les Poutres, & les Tonnes* (Trabes & Pithyæ), *dont l'apparition est fort rare....... Mais on peut mettre de leur nombre ce Ciel en feu* (Cœlum ardere visum) *dont les Historiens font si souvent mention ; & dont il résulte quelquefois une lumière si élevée, qu'elle se confond avec celle des Astres, quelquefois si basse & si près de l'Horizon, qu'on la prendroit pour l'effet d'un incendie lointain. Il y eut un pareil Phénomène sous l'Empereur Tibère, qui dura pendant une grande partie de la nuit, & qui n'ayant qu'une sombre lueur, comme celle d'une flamme mêlée de fumée (b), fit croire que toute la ville d'Ostie étoit en feu, de manière que les Cohortes y accoururent pour y porter du secours.* Ce qui circonstancie très-bien l'Aurore Boréale, & qui fait voir que l'alarme de la garnison de Coppenhague * arrivée à son occasion, trouve sa pareille dans les Cohortes de *Tibère*, en faveur de la ville d'Ostie. Nous en tirerons aussi la même

* Sup. p. 54.

(a) Horum plura genera conspiciuntur..... Cœli recessus est similis *effossæ in orbem speluncæ*. Sunt *Pithyæ* cum magnitudo vasti rotundique ignis *dolio* similis, vel fertur, vel in uno loco flagrat. Sunt *Chasmata*, cum aliquando Cœli spatium discedit, & flammam dehiscens velut in abdito ostentat.

(b) Parum lucidus crassi fumidique ignis.

conséquence, que cette apparition de l'Aurore Boréale vint sans doute après un long intervalle de ses Reprises. La même chose arriva du temps de l'Empereur *Sévère* +, & se trouve presque dans tous les siècles.

Sénèque avoit fait mention au commencement de ce même livre, de ce qui est appelé *la Chèvre* dans *Aristote*, & il croit qu'il faut l'entendre de ces globes de feu qui parcourent rapidement une partie du Ciel, & dont il a été parlé ci-dessus. Mais comme *Sénèque* ne me paroît pas expliquer *Aristote* d'après une suite d'Observations qu'il ait faites lui-même sur les Aurores Boréales, j'oserai préférer notre interprétation à la sienne.

Julius Obsequens, quoiqu'il n'ait peut-être vécu qu'à la fin du quatrième siècle, doit être mis avec les Auteurs précédens ou même avant eux, en ce qu'il a remonté jusqu'à *Romulus* dans ce qu'il nous rapporte de prodiges, parmi lesquels se trouve quelquefois notre Phénomène, exprimé par *le Ciel en feu*, par ces *Nuits claires comme le jour*, & par ces *Torches ardentes qui s'étendent de l'Orient jusqu'à l'Occident* *. Il ne parle que d'après les Historiens, & sur-tout d'après *Tite-Live*. Il pourroit servir à montrer la suite & les Reprises que peut avoir eu l'Aurore Boréale jusqu'au temps d'*Auguste*; mais nous n'avons véritablement de cet Auteur que le commencement de son Livre jusqu'au LVme Chapitre, c'est-à-dire, jusqu'au Consulat de *L. Scipion*, & de *C. Lelius*, l'an de Rome 564. Tout le reste, à l'exception de quelques fragmens épars, tels que ceux qui composent le Chapitre LXXXVIII cité ci-dessus, & quelques autres, est de la façon de *Conrard Lycosthène*. Il est vrai que celui-ci a puisé à peu-près dans les mêmes sources: mais il vaut encore mieux avoir recours à l'*in-folio* qu'il a donné de son chef sur la même matière.

* *Jul. Obs. de Prodigiis, Cap.* XIII, XLIII, LXXXVIII. *Édit. de Bâle*, 1552.

L'on pourra ainsi pousser l'histoire de l'Aurore Boréale jusqu'à la fin du IVme siècle, ou au commencement du Vme

+ Ignis ... in aëre qua parte spectat ad Septentrionem, est visus, ut plerique urbem totam comburi, multi cœlum ipsum ardere existimarent. *Lycosth. ad annum* 196.

où nous fixerons l'Epoque des apparitions de ce Phénomène, desquelles nous avons à tirer quelque induction dans cet Ouvrage.

En parcourant de cette manière les monumens qui nous restent depuis deux mille ans, j'en conclus en général, que l'Aurore Boréale n'a guère été au delà de 60 ou 80 ans sans paroître, excepté peut-être dans le XIIIme & le XIVme siècle, où l'on pourroit encore présumer que les Historiens nous manquent à cet égard.

Il est fâcheux que ce ne soit desormais que parmi les récits & les présages des calamités publiques, que nous ayons à chercher une partie des faits dont nous avons besoin, & qu'en ce genre la Physique ait eu ses Astrologues, plus nombreux & plus entêtés peut-être que ceux de l'Astronomie même. Combien nous aura-t-il échappé par-là d'observations utiles & curieuses sur le sujet que nous traitons! Si *Attila* n'avoit pas mis l'Europe à feu & à sang, *Isidore de Séville* ne nous auroit sans doute jamais parlé des Phénomènes qui parurent dans le Ciel auparavant, & parmi lesquels il nous dépeint l'Aurore Boréale.

Mais sans remonter jusqu'à ces siècles reculés, j'ose dire, qu'on ne trouvera presque aucun Auteur avant *Gassendi*, qui paroisse avoir vû, ou appris, ou rapporté un de ces Phénomènes de sang froid, & qui n'ait souvent donné lieu par-là de douter de la vérité ou de l'exactitude de la description qu'il nous en a laissée. Il y en a même tel parmi eux, qui ne s'est appliqué à observer les Phénomènes dont nous parlons, & qui ne les a transmis à la postérité, que dans le dessein formé de les ajuster avec les évènemens & les aventures tragiques de son temps. C'est ce que *Corneille Gemma*, par exemple, Médecin fameux de Louvain, déjà cité en plus d'un endroit de ce Traité, nous apprend de lui-même, dans son livre *De divinis naturæ caracterismis*, imprimé à Anvers en 1575; ouvrage qui nous fournira beaucoup, mais qui nous fourniroit bien davantage, si cette disposition d'esprit n'avoit souvent conduit l'Auteur à voir dans le Ciel ce qui n'étoit manifestement

manifestement que dans son imagination. Le recueil de *Lycosthène, Prodigiorum ac ostentorum chronicon*, imprimé en 1557, dont nous nous servirons aussi avec réserve, est encore entièrement dans le même goût. Après cela, il ne faut point s'étonner que ces Ecrivains & leurs pareils aient confondu bien des fois l'Aurore Boréale avec toute sorte de signes célestes, &, selon eux, sinistres, mais sur-tout avec la Queue des Comètes, & avec les feux qu'ils croyoient marcher à leur suite. Car, comme il y a eu en effet des Comètes dont la Queue occupoit une grande partie du Ciel, & se recourboit en Arc+, on a imaginé souvent que la Bande lumineuse ou l'Arc de l'Aurore Boréale n'étoit autre chose que la Queue d'une Comète, dont la Tête se cachoit sous l'Horizon, ou derrière ce nuage fumeux qui accompagne le Phénomène. C'est ce qu'ils ont appelé la *Poutre ardente recourbée*, nom qui a été aussi donné à certaines Queues de Comètes. Je ne voudrois pas assurer cependant que quelques-uns n'aient pris dans certaines occasions, tout l'Arc de l'Aurore Boréale pour une partie du disque de la Comète qu'ils faisoient alors *d'une grandeur immense & monstrueuse*.

Mais ce qui en général indique le mieux l'Aurore Boréale dans ces prétendues Comètes dont on ne discernoit pas mieux la Tête, c'est leur position du côté du Nord, & leur peu de durée. Il y en a eu de cinq quarts d'heure seulement : elles sont presque toûjours sans aucune suite d'apparitions consécutives ; ce sont des Astres Ephémères, si l'on peut appeler Astres, des corps que la plupart de ces Auteurs croyoient être sublunaires, ou qu'ils prenoient encore plus communément pour de simples Météores. On mettoit donc volontiers sur le compte de la Comète, tous les pelotons de Lumière que l'on voyoit de ce côté du Ciel, ou aux environs, les nuages colorés, les éclairs mêmes, & toutes les appartenances de l'Aurore Boréale, en y attachant des idées d'autant plus effrayantes, que le Phénomène étoit plus étendu & plus

+ Curvata, divaricata, comiformis, ensiformis incurvata, &c. *V. Hevel. Cometograph. Lib. VIII, de Cometarum caudis.*

varié. C'est peut-être ainsi qu'il faut entendre la description que fait *Lucain* + de la Comète, vraie ou fausse, qui parut du temps de *César*, & des circonstances qui l'accompagnoient. On a craint même que ces prétendues Comètes ne tombassent sur la Terre, & qu'elles ne missent les Villes & le pays en feu, crainte ordinaire qu'ont inspiré les Aurores Boréales, lorsqu'elles ont été peu fréquentes. Les Cométographes qui ont eu le plus de discernement, se sont quelquefois garantis là-dessus de l'erreur; mais ils l'ont aussi quelquefois adoptée, & la plupart s'en sont servis pour grossir leurs Catalogues.

Quand l'Aurore Boréale remplissoit une grande partie du Ciel, & qu'elle avoit la Couronne ou le concours de rayons au Zénit, on ne manquoit presque jamais de désigner cette dernière circonstance par le conflict de deux armées.

Enfin lorsque la Lumière Zodiacale a été fort visible, tant par son étendue que par les circonstances de sa position, elle a été encore confondue avec la Queue de quelque Comète qui étoit, disoit-on, absorbée dans le Soleil, & qui se cachoit avec lui sous l'Horizon.

On trouvera des exemples de toutes ces méprises dans les dénombremens suivans, & il y a tels cas où il n'est assurément pas possible de méconnoître l'Aurore Boréale, les Auteurs dont nous venons de parler l'ayant quelquefois très-bien circonstanciée à travers les chimères de leur temps, & en ayant même donné des figures assez conformes à celles que nous en donnons aujourd'hui.

Le temps où *Corneille Gemma* a écrit, c'est-à-dire, autour de 1575, fut, comme nous l'apprenons d'ailleurs, très-fécond en Aurores Boréales, & il doit être regardé comme celui d'une des plus grandes Reprises qu'il y ait jamais eu, tant par la fréquence & par la splendeur de celles qu'on y observa, que par sa durée. Car on trouve que le Phénomène parut plusieurs années de suite avant & après.

+ Ignota obscuræ viderunt sidera noctes,
Ardentemque Polum flammis, cœloque volantes
Obliquas per inane faces, Crinemque tremendi
Sideris, & Terris mutantem regna Cometen. *Luc. Pharf. l. I.*

A remonter de *Corneille Gemma* jusqu'à *Grégoire de Tours*, il y a quelques apparitions très-bien marquées, mais fort interrompues en qualité de Reprises. Cependant, comme il n'arrive guère qu'il paroisse de grandes Aurores Boréales, telles que quelques-unes de celles qu'on trouve dans ce long intervalle, sans qu'elles n'aient été précédées & suivies de quelques autres, & que les Observateurs & les Historiens nous manquent pour ces temps-là sur le sujet dont il s'agit, nous ferons un peu valoir cette induction, qui d'ailleurs n'influe pas essentiellement sur notre hypothèse, & qui n'est guère que de pure curiosité.

De cette grande Reprise qui est autour de 1575, jusqu'à celle du commencement du XVIIme siècle, dont nous avons l'illustre *Gassendi* pour témoin, il n'y a rien que de passager.

Enfin de *Gassendi* à nous, les Observateurs & les Historiens abondent de toutes parts, & l'on ne voit plus dans l'Aurore Boréale qu'un Phénomène singulier digne de l'attention des Philosophes, & d'autant plus remarquable que les interruptions de 20, 30, 60 ou 80 ans qu'il a eûes jusqu'au commencement de ce siècle, deviennent incontestables, par le nombre, le savoir & l'assiduité de ces mêmes Observateurs.

CHAPITRE II.

Ordre Chronologique des Reprises de l'Aurore Boréale, que l'on peut compter depuis le commencement du cinquième siècle jusqu'à aujourd'hui.

REPRISE I. AUTOUR de l'an 400, avant & après, dans l'espace de 15 ou 20 ans, il paroît qu'il y a eu une Reprise d'Aurores Boréales, par cette *colonne que l'on voit comme suspendue dans le Ciel, & qui se montre pendant trente jours*, par ce *feu que l'on voit brûler au dessus d'un nuage terrible par sa splendeur, & quelquefois dans tout le Ciel*, &c.

Voy. Lycosthène, depuis l'an 394 jusqu'à l'an 412. *Nicéphore** rapporte aussi, qu'avant la mort de *Théodose le Grand*, qui arriva en 395, il parut un grand nombre de Phénomènes, parmi lesquels on démêle la Lumière Zodiacale & l'Aurore Boréale, par la grande clarté & par les épées ou lances qu'on voyoit la nuit dans le Ciel; car c'est toûjours ainsi que ces Auteurs expriment les jets de Lumière.

* *Hist. Eccl. l. XII. Ch. XXXVII.*

REPRISE II. Vers l'an 450, on trouve dans l'Histoire des Gots d'*Isidore de Seville*, qu'avant qu'*Attila* entrât en Italie & dans les Gaules, il y eut plusieurs signes dans le Ciel, & entr'autres, que *le Septentrion parut tout en feu, & changé en sang, avec un mélange de traits ou de rayons plus clairs, qui traversoient la partie rouge, en forme de lances* +.

REPRISE III. En 502. La Chronique Edessénière porte, qu'en l'an 813 des *Seleucides*, que je crois répondre à l'an 502 de l'Ere Chrétienne, il y eut un Phénomène, qui ne peut être qu'une Aurore Boréale bien marquée: *il parut du côté du Pole Boréal un feu lumineux qui brûla, ou qui sembla brûler pendant toute la nuit du 22me Août**. Et c'est vrai-semblablement à *Edesse*, ou dans la Toparchie d'Edesse que fut vû le Phénomène, c'est-à-dire, au dessous du 40me degré de Latitude, ou aux environs du 37. Ce qui mérite quelque attention, par la circonstance d'un lieu si Méridional, & qui suppose que vers ce même temps, l'Aurore Boréale devoit être fréquente dans les Pays Septentrionaux, ainsi qu'on le peut juger d'après la réflexion que nous avons faite au sujet de celles qui parurent, il y a neuf ou dix ans, en Italie *. On trouve aussi dans d'autres Auteurs *, que quelques années avant & après 502, il y eut des signes dans le Ciel, & surtout de ces Comètes extraordinaires pour lesquelles les Anciens ont pris si souvent la Lumière Zodiacale & l'Aurore Boréale.

* *Biblioth. Orientalis Clementino-Vaticana, &c. à* Jos. Simonio Assemano. *Tom. I. p. 407. Romæ, 1719.*

* *Sup. p. 104.*

* Lycosthen. Hevel. *Cometograph. p. 808.*

REPRISE IV. Autour de l'an 580, dans l'intervalle

+ Ab Aquilonis plaga cœlum rubens sicut ignis aut sanguis effectus, permistis per igneum ruborem lineis clarioribus in speciem hastarum deformatis. *Isid. Hispal. hist. Goth. ut exstat apud* Labbeum, *Biblioth. nova. Tom. I. p. 65.*

peut-être de 40 à 50 ans, 20 ou 25 ans avant & après, on trouve les traces d'une des plus fortes Reprises, & des plus longues dont ont ait mémoire. C'est principalement de *Grégoire de Tours* que nous l'apprenons. J'ai déjà rapporté les paroles de cet Historien touchant une Aurore Boréale à Couronne, arrivée l'an 585; son livre est plein de Phénomènes de ce genre, qui parurent vers ces temps-là, & auxquels il n'est pas possible de se tromper. *Alors,* dit-il (en 585) *parurent ces signes, c'est-à-dire, ces rayons qu'on a coûtume de voir du côté de l'Aquilon. Cette lumière qui semble courir avec rapidité dans le Ciel**, *&c.* Il en avoit remarqué autant l'année 584. *Dans ces temps-là parurent vers l'Aquilon pendant la nuit, des rayons brillans de lumière, qui sembloient se choquer & se croiser les uns les autres, après quoi ils se séparoient & s'évanouissoient.... & le Ciel étoit si éclairé dans toute la partie septentrionale, que si ce n'eût été la nuit, on eût cru voir paroître l'*AURORE *(a)*. Outre la circonstance qu'il avoit ajoûtée plus haut, sur ces rayons *qu'on a coûtume de voir,* & ce qu'il dit ailleurs, que ces Phénomènes paroissoient quelquefois plusieurs nuits de suite*, il en avoit encore particulièrement fait mention dans les années précédentes 566, 577, 582, 583*, &c. *On a vû courir une Lumière dans le Ciel, comme il arrivoit autrefois..... il a paru vingt rayons de lumière dans le Ciel du côté de l'Aquilon.... Il parut vers le Septentrion une colonne ardente qui demeuroit comme suspendue dans le Ciel,* &c. On trouve aussi la pluspart de ces signes ou équivalens dans *Lycosthène*, & dans quelques autres Auteurs à remonter jusqu'en 557 *(b)*, & à descendre jusqu'au commencement du VIIme siècle.

* Greg. Tur. ubi sup. p. 381.

* Lib. VIII Cap. XVII. p. 390.

* pp. 194, 228, 295, 299, &c.

M. *Freret* dans ses *Réflexions sur les prodiges rapportés par les Anciens** cite un passage de l'histoire des Lombards, par *Paul Diacre* (lib. IV, cap. XVI) qui est très-positif sur notre Phénomène. *En ces temps-là*, dit l'Historien, & c'étoit pen-

* Mém. de Littér. de l'Ac. Royale des Inscript. & Belles Lettres, t. IV, p. 431.

(a) Sed & cœlum ab ipsa Septemtrionali plaga ita resplenduit, ut putaretur AURORAM producere. *Ibid. p. 308.*

(b) *La 30me du regne de Justinien*, Ignis in cœlo apparuit lanceæ forma, ab Aquilone (ἀπὸ ἄρκτου) usque ad occasum. *Cedren. Tom. I. p. 385.*

dant le regne d'*Agilulphe, il parut des signes terribles dans le Ciel, des lances sanglantes, & une lumière très-claire qui brilloit pendant toute la nuit. Lycosthène*, qui rapporte ce fait d'après le même Auteur, sous le nom de *Warnefrid*, l'a placé à l'an 603. Cependant, comme je ne vois pas de quoi joindre de proche en proche ces dernières apparitions de l'Aurore Boréale, avec celles qui se trouvent dans *Grégoire de Tours* en 585, on pourra faire, si l'on veut, une petite Reprise de celles-là au commencement du VIIme siècle.

REPRISE V. Autour de 770 ou 775. A en juger par tout ce que nous en rapportent les Écrivains de Prodiges, par les Étoiles tombantes, les armées, les boucliers enflammés & teints de sang, que l'on voyoit fréquemment dans le Ciel pendant la nuit, il faut qu'il y ait eu une Reprise du Phénomène vers ces temps-là.

REPRISE VI. L'an 859. Voici ce que M. *Leibnitz**, nous dit de cette année, d'après les Annales de St *Bertin. On vit durant la nuit, des armées dans le Ciel, pendant les mois d'Août, de Septembre & d'Octobre; c'étoit depuis l'Orient jusqu'au Septentrion & au delà, une lumière aussi claire que le jour, & d'où sembloient s'élever des colonnes sanglantes.* Paroles qui désignent également bien, & l'Aurore Boréale, & l'idée qu'on s'en faisoit dans ces temps-là.

* *Miscell. Berolin. T. I. p. 137.*

REPRISE VII. Un peu après le commencement du Xme siècle, l'Aurore Boréale nous est indiquée de la même façon. *Voy. Lycosth.*

REPRISE VIII. Un peu avant la fin du même siècle, autour de 990, de même. *Ibid.*

REPRISE IX. En 1039, paroît la Poutre, *Trabs ignea miræ magnitudinis. Ibid.*

REPRISE X. A la fin du XIme siècle, & au commencement du XIIme, *Cœlum multis in locis ardere visum est nocturno tempore* (1098)... *Cœlum ardere frequenter visum* (1104), &c. M. *Godin** rapporte, d'après *Zahn*, & celui-ci cite la Chronique de *Trithème*, que « le 24 Février 1095, on aperçût » en l'air des nuages rouges, & comme teints de sang, qui

* *Mém. Acad. 1723. p. 296.*

partoient de l'Orient & de l'Occident, & s'alloient rencontrer « vers le point du Ciel le plus élevé, & environ le milieu « des nuits il s'élevoit du Septentrion des clartés de feux, « ou des colonnes ardentes, qui en se répandant voltigeoient « par l'air ».

REPRISE XI. En 1116, l'Aurore Boréale est très-bien désignée dans *Lycosthène*, par *des armées de feu, vûes vers le Septentrion, & qui ensuite se répandoient par-tout le Ciel, pendant une grande partie de la nuit.*

REPRISE XII. En 1157. *On voyoit des signes terribles dans le Ciel du côté du Septentrion, des torches ardentes, & comme un sang humain d'un rouge très-vif... des lances*, &c. *Ibid.*

REPRISE XIII. Depuis le milieu du XIIme siècle jusqu'au milieu du XIVme, je ne trouve rien qui puisse être pris certainement pour l'Aurore Boréale. Mais en 1351 ou 1352, en Septembre ou en Décembre, car les Auteurs ne conviennent ni de l'année ni du mois *, elle fut marquée par la Queue d'une Comète dont la Tête se cachoit sous le Nord, & par la *Poutre ardente*, &c. Ce qui donneroit, depuis 1157, une interruption au Phénomène de près de 200 ans, s'il n'étoit à craindre que ce ne soient seulement les Observateurs & les Historiens qui nous manquent.

* *Voy. Theatr. Comet.* Stanisl. Lubienietz. *p. 264. Voy. aussi* Lycosth.

REPRISE XIV. De 1461 à 1465 inclusivement. On ne trouve que peu de vestiges de cette Reprise; cependant je ne la crois pas douteuse. Je la déduis principalement des apparitions de ces prétendues Comètes extraordinaires, qui ne duroient que quelques heures, qui remplissoient le Ciel de splendeur & de fumée, & sur lesquelles aussi les Cométographes ne s'accordent guère. On verra ci-après le détail de celle de cette espèce, qu'on croyoit être tombée sur Paris le 18 Novembre 1465, & qui sembloit avoir mis la Ville & les environs tout en feu, sans aucune autre suite d'apparition. Ni *Lubienietz*, ni *Hevelius* n'ont tenu compte de cette Comète. Mais *Hevelius*, dans les années précédentes 1461, 1463, a fait mention de quelques autres Phénomènes semblables, qui n'étoient ni mieux circonstanciés, ni d'une plus longue durée, & qu'on peut prendre, à ce que je crois, pour autant d'Aurores Boréales. Nous en avons touché les raisons ci-dessus, que nous fortifierons par de nouveaux exemples dans le dénombrement suivant.

REPRISE XV. En 1520, l'Aurore Boréale nous est encore indiquée par *la Poutre ardente, & d'une grandeur énorme, . . . qui s'abaissant* en Arc *depuis le Ciel jusqu'à la Terre . . . s'étendit de là dans les airs, sous une forme circulaire* +. En 1527 & 1529 de même, & par les apparitions de quelques prétendues Comètes extraordinaires, dont on verra le détail ci-après. Du reste, il faut qu'il n'y ait rien eu de fort fréquent, ni de fort marqué dans ce genre, depuis 1465 jusqu'à ce que nous venons de rapporter; en ces temps, où le renouvellement des Lettres & l'Astrologie regnante ne pouvoient manquer de rendre ces Phénomènes dignes de l'attention publique, & d'en procurer des Historiens.

REPRISE XVI. Autour de 1554, l'Aurore Boréale est désignée plusieurs fois, & par la plupart des autres signes dont nous avons fait mention ci-dessus, tels que les pluies de sang, les feux célestes qui lancent *des étincelles dans l'air comme le fer rouge qui est frappé par un forgeron*, &c. *Lubieniets*, p. 348. *Lycosth.* an. 1554; & Ch. IVme ci-après.

REPRISE XVII. De 1560 à 1564 inclusivement, autre Reprise, à moins que ce ne soit une suite de la précédente, dont on n'aura remarqué que les Phénomènes les plus apparens. M. *Halley* *, dans le Mémoire qu'il nous a donné sur l'Aurore Boréale du 17me Mars 1716, rapporte le témoignage d'un ancien livre Anglois, intitulé *Description des Météores*, réimprimé à Londres en 1654, dans lequel il est fait mention des Aurores Boréales de 1560 & 1564, comme fort fréquentes.

* *Philos. Transf.* n. 347.

REPRISE XVIII. Autour de 1574, 1575, &c. Cette Reprise, & celle de la fin du VIme siècle, dont il est parlé

\+ Trabs ardens horrendæ magnitudinis . . . quæ desuper in terram sese demittens . . . inde reversa in aërem, formam circularem induit. *Lycosth.*

parlé dans *Grégoire de Tours (Sup. Repr. IV.)* sont les plus fortes, les plus marquées & les plus soûtenues dont il soit fait mention dans les siècles passés, & qui ressemblent le plus à celle du siècle courant. On en verra le détail dans le dénombrement du Chapitre IV. Du reste il paroît que cette Reprise duroit encore en 1581. Je trouve de plus dans le Journal d'*Henri III**, qu'au mois de Septembre de l'an 1583, on vit venir à Paris en procession, & en habits de pénitens ou de Pélerins, huit à neuf cens personnes, de tout âge & de tout sexe, des Villages des *Deux Gemeaux*, & d'*Ussy* en Brie, près la *Ferté-Gaucher*, avec leurs Seigneurs pour faire *leurs prières & leurs offrandes dans la grande Eglise de Paris; &* qu'*ils disoient avoir été émûs à faire tels penitenciaux voyages, pour signes vûs au Ciel, & feux en l'air, même vers les quartiers des Ardennes, d'où étoient venus les premiers tels pénitens, jusqu'au nombre de dix à douze mille à Notre-Dame de Rheims & de Liesse.* On ajoûte que cette compagnie fut dans peu de jours suivie de cinq autres, *& pour même occasion.* Mais on ne marque point les temps précis auxquels ces signes avoient paru, tant aux susdits Villages qu'aux Ardennes.

* *Mém. pour servir à l'Hist. de France. Cologne, 1714. t. I. p. 168.*

REPRISE XIX. Au commencement du XVIIme siècle est la Reprise, dont *Gassendi*, & quelques autres Observateurs nous ont transmis la mémoire. C'est-là que se trouve la fameuse Aurore Boréale du 12me Septembre 1621, dont il a été fait mention plusieurs fois dans cet Ouvrage; & je suis fort trompé, si elle n'a terminé cette Reprise, ou fort approché de sa fin. Car ce Phénomène ayant été connu de tout le monde savant, il dût réveiller sur ce sujet une attention qui n'auroit pas permis à un nombre prodigieux d'Ecrivains qui vivoient dans ces temps-là, de passer sous silence les Phénomènes de même genre qui l'auroient suivi. *Gassendi* parle comme en ayant vû plusieurs autres auparavant, mais moins remarquables que celui du 12me Septembre 1621*. Il ne les date pas, & ce sont ceux-là même qu'on va trouver dans le dénombrement du Chapitre IV.

* *Animadv. in Lib. X.* Diog. Laërt. *p. 1137.*

REPRISE XX. En 1686, 1687, &c. Depuis 1621

jusqu'en 1686, c'est-à-dire, dans l'intervalle de plus de 60 années, je ne trouve aucune observation bien marquée de l'Aurore Boréale, & l'on sait cependant quels Astronomes & quels Observateurs il y a eu pendant ces temps-là. De sorte que l'on peut compter cette interruption du Phénomène comme une des plus longues, entre celles qui sont le mieux constatées. Encore la Reprise qui a suivi 1686, & qui peut avoir duré quatre à cinq ans, n'a-t-elle été que peu marquée en France, & n'a produit qu'un petit nombre d'Aurores Boréales. Celle de ces Aurores Boréales qui fut observée par M. *Moeren* dans le Rhingaw, & dont on verra les particularités ci-après, fut une des plus fortes, & qui indiquoit le mieux la nouveauté du Phénomène, par l'alarme qu'elle causa dans tout le pays.

REPRISE XXI. En 1707, jusqu'en 1710, le Phénomène commence à reparoître après une cessation de 20 ans. Il ne fut observé, que je sache, qu'en Allemagne & dans les pays du Nord; il ne fut point aperçû en France, ni en Angleterre, par les raisons que nous en donnerons, en rapportant le détail des Aurores Boréales renfermées dans cette petite Reprise. M. *Roemer*, qui nous fournit la première en 1707, & qui écrivoit à Coppenhague, dit qu'il avoit vû quelque chose de semblable les années précédentes, mais de beaucoup moins marqué. C'est en effet ce que nous avons observé en son lieu devoir arriver, & qu'il faut toûjours supposer en général des Reprises de ce Phénomène, lesquelles doivent commencer plus tôt dans les pays Septentrionaux, & y finir plus tard qu'ailleurs.

REPRISE XXII. En 1716, commence enfin la Reprise d'Aurores Boréales qui dure encore sans interruption, & qui paroît même sensiblement se fortifier depuis quelques années +.

+ Ceci est toûjours censé écrit en 1731.

CHAPITRE III.

Des Aurores Boréales dont on ſait le jour ou le mois, & du fond qu'on peut faire ſur le recueil que nous en allons donner.

L'HISTOIRE nous fourniroit ſouvent de quoi groſſir le nombre des Repriſes de l'Aurore Boréale, ſans nous donner de quoi augmenter celui de ſes apparitions avec la condition que nous y exigeons ici, qui eſt, qu'on en ſache le jour, ou tout au moins le mois. Cette condition qui ſe trouve eſſentielle à notre objet, nous a fait ſupprimer, dans le recueil & dans la Table que nous en devons donner, pluſieurs de ces Phénomènes d'ailleurs aſſez bien conſtatés, mais dont les Hiſtoriens n'ont déſigné le temps que par l'année, ou par quelque évènement dont la date ne nous eſt pas bien connue. Nous en aurons ſans doute encore retranché quelques autres qui pourroient avoir été très-réels, par l'examen ſévère que nous avons cru devoir apporter aux circonſtances qui les caractériſent dans les Auteurs qui en font mention, leſquels n'étant pas toûjours aſſez au fait de cette matière, nous les ont ſouvent préſentés par une face trop douteuſe. Si l'on joint à cela ce que nous pouvons avoir omis par ignorance ou par mégarde, & faute d'avoir tout lû, quoique nous ayons tâché de tout lire ſur ce ſujet, on aura lieu de croire que notre recueil eſt bien éloigné d'être complet. Il faut cependant obſerver que ces omiſſions ne ſont pas auſſi conſidérables qu'on le pourroit juger ; parce qu'elles ne peuvent guère tomber que ſur les Aurores Boréales anciennes, qui ſont ici de beaucoup le plus petit nombre, & dont il ne nous reſte que très-peu de Mémoires. Mais ce qu'il eſt encore plus important de remarquer, c'eſt que cette défectuoſité dans notre dénombrement & dans la Table que nous en donnerons, n'empêche pas que les inductions que nous avons à en tirer dans la ſuite ne ſoient juſtes.

Car ces inductions roulent pour la plufpart fur le plus grand rapport de quantité ou de fréquence, qu'il y a entre les Aurores Boréales qui ont paru en un mois, ou en une faifon, pluftôt qu'en l'autre. Or on doit toûjours préfumer que, toutes chofes d'ailleurs égales, les omiffions de quelque efpèce qu'elles foient, font équivalentes à la rareté, ou à la fréquence du Phénomène, en tel ou tel temps. C'eft une matière à conjecture, qui ne comporte pas d'autre efpèce de conviction. Si notre Table pouvoit jamais devenir complète, elle repréfenteroit exactement les temps & les faifons les plus favorables au Phénomène dont il s'agit. Mais telle cependant que nous pouvons la donner, les inductions qu'elle nous fournira ne porteront pas à faux, & leur jufteffe devra être cenfée proportionnelle au nombre des Aurores Boréales qu'elle contient.

Je dois auffi avertir que comme dans l'ufage que nous aurons à faire de cette Table, nous nous règlerons fur la fituation actuelle où fe trouvoient les corps céleftes lorfque les Phénomènes ont paru, & fur le temps Aftronomique, pluftôt que fur le temps Civil & Politique, j'ai été fouvent obligé de changer les dénominations des jours & des mois, auxquels les Aurores Boréales font rapportées dans les Auteurs de différens pays, felon qu'ils ont fuivi différentes époques, ou un différent Calendrier. Par exemple, l'Aurore Boréale datée du 22me Octobre 1730, dans les Tranfactions Philofophiques de la Société Royale de Londres, fera mife dans le dénombrement qui fuit, fous le 2me Novembre de la même année, conformément au nouveau Stile; & ainfi de toutes les autres en pareil cas, à remonter jufqu'à l'année 1582, où commence la Réforme Grégorienne: favoir, en ajoûtant dix jours depuis 1582 jufqu'à 1700, & onze jours depuis 1700 jufqu'à aujourd'hui. Mais j'ai cru devoir m'écarter en partie de cette méthode en rapportant les Aurores Boréales plus anciennes, & au deffus de 1582. J'ai eu égard aux temps Aftronomiques & au Calendrier Grégorien rétrograde, à raifon d'un jour fur 134 ans, en conftruifant la Table abrégée que l'on trouvera à la fin du Chapitre qui suit, & dans les différens calculs dont elle est le fondement; mais j'ai conservé l'ancienne date à ces Phénomènes dans le dénombrement qui précède cette Table, conformément aux paroles des Auteurs cités. La raison que j'ai eue pour en user ainsi, c'est qu'en certains cas ce changement auroit trop défiguré les passages de ces Auteurs, soit à cause des allusions qu'ils peuvent faire quelquefois aux temps énoncés & à certaines Fêtes, ou autres pareilles circonstances, soit enfin pour faciliter la recherche de ces mêmes passages aux personnes qui voudront les vérifier, ou s'en servir pour travailler sur la même matière.

CHAPITRE IV.

Dénombrement par Ordre Chronologique des Apparitions de l'Aurore Boréale dont on a connoissance, & dont on sait le jour ou le mois, depuis le commencement du sixième siècle jusqu'à la fin de l'année 1731, avec quelques Descriptions & des Remarques.

NOUS indiquerons les Aurores Boréales qui ont été déjà mentionnées, employées ou décrites dans ce Traité, par un *Sup.* avec la page où il en est parlé.

En 502. *Août*, le 22. Aurore Boréale bien marquée, & dans un pays fort Méridional; dont *Sup. page 180.* C'est la première que je trouve bien datée.

En 583. *Janvier*, le 31. *Grég. de Tours, l. VI. p. 299. Voy. Sup. page 181.*

En 585. *Juillet.* Du même Auteur, au même endroit. Grande Aurore Boréale. Il dit qu'elle parut au *cinquième mois;* c'est pourquoi je la rapporte au mois de Juillet, dans la supposition que *Grégoire de Tours* commençoit l'année au mois de Mars; ainsi que son Editeur, (le *P. Ruinart*) l'insinue dans une note. *Sup. page 181.*

Septembre. Ibid. Aurore Boréale à Couronne, décrite *Sup. Sect. III, p. 140*. Celle-ci fut suivie de deux autres; puisque *Grég. de Tours* qui la rapporte, dit que le Phénomène fut vû deux nuits de suite, & qu'il ajoûte quelques lignes après, que *ces rayons parurent encore la troisième nuit.* Ainsi il faut en compter trois; je les place au mois de Septembre par conjecture sur la suite de la narration, sur la nature des faits qui en font le sujet, & sur ce que bien-tôt après *(l. VIII, ch. XXI)* l'Auteur date ce qu'il dit, du mois d'Octobre.

En 778. *Janvier*, le 31. Combat de deux Armées vûes dans le Ciel; *Lycosthène.* Cet Auteur rapporte à la même année, & au mois de Mars, un passage de la Planète de Mercure par le Soleil; *le 16me des Calendes d'Avril*, ou le 17 Mars, *on vit passer la Planète de Mercure au milieu du Soleil comme une tache noire.* Il seroit à souhaiter que *Lycosthène* eût cité ses garans, par la raison qu'on va voir dans l'Article qui suit.

En 807 ou 808. *Janvier*, le 28. Autres Armées qui paroissent au Ciel pendant la nuit, & d'une grandeur extrême. *Lycosthène* place encore ici (en 808) un passage de Mercure devant le disque du Soleil, & le 16 des Calendes d'Avril. C'est sans doute celui que le P. *Riccioli* a rapporté dans son *Almageste**, d'après *Adelme* ou *Adhemar*, Auteur Contemporain & Original d'où ce fait paroît avoir été pris, à l'année 807*, & *Képler* à l'an 808, dans son Astronomie *Optique, p. 306.* Il y auroit peut-être moyen de concilier tout ceci, en supposant que la Planète de Mercure a passé huit fois devant le Soleil, depuis l'an 778 jusqu'à l'an 808 inclusivement; & non pas pendant huit jours, comme le porte l'histoire d'*Adhemar.* C'est ce que conjecture *Képler*; & il veut qu'on lise ainsi cet endroit; *Stella Mercurii 16 Cal. April. visa est in sole quasi parva macula nigra: tamen paulo superiùs medio centro ejusdem sideris; quæ octoties* (ut ego lego, barbarè, non *octo dies*) *à nobis conspecta est.* Ainsi je ne crois pas que nous tombions dans le cas de faire un double emploi de la même Aurore Boréale.

* p. 97.

* Adelmus... *in vitâ* Caroli Magni, *anno 807. Annal. Francic. à* P. Pithœo *edit.*

En 859. { *Août* / *Septembre* / *Octobre.* } Il y a eu plusieurs Phénomènes dans ces mois, comme il paroît par les Annales de *S.t Bertin*, citées *Sup. p. 182.*

Dans l'incertitude du nombre, j'en supposerai six, que je distribuerai proportionnellement sur ces trois mois, à peu-près selon la fréquence du Phénomène qui y règne en général.

En 930. *Février*, le 12. Depuis minuit jusqu'au point du jour, on ne cessa de voir en l'air & dans tout le Ciel, de ces *Armées sanglantes* dont le concours de la matière de l'Aurore Boréale vers le Zénit faisoit toûjours naître l'idée. *Lycosth.*

En 978. *Octobre*, le 28. Autres Armées en feu vûes dans le Ciel pendant la nuit. *Zahn (Mundi mirabilis œconomia)* d'après le *Chronicon Hirsaugiense* de l'Abbé *Trithème.*

En 979. *Octobre*, le 27. Mêmes Signes que ci-dessus, & dans le même Auteur, *T. 1, p. 423*, d'après la Chronique de *Liechtenaw (Urspergensis.)*

En 992. *Décembre*, la nuit de Noel. C'est *Calvisius* qui rapporte ce Phénomène, dans sa Chronol. à l'an susdit, *p. 603. (Francof. 1620.) c'étoit une lumière du côté du Nord, capable de faire croire que le jour alloit paroître*, & qui fut suivie du segment obscur, ou comme on l'appelloit, *des Gouffres*, Chasmata.

En 993. *Décembre*, le 26. Rapportée par M. *Leibnitz** d'après un Chronologiste Saxon, dont il avoit publié l'ouvrage, & où le Phénomène est décrit en ces termes, ou équivalens : *La nuit de la Fête de S.t Etienne, nous vîmes un Phénomène miraculeux & inoui dans les siècles passés, une Lumière qui se montra vers le minuit du côté du Septentrion, & qui fut si grande, que plusieurs personnes s'imaginèrent que c'étoit le jour qui alloit paroître : elle dura pendant une grosse heure ; le Ciel devint ensuite un peu rouge, & il reprit après cela sa couleur ordinaire.*

* *Miscell. Berolin. Tome I, p. 137.*

En 1095. *Février*, le 24. *Voy. Sup. p. 182.*

En 1098. *Septembre*, le 25. On voit le Ciel en feu

pendant la nuit. *Lycosthène* ; & selon le Moine *Robert*, *Hist. l. V*, cité par *Lubienietz*, *Theat. Comet. p. 195*, il parut une Comète qui produisoit une traînée ardente ou une *Poutre*, du Nord à l'Orient.

En 1118. *Décembre*, le 19. On voit pendant toute la nuit des Armées en feu du Septentrion vers l'Orient, qui se répandent ensuite dans tout le Ciel. *Lycosth.* Cette observation avec la précédente, & quelques autres du même siècle, semblent indiquer une déclinaison Orientale du Phénomène, qu'il a eue en effet quelquefois ; mais les Auteurs qui rapportent cette apparence pourroient bien n'avoir fait attention qu'au rouge couleur de feu, que l'on voit très-souvent à l'Orient pendant l'Aurore Boréale, & nullement à l'Arc Septentrional. Ainsi je ne crois pas qu'il y ait beaucoup de fond à faire sur cette circonstance, au préjudice des observations plus détaillées, qui portent toûjours le gros du Phénomène vers l'Occident ; & je suis confirmé dans cette pensée par d'autres observations du même temps, & dans le même genre, où l'on dit positivement que c'étoit *la couleur rouge qui brilloit entre le Septentrion & l'Orient* *.

* Rob. mon. *Lib. V. histor. Hierosolym. A. C. 1097.* *rapporté par M.* Mayer, *Mém. Petersb. T. I. p. 366.*

En 1351 ou 1352. Au mois de *Décembre*. *Voy. Sup. p. 183. Repr. XIII.*

En 1461. *Juillet*, le 23. Je trouve dans la *Chronique de Louis XI*, autrement dite *la Chronique scandaleuse*, qu'il parut ce jour-là une de ces prétendues Comètes qui ne se montrent qu'une nuit, & qui semblent mettre tout un pays en feu. *Et est à savoir que le Jeudi 23me jour de Juillet audit an 61... environ heure de nuit, fut vûe au Ciel courir bien fort une très-longue Comète qui jettoit en l'air grand resplendisseur & grande clarté, tellement qu'il sembloit que tout Paris fut en feu & en flambe : Dieu l'en veuille préserver* *.

* *La Chron. du Roi* Loys XI. *8.° 1558. p. 12.*

En 1465. *Novembre*, le 18. Il est encore rapporté dans le même livre une apparition toute semblable, & qui produisit la même terreur : *Et le Lundi ensuivant, de nuit apparut à ceux qui faisoient le guet & arrièreguet en ladite Ville* (de Paris) *une Comète qui vint des parties dudit Ost chéoir dedans ès fossez*

*fossez d'icelle Ville à l'environ de l'Hostel de Ardoise, dont plusieurs furent épouvantez, non sçachans que cestoit**. Ce qui est indiqué ainsi dans la Table ajoûtée à l'Edition de 1620, *Comète chet sur Paris le 18 Novembre 1465, & faisoit sembler toute la Ville en feu .... un homme en devint fol de frayeur.* Et dans la suite du texte, il est dit que, *si en furent portées les nouvelles au Roi en son Hostel des Tournelles, qui incontinent monta à cheval, & s'en alla dessus les murs au droit dudit Hostel de Ardoise, & y demoura grand espace de temps, & fit assembler tous les quartiers de Paris pour aller chacun en sa garde dessus lesdits murs. Et à cette heure courut bruit que lesdits Ennemis ainsi devant Paris, s'en alloient & deslogeoient. Et qu'à leurdit partement mettoient peine de brusler & endommager ladite Ville par-tout où possible leur seroit. Et fut trouvé que de tout ce il n'estoit rien.* Du reste l'incendie apparent devoit être placé du côté du Nord & du Nord-est; puisqu'on le suppose venir de *l'Ost,* &c. Car l'Armée & les principaux Chefs de la Ligue, dite *du bien public,* étoient alors en partie à S.t Denys, & en partie autour du Fauxbourg S. Antoine. Tout ceci est encore plus circonstancié dans le texte de l'Edition de cette Chronique, qui a été jointe à celle de *Phil. de Comines,* 1714. C'est, dit-on, à six heures du matin que l'homme dont il est parlé ci-dessus *devint fol, & perdit son sens & entendement... en allant oüir Messe au S.t Esprit.* Et l'on en a conclu mal-à-propos, que le Phénomène n'avoit paru qu'à cette heure-là; quoiqu'on remarque qu'*il aura longuement.* Mais le contenu & la suite du narré en déterminent, si je ne me trompe, l'apparition & l'alarme générale qu'elle occasionna, dans le fort ou vers le milieu de la nuit. Après quoi il n'y a rien d'extraordinaire que cette grande Aurore Boréale, ainsi que quelques autres pareilles que nous avons vûes, se soûtînt encore, ou se ranimât jusqu'à la pointe du jour, & à près d'une demi-heure de Crépuscule.

* *La Chron. du Roy Loys XI. &c. 1558. p. 70.*

En 1527. *Octobre,* le 11. Autre prétendue Comète, *mais d'une grandeur immense, qui n'est guère visible que vers le Nord, & qui ne dure que cinq quarts d'heure.* Ce qui me persuade que ce n'eſt que de ſa queue qu'on entend parler, c'eſt le mot de *longueur* dont on ſe ſert, *longitudine erat immenſa*, qui ne ſauroit convenir à la tête de la Comète, & ce qu'on ajoûte de ſon ſommet recourbé, *ſummitas ejus incurvati brachii formam & ſpeciem habebat.* Elle étoit, dit-on, d'un couleur de ſang tirant ſur le jaune : à quoi ſe joignent *des rayons obſcurs en forme de queues, des lances, des épées ſanglantes, des viſages d'homme, & des têtes tranchées hideuſes par les barbes horribles & les cheveux dont elles étoient hériſſées,* & cent autres rêveries, qui faillirent à faire mourir de frayeur la pluſpart de ceux à qui elles rouloient dans la tête ; pendant que, ſelon toute apparence, ils n'avoient qu'une Aurore Boréale devant les yeux. Ce Phénomène fut vû en Allemagne, & preſque dans toute l'Europe : il eſt rapporté dans les Cométographes d'après *Rocquenbac, Lycoſthène, Lavater,* &c.

En *Décembre*, le 11 de la même année, parut un Phénomène tout ſemblable au précédent, qui fut vû comme Comète, & dans le même eſprit, & qui produiſit les mêmes effets. Outre la pluſpart des Auteurs précédens, *Corn. Gemma* en fait mention, d'après *Creuſſer*, qui en avoit été témoin oculaire. *Il n'y eût jamais*, dit-il, *de Comète auſſi effrayante par ſa grandeur, ni qui portât un caractère plus marqué de la colère céleſte, que celle que vit* Creuſſer ; après quoi il la décrit avec les mêmes circonſtances que nous venons de voir dans celle du mois d'Octobre précèdent, & il ajoûte qu'à ce ſpectacle *pluſieurs perſonnes tombèrent en ſyncope* *.

* De Nat. Div. charact. l. 1. cap. VIII. p. 210.

Hévélius, à qui la Comète du 11 Octobre paroiſſoit déjà aſſez ſuſpecte, & qui la traite de *Phénomène admirable & extraordinaire*, avertit encore plus poſitivement touchant celle-ci, *qu'il a bien de la peine à la recevoir pour telle* *. Il la trouve d'une grandeur *énorme & monſtrueuſe*, ſans diſtinction de ſa tête, ou de ſa queue ; ce qui me porte à croire, comme je l'ai inſinué ci-deſſus, que les Obſervateurs dont il la tenoit, & dont l'illuſion & les préjugés étoient ſurprenans ſur cette matière, pourroient bien avoir confondu quelquefois le Segment, & l'Arc même de l'Aurore Boréale, avec le diſque

* Vix imaginari mihi poſſum hocce Phænomenum fuiſſe Cometam. *Cometogr.* l. XII. p. 844.

ou le noyau de leurs prétendues Comètes. Car s'il ne s'agiſſoit que de leur queue comparée avec le limbe lumineux de ce Segment, il n'y auroit rien de ſi monſtrueux à remarquer, ſur-tout ſelon leurs idées à cet égard, & l'Hiſtoire fait mention de pluſieurs Comètes dont la queue égaloit ou n'étoit pas loin d'égaler en longueur, l'Arc de l'Aurore Boréale.

Hévélius n'a pas parlé avec moins de circonſpection de la Comète qu'on diſoit avoir paru en 1529, & à laquelle on donnoit quatre queues tournées vers les quatre points cardinaux du Monde. Il ajoûte qu'elle n'étoit, ſelon quelques Auteurs, qu'un *Chaſma*, c'eſt-à-dire, comme on l'appeloit dans ce temps-là, qu'une véritable Aurore Boréale. Nous ne ſaurions la mettre ici en ligne de compte, n'en ayant ni le jour, ni le mois; mais elle doit ſervir à fortifier la préſomption, qu'il y eut une aſſez grande Repriſe autour de l'année 1527, & depuis 1520, comme nous l'avons marqué en ſon lieu. Car on voit encore dans le mois d'Août de la même année 1527, & dans les années précédentes, pluſieurs de ces apparences de Comète, ſelon l'idée qu'on s'en faiſoit alors, leſquelles on peut à très-juſte titre ſoupçonner de n'avoir eu que le même fondement.

En 1551. *Janvier*, le 28. *Verges ſanglantes*, *Feux horribles dans le Ciel*, &c. vûs à Liſbonne. *Lycoſth.*

En 1554. *Juillet*, le 24. *Les Feux*, *les Combats dans l'air*, & autres ſignes, ſont décrits dans *Lycoſthène* d'après *Fritſchius.*

En 1556. *Septembre. Le cinquième jour de Septembre, on vit à Cuſtrin, petite Ville de la Nouvelle Marche* (de Brandebourg) *vers les neuf heures du ſoir, des flammes innombrables qui s'élevoient dans le Ciel, & deux Poutres ardentes qui paroiſſoient au milieu :* le même *Lycoſthène,* citant *Fincellus, de Miraculis ſui temporis.* C'étoit vrai-ſemblablement un double Arc lumineux fort élevé.

En 1560. *Janvier*, le 30. Vûe à Londres, rapportée par M. *Halley* d'après l'Auteur cité ci-deſſus, *p. 184. Repr. XVII.*

Décembre, le 28. Vûe en Suiſſe, rapportée par M. *Maraldi* d'après *Boloveſus. Mém. Acad. 1721, p. 242.*

En 1564. *Février*, le 18. *Gemma, ubi Sup. Lib. II, p.* 42.

Octobre, le 7. *Ibid.* Avec une belle figure du Phénomène. On a encore le témoignage de *Stow* *.

* *Annales of England.*

En 1568. *Septembre*, le 25. *Gemma, ubi Sup. l. II, p.* 62, avec des jets de lumière, *hastis*, avec l'Arc & le Segment obscur qu'on désignoit par le *Gouffre*, & comme on le voit aussi par la figure qu'il en donne, & qui est fort semblable à notre Figure XIII, par *une crevasse, un gouffre obscur* qui s'ouvre *dans le Ciel du côté du Septentrion, & d'où il part des flammes & des globes de feu pendant toute la nuit.* Les mots d'*Hiatus* & de *Vorago* dont se sert ici *Gemma*, répondent fort bien au *Chasma* des Anciens. Mais il me semble que cet Auteur & ses contemporains employent encore plus généralement le *Chasma* pour exprimer tout le composé du Phénomène, quelque étendu & varié qu'il puisse être. Du temps de *Képler*, au commencement du XVIIme siècle, on s'expliquoit de même, & quelquefois aussi on substituoit au mot de *Chasma* celui de *Phasma*, destiné à marquer toute apparition extraordinaire, comme on le verra ci-après. Nous remarquerons à cette occasion que *Képler*, après avoir dit dans son Astronomie Optique *, comment il se fait une double réfraction des rayons du Soleil pendant les Eclipses de Lune, insinue que la lumière des *Chasma*, ou des Aurores Boréales, pourroit bien être dûe à quelqu'une des deux : *Utrum autem alterutra harum serviat illuminandis* Chasmatis, *quæ ferè semper Septentriones spectant, Physici judicent.*

* *p.* 280.

En 1573. *Janvier*, le 27. Rapportée dans *Gemma* *, avec la figure de l'Arc, & des Rayons.

* *p.* 262.

En 1574. Vers la fin de *Janvier*, & au commencement de *Février*, il y a plusieurs prodiges dans l'air pendant la nuit, que *Gemma* croit avoir été deux Aurores Boréales, *credo*, dit il, *fuisse Chasmatis genus* *, en avertissant qu'il ne s'arrête pas à les décrire plus particulièrement, ni à nous en donner la figure, parce qu'il n'en a pas été témoin oculaire : ce qu'il est bon de remarquer ici, à cause de la préférence que j'y donne souvent à cet Auteur, qui me paroît du moins n'avoir

* *p.* 175.

détaillé ou affirmé que ce qu'il avoit vû, ou cru voir.

Novembre. Il y en a deux consécutives dans ce mois, dont l'une au moins étoit à *Couronne.* Rapportées par *Camden,* & par *Stow. Employées Sup. p. 141.*

En 1575. *Corn. Gemma* * rapporte dans cette année deux des plus grandes Aurores Boréales, & des plus complètes dont on ait ouï parler dans les siècles passés, l'une du mois de *Février,* l'autre du mois de *Septembre.* Nous les avons indiquées dans plus d'un endroit de ce Traité, & sur-tout en parlant des *Arcs* & de la *Couronne.* Mais la manière dont *Gemma* les décrit est curieuse, & l'on ne sera peut-être pas fâché de voir ici quelques lambeaux de sa description. Comme les Aurores Boréales, les Comètes, les nouvelles Etoiles même, & toute espèce de Météores, passoient également en ce temps-là pour des prodiges & des signes qui influoient sur les choses à venir, ou qui tout au moins les annonçoient, il ne faut point s'étonner que l'Etoile extraordinaire qui se montra en 1572, dans la Constellation de Cassiopée, & qui venoit tout récemment de disparoître en 1574, eût laissé les esprits dans une grande attente de ce qui alloit arriver, tant dans le Ciel que sur la Terre. Notre Auteur lie cette Etoile avec l'apparition des Aurores Boréales *(Chasmata sive voragines)* de 1575, & croit qu'on n'en avoit jamais observé de pareilles aux deux grandes qui suivirent cet *auguste signe;* car c'est ainsi qu'il nomme la nouvelle Etoile. *L'une,* dit-il, *parut vers les neuf heures du soir, le 13 Février, l'autre peu de temps après le coucher du Soleil, vers les sept heures, la veille de Saint Michel,* ou le 28me Septembre *de la même année. La première par l'ordre, la nature, & la variété des formes sous lesquelles elle se montra, nous mit devant les yeux un tableau fidèle des calamités, des vicissitudes, & de tous les coups de la Fortune auxquels la Flandre se trouva bien-tôt exposée.* Et quelques lignes plus bas, l'on apprend ainsi les particularités du Phénomène : *Que signifioient donc ces deux grands Arceaux admirables! l'un plus étendu vers le Nord, sembloit puiser dans le Gouffre ténébreux d'où il sortoit plusieurs autres Arcs, & une vaste*

* *De prodigiosa specie naturaque Cometæ, &c. pp. 10. & 13.*

lumière; l'autre déclinant un peu plus vers le Midi, & représentant parfaitement l'Iris, par les diverses couleurs dont il étoit peint, s'étendoit du Levant jusqu'au Couchant en passant par la Ceinture d'Orion. Tous deux étoient appuyés vers l'Occident sur le point de l'Equinoxe, & renfermoient la Lune, qui étoit nouvelle.

Ce qui fait voir, en ajustant le Globe céleste selon les lieux, le temps & l'heure, que le Phénomène devoit être fort élevé, & décliner beaucoup vers l'Occident, comme il arrive communément encore aujourd'hui.

L'Auteur poursuit en faisant toûjours marcher les évènemens avec la description des signes, & il ne laisse pas de peindre assez bien ces derniers, malgré encore la terreur continuelle qu'ils lui inspirent, & qui ne va pas à moins qu'à lui *faire dresser les cheveux à la tête.*

L'Arc le plus Austral, dit-il, *se brisa d'abord auprès de la Ceinture d'Orion, & il sortit de sa brèche quantité de rayons, de lances & de javelots enflammés; ils partoient avec une rapidité incroyable... c'étoit l'image d'un sanglant combat.... une noire vapeur qui se teint quelquefois d'un rouge de sang, se répand aussi çà & là dans le Ciel; elle devient enfin d'un couleur de pourpre très-vif.... cependant un nuage blancheâtre & isolé se montroit vers l'Occident avec une espèce de tache obscure à son milieu... &, ce qui est digne de remarque, c'est qu'après avoir terni l'éclat de plusieurs Etoiles, il nous laissa voir briller les Pleïades à travers dans un moment où elles en occupoient le centre* +. Les Pleïades étoient alors à 30 ou 35 degrés de hauteur sur l'Horizon vers l'Ouest. *J'aperçus encore,* continue l'Auteur, *cinq à six nuages ronds de diverses couleurs & très-lumineux,* à l'approche desquels *la tache de celui dont nous avons parlé ci-dessus se trouva tout-à-coup dissipée. Mais un moment après, les rayons, les lances, & les flammes montent de toutes parts de*

+ Stabat interim ut impressa macula candido velo, citra alterius commercium, sed suo tamen solo quem priùs invaserat ambitu circumscripta, quumque in eo notatum maximè fuerit, obscuratis cæteris Stellis, solas Pleïades *Septem* propè illius centrum illustres admodum ac suo fulgore conspicuas perstitisse.

l'Horizon jusqu'au milieu du Ciel, l'incendie gagne du gouffre du Nord jusqu'au Zénit, devient universel, & une mer de feu s'élève à grands flots du fond de cet abîme infernal (a). Et afin qu'il ne manquât rien à tant de prodiges pour nous figurer les évenèmens futurs, la face du Ciel se trouva alors changée pendant une heure de temps, en une espèce étrangère de Cornet à jouer aux dés, le blanc & le bleu se succèdant alternativement dans les rayons de lumière & dans les pelotons de flamme, & se réunissant quelquefois, en tournoyant avec une extrême vitesse; comme on voit qu'il arrive aux rayons du Soleil qui se croisent au foyer d'un miroir ardent. Sup. p. 140.

Je crois qu'il n'est pas difficile de reconnoître dans cet amas de circonstances, tant vraies, que chimériques, le concours de rayons au Zénit, la Couronne, ou ce que *Grégoire de Tours*, & notre Auteur lui-même appelent ailleurs, *le Sommet du Pavillon.* Ce qui suit en fournira la preuve.

L'Aurore Boréale du mois de *Septembre* (le 28) ne fut ni si *terrible,* ni si bien démêlée dans ses divers Phénomènes, au jugement de l'Auteur. Cependant il y décrit presque tout ce qu'il a observé dans la précédente, quoiqu'en d'autres termes, & sous un autre point de vûe par rapport aux présages; les Arcs, les lances, les jets & les vibrations de lumière, la vapeur fumeuse comparée à celle qui s'élève du chaume qui brûle, & enfin *une montagne ardente ceinte de rayons lumineux*, qui n'est autre chose, à mon avis, que le *gouffre* du Nord, ou le Segment obscur devenu clair & blancheâtre, comme il le devient d'ordinaire sur la fin des grandes Aurores Boréales. La Couronne est exprimée ici nommément par *un concours de rayons au Zénit qui représentent parfaitement le Sommet d'un Pavillon circulaire, sous lequel il se fait un choc fréquent & une espèce de combat de la lumière rompue & réfléchie (b).*

(a) Sed paulòpost undecunque surgentibus hastis, & flammis novis, flagrare Cœlum à Borea plaga usque in verticem videbatur, infernâ voraginis parte se velut in fluctus maritimos attollente, &c.

(b) Mox etiam coïtus radiorum fastigiato vertice in *Papilionis* sive *Tentorii* aptissimam formam: sub quo discursus iterum creber & velitatio, & alternata refractio lucis.

Ce Phénomène étoit composé sans doute d'assez grandes pièces de matière lumineuse; car l'amas de nuages qui étoit près du Zénit ressembloit quelquefois, selon *Gemma*, à un grand *Aigle suspendu dans les airs par le balancement de ses aîles étendues & dirigées de l'Orient à l'Occident* *, au lieu que dans l'Aurore Boréale du mois de Février, le Ciel étoit rempli de ce que nous avons souvent indiqué par des pelotons du Phosphore, *ignium globos .... nubium .... specie rotundos.* De sorte que tout considéré, l'Aurore Boréale du 13 Février 1575 me paroît fort semblable à celle du 19 Octobre 1726, & celle du 28 Septembre de la même année 1575 à celle du 7 Octobre 1731. *Sup. p. 141.* Elles répondent à la *Repr. XVIII. Sup. p. 184.*

* Stabat subinde vibratis velut Aquila geminis alis ab ortu versus occasum.

» Le 28 *du même mois*, vers les dix heures du soir, furent
» vûs sur la Ville de Paris & ès environs, certains feux en l'air,
» faisans grande lumière & fumée, & représentans lances &
hommes armés *». Ce qui désigne très-bien notre Phénomène.

Octobre. On trouve encore dans la même année une autre grande Aurore Boréale fort bien décrite, & avec beaucoup de détail, par *Squarcialupo* *, & rapportée au temps de la vendange. Celle-ci étoit encore à Couronne, ou du moins avec un concours de rayons très-bien marqué au Zénit; dont *Voy. Sup. p. 141 & 184.* Cette partie du Phénomène se montroit par conséquent alors beaucoup plus fréquemment qu'aujourd'hui.

* *Journ.* d'Henri III. ou *Mém. &c.* (1719) *t. I. p. 57.*

* *Differt.* De Cometis. *Cité par M.* Maïer, *Comment. Acad. Petropol. t. I. p. 366.*

En 1580. *Mars*, le 6, à la suite de plusieurs autres Phénomènes qui avoient paru la même année. M. *Halley*, *Sup. p. 162*, d'après *Moestlin.*

Avril, le 6 & le 9, selon les mêmes Auteurs.

Septembre, le 10 & le 21, *ibid.* celle du 21 parut avec la Lune. *Sup. p. 162.*

Décembre, le 26, *ibid.*

En 1581. *Fevrier*, le 16, *ibid.* l'Aurore Boréale paroît encore avec la Lune. *Sup. p. 162.*

En 1605. *Novembre.* « Le Jeudi au soir 17 de ce mois, entre

entre 6 & 7 heures du soir, la nuit étant ja close, parut sur « Paris un signe étrange au Ciel en forme de Verges rouges, « que plusieurs milliers de personnes ont vû & remarqué*. » Le même Phénomène parut le matin suivant à Mayence, ainsi qu'il a été remarqué ci-dessus, & c'est de *Serrarius* que nous l'apprenons dans une de ses Lettres à *Képler. L'Eclipse de Soleil*, dit-il, *du 12me Octobre dernier* (1605) *fut suivie de deux Phénomènes* (Phasmata) *assez remarquables. Car.... le 18me Novembre, depuis les trois ou quatre heures* du matin, *le Ciel fut tout brillant de rayons de lumière qui s'élevoient par reprises, sur-tout du côté du Nord, & à droite & à gauche, vers l'Orient & vers l'Occident. De manière que le Levant & le Couchant d'Hiver sembloient éclairés par l'incendie de plusieurs Villes**, &c. *Sup. p. 119.*

* *Journal du règne d'Henri IV. de P. de l'Etoile, t. II. p. 88.*

* *Ex Litt.* Nic. Serrar. *S. J ad* Kepl. *Mogunt. datis 7. idus Jan. 1606.*

Décembre, le 20. Le même Auteur, à l'endroit cité, ajoûte après la description précédente, qu'un semblable Phénomène, mais un peu moins marqué, parut le 20me Décembre suivant.

En 1607. *Novembre*, le 17. Cette Aurore Boréale se trouve encore dans le même Recueil de Lettres écrites à *Képler**, & doit être mise au nombre des plus grandes & des plus marquées : aussi parut-elle malgré le clair de la Lune. *Des Rayons rouges & blancs qui montoient de l'Horizon Oriental & Occidental jusqu'au sommet du Ciel. Ils ne tendoient pas cependant directement au Zénit ; mais ils déclinoient de ce point d'environ 20 degrés du côté du Midi, & ce qui est singulier, c'est que malgré leurs changemens & la succession continuelle des uns aux autres, ils conservoient toûjours la même direction à ce point fixe*, &c. A Kauffbeuren en Souabe.

* *p. 274. Ex Litt. D.* Jo. Georg. Brenggeri.

En 1615. *Octobre*, le 26. Nous trouvons celle-ci dans une Lettre de *La Motte le Vayer*, qui est la 78me, & qui a pour titre *De la Crédulité.* Ses paroles sont remarquables par plusieurs endroits : « Je prendrai, dit-il, le second exemple (de la crédulité) de ce qu'a écrit *Bapt. le Grain*, que j'estime « beaucoup d'ailleurs, dans sa Décade de *Louis le Juste ;* il « dit au VIme Livre, qu'il observa dans Paris, l'an 1615, sur « les huit heures au soir du 26 Octobre, des Hommes de feu «

» au Ciel, qui combattoient avec des lances, & qui par ce » ſpectacle effrayant, pronoſtiquoient la fureur des guerres qui » ſuivirent. Cependant j'étois auſſi-bien que lui dans la même » Ville ; & je proteſte, pour avoir contemplé aſſidument » juſque ſur les onze heures de nuit le Phénomène dont il » s'agit, que je ne vis rien de tel qu'il le rapporte, mais ſeu- » lement une impreſſion céleſte aſſez ordinaire, en forme de » Pavillons, qui paroiſſoient & s'enflammoient de fois à autres, » ſelon qu'il arrive ſouvent en de tels Météores. Infinies per- ſonnes qui ſont vivantes, peuvent témoigner ce que je dis. »

En 1621. *Septembre*, le 12. Aurore Boréale fameuſe par elle-même, & ſur-tout par l'Obſervateur qui nous en a conſervé la mémoire. Elle commença de paroître un peu avant la fin du Crépuſcule, par un temps calme & très-ſerein, & la Lune étant cachée ſous l'Horizon. Ce fut d'abord *comme une eſpèce d'Aurore qui ſembloit naître du côté du Septentrion ;* & qui monta peu à peu juſqu'auprès de l'Etoile Polaire. Des rayons perpendiculaires à l'Horizon, & des colonnes brillantes s'élevoient de toutes parts du fond de cette lumière; le reſte du Ciel étant ſouvent parſemé de petits nuages blancheâtres qui ne duroient qu'un inſtant. Il y en eut de rouges vers le couchant d'Eté, avec quelques colonnes obſcures, ou *poutres*, mêlées d'une eſpèce de fumée qui blanchiſſoit quelquefois. Il réſultoit de tout cet aſſemblage du côté du Nord un grand Arc crénelé ou *ſtrié*, dont le ſommet étoit élevé de plus de 40 degrés au deſſus de l'Horizon; il avoit près de 120 degrés d'Amplitude, & l'on y voyoit par-tout les Etoiles à travers, excepté proche de l'Horizon. Il en ſortoit, & de tous les environs, des jets de lumière, des vibrations, & comme des Eclairs, dont le mouvement tendoit vers le Zénit. Ce ſpectacle dura plus d'une heure en cet état, &c. D'après *Gaſſendi*, Tome II de ſes Œuvres, *p. 108*, dans ſes Commentaires ſur le Xme Livre de *Diogène Laërce*, *p. 1137*. & dans la vie de *Peyreſc. lib. III. Voy. Sup. pp. 55, 118, 141 & 185.*

En 1686. *Janvier*, le 23. Obſervée à Mittelheim petit

bourg du Ringaw, sur le Rhin, près de Mayence, par *Jo. Théodore Moeren* *, avec grande surprise de sa part, & avec l'alarme de tout le pays qui prit ce Phénomène pour un incendie des villages voisins. *Sup. p. 34.* C'étoit une Aurore Boréale à grands jets de lumière, & qui s'étendoit beaucoup vers l'Occident. Une vapeur nébuleuse, qui s'étoit répandue sur l'Horizon, & qui augmentoit de plus en plus, empêcha peut être qu'on ne vît le Segment & l'Arc; à moins, comme je suis porté à le croire, que l'Observateur à qui ce spectacle étoit nouveau, n'ait pris le Segment même & la matière obscure & fumeuse du Phénomène pour le brouillard & le nuage dont il nous parle.

* *Miscellan. curios. anno 1686. Decur. II, obs. VII. p. 215.*

Je pense qu'une Aurore Boréale si marquée auroit paru en France & en Angleterre, & qu'on en auroit fait mention, si la constitution du temps n'y avoit été contraire. Pour m'en éclaircir, j'ai eu recours aux Observations Météorologiques; mais il s'est trouvé malheureusement, que ces sortes d'observations n'ont été en règle dans l'Académie des Sciences, qu'en 1688, & qu'à l'égard de la Société Royale de Londres où elles ont commencé plus tôt, elles sont cependant défectueuses en cet endroit.

En 1687. *Juillet.* On peut recueillir de l'Art. XXXVII de l'ouvrage de feu M. *Cassini* sur la Lumière Zodiacale, que l'Aurore Boréale s'est montrée plusieurs fois au commencement de ce mois, mais peu marquée. Cette *Lumière Septentrionale si blanche*, qui depuis la fin du mois précédent jusqu'au 10 de Juillet, paroissoit à onze heures & à minuit « quand la Lune ne se levoit que fort tard, qui se voyoit entre les pieds de devant de la grande Ourse, & la Chèvre, qui « étoient presque à égale distance du Méridien, l'une du côté « d'Occident, l'autre du côté d'Orient, & qui formoit comme « un Arc qui se perdoit insensiblement à une hauteur égale à « celle de ces Astres » : toutes ces apparences, dis-je, ne peuvent convenir qu'à l'Aurore Boréale telle que nous la connoissons aujourd'hui. Mais elle étoit alors si peu connue, qu'il ne faut point s'étonner que M. *Cassini* n'en fasse point mention explicitement, & qu'il se contente de « douter si cette lumière » étoit celle du Crépuscule ordinaire simple, ou si elle étoit mêlée de la Lumière Zodiacale ». Car on sait d'ailleurs, & nous en avons parlé ci-dessus*, que l'Aurore Boréale paroissoit en Danemarck dans ces temps-là, & qu'elle parut même quelquefois dans les années suivantes, en 1692, par exemple, à Cinq-Eglise; comme l'a rapporté M. *Godin*, en 1726. Mais je n'ai pû trouver la date des mois.

* *Sect. I. Ch. VIII.*

Au reste, il faut prendre garde dans l'endroit cité ci-dessus de M. *Cassini*, qu'on avoit écrit le 10 de Juin, au lieu du 10 de *Juillet*, comme il est aisé d'en juger par la suite du discours & par la circonstance de l'heure du lever de la Lune. Ce qui est ici de quelque importance, parce que le Crépuscule du soir, qui se confond avec celui du matin vers le 10 ou le 12 de Juin, finit d'ordinaire à onze heures dans ces mêmes jours du mois de Juillet.

Nous ferons encore ici la même remarque qu'à l'égard de l'Aurore Boréale de 1686 : les Observations Météorologiques nous manquent, pour voir d'où vient que ces Phénomènes n'ont point été observés en des pays plus Septentrionaux.

Dans la Table de ce Dénombrement, qu'on trouvera ci-après, j'exprimerai par * * *, dans la cellule du mois de Juillet, ce nombre indéterminé d'Aurores Boréales qui ont paru en 1687. Et à l'égard des Aurores Boréales qui suivent, comme elles sont pour la plus grande partie tirées des Mémoires de l'Académie des Sciences, de ceux de la Société Royale de Londres, des Actes de Leipsic, & de mes propres Observations, j'indiquerai chacune de ces sources par une abréviation, savoir, l'Académie des Sciences par *Acad.* la Société Royale de Londres par *Soc.* Leipsic par *Leips.* & mes Observations par *Observ.*

En 1707. *Février*, le 1. Observée à Coppenhague, & décrite par M. *Ol. Roemer**; elle fut à deux Arcs, & à grands jets de lumière, mais peu élevée sur l'Horizon, le 1er Arc n'ayant par son Sommet entre le Nord & le Couchant que 3 degrés de hauteur, & le second environ 2 degrés de plus;

* *Miscell. Berolin. t. I. p. 131.*

comme je le juge par la figure que M. *Roemer* en a donnée.

Mars, le 1. *idem*, *ibid.* Le 6. Décrite par M. *Chrift. Mat. Seidelius (ibid)* qui l'obſerva à Schomberg dans la Vieille Marche, & par M. G. *Kirch* à Berlin *(ibid)* elle fut très-grande. *Employée Sup. pp. 141 & 152.*

Novembre, le 27. *Soc.* N.° 320. Vûe en Irlande par M. *Neve*, communiquée par M. *Derham.*

En 1708. *Août*, le 20. *Soc.* N.° 347. Vûe près de Londres, par le Lord Evêque d'Herford, & rapportée par M. *Halley.*

Septembre, le 15. On trouve dans le Vme tome des voyages de *Corn. Bruyn*, édit. de Rouen, *p. 299*, que s'en retournant d'Arcangel en Hollande, & ſe trouvant en mer au 65me degré 55 min. « il vit pendant la nuit un Phénomène de Lumière extraordinaire dans l'air avec de grands rayons, de ſorte que « l'air paroiſſoit tout en feu, & qu'on auroit pû lire ſans « chandelle, mais que cela ne dura que l'eſpace de 2 ou 3 « minutes ».

Ce peu de durée n'eſt apparemment relatif qu'aux rayons de lumière, & à la grande clarté, à quoi ſeulement on faiſoit attention.

En 1710. *Novembre*, le 26. *Leipſ.* an. 1711, obſervée à *Gieſſen*, par M. *Jo. Georg. Liebknecht.*

J'ai conſulté ici avec plus de ſuccès qu'en 1686 & 87, les Obſervations Météorologiques, pour voir d'où vient qu'il ne fut fait aucune mention de toutes ces Aurores Boréales à Paris, & qu'on ne trouve rien de pareil dans les Mémoires de l'Académie des Sciences, qu'en 1716. Les Regiſtres de M. *de la Hire*, qui s'étoit chargé de ces Obſervations, portent, qu'à tous les jours nommés ci-deſſus, excepté le ſeul premier Février 1707, le Ciel avoit été couvert de *nuages ou de gros brouillards.*

Les Ephémérides Météorologiques de Breſlaw en Siléſie, par *David Grebner*, quoique dreſſées pour un pays qui approche beaucoup de la pluſpart des endroits où ces Phénomènes ont été vûs, donnent cependant pour tous les jours marqués, excepté le premier Février & le 6 Mars 1707, de la pluie, du brouillard, ou de la neige; ce qui montre que ce furent en général des jours d'un temps fort couvert en Europe, à l'exception de quelques lieux particuliers, & peut-être seulement pour quelques heures. Et à l'égard de l'Aurore Boréale du premier Février 1707, observée à Coppenhague par M. *Roemer*, 5 à 6 degrés tout au plus au dessus de l'Horizon, il n'est pas surprenant qu'elle n'ait pas été vûe en France, & à Paris, c'est-à-dire, à environ 7 degrés de Latitude de moins ou vers le Sud. Elle ne pouvoit y paroître que par une légère clarté, à laquelle on prend peu garde, quand on n'a point lieu de s'attendre à ces sortes de Phénomènes.

En 1716. *Mars*, le 15 & le 17. Celle-ci est fameuse. *Acad. Soc.* C'est principalement à Londres qu'elle fut vûe dans tout son éclat. *Sup. pp. 56, 118 & 141.*
Avril, le 11, le 12 & le 13. *Acad. Soc.*
Décembre, le 15 & le 16. *Acad.*

En 1717. *Janvier*, le 6, le 9, le 10 & le 11. *Acad. Sup. p. 164.*
Septembre, le 20. *Soc. Sup. p. 122.*

En 1718. *Mars*, le 4. *Acad.*
Septembre, le 16. *Acad. Soc.* Le 17, le 22 & le 24. *Soc.*
Octobre, le 22. *Soc.*
Novembre, le 23. *Acad.*
Décembre, le 30. *Soc.*

En 1719. *Février*, le 22. *Acad.*
Mars, le 23. *Soc.* le 25. *Acad.*
Avril, le 7. *Acad. Soc.*
Novembre, le 6, le 20 & le 21. *Soc.* Cette

dernière eut un Dais, ou une Couronne, qui paroiſſoit & diſparoiſſoit par repriſes. On eſt ſûr que cette Couronne déclinoit d'environ 14 degrés du Zénit vers le Midi, M *Halley*, qui en fut l'Obſervateur, en ayant déterminé la poſition par le moyen d'une Etoile qui en occupoit le centre, & qui étoit la 33me de la grande Ourſe dans le Catalogue de *Tycho-Brahé*. Ce Phénomène ne fut vû que par haſard à cinq heures du matin, le Nord n'ayant plus de Segment obſcur, ni d'Arc; ainſi il doit être regardé comme une ſuite ou comme les reſtes de celui de la veille. *Philoſ. Tranſact. N.° 363.* Il reſſemble beaucoup à ceux du 18 & 20me *Novembre* 1605 & 1607, que nous avons rapportés d'après *Serrarius* & *Berenger*, *p. 201*.

1719. *Décembre*, le 5. *Soc.*

En 1720. *Janvier*, le 28. *Soc.*

Février, le 6, le 10 & le 11. *Acad.*

Mars, le 9. *Acad.*

Août, le 15. *Acad.*

Septembre, le 10. *Acad.* Le 28. *Soc.*

Novembre, le 29. *Acad.* Voici ce que M. *Maraldi* nous a laiſſé ſur ce Phénomène *, avec une Remarque importante qu'il fait à ſon occaſion.

* *Mém. Acad. an.* 1721. *p.* 2.

« Le 29 Novembre l'Aurore Boréale parut fort claire & fort grande pendant 5 heures, c'eſt-à-dire, depuis ſix heures « & demie du ſoir que je commençai de la voir, juſqu'à onze « heures & demie qu'elle fut couverte par des nuages. Elle « étoit formée en Arc dont la convexité regardoit le Zénit; « elle occupoit d'abord l'étendue du Ciel compris depuis les « pieds précédens de la grande Ourſe vers l'Orient juſqu'au « delà des Etoiles qui ſont dans l'extrémité de ſa queue. A « ſept heures & demie du ſoir, le Ciel s'étant couvert du côté « du Nord, on voyoit par quelques ouvertures que laiſſoient « les nuages, le Ciel fort clair, ce qui marque que la lumière « ne s'étoit point diſſipée, & qu'elle étoit au-deſſus des nuages «

» Le Ciel s'étant découvert à 8 heures & un quart, la lumière » parut avec plus d'éclat qu'auparavant & plus élevée sur l'Ho» rizon; elle continua de paroître fort claire jusqu'à onze heures » & demie du soir, toûjours attachée aux mêmes parties de » l'horizon, pendant que les Etoiles de la grande Ourse qui du » commencement étoient vers le Nord dans la partie inférieure » de leurs cercles au dessus de la lumière, avoient passé vers » la partie Orientale de l'Horizon; ce qui prouve que la lumière » ne participoit point du mouvement universel, & qu'elle étoit dans l'Atmosphère ».

En 1720. *Décembre*, le 28. *Acad.*

En 1721. *Janvier*, le 17. *Acad. Soc.* le 22. *Acad.*

Février, le 17. *Acad. Soc. Leips. Sup. p. 127, 142 & 153. Voy. Acta erud. 1721, p. 157,* & le *Pharus, sive de prodigiosis ignis cœlestibus,* &c. de M. *Liebknecht, p. 55,* où la description en est plus exacte. Le 22. *Acad.*

Mars, le 1. *Acad. Liebkn. Sup. p. 127. loc. cit. p. 59.*

Septembre, le 16. *Liebkn. ibid. p. 66.* Le 22. *Acad. Soc.*

Octobre, le 21. *Acad.*

En 1722. *Janvier*, le 7, le 8, le 9 & le 12. *Acad.*

Février, le 20. *Acad.*

Septembre, le 5, le 6, & le 10. *Acad.* Le 12. *Observ.* Le 16. *Acad. Soc.*

Octobre, le 3. *Acta Physico-med.* Le 14. *Acad. Soc.* Le 15. *Soc.*

Novembre, le 9. *Acta Physico-med.*

Décembre, le 31. *Comm. Acad. Bon. Sup. p. 104*; est la première qui ait été observée en Italie.

En 1723. *Janvier*, le 3. *Acad. Soc. Sup. p. 159.*

1723.

1723. *Février*, le 4. *Acad. Sup. p. 159.*
Mars, le 2. *Soc.* Le 25. *Acad.* Le 26. *Acad. Soc.*
Avril, le 24. *Acad.*
Août, le 31. *Soc.*
Octobre, le 31. *Soc.*
Novembre, le 1. *Acad.*
Décembre, le 2. *Acad.*

En 1724. { *Mars.* / *Octobre.* } *Acad.* Je n'ai pû savoir le quantième.

En 1725. *Janvier*, le 9. *Acad.*
Octobre, le 5. *Acad.* Le 6. *Acad. Soc.* Le 7. *Acad.*

En 1726. *Septembre*, le 26. *Observ. Sup. p. 163.*
Octobre, le 14. *Acad. Soc.* Le 15. *Soc.* Le 19. *Acad. Soc. Observ.* &c.

L'Aurore Boréale du 19me Octobre 1726 passe communément pour la plus grande, la plus complète & la plus remarquable dont on ait connoissance. Comme avec cela elle est la plus connue, nous l'avons préférée à toute autre dans les exemples, & dans les explications que nous avons eu à donner sur cette matière. Ainsi qu'on le peut voir, *Sup. pp. 1, 56 & suiv. 104, 118, 122, 133, 137, 139, 140, 142, 144, 147, 155 & 200.* Nous nous sommes presque toûjours réglés sur la Description que nous en fîmes dans le temps, & qui est imprimée avec les Mémoires de cette même année 1726. Ceux qui souhaiteront voir d'autres Descriptions de ce Phénomène, les trouveront dans ces Mémoires, dans le XXXIVme volume des Transactions Philosophiques d'Angleterre, dans le premier des Mémoires de l'Académie de Bologne, & dans la plûpart des ouvrages périodiques que l'on imprime en Europe. Outre cela il nous en vint un grand nombre d'autres manuscrites de différens pays, à l'Académie des Sciences, & en particulier à M. *Maraldi*, & à moi, entre lesquelles il n'y en a pas de plus exacte, ni de plus curieuse que celle qui fut envoyée à cette Compagnie par M. *de Plantade*, de la Société Royale de Montpellier.

En 1726. *Novembre*, le 4. *Observ.* Elle fut vûe en Provence. Le 6. *Soc.* Le 19. vûe à l'Occident. L'Observation avec Figure m'en fut communiquée par M. *Godin.*

En 1727. *Janvier*, le 15 & le 16. *Soc.* Le 17. *Acad.*

Mars, le 13. *Soc.* Le 17. *Soc.* & *Academ. Bolog.* où il est remarqué que c'est la première Aurore Boréale qui y ait été observée par un Astronome. *Sup. p. 104.* Le 16. *Soc.*

Octobre, le 19. *Acad. Observ.* Le 21. *Soc. Observ.*

En 1728. *Février*, le 7, le 9, le 11 & le 13. Observées par M. *Musschenbroek* à Utrecht, & marquée dans sa Table Météorologique de 1728.

Mars, le 1. *Observ.* Le 20 & le 30. Par M. *Musschenbroek, loc. cit.*

Avril, le 2, le 9 & le 12. *Ibid.*

Juin, le 25. *Acad. Observ.*

Juillet, le 3 & le 13. *Observ.* Le 16. *Acad.*

Août, le 2 & le 29. *Acad. Observ.* Le 31. M. *Musschenb.*

Septembre, le 15. *Acad.* Le 27. *Observ.* Et le 30. M. *Musschenb.*

Octobre, le 2. *Observée* à Breuillepont, & remarquable par la manière réglée & insensible dont elle passa de l'Occident, où elle déclinoit d'abord, de 14 ou 15 degrés, au dessous de l'Etoile Polaire exactement, & ensuite de 3 ou 4 degrés, vers l'Orient. Le 7 & le 12.

Observ. M. *Musschenb.* Le 24. *Observ. Soc.* Le 25. *Observ.* Le 29 & le 30. *Mussch.*

1728. *Novembre*, le 2. *Mussch.* Le 4. *Observ.* Le 23. *Observ.* & *Mussch.*

En 1729. *Janvier*, le 17. *Soc.*

Mai, le 29. *Acad. Observ.*

Juin, le 15 & le 26. *Acad. Observ.*

Septembre, le 15 & le 22. *Acad. Observ.*

Octobre, le 13. *Acad. Observ.*

Novembre, le 16. *Acad. Observ.* &c. Très-grande, remarquable par un grand Cercle vertical qui l'accompagnoit. *Acad. & Sup. p. 113.*

En 1730. *Janvier*, le 9. *Soc. Sup. p. 112.*

Février, le 4. *Observ. Sup. p. 113.* Le 15. *Soc. Observ.* avec une Bande rouge Zodiacale, &c. dont *Voy. Sup. pp. 64, 113 & 153.*

Mars, le 6. *Observ.*

Avril, le 12 & le 16. *Observ.*

Juin, le 21. *Observ.* grande & avec Couronne, dont *Voy. Sup. pp. 76 & 118.*

Septembre, le 27. *Observ.* & une autre dont je ne sais pas le jour, dans le même mois.

Octobre, le 7 & le 9. *Observ.* accompagnée, ou précédée d'une espèce de Nuage singulier tout auprès des Pleïades. Sur quoi *Voy. Hist. Acad. 1730. p. 6.* Le 12 & le 23. *Observ.*

Novembre, le 2. *Soc. Observ.* vûe peu marquée en France, & très-grande & *complète* en Amérique. *Sup. pp. 118 & 142.* Le 4 & le 5. *Soc.*

En 1731. *Septembre*, le 26. *Sup. p. 164.* Le 27, le 28, le 29 & le 30. *Observ.*

1731. *Octobre*, le 2 & le 3. *Sup. p. 153.* Le 4, le 5 & le 7. *Sup. pp. 118 & 161.* Le 8. *Sup. pp. 63, 118, 142, 144 & 161.* Le 23 & le 24. *Sup. p. 162.* Le 25. *Sup. p. 161.* Le 28. *Observ.*

Décembre, le 5 & le 18. *Observ.*

On n'avoit peut-être jamais vû autant de grandes Aurores Boréales en si peu de temps, qu'il y en a eu dans l'Automne de 1731. Celle du 2me Octobre, dont nous n'avions pas encore fait mention, fut singulière par l'accroissement extraordinaire du Segment & de l'Arc. Elle n'avoit commencé à se montrer que vers les dix heures du soir, par une très-petite clarté qui bordoit l'Horizon au dessous du quarré de la grande Ourse; mais elle croissoit à vûe d'œil, quoiqu'avec beaucoup de règle & d'uniformité. De manière que vers les $11^h \frac{1}{2}$, son Arc pouvoit avoir 20 ou 25 degrés de hauteur, sur 120 ou 125 d'Amplitude. Elle me parut être quelque temps stationnaire en cet état, ou même aller en diminuant. Mais à minuit & demi, tout le Phénomène reprenant de nouvelles forces, nous fit voir en moins de 5 à 6 minutes, un incendie presque universel. Les jets, les vibrations de lumière, les ondulations & les éclairs arrivent, & sont redoublés; l'Arc ou la lumière Septentrionale occupe plus de 150 degrés sur l'Horizon, monte, s'étend, parvient au Zénit, & passe bien-tôt au delà. Ses bords se trouvoient par ce moyen vers le Midi, mais interrompus, mal terminés & entrelacés de flocons de matière blancheâtre. Je les vis passer ainsi successivement de l'Etoile du Nord, par la Constellation de Cassiopée & jusqu'auprès des Etoiles de la tête du Bélier. Il laissoit donc le Zénit derrière lui, & se portoit vers le Sud. De sorte que pour en voir les jambes & l'Amplitude, il falloit tourner le dos au Septentrion, &c. *Voy. Mém. 1731, p. 382.*

TABLE abrégée, ou Réduction du Dénombrement précédent.

AURORES BORÉALES qui ont paru.	*Janvier.*	*Février.*	*Mars.*	*Avril.*	*Mai.*	*Juin.*	*Juillet.*	*Août.*	*Septembre.*	*Octobre.*	*Novembre.*	*Décembre.*	SOMMES pour les Années.
De 500 à 1550		5	1				1	2	3	7	3	5	27
De 1550 à 1622	2	7	1	2		1		1	3	6	4	1	28
De 1622 à 1707	1						* * *						4
De 1707 à 1716		1	2					1	1		2		7
En 1716			2	3								2	7
En 1717	4								1				5
En 1718			1						4	1	1	1	8
En 1719		1	2	1							3	1	8
En 1720	1	3	1					1	2		1	1	10
En 1721	2	2	1						2	1			8
En 1722	4	1							4	4	1	1	15
En 1723	1	1	3	1				1		1	1	1	10
En 1724			1							1			2
En 1725	1									3			4
En 1726									1	3	3		7
En 1727	3		3							2			8
En 1728		4	3	3		1	3	3	4	6	3		30
En 1729	1				1	2			2	1	1		8
En 1730	1	2	1	2		1			2	4	3		16
En 1731									5	10		2	17
SOMMES pour les Mois.	21	27	22	12	1	5	7	9	34	50	26	15	Somme totale 229

CHAPITRE V.

Des Nœuds, des Poles, des Limites & de la Déclinaison de l'Atmosphère ou de l'Equateur Solaire.

PUISQUE nous supposons avec feu M. *Cassini*, que l'Atmosphère du Soleil est couchée de part & d'autre sur le plan de son Equateur en forme de Lentille dont le trenchant se confond avec ce même plan, & que cette supposition se trouve confirmée par plusieurs Observations de la Lumière Zodiacale que nous avons faites depuis quelques années, il ne s'agit pour déterminer la situation de l'Atmosphère du Soleil par rapport aux Orbites Planétaires, que de fixer exactement celle de son Equateur.

Le mouvement parallèle, & en temps égaux des Taches du Soleil sur un même Axe, de l'Occident vers l'Orient, à différentes distances du centre, & en déclinaison tant Australe que Boréale, prouve qu'elles sont emportées d'une impulsion commune avec sa surface, & comme ne faisant avec lui qu'un seul & même corps. Car si c'étoient des Planètes, ou si elles suivoient sur la surface du Soleil un mouvement *Vertical* pareil à celui des Planètes, elles dévroient, étant supposées à même distance du centre, circuler toutes en temps égaux dans de grands cercles, dont les plans se couperoient au centre du Globe Solaire, ou en temps inégaux dans leurs petits cercles parallèles; & si elles étoient à différentes distances du point Central, elles devroient encore circuler en temps inégaux dans les grands cercles mêmes. D'où l'on a été fondé à conclurre que le mouvement du Globe du Soleil, ou du moins celui de sa surface étoit le même que celui de ses Taches.

On trouva donc par l'Observation des Taches, & peu de temps après l'invention des Lunettes, que l'axe du Soleil étoit incliné de 7 degrés à celui de l'Ecliptique : ainsi qu'il paroît par le grand ouvrage du P. *Scheiner* sur cette matière*. Mais quarante ou cinquante ans après *Scheiner*, M. *Cassini* détermina cette Inclinaison à 7 degrés & ½; c'est ce qui est répandu en divers endroits de ses ouvrages, & qu'on lit aussi dans l'Histoire de l'Académie de M. *Duhamel*. Mais comme M. *Cassini* ne s'est expliqué là-dessus nulle part d'une manière plus exacte & plus détaillée, que dans l'abrégé d'Astronomie que nous avons de lui, donné en 1678, & encore manuscrit, je crois ne pouvoir mieux faire que d'en transcrire ici les paroles sur ce sujet.

* Rosa Ursina, &c. Part. II. cap. II. an. 1626.

« Les taches du Soleil montrent qu'il tourne sur son axe autour de la Terre en 27 jours & ⅓; à l'égard des Etoiles « fixes en 25 jours & ½. L'axe de la révolution est incliné à « l'Ecliptique de 7 degrés & ½, & demeure toûjours pointé « aux mêmes Etoiles fixes. Le Pole Austral du Soleil se rapporte « au 8me degré de la Vierge, & le Pole Boréal au 8me degré « des Poissons. En même temps que le Soleil parcourt l'Eclip- « tique, les Poles de la révolution du Globe du Soleil se « voyent décrire dans son Disque apparent deux petits Cercles « autour des Poles de l'Ecliptique transportés sur la surface du « Soleil. Ils sont tous les deux dans le bord du Soleil, lorsqu'il se « trouve à 8 degrés des Gémeaux & du Sagittaire. Alors les « Cercles apparens des Taches du Soleil se représentent comme « des lignes droites, inclinées à l'Ecliptique de 7 degrés & ½. « Quand le Soleil est au 8me degré des Poissons, le Pole « Septentrional du Soleil est dans son Apogée, le Méridional « dans son Périgée, élevé sur le Disque apparent du Soleil, « & les Cercles des Taches du Soleil se présentent comme « des Ellipses courbées [convexes] vers le Septentrion : mais « quand le Soleil se trouve à 8 degrés de la Vierge, le Pole « Méridional est dans son Apogée, le Septentrional dans son « Périgée, élevé sur le Disque apparent du Soleil, & les « Cercles des Taches se présentent comme des Ellipses tournées « [convexes] vers le Midi. »

Dans l'Article XXV du Discours sur la Lumière Zodiacale, M. *Cassini* remarque que, selon *Képler*, l'Inclinaison de l'Equateur Solaire à l'Ecliptique devoit être en l'année 1700, de 6 à 7 degrés, & son Nœud Ascendant au 10me degré, ou environ, des Gémeaux. Par où il semble avoir insinué, qu'il pourroit bien y avoir de la variation dans ces points, & du changement à faire à ces déterminations, par la succession du temps. Cependant comme je ne sache pas qu'il ait été rien fait depuis qui doive nous donner lieu d'y supposer quelque changement, nous nous en tiendrons au premier énoncé, à l'Inclinaison de 7 degrés & $\frac{1}{2}$, &c. jusqu'à une plus ample instruction.

Fig. XIX. Je conçois donc que si *AKBI* représente le Globe du Soleil, ou une Sphère quelconque, qui ait le Soleil à son centre *S*, *IGKT* l'Ecliptique, dont le Pole Boréal est *B*, & l'Austral *A*; *eq* un Arc de l'Equateur du Monde, qui passe par le point *e* de l'Equinoxe du Printemps; & *EGQT* l'Equateur Solaire dont le Pole Boréal est β, & l'Austral α, les deux axes *BA*, $\beta\alpha$, faisant entre eux un angle de 7 degrés & $\frac{1}{2}$, de même que les plans ou demi-cercles *KGT*, *QGT*, ou leurs rayons *KS*, *QS*, au point *S*; le point de l'Ecliptique *X*, le plus proche du Pole Boréal β, sera au 8me degré du Signe des Poissons, & réciproquement le plus proche *V* du Pole Austral α, au 8me degré du Signe de la Vierge. De manière que le grand Cercle ou le Colure *BVAX*, que l'on feroit passer par ces poins de l'Ecliptique, iroit couper l'Equateur Solaire aux points *L*, *M*, de ses Limites, à 90d de ses Nœuds *G*, *T*, de part & d'autre. Et si l'on suppose que l'ordre des Signes, dans la Figure, soit selon *eGVK*, le Nœud Ascendant sera en *G*, & le Descendant en *T*, l'un au 8me degré des Gémeaux, & l'autre au 8me du Sagittaire, par où passe de même le Colure *BGAT*, qui coupe le précédent à angles droits. D'où il suit que le Pole Boréal du Soleil β, doit se trouver à peu-près entre le premier & le second Nœud du Dragon & les deux Etoiles de la 4me grandeur, dont l'une est marquée π dans *Bayer*, & l'autre *o* dans *Flamsteed*, celle-ci n'ayant point de lettre dans *Bayer*, quoiqu'elle y soit marquée. Le Pole Austral α répond

répond à la Carène du Navire, ou au dessous, près du Poisson Volant, & de quelques Etoiles Informes.

On peut joindre ici la Fig. II, qui représente l'Atmosphère & l'Equateur Solaire projetés sur une partie de la concavité de l'Hémisphère Boréal du Ciel, (comme il a été expliqué *Sect. I. Ch. IV*) & où *RIEO* marque l'Orbite de Mercure, *VDCB* celle de Vénus, *ApFa* celle de la Terre, dont l'Aphélie est en *a*, & le Périhélie en *p*, *MLNH*, l'Orbite de Mars, &c; $\delta\mu\nu\lambda$ est l'Ecliptique ou plustôt l'Equateur Solaire faisant ici la fonction de l'Ecliptique, & auquel sont rapportés les Signes ♈, ♉, ♊, &c. Les Poles Septentrionaux de l'Ecliptique ordinaire, & ceux du Monde, *Q*, *P*, sur un Méridien *PQX*, les Colures Solaires $\nu\delta$, $\lambda\mu$, y ont été aussi placés à peu près au lieu où ils doivent être, avec quelques Etoiles de l'Hémisphère Boréal, &c.

De ce que l'Equateur Solaire décline de 7 degrés & $\frac{1}{2}$ par rapport à l'Ecliptique, & que l'Ecliptique décline d'environ 23 $\frac{1}{2}$ degrés par rapport à l'Equateur Terrestre, il ne s'ensuit pas que la Déclinaison totale de l'Equateur Solaire par rapport à l'Equateur Terrestre soit de 23 $\frac{1}{2}$ plus 7 $\frac{1}{2}$ degrés, ou de 31°, comme l'ont imaginé des personnes d'ailleurs assez au fait du Système du Monde. Elle n'est pas non plus de 23 $\frac{1}{2}$ moins 7 $\frac{1}{2}$, ou de 16; mais elle tient un milieu entre la somme des deux Inclinaisons, qui est 31, & l'Inclinaison de l'Ecliptique, qui est 23 $\frac{1}{2}$.

Pour nous faire là dessus des idées plus exactes; supposons, 1.° que les Nœuds de l'Equateur Solaire par rapport à l'Ecliptique se confondent avec les Nœuds de l'Ecliptique par rapport à l'Equateur de la Terre, & se trouvent par conséquent au premier degré d'*Aries* & de *Libra*; comme on le voit dans la Figure ci-jointe, où tous les plans de ces Cercles sont projetés de profil, & où *EQ* représente l'Equateur du Monde, *KL* l'Ecliptique, qui le coupe aux points ♈ & ♎, confondus ici avec le centre du Méridien ou plan circulaire de projection *AQRE*, dans lequel se trouvent les points Solstitiaux de *Cancer* & de *Caper*, en *L* & *K*. Ainsi *KL* Fig. XX.

fait avec *EQ*, l'angle *L* ♈ *Q*, ou *E* ♎ *K* de 23 degrés & ½, *AR* eſt l'Equateur Solaire, & *B* le Pole Boréal du Monde.

Suppoſons en même temps que le Nœud Aſcendant de l'Equateur Solaire par rapport à l'Ecliptique, ſe trouve en ♈, au même point que le Nœud Aſcendant de l'Ecliptique par rapport à l'Equateur du Monde; il eſt évident qu'alors ſon Inclinaiſon *R* ♈ *L*, de 7 ½ degrés, devra être ajoûtée à l'Inclinaiſon *L* ♈ *Q* de 23 ½ de l'Ecliptique à l'Equateur du Monde, ce qui ſera en tout une Déclinaiſon *QR* de 31°. Mais ſi au contraire le Nœud Deſcendant de l'Equateur Solaire ſe confond avec le Nœud Aſcendant de l'Ecliptique, il eſt clair que ſon Inclinaiſon à l'Ecliptique *L* ♈ *r* doit être ôtée de la Déclinaiſon de l'Ecliptique *QL*, & qu'il n'en reſtera que la différence *Qr*, qui eſt de 16 degrés. Ce qui ſe doit entendre de même, & en ſens contraire pour l'Hémiſphère Auſtral *EAQ*.

2.° Suppoſons à la ſuite des deux cas précédens, du Nœud Aſcendant, & du Nœud Deſcendant de l'Equateur Solaire, confondus alternativement avec le Nœud Aſcendant de l'Ecliptique en ♈, que ces Nœuds viennent à ſe détacher de ce point, & à couler ſur l'Ecliptique ♈ *L*, ſelon l'ordre des Signes, l'angle d'Inclinaiſon *R* ♈ *L*, ou *r* ♈ *L* demeurant toûjours le même; il eſt encore évident que les deux cas tendant mutuellement à ſe détruire, la Déclinaiſon de l'Equateur Solaire, dans le premier, diminuera d'autant plus, que ſon Nœud Aſcendant s'éloignera davantage du Nœud de même dénomination de l'Ecliptique, & s'approchera de ſon oppoſé, & au contraire dans le ſecond cas: juſqu'à ce qu'enfin, & après avoir donné une infinité de Déclinaiſons moyennes, l'un & l'autre Nœud de l'Equateur Solaire étant parvenus aux Nœuds de dénomination contraire de l'Ecliptique, ils s'y trouvent tranſpoſés, & qu'ils y reproduiſent en ſens inverſe les mêmes Déclinaiſons qu'auparavant.

Or il eſt clair que la plus grande Déclinaiſon actuelle de l'Equateur du Soleil, doit ſe trouver du nombre de quelques-uns de ces cas moyens, puiſque ſes Nœuds ſont au 8me degré de ♊ & de ♐, savoir, le Nœud Ascendant en ♊, & le Descendant en ♐.

Pour connoître cette Déclinaison, soit comme ci-dessus, *S* le Soleil ou son centre, *KIL* l'Ecliptique, *ANR* l'Equateur Solaire, qui a son Nœud Ascendant en *N*, & *EDQ* l'Equateur Terrestre, qui coupe en *I* ou en ♈ l'Ecliptique. Fig. XXI.

Par l'hypothèse on a l'angle *KNA* ou *RNL*, ou *RSL* de 7 ½ degrés, *LIQ* ou *LSQ* de 23 ½, ou plus exactement de 23ᵈ 29′. L'arc *IN* de l'Ecliptique étant donné de 2 signes 8 degrés, ou de 68 degrés, on trouve par les Tables la Déclinaison du point *N*, ou l'arc *ND* du Méridien, d'environ 21ᵈ 41′; & par les mêmes Tables, l'angle *IND*, que fait ce Méridien avec l'Ecliptique, de 80ᵈ 45′ ⅓, dont ôtant l'angle *INT* (7ᵈ 30′), il reste 73ᵈ 15′ ⅓ pour l'angle *TND*. On aura donc le triangle rectangle sphérique *TDN*, dont on connoît l'angle *N*, & un côté *ND*: ainsi l'on en trouvera, par les analogies ordinaires, l'angle *T*, que l'on cherche, d'environ 27ᵈ 10′, qui est l'inclinaison de l'Equateur Solaire à l'Equateur du Monde, ou l'arc de sa plus grande Déclinaison. Et parce que l'on a l'Ascension droite *ID*, du point *N* (66ᵈ 13′ ½) & que la résolution du triangle *TDN*, donne aussi la valeur de sa base *TD* (50ᵈ 47′ ½) & de l'hypoténuse *TN* (54ᵈ 2′), il suit, en ôtant *TD* de *ID*, que la Section *T* de l'Equateur du Soleil, & de celui du Monde, est à 15ᵈ 26′ de distance de la Section de l'Ecliptique ♈, supposée en *I*; l'arc *TN*, compris entre ces deux Cercles, étant d'environ 54ᵈ 2′.

Si au lieu de mettre le Nœud Ascendant en *N*, on y supposoit le Nœud Descendant, ce seroit alors *ANR*, qui représenteroit l'Ecliptique, *KIL* l'Equateur Solaire, &c. & l'on trouveroit l'angle *I*, ou la plus grande Déclinaison de cet Equateur de 21ᵈ 45′. Mais la détermination de *Képler*, pour l'année 1700, rapportée ci-dessus, de 6 à 7 degrés d'Inclinaison *INT*, ou 6 ½ degrés, & du Nœud Ascendant au 8ᵈ ♊, feroit l'angle *NTD*, ou la plus grande Déclinaison de l'Equateur Solaire, de 26ᵈ 23′.

Comme la Déclinaison des Planètes est un des Elémens de leur théorie des plus faciles à observer, nous remarquerons ici en passant, que l'inverse du Problème précédent appliqué à une Planète quelconque, donnera avec beaucoup de justesse & de facilité le lieu de ses Nœuds, par l'observation de sa plus grande Déclinaison, sans qu'il soit nécessaire de savoir avec la même exactitude sa Longitude actuelle; & un savant Astronome de la Compagnie*, à qui j'avois communiqué cet article, m'a dit s'en être déjà servi pour cet usage avec succès.

* M. Godin. Mém. 1730. pp. 29 & 30.

On peut remarquer aussi en général, pour toute Orbite $KNLB$, qui coupe l'Ecliptique $ANRB$, sous un angle quelconque KSA, ou RSL, qui n'excède pas le double de celui, RSQ, que fait l'Ecliptique avec l'Equateur, que le mouvement des Nœuds N, B, donnera toûjours quelque intersection N, où la plus grande Déclinaison de cette Orbite, & celle de l'Ecliptique par rapport à l'Equateur, seront égales; ce qui fait une espèce de *Medium*, entre le *Maximum* & le *Minimum*, qui résultent du cas de la Fig. XX, où les Nœuds réciproques des trois Cercles se confondent sur l'Equateur, en ♈ ou ♎.

Car 1.° quelle que soit l'Inclinaison de l'Orbite donnée AR (*Fig. XX*) à l'Ecliptique KL, lorsque leurs Nœuds Ascendans sont en ♈, & que la partie ♈ K de l'Orbite tombe entre l'Ecliptique & le Pole B, il est clair que la Déclinaison QR ou EA de l'Orbite sera toûjours plus grande que la Déclinaison QL ou EK de l'Ecliptique; & au contraire, que quel que soit l'angle que font entre eux ces deux plans, lorsqu'il n'excède pas L ♎ ρ double de L ♎ Q, & que le Nœud Ascendant de l'Orbite se confond avec le Nœud Descendant de l'Ecliptique, sa Déclinaison Qr sera toûjours plus petite que celle de l'Ecliptique, jusqu'à ce que ar passant au delà de Q vers ρ, & de E vers α, l'Orbite arrive en $\alpha\,\rho$, où les Déclinaisons sont égales, mais vers les Poles opposés; après quoi celle de l'Orbite $\alpha\,\rho$ deviendroit toûjours plus grande.

2.° Si l'angle de l'Orbite donnée avec l'Ecliptique demeure

renfermé dans les Limites précédentes & constant, avec le mouvement des Nœuds, le cas de l'égalité d'Inclinaison ou de Déclinaison par rapport à l'Equateur *EDQ (Fig. XXI)* doit nécessairement se trouver dans le passage du *Maximum* au *Minimum*, dont nous venons de parler, ou au contraire du *Minimum* au *Maximum*. On aura donc alors, *par hyp.* l'angle *NTQ* égal à *NIQ*, dont *ITN* sera le complément à deux droits; & comme l'angle *INT* que fait l'Orbite donnée avec l'Ecliptique, est aussi donné, les trois angles *I, T, N,* du triangle *INT*, seront connus; de sorte que pour savoir quel est le point *N*, où l'Ecliptique *ANR*, par exemple, doit être coupée par l'Orbite *KNL*, pour que ces deux Cercles aient leur plus grande Déclinaison égale, il ne s'agit que de trouver l'un des côtés *TN* du triangle *INT*, ainsi qu'on fait que la Trigonométrie Sphérique l'enseigne.

Dans le cas de l'Equateur Solaire coupant l'Ecliptique sous un angle de 7^d 30', l'Ecliptique étant inclinée à l'Equateur Terrestre de 23^d 29', on trouvera qu'il faudroit que les Nœuds du premier arrivassent au 80^d 19' 24" de Longitude à compter du premier point d'♈, c'est-à-dire, au 21^d 19' 24" du signe des ♊, & au 261^d 19' 24", c'est-à-dire, à 21^d 19' 24" du signe du ♐. C'est le cas du Nœud Descendant en *N*; mais si c'étoit le Nœud Ascendant, & que *IN* représentât l'Ecliptique, & *TN* l'Equateur Solaire, le calcul indiqueroit alors le point *N*, à 98^d 40' 36" de Longitude, ou en ♋ 8^d 40' 36", tandis que le Nœud opposé de l'autre côté de la Sphère, seroit à 278^d 40' 36", en ♑ 8^d 40' 36. Ce qui fait voir que le Problème a deux solutions, ou qu'on peut trouver deux points différens sur l'Ecliptique à distances égales de 90^d, ou des intersections d'♈ & de ♎, pour chacun des Nœuds de l'Orbite proposée, lesquels donneroient sa plus grande Déclinaison la même que celle de l'Ecliptique, excepté les cas extrêmes où les Nœuds se trouveroient en ♈ & ♎, ou à 90^d de ces termes.

Je dis de plus, & en général, que dans tous les cas d'égalité de Déclinaison, quel que soit l'angle *INT*, la partie

TN ou *IN* de l'Ecliptique, & sa réciproque *IN* ou *TN* de l'Orbite qui la coupe en *N*, interceptées entre le Nœud *N* ou son opposé, & l'Equateur *EDQ*, seront toûjours réciproquement l'une à l'autre complémens au demi-cercle, & alternativement égales à chacune des portions de l'Ecliptique qui fournissent les deux solutions dont nous venons de parler; comme on voit ici dans les deux Arcs *IN*, *TN*, l'un de 81^d 19′ 24″, & l'autre de 98^d 40′ 36″, qui valent en tout 180^d. On en trouvera la démonstration dans une des analogies qui servent à résoudre le triangle *INT*.

J'ai voulu appuyer un peu sur cette théorie, & sur ces déterminations de la position, des Limites, & de la Déclinaison de l'Equateur Solaire; parce qu'on ne la trouve expliquée nulle part que je sache, & qu'indépendamment du sujet que je traite, elle peut être utile dans plusieurs occasions. Car je pense avec *Képler*, que l'Equateur Solaire devroit être regardé comme le *premier* de tous les Cercles célestes, comme l'*Ecliptique moyenne*, *fixe*, & fondamentale *, en un mot comme le terme duquel il faudroit partir pour observer ou mesurer les Déclinaisons des Planètes & l'Inclinaison de leurs Orbites, sans en excepter l'Ecliptique proprement dite, qui n'est que le plan même de l'Orbite Terrestre, circulaire & concentrique au Soleil, & qui varie peut-être de position avec l'Equateur Solaire, aussi-bien qu'avec l'Equateur du Monde. C'est même sur la variation de l'Ecliptique déjà soupçonnée, ou plustôt calculée par *Tycho-Brahé*, d'après le changement arrivé à la Latitude de plusieurs Etoiles fixes observées par les Anciens, que *Képler* eût souhaité qu'on ramenât toutes les déterminations des Orbites Planétaires à celle de l'Equateur du Soleil. Ainsi l'on voit de quelle importance il seroit, selon cette grande idée, de fixer exactement, & de vérifier de temps en temps les points par où doit passer ce Cercle primordial.

* *Astronomia nova*, &c. *de motibus Stellæ Martis*. P. V. c. LXVIII.

CHAPITRE VI.

Conséquences à tirer de la théorie précédente, par rapport à la Lumière Zodiacale ou à l'Atmosphère du Soleil vûe de la Terre; & les irrégularités ou variations simplement apparentes qui peuvent naître de ses différens aspects.

NOUS avons dit dans la première Section, en décrivant la Lumière Zodiacale, que la circonstance des Saisons de l'année, par rapport aux obliquités différentes de l'arc de l'Ecliptique qui se lève ou qui se couche avec le Soleil, se devoit compliquer avec la position correspondante de l'arc de l'Equateur Solaire, & favoriser par-là plus ou moins l'observation de cette Lumière tantôt le soir, tantôt le matin. C'est ce qu'on va voir ici plus particulièrement.

Lorsque la Section du Printemps ou le premier point d'*Aries* se lève sur l'Horizon, l'arc de l'Ecliptique qui monte sur l'Horizon s'y trouve plus incliné que l'Equateur du Monde, de toute la quantité de l'angle que l'Ecliptique fait avec cet Equateur. Au contraire lorsque le premier point d'*Aries* se couche, l'arc de l'Ecliptique qui reste sur l'Horizon s'y trouve plus élevé que l'Equateur, de la même quantité. Ainsi la Lumière Zodiacale étant supposée dans la même direction que l'Ecliptique, devroit être par cette circonstance, plus élevée, plus dégagée du crépuscule, & par-là plus aisée à observer le soir, dans le Printemps, que le matin, & tout au contraire en Automne.

Mais la Lumière Zodiacale est étendue sur l'Equateur Solaire, & l'Equateur Solaire, dans sa partie correspondante au coucher du premier point d'*Aries*, est dirigé vers son Nœud Ascendant, où il fait avec l'Equateur Terrestre, comme nous l'avons trouvé, un angle d'environ 27^d $10'$, c'est-à-dire, de près de 4^d plus grand que celui de l'Equateur Terrestre avec l'Ecliptique. Donc ce sera encore d'environ le double de cette quantité, que la Lumière Zodiacale se trouvera moins oblique sur l'Horizon le soir, que le matin, autour de l'Equinoxe du Printemps, lorsque ce Nœud se couche sous l'Horizon.

Il en est à peu-près de même en *Libra* pour le matin à l'Equinoxe d'Automne. Mais il y a cette différence autour de ces deux points, qu'à distances égales du Solstice d'Eté, qui est le temps de l'année le moins favorable par la grandeur des Crépuscules, à mesure que le Soleil approche de part & d'autre de *Cancer*, l'obliquité du lever vers ♎ augmente toûjours, tandis que celle du coucher vers ♈ diminue. De sorte que le Soleil étant au 8me degré de ♊, Nœud Ascendant de l'Equateur Solaire, & à 22^{d} de ♋, la ligne de direction de la pointe de la Lumière Zodiacale au coucher, se doit trouver plus élevée sur l'Horizon que l'Ecliptique, de 7 $\frac{1}{2}$ degrés; au lieu qu'à pareille distance de ♋ & de ♎, c'est-à-dire, au 22^{d} de ♋, & au lever, cette même ligne se doit trouver plus oblique à l'Horizon presque de toute cette quantité.

D'où il suit que, toutes choses d'ailleurs égales, les Observations de cette Lumière doivent être plus aisées & plus fréquentes autour de l'Equinoxe du Printemps qu'autour de l'Equinoxe d'Automne; & elles l'ont été en effet. Et comme le Printemps & l'Automne sont en général, & par de semblables raisons, les temps de l'année les plus propres à observer la Lumière Zodiacale, il suit que les environs de l'Equinoxe du Printemps, & sur-tout les mois de Février, Mars & Avril, seront ceux de l'année où l'on pourra le mieux l'observer. Aussi est-ce dans le Printemps que M. *Cassini* découvrit & annonça cette Lumière, qui avoit déjà été soupçonnée & aperçûe par *Childrey* un peu avant le Printemps. Et M. *Eimmart*, dont nous avons aussi indiqué les Observations au commencement de ce Traité, ne s'est pas beaucoup éloigné de cette théorie, en donnant ces Observations sous le titre *De Fulgore trimestri vespertino, in Cœlo ad ad Occidentis plagam annuatim conspicuo*, &c. entendant par ce *Trimestre*, les mois de Janvier, Février & Mars.

Lorsque le Soleil est aux Solstices, quoique l'angle de l'Ecliptique avec l'Horizon soit égal le soir & le matin, la Lumière Zodiacale sera pourtant beaucoup plus élevée sur l'Horizon le soir au Solstice d'Eté, que le matin, & au contraire au Solstice d'Hiver. Car dans ce dernier, par exemple, il faudra donner le soir environ 7^{d} d'élévation de plus à la ligne de direction de la pointe de la Lumière Zodiacale qu'à l'Ecliptique, à cause que le point d'intersection de l'Horizon & de l'Equateur Solaire s'éloigne peu de son Nœud Ascendant, & il en faudra ôter au contraire environ 5^{d} le matin, parce que c'est à peu près l'angle que l'Equateur Solaire fait avec l'Ecliptique en *Descendance*, ou du côté opposé; ainsi qu'il a été remarqué ci-dessus. Ce qui est encore confirmé par le plus grand nombre d'observations, & qui fournit une nouvelle preuve du sentiment que nous avons adopté touchant la position de la Lumière Zodiacale & de l'Atmosphère Solaire.

On trouvera aussi en conséquence de la même théorie, que les plus grandes largeurs de la Lumière, en général & à tout prendre, se doivent rencontrer, & se rencontrent en effet ordinairement, aux points & aux temps où la Terre est vis-à-vis des plus grandes Latitudes de l'Equateur Solaire, & autour de ses Limites, ♍ 8^{d}, ♓ 8^{d}, & que le contraire doit arriver, & arrive le plus souvent, lorsqu'elle est autour de ses Nœuds, ♊ 8^{d}, ♐ 8^{d}. Car dans le premier cas, par exemple, l'œil de l'Observateur étant élevé de 7 $\frac{1}{2}$ degrés au dessus du plan de l'Equateur Solaire, ce cercle doit lui paroître une Ellipse, ou, ce qui revient au même, l'Observateur doit voir la Lumière Zodiacale d'autant plus large indépendamment de l'épaisseur de l'Atmosphère Lenticulaire du Soleil dont elle résulte.

Soit l'œil de l'Observateur en *O*, dans le plan de l'Ecliptique *HZQ*, qui est celui du Tableau ou de la Figure, sur la ligne horizontale *HO*, commune Section de l'Ecliptique, & de l'Horizon ou plan horizontal *AHKRO*; *AZK* Fig. XXII.

repréſentera l'Equateur Solaire élevé de $7^d \frac{1}{2}$, *(KCQ)* ſur l'Ecliptique avec lequel ſa commune Section eſt *CZ*. *C* ſera le centre commun de ces deux Cercles ſur l'horizontale *HO*, quoiqu'il ſoit communément près de 18^d au deſſous quand on voit la Lumière Zodiacale ; ce qui n'eſt pas ici de conſéquence, & que nous ſuppoſons, pour rendre la Figure & la Démonſtration plus ſimples. Le fuſeau *ARKL* décrit autour de *AK*, ſera donc une coupe horizontale de l'Atmoſphère Solaire terminée par les rayons viſuels *OA*, *OK*.

Si ſur l'axe *AK* de la Figure *ARKL*, on prend une infinité de points *B*, *M*, *T*, &c. d'où l'on mène les arcs de projection *BZ*, *MZ*, *TZ*, au ſommet Z de la commune Section *CZ*, & dans le plan de l'Equateur Solaire, toutes ces courbes formeront le plan *AZK*, incliné d'un angle *ZCO* à l'Horizon, & donneront à l'Obſervateur *O*, l'apparence de la largeur angulaire *AOK* de la Lumière Zodiacale ſur l'Horizon. Et ſi les rayons viſuels qui paſſent par les extrémités *A*, *K*, & par les points intermédiaires *B*, *C*, *M*, *T*, ſont prolongés juſqu'à une ligne *XY*, priſe ſur l'Horizon, & perpendiculaire à *HO*, ils détermineront ſur *XY*, les points *a*, *k*, & *b*, *c*, *m*, *t*, qui répondent à leurs pareils *A*, *K*, & *B*, *C*, *M*, *T*, pris ſur l'axe du fuſeau *AK*. Maintenant ayant élevé ſur *XY*, le plan vertical *SYXζ*, ſur lequel ſe doit trouver la projection de la Lumière Zodiacale ou de l'Atmoſphère Solaire *AZK*, vûe ſur l'Horizon, & ayant pris ſur ce plan la ligne *cz* égale à *cζ*, & inclinée ſur *YX*, par exemple, de la même quantité quelconque *zcS*, dont l'Ecliptique l'eſt actuellement ſur l'Horizon ; il eſt clair que cette ligne *cz*, commune Section de l'Ecliptique & du plan vertical élevé ſur *XY*, exprimera l'axe *CZ* tranſporté ſur ce plan, où le point Z pris ſur le rayon viſuel prolongé *Oζ*, eſt vû à la hauteur *ζ*, & de la longueur *cζ* ou *cz*. Et ſi de part & d'autre de l'axe *cz*, on trace de même les projections *az*, *bz*, *kz*, *tz*, *mz*, &c. des arcs *AZ*, *BZ*, *KZ*, *TZ*, *MZ*, &c. il eſt encore évident que leur totalité donnera l'apparence de la Lumière

Zodiacale *azk*, vûe ſur l'Horizon *YX*, & cela indépendamment d'aucune épaiſſeur *RV* de l'Atmoſphère du Soleil.

Où il faut remarquer, que le milieu réel de cette Atmoſphère, qui ſe trouve en *C*, centre commun de l'Equateur Solaire, de l'Ecliptique & du fuſeau *ARKL*, & dans la commune Section *CZ* de ces deux Cercles, ne ſauroit alors ſe confondre avec l'axe ou le milieu apparent *MZ* ou *mz* de la Lumière Zodiacale *AZK* ou *azk*. Car les points *A* & *K*, limitant la Lumière Zodiacale ſur l'Horizon, comme nous le ſuppoſons juſqu'ici, il eſt clair que l'angle viſuel *AOK*, n'eſt pas partagé également par la ligne *CO*, à cauſe de l'Inclinaiſon *ACH* ou *KCQ* de la ligne *AK*, ſur *HO*, mais par une autre *MO*, menée du point *M*, lequel diviſe *AK* en raiſon de *AO* à *KO*. D'où l'on voit que la direction apparente *mz* de la pointe *z*, pourra différer conſidérablement de ſa direction vraie *cz*; comme je trouve qu'il eſt arrivé en pluſieurs occaſions ſemblables.

On voit auſſi que la Lumière paroîtra plus denſe en *cz*, vers le bord *az*, qui répond à l'axe vrai, à la plus grande épaiſſeur de la Lentille, & au plus long chemin *LN*, que le rayon viſuel fait dans l'Atmoſphère Solaire, qu'à ſon milieu apparent *mz*; & de même, plus denſe, par exemple, en *ar* ou *AR*, qui eſt la corde du ſegment *AGR*, vis-à-vis le bord *A*, qu'en un autre point *tz* ou *DF*, en deçà du bord *K*, & à une diſtance ſenſible *TK*, mais telle cependant que *DF* eſt plus petite que *AR* : & la Lumière Zodiacale paroîtra peut-être auſſi denſe en *AR* ou *ar*, qu'en *VI* ou *mz*, *PE* ou *bz*, &c. ſelon la nature de la courbe *AGKV*.

Enfin il eſt clair, dans la ſuppoſition de la convexité *AGR*, aperçûe du point *O*, que la tangente ou rayon viſuel *OG*, ira déterminer ſur *XY*, un point *g*, d'où réſultera une autre largeur *gk*, & une autre Figure *grzk*, approchant de celle d'une faux, d'un Ongle, &c. Et ſi à toutes ces circonſtances Optiques il s'en joint quelques-unes de Phyſiques, tant de la part de l'Atmoſphère Solaire, que du milieu à travers lequel nous l'apercevons, on comprend combien il en pourra naître de variétés & de bizarreries apparentes de figure, de lumière & de position. C'est ce qu'il suffit d'avoir touché ici succinctement, pour nous prémunir contre ces apparences trompeuses, comme aussi pour rendre compte au Lecteur des attentions que nous avons apportées sur ce sujet à nos propres Observations, & à l'examen de celles d'autrui.

CHAPITRE VII.

Conséquences à tirer de la même théorie, par rapport à l'Aurore Boréale.

Fig. XXIII. APPLIQUONS maintenant la même théorie aux Aurores Boréales, & soit TSR le plan de l'Ecliptique ou de l'Orbite Terrestre vûe de profil, de manière que TR représente en même temps le diamètre de cette Orbite qui passe par les deux points T, R de sa plus grande déclinaison avec l'Equateur Solaire, laquelle se trouve, comme nous l'avons vû ci-dessus, au 8me degré des Signes de la Vierge & des Poissons. Le plan de l'Equateur Solaire & celui qui partage son Atmosphère en deux parties égales selon son épaisseur, sont ici la même chose. Soit donc EQ ce plan de l'Equateur Solaire vû aussi de profil, prolongé indéfiniment de part & d'autre du point d'intersection ou centre S du Soleil $EIQX$, vers Y & vers Z, & faisant avec le plan de l'Ecliptique l'angle YST égal à RSZ, de $7^d \frac{1}{2}$. IX sera l'axe du Soleil prolongé vers N qui est du côté du Nord ou de son Pole Boréal, & vers A qui est du côté du Sud ou de son Pole Austral. Les points R, T, représenteront aussi le centre ou le Globe même de la Terre étant au 8me degré de ♓, ou de ♍; & les petits cercles qui renferment ces points ou les lettres T, R, sont censés exprimer l'Atmosphère ou le Tourbillon Terrestre jusqu'à la distance où la Gravitation qui agit vers la Terre est capable de pousser vers sa surface la matière de l'Atmoſphère Solaire qui arrive, ou qui eſt rencontrée à cette diſtance; ainſi qu'il a été expliqué au commencement de la Section précédente. C'eſt ce que nous entendrons toûjours dans la ſuite de celle-ci, en déſignant ſeulement la Terre en *T* ou en *R*, & en général quand nous parlerons du Globe Terreſtre.

Si autour de *EQ* prolongé également de part & d'autre du point *S*, & ſur les parties *BD*, *GK*, *HL*, *YZ*, &c. comme diamètres, on décrit les figures de fuſeaux ou d'Ellipſes fort alongées, *BCDF*, *GMKO*, *HALN*, *YPZV*, elles repréſenteront les coupes d'autant d'états différens de l'Atmoſphère du Soleil, ou, ce qui eſt ici la même choſe, du Sphéroïde aplati & lenticulaire engendré par la révolution de chacune de ces figures, ou de leurs moitiés, ſur l'axe commun *ASN*, ſelon que cette Atmoſphère ſe trouve réellement plus ou moins étendue, ou différemment conformée. Je dis réellement; car la grandeur ou la figure ſous laquelle nous voyons l'Atmoſphère Solaire dans la Lumière Zodiacale peut être mutilée, défectueuſe ou irrégulière, faute d'y paroître aſſez ſenſiblement terminée, ou par les circonſtances Optiques dont nous venons de démontrer la poſſibilité dans le Chapitre précédent.

Toutes ces coupes ou projections ſuppoſent l'œil infiniment éloigné, & perpendiculaire à leur plan commun, ſur le point *S*, où il faut imaginer que les Nœuds ♊ 8^{d}, & ♐ 8^{d} de l'Equateur du Soleil avec l'Ecliptique ſe confondent: & elles ſont tracées alternativement par rapport à l'axe de révolution *AN*, avec des points & avec des lignes, pour éviter la confuſion. En les comparant avec la Figure II, on voit qu'elles répondent aux plans projetés *AGFK*, *ApFa*, *VDCB*, *EORI*, *MLNH*, &c. de cette Figure, qui repréſentent, ſi l'on veut, autant d'extenſions de l'Atmoſphère du Soleil juſqu'aux Orbites planétaires où elle peut atteindre dans ces différens états. Ainſi le profil commun de tous les fuſeaux de la Figure XXIII, ſe rapporte à la ligne ou coupe *YZ* de la Figure II, le profil particulier de chacun étant déſigné par les mêmes lettres aux extrémités des Axes ou Diamètres.

Si l'Axe *GK* (Fig. XXIII) du fuseau *GMKO*, eſt égal au grand Diamètre *RT* de l'Orbite Terreſtre, le rayon *GS* ou *KS*, qui eſt le ſinus total, déterminera la moitié de l'Atmoſphère *OKM* ou *OGM*, vûe de la Terre, à occuper 90ᵈ dans le Ciel, à compter depuis le lieu du Soleil, juſqu'à la pointe *K* ou *G*; & le petit Diamètre *OM* ayant un peu plus du tiers de *KS* exprimera une largeur, par exemple, de 20 à 21ᵈ; ce qui répond à peu-près aux dimenſions ſous leſquelles la Lumière Zodiacale parut à feu M. *Caſſini* le 7 Mars 1687. Par cette commune meſure on pourra juger des grandeurs différentes ſous leſquelles l'Atmoſphère Solaire eſt ici dépeinte ou projetée, & qui ſont toutes déduites de quelque obſervation. Il faut ſeulement remarquer que ſes largeurs ou épaiſſeurs priſes ſur l'axe prolongé du Soleil, & qu'on ne voit jamais avec la Lumière Zodiacale, ſont, comme vrai-ſemblablement elles doivent l'être, plus grandes qu'à la partie *lg* ou *PF* ou *CV*, obſervée ſur l'Horizon. Car il n'eſt point queſtion ici de ce qu'on en voit dans les Eclipſes totales, toûjours trop mal terminé, par la grande clarté qui reſte encore autour du Globe du Soleil, pour nous pouvoir donner les vraies dimenſions de ſon Atmoſphère; ainſi qu'il a été remarqué dans la première Section.

Le Cercle *euqtr* eſt l'Equateur du Monde, qui fait l'angle *e*♎*T* ou *t*♈*R*, de 23ᵈ 29′ avec l'Orbite *TR*, au premier degré d'*Aries* & de *Libra*, & celui de 27ᵈ 10′, *euG*, avec l'Equateur Solaire *GK*. L'Axe de la Terre ſera donc dirigé ſelon *xi*, perpendiculaire au plan de ſon Equateur qui ſe confond avec celui du Monde.

Maintenant, ſi le plan de l'Ecliptique ſe trouvoit confondu avec le plan de l'Equateur du Soleil, en ſorte que le Diamètre
Fig. II & XXIII. *RT* de l'Orbite de la Terre tombât en *ap*, que nous ſuppoſerons pour un moment être la ligne des Apſides; il eſt clair que le Globe Terreſtre devroit paſſer dans l'Atmoſphère du Soleil, & s'y plonger toutes les fois que cette Atmoſphère s'étendroit auſſi loin, ou plus loin que l'Orbite *RT* (Fig. XXIII)

devenue *ap*; avec cette exception pourtant, que si dans le temps que l'Atmosphère du Soleil n'a que l'étendue de l'Orbite Terrestre, comme, par exemple, en *GMKO*, ses bords *G*, *K*, (ou Fig. II *AKFG*) conservent toûjours une même distance à l'égard du Soleil ou centre *S*, le Globe Terrestre, à cause de son excentricité, doit la toucher ou la traverser en *p*, dans son Périhélie, & quelque temps avant & après (savoir, Fig. II en *ApF*) & la quitter ensuite dans son Aphélie, & s'en écarter d'autant plus qu'il approche davantage de ce point (savoir, Fig. II en *AaF*). Ainsi dans la supposition précédente, & d'une pareille extension de l'Atmosphère Solaire, il est clair que la Terre la traverseroit dans son Périhélie, ou aux environs, & qu'elle ne la toucheroit pas dans son Aphélie, ni à quelque distance autour de l'Aphélie, quelle que fût la largeur ou l'épaisseur de l'Atmosphère Solaire. Ce que nous pouvons considérer comme le cas moyen entre celui où cette Atmosphère demeureroit toûjours en deçà du Périhélie vers *S* (savoir, Fig. XXIII en *BCDF*) & où elle n'atteindroit jamais la Terre, & celui où cette Atmosphère passeroit au delà de l'Aphélie de la Terre, comme en *YPZV*, ou Fig. II *HNLM*, & où elle atteindroit & renfermeroit toûjours la Terre.

Mais (Fig. XXIII) le plan *EQ* ou *YZ*, & celui de l'Ecliptique *TR*, ne se confondant point, & faisant entre eux un angle de $7^d \frac{1}{2}$, le Globe Terrestre ne doit toucher ou traverser nécessairement l'Atmosphère Solaire, supposée même à une aussi grande distance du centre *S* que l'Aphélie *a*, ou davantage, que lorsqu'il se trouve dans le même plan, c'est-à-dire, vis-à-vis des Nœuds ♊ 8^d, ♐ 8^d de cette Atmosphère. En tout autre cas, il est clair que le Globe Terrestre peut toucher, traverser ou ne toucher pas l'Atmosphère du Soleil, selon que celle-ci par sa largeur ou son épaisseur lenticulaire va ou ne va pas jusqu'au plan de l'Ecliptique, à l'endroit où se trouve actuellement la Terre. Ainsi les deux cas extrêmes, dont nous venons de parler ci-dessus, peuvent naître encore de cette disposition, ou faire un eff[illegible]de, savoir, le cas où l'Atmosphère Solaire *BCDF* est moins étendue par son disque plat, que l'Orbite Terrestre, où elle ne sauroit jamais rencontrer la Terre, & celui où elle est plus étendue que l'Orbite Terrestre, & en même temps assez épaisse pour la renfermer, où elle rencontrera toûjours la Terre.

Dans toute autre occasion, c'est-à-dire, dans les cas moyens, qui, selon ce que nous connoissons aujourd'hui de l'Atmosphère du Soleil, doivent faire sans comparaison le plus grand nombre, l'Immersion ou l'Emersion du Globe Terrestre par rapport à cette Atmosphère, dépendra de la rencontre fortuite de son extension plus ou moins grande en certains sens, de son épaisseur, de son aspect à l'égard de l'Orbite Terrestre, & du lieu actuel que la Terre occupe dans cette Orbite *TR*, comme par exemple, en τ, σ, υ, &c. ou semblables, de la figure XXIII.

D'où l'on voit comment il seroit possible qu'il n'y eût jamais d'Aurores Boréales sur la Terre, ou comment il se peut qu'elles soient de très-longs temps sans paroître; & au contraire, comment elles pourroient paroître toûjours, supposé les circonstances accessoires & Physiques favorables; ou enfin, comment les Aurores Boréales peuvent paroître en certains temps, en certains siècles, & point en d'autres, tantôt plus, tantôt moins fréquemment. Les vicissitudes de la différente extension de l'Atmosphère Solaire, combinées avec toutes les autres circonstances que nous venons d'indiquer, en doivent fournir la raison, & nous en donneroient le détail, si les causes primitives de ces vicissitudes pouvoient un jour nous être connues.

CHAPITRE

CHAPITRE VIII.

De la correspondance des Reprises de l'Aurore Boréale avec les apparitions de la Lumière Zodiacale, ou avec les accroissemens de l'Atmosphère Solaire.

PUISQUE les preuves de droit nous manquent, & que nos connoissances sont si loin d'atteindre à la cause primitive des changemens qui arrivent à l'Atmosphère Solaire, pour en déduire les temps d'apparition ou de Reprise des Aurores Boréales, tout au moins devons-nous montrer, quant au fait, & conformément à nos principes, l'accord qui se trouve entre ces deux Phénomènes. C'est ce qui va faire le sujet de ce Chapitre, mais qu'il faut avouer que nous ne saurions exécuter qu'imparfaitement, par le défaut d'Observations de la Lumière Zodiacale, qui est presque la seule voie par où l'Atmosphère Solaire se manifeste à nous. On a vû par l'histoire de cette Lumière, au commencement de cet ouvrage, que ce n'est que depuis 1683 qu'on en a des observations exactes, suivies seulement jusqu'en 1688, ou tout au plus jusqu'en 1694, interrompues ensuite, & comme abandonnées, à en juger du moins par les ouvrages donnés au public, jusqu'à ce que la liaison qu'elles ont avec notre hypothèse nous ait engagés à les rassembler, & à les continuer. Ce peu cependant que nous en avons, & ce qui s'en est échappé, comme par hasard, sous des idées & des vûes toutes différentes dans les siècles antérieurs, s'il ne suffit pour démontrer la correspondance que nous avons taché d'établir entre les deux Phénomènes, ne nous offre rien du moins qui ne tende à la justifier.

1.° Il est constant, depuis que nous avons commencé d'y faire attention, dans l'espace de quatre à cinq années, que la Lumière Zodiacale, ou, ce qui est ici la même chose, l'Atmosphère Solaire, a paru plusieurs fois d'une étendue suffisante pour arriver jusqu'au Globe Terrestre, & même au-delà, & pour y produire, selon notre explication, les Aurores Boréales dont la suite & la fréquence forment cette grande Reprise que nous éprouvons depuis 1716. J'ai rapporté plusieurs de ces Observations dans la première Section de ce Traité; je sais aussi que quelques habiles Astronomes ont pris garde en dernier lieu à cette étendue extraordinaire de la Lumière Zodiacale, ou de l'Atmosphère Solaire; & j'espère qu'à l'avenir l'on ne passera pas ces sortes d'observations sous silence.

2.° Il a été encore remarqué que le temps de la découverte de la Lumière Zodiacale par feu M. *Cassini*, ou plustôt celui de sa grande extension, qui arriva trois ou quatre ans après, en 1686 & 1687, est aussi l'époque du renouvellement des Aurores Boréales *, dont on avoit tout-à-fait perdu le souvenir, ou que l'on ne connoissoit plus que sous l'idée vague du Phénomène observé par *Gassendi*, au commencement du XVIIme siècle.

* *Sup. pp. 34. 35.*

3.° Mais entre la Reprise de 1686 & celle de 1716, qui font la XXme, & la XXIIme de celles dont nous avons donné le détail ci-dessus, Chap. II, il s'en trouve une autre, savoir en 1707, jusqu'en 1710 inclusivement, qui est la XXIme; & voici encore la Lumière Zodiacale qu'on avoit tout à fait perdue de vûe, & aux apparitions de laquelle on ne songeoit plus depuis les Observations de feu M. *Cassini*, qui reparoît, & qui se fait remarquer. M. *Derham* la voit en 1706 & en 1707, & il en rapporte les observations à la Société Royale de Londres *. La première fois, en 1706, au mois de Mars, c'étoit un grand sentier de Lumière, qui s'étendoit sur la constellation du Taureau: cette Lumière, dit M. Derham, *est fort extraordinaire..... mais je ne doute point cependant que ce ne soit celle que le Docteur* Childrey *observa le premier en Angleterre, & M.* Cassini *en France, comme l'a rapporté le D.* Hook. La seconde fois M. *Derham* l'observe au mois d'Avril 1707, & il la voit comme une *Pyramide*, ou *apparence Pyramidale*, qui s'élevoit de l'Horizon à 15 ou

* *Philosoph. Transf. n. 305 & 310.*

20 degrés de hauteur. Sa couleur tiroit sur le rouge pâle ; & ce qui est peu commun, & qu'on ne voit pas du moins qui arrivât lorsque M. *Cassini* l'observoit, c'est qu'il l'aperçût ainsi un quart d'heure seulement ou environ, après le coucher du Soleil, c'est-à-dire au plus fort du Crépuscule. Il fallut sans doute pour cela un concours bien marqué de circonstances favorables, & qu'en même temps la Lumière Zodiacale ou l'Atmosphère Solaire fût bien dense & bien épaisse.

4.° En remontant au dessus de 1686, ou de la XXme *Reprise*, à celles qui la précèdent, il ne s'agit plus de la Lumière Zodiacale observée ou aperçûe comme telle, il faut la déduire des circonstances que les Auteurs ont fortuitement rapportées en parlant d'autres Phénomènes, ou la démêler à travers les apparences trompeuses, & quelquefois chimériques dont l'ignorance des temps l'a revêtue : on en a vû des exemples ci-dessus. Il est à présumer cependant, & nous en rapporterons bien-tôt une preuve remarquable, que la Lumière Zodiacale a été souvent dans les siècles passés plus étendue, plus dense & plus visible qu'elle n'étoit du temps de feu M. *Cassini*, & qu'elle n'est du nôtre, de cela seul qu'elle a été aperçûe. Car si cet habile Astronome s'est étonné *qu'on ne regardât cette Lumière que comme un simple brouillard*, lorsqu'il l'observoit dans sa plus grande étendue, & s'il y a encore aujourd'hui si peu de gens parmi les plus éclairés, qui en aient connoissance de leurs propres yeux, quoiqu'elle paroisse depuis plusieurs années, que devra-t-on penser de ces anciens temps, & de la difficulté qu'on y a dû trouver à discerner ce Phénomène auquel on ne s'attendoit pas, & à le distinguer du Crépuscule, de la Voie Lactée, & des brouillards blancheâtres ou colorés qui couvrent souvent l'Horizon ?

M. *Cassini* croyoit que *Descartes* pouvoit avoir vû la Lumière Zodiacale, ou qu'il en avoit entendu parler sous l'apparence de ces Queues de Comète, ou de ces *Poutres*, qui se montrent quelquefois en un même jour, avant le lever du Soleil & après son coucher. C'est à l'occasion d'un endroit du livre des Principes de ce Philosophe, dont il a été fait mention dans notre Section première, Chap. II. Et en ce cas l'Epoque de cette apparition se rapporteroit assez à la Reprise des Aurores Boréales qui parurent du temps de *Gassendi*, & qui sont la XIXme de notre recueil. J'ajoûterai que *Morin* célèbre Astronome qui a écrit au commencement du XVIIme siècle, met entre les Phénomènes qui résident dans la suprême région de l'air, celui qu'il appelle la *Pyramide ardente* *, avec la *Poutre* & les *Comètes*; & je ne doute pas que ce ne fût à la Lumière Zodiacale que l'on donnoit le nom de *Pyramide* ou de *Cone*, comme on le trouve ailleurs; mais il seroit difficile de savoir si *Morin* parle d'après ce que l'on voyoit de son temps, ou s'il ne fait que rapporter ce qu'il avoit lû dans les Auteurs, & il faut avouer qu'en cela ce ne sont ici que des conjectures bien légères.

* *Mundi sublunaris Anatomia, cap. II.*

Les preuves tirées de certaines Queues de Comètes, me paroissent en général plus concluantes, quoiqu'en particulier, il y ait toûjours à douter de ce qu'ont vû les Observateurs, ou de ce que les Historiens ont prétendu nous faire entendre d'après eux. Car il y a des temps, & ce sont presque toûjours ceux qui se trouvent à quelqu'une des Reprises de l'Aurore Boréale ou qui en approchent, pendant lesquels il paroît un si grand nombre de Comètes de toute espèce, qu'il n'y a pas à douter qu'on n'en ait souvent confondu quelqu'une avec l'Aurore Boréale, comme nous l'avons fait remarquer en son lieu, & enfin avec la Lumière Zodiacale dont il s'agit présentement. Il ne faut pour s'en convaincre, que parcourir les Auteurs que nous avons le plus employés ci-dessus, *Lycosthène, Gemma,* & les Cométographes, avec les attentions que nous avons suffisamment indiquées.

Une autre remarque à faire en faveur de la correspondance de l'Aurore Boréale & de l'apparition de la Lumière Zodiacale dans les siècles les plus reculés, est le mélange continuel qu'on trouve de l'une & de l'autre dans les descriptions que les anciens Auteurs nous ont laissées sur ces sortes de Phénomènes. Par exemple, *Pontanus*, qui a vû ou pû voir les Aurores Boréales de 1461 & 1465 *(Repr. XIV)* étant né en 1431, & mort en 1509, nous a donné dans ses Poësies une description très-élégante de ces Phénomènes, où il parle d'une apparence de *Coin*, de *Cone* & de *Pyramide*, qui se perd dans le Ciel, & qui, à mon avis, doit plustôt se rapporter à la Lumière Zodiacale qu'aux jets de Lumière de l'Aurore Boréale, quoiqu'il parle encore de ceux-ci.

..... Leve in aërium se tollit acumen
Consurgens : graviora suo sese ordine ad imum
Detrudunt, donec Cunei *sub imagine flammam*
Concipit, & rutilus micat inter sidera Conus *.

* Jov. Pontani *Oper. t. IV. lib. Meteororum. Cap.* De Lampadibus & aliis ignitis figuris.

Car les jets de lumière ne se terminent pas en pointe lorsqu'ils sont un peu larges : on les voit plustôt compris entre deux parallèles, ou même un peu divergens vers le haut. Mais la Figure vraiment Pyramidale avoit si bien frappé l'imagination, & apparemment les yeux de notre Poëte, que se transportant tout à coup au milieu de l'Egypte, & sur les bords du Nil, il y peint un pécheur étonné de voir ses Pyramides, & les monumens de ses Héros enlevés dans le Ciel, & confondus avec les Astres;

Tunc aliquis limosa agitans ad flumina Nili
Piscator, dum nocte oculos ad sidera tollit,
Obstupuit, doluitque simul super astra referri
Pyramidas, veterumque rapi monumenta virorum,
Ægyptumque suis superos spoliare trophæis.

Après cela il distingue fort bien, ce me semble, la figure pointue ou longue & étroite, comme celle d'une *Lance*, que l'on voit quelquefois à des rayons qui sortent perpendiculairement du Segment obscur, d'avec celle qu'il avoit attribuée à la Lumière Zodiacale, ou au *Cone*;

Interdum longam erectus *consurgit in* hastam,
Parte levis, parte obducta caligine *densus.*

Et il n'avoit pas oublié la *fumée* apparente, qui s'y mêle, semblable à celle des *chaumes* qui brûlent dans une campagne,

Ut quando ſtipulis furtim vagus incidit ignis, &c.

Quoi qu'il en ſoit, il eſt certain que le Cone & la Pyramide repréſentent parfaitement la figure de la Lumière Zodiacale; & M. *Derham* dans l'obſervation de cette Lumière, que nous avons rapportée ci-deſſus, n'a pas cru pouvoir la mieux nommer que *Pyramis veſpertina.* Mais l'ignorance où étoient les Anciens touchant ce Phénomène & celui de l'Aurore Boréale qui le ſuit ou l'accompagne ſouvent, jette preſque toûjours de la confuſion & quelque incertitude dans ce qu'ils nous diſent ſur ce ſujet.

Cependant voici encore, ſi je ne me trompe, un témoignage ſingulier de l'apparition de la Lumière Zodiacale ou de l'Atmoſphère Solaire; ce ſera le dernier que nous rapporterons. Il tombe ſur le commencement du vme ſiècle, & répond à notre Iere *Repriſe* des Aurores Boréales. C'eſt celui-là même que nous avons annoncé au commencement de cet Ouvrage, en parlant de l'apparence de l'Atmoſphère du Soleil pendant les Éclipſes totales de cet Aſtre, & ſur ce qu'elle peut quelquefois s'y montrer ſous la même forme que dans la Lumière Zodiacale proprement dite. Je tire ce témoignage de *Nicephore Calliſte*, Hiſtorien, qui n'eſt pas, je l'avoue, des plus eſtimés, mais que je crois dans l'occaſion préſente à couvert de tout ſoupçon, par la nature des faits & des circonſtances que l'on va voir.

Il s'agit d'une Éclipſe Solaire, qu'il y eut, comme on peut le conjecturer, à Conſtantinople, ou peu loin de cette Ville, ſous le règne de *Théodoſe le Jeune. Nicéphore* décrit cette Éclipſe dans le XIIIme Livre de ſon Hiſtoire, après avoir rapporté la priſe de Rome par *Alaric*, & raconté tous les préſages ſiniſtres & tous les malheurs qui précédèrent ou qui ſuivirent ce grand événement.

Il y eut encore alors, dit-il, *une Éclipſe du Soleil, pendant laquelle l'obſcurité fut ſi grande, que les Étoiles parurent en plein*

jour .... On vit aussi en même temps dans le Ciel avec le Soleil éclipsé, & au dessus de lui, *une clarté singulière, qui avoit la figure d'un Cone; & que quelques personnes peu instruites prirent pour une Comète. Mais il n'y avoit rien là de semblable à une Comète : car cette clarté ne se terminoit point en Queue ou Chevelure* de Comète, *& n'avoit point d'Etoile* aussi qui en pût représenter le Noyau. *C'étoit plustôt une espèce de flamme, qui subsistoit par elle-même, semblable à celle d'une grande Lampe, & d'où il partoit une lumière fort différente de celle des Etoiles.*

On continua de voir la même apparence sans doute les jours suivans, & ce fut à mon avis le matin avant le lever du Soleil, car voici ce que l'Historien ajoûte immédiatement après. *Mais la position & le mouvement de cette lumière changèrent. Elle étoit d'abord placée vers cette partie du Ciel où le Soleil se lève à l'Equinoxe du Printemps; ensuite elle parut couchée le long de cette partie* du Zodiaque, *qui répond à la dernière Etoile de la queue de l'Ourse, marchant,* ou regardant *toûjours* par sa pointe, *vers l'Occident. Et après qu'elle eut parcouru ainsi le Ciel* ou le Zodiaque, *pendant plus de quatre mois, elle disparut. Son sommet devenoit quelquefois plus aigu, & lui donnoit une figure beaucoup plus oblongue que celle du Cone, après quoi se raccourcissant, elle en reprenoit quelquefois les proportions. Elle eut encore d'autres formes extraordinaires, & qui ne ressembloient à aucun des Phénomènes connus. Elle commença de se montrer au milieu de l'Eté, & continua jusqu'à la fin de l'Automne.*

Ce qui est dit ici des proportions du *Cone*, & ce qu'on en a vû ci-dessus dans *Pontanus*, se doit entendre, non à la manière des Géomètres, chez qui cette espèce de corps régulier ne perd point sa dénomination, quelque aigu & oblong qu'il puisse être, mais plustôt de la façon dont l'emploient la plupart des Auteurs anciens qui donnent ce nom à toute borne conoïdale, *meta*, comme l'explique le Traducteur Latin de *Nicéphore*, & particulièrement à la Borne qui étoit à Rome au bout du Cirque.

Mais il y auroit des choses bien plus importantes à éclaircir sur ce passage. Il faudroit savoir sur-tout quel étoit le lieu du Ciel sur l'Horizon où se trouvoit le Soleil pendant l'Eclipse, & comment son Atmosphère, qui vint à s'y montrer sous la forme qu'elle a dans la Lumière Zodiacale, ne fut vûe que d'un côté. Car ce n'est pas le cas de son apparition après le coucher, ou avant le lever du Soleil, où sa moitié inférieure, & une partie de la supérieure se trouvent cachées sous l'Horizon, comme la représente notre Figure I, dans la première Section; elle devoit, ce semble, paroître toute entière pendant l'Eclipse, sous la forme de fuseau, & l'Observateur devoit voir deux Cones opposés, l'un à l'Occident & au dessus du Globe Solaire caché par la Lune, l'autre à l'Orient & au dessous vers l'Horizon; si c'étoit le matin, comme je le conjecture. Il seroit encore à souhaiter que l'Historien eut mieux spécifié qu'il n'a fait, comment on continua de voir le même Phénomène les jours suivans depuis le milieu de l'Eté jusqu'à la fin de l'Automne; si c'étoit toûjours avec le Soleil, ou simplement avant son lever ou après son coucher. Quoiqu'à l'égard de ce dernier article, comme je ne doute pas qu'il ne s'agisse ici de la Lumière Zodiacale, qu'on ne sauroit apercevoir avec le disque du Soleil non éclipsé, je ne fais nul doute aussi que ce ne fût le matin avant le lever de cet Astre, que l'on continua de voir cette Lumière sous la forme de Cone ou de Lance.

Un calcul exact de cette Eclipse, son heure, sa quantité, sa demeure & ses autres élémens résoudroient une partie de ces difficultés, & nous fourniroient peut-être de quoi éclaircir tout le reste. Mais outre que l'Epoque du Sac de Rome par *Alaric*, qu'on fixe communément à l'an 410, n'est pas si incontestable qu'il n'y ait des Auteurs très-graves qui varient là-dessus *, il reste encore une autre incertitude dans le texte de *Nicéphore*; c'est qu'on ne voit point du tout à quelle distance & à quelle place par rapport à ce terme, il faut mettre l'Eclipse en question. Parmi cette foule d'événemens, de présages & de malheurs que cet Historien rapporte en cet endroit, on comprend bien qu'il y en doit avoir une partie qui

* Petav. *De Doctr. Temp.* *Lib. II, cap.* I.

qui ont précédé la prise de Rome, & quelques autres qui l'ont suivie ; mais il n'est pas aisé de les démêler. Aussi ne trouvai-je ni Astronome, ni Chronologiste, qui se soit donné la peine de calculer cette Eclipse de Soleil, dans des Catalogues d'ailleurs très-amples où ils nous ont donné les élémens de quantité d'autres Eclipses arrivées dans les siècles les plus reculés. Ils rapportent simplement celle-ci, les uns à l'an 410, comme le P. *Riccioli*, les autres à 409 ou 413, comme *Hévélius*, ou à 412, comme le même *Hévélius* & *Lycosthène*, &c. Nous croyons donc pouvoir nous dispenser du long travail qu'il faudroit entreprendre pour déterminer quelque chose de plus précis sur cette matière, & d'autant plus que par rapport à la circonstance qui fait ici la principale difficulté, savoir, comment on n'a vû qu'un cone de lumière ou la moitié de l'Atmosphère du Soleil, on en peut fort bien imaginer la possibilité dans l'un des cas suivans, selon ce que donneroit le résultat du calcul.

Car 1.° ou cette Eclipse sera arrivée près de l'Horizon, par exemple, le matin, & en ce cas l'Horizon & les vapeurs dont il ne manque guère d'être chargé, auront empêché la Lumière Zodiacale de se montrer au dessous du Globe Solaire, & elle n'aura été vûe qu'au dessus pendant l'obscurité. Je ne voudrois pas même assurer que ce ne fût point ici une de ces Eclipses *matinales* dont le P. *Riccioli* nous a donné l'explication & des exemples, & pendant lesquelles l'obscurité peut être très-grande, quand même elles ne seroient que partiales, à cause que la partie du Disque non éclipsée se trouve au dessous de l'Horizon, tandis que le reste du corps éclipsé du Soleil est au dessus.

2.° Ou le Soleil aura été plus élevé sur l'Horizon, & à telle hauteur qu'on voudra pendant l'Eclipse ; mais l'un des deux Cones de son Atmosphère aura été caché par des nuages qui se seront trouvés accidentellement de ce côté.

3.° Ou enfin en quelque lieu du Ciel que soit arrivée l'Eclipse, & quelque serein qu'ait été le temps, l'Eclipse étant totale, mais non centrale, l'Atmosphère Solaire aura paru sous la forme de Cone du côté où l'Immersion étoit plus grande, & simplement comme une espèce de *Frange* ou de *Flamme brillante* autour du Globe Lunaire, du côté de la moindre Immersion, ainsi que *Képler* nous la décrit en général dans les Eclipses totales de Soleil*, & qu'elle parut dans le bas Languedoc, à Montpellier & à Béziers, le 12 Mai 1706; ou seulement comme un Cone fort obtus en comparaison de son opposé, comme nous la vîmes de part & d'autre, vers l'Orient & vers l'Occident, M. *Godin* & moi, pendant l'Eclipse totale du 22 Mai 1724 à Paris. Car soit *TP* l'Ecliptique, *RB* l'Orbite de la Lune dont le Nœud est en *N*, *EQ* l'Equateur du Soleil, que nous supposons partager en deux parties égales son Atmosphère; *DOCF* le Disque du Soleil éclipsé dont le centre est en *S*, & *IFM* celui de la Lune dont le centre est en *L*, au moment du milieu de l'Eclipse, &c. Il est aisé de comprendre par l'inspection de ce Type, que dans le cas d'une densité extraordinaire, l'Atmosphère du Soleil pourra paroître jusqu'en *Q*, & sous la Figure *HQG*, du côté *COD*, où son Disque est plus enfoncé dans l'ombre, & où la partie la plus claire de son Atmosphère est cachée par le bord de la Lune *CIOMD*; tandis qu'une pareille partie plus à découvert du côté de *CFD*, éteint la pointe opposée du Cone, l'empêche d'être sensible, & en réduit l'apparence à la *Frange*, ou à quelque chose de semblable à *GEBH*.

* Sup. p. 15.

Fig. XXIV.

CHAPITRE IX.

De la correspondance des apparitions de l'Aurore Boréale avec les différentes situations du Globe Terrestre, par rapport au Soleil & à l'Atmosphère Solaire.

IL s'agit ici d'appliquer aux apparitions effectives de l'Aurore Boréale, par le moyen de la Table que nous en avons donnée à la fin du Chap. IV, une partie de ce que nous avons remarqué en général, dans le Chap. VII, sur leur possibilité ou leur impossibilité, leur fréquence ou leur rareté, & de comparer les différens points de l'Ecliptique sous lesquels se trouve la Terre par sa révolution périodique, avec les Saisons & mois de l'année où le Phénomène a paru le plus souvent.

Cette comparaison roulera principalement sur trois Chefs.

Sur la *Distance d'Elongation* du Globe Terrestre dans les divers temps de l'année, par rapport au Soleil ou à l'Atmosphère Solaire, c'est-à-dire, sur sa distance proprement dite, & considérée indépendamment de sa situation à l'égard des Nœuds ou des Limites de l'Equateur Solaire.

Sur sa *Distance de Latitude* ou *de Déclinaison*, par rapport aux Nœuds & aux Limites de cet Equateur.

Et enfin sur la *Direction* de son mouvement annuel *en Ascendance* ou *en Descendance*, par rapport à son Pole Boréal qui est celui autour duquel se forment ou se rangent les Aurores Boréales qui nous sont connues.

Ces trois principes de fréquence ou de rareté dans les apparitions du Phénomène, se compliquent entre eux, les deux derniers sur-tout avec le premier, avec les distances de la Terre au Soleil. Mais celui-ci devient le plus important par sa liaison avec la circonstance essentielle d'une étendue de l'Atmosphère Solaire capable de la faire parvenir jusqu'à la Terre. Car il est clair qu'une moindre distance exige moins d'étendue de la part de cette Atmosphère, pour la formation des Aurores Boréales, & une plus grande davantage, à proportion.

Nous donnerons le Calcul & des exemples figurés de tous ces cas, en prenant de part & d'autre, avant & après le moment où le Globe Terrestre arrive à tel ou tel point de l'Ecliptique, des intervalles de temps égaux, d'un, de deux, ou de trois mois, en entier ou en partie, selon l'exigence du cas. Quand les mois seront pris en entier, de simples extraits de la Table réduite fourniront toute la matière du calcul. Lorsqu'on prendra des portions de mois, il faudra recourir au dénombrement qui précède la Table, & avoir égard à l'avertissement de la page 188, touchant la Réformation Grégorienne du Calendrier, tant actuelle que rétrograde. Car comme cette Réformation fait passer quelquefois l'Aurore Boréale d'un mois à l'autre, elle doit changer aussi la date du Phénomène dans le mois d'où il ne sort pas, & à raison de l'année où il tombe. Enfin si la Correction Grégorienne ne quadre pas avec un certain nombre de jours, & donne quelque fraction qui rende l'Epoque douteuse, il faudra nécessairement se déterminer par estime, & selon les circonstances.

Pour en venir donc à l'examen des distances de la Terre au Soleil, comparées avec les nombres de notre Table, & pour montrer que ces nombres sont en général, & toutes choses d'ailleurs égales, d'autant plus grands que les distances sont plus petites, je supposerai, comme j'ai fait dans la Section précédente, & comme je ferai dans tout ce qui suit, la Parallaxe Solaire de 10", & par conséquent la moyenne distance de la Terre au Soleil, de 20626 demi-diamètres Terrestres, sa grande distance de 20976 $\frac{7}{11}$, & sa petite distance de 20275 $\frac{4}{11}$.

Cela posé, voyons quel nombre de Phénomènes répond à l'un & à l'autre point de la ligne des Apsides, à l'Aphélie & au Périhélie. L'Apogée du Soleil se trouve aujourd'hui à peu-près au 8me degré 40' du *Cancer*, & par conséquent l'Aphélie de la Terre sera au même point du Signe opposé, savoir, au 8me degré du *Capricorne*, où elle arrivera vers le 30me Juin, huit à neuf jours après le Solstice d'Eté. Ce point a avancé de plus de 19 degrés selon l'ordre des Signes, depuis la fin du vme siècle, d'où nous avons commencé à compter les Aurores Boréales qui remplissent notre Table. Cependant comme le nombre de celles qui ont été observées en dernier lieu, & depuis 1716, est presque trois fois aussi grand que celui de toutes les autres, & que d'ailleurs le point où se trouve aujourd'hui l'Apogée est commode, en ce qu'il tombe assez juste à la fin d'un mois, nous fonderons là-dessus les calculs suivans, une plus grande exactitude n'étant point nécessaire ici. Prenant donc la somme des Aurores Boréales qui ont paru, ou dont il nous reste la date & l'observation, dans chacune des moitiés de l'Orbite Terrestre, qui renferment les grandes & les petites distances; savoir, dans tous les mois d'*Octobre*, *Novembre*, *Décembre*, en deçà du Périhélie, & de *Janvier*, *Février*, *Mars*, au delà; & dans tous ceux d'*Avril*, *Mai*, *Juin*, en deçà de l'Aphélie, & de *Juillet*, *Août*, *Septembre*, au delà, on trouvera 161 Aurores Boréales autour du Périhélie pour les petites distances, & 68 autour de l'Aphélie pour les grandes distances; ce qui fait en tout les 229 Aurores Boréales contenues dans notre Table, & qui donne un rapport plus que double, & environ de 12 à 5, entre celles qui ont paru autour du Périhélie, & celles qui ont paru autour de l'Aphélie.

Nombre des Aurores Boréales qui ont été observées dans les mois de

La Terre étant dans la partie inférieure de son Orbite.	*Octobre*..	50	La Terre étant dans la partie supérieure de son Orbite.	*Avril*.....	12
	Novembre	26		*Mai*.....	1
	Décembre	15		*Juin*.....	5
	Janvier...	21		*Juillet*....	7
	Février...	27		*Août*....	9
	Mars....	22		*Septembre*	34
	Somme	161	SOMME TOT. 229	Somme	68

Les effets des grandes & des petites distances devront être encore plus sensibles, si la comparaison qu'on en fait, ne tombe que sur les plus grandes & les plus petites. Ne prenons donc que le mois avant & le mois après, qui sont immédiatement autour du Périhélie & de l'Aphélie; l'on aura,

La Terre étant autour de 8^d ♋, & de Distance 20275.	*Décembre*	15		La Terre étant autour de 8^d ♑, & de Distance 20976.	*Juin*	5
	Janvier ...	21			*Juillet*	7
	Somme	36	[48]		Somme	12

Dont les sommes 36 & 12 sont exactement en raison triple. Aussi la différence des distances est-elle presque par-tout sur ce petit intervalle, d'environ 700 Demi-diamètres Terrestres, ou de 1002750 lieues.

Il semblera peut-être que les rapports précédens devroient être diminués, en tant que les Aphélies tombent sur les temps des plus longs Crépuscules, & les Périhélies sur celui des plus courts; ce qui pourroit faire paroître les effets du différent éloignement de la Terre plus grands qu'ils ne sont réellement. Mais tout ce que nous voyons aujourd'hui du Phénomène, sur-tout depuis cinq à six ans, peut nous convaincre que la circonstance des Crépuscules n'est pas aussi importante qu'on l'auroit pû croire, ni capable à beaucoup près de produire une différence aussi sensible que celle qui se trouve dans les nombres ci-dessus. Les trois quarts des Aurores Boréales qui ont paru, même les plus médiocres, se sont montrées long-temps avant la fin du Crépuscule: celle du 21 Juin 1730, par exemple, c'est-à-dire, au temps même du Solstice, & en une saison où il n'y a point de nuit en ce Climat, fut aperçûe dès les 9 heures du soir, & elle étoit très-marquée à 9 $\frac{1}{2}$. Plusieurs autres ont été vûes en toute saison dans le fort du Crépuscule; & ce qui empêche qu'on ne les voie ordinairement de même, c'est plustôt, comme nous l'avons expliqué, Section III, le temps qu'il faut à leur formation, que la clarté qui pourroit en affoiblir l'apparence. D'ailleurs les belles nuits & les beaux couchers de l'Eté, comparés aux temps sombres de l'Hiver, peuvent favoriser autant ou plus les apparitions du Phénomène, que la longueur des Crépuscules ne pourroit leur nuire, sans compter que le Ciel est toûjours plus observé en Eté, & par toutes sortes de personnes, & que par-là tout ce qui y paroît est plus remarqué qu'en Hiver.

Mais nous ne devons point finir l'Article des grandes & des petites distances de la Terre au Soleil, & de leurs effets pour la formation & la fréquence des Aurores Boréales, sans prévenir encore une difficulté qui pourroit se présenter sur ce sujet, & qui est fondée sur une compensation qu'il faut tout au moins connoître; après quoi l'on pourra juger de ses conséquences.

Par la théorie du premier Chapitre de la Section troisième, le rapport des Forces Centrales de la Terre & du Soleil étant une fois trouvé, & supposé invariable, il est clair que plus la distance de la Terre sera grande, plus le point d'Equilibre *L* (Fig. IX), pris entre elle & le Soleil, sera éloigné d'elle, & au contraire, plus sa distance sera petite plus ce point se rapprochera de la Terre. Car la fraction ou Formule $\frac{TS\sqrt{\varphi}}{\sqrt{F}+\sqrt{\varphi}}$, qui donne la valeur de TL, ayant cette distance (TS) au numérateur, & tout le reste demeurant constant, exprimera une quantité d'autant plus grande, ou d'autant plus petite, que la changeante TS croîtra, ou diminuera davantage. La matière Zodiacale pourra donc tomber de plus loin dans notre Atmosphère, lorsque la Terre sera à son Aphélie, que pendant ses distances moyennes, ou lorsqu'elle sera à son Périhélie : & par conséquent l'Aphélie sera à cet égard plus favorable à la formation & à la fréquence des Aurores Boréales que le Périhélie. Sachons donc en quoi consiste ce plus & ce moins, & ce que la sphère d'activité de la Pesanteur Terrestre doit gagner ou perdre par cette circonstance. La distance moyenne de 20626 demi-diamètres Terrestres, nous a donné $TL = 43\frac{72}{478}$ de ces demi-diamètres ou environ 61813 lieues; par la même voie l'Aphélie ou la grande distance, qui est de 20977 demi-diamètres, nous donnera $TL = 43\frac{422}{478} = 62861$ lieues; & la petite distance, qui est de 20275, sera TL

$= 42\frac{199}{478} =$ 60738 lieues. La différence de ces nombres entre eux est 2123 lieues, & leur différence avec *TL*, à la distance moyenne, savoir, 61813 lieues, sera d'une part 1048 lieues en excès, & de l'autre 1075 en défaut. D'où il suit, que selon cette théorie, & supposé que la matière Zodiacale qui tombe du point *L* vers la Terre, contribue à la formation des Aurores Boréales que nous voyons, la Terre gagne 2123 lieues dans son Aphélie, par l'étendue du Tourbillon de sa Force Centrale, sur l'éloignement qui résulte de son Aphélie, comparé à celui de son Périhélie. Mais nous avons vû ci-dessus, que cet éloignement est d'environ 700 demi-Diamètres Terrestres, qui sont 1002750 lieues, & qui contiennent plus de 472 fois le nombre précédent. Donc la compensation qui naît de cette circonstance ne sauroit tout au plus, & dans les suppositions qui lui sont les plus favorables, ôter au Périhélie de la Terre l'avantage que nous lui avons attribué à cet égard sur son Aphélie, ainsi que l'expérience le confirme, & il faudra tout au plus diminuer cet avantage par-là de $\frac{1}{472}$ partie, ou d'une quantité qui ne mérite aucune attention, étant comparée à $\frac{93}{229}$, excès ou différence du nombre des Aurores Boréales qui ont été observées autour du Périhélie, sur le nombre de celles qui ont été observées autour de l'Aphélie; car $\frac{93}{229}$ valent près de deux cens fois $\frac{1}{472}$.

Examinons présentement les effets de la *Distance en Latitude* ou *en Déclinaison* de la Terre par rapport à l'Equateur & à l'Atmosphère Solaires. On voit bien, comme nous l'avons expliqué Chap. VII, que toutes choses d'ailleurs égales, le passage de la Terre par les Nœuds de son Orbite avec cet Equateur, devroit donner un plus grand nombre d'Aurores Boréales, que son passage par les Limites. Mais comme en particulier & dans le fait les autres circonstances ne sont pas égales, & que l'effet de cette cause se complique avec celui des causes contraires, il arrive que la somme des Phénomènes qui résultent du passage de la Terre par les Limites, surpasse la somme des Phénomènes qui répondent aux Nœuds.

Car

Car prenant un mois avant, & un mois après le passage par chacun de ces points, les renfermant par-là dans quatre intervalles de deux mois, on aura 92 Aurores Boréales autour des Limites, & 47 seulement autour des Nœuds.

Aurores Boréales qui ont été observées autour des Nœuds, & des Limites de l'Equateur Solaire.

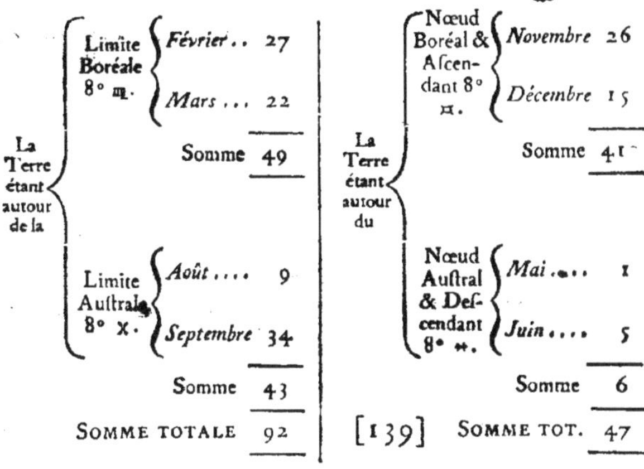

La Terre étant autour de la				La Terre étant autour du			
	Limite Boréale 8° ♍.	*Février* ..	27		Nœud Boréal & Ascendant 8° ♊.	*Novembre*	26
		Mars ...	22			*Décembre*	15
		Somme	49			Somme	41
	Limite Australe 8° ♓.	*Août*	9		Nœud Austral & Descendant 8° ♐.	*Mai*	1
		Septembre	34			*Juin*	5
		Somme	43			Somme	6
		SOMME TOTALE	92	[139]		SOMME TOT.	47

La différence de ces deux sommes est 45, & leur rapport environ comme 2 à 1.

Sur quoi j'observe en général, 1.° Que les Nœuds de l'Equateur du Soleil sont proche de la ligne des Apsides de l'Orbite Terrestre ou des points de sa plus grande & de sa plus petite distance d'Elongation, au lieu que par cette même raison les points de Limite de cet Equateur par rapport à la révolution annuelle de la Terre, se trouvent auprès de ses distances moyennes. Or il paroît par les observations de la Lumière Zodiacale que nous avons depuis 1683, & sur-tout depuis ces dernières années, que dans ses grandes extensions, & aux temps de fréquence, les bornes ordinaires de cette Lumière sont à environ 90 degrés de distance du Soleil :

c'eſt-à-dire, que dans les grandes extenſions de l'Atmoſphère Solaire, la longueur de la Lumière Zodiacale ou la diſtance de ſa pointe au Lieu du Soleil differe peu de la moyenne diſtance de la Terre, ou, ce qui eſt ici la même choſe, qu'elles ſe confondent à peu-près avec celles d'où la matière du Phénomène peut tomber dans l'Atmoſphère Terreſtre, lorſque la Terre eſt à ſes moyennes diſtances. Le nombre des obſervations qui font aller la Lumière Zodiacale plus loin, eſt petit en comparaiſon de celui des autres. De ſorte que lorſque l'Atmoſphère Solaire croît en étendue, & qu'elle arrive juſqu'à la petite diſtance de l'Orbite Terreſtre au Soleil, il eſt très-ordinaire qu'elle monte bien vîte juſqu'à ſa diſtance moyenne, & qu'elle s'y arrête, tandis qu'il eſt rare qu'elle paſſe au delà. Ainſi la Terre gagne peut-être beaucoup moins par rapport à l'Aurore Boréale & à ſa fréquence, dans ſes plus petites diſtances au Soleil, qu'elle ne perd dans ſes grandes diſtances. Le cas extrême & favorable d'un Nœud pourroit donc, indépendamment de tout autre circonſtance, ne pas compenſer le cas extrême & contraire de l'autre Nœud, & la ſomme des deux ne pas égaler celle des cas moyens, qui répondent aux Limites.

2.° Cet autre Nœud, celui qui approche de l'Aphélie, a un ſi grand deſavantage, qu'il pourroit ſeul faire pencher la balance du côté des Limites. Auſſi voit-on que l'excès des Phénomènes qui répondent aux Limites, priſes en total, ſur ceux qui répondent aux Nœuds, tombe principalement ſur la Limite Auſtrale comparée au Nœud Deſcendant ou Auſtral.

3.° Enfin je prends garde que dans les trois ou quatre dernières années de notre Table, qui ſont celles qui ont le plus multiplié le Phénomène, la Lumière Zodiacale ou l'Atmoſphère Solaire n'eſt guère arrivée à la diſtance moyenne de la Terre, ſans qu'elle n'ait été en même temps & très-large & très-denſe, ainſi qu'il a été remarqué dans la première Section. C'eſt donc encore autant d'ôté à l'avantage que les Nœuds pourroient avoir ſur les Limites pour la production des Aurores Boréales : puiſque ce n'eſt que dans la ſuppoſition du tranchant délié des extrémités de l'Atmoſphère Solaire, que les Noeuds doivent l'emporter ſur les Limites.

L'avantage des Limites tombe en-partie ſur les Equinoxes qui en ſont peu éloignés, & qui fourniront auſſi des fréquences dont la ſomme, priſe à un mois de diſtance de part & d'autre, ſurpaſſe celle qui répond à un pareil intervalle autour des Aphélie & Périhélie, indépendamment des autres raiſons que nous en avons données *.

Quant au principe de fréquence ou de rareté de l'Aurore Boréale, fondé ſur la direction du mouvement Périodique de la Terre par rapport à ſon Pole Boréal, en tant que ce Pole va à la rencontre de la matière du Phénomène, ou qu'il la fuit, ſelon que le Globe Terreſtre parcourt les Signes Aſcendans de l'Ecliptique, ou les Deſcendans, nous en avons déjà expliqué le méchaniſme & les effets en général, dans le Chap. II de la Section troiſième. Il ne nous reſte plus ici que d'en faire l'application aux nombres de la Table, ſur quelques exemples plus détaillés.

Nous avons remarqué que la partie du mouvement compoſé de la Terre, qui en dirige le Pole Boréal vers la matière du Phénomène, comme la proue du Navire contre l'eau, devoit être la cauſe de deux effets principaux; l'un de favoriſer la Formation de l'Aurore Boréale, ou d'en rendre les apparitions plus fréquentes, dans les ſaiſons de l'année où cette direction a lieu; l'autre de produire des Aurores Boréales mieux formées, plus décidées, & plus déterminées autour du Pole. C'eſt ce dernier avantage ſur-tout qui faiſoit l'objet du Chapitre cité, où il ne s'agiſſoit que d'expliquer pourquoi le ſiége ordinaire du Phénomène eſt du côté du Nord; mais c'eſt à quoi nous ne devons plus faire attention préſentement, & nous ne le ſaurions, notre Table ne portant rien de relatif à cette idée, qui vrai-ſemblablement n'étoit entrée pour rien juſqu'à nous dans les obſervations de l'Aurore Boréale. Il me ſuffira d'aſſurer le Lecteur que, ſi l'avenir reſſemble à cet égard à ce que je vois conſtamment arriver depuis cinq à ſix ans, il pourra ſe convaincre par lui-même

* *Sup. pp. 111, 112, 158.*

de la vérité de la remarque ; c'est-à-dire, que les Aurores Boréales depuis le Solstice d'Hiver jusqu'au Solstice d'Eté pendant que la Terre parcourt les Signes Descendans, sont communément moins formées, plus indécises, & moins terminées vers le Nord, que celles qu'on voit dans l'autre moitié de l'année, & pendant que la Terre suit les Signes Ascendans, ou, ce qui revient au même, c'est qu'avec un petit nombre d'Aurores Boréales bien formées & bien terminées, il y en a ici un grand nombre d'autres qui ne le sont pas. Cela même, & indépendamment de la réalité, a dû produire moins d'Aurores Boréales observées ; car il est à présumer que les Phénomènes indécis & vaguement placés ont été beaucoup moins aperçûs, ou qu'on les a moins rapportés à l'Aurore Boréale. Mais quelle que soit la cause du plus grand nombre d'Aurores Boréales remarquées dans un cas plustôt que dans l'autre, c'est sur ce nombre que nous allons montrer l'accord de la théorie avec les effets.

Supposant donc tout ce qui a déjà été dit là-dessus dans le Chapitre II de la Section III, d'après la Figure X, qui y est jointe ; imaginons pour plus de clarté qu'une partie de cette Figure, ou de la surface du Cylindre en quoi elle consiste, soit déroulée sur un Plan, de manière que la droite *EQ* exprimant l'Equateur du Monde, la courbe ondoyante *ETIDQ* exprime l'Ecliptique divisée en ses douze Signes, ainsi que l'on voit ces deux Cercles représentés sur les deux Hémisphères de quelques Mappemondes. *KNLDM* sera l'Equateur Solaire avec ses Nœuds, & ses Limites *N*, *D*, & *L*, *M*. Et parce que la Direction du mouvement dont il s'agit, ne peut avoir d'effet, qu'autant que l'Atmosphère Lenticulaire du Soleil parvient par son étendue & par son épaisseur jusqu'au Globe Terrestre, ou à peu-près, nous supposerons cette épaisseur ou largeur de la Lentille de part & d'autre de l'Equateur Solaire, telle que l'Ecliptique y soit renfermée, comme l'indiquent les deux Courbes *knldm*, $\kappa\nu\lambda\delta\mu$, parallèles de part & d'autre à cet Equateur. Car quoiqu'il soit assez rare peut-être, qu'un semblable cas ait lieu

Fig. XXV.

pendant tout le cours de l'année, nous devons cependant le ſuppoſer ici en examinant ſes effets, & toutes choſes d'ailleurs égales.

Cela poſé, il eſt clair que la Terre étant en *T*, au premier degré de ♋, & deſcendant par les Signes ♌, ♍, &c. juſqu'au premier degré de ♑, elle ira à la rencontre de la matière du Phenomène par ſon Pole Auſtral *A*, & tout au contraire en remontant de ♑ par les Signes ♒, ♓, &c. juſqu'au premier degré de ♋, par ſon Pole Boréal *B*. Le premier cas tombera donc ſur la moitié de l'année compriſe entre le 21me Décembre, par exemple, & le 21me Juin, & le ſecond ſur l'autre moitié, compriſe entre le 21me Juin & le 21me Décembre, ou environ, à cauſe des années biſſextiles; car un jour de plus ou de moins ne tire pas ici à conſéquence. Or on trouve 137 Aurores Boréales de ce côté, où eſt le cas favorable de l'Aſcendance, & 92 ſeulement de l'autre, ſur les 229 qu'en contient la Table.

Aurores Boréales obſervées dans l'Aſcendance & dans la Deſcendance.

La Terre parcourant les Signes Aſcendans, de o[d] ♑ à o[d] ♋.	Du 21 au 30	*Juin*	3	La Terre parcourant les Signes Deſcendans, de o[d] ♋ à o[d] ♑.	Du 21 au 31	*Décemb.*	7
		Juillet ...	7			*Janvier* ..	21
		Août	9			*Février* ..	27
		Septembre	34			*Mars* ...	22
		Octobre ..	50			*Avril*	12
		Novembre	26			*Mai*	1
	Du 1 au 21	*Décembre*	8		Du 1 au 21	*Juin*	2
		Somme	137	[229]		Somme...	92

La différence des deux ſommes eſt 45, & leur rapport environ de 3 à 2.

Ce qu'il y a ici d'heureux pour l'examen des effets de cette cauſe, c'eſt que la complication de toutes les autres n'y apporte preſque aucune exception, parce qu'elles ſe trouvent toutes distribuées réciproquement & en égale quantité, sur les deux masses d'étendue, de durée & de mouvement, pendant lesquels celle-ci agit; égalité de jours, de nuits, de crépuscules & de distances, de part & d'autre. Car à l'égard des distances, par exemple, qui sont ce qu'il y a de plus important, l'Aphélie & le Périhélie de la Terre se trouvant aujourd'hui près des Solstices, sur le 9me degré des Signes de ♑ & de ♋, qui sont les premiers des Ascendans, ou des Descendans, les distances de la Terre, & leurs sommes doivent être à peu près les mêmes, dans le cours des deux moitiés de la Période annuelle qui y répondent : sans compter qu'aux siècles précédens l'Aphélie & le Périhélie de la Terre étoient encore plus près des points Solsticiaux, ou se confondoient avec eux. La proximité des Nœuds de l'Equateur Solaire par rapport aux mêmes points de ♑ & de ♋, & la place correspondante de ses Limites produisent aussi une semblable compensation. Et tous ces points d'Aphélie & de Périhélie, de Nœuds & de Limites, peuvent d'autant mieux être rapportés à ceux des Solstices, que ce sont des endroits où le mouvement de Déclinaison dont il s'agit est presque nul, par la petitesse de l'angle que l'Ecliptique y fait avec l'Equateur du Monde.

Puisque le mouvement de Déclinaison de la Terre, vers l'un ou l'autre des deux Poles du Monde, croît avec l'angle que l'Ecliptique & l'Equateur font entre eux, ses effets devront être encore plus sensibles, si l'on ne compare que les temps de l'année où le Globe Terrestre passe par les points où ces deux Cercles font le plus grand angle. La différence des nombres qui expriment les apparitions ou la fréquence du Phénomène sera sans doute plus petite, parce qu'ils tomberont sur un intervalle de temps plus court que le précédent, mais leur rapport sera plus grand, en ce qu'il résulte de cas extrêmes; comme on a vû à l'égard des grandes & des petites distances. Or c'est en effet ce qui arrive aussi à l'égard des Equinoxes, qui se trouvent être en même temps, & les extrêmes par rapport au mouvement de Déclinaison, & les moyens à peu de chose près, par rapport à toutes les autres circonstances. Car supposant la Terre alternativement autour de ces deux points, un mois avant & un mois après, savoir, autour du point *E* ou *Q*, ou 0° ♈, depuis le 20me Août jusqu'au 20me Octobre, & autour du point *I*, ou 0° ♎, depuis le 20me Février inclusivement jusqu'au 20me Avril; & prenant dans les dénombremens & dans la Table tous les Phénomènes qui ont paru pendant ces intervalles, il y en aura 76 pour le premier ou autour des Equinoxes d'Automne, & 39 pour le second ou autour des Equinoxes du Printemps, de la manière qui suit :

Aurores Boréales observées autour des deux Equinoxes.

La Terre étant autour de 0^d^ ♈	Du 20 au 31	*Août*....	6	La Terre étant autour de 0^d^ ♎	Du 20 au dern.	*Février*....	6
		Septembre	34			*Mars*...	22
	Du 1 au 20	*Octobre*..	36		Du 1 au 20	*Avril*....	11
		Somme	76	[115]		Somme...	39

Dont la différence est 37, & le rapport double, à un 39me près; au lieu que le rapport qui résulte des deux moitiés de l'année comparées ci-dessus, n'est qu'environ de 3 à 2. Encore faut-il prendre garde que la distance au Soleil est un peu plus grande quand la Terre passe par la Section du *Bélier* en Automne, que quand elle passe par celle des *Balances* au Printemps : ce qui ne peut manquer d'ôter quelques Aurores Boréales à l'Equinoxe d'Automne, & de couvrir une partie des effets de l'Ascendance & du mouvement de notre Pole vers la matière du Phénomène.

Que si au contraire les différentes distances de la Terre au Soleil viennent à concourir avec les différentes directions de son mouvement de Déclinaison, leurs effets en seront encore plus marqués. Par exemple, si l'on cherche quelle a été la fréquence du Phénomène autour du premier degré des *Gémeaux* (♊), & du premier du *Sagittaire* (♐) un mois avant & un mois après, sur les deux arcs de l'Ecliptique compris entre ♉ & ♋, & entre ♏ & ♑, c'est-à-dire, depuis environ le 22me Octobre jusqu'au 22me Décembre, & depuis environ le 20me Avril jusqu'au 21me Juin, on trouvera 46 Aurores Boréales d'un côté, & 5 de l'autre.

La Terre montant de ♉ à ♋, autour de 20355 dem.diam. de Dist.	Du 22 au 31	*Octobre*..	11
		Novembre	26
	Du 1 au 22	*Décembre*	9
		Somme..	46

[51]

La Terre descendant de ♏ à ♑, autour de 20888 dem diam. de Dist.	Du 20 au 30	*Avril*...	1
		Mai....	1
	Du 1 au 21	*Juin*....	3
		Somme..	5

Ce qui donne un rapport de plus de 9 à 1, & qui ne doit pas surprendre, à cause de la complication mutuelle des deux circonstances qui tendent au même effet. Car quoique la quantité du mouvement de Déclinaison soit petite autour des points 0d ♊ & 0d ♐, il suffit qu'elle soit telle qu'elle doit être, en Descendance autour de l'un, & en Ascendance autour de l'autre, & qu'elle concoure avec les distances, qui sont très-différentes en ces endroits, pour qu'il en résulte de très-grands effets; la Terre étant ici, c'est-à-dire, autour du 22me Décembre, éloignée seulement de 20355 demi-diamètres, & autour du 21me Mai, d'environ 20888. Ce qui fait une différence de 533 demi-diamètres, ou de 763522 lieues.

La comparaison des passages de la Terre par les Nœuds de son Orbite avec l'Equateur Solaire, quoique très-proches des points de l'exemple précédent, donne un moindre rapport, & paroît en effet le devoir donner tel. Car prenant toûjours le même intervalle de deux mois de part & d'autre, les 8 degrés à retrancher des Signes du *Taureau* & du *Scorpion*, ou, ce qui est ici la même chose, les neuf derniers jours d'Octobre & d'Avril à ôter, sont autant de pris sur les portions de l'Ecliptique qui faisoient le plus grand angle avec l'Equateur l'Equateur Terrestre; & les 8 degrés à ajouter, ou les neuf derniers jours de Décembre & de Juin, à compter au delà des Solstices de ♋ & de ♑, font ensuite autant de pareils espaces de temps, pendant lesquels les deux causes s'affoi-blissent réciproquement, & s'entredétruisent, le mouvement de Déclinaison allant d'un côté en Descendance, tandis que la distance diminue, & de l'autre en Ascendance, tandis que la distance augmente, comme il est aisé de voir par la Figure, & par tout ce qui a été remarqué ci-dessus. D'où il arrive que les sommes, au lieu d'être 46 & 5, & d'avoir entre elles le rapport de 9 à 1 & plus, sont 41 & 6, & n'ont pas même tout à-fait le rapport de 7 à 1.

Aurores Boréales observées autour & proche des deux Nœuds de l'Equateur Solaire.

La Terre étant autour du Nœud Ascendant de l'Equat. Sol. & en Ascendance par rapport à l'Equat du Monde, depuis le 8^d ♉ jusqu'à 0^d ♋ seulement.	*Novembre*	26		La Terre étant autour du Nœud Descendant de l'Equat. Sol. & en Descendance par rapport à l'Equat. du Monde, depuis le 8^d ♏ jusqu'à 0^d ♐ seulement.	*Mai*	1
	Décembre	15			*Juin*	5
	Somme	41	[47]		Somme ...	6

Nous ne pousserons pas plus loin cette recherche. Des cas moyens plus compliqués que ceux qu'on vient de voir, demanderoient, pour être susceptibles d'un semblable examen, que nous eussions une toute autre suite d'observations que celle qui a fait jusqu'ici la base de nos Calculs. Il suffit pour le présent, qu'en général & à tout prendre, les grands nombres & les grands rapports se trouvent toûjours du côté où ils doivent être, avec les grandes masses & les cas extrêmes. Tout le reste devient équivoque & peu concluant pour ou contre l'analogie que nous avons cru apercevoir entre les apparitions du Phénomène & les positions ou les mouvemens de la Terre dans les différentes Saisons de l'année. C'est au temps & à de nouveaux faits à justifier pleinement notre idée sur ce sujet, ou à faire naître des conjectures plus heureuses.

Planche XII. Sect. IV. p. 258.

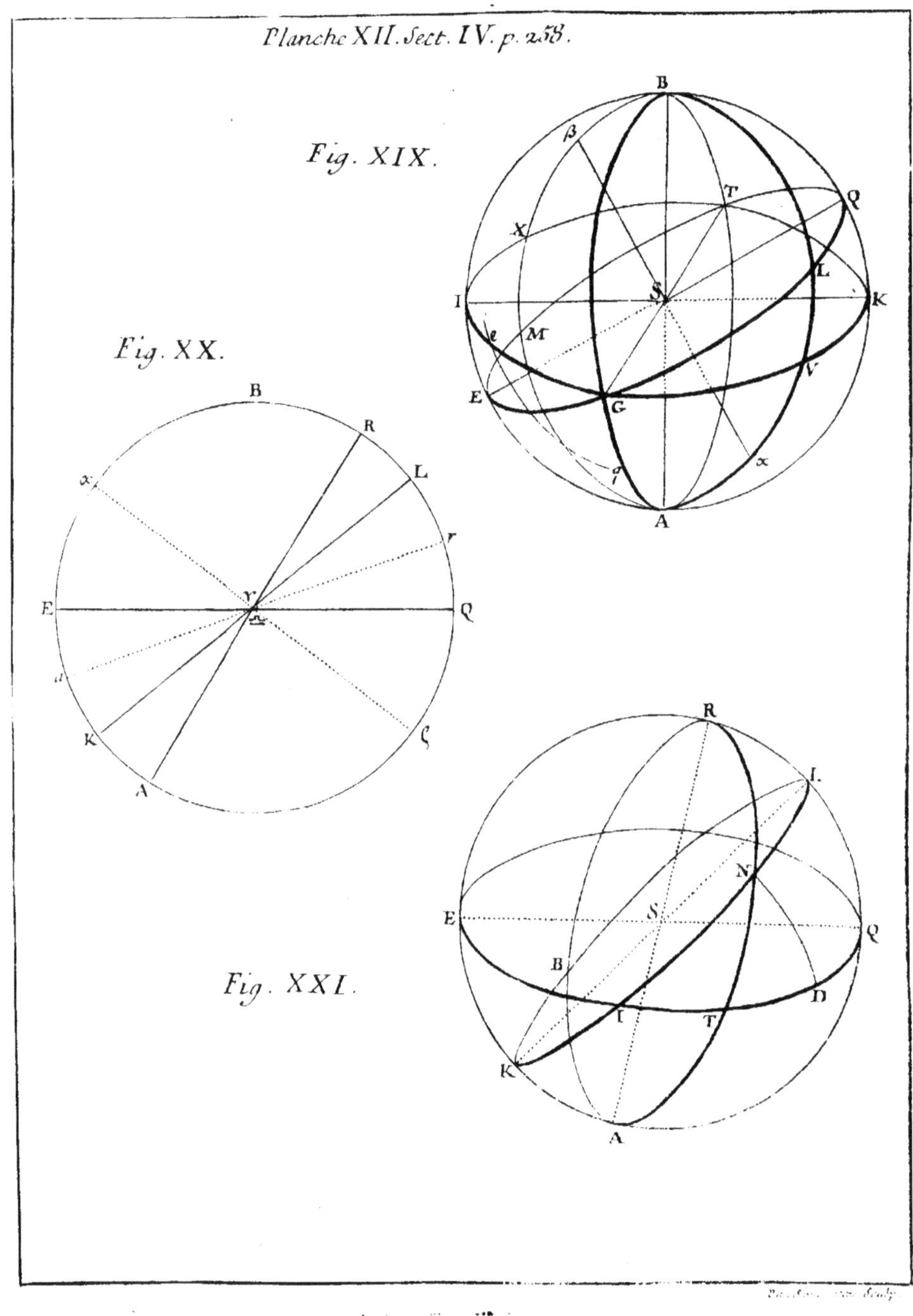

Fig. XIX.

Fig. XX.

Fig. XXI.

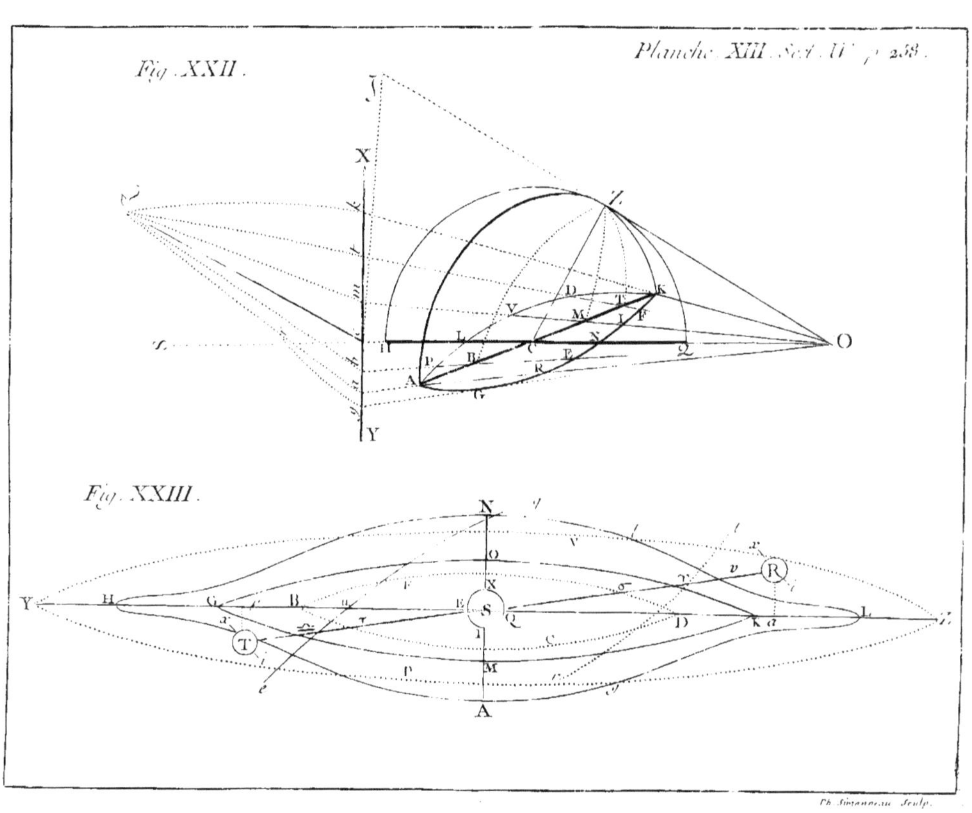
Planche XIII. Sect. IV. p. 238.
Fig. XXII.
Fig. XXIII.
Ph. Simonneau Sculp.

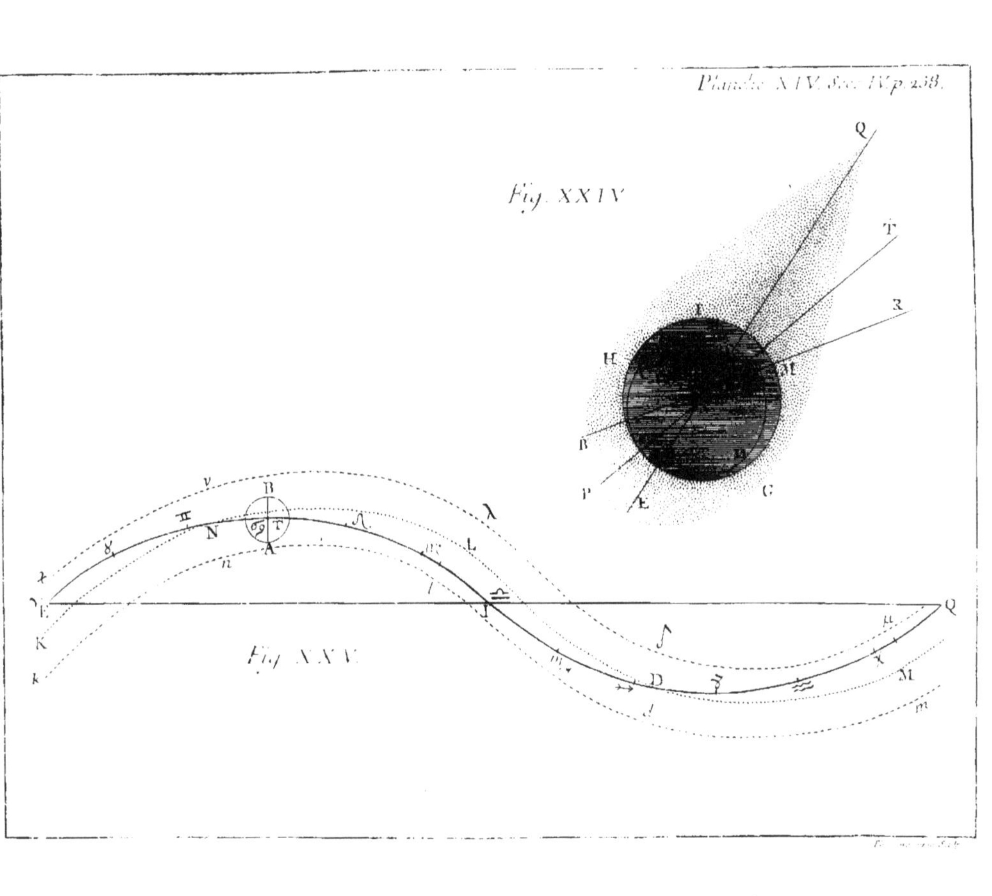

Planche XIV. Sec. IV. p. 258.
Fig. XXIV
Fig. XXV

SECTION V.

Questions & Doutes sur divers sujets, qui ont rapport à quelques Articles de cet Ouvrage.

QUESTION I.

Sur l'Atmosphère de quelques Etoiles fixes.

L'ANATOMIE comparée n'est jamais plus utile, que lorsqu'elle s'exerce sur quelque partie monstrueuse de l'homme, ou des animaux : c'est-là que se dévoilent pour l'ordinaire une structure & un méchanisme qui nous échappent par-tout ailleurs. N'en seroit-il pas de même de l'Astronomie comparée ? Malgré l'uniformité admirable qui regne dans les opérations de la Nature, l'Univers a ses monstres en grand comme en petit. Cette quantité innombrable d'Etoiles fixes aperçûes à la vûe simple, & par le secours des Lunettes, nous présentent autant de Soleils semblables à celui qui occupe le centre de notre Tourbillon : ne s'en trouveroit-il point quelqu'un dans ce nombre, où des traits qui ne sont que légèrement marqués dans le nôtre, le seroient infiniment davantage dans ceux-ci ? Notre Soleil placé aussi loin de l'œil que le sont les Etoiles fixes, auroit sans doute les mêmes apparences que la plusPart d'entre elles, & il ne nous laisseroit vrai-semblablement apercevoir aucun vestige de cette Atmosphère qui l'environne, & que nous n'avons connue que par ses Eclipses, lorsque son Globe nous est entièrement caché par celui de la Lune, ou par la Lumière Zodiacale, lorsqu'il se trouve à quelques degrés au dessous de l'Horizon. Mais l'Atmosphère de quelques Etoiles ou de quelques Soleils ne seroit-elle point assez épaisse, assez étendue, assez lumineuse par elle-même, ou assez vivement frappée des rayons de Lumière qui partent de leur Globe, pour se montrer à la faveur de ces circonstances & de leur éloignement, en présence de leur Globe, ou même pour en offusquer la Lumière?

La première apparence de cette nature qui ait été remarquée dans le Ciel, est, si je ne me trompe, la Nébuleuse d'Andromède. La découverte en est attribuée par de célèbres Auteurs à M. *Bouillaud*, en 1661; mais elle est beaucoup plus ancienne, & appartient véritablement à *Simon Marius*, qui aperçût cette Etoile en 1612, trois ou quatre ans après l'invention des Lunettes. Comme tout ce qui en a été dit depuis, n'approche pas, ce me semble, de l'exactitude avec laquelle cet Auteur l'a décrite dans la Préface de son *Mundus jovialis*, Livre assez rare, & que d'ailleurs sa description est très-conforme à ce que j'en ai observé moi-même, je crois que je ne saurois mieux faire que d'en donner ici l'extrait.

Le 15 Décembre de l'année 1612, dit-il, *je vis par le moyen de la Lunette, une Etoile fort extraordinaire par sa figure, & telle que je n'ai rien trouvé de semblable dans tout le Ciel. Elle est à la ceinture d'Andromède tout proche de la troisième ou de la plus Septentrionale; & on la découvre en cet endroit à la vûe simple, comme un petit nuage. Lorsqu'on la regarde avec la Lunette, on n'y voit point briller plusieurs petites Etoiles, comme dans la Nébuleuse du Cancer & dans toutes les autres Nébuleuses, mais on y aperçoit seulement quelques légers rayons de Lumière blancheâtres, & d'autant plus clairs qu'on approche davantage du Centre. Ce Centre n'est lui-même marqué que par une foible clarté sur un diamètre de près d'un quart de degré. Elle m'a paru avoir tout à fait l'apparence de la flamme d'une chandelle qu'on verroit dans la nuit à travers de la Corne transparente, & je la trouve fort semblable à la Comète que* Tycho-Brahé *observoit en 1586.... si elle est nouvelle ou non, c'est ce que je ne déciderai pas. Je sai seulement que* Tycho-Brahé, *tout clairvoyant qu'il étoit, n'en a pas fait mention & ne paroît pas en avoir eu connoissance, quoiqu'il ait décrit l'endroit du Ciel où on la trouve, & déterminé tant en Longitude qu'en Latitude la position de l'Etoile qui en approche le plus.*

Quelle prodigieuse Atmosphère, par la densité & l'épaisseur, ne faudroit-il pas à notre Soleil pour le cacher ou l'obſcurcir à ce point ?

Selon feu M. *Caſſini*, la Nébuleuſe d'Andromède, obſervée avec de grandes Lunettes, fait voir de ces étincelles qu'il avoit aperçues quelquefois dans la Lumière Zodiacale ; & ſelon M. *Godefroy Kirch*, elle ſouffre des changemens, & elle paroît & diſparoît par repriſes.

On a trouvé depuis pluſieurs autres apparences ſemblables, & qui ont plus ou moins de rapport avec la précédente ; ſavoir, 1.° Une tache fort petite, mais fort lumineuſe, & qui darde un rayon entre la tête & l'Arc du Sagittaire, en 1665, par un Allemand nommé *Abraham Jhle*. 2.° Une autre dans le Centaure, en 1677, par M. *Halley*, lorſqu'il faiſoit le Catalogue des Etoiles Méridionales. 3.° Une tache qui eſt auprès du pied Boréal de Ganimède ou Antinoüs, découverte par M. *G. Kirch*, en 1681, & rapportée avec Figure, dans l'Appendix de ſes Ephémérides. C'eſt un petit nuage fort denſe & fort ſemblable à la Nébuleuſe d'Andromède, ſi ce n'eſt qu'il laiſſe voir une Etoile qui eſt auprès de ſon Centre. Auſſi M. *Kirch* fut-il d'abord dans le doute ſi ce n'étoit pas une Comète. 4.° Une autre enfin, dans la Conſtellation d'Hercule, en 1714, par M. *Halley*.

Je ne parlerai point de quelques autres petites taches ſombres qui ont été vûes, par haſard, auprès de quelque Planète qu'on obſervoit, & qu'on n'a pu retrouver depuis, faute d'un objet fixe qui y ramenât l'Obſervateur. Peut-être auſſi faudra-t-il ranger dans la même claſſe les deux taches noirâtres que le P. *de Beze*, Jéſuite, remarqua en 1689, près du Pole Antarctique, différentes de deux autres plus claires, qu'on a coûtume de tracer ſur les Globes, & qui ſont connues ſous le nom du *Grand* & du *Petit Nuage*.

Mais je ne ſaurois paſſer ſous ſilence l'*Eſpace lumineux* que M. *Huguens* découvrit en 1656, autour de la Nébuleuſe d'Orion, cette clarté de Figure irrégulière, moins bleue & moins foncée que le reſte du Ciel. Elle paroît, ſelon quelques-uns, comme une pièce couſue, ou ſelon quelques autres, comme un trou fait à la voûte céleste, & à travers lequel on apercevroit une Lumière que cette voûte n'a pas. Cet espace renferme sept Etoiles, sur une longueur en Déclinaison de 5 à 6 minutes de degré, & sur une largeur en Ascension droite de 3 ou 4.

Ne seroit-ce point encore à l'Atmosphère de ces Etoiles, & de plusieurs autres peut-être, qui se dérobent à notre vûe, qu'il faudroit attribuer cette apparence ? La Figure irrégulière qui la termine & sa continuité n'ont rien qui doive surprendre : des positions différentes & une distance si énorme ne sauroient manquer de confondre ou de mutiler à nos yeux la plufpart de ces Atmosphères, & pourroient fort bien nous en montrer l'assemblage & le total sous la Figure que cette clarté représente, & telle que M. *Huguens* l'a dépeinte.

Fig. XXVI. *Voyez-en la Figure.*

Ce qui est digne de remarque, & à quoi l'on pourra faire plus d'attention à l'avenir, c'est qu'il semble que ce Phénomène, aussi-bien que la Nebuleuse d'Andromède & l'Atmosphère du Soleil, soit sujet à des changemens considérables. M. *Huguens* s'étoit servi d'une excellente Lunette de 23 pieds du Rhin, ou 22 $\frac{1}{4}$ de Paris, & de beaucoup plus grandes encore pour la plufpart de ses observations sur Saturne, & il nous avertit ensuite, en parlant de la clarté dont il s'agit, que ce n'est qu'avec de grandes Lunettes qu'on la pouvoit bien voir. C'est donc vrai-semblablement avec les grandes Lunettes dont M. *Huguens* s'étoit servi pour voir Saturne, qu'il avoit observé la clarté de l'Epée d'Orion. Cependant on l'aperçoit très-distinctement aujourd'hui avec une Lunette de 7 pieds de Roi ; d'où l'on peut conclurre, ce me semble, que sa densité doit être aujourd'hui beaucoup plus grande que du temps de M. *Huguens*. Quant à sa Figure, je crois aussi qu'elle varie ; & c'est ce qui m'a été confirmé par deux Astronomes * que j'avois priés d'y regarder avec moi, & aux yeux de qui l'on peut s'en rapporter là-dessus en toute manière. M. *Godin* m'a communiqué de plus un dessein & une observation manuscrite de M. *Picart*, du 20me Mars

* MM. *Godin* & [illegible]

1673, où la forme extérieure de cet espace lumineux differe de celle de M. *Huguens*, & où l'on voit quatre Etoiles en *A*, au lieu de trois seulement qu'on en trouve sur la Figure de M. *Huguens*. Fig. XXVII.

Enfin j'ajoûterai qu'auprès de l'espace lumineux d'Orion, on voit l'Etoile *d* de M. *Huguens* actuellement (1731) environnée d'une clarté toute semblable à celle que produiroit, comme je crois, l'Atmosphère de notre Soleil, si elle devenoit assez dense & assez étendue pour être visible avec des Lunettes à une pareille distance. Voyez-en la forme & la situation en *D*, selon qu'elle a été déterminée par le Réticule.

La Figure XXVII représente ces objets renversés, & tels qu'ils m'ont paru le plus souvent depuis cinq à six ans, avec une Lunette de 18 & de 22 pieds. J'ai tourné de même la XXVI qui étoit en sens contraire dans M. *Huguens*.

La Voie Lactée, vûe avec les mêmes Lunettes, m'a paru n'être en quantité d'endroits, qu'un tissu de semblables Espaces lumineux parsemés de petites Etoiles, comme celui d'Orion.

QUESTION II.

Sur les accidens qui arrivent à la Lumière Zodiacale.

L'Atmosphère Solaire n'est-elle point sujette à de fréquentes fermentations, & à quelques précipitations de ses parties les plus grossières vers le Globe du Soleil, qui lui procurent la plupart des apparences extérieures que nous lui voyons dans la Lumière Zodiacale; l'étincellement, le plus ou le moins de densité & de transparence, de blancheur ou de couleur quelconque? N'est-ce point par quelqu'un de ces accidens qu'elle disparoît quelquefois totalement à nos yeux? Car il est difficile d'expliquer par les seules variations de notre Air & de l'Atmosphère Terrestre, comment la Lumière Zodiacale ne paroît point du tout en des nuits fort claires, & où tous les Astres brillent d'une lumière très-vive, tandis qu'elle a paru, fort étendue & fort dense, peu de jours auparavant, & qu'elle doit reparoître de même peu de jours après.

QUESTION III.

Sur les Taches du Soleil. Ne seroit-ce point à quelque semblable précipitation de parties de l'Atmosphère du Soleil, que seroient dûes les Taches qu'on voit si souvent sur la surface de son Globe? Et ne pourroit-on point découvrir quelque analogie entre la fréquence, les cessations & les retours de ces Taches, & les apparitions, les retours & les cessations de la Lumière Zodiacale?

C'étoit assez le sentiment de feu M. *Cassini*. « Notre Lumière, dit-il, dans son Discours sur ce Phénomène, pourroit » avoir les vicissitudes qu'ont les Taches du Soleil, qui se for» ment en certains temps & se dissipent en d'autres; &, c'est » une chose assez remarquable, que depuis la fin de l'année » 1688, que cette Lumière a commencé de s'affoiblir, il n'a » plus paru de Taches dans le Soleil, où les années précédentes » elles étoient assez fréquentes; ce qui semble appuyer en » quelque manière les conjectures exposées aux nombres 21 » & 22, que cette Lumière peut venir du même écoulement » que les Taches & les Facules du Soleil. »

Descartes, qui n'a pas ignoré l'Atmosphère Solaire, ce *corps rare*, qu'il appelle *Air*, comme celui qui environne la Terre, & qu'il étendoit jusqu'à la Sphère de Mercure, & au delà, lui donnoit aussi la même origine. Il croyoit que les Taches en se dissipant, produisoient autant de nouvelles augmentations à l'Air Solaire, qui venant à retomber, servoit lui-même à son tour de matière à de nouvelles Taches.

Ce qui paroît favoriser cette idée, c'est que depuis cinq à six ans que les Aurores Boréales, suite ordinaire, selon notre hypothèse, des grandes extensions de cet Air, sont devenues si fréquentes, les Taches du Soleil l'ont été aussi beaucoup. On sait encore qu'au commencement du dernier siècle, après l'invention des Lunettes, on ne voyoit presque jamais le Soleil sans Taches; & il en avoit quelquefois des amas si considérables, que le P. *Scheiner* dit y en avoir compté une fois jusqu'à cinquante. Elles devinrent ensuite plus rares: de manière que depuis le milieu du siècle jusqu'en 1670, c'est-à-dire, à-dire, dans l'espace d'une vingtaine d'années, on n'en pût trouver qu'une ou deux, & qui parurent même fort peu de temps. Or comme nous l'avons vû, il y eut un grand nombre d'Aurores Boréales au commencement de ce siècle, & jusques au delà de 1621 ; après quoi l'on n'en entend plus parler jusqu'en 1686. Cependant il faut avouer qu'il n'y a encore rien de solide à établir sur cette correspondance apparente, & qu'elle ne se soûtient pas toûjours également. Car les années qui suivirent 1621, 1622, &c. & où l'on dût redoubler d'attention pour la Lumière Septentrionale, furent peu marquées par l'apparition de ce Phénomène, quoique les Taches du Soleil y fussent en aussi grande abondance que jamais, comme on le voit dans le P. *Scheiner*.

QUESTION IV.

Sur les modifications que la matière de l'Atmosphère Solaire peut recevoir, en se mêlant avec l'Atmosphère Terrestre.

Supposé que la matière de l'Atmosphère Solaire ne soit ni lumineuse ni enflammée par elle-même & dans sa source, ne peut-il point arriver, 1.° Qu'elle devienne l'un & l'autre, en tout ou en partie, & plus ou moins vîte, en tombant dans les couches les plus élevées de l'Atmosphère Terrestre, de la même manière que certains Phosphores s'allument étant exposés à l'air, ou mêlés avec certaines liqueurs ?

2.° Qu'en s'approchant ensuite de plus en plus, & par son propre poids, des couches moins élevées, & de la Région extérieure de notre air proprement dit, & venant encore à se mêler avec lui, éteinte ou non éteinte, plusieurs de ses parties s'y réunissent en de petites masses plus denses ; de la même manière que les particules de la Résine qu'on a fait dissoudre dans l'Esprit de Vin, & que le dissolvant tenoit séparées, se réunissent en des molécules plus grossières lorsqu'on vient à verser de l'eau par dessus ?

3.° Que cette matière ayant augmenté ainsi de densité & de poids, plus qu'elle n'a augmenté de surface, se trouve d'autant plus disposée à la précipitation, & se précipite en effet dans la Région la plus basse de notre Atmosphère, & jusque sur la surface du Globe Terrestre ?

Cela posé, la division de l'Atmosphère Terrestre, qui résulte de cette théorie, ne feroit que nous présenter sous un nouveau point de vûe, les trois Régions sous lesquelles nous l'avons conçûe jusqu'ici, & auxquelles nous avons eu égard dans tout cet Ouvrage; savoir,

La Région supérieure qui est le siège des Aurores Boréales, d'une étendue ou d'une épaisseur indéfinie, & que ces Phénomènes font monter quelquefois à plus de deux cens lieues de hauteur.

La Moyenne Région qui commence aux dernières couches du crépuscule, c'est-à-dire, à 15 ou 20 lieues de hauteur tout au plus, & qui se termine en descendant, à 2 ou 3 lieues au dessus de nous. C'est à la superficie de celle-ci, qu'on peut imaginer que finit l'air grossier qui pèse sur le Mercure du Baromètre, ou qui cause ses variations.

Enfin la Région inférieure qui s'étend depuis la couche la plus basse de la Région précédente, jusqu'à la surface de la Terre, & qui est le lieu de toutes les vicissitudes aëriennes sensibles, des Météores proprement dits, & des Réfractions Astronomiques.

QUESTION V.

Sur le lieu & la formation des Feux Volans.

Si la hauteur de ces Feux Volans dont il a été parlé dans le Chapitre IV de la Section II, est bien constatée, c'est à la Moyenne Région de l'Atmosphère qu'il faut les rapporter. Et ne peut-on point imaginer alors, à peu-près selon l'idée qu'en a M. *Halley*, qu'ils ont été formés par quelqu'une des Opérations Chymiques de la Nature, dont nous venons de parler; par des amas de la matière du Phosphore la plus grossière, qui n'aura pris feu qu'après un assez long séjour dans les couches supérieures de cette Région?

QUESTION VI.

Sur les changemens que l'Aurore Boréale peut causer dans l'air.

La Région inférieure de l'Atmosphère Terrestre qui est le siège des Météores, & où nous respirons, ne reçoit-elle aucun changement de la part des Aurores Boréales, si ce n'est de proche en proche, pendant qu'elles résident dans la Région supérieure, & que la matière dont elles sont formées brille au dessus de nous, du moins après que cette matière est éteinte, lorsqu'elle se précipite dans les couches inférieures de l'Atmosphère, & qu'elle tombe jusqu'à la surface du Globe Terrestre? De fréquentes Aurores Boréales ne laisseront-elles donc pas dans l'air une espèce de levain qui se développera en son temps, & qui sera capable d'en changer plus ou moins la température selon sa quantité, & selon les autres circonstances? & ces changemens ne pourroient-ils point être à l'avenir un objet digne de l'attention des Observateurs?

QUESTION VII.

Sur la longueur de certains Crépuscules.

D'où viennent ces Crépuscules irréguliers par leur longueur & par leur clarté, que l'on a remarqués dans tous les temps, & lors même que l'on ne pensoit point du tout à la Lumière Zodiacale, ni à l'Aurore Boréale? ne seroient-ils point dûs aux vestiges de la matière de ces Phénomènes, qui n'ont pû se former ou se rendre visibles, par la rareté extrême des parties de l'Atmosphère Solaire qui parviennent alors jusqu'à l'Atmosphère Terrestre? Ne seroit-ce point encore une circonstance favorable à cette conjecture, que les Crépuscules du soir, après que le Soleil & son Atmosphère ont séjourné sur notre Horizon, se trouvent communément plus longs que les Crépuscules du matin?

Et indépendamment des particules lumineuses de la matière Zodiacale, qui peuvent se mêler avec les couches supérieures de notre air, l'Atmosphère Solaire ne doit-elle pas faire avancer le Crépuscule du matin, & prolonger celui du soir, lorsqu'elle vient à s'étendre plus que de coûtume par sa partie la plus dense, ou lorsque sa densité & sa clarté augmentent considérablement? Car l'effet doit être le même, quant à l'analogie des Réfractions, que si le corps du Soleil se trouvoit actuellement à la même hauteur sous l'Horizon, où se trouve cette partie de son Atmosphère.

QUESTION VIII.

Sur quelques apparences de l'Aurore Boréale, & sur quelques affections de l'air.

Outre ces Aurores Boréales que nous avons nommées *Informes*, qui ne se manifestent que par une matière fumeuse & obscure à sa partie inférieure, mais blanche & claire au dessus, vaguement répandue par pelotons dans le Ciel, &c. n'y en auroit il point d'autres qu'on pourroit appeler *Nébuleuses*, qui ne consistent peut-être que dans le prodigieux amas de la matière Zodiacale tombée dans notre Atmosphère en forme de brouillard & sans s'enflammer ? Car je vois depuis quelques années, des nuits d'abord fort claires, & où le Nord & le Couchant portent toutes les marques d'une Aurore Boréale prochaine, se terminer une ou deux heures après par un Ciel tout couvert de brouillards apparens ou de nuages fumeux, lesquels nous cachent à la vérité la plûpart des Etoiles, mais qui en laissent voir quelques autres, avec des lambeaux clairs & blancheâtres, indistinctement semés dans tous les endroits où ces nuages viennent à s'ouvrir. Ce qui me persuade qu'une telle apparence pourroit être dûe à une matière Zodiacale fort abondante, & que la chose mérite tout au moins quelque attention, c'est que j'ai vû deux ou trois fois cette espèce de brouillard universel suivi d'une Aurore Boréale, ou changé en une Aurore Boréale très-bien marquée. Et qui sait encore si certaines affections de l'air qui ne se manifestent que pendant le jour, ce Soleil dépouillé de rayons & vû blanc comme la Lune dans toute la France, & dans une partie de l'Europe, certaines Réfractions extraordinaires, &c. ne sont pas dûes en partie à une semblable cause, au vaste fluide de l'Atmosphère Solaire où nous sommes plongés, & qui se précipite en abondance dans notre Atmosphère ?

QUESTION IX.

Sur l'apparence des Aurores Boréales pour les habitans des Terres Arctiques.

La densité apparente de l'Aurore Boréale dans ses parties obscures ou lumineuses, n'est-elle pas plus grande pour l'Observateur, qui est proche de sa source, ou des Terres

Arctiques, que pour celui qui en est plus éloigné ? Il seroit naturel de le croire ainsi, en général, parce que la densité réelle & la quantité de matière doivent être presque toûjours plus grandes auprès du Pole que par-tout ailleurs. Cependant les habitans des Terres Arctiques mêmes doivent en bien des occasions, voir certaines parties du Phénomène plus indécises & moins marquées que nous ne les voyons du milieu de la Zone Tempérée. Car la couche d'une matière transparente qui est étendue horizontalement au dessus de la surface de la Terre, y doit être d'autant plus visible qu'elle est regardée de plus loin ou plus obliquement. Ainsi les habitans des Terres Arctiques pourroient bien ne pas voir toûjours l'Aurore Boréale aussi dense qu'elle nous le paroît d'ici dans quelques-unes des parties qui la caractérisent.

L'Arc Septentrional de l'Aurore Boréale du 19me Octobre 1726, devoit, selon le calcul de ses Parallaxes, être vû auprès du Zénit de Péterßbourg ou du Parallèle de cette Ville, par ceux qui regardoient ce Phénomène d'une pareille Latitude. Il ne le fut pas pourtant en qualité d'Arc, ni de Zone bien terminée; on y vit seulement une Lumière qui s'étendoit beaucoup de toutes parts : & c'est en effet, selon les règles d'Optique & la nature de l'objet, tout ce que l'on devoit y voir.

Il est vrai que si l'épaisseur de la couche de matière visible avoit plus de hauteur que sa dimension horizontale n'a d'étendue, ce seroit tout le contraire, & que l'œil qui l'auroit à son Zénit y trouveroit plus de densité que celui qui la regarderoit de plus loin, & par le côté. C'est peut-être ainsi que nous avons vû quelquefois la matière de l'Aurore Boréale monter successivement en Arc jusqu'au Zénit, & même passer au delà vers le Midi. Mais ce cas doit être fort rare à l'égard de la masse totale du Phénomène.

Les habitans du Groenland ne voient donc sans doute pour l'ordinaire bien distinctement l'Arc ou la *Palissade* lumineuse, que dans des Aurores Boréales beaucoup plus ramassées autour du Pole, que ne le font la pluspart de celles qui se font remarquer ici, ou bien, ils n'en voient que des parties intérieures, un Arc & un Segment concentriques aux nôtres, & qui nous sont cachés. Leurs Aurores Boréales bien formées ne sont pour nous que celles qui se manifestent par une clarté ou une simple lueur sur l'Horizon du côté du Nord; & la matière du Segment, comme celle du grand Arc de 30 ou 40 degrés de hauteur, & de 90 ou 100 d'Amplitude, qui fait la principale partie de quelques-unes des nôtres, ne leur donne peut-être que ce Ciel tapissé de flocons du Phosphore, plus ou moins grands, & parsemé de nuages fumeux, tels que nous les avons quelquefois à notre Zénit, & sur tout notre Horizon. Il y a donc grande apparence que nous sommes plus favorablement situés que les habitans des Terres Arctiques, pour démêler toutes ces particularités du Phénomène, & pour en découvrir la cause.

Question X.

Sur la trop grande fréquence des Aurores Boréales.

La fréquence des Aurores Boréales ne pourroit-elle pas devenir si grande, qu'elle nuiroit enfin à la Recherche des causes de ce Phénomène à certains égards, ou lui seroit moins favorable qu'une fréquence moyenne? Car supposons, par exemple, que ces causes soient celles que nous avons indiquées dans ce Traité, & que l'Atmosphère Solaire vienne à s'étendre pendant quelques siècles beaucoup au delà de l'Orbite Terrestre, & à la renfermer toûjours : il n'y a plus alors d'induction à tirer des Saisons où l'Aurore Boréale paroît plus ou moins; parce qu'elle doit toûjours paroître, & que ce ne sont que des causes Physiques accidentelles & étrangères, qui font qu'elle cesse ou qu'elle se montre en certains jours plustôt qu'en d'autres : les trois principes de fréquence dont nous avons parlé dans la Section précédente n'ont plus lieu, ou se réduisent au dernier, au mouvement annuel en Ascendance & en Descendance par rapport à notre Pole. Encore ce principe ne pourroit-il guère se manifester en ce cas que dans une partie de ses effets, non par la fréquence du Phénomène, puisqu'il devroit toûjours paroître, mais seulement par sa forme communément plus régulière & plus déterminée vers le Pole, dans une moitié de l'année que dans l'autre; ainsi qu'il a été expliqué en son lieu.

Les Groenlandois, & les habitans encore plus reculés dans la Zone Polaire, sont donc souvent, à mon avis, trop près du Phénomène, qu'ils ont au dessus de leur tête, comme ceux des parties Méridionales de la Zone Tempérée qui l'ont auprès ou au dessous de l'Horizon, en sont trop loin, pour en démêler les singularités. Peut-être sommes-nous donc encore à cet égard, dans la position la plus favorable de toutes, en France dans les parties Septentrionales, en Angleterre dans les Méridionales, en Allemagne, &c.

QUESTION XI.

Sur les Aurores Polaires Antarctiques.

Y a-t-il à s'étonner que nous n'ayons aucune observation d'Aurore Polaire par rapport à l'Hémisphère Antarctique, & ne seroit-ce point au contraire un grand hasard, que parmi le petit nombre de Voyageurs qui se sont trouvés proche du Pole Austral, & pendant le petit intervalle de temps qu'ils y ont été, quelqu'un de ces Phénomènes fût venu à paroître? Tout ce que nous connoissons de Terres, ou de Mers un peu fréquentées dans l'Hémisphère Méridional, d'une assez grande Latitude pour qu'on pût s'y attendre à voir quelque chose de pareil à nos Aurores Boréales d'Europe, se réduisent à la pointe de l'Amérique, à la Terre de Feu, aux détroits de Magellan & de le Maire, & à quelques Isles adjacentes. Tout le reste est trop loin du Pole pour avoir connoissance du Phénomène, si le Phénomène est tel de ce côté du Globe Terrestre, que dans l'Hémisphère Septentrional; comme il faut le supposer jusqu'à ce que nous apprenions le contraire. Et comment les Aurores Polaires Australes seroient-elles connues, par exemple, au Chily & au Paraguay, ou au Cap de Bonne Espérance, ne l'étant presque pas il y a quelques années chez nous à de plus grandes Latitudes, en Italie & en Espagne? Or il n'y a point eu, que je sache, d'établissement permanent dans les autres Terres Antarctiques que nous avons nommées; les Navigateurs n'ont guère fait qu'y passer, pour se rendre dans la Mer du Sud, ou pour aller de là aux Indes Orientales : encore remarquent-ils qu'*on éprouve presque toûjours pendant ce passage, des temps brumeux*, & un Ciel peu favorable à l'apparition de Phénomènes tels que ceux dont il s'agit.

QUESTION XII.

Sur une attention qu'il faut faire au Point de Limite.

L'idée du *Point de Limite* ou d'Equilibre entre la Terre, & plus généralement, entre toute Planète Principale & le Soleil, & celle du conflict de Forces Centrifuges, & Centripètes à divers égards, nécessaires pour retenir dans son Orbite & autour de sa Planète Principale tout Satellite placé au delà de ce point vers le Soleil (*Sup. p. 102.*) ne fourniroient-elles point un éclaircissement utile pour l'intelligence de ce que dit M. *Newton* dans ses Principes sans autre restriction; *Que les Forces qui retiennent la Lune, & en général, les Planètes Secondaires dans leurs Orbites, se rapportent à leurs Planètes Principales ou agissent vers leurs Planètes Principales !* Et lorsqu'on suppose la Lune dénuée de tout mouvement projectile, pour calculer le temps qu'elle emploieroit à tomber en ligne droite d'un point de son Orbite ou de 60 demi-diamètres Terrestres de distance sur la Terre, temps qu'on trouve d'environ 4 jours & 20 heures, ne faudroit-il pas encore avertir, qu'on lui conserve sa tendance Centrifuge par rapport au Soleil, ou faire une abstraction formelle du Soleil & de l'action de sa Force centrale, pendant le temps de la chûte, sans quoi la Lune tomberoit infailliblement sur le Soleil & non sur la Terre!

QUESTION XIII.

Sur les temps de chûte de la matière Zodiacale.

De ce que le Globe de la Lune affecté de la seule Pesanteur Terrestre, & denué de toute autre tendance, emploieroit 4 jours 20 heures à tomber sur la Terre, il suit, & il ne faut qu'une simple analogie aisée à trouver pour le déduire; qu'un corps quelconque placé, par exemple, à 43 demi-diamètres Terrestres de distance, ou 61600 lieues, qui font à peu-près l'éloignement l'éloignement que nous avons donné au *Point de Limite*, tomberoit sur la Terre en 2 jours 22 heures ou environ; que le même corps placé à 20 demi-diamètres, ou à 28650 lieues, tomberoit en moins d'un jour, ou en 22 heures; qu'à 10 demi-diamètres, ou 14325 lieues il tomberoit en 7 à 8 heures; à 5 demi-diamètres, ou 7162 lieues, en moins de 2 heures $\frac{3}{4}$, &c. Et ainsi de suite, en prenant toûjours pour premier terme de l'analogie, la Racine quarrée du Cube de 60, ou de la distance de la Lune à la Terre, & pour le troisième, la Racine quarrée du Cube de la distance donnée pour le temps de chûte que l'on cherche.

Car on peut raisonner de ce corps dans la Question présente, & selon la théorie qu'on trouve là-dessus dans M. *Newton*, comme si c'étoit un Satellite de la Terre assujéti aux mêmes loix que la Lune, & dont les Temps Périodiques seroient par conséquent en raison sous-doublée des Cubes de ses distances. Or par les mêmes principes, les temps de chûte en ligne droite au point Central, suivent entre eux le même rapport que les temps des Circulations. Donc, &c.

Mais il y auroit ici deux corrections à faire, dont l'une diminueroit la durée des chûtes précédentes, & l'autre l'augmenteroit, & d'autant plus l'une & l'autre, que les distances d'où le corps commence à tomber seroient plus petites.

Car, 1.° L'on a supposé que le terme commun de ces chûtes n'étoit autre que le point Central même vers lequel agit la Force Accélératrice, c'est-à-dire, le centre de la Terre, à la grosseur de laquelle on ne fait pas attention dans les grandes distances, comme, par exemple, pour la chûte de la Lune vers la Terre, ou pour celle des Planètes Principales vers le Soleil. Mais il n'est point question ici de rien de pareil, ni de faire tomber le mobile jusqu'au centre de la Terre, non pas même jusqu'à sa surface; il s'agit seulement de le faire arriver jusqu'à cent ou deux cens lieues de cette surface, ou à la hauteur de la Région de notre Atmosphère où brillent les Aurores Boréales. Et dans ce cas, dont l'analogie & le calcul deviennent fort compliqués, il est évident qu'il y a d'autant plus à retrancher, à proportion de la durée totale de chaque chûte, que la Région d'où le mobile commence à tomber, se trouve moins éloignée de la Terre : car, les cent ou deux cens lieues, & le dernier demi-diamètre Terrestre de moins que le mobile doit parcourir, ont alors un rapport d'autant plus grand avec sa distance du centre.

2.° Les déterminations précédentes supposent, ou le vuide, ou un milieu dont la densité & la résistance peuvent être négligées, par rapport à la solidité & à la pesanteur spécifique du corps tombant. Mais ces mêmes suppositions doivent-elles être admises à l'égard de la matière Zodiacale, qui fait notre objet ? Cette matière tombera sans doute, comme les corps les plus compactes, tant qu'elle n'aura à diviser que l'Ether, ou les parties les plus ténues & les plus rares des couches supérieures de notre Atmosphère : mais lorsqu'elle approchera de la Région de l'Aurore Boréale, n'y sera-t-elle pas retardée, puisqu'elle y est enfin soûtenue, ou, qu'à en juger par les observations, elle emploie du moins à la traverser, & elle y est vûe, plus de temps qu'il n'en faudroit à sa chûte ? Ce retardement sera donc un temps à ajoûter au temps de sa chûte calculée pour le vuide ou pour l'Ether. Et quel temps ? Et à quelle distance de la surface de la Terre ou du lieu de l'Aurore Boréale commencera-t-il à être sensible, & faudra-t-il commencer à le compter ?

On ne sauroit donc rien dire de positif sur l'intervalle de temps compris entre l'instant où l'on conçoit que la matière Zodiacale quitte l'Atmosphère du Soleil pour tomber dans la nôtre, & l'instant où elle parvient jusqu'à la Région des Aurores Boréales, où elle commence de briller à nos yeux. L'on ne peut savoir, dis-je, ni la durée de sa chûte, ni son véritable terme ; car peut-être la matière Zodiacale ne s'arrête-t-elle jamais absolument en aucune Région de notre Atmosphère, jusqu'à l'air que nous respirons ou à la surface du Globe Terrestre. Il paroît seulement que la matière destinée à former l'Aurore Boréale du jour, ou qui est parvenue à la couche de notre Atmosphère avec laquelle peut-être elle fermente, & où elle s'enflamme, n'y est pas arrivée long-temps après le passage du Soleil par ce vertical; puisque dans les nuits un peu longues les Aurores Boréales se montrent presque toûjours bien-tôt après le coucher du Soleil, & vers la fin du Crépuscule, comme il a été remarqué dans la troisième Section. Mais cette matière sera sans doute aussi quelquefois en tout ou en partie la même qui s'étoit détachée un, deux, ou trois jours auparavant de la Lentille Solaire à la rencontre de notre Globe en deçà des Limites de sa Force Centrale.

QUESTION XIV.

De la matière Zodiacale qui tombe sur la Lune; & de l'Atmosphère de la Lune.

Si dans les grandes extensions de l'Atmosphère Solaire, la Terre peut la traverser, & en être pour ainsi dire inondée, on ne peut douter que la Lune qui ne quitte point la Terre, & qui se trouve même plus près du Soleil dans ses Conjonctions, ne puisse aussi être souvent plongée dans le même fluide ou la même Atmosphère. Mais si la Lune se trouve plongée dans l'Atmosphère Solaire, la partie ambiante de ce fluide ne devra-t-elle pas tomber sur le Globe de la Lune, selon les loix de la Pesanteur universelle, ainsi qu'il a été expliqué à l'égard de la Terre? Y aura-t-il donc sur le Globe de la Lune des Phénomènes semblables à notre Aurore Boréale?

La question seroit bien-tôt décidée, s'il étoit certain que la Lune n'eût point d'Atmosphère, comme quelques Savans l'ont pensé après M. *Huguens*. Car en ce cas la matière du Phénomène n'y trouvant aucun milieu dans lequel elle pût se soûtenir assez long-temps & s'enflammer, ne feroit que se précipiter rapidement sur sa surface, & ne pourroit produire ni pour la Lune, ni pour l'Observateur qui voit la Lune de la Terre, rien qui approchât des apparences de notre Aurore Boréale.

Cette solution seroit commode sans doute pour notre théorie, qui semble exiger du moins que nous donnions quelque raison de ce que l'on ne voit jamais sur la Lune aucun vestige de cette matière qui y doit tomber selon nos principes.

Mais comme il ne s'agit de défendre notre théorie qu'autant qu'elle se trouvera conforme à la Nature, & que les raisons qu'on allègue contre l'existence de l'Atmosphère de la Lune, ne sont à mon avis, ni solides, ni concluantes, nous ne profiterons point de ce dénouement, ni de l'autorité que pourroit nous fournir un nom aussi illustre que celui de M. *Huguens.*

Tout ce qu'on a dit pour prouver que la Lune n'a point d'Atmosphère, se réduit à ce qu'on ne voit jamais sa surface couverte de nuages, comme il arrive à la Terre, & que les Étoiles éclipsées par la Lune, en disparoissant derrière son Disque, ou en venant à reparoître, ne souffrent aucune Réfraction sensible.

Pour répondre à la première de ces objections, il suffit d'observer, qu'indépendamment de la différence qu'on seroit en droit de supposer entre l'air qui environne la Terre, & celui de l'Atmosphère Lunaire, où les particules d'eau ne sauroient peut-être se soûtenir, il y a des pays sur le Globe Terrestre, tels que le Pérou, & de grandes contrées d'Afrique, où il ne pleut jamais, & qu'on ne voit point chargés de ces nuages qui sont ailleurs les avant-coureurs de la pluie. Les vapeurs élevées par la chaleur du Soleil pendant le jour, y retombent en forme de rosée pendant la nuit. Un Observateur placé sur la Lune seroit-il fondé d'en conclurre qu'il n'y a point d'Atmosphère pour toutes ces parties de la Terre ? D'ailleurs ces grandes taches obscures que l'on voit sur le Disque de la Lune lorsqu'on la regarde avec des Lunettes, sont ou des Mers, comme on l'a cru après *Galilée*, ou des Forêts, comme bien des personnes le pensent depuis M. *Huguens.* Si ce sont des Mers, il est contradictoire qu'il ne s'en élève aucunes vapeurs, qui étant mêlées d'air formeront bien-tôt une petite Atmosphère autour de la Lune. Et si ce sont des Forêts, il n'est plus étonnant qu'on ne voie jamais aucuns nuages sur une Planète dont la surface est privée de Mers. Ajoûtez enfin que le Soleil dardant ses rayons près de quinze de nos jours de suite sur le même Hémisphère de la Lune, il y doit prodigieusement atténuer les vapeurs & les exhalaisons qui s'élèvent de sa surface, en dissiper les petits amas à mesure que sa lumière gagne la partie qui va nous devenir visible, & n'y rien laisser d'opaque pour le Spectateur qui la voit de la Terre. N'est-ce point à quelqu'un de ces petits amas de vapeurs, qui n'étoit pas encore dissipé, qu'il faut attribuer cette traînée de lumière rougeâtre que M. *Bianchini* aperçût dans l'intérieur de la tache de Platon, le 16 Août 1725, une heure & demie après le coucher du Soleil, avec une Lunette de *Campani* de 150 palmes Romains ? Car la Lune venoit d'atteindre son premier Quartier le jour précédent, & la tache de Platon, ainsi que cette traînée rougeâtre, dirigée en ligne droite à l'opposite du Soleil, portoient sur les confins de la Lumière & de l'Ombre du Disque de la Lune. Or, de quelque manière qu'on imagine que les rayons du Soleil qui se levoit alors sur l'Horizon de cette tache, y aient pénétré, soit par une ouverture ou par un trou de ses bords montagneux, & en vertu d'une espèce de réfraction ou de difraction, comment s'y seroient-ils rendus visibles & colorés, s'ils n'y avoient trouvé une Atmosphère ou des vapeurs qui supposent une Atmosphère?

Quant à la seconde objection, remarquez que vrai-semblablement la matière réfractive de l'Atmosphère Terrestre est quelque chose de différent de l'air, & que cette matière ne s'étend, selon d'habiles Astronomes, qu'environ 2000 toises au dessus de la surface de la Terre ; ce qui ne fait pas la 3000me partie de son diamètre. Donc toutes proportions gardées entre le Globe Lunaire & le Globe Terrestre, en supposant la partie inférieure de l'Atmosphère de ces deux Globes semblablement douée d'une vertu réfractive & de même force, supposition d'ailleurs très-gratuite, cette partie n'occupera pas au dessus de la surface de la Lune un 3000me de son diamètre. Or tout le Disque de la Lune ne mettant qu'environ une heure à passer devant une Etoile fixe, il suit que son bord réfringent, & toute la matière qui en fait l'épaisseur, n'y emploiera que la 3000me partie d'une heure ou environ une ſeconde. Ce qui fait, comme on voit, un temps trop court pour s'apercevoir des réfractions, à moins que quelque haſard, ou des circonſtances favorables ne s'y mêlent. Enfin, ſans prétendre pourtant preſſer beaucoup cette preuve, il eſt de fait qu'on a vû quelquefois des Etoiles qui ſembloient entrer ſur le Diſque de la Lune, quelques momens avant que d'en être éclipſées, & qui par conſéquent paroiſſoient ſouffrir une réfraction dans ce paſſage. On en a vû d'autres, ſe colorer de rouge à une ſemblable approche, & c'eſt auſſi ce qui arriva à la Planète de Vénus en 1715.

L'analogie ſe ſoûtient donc toûjours entre la Terre & la Lune, à l'égard d'une Atmoſphère, & l'on peut douter ſi elle ne ſe ſoûtient pas encore pour ces amas de matière lumineuſe & inflammable dont l'Atmoſphère Terreſtre ſe charge quelquefois, & dont réſultent nos Aurores Boréales.

QUESTION XV.

Quels Phénomènes produiroit la matière Zodiacale ſur la Lune?

Suppoſé que l'Atmoſphère de la Lune fût de nature à ſe charger de la matière Zodiacale, à peu-près comme l'Atmoſphère Terreſtre, les ſuites en ſeroient-elles ſemblables à ce qu'elles ſont ſur la Terre? Et, ſans parler de la différence qu'une plus grande ténuité de la part du milieu devroit y apporter, & qui pourroit-être très-grande, la principale circonſtance qui caractériſe nos Aurores Boréales, leur poſition autour du Pole, n'y manqueroit-elle pas? Car nous avons fait voir que cette poſition étoit dûe à la Rotation diurne de la Terre. Or la Lune n'a point de rotation diurne, du moins comme la Terre, & par rapport à ſon Orbite; puiſqu'elle nous préſente toûjours à peu-près le même Hémiſphère. Et ſi elle en a une relativement à un point extérieur quelconque pris hors de ſon Orbite, cette rotation, iſochrone à ſa révolution périodique, n'eſt tout au plus que la 27me partie de celle de la Terre. Quant à ſa Libration, que je crois être en partie Phyſique, & en partie Optique, ce n'eſt, & dans la ſeule partie Phyſique, qu'un commencement alternatif, tantôt d'un côté, tantôt de l'autre, d'une rotation très-lente, & qui a des bornes fort étroites.

Il est donc très-vrai-semblable que la matière du Phénomène qui tomberoit sur le Globe de la Lune, & qui pourroit s'assembler dans son Atmosphère, y seroit beaucoup plus uniformément répandue qu'elle ne l'est dans l'Atmosphère Terrestre, & qu'il n'y auroit rien de pareil à ces amas que nous voyons s'en faire autour de notre Pole, dans la plupart de nos Aurores Boréales.

QUESTION XVI.

Si les Phénomènes que la matière Zodiacale pourroit produire sur la Lune, seroient visibles pour nous ?

Mais dans les suppositions les plus favorables à l'existence des Phénomènes que la matière Zodiacale pourroit produire sur la Lune, n'y auroit-il pas beaucoup à douter qu'ils fussent aperçûs de la Terre ? Des couches d'une matière transparente, plus minces, plus uniformes, & par conséquent plus transparentes que celles dont nos Aurores Boréales sont formées, se rendroient-elles visibles à un si grand éloignement ? Je prends garde encore qu'à peine voyons-nous la Lumière Secondaire de la Lune, sur la partie obscure de son Disque, qui est aussi celle où nous devrions apercevoir de tels Phénomènes s'il y en avoit. Cependant cette Lumière qui vient par réflexion de la Terre, doit être pour la Lune, toutes choses d'ailleurs égales, environ treize fois aussi grande que l'est pour nous celle de la Lune en son plein : car c'est-là à peu près, le rapport du Disque Terrestre au Disque Lunaire. Or une Lumière treize fois aussi grande que celle de la Pleine Lune, surpasse au moins treize fois celle de nos Aurores Boréales les plus brillantes, & surpasseroit bien davantage par conséquent celle des Phénomènes qu'il y pourroit avoir autour de la Lune. Comment pourrions-nous donc les y apercevoir ?

Ainsi la difficulté fondée sur ce qu'on n'a point encore vû autour de la Lune rien de pareil à nos Aurores Boréales, & à laquelle quelques personnes ont cru que je devois répondre, s'évanouit ou demeure ſans force, & laiſſe notre Théorie dans ſon entier.

QUESTION XVII.

Si la Lune eſt favorable ou contraire à nos Aurores Boréales?

Fig. XXVIII.

Si la force Centrale du Soleil *S*, toute ſeule oppoſée à celle de la Terre *T*, donne le point de Limite & d'Equilibre *L*, ou ne permet à la matière Zodiacale de tomber ſur la Terre que de la diſtance *TL*; ainſi qu'il a été expliqué dans le Chapitre I de la Section IIIme; il eſt évident que la Force Centrale de la Lune unie à celle du Soleil, & ſur la même ligne *ST*, diminuera la diſtance *TL* dans les Conjonctions *N*, & la réduira, par exemple, à $T\lambda$; & au contraire, qu'elle l'augmentera dans ſes Oppoſitions *P*, & la fera devenir, par exemple, *Tl*; de ſorte que dans la Nouvelle Lune *N*, une partie de la matière $L\lambda\mu$, qui auroit pû tomber ſur la Terre, devra retomber vers le Soleil ou ſur la Lune, comme au contraire, dans la Pleine Lune *P*, une partie de la matière *Llm*, qui auroit conſervé ſa tendance vers le Soleil, devra tomber vers la Terre.

Dans les Quadratures *Q*, *D*, & dans tous les cas moyens qu'on peut imaginer entre elles & les Syzygies, ſelon qu'ils participeront plus ou moins des deux cas extrêmes, de la Conjonction ou de l'Oppoſition, les diſtances précédentes ſeront plus ou moins, & réciproquement augmentées ou diminuées, & les chûtes de la matière Zodiacale vers la Terre dans un cas, ou vers la Lune dans l'autre, retardées & moindres, ou accélérées & plus abondantes.

D'où l'on voit, toutes compenſations faites ſommairement, & ſans entrer dans le détail d'un calcul qui nous conduiroit beaucoup au-delà des bornes que nous nous ſommes preſcrites, qu'il ſeroit aſſez difficile de décider, ſi, en général, & par rapport à la circonſtance dont il s'agit, la Lune eſt contraire, ou favorable à la chûte de la Matière Solaire vers le Globe Terreſtre, & par conſéquent ſi elle aide, ou ſi elle nuit à la Formation des Aurores Boréales.

Ce qu'on

Ce qu'on peut aſſurer, c'eſt que la Pleine Lune nuit beaucoup plus à l'apparition de ces Phénomènes par ſa clarté, qu'elle n'aide à leur formation par l'union de ſa Force Centrale à celle de la Terre. Parmi les Aurores Boréales qui ont été obſervées dans ce ſiècle, & qui ſurpaſſent de beaucoup en nombre toutes les précédentes marquées ſur notre Table, comme elles ſont auſſi celles dont la date eſt mieux connue par rapport aux Phaſes de la Lune, j'en trouve environ trois fois autant qui ont paru autour de la Nouvelle Lune, depuis le commencement du dernier Quartier juſqu'à la fin du premier, qu'autour de la Pleine Lune, depuis le commencement du ſecond Quartier juſqu'à la fin du troiſième.

Cependant il y auroit peut-être une reſſource pour démêler les effets de la Force Centrale de la Lune, d'avec ceux de ſa Lumière, pour conſtater du moins ces effets, & peût-être enfin pour voir le rapport qu'ils ont entre eux dans les deux cas oppoſés, de la Nouvelle & de la Pleine Lune. Ce ſeroit de ne compter que les Aurores Boréales qui ont paru lorſque la Lune étoit ſous l'Horizon, à diſtances égales ou à peu-près égales, de ces deux cas extrêmes, & de comparer enſuite le nombre des unes à celui des autres. Car, ſi la Force Centrale de la Lune influe ſur la formation de ces Phénomènes, il faudra que, toutes choſes d'ailleurs égales, on en trouve un plus grand nombre du côté de l'Oppoſition que du côté de la Conjonction.

Mais qui ne voit qu'une telle comparaiſon ne ſauroit être concluante, à moins qu'elle ne fût fondée ſur un nombre conſidérable d'obſervations, & qu'ici, au contraire, nous ſerions obligés de diminuer prodigieuſement le nombre de celles que nous avons, dès que nous voudrions les réduire à celles qui ſe trouvent dans la nouvelle condition de la Lune cachée ſous l'Horizon, & placée ſur ſon Orbite en des points correſpondans de l'Oppoſition & de la Conjonction? Il faut donc ſuſpendre notre jugement ſur cet article, & attendre bien des années, ſuppoſé même que la Repriſe des

Aurores Boréales que nous avons aujourd'hui durat encore, & sur le même pied de fréquence.

QUESTION XVIII.

Sur les Planètes Inférieures.

Les Planètes Inférieures, Vénus & Mercure, ne seront-elles pas toûjours ceintes & enveloppées de la matière Zodiacale, pendant ses grandes extensions ? Et si ces Planètes ont une Atmosphère comme le Globe Terrestre, cette Atmosphère n'en sera-t-elle pas presque toûjours plus chargée que ne l'est la nôtre, dans les plus grandes Aurores Boréales ? Car il suffit que l'Atmosphère Solaire s'étende jusqu'à 47 ou 48 degrés, pour atteindre l'Orbite de Vénus dans ses plus grandes distances, & jusqu'à 27 ou 28, pour arriver à celle de Mercure. D'ailleurs le Plan de ces Orbites s'éloigne peu de celui de l'Equateur Solaire. Le Plan de l'Orbite de Vénus, qui n'est incliné à celui de l'Ecliptique que d'environ 3 degrés & $\frac{1}{2}$, a son Nœud Ascendant tout proche du Nœud Ascendant de l'Equateur Solaire, savoir, au 14me degré des Gémeaux, & le Plan de l'Orbite de Mercure, dont le Nœud Ascendant est un peu plus en deçà & vers le milieu du Signe du Taureau, est incliné de près de 7 degrés au Plan de l'Ecliptique, & se confondroit presque entièrement, & à un demi-degré près, avec celui de l'Equateur Solaire, si son Nœud avançoit de 23 ou 24 degrés, selon l'ordre des Signes. Les Planètes Inférieures se meuvent donc dans des Plans qui s'éloignent fort peu de celui de l'Equateur du Soleil, & par conséquent, pour peu que la Lentille de son Atmosphère ait d'épaisseur, & s'étende au-delà de 48 degrés, elle ne sauroit manquer de renfermer l'Orbite & le Globe de Vénus, & à plus forte raison, l'Orbite & le Globe de Mercure. Que sera-ce donc dans ses grandes extensions, & lorsque nous la voyons arriver jusqu'à l'Orbite Terrestre ? Les Planètes Inférieures la traversant alors dans une partie beaucoup plus dense que celle que nous traversons quelquefois, ne se chargeront-elles pas aussi beaucoup plus de la matière qui la compose, que ne fait jamais la Terre, dans les cas les plus favorables ?

QUESTION XIX.

Si les Planètes inférieures ont des Aurores Boréales.

Les Planètes de Vénus & de Mercure auront-elles donc des Aurores Boréales ou Polaires, comme les nôtres, ou plus fortes & plus fréquentes que les nôtres ? C'est ce qu'il seroit difficile de décider, tant pour le fait, que pour le droit. Vénus, dans le cas de ses plus grandes proximités de la Terre, lorsqu'elle se trouve entre le Soleil & nous, est encore à environ 8 millions de lieues de nous, & il y a tout lieu de douter que d'une pareille distance nous pussions distinguer sur cette Planète, qui est si brillante, un Phénomène transparent tel que l'Aurore Boréale. Et savons-nous si la nature de l'Atmosphère de Vénus comporte la formation de ce Phénomène, à quelle région de cette Atmosphère la matière Zodiacale s'assembleroit, & si elle s'y assembleroit autour des Poles ? La Rotation diurne du Globe de Vénus, essentielle à cette dernière condition, ne nous est pas même bien connue. Selon feu M. *Cassini*, elle se fait en 23 heures quelques minutes, & selon M. *Bianchini*, elle y emploie plus de 24 jours ; mais M. *Cassini*, fils du célèbre Astronome que je viens de nommer, propose de grands sujets de doute sur la détermination de M. *Bianchini*. Si la Rotation de Vénus sur son axe ne s'achève qu'en 24 jours, elle est vrai-semblablement insuffisante pour produire à cet égard un effet bien sensible. Quant à Mercure dont nous ignorons entièrement, & l'Atmosphère & la rotation, la recherche des Aurores Polaires qui pourroient s'y former seroit encore plus vaine.

QUESTION XX.

Sur quelques autres effets de la matière Zodiacale autour des Planètes Inférieures.

Cependant il ne seroit peut-être pas impossible que la matière Zodiacale, diversement assemblée autour des Planètes Inférieures, ne s'y manifestât par quelques autres effets que par ceux de l'Aurore Boréale.

Comme la matière de l'Atmosphère du Soleil, toute transparente qu'elle est, ne laisse pas de ternir les objets que l'on voit à travers, d'en émousser les contours, & de réduire à l'égalité les différens degrés de lumière qui les distinguent, ne peut-on pas attribuer en partie à la matière Zodiacale qui enveloppe les Planètes Inférieures, la difficulté qu'il y a d'apercevoir les taches de ces Planètes ? Car sans cela la grande clarté qu'elles réfléchissent, bien loin d'y être un obstacle, devroit produire un effet tout contraire, lorsqu'en donnant une petite ouverture aux Lunettes, ou par le moyen des Verres colorés, on en efface le rayonnement. L'Atmosphère Solaire étant donc infiniment variable de grandeur & de densité, n'y aura-t-il pas des temps où les taches des Planètes Inférieures seront, toutes choses d'ailleurs égales, plus apparentes qu'en d'autres ? A l'égard de Vénus, par exemple, ne pourroit-on point soupçonner que quelque circonstance de cette nature aura empêché tout récemment qu'on n'ait discerné à Paris sur son Disque les taches que feu M. *Bianchini* y avoit vûes à Rome quelques années auparavant, quoiqu'on se soit servi d'aussi excellens Verres & d'un aussi grand foyer que les siens ? On sait aujourd'hui que les belles nuits de Coppenhague & de Pétersbourg offrent aux yeux des Observateurs, des Astres aussi brillans que ceux que nous font voir les plus belles nuits de Paris & de Rome, & qu'on y découvre avec le secours des Lunettes, les mêmes apparences sur la Planète de Jupiter, par exemple, les mêmes taches, les mêmes bandes claires ou obscures que nous y voyons ici, quoique ces taches & ces bandes ne soient guère plus visibles que les taches du Disque de Vénus, à en juger par ce que nous en rapporte M. *Bianchini*. Le plus grand avantage des Pays Méridionaux sur ceux du Nord pour l'Astronomie, ne consiste, à mon avis, qu'en ce que les premiers ont un plus grand nombre de jours & de nuits propres à l'observation, que les seconds. Mais quand ceux-ci font tant que de donner de belles nuits, peut-être sont-elles plus favorables pour les découvertes de l'espèce de celles dont il s'agit, par les mêmes raisons que dans un même Climat, à Paris ou à Rome, par exemple, une belle nuit d'Hiver est toûjours préférable à une belle nuit d'Eté pour l'obſervation. D'où viendroit donc une différence ſi marquée entre Rome & Paris, par rapport aux mêmes objets, ſi la circonſtance dont nous venons de parler n'y entroit pas pour quelque choſe ? Notre ſoupçon paroît du moins aſſez fondé, pour empêcher qu'on ne ſe rebute à l'avenir : le cas fortuit d'une trop grande abondance de la matière Zodiacale autour du Globe de Vénus, & trop compacte, ceſſera ſans doute, ou variera, & un moment favorable pourra nous laiſſer voir ſur cette Planète tout ce que feu M. *Bianchini* y a vû.

QUESTION XXI.

Sur l'augmentation de maſſe de la Terre, & des Planètes Inférieures, par l'accumulation de la matière Zodiacale.

Quelle que ſoit la ténuité de la matière qui tombe de l'Atmoſphère du Soleil ſur la Terre, & à plus forte raiſon ſur les Planètes Inférieures, l'accumulation qui s'en fait dans une longue ſuite de ſiècles ne doit-elle pas enfin produire entre pluſieurs autres effets, quelque altération ſenſible dans leurs mouvemens Périodiques, par l'augmentation des maſſes de leurs Globes ?

L'augmentation de maſſe doit retarder le mouvement Périodique d'une Planète, dans le Syſtème Newtonien, toutes choſes d'ailleurs égales ; puiſque tout corps en mouvement qui en rencontre un autre en repos, lequel s'unit à lui, perd de ſa vîteſſe en raiſon de la nouvelle maſſe qui lui eſt ajoûtée & qu'il faut qu'il entraîne.

Dans le Syſtème Cartéſien, où les Globes Planétaires ſont emportés dans le fluide d'un Tourbillon, le mouvement Périodique ſera retardé ou accéléré, ſelon le nouveau rapport de volume & de peſanteur abſolue qui réſultera de l'augmentation de maſſe. Car ſi ce rapport demeuroit le même, la Planète ſe trouveroit encore en équilibre dans les mêmes couches du fluide où elle nageoit auparavant ; & par conſéquent elle ne les quitteroit point. Mais ſi ce rapport change, elle paſſera à des couches ſupérieures ou inférieures, ſelon la nature de ce changement, & ſelon que la denſité du Tourbillon croît ou décroît en s'approchant du centre ; &

par conséquent le mouvement Périodique de la Planète sera retardé dans le premier cas, où elle s'éloigne de ce centre, & accéléré dans le second, où elle s'en approche, conformément à la règle de *Képler*.

Quant au mouvement de Rotation sur l'axe de la Planète, il sera encore retardé dans le Systême Newtonien, toutes choses d'ailleurs égales, en raison sesquialtère de l'augmentation de masse. Mais dans le Systême Cartésien, & selon le Méchanisme que nous en avons expliqué en 1729, la Rotation ou le mouvement diurne de la Planète sera accéléré, & en raison soûtriplée du volume qu'occupe la nouvelle masse totale comparée à la première; puisqu'il a été démontré selon cette hypothèse, que la Rotation d'une Planète quelconque devoit toûjours être en raison composée directe de son diamètre, & inverse de sa distance au point central de sa Circulation.

Du reste il est clair que dans l'un & dans l'autre Systême la variation du mouvement Périodique pourroit toûjours être aperçûe d'une Planète qui en observeroit une autre, lorsque le sien n'auroit pas changé en même proportion. Mais une Planète ne pourroit guère apercevoir le changement arrivé à son propre mouvement périodique & annuel que lorsque son mouvement diurne n'auroit point changé, ou qu'il n'auroit changé qu'en un sens, & d'une quantité qui ne compenseroit pas sensiblement le retardement survenu à sa Période. Car comme ce n'est que par le nombre de jours ou de parties de jour, qu'on mesure la durée annuelle, sa détermination devient impossible, ou du moins très-difficile, lorsque cette mesure se trouve elle-même variable ou incertaine.

QUESTION XXII.

Sur l'Atmosphère des Comètes.

Supposant les connoissances Astronomiques modernes touchant les Comètes, & la théorie Newtonienne de leur mouvement, peut-on concevoir qu'elles passent aussi près du Globe du Soleil qu'elles font, selon cette théorie, & selon les observations sur lesquelles elle est fondée, sans qu'elles ne se chargent d'une partie de l'Atmosphère Solaire qu'elles traversent ? N'est-ce pas comme un fort Aimant qu'on traîneroit à travers de la limaille de Fer ? Si toute Comète est une Planète ou une Terre semblable à la nôtre, & si les loix de la Pesanteur universelle y ont lieu, comme nous le supposons, ne faut-il pas que tous les corps, tant solides que fluides, qui se trouvent renfermés dans la sphère d'activité de la Pesanteur particulière qui agit vers son centre, tombent sur la surface de son globe, ou s'assemblent autour, s'ils se soûtiennent les uns sur les autres, comme les particules élastiques de notre air, en un mot qu'ils y aillent former une Atmosphère, ou grossir celle que la Comète avoit déjà ? Et en ce cas la matière de l'Atmosphère Solaire que la Comète a été obligée de traverser à l'endroit le plus dense, & dont elle s'est chargée, ne doit-elle pas faire la partie extérieure & la plus étendue de cette vaste Atmosphère qu'on aperçoit autour du Noyau de la pluspart des Comètes ?

Car 1.° il est certain que presque toutes les Comètes paroissent absorbées dans une très-grande Atmosphère, & qu'il y en a telle, dont le Noyau ou la Tête n'a pas la 15me partie du diamètre du total : ce qui donneroit plus de 20000 lieues de hauteur à la partie visible de cette Atmosphère, en supposant le globe de la Comète de la même grosseur que celui de la Terre ?

2.° Comme les Comètes se meuvent dans des Ellipses fort alongées, & qui peuvent être prises à notre égard pour des Paraboles dont le Soleil occupe le Foyer, on ne voit le plus souvent les Comètes qu'autour de leur Périhélie : de manière que, selon M. *Newton*, le nombre de celles qui ont paru vers l'Hémisphère du Ciel où est le Soleil, est quadruple ou quintuple du nombre de celles qui ont été aperçûes dans l'Hémisphère opposé.

3.° La plus part des Comètes passent si près du Soleil qu'on en a vû, qui, dans leur Périhélie, n'avoient pas dû s'en éloigner de la 6me partie du Diamètre du Globe Solaire. Et par conséquent la portion d'Atmosphère Solaire dont les

Comètes doivent se charger en passant, sera presque toûjours infiniment plus dense que celle de la partie de cette Atmosphère que nous voyons dans la Lumière Zodiacale, ou dans l'Aurore Boréale; conformément à ce qui a été dit dans la IIIme Section de ce Traité sur la chûte de cette matière dans notre Atmosphère, & sur la densité qu'elle y acquiert.

4.° Malgré cette densité, si notre conjecture est vraie, la matière de l'Atmosphère Solaire conserve encore ordinairement sa transparence autour de la Comète, de même qu'elle a coûtume de faire dans la Lumière Zodiacale, & dans l'Aurore Boréale. Car la Chevelure ou l'Atmosphère qui environne les Comètes, & qui paroît comme une espèce de nuage lumineux dont la clarté diminue de plus en plus vers les bords, est presque toûjours transparente, & quelquefois même dans sa partie la plus dense, & tout proche de la Tête, puisqu'on y aperçoit les Etoiles fixes à travers. *Voyez-en* Fig. XXIX. *la Figure*.

Or cela posé, une semblable Atmosphère, considérée dans sa plus grande étendue & au-delà de sa partie la plus basse qui touche à la surface du Globe de la Comète, ne seroit-elle que l'effet de la chaleur excessive que la Comète éprouve en passant auprès du Soleil? est-il possible que des vapeurs & une fumée d'autant plus épaisses, qu'une chaleur plus violente arrache de parties plus solides du Globe de la Comète, s'élèvent à une si prodigieuse hauteur? ne seroient-elles pas plus opaques que les nuages Terrestres les plus grossiers? Remarquons aussi que les matières qui composent nos nuages ne montent à une ou deux lieues au-dessus de la surface de notre Globe, que parce qu'en l'état de raréfaction où elles sont, elles se trouvent actuellement dans un milieu plus pesant qu'elles, & dans la partie la plus grossière de notre air. Cette sorte d'air autour de la Comète, s'étendroit-il quinze ou vingt mille fois plus qu'autour de la Terre? ou, sans cela, les vapeurs & la fumée élevées par l'incendie le plus terrible pourroient-elles monter & se soûtenir à de pareilles Régions au-dessus de son Globe, & dans l'Ether même?

même ? N'est-il donc pas plus naturel de penser que les vapeurs & la fumée qu'une chaleur excessive du Soleil tire de la Comète dans son Périhélie, se rangent à quelques lieues de hauteur seulement, autour de sa surface, d'où elles réfléchissent avec elle, & en vertu de leur densité, cette lumière plus dense qu'on aperçoit au centre de sa Chevelure, & qui se confond avec ce qu'on appelle le Noyau ou la Tête de la Comète ? Et la matière de l'Atmosphère Solaire dont la ténuité, la transparence & l'extrême légèreté nous sont connues, tant par la Lumière Zodiacale, que par la hauteur où elle se soûtient dans les Aurores Boréales, & qui de plus n'a pû manquer de suivre en très-grande quantité la Comète pendant son Périhélie, & long-temps avant & après, n'a-t-elle pas toutes les qualités requises pour former le reste de cette Atmosphère lumineuse si étendue, ou la Chevelure proprement dite de la Comète ?

QUESTION XXIII.

Sur la Queue des Comètes.

Si la matière de l'Atmosphère Solaire rassemblée autour des Comètes peut être employée à donner raison de leurs Atmosphères ou Chevelures, ne sera-t-elle pas indispensable pour expliquer les Phénomènes de leurs Queues ? Car s'il est difficile de concevoir que les vapeurs, les exhalaisons, & la fumée qui se détachent de leurs Globes puissent monter & se ranger autour d'elles à la hauteur de 10, 15 ou 20 de leurs diamètres, que sera-ce de la matière qui forme leurs Queues ? Ces Queues occupent quelquefois par leur longueur, 50 ou 60 degrés, ou davantage dans le Ciel ; de sorte que si l'on suppose alors la Comète aussi éloignée de nous que l'est le Soleil, l'extrémité de sa Queue sera presque aussi loin de son Noyau, que le Soleil l'est de la Terre, & beaucoup plus qu'il ne l'est de la Planète de Vénus ; c'est-à-dire, plus de 20 ou 30 millions de lieues.

Il est donc très-vrai-semblable, 1.° Que la Queue des Comètes n'est composée que de la matière de l'Atmosphère Solaire, dont elle a la transparence & toutes les autres qualités que nous y connoissons par les faits rapportés dans ce Traité. 2.° Que cette matière est ainsi poussée ou chassée des couches supérieures de l'Atmosphère apparente de la Comète, soit par l'impulsion des rayons Solaires, comme le croyoit *Képler* de l'Atmosphère propre de la Comète, & comme le feroit une vraie Chevelure exposée au vent, soit par voie d'Ascension, comme M. *Newton* l'explique des fumées & des vapeurs qu'il fait élever de la Comète à l'approche du Soleil, soit par telle autre cause qu'on voudra.

Fig. XXIX. Car imaginons que la Comète *N*, se trouve primitivement environnée de toute l'Atmosphère *EDNF*, dûe à la portion de l'Atmosphère Solaire, dont elle s'est chargée à son Périhélie ou autour de son Périhélie en passant près du Soleil; de manière, qu'en remontant du centre ou de *N*, aux extrémités *EDF*, de cet amas sphèrique, le fluide qui le compose devienne toûjours plus léger, plus rare & moins visible, tel qu'on l'observe en effet dans la Chevelure des Comètes. Si l'on suppose donc, comme il doit naturellement s'ensuivre de cette dégradation de densité & de pesanteur, que la partie la plus rare & la plus légère de ce tout, que l'Orbe extérieur *AFBDCE*, par exemple, cède à l'impulsion des rayons Solaires, ou de telle autre cause qu'on voudra, tandis que la Sphère intérieure *ABC*, y résiste par le poids & la densité de ses parties; n'est-il pas clair que cet Orbe extérieur, ainsi poussé à l'opposite du Soleil, ira former selon cette direction, Fig. XXX. derrière la Comète *N* & la Sphère *ABC*, une traînée de matière *BGHIK*, qui aura toutes les apparences de ce qu'on appelle la Queue des Comètes; tandis que l'Orbe intérieur *ABC*, dépouillé de ce duvet, demeurera attaché au corps de la Comète & fera seul desormais ce qu'on en nomme la Chevelure?

Il suffit ici d'avoir donné cette idée succincte & générale d'une explication qui ne differe de celles de *Képler* & de M. *Newton*, qu'en tant qu'elle assigne pour principale cause, pour cause matérielle à la Queue des Comètes, & à la partie la plus étendue de leur Atmosphère apparente, l'Atmosphère Solaire, plustôt que leur Atmosphère propre, ou les vapeurs & les fumées que le Soleil auroit pu élever de leurs Globes, comme l'entend M. *Newton.* Encore y a-t-il bien des endroits, dans le fameux livre des Principes de ce Philosophe, qui se rapprochent de notre théorie, & qui pourroient nous faire croire qu'il ne l'auroit pas rejetée.

Quant aux modifications, à la diversité de figure, de grandeur & de clarté, aux irrégularités apparentes dont la Queue des Comètes est susceptible, & à sa dissipation dans les espaces célestes, le Lecteur pourra aisément en imaginer les causes, ou les puiser chez M. *Newton* même; car presque tout ce qu'il dit à ce sujet est applicable à ce qu'on vient de voir. Je doute cependant que la dissipation entre pour beaucoup dans la *disparition* des Queues des Comètes, à mesure qu'elles s'éloignent du Soleil. Je trouve plus vraisemblable que ces Queues retombent vers leurs Globes, par l'affoiblissement de la cause qui les en tenoit écartées en raison inverse des quarrés de distance. Et à l'égard de la Chevelure ou de l'Atmosphère apparente, il me semble qu'on la voit toûjours en forme de nébuleuse, à quelque éloignement qu'on aperçoive la Comète, soit avant, soit après son dernier Périhélie; car il est très-possible que cette Atmosphère résulte aussi en partie des révolutions précédentes de la Comète autour du Soleil.

QUESTION XXIV.

Sur l'apparence de la Queue vûe de la Comète.

L'œil qui seroit placé sur une Comète *N*, & qui dirigeroit ses regards sur l'axe *BX* de la Queue *BGHIK*, ne verroit-il pas une espèce d'*Entonnoir* renversé ou de *Pavillon*, semblable à ce qu'on voit au Zénit dans quelques-unes de nos grandes Aurores Boréales, & en même temps tout l'Horizon de la Comète éclairé d'une vive lumière? Car il semble que la matière *BDCEAF (Fig. XXIX)* chassée de la superficie & des couches extérieures de l'Atmosphère apparente de la Comète, ainsi qu'il est expliqué ci-dessus, doit se ranger en plus grande quantité vers les bords *AG, CH, (Fig. XXX)* de la Queue, que par-tout ailleurs, & y former un cylindre, ou un cone creux NBn, qui étant vû en dedans, & du centre de sa base, auroit l'apparence que nous venons de décrire.

Mais comme tout ce vaste amas de fluide $GBHXIK$, vû de la Comète, doit y paroître également projeté sur la voûte du Ciel, & que les bords mêmes GI, HK, doivent optiquement s'y confondre à quelques diamètres de distance de son Globe, ne résultera-t-il pas plustôt de là une espèce de Crépuscule Zodiacal, constant & uniforme pour tout l'Hémisphère, & sur tout l'Hémisphère de la Comète qui a la nuit? Zodiacal, puisque le fluide lumineux qui le produit ne fait que céder à la force impulsive quelconque qui le dirige ainsi en opposition au Soleil; constant & uniforme, relativement à la constance & à la durée de cette Queue.

D'où l'on voit combien un tel Crépuscule ou une telle Aurore seroit, pour les habitans d'une Comète, un Phénomène différent de nos Aurores Boréales, Polaires, casuelles, variables, paroissant par intervalles & par *Reprises*, & cessant enfin de paroître pendant de longues suites d'années.

Et à l'égard du Phénomène particulier de cet *Entonnoir* ou *Pavillon* dont nous avons parlé, & qui sembleroit approcher de notre *Couronne*, dans la supposition que la vûe ne le confondît pas avec tout le reste de la Queue de la Comète, la différence n'en seroit pas moins grande. Car 1.° il paroîtroit toûjours à l'opposite du Soleil, il seroit renfermé entre les Tropiques, & notre Couronne n'y est jamais, puisqu'elle se montre au Zénit ou tout proche du Zénit, dans des pays fort éloignés de la Zone Torride. 2.° Il seroit réel, quant à cette position, & notre Couronne n'est en ce sens qu'apparente & optique, ainsi qu'il a été expliqué en son lieu. 3.° Enfin, par une suite nécessaire de ces différences, il seroit vertical pour le milieu seulement de l'Hémisphère de la Comète qui a la nuit, & horizontal pour les bords de cet Hémisphère; & notre Couronne est toûjours verticale ou peu éloignée du Zénit pour tous ceux qui la regardent, en quelque endroit de l'Hémisphère nocturne qu'ils soient placés, par la raison qu'elle est optique, & mobile en ce sens, comme l'Arc-en-Ciel.

Que si avec toutes les apparences que la Queue produit sur les Comètes, il peut encore y avoir des Aurores Boréales ou Polaires qui s'y compliquent, par la Rotation diurne, c'est vrai-semblablement ce qui échappera toûjours à nos connoissances, ainsi que la Rotation diurne des Comètes, & sur quoi nous serions encore moins fondés à insister que sur les Aurores Polaires de Vénus & de Mercure.

QUESTION XXV.

Sur ce que les Planètes Inférieures n'ont pas des Queues, comme les Comètes.

Mais pourquoi les Planètes de Vénus & de Mercure, qui nagent toûjours dans l'Atmosphère Solaire, n'ont-elles pas des Queues comme les Comètes ? Ne seroit-ce point par cela même qu'elles y nagent toûjours uniformément, & à peu-près à la même distance du centre de cette Atmosphère; au lieu que les Comètes ne s'y plongent pendant quelques mois qu'après avoir été des siècles entiers dans l'Éther ? Ce passage brusque d'un milieu infiniment rare dans un milieu dense, ne doit-il pas produire sur les Comètes des Phénomènes bien différens de ceux qu'on observe sur les Planètes ? En un mot produire sur celles-là, ces Queues qui les caractérisent & qui n'accompagnent jamais celles-ci ? Les Comètes, & sur tout les Comètes à Queue, différant donc beaucoup de nos Planètes circonsolaires, par cette excentricité prodigieuse, & par la longueur de leurs Orbites, par cet éloignement immense, & par la proximité où elles se trouvent alternativement du Soleil, pourquoi n'en différeroient-elles pas encore essentiellement par la contexture & la constitution de leurs Atmosphères propres ? La variété particulière, inséparable de l'uniformité générale de la Nature, le demande, la différence extrême des circonstances le suppose, & l'observation nous le confirme. Or c'est à mon avis de la constitution particulière des Atmosphères de tous ces corps celestes, que dépendent & les Chevelures, & les Queues, & les Aurores Boréales. C'est par-là que tel de ces

Phénomènes qui convient à l'un, ne peut convenir aux autres. L'Atmoſphère propre des Comètes, qui a eu tout le temps de s'épaiſſir à des diſtances énormes du Soleil, eſt apparemment immiſcible & impénétrable à la matière Zodiacale; & ſi cette matière ne fait par-là qu'y ſurnager, il ne ſera peut-être pas impoſſible qu'en cet état de pureté & à la diſtance où elle ſe trouve alors de la force centrale de la Comète, elle ne cède à l'impulſion des rayons Solaires impuiſſante ou inſenſible en tout autre cas. Tout le contraire arrivera pour les Planètes inférieures dont l'Atmoſphère ſe trouve conſtamment raréfiée, par leur proximité perpétuelle du Soleil; la matière Zodiacale s'y précipitera tout-à-coup à la ſuperficie de leurs Globes. Et enfin il en ſera tout autrement pour la Terre, qui tenant à cet égard, & par ſa poſition, une eſpèce de milieu entre tous ces corps, ſera douée d'une Atmoſphère capable d'être pénétrée par cette matière, mais plus lentement, de la ſoûtenir quelque temps à ſa région ſupérieure, d'y fermenter avec elle, & de nous la montrer ſous l'apparence de nos Aurores Boréales. Nous pouvons du moins oppoſer ces conjectures & ces exceptions à des difficultés qui ne ſont pas d'un ordre plus ſolide.

QUESTION XXVI.

Sur un ancien Syſtème touchant la nature des Comètes.

Outre les rapports qui ont été remarqués entre la Lumière de l'Atmoſphère & de la Queue des Comètes, & la Lumière Zodiacale, n'y trouveroit-on point encore celui d'une étincellement tout pareil à ce que l'on aperçoit quelquefois dans cette dernière avec de grandes Lunettes ? Et ne ſeroit-ce point une ſemblable apparence plus marquée peut-être dans quelques Comètes, ou en certains ſiècles qu'en d'autres, qui auroit fait croire à deux fameux Philoſophes de l'Antiquité, *Démocrite* & *Anaxagore*, que toute la Lumière des Comètes & de leurs Queues ne réſultoit que d'un amas prodigieux de petites Etoiles ?

QUESTION XXVII.

Sur une ancienne observation d'une Comète, ou de la Lumière Zodiacale.

Est-ce à l'Atmosphère ou à la Queue d'une Comète, & à l'étincellement dont nous venons de parler, ou à la Lumière Zodiacale, ou à l'une & à l'autre qu'appartient le fait singulier qu'on va voir? Il est pris du XIIme Livre de l'Histoire Ecclésiastique de *Nicéphore*, & il se rapporte, si je ne me trompe, à l'an 393, sous l'Empire de *Théodose*.

On vit alors, dit cet Historien, *des prodiges étonnans, qui annonçoient au monde les malheurs à venir. Principalement une Etoile extraordinaire qui parut dans le Ciel vers le milieu de la nuit, auprès de Lucifer ou de la Planète de Vénus, & du Cercle qu'on appelle le Zodiaque. Elle étoit presque aussi brillante que Vénus même, & elle dardoit au loin ses rayons. Peu de temps après on aperçût une infinité d'autres Etoiles qui entouroient celle-ci, & qui s'assembloient auprès d'elle. Vous eussiez dit que c'étoit un Essain d'abeilles qui voltigeoient autour de leur Roi. Du choc mutuel, & de l'agitation qu'on remarquoit entre elles, il résultoit une lumière qui se terminoit en pointe comme la flamme, & qui prenoit la forme d'une grande & terrible Epée à deux tranchans. Car toutes ces autres petites Etoiles paroissoient quelquefois se confondre & se réunir avec la grande qu'on avoit vue la première, qui étoit à leur égard comme le tronc ou la racine à l'égard des branches, & qui faisoit la poignée de l'Epée, ou la mêche de la lampe d'où cette flamme sembloit s'élever vers le Ciel.*

Rapportons encore ce que l'Auteur ajoûte, qu'*ensuite la scène changea de face, que cette Etoile, ce Phénomène, ou cette lumière eut un mouvement propre, qu'on jugea different de celui des autres corps célestes; qu'ayant commencé à s'écarter du lieu où elle avoit été vûe d'abord, elle se levoit cependant & se couchoit avec la Planète de Vénus, qu'avançant après cela peu à peu vers les deux Ourses, elle marchoit obliquement à la gauche du spectateur* tourné vers le Nord, *achevant toûjours sa révolution journalière avec le reste du Ciel & des Etoiles dont elle s'approchoit; ce qui dura l'espace de 40 jours, après quoi elle s'évanouit.*

Où il faut remarquer, 1.° Que cette prétendue Etoile, ou cette Comète, si c'en est une véritablement, ne peut s'être montrée avec la Planète de Vénus, que peu de temps après la nuit close, sur-tout si elles furent vûes quelque temps ensemble sur l'Horizon, comme paroît l'indiquer le narré de l'Historien, & que c'est ainsi par conséquent qu'il faut entendre ce qu'il appelle le milieu de la nuit.

2.° Que ce qui est dit du lever & du coucher de la Comète avec la Planète de Vénus, est de pure supposition pour l'un des deux, une simple induction, & non une observation immédiate, savoir, pour le lever ; puisque Vénus ne peut se lever qu'après le Soleil, quand elle s'est couchée après lui, & qu'alors on ne la voit pas. La Comète ou sa Queue ne paroissoit donc que le soir.

3.° Que ce mouvement oblique dont il est parlé, quoiqu'il semble, selon l'expression de l'Auteur, devoir tomber sur la route que tenoit le corps mû par rapport à l'Horizon, pourroit bien cependant se rapporter à la position de ce même corps, de cette Queue de Comète, ou de cette Lumière quelconque, qui penchoit vers la gauche du Spectateur.

La Lumière Zodiacale ne se meut pas différemment, & n'a pas une autre situation, lorsqu'on la voit le soir vers la fin de l'Hiver, & au Printemps, où elle s'approche de plus en plus du Pole de notre Hémisphère. Quoi qu'il en soit, le pétillement de lumière, & les étincelles en question, ne sont-ils pas vrai-semblablement la source d'une partie des illusions dont ce fait a été revêtu ?

Ne seroit-ce point quelque chose de semblable au Phénomène précédent que cette Queue un peu recourbée dont nous parle *Hévélius*, à la fin du VIIIme Livre de sa Cométographie, cette Comète sans tête, qui paroissoit le matin au mois de Novembre en 1618, & qui fut vûe dans presque toute l'Europe ? Car c'est en pareil temps que la Lumière Zodiacale doit se montrer le matin, lorsqu'elle est fort étendue ; & nous avons dit en son lieu, comment elle peut prendre cette forme apparente de faux.

QUESTION

QUESTION XXVIII.

Sur les effets de la rencontre de la Terre avec l'Atmosphère ou la Queue d'une Comète.

Le passage du Globe Terrestre à travers la partie supérieure de l'Atmosphère d'une Comète & à travers sa Queue, produiroit-il autre chose sur la Terre que quelques Aurores Boréales à peu près semblables à celles que nous voyons tous les jours ? Et les principes employés dans la théorie précédente ne mettent-ils pas du moins la Terre à couvert de ces inondations, ou plustôt de ces Déluges, auxquels un célèbre Anglois veut qu'elle soit exposée par la rencontre des Comètes ?

Quand on supposeroit contre tout ce que nous avons établi, que la Queue & l'Atmosphère des Comètes ne consistâssent qu'en un amas de vapeurs aqueuses, comment conçoit-on qu'à plusieurs diamètres au-delà de leurs Globes, ces particules d'eau pûssent fournir à un déluge ? Selon tout ce que nous savons là-dessus par analogie, & c'est la seule manière dont nous pouvons en raisonner, la plus vaste Queue de Comète avec la partie extérieure de son Atmosphère rassemblées au-dessus du Globe Terrestre, y produiroient à peine une bruine sensible. Car comme l'a remarqué M. *Newton*, un pouce cube de l'air que nous respirons, transporté à la hauteur d'un demi-diamètre Terrestre, y seroit raréfié à tel point, qu'il pourroit occuper en cet état un aussi grand espace que celui de tout le Tourbillon des Planètes jusqu'à la Sphère de Saturne, & au-delà. Et puisque tout corps soûtenu dans un fluide doit avoir une pesanteur ou une densité pareille à celle du fluide dans la couche où il est soûtenu, il suit que la raréfaction des vapeurs qui seroient portées par un tel air, & à une pareille distance, devroit être équivalente à celle de cet air, & par conséquent que la quantité d'eau soûtenue à un demi-diamètre au dessus de la Terre, seroit à la quantité de celle qui est soûtenue auprès de sa surface, comme un pouce cube est à la capacité du Tourbillon Planétaire. De plus, selon les calculs du savant & ingénieux Auteur qui nous donne lieu de faire cette réflexion, la Comète qu'il dit avoir causé le Déluge universel par son approche, & qu'on croit être la même qui parut en 1680 & 1681, passa tout au moins à 3000 lieues de la Terre, qui font environ 4 demi-diamètres de cette Comète, ayant établi que sa grosseur n'étoit à peu près que la septième partie de celle de la Terre. Cela posé, quelle devroit être la raréfaction prodigieuse des vapeurs soûtenues autour d'une Comète, par un air ou un fluide quelconque, à une distance environ quatre fois plus grande à proportion, que celle qu'indique M. *Newton*, & comprises dans un espace infiniment plus petit, en un mot dans la Queue de la Comète & dans la partie extérieure de son Atmosphère! & quelle pourroit jamais être la quantité d'eau qui en résulteroit, & qui tomberoit de là sur la Terre? Que si les deux Globes venoient à passer extrêmement près l'un de l'autre, & presque à se heurter, leur vîtesse respective, qui seroit très-grande dans ce cas-là, & le peu de séjour que feroit la Terre dans la partie basse & très-mince de l'Atmosphère de la Comète, ne la garantiroient-ils pas encore de l'inondation?

Mais l'Atmosphère visible des Comètes & leur Queue, ne consistant en effet qu'en un grand amas de la matière Zodiacale, comme il y a tout lieu de le croire, par la ressemblance qu'elles conservent toûjours avec elle, & de ce que toutes les Comètes qui sont douées d'une Chevelure & d'une Queue ont passé au travers, ou tout proche de cette matière, & ont dû s'en charger, que devient le danger de l'inondation pour la Terre lorsqu'elle passe près d'une Comète? Un embrasement sembleroit plus à craindre, si l'expérience ne nous apprenoit que le Globe Terrestre peut se trouver plongé dans la matière Zodiacale, ou être enveloppé de cette matière, soit immédiatement, soit par le moyen des Aurores Boréales, sans en éprouver aucune chaleur sensible.

FIN du Traité.

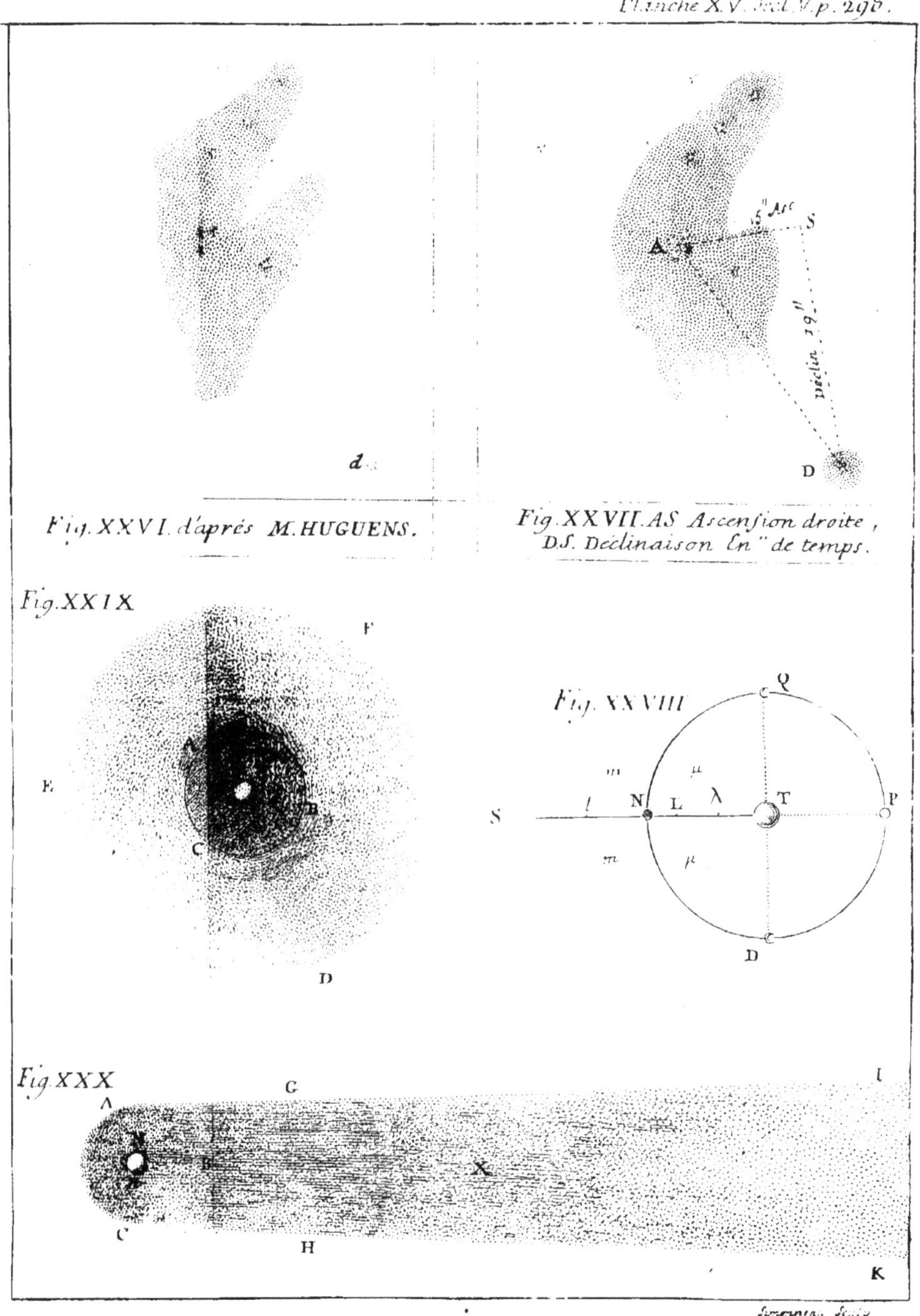

Fig. XXVI. d'aprés M. HUGUENS.

Fig. XXVII. AS Ascension droite, D.S. Déclinaison En" de temps.

Fig. XXIX

Fig. XXVIII

Fig. XXX

Simonneau Sculp.

ÉCLAIRCISSEMENS
SUR LE
TRAITÉ PHYSIQUE ET HISTORIQUE
DE
L'AURORE BORÉALE.

ECLAIRCISSEMENS
SUR LE
TRAITÉ PHYSIQUE ET HISTORIQUE
DE
L'AURORE BORÉALE.

PREMIER ÉCLAIRCISSEMENT.

Histoire succincte du sort qu'a eu ce Traité.

QUAND je me déterminai à donner au public mon Traité de l'Aurore Boréale, je n'ignorois pas combien un ouvrage de cette nature, dont l'idée ne ressemble à rien de tout ce qui avoit paru sur ce sujet, & qui embrasse une infinité de questions & de détails astronomiques, physiques & historiques, étoit susceptible d'objections. Mais loin de craindre les objections, je les desirois, persuadé que de tous les moyens d'apprendre si j'avois frappé au but, ou en quoi je m'en étois écarté, c'étoit le plus sûr : sans compter que j'espérois par-là trouver une occasion favorable d'éclaircir les difficultés que je n'avois pû prévoir, ou que je n'avois pas assez éclaircies, & de porter, s'il m'étoit possible, jusqu'à la certitude ce qui n'étoit encore que vrai-semblable.

Je ne différai pas long-temps d'agir en conséquence. M. *Godin* ayant alors un voyage à faire à Londres, je le priai de m'obtenir de M. *Halley* des remarques sur mon hypothèse, ou plustôt des objections contre; car je ne me flattois pas d'avoir ramené ce fameux Astronome à mon sentiment, sur une matière où nous avions pris des routes si directement opposées. M. *Halley* fait venir les Aurores Boréales de l'Atmosphère lumineuse de la petite Terre magnétique qu'il suppose au centre de notre Globe imaginé comme une Sphère creuse. De là, selon lui, s'échappent de temps en temps des vapeurs par les Poles de la croûte supérieure que nous habitons, ou du moins par son Pole Boréal; tandis que, selon moi, l'origine du Phénomène n'est autre que le Soleil ou l'Atmosphère Solaire. Rien n'étoit plus capable de me procurer de fortes & savantes objections. J'en avois réitéré la demande par une lettre ostensible envoyée à M. *Godin;* mais toutes ces instances ne me valurent de la part de M. *Halley* que des politesses sur la manière dont j'avois traité mon sujet, sans conséquence pour l'hypothèse.

Une semblable tentative ne me réussit pas mieux, quant aux objections, auprès de M. *Christfried Kirch*, autre habile Astronome, membre de l'Académie de Berlin. J'avois appris, que sur l'énoncé de mon idée, telle qu'il l'avoit trouvée dans quelques nouvelles littéraires, il avoit fait plusieurs difficultés qu'on ne put me rendre qu'imparfaitement. Je lui en écrivis, je le suppliai de me les communiquer, & je lui envoyai mon Ouvrage. Mais j'eus tout lieu le croire par sa réponse, que ses difficultés s'étoient évanouies, il n'en fut plus question, & il m'envoya, avec des éloges fort au dessus de ce que je pouvois attendre, une ample collection les Aurores Boréales qui ont paru dans les siècles passés, & pıs complète à certains égards que celle que j'en ai donnée dansla partie historique de mon Traité. Je pourrai faire usage de ctte collection dans la suite de ces Eclaircissemens; & je lagarde soigneusement, ainsi que les lettres qui justifient tout ce que je viens de dire.

Je ne doutai point cependat que sans me donner tant de soin, ni m'engager à la ronnoissance, il ne me vînt bien-tôt assez d'objections, & eut-être plus que je n'en voudrois.

Je n'ai fait nulle attention aux petites attaques fondées ſur ce que mon hypothèſe préſente d'extraordinaire, & même de plaiſant pour certains eſprits. Ils ont eu beau jeu ſur un Phénomène qui n'avoit été placé juſqu'alors que dans la région des pluies & du tonnerre, & que je mets à deux cens lieues par-delà, en l'y faiſant arriver de l'Atmoſphère du Soleil.

Je n'ai auſſi rien à dire des explications que quelques Auteurs ont publiées ſur l'Aurore Boréale, depuis que mon Traité a paru, ſans m'attaquer plus particulièrement. Ces explications ne m'intéreſſent, qu'autant qu'elles ſeront trouvées plus ou moins vrai-ſemblables que celle que j'ai propoſée; & je m'en remets là-deſſus au jugement du public.

Mais je ſuis véritablement en reſte avec un Auteur qui a prétendu me réfuter dans les formes, & dont je vais parler.

La grande Aurore Boréale qu'on vit en Italie la nuit du 16 Décembre 1737, y occaſionna pluſieurs écrits ſur l'origine & la cauſe de ce Phénomène. Un de ces écrits, & où mon hypothèſe eſt ſévèrement examinée, fut celui du R. P. *Serantoni*, Religieux Auguſtin, & Profeſſeur à Lucques. C'eſt un traité en dialogues, dont les interlocuteurs ſont *Atlas*, *Minerve*, & *Branchus* fameux devin de l'antiquité, qui ne joue pourtant ici que le rôle de Phyſicien. L'Ouvrage eſt diviſé en trois parties. Dans la première l'Auteur réfute les anciennes opinions ſur l'Aurore Boréale, en tant qu'on y attribuoit le Phénomène à des vapeurs & des exhalaiſons terreſtres enflammées dans l'air; il deſtine la ſeconde à montrer le peu de fondement de mon ſyſtème, & la troiſième à établir le ſien. Il prétend que les Aurores Boréales ſont produites par une double réflexion des rayons du Soleil, l'une ſur les terres polaires couvertes de neige, l'autre ſur les parties ſupérieures de notre Atmoſphère. Le P. *Serantoni* ne donne à notre Atmoſphère qu'environ 64 milles, c'eſt-à-dire, 20 ou 21 lieues de hauteur, de 25 au degré, d'après les inductions qu'il tire de la durée des crépuſcules; & c'eſt-là une des principales raiſons qu'il allègue pour rejeter mon explication, où je fais monter l'Atmosphère terrestre, en tant qu'elle peut soûtenir la matière du Phénomène, à plus de 200 lieues. Cependant *Atlas* plaide ma cause dans l'entretien dont mon livre fait le sujet, & quelquefois par d'assez bonnes raisons; mais on comprend bien qu'il ne sera pas le plus fort, & que je trouve aussi qu'il se rend trop aisément aux argumens de la Déesse & de *Branchus*.

Je ne prétends point éluder les objections du P. *Serantoni* par ce court exposé; mais pendant qu'il travailloit à renverser mon systême à Lucques, on en soûtenoit publiquement des thèses à Rome, dans le Collège Romain. Ces thèses furent imprimées la même année 1738, avec le titre & sous la forme de Dissertation sur l'Aurore Boréale, par le R. P. *Boscovich*, Jésuite, Professeur de Mathematique, aujourd'hui Correspondant de l'Académie, qui en est l'auteur, & qui ajoûte un nouveau degré de probabilité à mon hypothèse, par les inductions qu'il tire du Phénomène de 1737, & surtout par les calculs qu'il applique en particulier à la distance où la matière de ce Phénomène étoit de la Terre.

Il semble aussi que le P. *Boscovich* ait eu en vûe les objections du P. *Serantoni*, à l'occasion d'un autre ouvrage qui mérite de ma part une éternelle reconnoissance. Je veux parler du Poëme latin, *de Aurorâ Boreali*, du R. P. *Noceti* de la même Compagnie & de la même Maison, imprimé à Rome en 1747; car le P. *Boscovich*, qui a dirigé l'édition de cet élégant ouvrage, l'a accompagné de savantes notes. Ce sont presque autant de dissertations sur la plûpart des points contestés par le P. *Serantoni*, & qui confirment merveilleusement la théorie de mon systême que le P. *Noceti*, aussi habile Physicien que grand Poëte, n'a pas dédaigné d'adopter, & qu'il a orné de tout ce que la poësie a de plus brillant.

Enfin le P. *Boscovich* donna peu de temps après, pour l'intelligence de ce même Poëme, & en faveur des Lecteurs moins versés dans les matières de Physique, de Mathématique & d'Astronomie, ses *Dialogi sull' Aurora Boreale*, où ces matières sont traitées avec tant d'art & de clarté, que la simple

ſimple expoſition des faits y prévient ou diſſipe ſouvent toutes les difficultés. On peut juger combien mes idées gagnèrent encore entre des mains ſi habiles.

Ces conſidérations, je l'avoue, me firent croire que je pouvois me diſpenſer de répondre en détail à la critique du P. *Serantoni*, où je reconnois d'ailleurs beaucoup de ſavoir & de politeſſe. A quoi je puis ajoûter, que lorſque ſon livre me tomba entre les mains, en 1741, j'avois dans l'Académie des Sciences des occupations plus importantes que le ſoin de défendre mes foibles productions; & mon hypothèſe venoit encore d'être tout récemment défendue à Paris, dans des thèſes de Philoſophie, ſous un des plus habiles Profeſſeurs du Collège de Louis le Grand +.

Un autre écrit que le Phénomène de 1737 occaſionna en Italie, eſt celui de M. *Euſebio Sguario*, Docteur en Philoſophie & en Médecine à Veniſe. Cet écrit conſiſte en une Diſſertation où l'auteur explique l'Aurore Boréale & ſes divers Phénomènes, ſelon les principes Newtoniens de la gravitation univerſelle des corps, & où il a bien voulu mettre en œuvre les obſervations & les explications, tant générales que particulières, qui ſe trouvent dans mon Traité, & que je crois en effet par-tout aſſez conformes à ces mêmes principes. C'eſt preſque mon livre rédigé ſous une autre forme, ſans préjudice à l'invention & au ſavoir que M. *Sguario* y ajoûte de ſon propre fonds. Les articles où nous pouvons différer ſont de peu d'importance.

Je ne parlerai point du ſuffrage de quelques autres Savans qui n'ont fait qu'effleurer la matière, non plus que des objections de ceux qui n'ont touché qu'à quelques points particuliers de ma théorie. Mais je ne ſaurois paſſer ſous ſilence deux Diſſertations ſur l'Atmoſphère Solaire, publiées en 1746 & 1747, par M. *Kraffi*, Profeſſeur de Philoſophie à Tubinge, & Membre de l'Académie Impériale de Péterſbourg. On a vû que cette Atmoſphère ou la Lumière Zodiacale eſt, ſelon

+ En Avril 1739, & en Juillet 1740, ſous le R. P. de *Radonvilliers*, depuis Grand-Vicaire de M. le Cardinal de la *Rochefoucauld*.

moi, la ſource & comme le réſervoir des Aurores Boréales; qu'elle s'étend quelquefois viſiblement juſqu'à l'Orbite terreſtre & au delà, toujours plus étendue en effet, qu'elle ne l'eſt en apparence, & qu'il doit tomber néceſſairement une partie de la matière qui la compoſe, dans l'Atmoſphère Terreſtre, par les loix inviolables de la gravitation univerſelle. C'eſt la baſe de tout mon ſyſtème, & M. *Krafft* ne manque pas une occaſion d'en faire ſentir la correſpondance.

Mais me voici enfin attaqué dans toutes les parties de ce ſyſtème, & c'eſt par le célèbre M. *Euler.* Ce grand Géomètre donna dans le ſecond volume de l'Académie de Berlin, année 1746, des *Recherches phyſiques ſur la cauſe des Queues des Comètes, de la Lumière Boréale & de la Lumière Zodiacale*, où dès l'entrée, il crut devoir prémunir le Lecteur contre ce que mon hypothèſe, qu'il veut bien traiter d'ingénieuſe, pourroit avoir de ſéduiſant. Je ſentis tout l'honneur que M. *Euler* m'avoit fait en cela; mais en même temps je n'ignorai pas le tort que ſa critique, aidée d'une réputation auſſi juſtement acquiſe que la ſienne, pouvoit me faire, ſi je la laiſſois ſans réponſe. Un de mes premiers ſoins, après avoir ſatisfait à des occupations plus preſſantes que j'avois alors, fut donc d'y répondre, & c'eſt cette réponſe qui fait en plus grande partie le ſujet des huit premiers Eclairciſſemens qui ſuivent celui-ci. Ils furent imprimés avec les Mémoires de l'Académie des Sciences, 1747, & je les remets ici, comme à leur véritable place. Mais ces Mémoires ne faiſant que de paroître, en 1752, j'ignore quel ſera le ſuccès de ma défenſe & de mes nouvelles preuves auprès de M. *Euler.* Je ſais ſeulement, & je ne dois pas le paſſer ſous ſilence, qu'à l'égard de ce que j'y ai donné ſur la figure qu'a dû prendre l'Atmoſphère Solaire, par la rotation du Soleil ſur ſon axe, figure que M. *Euler* avoit cru pouvoir être un anneau ſéparé de cet aſtre, comme celui de Saturne l'eſt de cette Planète, M. *Euler* lui-même m'a donné gain de cauſe: *je me ſuis trompé*, dit-il, avec la candeur d'un vrai Philoſophe, *en voulant déduire la formation des Anneaux de l'Equation que j'avois trouvée* *pour la figure de l'Atmoſphère du Soleil* *, &c. & il n'eut beſoin, pour s'en apercevoir, que de l'expoſé ſuccinct que lui fit M. *Clairaut* de ce que j'avois lû là-deſſus à l'Académie. A quoi il ajoûte, avec des politeſſes très-flatteuſes pour moi, qu'il veut bien que j'en ſois inſtruit.

* *Lettre de M.* Euler *à M.* Clairaut, *du 26 Octobre 1751.*

Cet aveu de M. *Euler* me ſuffiroit ſans doute, & je ſupprimerois volontiers aujourd'hui tout le détail qui l'a occaſionné, ſi une ſemblable queſtion, après qu'elle a été mue, ne devenoit inſéparable de mon ſujet. Elle me donne lieu d'éclaircir de plus en plus la théorie de la Lumière Zodiacale & de l'Atmoſphère Solaire, elle eſt curieuſe par elle-même, & d'autres enfin pourroient bien s'y tromper, & ſans honte, après un ſi ſavant Géomètre : c'eſt pourquoi je redonne ici le tout comme en 1747.

Ces diſcuſſions, non plus que l'examen du ſyſtème de M. *Euler,* de l'Atmoſphère & de la Queue des Comètes, de l'impulſion des rayons ſolaires, où elles me conduiſent, ne m'écartent donc point du but que je m'étois propoſé, indépendamment de la critique de M. *Euler.* Ce ſont toûjours à peu-près les mêmes matières que j'aurois traitées ou dû traiter, & qui, par la circonſtance d'un tel adverſaire, ne font qu'exiger une plus grande attention de ma part, & de la part du public.

Ce qu'il me reſteroit ici d'hiſtorique à donner ſur mon ouvrage, & ſur les nouvelles idées qu'il a fait naître, ſe trouvera répandu dans la ſuite de ces Eclairciſſemens, & ſur-tout dans quelques-uns des préliminaires que j'y ai mis à la tête.

IIME ÉCLAIRCISSEMENT.

Système de M. Euler, *sur la cause de la Queue des Comètes, de l'Aurore Boréale, & de la Lumière Zodiacale, en tant qu'il diffère de celui qui est proposé dans le Traité Physique & Historique de l'Aurore Boréale.*

LE système de M. *Euler* sur tous ces Phénomènes a pour unique fondement l'impulsion des rayons du Soleil, sur les Atmosphères propres des Comètes, de la Terre & du Soleil.

J'ai aussi expliqué en manière d'exemple, la Queue des Comètes par l'impulsion des rayons du Soleil; mais je ne fais agir ces rayons que sur la partie de l'Atmosphère Solaire ou de la Lumière Zodiacale dont les Comètes se sont chargées dans leur périhélie ou auprès de leur périhélie. C'est-là proprement ce qui distingue ma théorie sur ce sujet, de celle de M. *Euler*, & de toutes les autres pareilles qui ont précédé; car l'explication de la Queue des Comètes, par l'impulsion des rayons du Soleil sur leurs Atmosphères ou tel autre fluide semblable, est connue depuis long-temps, comme on le verra dans celui de ces Éclaircissemens que je destine aux Comètes. Cependant je ne disputerai point à M. *Euler* la propriété de son idée sur les Comètes; elle lui appartient, du moins en ce sens, qu'il l'applique aussi à l'Aurore Boréale & à la Lumière Zodiacale. C'est sous cet aspect de système général qu'il nous la présente, c'est sous cet aspect que je la reçois, & que je vais m'y prêter.

Toute la différence de nos hypothèses consiste donc en ce que M. *Euler* explique la Queue des Comètes, l'Aurore Boréale & la Lumière Zodiacale, par les Atmosphères propres des Comètes, de la Terre & du Soleil, & par l'impulsion des rayons Solaires; tandis que je n'y emploie que l'Atmosphère Solaire, & sans aucune intervention de l'impulsion des rayons, excepté à l'égard des Comètes, sans conséquence, &, comme j'ai dit, par manière d'exemple.

Ainsi l'explication des Queues des Comètes, qui n'est chez moi qu'une espèce de corollaire, qu'une explication hypothétique, qu'une conjecture tout au plus, & donnée pour telle, parmi mes doutes & mes questions, & sur la fin de mon Traité, devient chez M. *Euler* la première, la plus étendue de toutes ses explications, son explication fondamentale, & la clef de toutes les autres.

Je regarde la Lumière Zodiacale, ou l'Atmosphère Solaire en tant qu'elle se manifeste sur notre horizon, lorsque le Soleil est caché au dessous, comme une appartenance quelconque de cet astre, dont je ne détermine la figure & les dimensions que d'après les observations immédiates, & par la rotation du Soleil sur son axe; M. *Euler* y ajoûte l'impulsion des rayons sur les particules subtiles de matière qui la composent. J'ai supposé cette Atmosphère, & d'après ces mêmes observations, absolument continue, depuis la surface du Soleil jusqu'aux extrémités de la Lumière Zodiacale; & M. *Euler* croit qu'elle pourroit être séparée du Soleil, & placée à quelque distance de cet astre en forme d'anneau, comme l'anneau de Saturne.

La matière de l'Aurore Boréale n'est, selon moi, que la matière même de la Lumière Zodiacale ou de l'Atmosphère Solaire, dont la Terre s'est chargée en passant au travers ou auprès de cette Atmosphère; & ce n'est, selon M. *Euler*, que l'amas des parties les plus subtiles de l'air, ou des exhalaisons terrestres chassées par les rayons du Soleil à la distance où l'on observe l'Aurore Boréale.

Quoique cette distance ne puisse pas être déterminée avec exactitude, & que vrai-semblablement elle ne soit pas toûjours la même en différentes Aurores Boréales, j'ai conclu de plusieurs observations, & par diverses méthodes, qu'elle étoit rarement au dessous de 100 lieues de 25 au degré, & qu'elle alloit quelquefois à plus de 200. M. *Euler* pense aussi en général, que la matière du Phénomène est placée à une très-grande diſtance de la ſurface de la Terre, & même beaucoup plus grande que je ne la fais, à des milliers de milles. Mais comme il prétend en même temps que la hauteur de l'Atmoſphère Terreſtre ne va preſque pas au delà d'un mille d'Allemagne, il croit en conſéquence, que l'Aurore Boréale ne réſide point dans notre Atmoſphère, mais qu'elle en eſt ſéparée par un très-grand eſpace. En quoi nous différons beaucoup de ſentiment, puiſque je ne fais nul doute que l'Aurore Boréale ne tienne à la région ſupérieure de notre Atmoſphère, & que cette Atmoſphère ne s'étende bien au delà du Phénomène.

Du reſte, nous convenons, M. *Euler* & moi, des principes généraux qui entrent dans nos théories; de la gravitation qui s'exerce vers les centres de tous les Globes céleſtes, en raiſon inverſe des quarrés des diſtances; d'une Atmoſphère Solaire qui peut s'étendre juſqu'à l'Orbite Terreſtre & au delà; & de la figure de cette Atmoſphère, aplatie vers les Poles du Soleil, comme une eſpèce de lentille, ſur le plan de ſon Equateur, en vertu de la rotation du Soleil ſur ſon axe, abſtraction faite de cette figure d'anneau qu'il a voulu nous y faire ſoupçonner, &c.

Voilà, ſi je ne me trompe, & autant que j'ai pû le recueillir de ſes *Recherches*, un réſumé ſuccinct, mais fidèle, des hypothèſes de M. *Euler*, ſur la Queue des Comètes, ſur l'Aurore Boréale & ſur l'Atmoſphère Solaire. Nous allons les parcourir en détail; mais au lieu de ſuivre M. *Euler* dans l'ordre qu'il a tenu ſur toutes ces queſtions d'après celui de ſes idées, je crois plus à propos de reprendre ici le plan que je m'étois fait dans l'ouvrage que j'ai à défendre : c'eſt-à-dire que j'examinerai les objections de M. *Euler* & le ſyſtème qu'il m'oppoſe, dans l'ordre de ces trois ſujets, l'Atmoſphère Solaire ou la Lumière Zodiacale, l'Aurore Boréale, & la Queue des Comètes.

IIIME ECLAIRCISSEMENT.

Sur l'étendue de l'Atmoſphère Solaire.

J'AI déterminé l'étendue de l'Atmoſphère Solaire ou de la Lumière Zodiacale, dans ſa longueur, à compter depuis le Soleil juſqu'à ſa pointe, d'après les obſervations réitérées de feu M. *Caſſini*, par les élongations de cette pointe, & de la manière dont on détermine les diſtances des Planètes inférieures par rapport au Soleil. J'ai trouvé par cette méthode, que la Lumière Zodiacale s'étendoit quelquefois juſqu'à la Terre ou à l'Orbite terreſtre & au delà, c'eſt-à-dire, à plus de 90 ou 100 degrés depuis le Soleil.

A l'égard de ſa largeur ou de ſon épaiſſeur, comme on n'en peut juger que par celle de ſa baſe ſur l'Horizon, où il y a le plus ſouvent des vapeurs qui l'effacent en partie, & qu'on ne ſauroit obſerver immédiatement cette épaiſſeur juſqu'au Soleil vers ſes Poles, où elle doit être plus grande, nous ne pouvons auſſi en rien dire de poſitif. C'eſt pourquoi nous n'entendrons ordinairement par l'étendue de la Lumière Zodiacale, que ſa ſeule dimenſion en longueur depuis le Soleil juſqu'à ſon bord lenticulaire, ſelon qu'elle paroît ſe terminer à des Etoiles dont la poſition eſt connue. La largeur apparente de ſa baſe ſur l'Horizon varie, depuis 10 ou 15 degrés, juſqu'à 20 ou 30.

J'ai avancé de plus, que puiſque la Lumière Zodiacale s'étendoit quelquefois viſiblement juſqu'à la Terre & à quelques degrés au delà, nous devions conclurre qu'elle s'étendoit ſouvent beaucoup plus loin. D'où il ſuit, que dans pluſieurs cas où nous ne la voyons point atteindre à l'Orbite terreſtre, & où elle ne fait qu'en approcher, nous pouvons préſumer qu'elle y atteint, & cela par une induction que je ne crois pas qu'on puiſſe me conteſter. Cette induction eſt tirée, 1.° de la dégradation inſenſible de Lumière & de denſité qu'on y obſerve depuis ſa baſe juſqu'à ſa pointe & à toutes ſes extrémités, toûjours mal terminées; car il eſt plus que probable qu'il y a encore au delà une infinité de particules de la même matière, qui ſe dérobent à notre vûe par leur extrême ténuité, & par leur rareté: 2.° de ce que, ſelon la remarque de feu M. *Caſſini*, elle paroît en un même inſtant diverſement étendue à diverſes perſonnes: 3.° de ce que nous ne voyons jamais la Lumière Zodiacale dans une parfaite obſcurité, & que nous voyons conſtamment augmenter ſa longueur, ſa largeur & ſa clarté, ſelon que le crépuſcule qui l'accompagne eſt plus foible, & qu'il y a moins de Lumière dans le reſte du Ciel: 4.° & enfin, de ſes variations apparentes, & ſouvent très-conſidérables, de grandeur & de figure, qui arrivent quelquefois d'un jour à l'autre, & qui font ſentir combien les circonſtances étrangères, optiques ou phyſiques, peuvent apporter de changement à ſes apparences; n'étant point vrai-ſemblable qu'un ſi vaſte amas de matière naiſſe, s'évanouiſſe & renaiſſe en ſi peu de temps.

Je ne trouve rien dans les recherches de M. *Euler*, qui, bien loin de détruire l'idée que je viens de donner de l'étendue de l'Atmoſphère Solaire, ne la favoriſe & ne la confirme. Il fait engendrer cette Atmoſphère, comme j'ai fait, ſous cette figure de lentille ou de ſphéroïde aplati vers ſes Poles, par la rotation du Soleil & de tout ce qui l'environne. Il ne limite point ſon étendue, qu'il fait vrai-ſemblablement très-grande; & il doit d'autant plus la ſuppoſer telle, qu'à cette cauſe d'expanſion il joint, comme nous avons vû, l'impulſion des rayons Solaires, qui ne peut que l'augmenter.

* *Page 139.* Voici comment il s'en explique *: *Le corps du Soleil ſera donc environné d'une Atmoſphère, dont la figure ſphéroïdique ſera fort aplatie vers les Poles, & fort étendue autour de l'Équateur; préciſément comme M^rs^* Caſſini *&* de Mairan *repréſentent l'Atmoſphère Solaire, dans laquelle ils placent la Lumière Zodiacale. Ainſi il eſt extrêmement vrai-ſemblable que cette Lumière Zodiacale n'eſt autre choſe que le Phénomène offert par la vûe de l'Atmoſphère Solaire fort étendue autour de l'Équateur; & cela eſt également*

également confirmé par la figure & par la situation de ce Phénomène. Mais, ajoûte-t-il, *pour mettre dans un plus grand jour, combien la diminution de la pesanteur peut augmenter l'étendue de l'Atmosphère Solaire autour de l'Equateur,* (c'est toûjours de l'Equateur du Soleil qu'il s'agit ici) *faisons un calcul fondé sur les principes de l'Hydrostatique.*

Vient ensuite une analyse de M. *Euler*, & ce calcul, dont les élémens sont, l'axe du Soleil, la révolution du Soleil sur cet axe, qui, pour le dire en passant, est de 25 ½ ou d'environ 25 jours, & non d'*environ 27*, comme le porte ici l'imprimé; car il s'agit de la révolution réelle, & non de la révolution synodique par rapport à la Terre; la pesanteur d'une particule quelconque de son Atmosphère, la force de ses rayons pour écarter cette même particule de la surface Solaire, & la force centrifuge de cette particule en conséquence de la rotation; d'où résulte une équation ou formule qui renferme tous ces élémens d'un côté, & de l'autre l'inconnue, savoir, l'étendue de l'Atmosphère Solaire.

Je me persuade que M. *Euler* n'a voulu nous apprendre par ce détail d'analyse, que l'étendue, ou immense, ou très-bornée, dont l'Atmosphère Solaire est également susceptible, par la diminution de pesanteur dans les particules de matière qui la composent, ou par l'augmentation de cette même pesanteur : car du reste on n'en sauroit rien conclurre par rapport au fait, dont la connoissance dépend uniquement des observations & de l'induction que j'en ai tirée. Les grandeurs connues qui se rencontrent ici, telles que l'axe du Soleil, la révolution du Soleil sur cet axe, & la force centrifuge qui en résulte pour chaque particule de l'Atmosphère, se trouvant absolument compliquées avec des indéterminées, telles que la consistance ou la pesanteur des particules de l'Atmosphère, & la force impulsive des rayons qui agissent contr'elles; il est évident que le membre de l'équation qui contient l'inconnue, demeure indéterminé, & d'autant plus, que les indéterminées qu'on y compare sont véritablement inconnues, & plus inconnues que l'inconnue proprement dite de l'équation; car tout au moins connoît-on celle-ci dans la partie visible de la Lumière Zodiacale, par les observations, au lieu que nous n'avons jusqu'ici aucune ressource, pour acquerir la moindre connoissance des autres, dans le rapport qu'elles peuvent avoir entr'elles, pour produire l'effet dont il s'agit. Peut-être pourroit-on conjecturer quelque chose de la force impulsive des rayons du Soleil, par la vitesse avec laquelle ils viennent frapper notre organe, & qui est telle, qu'ils n'y emploient qu'environ 8 minutes de temps; mais quelles sont les masses des corpuscules lumineux, qui doivent être multipliées par cette vîtesse, pour en conclurre la force de leur impulsion? & quelles sont en même temps les masses des particules de l'Atmosphère Solaire, qui y sont exposées, pour en mesurer l'effet? Il est donc évident que le plus ou le moins d'étendue de l'Atmosphère Solaire, dépendant du plus ou du moins de masse des particules qui la composent, & de celle des particules impulsives qui viennent les frapper, on peut par cette cause, & selon le rapport qu'on établira entre toutes ces grandeurs, faire l'étendue de l'Atmosphère du Soleil, aussi grande ou aussi petite qu'on voudra, la renfermer dans la Sphère de Mercure, ou la pousser jusqu'à celle de Saturne.

Je ne pense donc pas avoir rien omis d'essentiel sur l'étendue de l'Atmosphère Solaire, en m'attachant uniquement à ce qu'on en pouvoit déterminer d'après les observations; & je doute que tous les calculs que j'aurois pû faire sur ce sujet m'eussent conduit à quelque chose de plus instructif.

IVME E'CLAIRCISSEMENT.

Sur la continuité de l'Atmosphère Solaire, & de la Lumière Zodiacale avec le Soleil.

M. *Euler* tire cependant une autre conséquence de son calcul sur l'étendue de l'Atmosphère Solaire. Comme il le réduit, par rapport à l'axe de la courbe génératrice de cette Atmosphère, à une équation cubique qui n'en exprime que les abscisses, il remarque*, que *si cette équation a une racine affirmative, comme cela doit arriver dans le cas actuel, elle aura aussi nécessairement trois racines réelles*, *&* qu'*alors il pourroit arriver que l'Atmosphère se changeât en anneau, & environnât le Soleil, comme l'anneau de Saturne entoure cette Planète*. A quoi il ajoûte que *les observations ne permettent pas de décider si la Lumière Zodiacale*, qui n'est autre chose que l'Atmosphère Solaire en tant que visible sur notre Horizon, *est contigue au Soleil, ou placée à quelque distance de cet astre en forme d'anneau.*

* Page 140.

C'est-là, je l'avoue, une question à laquelle je n'avois point pensé : car, outre que je n'ai jamais vû la moindre apparence que le corps du Soleil se trouvât ainsi dépouillé de son Atmosphère, peu m'importeroit dans le fond, & par rapport à mon explication de l'Aurore Boréale, que cet assemblage circonsolaire qui se montre à nos yeux dans la Lumière Zodiacale, fût, ou ne fût pas absolument contigu au Soleil. L'Orbite terrestre ne le renfermeroit, ou ne le traverseroit pas moins, & n'en seroit pas plus éloignée ; cette Lumière n'en auroit pas moins l'étendue, la longueur & la largeur que nous y voyons sur notre Horizon & vers cette Orbite, & la Terre venant également à la rencontrer, à passer au travers, ou tout proche, ne s'y chargeroit pas moins de la matière requise, pour la production du Phénomène. Voilà ce que j'alléguerois, & que je serois en droit d'alléguer d'après les observations. Mais quoi qu'il en soit, cet article a une liaison trop intime avec toutes mes idées sur ce sujet, & il est d'ailleurs trop important par lui-même, & par rapport à la Physique céleste, pour être passé sous silence.

Je vais donc tâcher de l'éclaircir dans tous ses points.

Convenons d'abord, que sur la première inspection, & optiquement parlant, il ne seroit pas impossible que la Lumière Zodiacale, large comme elle est ordinairement sur l'Horizon par sa base, couchée de part & d'autre sur le plan de l'Equateur Solaire, & en partie sur celui de l'Orbite terreſtre qui ne s'en éloigne que de ſept à huit degrés, ne nous cachât l'eſpace vuide qu'il y auroit depuis ſes extrémités juſqu'au Soleil. Ce qui ne nous permettroit pas de décider, ſi la Lumière Zodiacale s'étend en effet juſqu'au Soleil, ſi elle lui eſt contigue, ou ſi elle en eſt ſéparée, comme l'anneau de Saturne eſt ſéparé de cette Planète.

Il faut donc entrer dans un détail plus particulier & plus circonſtancié du Phénomène, y appliquer la théorie dont il eſt ſuſceptible, pour ſavoir enfin à quoi nous en tenir ſur cette queſtion.

Quand la Lumière Zodiacale commence à paroître quelqu'heure avant le lever du Soleil, ce n'eſt au premier coup d'œil qu'une lueur blancheâtre preſque imperceptible, fort ſemblable à la voie lactée, une clarté mal terminée, qui ſe confond avec celle du crépuſcule naiſſant, peu élevée ſur l'Horizon, & allant toûjours en ſe dégradant, juſqu'à une ſorte de pointe ou de ſommet qu'on y démêle quelquefois en forme de cone, de conoïde, ou de fuſeau, comme le doit paroître toute eſpèce de ſphéroïde aplati & lenticulaire vû de profil. Elle monte cependant peu à peu, elle devient plus viſible, plus grande & plus claire, à meſure que le Soleil s'approche de l'Horizon, & elle arrive enfin à un point de grandeur & de clarté qu'on peut appeler ſon *maximum*, & après lequel elle diminue en apparence, s'efface de plus en plus, & s'évanouit à l'éclat d'un plus fort crépuſcule, & en préſence du Soleil. Il en eſt de même, à peu près, de ſa partie oppoſée, de la Lumière Zodiacale du ſoir, en ordre renverſé, pendant que le Soleil s'enfonce ſous l'Horizon. On remarque également dans l'une & dans l'autre la même dégradation de lumière & de denſité, depuis l'Horizon juſqu'à ſa pointe, ou, ſi l'Horizon eſt bordé de nuages, la même augmentation, depuis ſa pointe juſqu'auprès de l'Horizon, c'eſt-à-dire juſqu'à ſa partie viſible la plus proche du Soleil.

Tout nous annonce donc juſque-là, que ſi la Lumière Zodiacale pouvoit ſe montrer toute entière avec le Soleil, nous la verrions ainſi augmenter de grandeur, de clarté &

de densité jusqu'à la surface de cet astre. C'est sans doute après une infinité de semblables observations, que feu M. *Cassini* qui nous a fait connoître cette Lumière, & ceux qui l'ont décrite après lui, l'ont toûjours confondue avec l'Atmosphère du Soleil, ce mot d'Atmosphère ne signifiant chez eux autre chose, que le fluide quelconque qui environne un corps plus solide, plus pesant ou plus dense, ainsi que l'air environne la Terre, & dont la partie inférieure est immédiatement appuyée sur sa surface.

Mais il y a plus, lorsque le Soleil vient à s'éclipser, & à nous être totalement caché par le Globe de la Lune, on voit autour du Disque de celui-ci, une lumière de 4, 5 ou 6 doigts ou plus de largeur, très-vive, & d'autant plus vive, qu'elle approche davantage de son Disque, ou de celui du Soleil, d'où elle va en diminuant jusqu'à ce qu'elle se perde dans le Ciel. C'est cette espèce de *Frange Solaire* que *Képler* a si bien décrite +, qui a été vûe des Anciens, & qu'ils ont prise aussi quelquefois pour les bords du Soleil même, & pour une Éclipse annulaire; mais qui en a été distinguée, & qu'on a clairement aperçûe dans toutes les Éclipses totales de Soleil arrivées de nos jours. Eh! que seroit-ce autre chose que l'Atmosphère du Soleil, dans sa partie la plus dense, la plus lumineuse par elle-même, ou la plus exposée à l'éclat & à la densité des rayons solaires qu'elle nous réfléchit?

Enfin, malgré cet éclat qui doit faire disparoître les parties les plus éloignées & les pointes apparentes de cet amas lenticulaire de particules lumineuses ou réfléchissantes vû de profil, sous lequel la Lumière Zodiacale se montre ordinairement, on ne laisse pas d'y en apercevoir les traces, &, pour ainsi dire, les tiges. Cette Couronne, ce Limbe lumineux dont nous venons de parler, n'est pas exactement circulaire, il est presque toûjours plus étendu, plus lumineux vers le levant

+ *Substantia crassa circa Solem, non hic in nostro aere, sed in ipsa sede Solis interdum circumfusa, quæ resplendet radiis Solis, apparetque etiam tecto Sole, ut flamma circulariter emicans, tantumque luminis præferens, ut mera nox esse nequeat.* Képler, Epit. Astron. Cop. lib. VI, p. 895.

& vers le couchant, selon la direction commune de l'Equateur Solaire & du profil conique ou conoïdal de la Lumière Zodiacale, que vers les Poles. L'Eclipse totale de Soleil, vûe à Paris en 1724, fut accompagnée de cette apparence : je l'y observai, & M. *Godin*, dont j'ai retenu la note, l'y observa aussi. Mais M. *Valerius*, Astronome à Upsal, nous fournit encore quelque chose de plus précis sur ce sujet. Pendant l'Eclipse totale de Soleil, observée dans cette ville en 1715, & dont la totalité dura 4′ 20″, il vit cette Lumière du Limbe plus grande & plus étendue vers le levant & vers le couchant du Soleil, que vers ses Poles ; & il nous en a conservé une figure, où ce Limbe adhérant au Soleil est représenté avec deux anses pleines & lumineuses. La même chose fut remarquée en Scandinavie, par Mrs *Tiburtius* & *Chenon*, dans l'Eclipse totale de Soleil, qu'on y vit en 1733. Toutes ces observations sont rapportées dans les Actes de Leipsic, année 1716, & dans les Actes Littéraires de Suède, année 1735.

Je ne crois pas qu'on puisse exiger des preuves de fait & d'observation plus convaincantes sur un sujet de cette nature. Il est visible que l'Atmosphère du Soleil en enveloppe immédiatement la surface, qu'elle n'en est point séparée, comme l'anneau de Saturne l'est de cette Planète ; & à cet égard, qui est tout ce que nous nous étions d'abord proposé, la question est résolue.

Il n'est guère moins visible que la partie de cette Atmosphère contigue au Soleil doit s'unir à celle qui nous est manifestée par la Lumière Zodiacale. La dégradation insensible de lumière & de densité du Limbe qui environne le Soleil pendant les Eclipses totales, & une semblable dégradation dans la Lumière Zodiacale depuis sa base sur l'Horizon, c'est-à-dire, depuis sa partie la plus proche de ce Limbe, jusqu'à sa pointe, ne nous permettent presque pas d'en douter : l'induction est assurément aussi forte que légitime, & se trouve confirmée par ce que j'ai rapporté dans le VIIIme Chapitre de la quatrième Section de mon Traité, de certains cas rares

& extraordinaires arrivés dans les ſiècles paſſés, où cette Atmoſphère a été vûe appuyée ſur le Soleil éclipſé, en forme de cone très-étendu, & bien au delà de la partie de la Lumière Zodiacale qui nous eſt cachée à quelques degrés ſous l'Horizon. J'avoue que l'obſervation en avoit été peu exacte, mal circonſtanciée, déguiſée & douteuſe dans ſes circonſtances, comme il convenoit à ces temps-là; & qu'à la rigueur, il ne ſeroit pas impoſſible que l'Atmoſphère Solaire ne fût rompue ou interrompue en cet endroit, ſans que nous le viſſions, & peut-être ſans que nous puſſions jamais le voir. Mais le Phyſique ne s'oppoſe-t-il point ici à toutes ces poſſibilités?

Paſſons donc enfin aux preuves de droit de la continuité abſolue de l'Atmoſphère Solaire & de la Lumière Zodiacale, & tâchons de donner là-deſſus une théorie ſi complète & ſi claire, qu'elle n'y laiſſe aucun ſujet de doute.

Je conſidère l'Atmoſphère du Soleil dans quatre cas différens.

1.° Dans celui de la ſeule peſanteur de ſes parties vers le centre Solaire, indépendamment de toute rotation ſur ſon axe, & de toute impulſion de rayons.

2.° Sous la forme qu'elle prendroit par la ſeule rotation autour de l'axe du Soleil, & par la force centrifuge qui en réſulte en tant qu'oppoſée à la peſanteur.

3.° Dans ce qu'elle deviendroit, avec ſa peſanteur, par la ſeule impulſion des rayons ſolaires admiſe par M. *Euler*.

4.° Et enfin ſous le concours de ces trois cauſes.

Ce ſont là toutes les forces que nous devons mettre en œuvre, la peſanteur en raiſon inverſe des quarrés des diſtances, la force centrifuge en vertu de la rotation ſuppoſée avec M. *Euler* ſe faire en même temps dans toutes les parties de cette Atmoſphère, & l'impulſion des rayons en direction contraire à la peſanteur, mais ſelon le même rapport des quarrés de diſtance au centre du Soleil.

PREMIER CAS.

Tout ceci roule, comme on voit, ſur cette ſuppoſition

* V. Rech. de M. Euler, page 138.

explicite, ou implicite*, que le Soleil a par sa nature, ou par accident, mais de fait, une Atmosphère, qui, abstraction faite de toute cause externe, excepté la pesanteur, s'y rangeroit tout autour par sa tendance centrale, dans l'ordre de sa formation & de sa consistance, soit que les particules qui la composent émanent du Soleil, soit qu'elles y viennent d'ailleurs : de manière que les plus pesantes s'arrêteroient ou tomberoient sur sa surface, & que les plus légères monteroient, ou s'entasseroient au dessus ; car il n'est pas vrai-semblable qu'elles aient toutes la même consistance, la même ténuité, la même légèreté ou la même pesanteur. Ainsi ce premier cas se confond absolument avec la supposition même qui fait la base de toute cette théorie, & d'où doivent naître tous les Sphéroïdes possibles des cas suivans. L'Atmosphère Solaire seroit donc sphériquement & concentriquement assemblée autour du Soleil, depuis sa surface jusqu'aux limites supérieures de cette Atmosphère où seroient les particules les plus légères, les plus ténues & les plus rares : car qu'est-ce qui s'opposeroit alors à l'action, par-tout la même, selon la loi donnée, de la gravitation centrale sur toute la masse de ce fluide ?

SECOND CAS.

Il est clair qu'il en résulteroit un Sphéroïde aplati par ses Poles, en vertu de la rotation du Soleil & de son Atmosphère sur l'axe qui leur est commun. C'est ici la seule force qui se complique avec la pesanteur, c'est le cas du Sphéroïde terrestre, matière aujourd'hui si connue & si savamment traitée ; c'est enfin tout ce que peut produire cette complication, élever l'Atmosphère du Soleil vers son Équateur, & la déprimer vers ses Poles ; parce que, comme on sait, cette force va toûjours en augmentant vers les plus grands cercles du mouvement, vers l'Équateur, & en diminuant vers les plus petits, c'est-à-dire, vers les Poles, en raison directe des rayons de la circulation, ou, ce qui revient au même, des sinus du complément de latitude, jusqu'au Pole où elle est nulle.

nulle. Ainsi l'Atmosphère Solaire demeurera moins épaisse & plus comprimée vers les Poles du Soleil que par-tout ailleurs, & ces effets seront d'autant plus sensibles, que la force centrifuge, en tant qu'opposée à la pesanteur, sera plus grande; de manière que si elle venoit à surpasser la pesanteur en quantité, elle dissiperoit les parties du fluide.

Mais la force centrifuge devenue supérieure à la pesanteur de l'Atmosphère Solaire, ou de quelques-unes de ses parties, ne pourroit-elle pas enlever ces parties plus légères au dessus des autres & du Soleil, en sorte que les deux forces s'y trouvassent en équilibre, & que le fluide enlevé y demeurât suspendu en forme d'anneau? Non: car la force centrifuge, dans l'hypothèse des révolutions en temps égal, croît en raison directe des distances à l'axe, tandis que la pesanteur décroît en raison doublée inverse de ces mêmes distances. La force centrifuge ne sauroit donc être un instant supérieure à la pesanteur, sans le devenir davantage l'instant d'après, & de plus en plus à de plus grandes distances, en agissant sur les particules qu'elle auroit déjà enlevées & détachées de l'Atmosphère. Le corpuscule quelconque enlevé, tendroit donc sans cesse à s'éloigner de l'axe de sa circulation, & avec d'autant plus de vîtesse qu'il se trouveroit successivement plus loin de cet axe. Il seroit donc dissipé ou rejeté dans des espaces où le système des forces données, de leurs directions & de leurs tendances, n'est plus le même & n'a plus lieu.

L'anneau zodiacal de l'Atmosphère Solaire est donc jusqu'ici impossible.

Celui de Saturne, à quoi on le compare, ne l'est pas moins dans ces principes; car, ou cet anneau, vrai-semblablement aussi solide que le Globe de la Planète qu'il environne, n'est point dans le cas de l'Atmosphère Solaire, & il faut alors lui assigner une autre origine, ou, si l'on veut le mettre dans le cas de l'Atmosphère Solaire, & l'imaginer primitivement comme un fluide répandu sur toute la surface de la Planète, il tombe absolument dans la même impossibilité; à moins qu'on n'y amène quelqu'autre principe, ou qu'on n'y fasse entrer quelqu'autre hypothèſe; ce qui n'eſt plus de mon ſujet.

TROISIÉME CAS.

L'impulſion des rayons du Soleil n'étant en ce cas, & ſelon l'hypothèſe, qu'une force de même nature que la peſanteur, agiſſant ſelon la même loi, mais ſeulement en ſens contraire, qu'y pourroit-elle faire que la diminuer ſi elle lui eſt inférieure, la balancer ſi elle lui eſt égale, & la ſurmonter ſi elle lui eſt ſupérieure ? Ce n'eſt qu'une autre évaluation de la peſanteur donnée, moindre, nulle ou négative, &, en ce dernier ſens, une vraie légèreté centrifuge, toûjours exprimée par la différence des deux forces, de la peſanteur proprement dite, & de l'impulſion des rayons. L'impulſion des rayons ſolaires devient donc ici une conſidération abſolument inutile ou ſuperflue, qui ne fait qu'embarraſſer la queſtion. Prêtons-nous-y cependant, pour mieux entrer dans l'eſprit de M. *Euler*, & ſuivons cette idée.

Il eſt clair que l'impulſion des rayons, ſi elle eſt ſenſible, doit diminuer la compreſſion de l'Atmoſphère Solaire entre ſes parties & ſur le Soleil, la dilater, & par-là en augmenter l'Amplitude; mais il n'eſt pas moins clair que quelque valeur qu'on lui aſſigne, elle ne ſauroit détruire la contiguité de cette Atmoſphère avec le Soleil, ni ſa continuité avec la Lumière Zodiacale, ſans la diſſiper.

Car 1.° imaginons cette impulſion inférieure ou ſupérieure à la peſanteur d'une quantité finie quelconque. Elle le ſera toûjours, & par-tout proportionnellement, dans le même rapport inverſe du quarré de la diſtance donnée. Les parties de l'Atmoſphère n'en pourront être que moins comprimées entr'elles par la peſanteur diminuée de cette quantité dans le premier cas, ou diſſipées dans le ſecond; puiſqu'à une diſtance quelconque où l'impulſion des rayons aura eu la force de les enlever en les détachant du reſte de l'Atmoſphère ou de la ſurface du Soleil, la même ſupériorité lui reſte pour les pouſſer plus loin, & ainſi de ſuite & à l'infini, ou auſſi loin que la Sphère d'activité des rayons du Soleil peut s'étendre.

Le Soleil reftera donc alors, ou avec toute fon Atmofphère, fphérique & concentrique, plus étendue feulement ou plus dilatée, fi elle eft dilatable, en un mot, moins comprimée qu'elle ne l'auroit été par la pefanteur entière; ou avec une Atmofphère moindre de toutes les parties enlevées & diffipées; ou enfin totalement dépouillé de fon Atmofphère : & cela, fans qu'il y ait ici veftige d'anneau ni de rien qui en approche.

2.° Suppofons l'égalité parfaite entre l'impulfion des rayons & celle de la pefanteur. L'Atmofphère du Soleil en deviendra auffi légère, auffi rare ou auffi dilatée qu'elle le puiffe être; mais elle n'en fera point déplacée, ou enlevée au Soleil, puifqu'il n'y a ici aucun principe de déplacement. Ce ne fera plus qu'une maffe de fluide indifférente à toutes les places imaginables. Feignons cependant, & par impoffible, qu'en cet état elle fe trouve portée ou créée à une certaine diftance du Soleil. Qu'en naîtra-t-il ? une Sphère creufe balancée par les deux forces, qui mathématiquement parlant, fe maintiendra toûjours dans le même lieu, & jamais un anneau. Mais en bonne Phyfique, j'ofe dire qu'elle n'y peut fubfifter un inftant fini quelconque, & qu'il n'y a rien de pareil dans l'Univers, où tout eft en mouvement. L'équilibre ne fubfifte réellement dans la Nature, qu'entre des forces qui fe balancent en un point, au delà ou en deçà duquel elles fe vaincroient mutuellement l'une l'autre, par rapport à l'effet que leur conflict peut y produire. C'eft ainfi, par exemple, que la furface du fphéroïde aplati de la Terre ou de Jupiter, plus élevée fous l'Equateur que vers les Poles, fe maintient dans cet état; parce qu'un peu plus haut, les couches fupérieures de matière n'ayant plus un appui fuffifant fur les inférieures & fur les parties latérales, la pefanteur l'emporteroit fur la force centrifuge, & qu'un peu plus bas, le déplacement des parties du Globe chaffées des Poles vers l'Equateur, ne détruifant pas encore cet appui, ce feroit la force centrifuge qui furmonteroit l'effort contraire de la pefanteur. Les parties, fuppofées fluides, qui font vers les Poles, follicitées par la force centrifuge à passer vers l'Equateur, monteroient trop dans un cas, & trop peu dans l'autre; elles sortiroient des limites du mouvement composé & oblique qui en résulte, ou n'y atteindroient pas : théorie trop connue aujourd'hui pour nous y arrêter davantage.

Quatriéme Cas.

Rassemblons maintenant toutes ces causes, la pesanteur, la rotation du Soleil & de son Atmosphère sur son axe, & l'impulsion des rayons; faisons-les agir conjointement, & voyons l'effet qui doit s'en ensuivre.

Le composé ne sauroit avoir que ce que lui donnent les composans. Aucun de ceux-ci ne produit un sphéroïde annulaire séparé du Soleil; donc le sphéroïde annulaire séparé du Soleil ne sauroit naître de la réunion de toutes ces causes. Il n'en résulte qu'une Atmosphère Solaire sphérique & contigue au Soleil en vertu de la seule pesanteur; qu'un sphéroïde aplati vers ses Poles & contigu au Soleil, par la complication de la pesanteur avec la rotation; & seulement qu'une Sphère contigue au Soleil par la seule impulsion des rayons, si leur force impulsive est inférieure à celle de la pesanteur, ou qu'une Sphère creuse & mouvante qui se dissiperoit incessamment dans les espaces immenses du Ciel, si la force impulsive des rayons étoit supérieure à celle de la pesanteur. D'où naîtroit donc ici dans l'Atmosphère Solaire ou dans la Lumière Zodiacale, cet anneau subsistant isolé & séparé du Soleil?

Voyons pourtant ce que le concours de cette impulsion centrale des rayons, & de la force centrifuge ou axifuge, avec la pesanteur, pourroit y produire en partie.

La force impulsive des rayons sera, ou absolument supérieure à celle de la pesanteur, ou absolument inférieure, & de manière que, jointe à la force centrifuge, à l'endroit où celle-ci est plus grande, c'est-à-dire, autour de l'Equateur, elle ne pourroit détacher aucune des particules de l'Atmosphère du reste de sa masse, ni de la surface du Soleil; ou enfin en telle raison avec la force centrifuge, que jointe à cette force, elle fût capable d'enlever la portion du fluide qui répond à l'Equateur & aux environs de part & d'autre, ſans pouvoir enlever celles qui ſe trouvent autour des Poles, où la force centrifuge eſt plus petite. Il ſeroit inutile de ſpécifier davantage ce dénombrement, par le plus ou le moins de légèreté ou de peſanteur des particules, dont les unes pouvant être enlevées, les autres ne le pourroient pas; car nous dirions toûjours des unes & des autres ce qu'il faudra dire de leur aſſemblage ſuppoſé homogène & uniforme.

Mais pourquoi nous engager dans le détail auſſi long que ſuperflu, de tous ces cas particuliers, qui ſe réduiront toûjours à la ſimple hypothèſe d'une peſanteur moindre, nulle ou négative, compliquée avec la force centrifuge qui naît de la rotation du Soleil & de ſon Atmoſphère ſur ſon axe? N'eſt-ce pas là le cas général que nous avons traité en ſecond lieu, de cette rotation unie à la peſanteur, abſtraction faite de toute autre cauſe? Nous en tirerons donc les mêmes concluſions, ſans y faire d'autre changement, que de ſubſtituer à l'idée ou à l'expreſſion de la peſanteur abſolue, celle de ſa différence avec la force impulſive des rayons qui agiſſent ſur les mêmes parties du fluide, en ſens contraire, & ſelon la même loi.

Je ne vois donc rien dans la théorie, dans les obſervations, ni dans l'analogie de l'Atmoſphère Solaire avec tout ce que nous connoiſſons de Phyſique céleſte & terreſtre, qui, bien loin de favoriſer le moins du monde le doute de M. *Euler*, ne tende à le diſſiper, & ne nous aſſure en effet de la contiguité de cette Atmoſphère avec le Soleil, ainſi que de ſa continuité avec celle de ſes parties qui ſe manifeſte à nous dans la Lumière Zodiacale.

Vme ECLAIRCISSEMENT.

De l'Analyse de M. Euler *sur ce sujet, & de la Courbe génératrice de l'Atmosphère Solaire.*

IL feroit bien étonnant que l'analyse & le calcul nous donnassent quelque chose de contradictoire à la théorie précédente, qui est si simple, &, si je l'ose dire, si lumineuse, & que de ce calcul, ou de la Courbe qui doit engendrer l'Atmosphère Solaire par sa révolution, pût résulter cet anneau isolé, & séparé du Soleil, que la théorie desavoue. Cependant il n'y a pas de milieu dans cette alternative; il faut que la théorie soit fausse, ou que l'analyse, ou l'application qu'on en fait ici à la question, ou enfin la conséquence qu'on en tire, ne soit pas légitime.

Mettons le Lecteur en état d'en juger par lui-même.

Fig. XXXI. Soit, conformément à la figure donnée par M. *Euler*, *EDFCE* la Section du Soleil & de son Atmosphère, passant par le centre *C* de cet astre, & par son axe de révolution *AB*; *EDF* sera la Courbe génératrice, dont l'axe propre *CD*, se confond avec le rayon prolongé de l'Equateur Solaire. Il faut, comme le dit M. *Euler*, que, dans la supposition de l'Atmosphère arrivée à un état permanent, chaque direction moyenne *MN*, des forces par lesquelles un de ses corpuscules quelconque *M*, est sollicité, soit perpendiculaire à cette courbe.

Ayant donc mené du point *M* à l'axe *CD* de la Courbe, l'ordonnée à angles droits *MP*, soit l'abscisse $CP = x$, $PM = y$. On aura $CM = \sqrt{xx + yy} = z$.

Soit $\frac{ff}{zz}$ l'expression de la pesanteur qui pousse le corpuscule *M* vers *C*, & $\frac{kk}{zz}$ celle de la force impulsive des rayons, qui le pousse de *C* vers *M*; leur résultat ou leur différence ſera $\frac{ff-kk}{zz}$; & ſoit $\frac{x}{g}$ la force centrifuge du point *M*, en vertu de ſa circulation proportionnelle à ſa diſtance de l'axe de révolution *EF*, & ſelon la direction *ML*, parallèle à l'axe *CD* de la Courbe.

La normale *MN* étant la direction moyenne de la peſanteur compliquée avec la force centrifuge, on aura $CM : CN :: \frac{ff-kk}{zz} : \frac{x}{g}$. Mais, à cauſe de la ſoûnormale *PN*, ou de ſon expreſſion, $\frac{-ydy}{dx}$, $CN = x - \frac{-ydy}{dx} = \frac{xdx+ydy}{dx} = \frac{zdz}{dx}$. Donc $z : \frac{zdz}{dx} :: dx : dz :: \frac{ff-kk}{zz} : \frac{x}{g}$, ou bien $\frac{xdx}{g} = \frac{\overline{ff-kk} \times dz}{zz}$; laquelle équation étant intégrée donne $\frac{xx}{2g} = C - \frac{ff-kk}{z}$; *C* exprimant une conſtante. Mais ſi l'on fait $x = 0$, *CM* deviendra *CE*. Soit donc $CE = b$, & *C* ſera $= \frac{ff-kk}{b}$; d'où réſulte l'équation $xx = \frac{2g \times \overline{ff-kk} \times \overline{z-b}}{bz}$, qui, dans le cas de $z = x$ ou de $y = 0$, c'eſt-à-dire, lorſque la diagonale *CM* vient à ſe confondre avec l'axe de la Courbe, donne la plus grande Amplitude poſſible *CD*, de l'Atmoſphère Solaire ou le demi-diamètre de cette Atmoſphère, & l'équation cubique $bx^3 = 2g \times \overline{ff-kk} \times \overline{x-b}$.

Je n'ai preſque fait juſqu'ici que tranſcrire les paroles & le calcul de M. *Euler*; je vais préſentement y ajoûter mes réflexions.

C'eſt de cette équation cubique aux abſciſſes de la Courbe, qu'il tire ſes conſéquences en faveur de l'anneau, déjà rapportées à la tête de l'Eclairciſſement précédent. Mais quelles que ſoient ces abſciſſes, & les valeurs des *x* de l'équation qui y répondent, ſoit par rapport à la génératrice qu'on vient de voir, ſoit dans telle autre génératrice de l'Atmoſphère Solaire qu'on voudra, ne faudroit-il pas, pour changer cette Atmoſphère en un *anneau qui environnât le Soleil, comme l'anneau de Saturne entoure cette Planète;* ne faudroit-il pas, dis-je, que la Courbe & toutes ſes branches ſe trouvaſſent réduites à un ſeul ovale éloigné du Soleil, ou à une Courbe quelconque rentrante en elle-même? Eh! que conclurre de la ſimple inſpection d'une abſciſſe, ſur laquelle pourront s'élever toutes les ordonnées poſſibles, finies ou infinies, de manière qu'elle ſera également l'abſciſſe, ou le diamètre de cette Courbe rentrante, ou de telle autre Courbe non rentrante que l'on voudra, à l'infini?

Fig. XXXII. Par exemple, on voit bien que l'ovale $DOVL$, conſtruit ſur le diamètre DV qui fait partie de CD, produiroit par ſa révolution autour de l'axe Solaire AB ou EF, l'anneau dont il s'agit, à la diſtance TV du Soleil ATB. Mais quelle raiſon y a-t-il juſque-là, pour conſtruire ſur le diamètre DV les branches DOV, DLV, plûtôt que cent autres, DX, DR, VY, VZ, qui ne rentreront point en elles-mêmes, & qui s'étendront à l'infini! Et que donneroit autre choſe la révolution de cette abſciſſe DV, & de toutes les autres, quelles que ſoient les valeurs des x qui les repréſentent, que des cercles, ou des Couronnes, & toûjours des plans mathématiques, de ſimples ſections de tous les ſphéroïdes qu'on voudra imaginer, relativement aux y qui leur répondent? En quoi j'avoue que je ne comprends point le raiſonnement de M. *Euler* ſur l'équation cubique $bx^3 = 2g \times \overline{ff - kk} \times \overline{x - b}$. *Si cette équation*, dit-il, *a une racine affirmative, comme cela doit arriver dans le cas actuel, elle aura auſſi néceſſairement trois racines réelles, & alors il pourroit arriver que l'Atmoſphère ſe changeât en anneau, &c.* Oui, cela pourroit arriver, ſi toutes les autres conditions de la Courbe génératrice, & de l'équation entière qui l'exprime, y concouroient; mais comment ſait-on juſque-là & par la ſeule inſpection de l'équation particulière des abſciſſes, qu'elles y concourent!

concourent? Et où eſt encore la néceſſité des trois racines réelles, parce qu'il y a une affirmative? Les deux autres n'y pourroient-elles pas être imaginaires, comme elles vont l'être en effet dans l'un des cas ſuivans?

Il faut donc néceſſairement en venir à la deſcription de la Courbe génératrice & de toutes ſes branches, pour ſavoir la figure qu'elle donnera à l'Atmoſphère engendrée par ſa révolution : & c'eſt-là vrai-ſemblablement ce que M. *Euler* n'a point fait. C'eſt ainſi du moins que je le penſe, perſuadé, comme je le ſuis d'ailleurs, du profond ſavoir de M. *Euler* ſur la matière même dont il s'agit.

Soit donc l'équation trouvée ci-deſſus pour cette Courbe,

$$xx = \frac{2g \times \overline{ff - hk} \times \overline{z - b}}{bz}.$$

Après avoir ſubſtitué $\sqrt{xx + yy}$ à la place de z, fait $2g \times \overline{ff - kk} = aab$, chaſſé les radicaux, & ordonné par rapport à x, on aura

$$\left.\begin{array}{l} x^6 + yyx^4 - 2aayyxx + a^4yy \\ \quad - 2aax^4 \quad + a^4xx - a^4bb \end{array}\right\} = 0,$$

qui eſt une équation du 6me degré, & à une ligne du même ordre, dans laquelle, aſſignant ſucceſſivement différentes valeurs à l'abſciſſe x, on trouvera que quand cette abſciſſe eſt $= \pm a$, l'ordonnée y devient infinie; car toute l'équation pouvant être repréſentée ſous cette forme,

$$y = \frac{\sqrt{a^4bb - xx \times \overline{xx - aa}^2}}{xx - aa}, \; x = \pm a \text{ donne } y = \frac{\sqrt{a^4bb}}{0}.$$

D'où il ſuit, que la Courbe aura toûjours autant d'Aſymptotes que $\pm x$ s'y trouve de fois $= \pm a$, c'eſt-à-dire, deux, ou quatre, relativement au deſſus & au deſſous de l'axe des x; & que, dans les trois ſuppoſitions de $b^3 >, =,$ ou $< \frac{8}{27}\overline{ff - kk} \times g$, elle prendra les trois différentes formes qu'on voit dans les Figures XXXIII, XXXIV & XXXV, où ces Aſymptotes ſubſiſtent par-tout les mêmes, ſavoir, Tt, Pp, ou θT, θt, πP, πp, accompagnées des branches ou doubles branches Gg, Hh, Mm, Nn, &c.

Ce n'eſt que ſur la première de ces trois ſuppoſitions, & tout au plus ſur la ſeconde, que peut porter le raiſonnement de M. *Euler;* car l'équation particulière des x a dans l'une & dans l'autre trois racines réelles, inégales dans la première, & deux égales dans la ſeconde; mais nous n'omettrons point la troiſième qui n'eſt pas moins légitime, & où l'équation n'a qu'une réelle, avec deux imaginaires.

Ayant donc ainſi décrit cette Courbe dans ces trois cas, & faiſant maintenant tourner toutes ſes branches autour de l'axe de la révolution Solaire EF, où ſes parties ſont de part & d'autre équidiſtantes & ſemblables, on trouvera :

Fig. XXXIII. Que dans le premier cas *(fig. XXXIII)* elle donne un ſphéroïde ovalaire $EDFR$, tel que M. *Euler* l'avoit d'abord ſuppoſé *(fig. XXXI)* & que toute notre théorie l'indique, aplati vers ſes Poles, & contigu au Soleil S, par la révolution de la branche EDF, ou de ſon égale & ſemblable ERF, autour de l'axe Solaire prolongé EF; & de plus une eſpèce de Cylindroïde creux ou de tuyau infini en longueur, ſéparé du ſphéroïde $EDFR$, par l'intervalle CD, & formé par la révolution des deux branches ou doubles branches conchoïdales infinies GAg, HCh, ou de leurs égales & ſemblables MBm, NKn, couchées ſur leurs aſymptotes communes Tt, Pp, parallèles à l'axe de révolution, & à peu près comme la Conchoïde ordinaire avec ſa Compagne ou la ſeconde Conchoïde, lorſque celle-ci n'a ni point de rebrouſſement, ni anneau.

Fig. XXXIV. Que dans le ſecond cas, cette Courbe ſe transforme en cette autre *(fig. XXXIV)* où les quatre ſommets D, C, R, K de la précédente, ſe réuniſſent en deux points doubles D, R, ſur l'axe AB, par l'interſection des deux branches aſymptotiques $HDFRN$, $hDERn$, qui ſe coupent près de leurs ſommets en D & en R. D'où l'on voit que l'Ellipſoïde de l'Atmoſphère Solaire du cas précédent, ſe change ici en un ſphéroïde lenticulaire $DERF$; & qu'il va réſulter encore de toutes ces branches asymptotiques *Gg*, *Hh*, *Mm*, *Nn*, un Cylindroïde creux infini de part & d'autre, au dessus & au dessous de l'axe *AB* de la Courbe, ou du plan circulaire qui naît de la révolution de cette ligne sur le centre *S*, mais qui tient à la Lentille *DERF*, par sa circonférence ou arête *DR*.

Et enfin, que dans le troisième & dernier cas (*fig. XXXV*) les deux points doubles *D*, *R* du second, disparoissent ou se séparent, & redonnent quatre sommets, comme dans le premier, mais autrement posés, savoir, au dessus & au dessous de l'axe *AB*; d'où & de toutes ces branches asymptotiques, résulteront de même deux Cylindroïdes creux infinis *ABMG*, *ABmg*, l'un au dessus, l'autre au dessous du plan circulaire *AB*, joints à ce plan par une espèce de Diaphragme *DERrFd*, renflé ou plus épais vers son milieu *EF*, entre les points d'inflexion *D*, *R* & *d*, *r*; la surface extérieure commune à ces Cylindroïdes provenant toûjours de la révolution des deux autres doubles branches *GAg*, *MBm*, toûjours infinies. Fig. XXXV.

On voit donc clairement par toutes ces constructions de la Courbe génératrice, & par les élémens qui en constituent l'équation,

Que le Soleil *S*, ne demeure jamais dépouillé de son Atmosphère;

Que cette Atmosphère quelconque *DERFD*, (*figg. XXXIII, XXXIV, XXXV*) soit Ellipsoïde, soit Lenticulaire, soit telle qu'on voudra, appuie toûjours immédiatement sur sa surface;

Et enfin, qu'il n'y a point ici d'anneau séparé du Soleil, & qui environne cet astre, comme l'anneau de Saturne entoure cette Planète; car je ne pense pas qu'on voulût prendre pour tel le Cylindroïde ou tube infini qui l'accompagne, en vertu des branches *Gg*, *Hh*, *Mm*, *Nn*, par un accident purement géometrique. Sans compter que ce tube n'y subsisteroit jamais qu'avec l'Atmosphère proprement dite *DERFD*, & attenante au Soleil.

Que ferons-nous donc de ces branches infinies, de ce

tube infini qui en résulte, & de cet intervalle vuide *CD*, par exemple, *(fig. XXXIII)* qui se trouve entre ce tube & l'Atmosphère Solaire? Nous les déclarerons inutiles & absolument étrangers à la question dont il s'agit en tant que physique, nous les regarderons comme une simple extension, une propriété superflue de la Courbe, qui même en ces endroits ne s'accorderoit plus avec les principes sur lesquels la question est fondée, & militeroit contre : car voyez où cela nous mèneroit. Il faudroit en conclurre, que les rayons Solaires n'ayant pû d'abord que diminuer l'action de la pesanteur de *S* en *D* *(fig. XXXIII)*, & qu'y élever une partie de l'Atmosphère, pouvant ensuite y surmonter la pesanteur, & chasser toute l'autre partie de l'Atmosphère de *D* en *C*, sans qu'il en restât aucune trace dans l'intervalle *DC*, perdroient là tout-à-coup leur supériorité de *C* en *A*, & ne feroient plus qu'y soûtenir, y alléger les parties du fluide les unes sur les autres, comme ils faisoient en *SD*; & cela, tandis que, par hypothèse, le rapport de leur impulsion contraire à la pesanteur n'a point varié, & que la force centrifuge qui y concourt avec eux est plus grande, & le devient toûjours de plus en plus en raison de la distance à l'axe de révolution. Et de même *(figg. XXXIV & XXXV)* de *S* vers *Q*, de *Q* en *O*, de *O* en *X*, &c. ce qui est tout-à-fait absurde.

Le tube Cylindroïdal quelconque *Gm*, n'appartient donc pas davantage à notre Atmosphère Solaire, que le double Conoïde infini *Hn* *(fig. XXXIV)* résultant de la révolution des deux branches asymptotiques *HFN*, *hEn*, autour de l'axe *EF*, n'appartiendroit au Sphéroïde terrestre aplati *DERF*, de M. *Huguens* * : car on sait que cet habile Géomètre faisoit ainsi engendrer ce Sphéroïde par la révolution de deux sommets de Courbe *DER*, *RFD*, fort semblables à ceux-ci, autour de l'axe *EF*. Encore falloit-il qu'il n'en prît que la partie la plus proche du vrai sommet; car assurément l'Equateur terrestre ne se termine point en arête angulaire & tranchante, comme feroit le pourtour *DR* d'un tel Sphéroïde.

* *Disc. sur la cause de la Pes. p. 157.*

Du reſte, rien n'eſt plus commun que ces ſuperfluités géométriques dans la ſolution de ces ſortes de problèmes, ſelon que la Courbe qui les réſout eſt plus ou moins compoſée.

Dira-t-on ici que ces branches ſuperflues extérieures à l'Atmoſphère proprement dite du Soleil & qui lui eſt contigue, telle, par exemple, que *DERF (fig. XXXIII)* pourroient du moins nous donner un anneau, ou telle autre figure iſolée autour de celle-ci, ſuppoſé qu'il ſe trouvât en cet endroit, loin du Soleil & de ſon Atmoſphère, une autre portion de matière fluide de même nature, & entraînée de même par la rotation Solaire? Mais outre que cette idée n'a pas le moindre fondement, ni dans la théorie, ni dans l'obſervation, il me ſuffira de remarquer, qu'elle n'entre pour rien dans l'analyſe ni dans le calcul de M. *Euler*, dont nous venons de voir le procédé & les élémens. Tout ce calcul roule viſiblement, ainſi que nous l'avons dit ci-deſſus *, ſur cette ſuppoſition tacite, que ce qu'on appelle l'Atmoſphère Solaire, que tout cet amas de matière quelconque, ſur lequel on va examiner les effets de la rotation, de la force centrifuge, & de l'impulſion des rayons, ſeroit primitivement, immédiatement, & ſphériquement aſſemblé autour du Soleil, par ſa ſeule gravitation vers le centre de cet Aſtre, abſtraction faite de toute rotation, de toute force centrifuge, & de toute impulſion de rayons. En un mot, rien n'indique ici cette nouvelle portion de matière pour laquelle il faudroit introduire dans l'équation d'autres données, ou d'autres indéterminées, &c.

* Sup. page 320.

Mais n'inſiſtons pas davantage ſur de pareilles fictions, & finiſſons cet Éclairciſſement par une réflexion importante.

Aucune des conſtructions qu'on vient de voir, ni de M. *Euler*, ni des miennes, ne nous repréſente que très-imparfaitement l'Atmoſphère Solaire ou la Lumière Zodiacale. Les obſervations la donnent preſque toûjours beaucoup plus aplatie vers ſes Poles, plus longue, plus pointue par ſon profil, en forme de lance ou de fuſeau, & telle à peu près que je l'ai repréſentée dans la première figure de mon Traité.

Aussi devons-nous présumer qu'il manque ici bien des élémens que nous ignorons, ou auxquels nous ne saurions assigner leur valeur, & sans lesquels pourtant la solution un peu exacte du Problème devient impossible. Il y a, sans doute, quelque principe d'extension de la Lumière Zodiacale vers l'Equateur du Soleil, qui surpasse de beaucoup l'effet de la force centrifuge qui y répond; car à l'égard de l'impulsion, vraie ou prétendue, des rayons Solaires, quelque grande qu'on la conçoive, elle ne peut presque en rien contribuer à l'aplatissement proportionnel de la Lentille vers les Poles. Cette impulsion n'est plus grande ou plus efficace vers l'Equateur, que par la force centrifuge qui y est plus grande, & qui s'y ajoûte, la première étant d'ailleurs par elle-même, & par-tout la même, en même raison avec la Pesanteur, & agissant centralement comme la Pesanteur : ce qui, toutes choses d'ailleurs égales, ne doit pas plus enfler l'Atmosphère du Soleil vers l'Equateur, que vers les Poles; du moins n'a-t-on aucune raison pour le penser autrement. De plus, l'analyse précédente suppose indistinctement toutes les particules de cette Atmosphère de la même consistance, & il peut se faire, il est même très-vrai-semblable, que les plus élevées, les plus éloignées de la surface du Soleil, soient plus ténues, & spécifiquement plus légères, que celles qui en approchent, & qui, à cet égard, sont demeurées plus bas. Elles sont supposées sans élasticité, ou de même élasticité, de même ténacité entr'elles, ou, en vertu d'une ténacité infinie, elles sont imaginées tourner ensemble & comme un bloc solide avec la surface du Soleil. C'est ce que nous indique la valeur $\frac{s}{g}$, où g est une constante, assignée à la force centrifuge; & c'est en même temps ce qu'on peut assurer être physiquement très-douteux, & apparemment très-éloigné du vrai, dans un assemblage de matière, si fluide, si rare, si étendu par rapport au corps central qui l'entraîne, & à de si grandes distances de l'axe de rotation. L'on ne peut donc se dispenser d'admettre ici cette dégradation de vîtesse périodique, dans

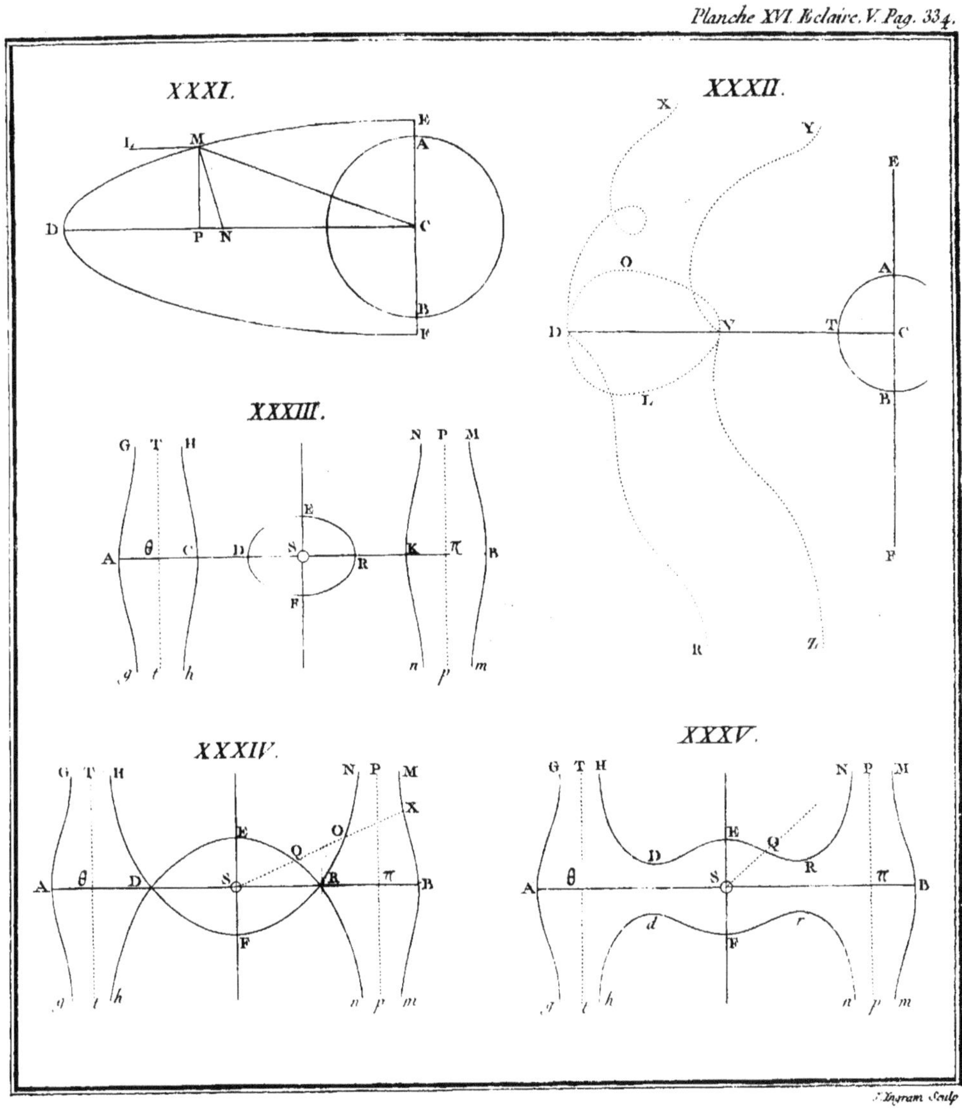

J. Ingram Sculp.

la révolution des couches plus éloignées, que M. *Newton* attribue à tout fluide qui eſt déterminé à circuler par la rotation d'un Cylindre, ou d'une Sphère qui en occupe l'axe ou le centre *. Et, tout le reſte fût-il connu, on ſait que la loi qui doit régner dans cette dégradation n'eſt point décidée, & que feu M. *Bernoulli* l'a conteſtée à M. *Newton.* Il eſt vrai que de cette diminution dans les accroiſſemens de la force centrifuge à meſure qu'elle s'éloigne de l'axe de révolution, naîtroit un abaiſſement vers les Poles, ou une moindre élévation vers l'Equateur du Soleil & de ſon Atmoſphère; mais il n'en faudroit que plus néceſſairement y ſuppléer par d'autres principes d'élévation, qui nous ſont inconnus. Eh quelle prodigieuſe compoſition de Courbe génératrice ne réſulteroit-i pas d'une telle complication de principes & de leurs rapports! Combien de branches de cette Courbe phyſiquement ſuperflues, & viſiblement étrangères au Problème! J'en reviendrai donc ſans ceſſe aux obſervations, qui ont preſque toûjours fait mon unique guide ſur ce ſujet. Ces ſpéculations géométriques, lorſque la meilleure partie des élémens indiſpenſables de la queſtion nous manquent, & que nous n'avons que des ſuppoſitions à mettre à leur place, ont cela d'utile & de ſatisfaiſant pour l'eſprit, qu'elles nous font voir d'un coup d'œil les limites entre leſquelles la Nature auroit pû ſe jouer. Mais la Nature ne ſe joue point, il n'y a le plus ſouvent que les obſervations & l'expérience qui puiſſent nous montrer le choix qu'elle a fait, ou pluſtôt la loi qu'elle a ſuivie; & il faut bien ſe garder alors de prendre le réſultat de cette eſpèce de jeu pour la réalité.

* *Princ. Math. l. II, Propp. 51 & 52.*

Nous verrons bien-tôt que la queſtion de l'Atmoſphère Solaire & de ſa continuité, déjà curieuſe & intéreſſante par elle-même, le devient encore ici, par rapport à l'hypothèſe de M. *Euler* ſur l'Aurore Boréale; puiſque ce Phènomène qui n'eſt produit, ſelon lui, que par l'impulſion des rayons Solaires, n'eſt plus, à proprement parler, & ſelon cette hypothèſe, qu'une ſorte d'Atmoſphère iſolée, ſuſpendue bien loin au delà de la Terre & de l'Atmoſphère terreſtre.

VIME E'CLAIRCISSEMENT.

Sur l'Aurore Boréale, en réponse à la principale objection de M. Euler.

* Art. I, page 117.

M. *Euler* remarque d'abord *, qu'*il y a beaucoup d'affinité entre les Queues des Comètes & la Lumière Boréale*, & qu'*en effet la Queue d'une Comète doit offrir à un spectateur placé sur sa surface dans l'hémisphère opposé au Soleil, un Phénomène presque semblable à celui de la Lumière Boréale.* Il y observe ensuite quelques différences; mais il ajoûte aussi-tôt, que malgré ces différences, *& plusieurs autres qui distinguent l'Aurore Boréale des Queues des Comètes, il reste pourtant une ressemblance si considérable entre ces deux Phénomènes, que nous sommes tout-à-fait fondés à dériver leur origine de la même cause; de sorte que si l'on sait bien la véritable cause de l'un, on ne sauroit être dans l'ignorance à l'égard de l'autre. Il est constant*, poursuit-il, *que le célèbre M. de Mairan, qui prétend avoir trouvé la cause de la Lumière Boréale dans la Lumière Zodiacale, se propose d'expliquer aussi les Queues des Comètes par le même principe. Mais comme plusieurs Comètes paroissent avec des Queues, avant que d'avoir atteint la Lumière Zodiacale, il en naît une objection importante contre cette explication même de l'Aurore Boréale; & cette difficulté jointe à plusieurs autres, qu'on peut former contre cette hypothèse, d'ailleurs extrêmement ingénieuse, lui ôte beaucoup de sa vrai-semblance.*

J'en demande pardon à M. *Euler*, mais je ne comprends rien à cette objection. J'y reconnois beaucoup de politesse à mon égard, mais je ne saurois y voir comment, de ce que mon explication de la Queue des Comètes seroit fausse ou insuffisante, parce que plusieurs Comètes paroissent avec des Queues, avant que d'avoir atteint la Lumière Zodiacale, il s'ensuit que mon explication de l'Aurore Boréale, toute fondée sur ce que les Aurores Boréales paroissent après que la Terre

Terre a atteint la Lumière Zodiacale, cesse d'être vrai-semblable. Il faudroit donc avoir prouvé auparavant, que la Terre n'a atteint ni pû atteindre en façon quelconque à cette Lumière avant les temps d'apparition des Aurores Boréales? Faute de quoi, je poursuivrai ainsi. Plusieurs Comètes paroissent avec des Queues, avant que d'avoir atteint à la Lumière Zodiacale; voilà un fait & une objection à examiner, par rapport à mon explication de la Queue des Comètes: mais l'Aurore Boréale paroît après que la Terre a atteint à la Lumière Zodiacale; donc mon explication de l'Aurore Boréale est légitime, du moins quant à cet article. Mais encore, s'il étoit une fois bien prouvé que la Terre n'a pû atteindre à la Lumière Zodiacale dans les temps requis, & de la manière convenable, pour la formation de l'Aurore Boréale, qu'importe à la question de l'Aurore Boréale, que les Comètes atteignent ou n'atteignent pas à cette Lumière? & qu'a-t-on besoin des Queues des Comètes, pour en faire naître une objection qui naît de cela seul, que la Terre n'y atteint pas, & qui subsisteroit, quand il n'y auroit point de Comètes dans l'Univers?

Il doit donc y avoir ici quelques prémisses, quelques suppositions préliminaires, en quoi consiste toute la force de l'objection, & qui dispensent M. *Euler* d'une preuve qui véritablement n'étoit pas facile. Or ces suppositions ne peuvent être que ces deux-ci.

La première, que la *ressemblance* des deux Phénomènes, de la Queue des Comètes & de l'Aurore Boréale, est si complète ou *si considérable*, comme le dit expressément M. *Euler*, *que si l'on sait bien la véritable cause de l'un, on ne sauroit être dans l'ignorance à l'égard de l'autre.*

La seconde, que prétendant *avoir trouvé la cause de l'Aurore Boréale dans la Lumière Zodiacale*, je me *propose* en effet, & comme M. *Euler* l'entend, *d'expliquer aussi les Queues des Comètes par le même principe.*

Ce qui ne suffit pourtant pas encore, la relation de ces suppositions avec la conclusion qu'on en tire contre mon explication de l'Aurore Boréale, demeurant trop éloignée & trop imparfaite. Il faut néceſſairement ajoûter à la première cette inverſe, que ſi l'on ne ſait pas bien la véritable cauſe de l'un des deux Phénomènes, on tombe infailliblement dans l'ignorance à l'égard de l'autre; & entendre ainſi la ſeconde, que je me ſuis tellement aſtreint & dans une telle dépendance, à dériver les deux Phénomènes du même principe, & à les expliquer par la même cauſe, que le ſuccès, ou la chûte de l'une de mes explications, doit néceſſairement entraîner le ſuccès ou la chûte de l'autre.

Alors, je l'avoue, & de la ſuppoſition, que mon explication de la Queue des Comètes n'eſt pas recevable, on pourra fort bien conclurre, & ſans autre diſcuſſion, que mon explication de l'Aurore Boréale ne l'eſt pas non plus.

Mais ce commentaire ſingulier, & cependant indiſpenſable, pour faire une objection du raiſonnement de M. *Euler*, a-t-il le moindre fondement dans l'eſprit de mon Ouvrage, ou dans la manière dont je m'y ſuis exprimé? C'eſt ce que nous allons voir par l'examen de ces ſuppoſitions mêmes dont il réſulte.

La première, *que ſi l'on ſait bien la véritable cauſe de l'un* des deux Phénomènes, *on ne ſauroit être dans l'ignorance à l'égard de l'autre*, porte ſur cent autres ſuppoſitions incertaines, & en queſtion, ſavoir, que la cauſe de la Queue des Comètes eſt la même de tout point que celle de l'Aurore Boréale; que les circonſtances qui en caractériſent & qui en diſtinguent les effets dans ces deux Phénomènes, ne ſauroient faire illuſion à quiconque l'aura une fois appliquée à l'un des deux; & enfin que cette *véritable cauſe* n'eſt que l'hypothèſe de M. *Euler*, l'impulſion des rayons Solaires.

Ce retour de l'un des Phénomènes à l'autre, de la Queue des Comètes à l'Aurore Boréale, eſt il donc ſi clair, ſi naturel, ſi facile à imaginer, dans l'hypothèſe de l'impulſion des rayons pour l'un & pour l'autre, qu'il ne puiſſe échapper à tout Obſervateur, à tout Phyſicien qui aura expliqué l'un des deux par ce principe? Il l'eſt ſi peu, que depuis plus de cent ans, qu'une pareille explication des Queues des Comètes eſt connue, maniée & remaniée par les plus célèbres Auteurs, perſonne, que je ſache, ne s'étoit encore aviſé d'y apercevoir la moindre analogie avec l'Aurore Boréale. Eh ! que ſera-ce, ſi, comme nous le verrons dans la ſuite, les circonſtances qui diſtinguent les deux Phénomènes, ſont incompatibles entre elles, & avec l'hypothèſe en queſtion ?

La ſeconde ſuppoſition roule ſur un plan d'ouvrage, tout différent de celui que je me ſuis fait dans mon Traité de l'Aurore Boréale. Je puis ſans doute, en me propoſant d'expliquer ce Phénomène par la Lumière Zodiacale, avoir prévû que je pourrois auſſi en tirer l'explication de la Queue des Comètes & de leur vaſte Atmoſphère, & donner par là ſur ce ſujet des vûes nouvelles, & un dénouement vrai-ſemblable : mais cette expreſſion abſolue, que, prétendant *avoir trouvé la cauſe de la Lumière Boréale dans la Lumière Zodiacale*, je me *propoſe d'expliquer auſſi les Queues des Comètes par le même principe*, m'attribue dans le même ordre un double objet que je n'ai pas eu. Je le répète donc, l'Aurore Boréale fait mon ſeul & unique ſujet : mon explication de la Queue des Comètes n'eſt qu'une conjecture, une queſtion acceſſoire, dépendante, à la vérité, de mon ſyſtème, mais dont mon ſyſtème ne dépend point du tout. Elle dépend de mon ſyſtème, en tant que j'y ſuppoſe la Queue des Comètes formée de la même matière, puiſée dans la même ſource que l'Aurore Boréale, c'eſt-à-dire, dans l'Atmoſphère Solaire ou la Lumière Zodiacale; mais elle n'y a nul rapport, en tant que j'y mets en œuvre l'impulſion des rayons Solaires, dont je n'ai fait nul uſage, nulle mention dans tout le reſte du Traité.

Pour ſe convaincre que l'interprétation que je donne ici à ma théorie ſur les Comètes n'a rien de forcé, ni qui ait été imaginé après coup, rien que tout Lecteur attentif & déſintéreſſé n'ait dû entendre comme je l'entends dans cette partie de ma cinquième Section, l'on n'a qu'à jeter les yeux ſur le rapport qui en fut fait en 1734, à la Société Royale de Londres par un de ſes Membres, & que cette Compagnie fit insérer dans les Transactions Philosophiques de la même année, N.° 431. Rapport, je l'avoue, qui m'est en tout très-favorable, & où M. *Eames* qui en est l'Auteur, après avoir donné une idée exacte des principales parties de mon Ouvrage, réduit toutes les questions que j'ai formées sur les Comètes à cette seule question, & sous cette forme.

Quest. XXI, &c. * *Sur l'Atmosphère & la Queue des Comètes.* « L'Atmosphère & la Queue des Comètes ne peuvent-elles pas être l'effet de la Matière Zodiacale dont les » Comètes se chargent en traversant l'Atmosphère du Soleil, » & qu'elles entraînent ensuite avec elles lorsqu'elles s'éloignent du Soleil? »

* *Ce sont les XXII & XXIII, dans cette nouvelle édition.*

Et voilà en effet, le précis & l'unique but de tout ce que j'ai dit sur les Comètes à l'occasion de mon hypothèse de l'Aurore Boréale.

Je donne donc, il est vrai, la même origine à la matière composante des Queues des Comètes, &, en ce sens, le même principe qu'à l'Aurore Boréale, mais nullement la même cause. La véritable cause, la cause efficiente de la Queue des Comètes, de leur formation, de leur direction, sera, si l'on veut, l'impulsion des rayons, qui n'a, selon moi, aucune part à la formation de l'Aurore Boréale, & sur laquelle je me serois bien gardé de fonder l'explication de ses Phénomènes : mais je n'ai pû me proposer d'expliquer les Queues des Comètes *par le même principe* que l'Aurore Boréale, si par le même principe on entend la même cause de leur formation, l'impulsion des rayons Solaires. Ainsi mon explication des Queues des Comètes pourroit être défectueuse, les Queues des Comètes pourroient avoir une autre cause, & même une toute autre origine que celle que je leur attribue, & mon explication de l'Aurore Boréale demeurer dans son entier. Ce qui soit dit, sans que je prétende le moins du monde renoncer à mon explication de la Queue des Comètes, dans l'esprit selon lequel je l'ai donnée, ni en conséquence de l'objection de M. *Euler.*

Ces suppositions n'étant donc rien moins que certaines, & se trouvant au contraire pleines d'équivoques, & fausses à plusieurs égards, que devient l'objection dont elles sont la base & tout le fondement ?

Quant aux autres difficultés que M. *Euler* allègue, & qui se joignent, dit-il, à cette *importante objection*, je ne les trouve point dans son Ouvrage, & je ne puis les pénétrer.

VIIme E'CLAIRCISSEMENT.

De l'Hypothèse de M. Euler *sur l'Aurore Boréale.*

INUTILEMENT répondrois-je aux difficultés que M. *Euler* m'a faites ou qu'il pourroit me faire à l'avenir, si je ne montrois que le système qu'il m'oppose, ne porte pas, à beaucoup près, les caractères de vérité qu'il croit y apercevoir. Car voici comment il s'en explique * immédiatement après sa grande objection contre le mien. *Je me persuade*, dit-il, *d'être en état d'assigner une cause qui puisse satisfaire à l'explication de l'un & de l'autre de ces Phénomènes* (de la Queue des Comètes & de l'Aurore Boréale) *& qui soit si bien liée avec les autres vérités fondamentales de la Physique, qu'il ne sera presque plus permis de la révoquer en doute.*

* Page 118.

C'est-à-dire, selon M. *Euler*, dont nous connoissons déjà le système, que l'impulsion des rayons Solaires capable d'agir assez fortement sur l'Atmosphère propre des Comètes, de la Terre & du Soleil, pour en chasser les parties à des distances immenses, est une vérité fondamentale de la Physique; & de plus, que cette vérité, l'impulsion des rayons Solaires, en tant qu'assignée pour cause de la Queue des Comètes, de l'Aurore Boréale, & de la Lumière Zodiacale, va si bien se lier avec les autres vérités fondamentales de la Physique, qu'il ne sera presque plus permis de révoquer en doute l'explication qui en résulte. Un tel système formeroit assurément la meilleure de toutes les objections contre tout autre, & le feroit tomber sans retour.

Que l'impulsion des rayons Solaires, ainsi conçue, soit une

vérité fondamentale de la Physique, & sur-tout qu'elle ait dû l'être entre les mains de M. *Euler*, c'est ce que nous discuterons dans un de ces Eclaircissemens. Je me bornerai dans celui-ci à examiner si cette cause & l'explication qui en résulte, appliquées à l'Aurore Boréale, se lient si bien avec les vérités fondamentales de la Physique & avec les observations. On a vû ce qu'il en faut penser à l'égard de la Lumière Zodiacale, & nous parlerons bien-tôt de la Queue des Comètes.

L'hypothèse de M. *Euler* sur l'Aurore Boréale, peut être réduite à ces trois propositions.

1.° Que la matière des Aurores Boréales ne consiste qu'en des particules subtiles de l'Atmosphère terrestre.

2.° Que notre Atmosphère n'ayant qu'une très-petite hauteur, puisque, selon M. *Euler*, *elle ne s'étend presque pas au delà d'un mille d'Allemagne*, & *la matière dont la lumière produit les Phénomènes de l'Aurore Boréale*, étant *placée à une très-grande distance de la Terre*, & peut-être *à quelques milliers de milles*, comme le dit M. *Euler* dans le même article, il suit, que *la matière dont la Lumière produit ces Phénomènes, n'existe point dans notre Atmosphère, mais qu'elle est extrêmement éloignée de nous* & de notre Atmosphère.

Article X, p. 131.

Art. XIII, p. 135.

3.° Et enfin, que les particules de l'Atmosphère terrestre dont la Lumière produit ces Phénomènes, ne se trouvent placées à cette grande distance de la Terre, que parce qu'elles y sont *chassées* par l'impulsion des rayons solaires.

Je remarque donc sur la première de ces propositions, ou de ces suppositions, qu'il est sans exemple, à moins qu'on ne veuille prendre pour tel le fait en question, que les particules de notre Atmosphère, & les émanations terrestres quelconques soient portées à une telle hauteur, c'est-à-dire, à deux ou trois cens lieues au dessus de nous, & bien au delà, selon M. *Euler*.

Mais il ne suffit pas d'imaginer que les particules de l'Atmosphère, ou des exhalaisons terrestres, puissent être portées à une telle hauteur, par l'impulsion des rayons solaires, il faut encore expliquer comment elles peuvent s'y trouver assez denses, pour nous réfléchir une lumière sensible, tandis que les Crépuscules s'évanouissent & ne sont plus visibles au delà de quinze, vingt ou trente lieues, où les calculs les plus favorables à leur hauteur les ont portés. Car, ou les Crépuscules sont composés d'une matière contigue de proche en proche depuis la partie la plus basse de notre Atmosphère, ou la matière composante des Crépuscules, quoique puisée dans notre Atmosphère, est séparée de cette Atmosphère, & chassée bien des lieues au delà par les rayons du Soleil, comme le prétend M. *Euler*, & comme il doit le prétendre, après avoir borné la hauteur de l'Atmosphère terrestre à un mille d'Allemagne. Or comment sauverons-nous, dans l'un & dans l'autre cas, cet espace de deux ou trois cens lieues, où les Crépuscules disparoissent, & au delà duquel se retrouve pourtant une matière de même nature, & puisée dans la même source, qui luit à nos yeux d'une lumière beaucoup plus vive que celle qui termine les Crépuscules, quoiqu'elle doive y être infiniment plus ténue & plus rare ? Ce saut énorme & si contraire au procédé ordinaire de la Nature, se lie-t-il *si bien avec les vérités fondamentales de la Physique*, & ne répugne-t-il pas à tout ce qui nous en est connu ? Les rayons solaires n'ont donc trouvé entre ces particules de l'Atmosphère terrestre, susceptibles d'impulsion dans les Crépuscules, & celles dont ils vont former l'Aurore Boréale à deux cens lieues de là, aucunes particules semblables & intermédiaires, pour remplir cet intervalle ? Et sur quelles observations établit-on une pareille hypothèse, dans ce fluide où tout nous décèle une dégradation insensible de consistance & de pesanteur, à mesure qu'il est plus éloigné de la Terre ? Cette dégradation n'est-elle pas visible dans les Crépuscules mêmes ? Leur densité, leur lumière, immédiatement après le coucher du Soleil, n'est-elle pas plus grande que quand ils approchent de leur fin ? & n'y voit-on pas aussi une diminution continuelle depuis le bord de l'Horizon, jusqu'à la partie du Ciel où ils disparoissent ? Comment donc notre Atmosphère se trouve-t-elle tout-à-coup dépourvüe de ces parties intermédiaires, pour n'en plus fournir enſuite que de celles qui compoſent l'Aurore Boréale à deux cens lieues plus loin, où elles ſont cependant plus denſes & plus lumineuſes qu'à l'extrémité des Crépuſcules ?

On pourroit encore demander ſur ces Crépuſcules qui ne ſont point dans notre Atmoſphère, pourquoi la matière qui les compoſe, & qui dans la première heure, par exemple*, *eſt pouſſée à une diſtance d'environ 30 milles*, ne l'eſt pas à 60 milles dans la ſeconde heure, à 90 dans la troiſième, & enfin *à des milliers de milles*, ou pourquoi, ſi elle y eſt pouſſée, elle n'y eſt pas viſible? Pourquoi ces Crépuſcules, ces petites Aurores Boréales formées ſur le modèle de la grande, ayant même origine, étant compoſées de la même matière, puiſées dans le même fonds, ſont ſi conſtantes, ſi uniformes, ſi périodiques, & paroiſſent ſi régulièrement, ſoir & matin, dans tous les climats de la Terre; tandis qu'il n'eſt rien de plus inconſtant, de plus variable, ni de plus caſuel que la grande, que la véritable Aurore Boréale qui ceſſe quelquefois de paroître, du moins en certains pays, en Angleterre, en France, en Italie, pendant ſoixante ou quatre-vingts ans, & qui ne paroît jamais dans pluſieurs autres, ni vers le Nord, ni vers aucun autre côté du Ciel ?

* Page 133.

Du reſte, la connoiſſance de l'Atmoſphère terreſtre, des parties groſſières ou ſubtiles qui la compoſent, & ſur-tout de ſon étendue, fait un point de Phyſique intéreſſant par lui-même, & par rapport à notre ſujet. Auſſi en ai-je amplement traité dans mon Ouvrage*, & je me flatte d'y avoir montré que la hauteur de cette Atmoſphère va infiniment plus loin qu'on ne l'avoit cru juſqu'alors, où elle étoit renfermée entre quinze & vingt lieues, & qu'il n'eſt pas poſſible d'en aſſigner les limites. Mais je crois devoir reprendre ici ſuccinctement le fil de la matière, pour expoſer au Lecteur les raiſons de mon étonnement, & apparemment du ſien, à la vûe de cette propoſition de M. *Euler*, *que l'Atmoſphère de la Terre ne s'étend preſque pas au delà d'un mille d'Allemagne*, c'eſt-à-dire, au delà de 3270 toiſes; comme on le peut déduire

* Sect. II, Ch. II.

déduire de ce qu'il ajoûte, que 2900 de ces milles font le diamètre terrestre. Art. X, p. 131.

Car 1.° Ce mille ne surpasse donc que de quelques 50 ou 60 toises la hauteur des montagnes les plus élevées du Pérou, de ces montagnes *neigées*, où, selon la Relation que nous en a donnée M. *Bouguer**, on voit toûjours de la neige, depuis la hauteur de 2434 toises, qui en est *le terme inférieur & constant*, jusqu'à leur sommet; & dont l'un de ces sommets a été trouvé de 3217 toises au dessus du niveau de la mer. Il seroit déjà assez singulier que la neige y fût tombée de ces 50, 60 ou 100 toises, si l'on veut, que l'Atmosphère auroit seulement de plus. Mais comment les nuées qu'on voit au dessus, & la fumée des volcans que renferment la plupart de ces montagnes, y montent-elles, s'y soûtiennent-elles à 3 ou 400, à 7 ou 800 toises plus haut? car c'est ce que M. *Bouguer* nous assûre y avoir très-souvent observé. Des vapeurs aqueuses & de la fumée montent-elles, se soûtiennent-elles dans l'Ether, dans un milieu, dans un fluide plus léger que l'air, là où l'Atmosphère manque, & où l'air n'est plus soûtenu? Et se persuadera-t-on encore que l'air ou notre Atmosphère finisse tout-à-coup à ce point où les vapeurs aqueuses & la fumée des volcans se soûtiennent, & qu'il n'y en ait pas encore au delà une infinité de couches plus légères de plus en plus?

* Mém. de l'Ac. 1734, p. 268, & Fig. de la Terre, p. 50 de la Relat.

2.° La seule inspection des Crépuscules, & de leur dégradation non interrompue de densité & de lumière, depuis le bord de l'Horizon, jusqu'au point du Ciel où ils s'évanouissent, suffit pour se convaincre que l'Atmosphère monte pour le moins aussi haut que les Crépuscules; &, selon M. *Euler*, la hauteur des Crépuscules va jusqu'à 30 milles. Il est vrai que M. *Euler* nous avertit que l'élévation des Crépuscules, donnée à l'Atmosphère, *répugne à tout le reste des Phénomènes*, & que *la plupart des Observations semblent confirmer que l'Atmosphère de la Terre ne s'étend presque pas au delà d'un mille d'Allemagne*. Mais quels sont ces Phénomènes? Quelles sont ces Observations? Sur cette manière de les alléguer, & de la part d'un homme tel que M. *Euler*, on seroit porté à croire que Art. X & XII.

personne ne les ignore, ou ne les contredit, & que la chose est sans difficulté ; mais il me permettra de lui dire, & j'ose l'avancer, qu'il n'y a jamais eu ni Phénomène, ni observation, dont on puisse légitimement tirer une pareille conséquence.

3.° Enfin, s'il existe, ou s'il a jamais existé des observations qui semblent prouver que l'Atmosphère terrestre ne s'étend presque pas au delà d'un mille d'Allemagne, en voici d'autres, & non contestées, qui prouvent invinciblement le contraire. Je veux parler des observations de la hauteur des montagnes par les abaissemens du mercure dans le Baromètre, & par la comparaison de ces abaissemens avec la détermination géométrique. Prenons pour exemple le Pic de Ténériffe que le P. *Feuillée* a trouvé de 2213 toises, à la hauteur où le mercure étoit descendu de 10 pouces 7 lignes, sur les 28 pouces qu'il avoit ou qu'il a ordinairement au bord de la mer. Il restoit donc 17 pouces 5 lignes de hauteur dans le Baromètre. Doublons ce nombre de toises, & donnons-les au mille d'Allemagne, pour le *presque* ajoûté par M. *Euler*. Ce sera 4426 toises, au lieu des 3270 du mille rigoureux, & 1156 toises pour cette modification. Donc la moitié supérieure de cette hauteur ou les 2213 toises depuis le lieu du Baromètre jusqu'à l'extrémité de l'Atmosphère, où l'air est censé ne plus soûtenir de mercure, répondront à 17 pouces 5 lignes d'abaissement, tandis que la moitié inférieure, ou les 2213 toises depuis le bord de la mer jusqu'à la station du Baromètre, ne répondent qu'à l'abaissement de 10 pouces 7 lignes ? Donc cette couche inférieure de l'Atmosphère est moins comprimée par un plus grand poids, par le poids de toute la supérieure, que celle-ci ne l'est par un moindre poids, ou par zéro de poids ? Que penser d'une telle conséquence, & comment la qualifier ? Car, quelque hypothèse qu'on embrasse sur l'élasticité de l'air, & sur sa dilatation relative aux poids dont il est chargé, on convient qu'elles augmentent, selon qu'il est moins chargé. Et, quelque restriction que les différens degrés de chaud ou de froid, puissent apporter dans ces hypothèses, par rapport

Mém. de l'Ac. 1733, p. 43.

aux montagnes, on sait par mille expériences & de fait, que si, par exemple, l'abaissement d'une ligne de mercure, à compter du bord de la mer, répond à 60 ou 63 toises, le même abaissement répondra un peu plus haut à un plus grand nombre de toises, & ainsi de suite; de manière qu'il y aura telle hauteur, où la ligne de mercure vaudra 100, 200, 300 toises, &c. C'est d'après une semblable théorie, sur la mesure actuelle de ce même Pic, & de plusieurs autres montagnes, que M. *Cassini* a conclu en 1733 la hauteur de l'Atmosphère terrestre de plus de 500 lieues de hauteur, lors même que l'air y soûtiendroit encore une ligne de mercure *.

* Sup. p. 53.

Venons à la seconde proposition; que la matière, dont la lumière produit l'Aurore Boréale, ne réside point dans notre Atmosphère.

Eh comment en douter, s'il étoit vrai que, la hauteur de notre Atmosphère n'allant presque pas au delà d'un mille d'Allemagne, celle de l'Aurore Boréale fût de *quelques milliers de milles par delà, & pût quelquefois surpasser le diamètre entier de la Terre!*

Art. XIII. p. 135.

Je pourrois bien demander encore ici sur quelles observations on se fonde, pour porter l'Aurore Boréale à de pareilles distances & si fort au dessus de ce que nous en indiquent les Parallaxes. Par tout l'historique que nous avons aujourd'hui sur ce sujet, nous savons que le sommet de l'Arc lumineux qui caractérise le plus l'Aurore Boréale a été vû quelquefois au Zénit de 60 degrés de latitude, à Pétersbourg, par exemple, & même en deçà, à Upsal, à Coppenhague, & de plus, que la moindre latitude où ce Phénomène ait été vû ne passe pas le 36 ou le 35me degré, Cadiz, Alep, &c. Or si la matière du Phénomène & de l'Arc étoit de quelques milliers de milles, d'un *diamètre entier de la Terre* ou de 2865 lieues au dessus de la surface de la Terre, il est clair, par le calcul des sécantes & de leurs angles correspondans, que cet Arc pourroit être vû de l'Equateur même, & de bien au delà. Aussi n'avons-nous presque point de Parallaxes qui portent l'Aurore Boréale à 300 lieues de hauteur.

Mais, sans insister davantage sur une conjecture absolument dénuée d'observations, je réponds à la question dont il s'agit, que l'Aurore Boréale ne suit pas le mouvement général & apparent du Ciel, d'Orient en Occident, qu'elle suit au contraire le mouvement diurne & réel de la Terre, d'Occident en Orient, & que par conséquent elle est dans notre Atmosphère. C'est ainsi qu'ont raisonné les plus habiles & les plus assidus Observateurs de ce Phénomène. Feu M. *Maraldi*, qui depuis que les Aurores Boréales ont reparu en France, jusqu'à sa mort, arrivée en 1729, n'a pas cessé de les observer, & d'en rendre compte à l'Académie, remarqua dès la première fois qu'il vit ce Phénomène, que sa *lumière passoit toûjours par les mêmes Etoiles proche du méridien, qui ne varioient point sensiblement de distance à l'égard de l'Horizon; ce qui fait voir*, continue-t-il, *que cette lumière ne participoit point au mouvement du premier Mobile; & par conséquent qu'elle n'étoit pas céleste, mais plustôt attachée à notre Atmosphère, & qu'elle est différente de la lumière qui a été découverte sur le Zodiaque par M.* Cassini, *qui participe au mouvement du Mobile, & au mouvement propre du Soleil.* Il réitère la même remarque, en parlant de l'Aurore Boréale du 29 Novembre 1721: *Elle continua de paroître fort claire jusqu'à onze heures & demie du soir, toûjours attachée aux mêmes parties de l'Horizon, pendant que les Etoiles de la grande Ourse, qui du commencement étoient vers le Nord dans la partie inférieure de leurs cercles au dessus de la Lumière, avoient passé vers la partie orientale de l'Horizon; ce qui prouve que la Lumière ne participoit point du mouvement universel, & qu'elle étoit dans l'Atmosphère**. Et si je puis me citer en qualité d'Observateur assidu, en un temps où je ne prévoyois pas qu'on dût porter l'Aurore Boréale dans l'Ether, & à quelques milliers de milles de l'Atmosphère terrestre, j'ajoûterai qu'après un grand nombre de pareilles observations, j'avois *trouvé, que la masse totale du Phénomène demeuroit immobile* par rapport à la Terre, *ou affectoit au contraire de se porter d'Occident en Orient, en se rangeant plus exactement autour du Pole, après avoir commencé par décliner beaucoup*

Mém. 1716, p. 96.

[handwritten margin correction: "Premier" inserted before "Mobile"]

* Mém. de l'Acad. 1721, p. 2, & Sup. p. 207.

vers l'Occident *, ce qui est directement opposé au mouvement universel. Dès 1725, quatre ou cinq années avant que j'eusse formé aucune espèce de système ni d'explication sur les Aurores Boréales, j'avois remarqué que celle du 26 Septembre de la même année, *avoit un petit mouvement horizontal du côté de l'Est* (regardant alors vers le Nord) *& qu'elle avançoit vers la droite, à mesure que les Étoiles de la grande Ourse, auxquelles je l'avois d'abord rapportée* (& qui étoient dans la partie inférieure de leur cercle) *alloient de ce côté du Ciel* *.

* *Traité de l'Aurore Boréale, p. 41.*

* *Mém. 1726, p. 201.*

Reste la troisième proposition, l'Aurore Boréale engendrée par l'impulsion des rayons solaires.

S'il est quelque loi fondamentale de Physique & de Méchanique, c'est certainement celle qui résulte de l'impulsion dans des espaces non résistans. Un fluide poussé dans de pareils espaces par un autre fluide qui s'applique continuellement à la partie exposée à son choc, ne peut suivre que la direction du choquant. C'est ainsi que les nuages nous indiquent la direction du vent. Et si cette loi s'exerce dans la région des nuages, pourroit-elle manquer d'avoir son plein effet dans l'Ether? La matière chassée de l'Atmosphère terrestre par les rayons du Soleil, devroit donc toûjours suivre la direction de ces rayons? L'Aurore Boréale composée de cette matière, & formée à deux ou trois cens lieues au delà de l'Atmosphère terrestre, devroit donc toûjours être vûe à l'opposite du Soleil, comme la Queue des Comètes? Cependant le lieu de l'Aurore Boréale dans notre hémisphère est presque toûjours vers le Pole & autour du Pole, & jamais ou presque jamais dans la direction des rayons solaires. Le Soleil est encore vers l'Occident, & l'Aurore Boréale paroît vers l'Occident qui est le côté ordinaire de sa déclinaison, en quelque endroit du Ciel que soit le Soleil; il est dans l'hémisphère Boréal, & elle est autour du Pole Boréal, au lieu de se montrer vers l'Austral; le Soleil ne sort point de la Zone Torride, ses rayons sont constamment dirigés vers cette Zone, ils ne peuvent rien pousser du lieu d'où ils partent qui ne se trouve renfermé dans cette Zone, & l'Aurore Boréale n'y est jamais. Du moins n'y est-elle jamais ou presque jamais que par quelques-unes de ses parties, sans paroître en même temps, ou après, & d'une manière plus marquée, autour du Pole: ou plustôt ces parties, telles que certaines bandes lumineuses, n'y sont-elles qu'en apparence, pour l'Observateur placé vers le Nord de la Zone Tempérée ou dans la Polaire, & jamais réellement. Donc l'Aurore Boréale n'est pas formée par l'impulsion des rayons solaires.

M. *Euler* tâche en vain d'écarter cette objection qu'il a bien sentie, & qui se présente en effet si naturellement. Il faudra toûjours en venir à cette alternative:

Ou la partie de l'Aurore Boréale que je vois actuellement vers l'Occident, par exemple, pendant que le Soleil est vers l'Occident, y est portée & s'y soûtient par l'impulsion des rayons solaires;

Ou elle y a été portée auparavant, dans la matinée du jour du Phénomène, ou dans les jours précédens, par les rayons du Soleil, lorsque cet astre se trouvoit vers l'Orient.

Le premier cas est manifestement impossible, & diamétralement opposé à la loi de l'impulsion.

Le second n'est pas moins impossible, ni moins opposé à cette loi, & il ne faut qu'un peu d'attention pour s'en convaincre.

Car alors, l'impulsion des rayons a donc cessé de s'exercer sur ces particules de matière, pendant tout l'intervalle de temps qui s'est écoulé depuis qu'elles y avoient été poussées? Et comment cette impulsion, qui est continuelle, les a-t-elle abandonnées, après avoir eu la force de les enlever de l'Atmosphère terrestre? N'étoit-il pas plus facile à ces rayons impulsifs de continuer à les chasser devant eux, dans les espaces non résistans de l'Ether, que de les détacher de l'Atmosphère? Et pourquoi encore, ne reste-il aucunes traces de cette matière enlevée à l'Atmosphère, ni de celle qui va l'être dans l'instant d'après, & ainsi de suite; pourquoi, dis-je, n'en reste-t-il aucunes traces entre l'Atmosphère & la région de l'Aurore Boréale, entre les Crépuscules que la même impulsion y laisse régulièrement soir & matin, & l'Aurore Boréale qui est emportée à deux cens lieues de là, ou selon M. *Euler*, à deux ou trois mille lieues?

Mais supposons que par impossible, & malgré ce que nous avons démontré en pareil cas, de la dissipation infaillible des particules semblablement enlevées à l'Atmosphère solaire, supposons que, par une cause quelconque, l'Aurore Boréale se trouve ainsi suspendue au milieu de l'Ether vers le Couchant, tandis que le Soleil est encore & depuis plusieurs heures vers ce même côté du Ciel. La matière du Phénomène y aura donc été retenue, après y avoir été poussée par des rayons solaires qui venoient du Levant? Sans m'informer de ce qu'est devenue la force impulsive des rayons qui suivoient immédiatement ceux-ci, je demande seulement quelle est la nouvelle force qui retient & soûtient ainsi au milieu de l'Ether, une matière qui, selon tout ce que nous savons de Physique, doit être infiniment plus pesante que ce milieu? Ces particules qui faisoient un peu auparavant une portion de l'Atmosphère terrestre, n'y retomberont-elles pas aussi-tôt, comme autant de balles de plomb? car c'est ainsi que retombe le duvet le plus léger dans le vuide de la machine pneumatique; & qu'est-ce que ce vuide en comparaison de l'Ether?

Dira-t-on que ces particules pourroient être soûtenues à une pareille hauteur, & hors de l'Atmosphère, par la force centrifuge de la rotation du Globe terrestre? Mais si elles pouvoient y être soûtenues par cette force, indépendamment de l'impulsion des rayons, cette même force les y auroit dû chasser, les y chasseroit toûjours, indépendamment de l'impulsion des rayons; & cette impulsion deviendroit absolument inutile à la formation du Phénomène.

On trouve dans cet endroit de l'Ouvrage de M. *Euler*, une figure qu'il est aisé de se représenter, mais dont je ne vois pas bien l'utilité, par rapport à l'hypothèse en question. Imaginez le Soleil dans le plan de l'Equateur, comme il est au temps des E'quinoxes, & dardant de là ses rayons sur le Globe & l'Atmosphère terrestres; considérez dans cette position, & d'après l'hypothèse, l'effet de ces rayons sur les différentes parties de notre Atmosphère, pour en enlever les particules subtiles qui vont former l'Aurore Boréale à *quelques milliers de milles* au delà. *Cet effet*, dit M. *Euler**, *doit être beaucoup moindre dans les lieux de la Terre situés près de l'E'quateur, que dans les contrées qui en sont plus éloignées. Autour des Poles donc de la Terre, où le Soleil, pendant plusieurs jours consécutifs, est visible près de l'Horizon, cet effet doit être très-grand, & chasser les particules subtiles à une grande distance de la Terre.... Les particules les plus subtiles étant, comme nous l'avons vû, poussées à une distance de la Terre d'environ 30 milles, dans le temps du point du jour & du Crépuscule, quoiqu'elles ne demeurent pas à peine exposées une heure à l'action des rayons du Soleil; il est aisé de s'apercevoir que dans le voisinage des Poles, où cette action dure plusieurs jours de suite, de semblables particules doivent être emportées à quelques milliers de milles de la Terre.*

* Page 133.

Mais que conclurre autre chose de cette spéculation & de la position donnée, sinon que l'Aurore Boréale ira se former précisément au milieu de la Zone Torride, de part & d'autre du plan prolongé de l'E'quateur, ou autour du prolongement de la ligne qui joint les centres du Soleil & de la Terre, & qu'il n'y aura point d'Aurore Boréale au dessus des Zones Polaires, & encore moins au dessus des Poles, ou que s'il y reste quelques-unes de ces particules susceptibles d'impulsion par les rayons solaires, ce ne sera que dans l'Atmosphère, & tout au plus à une lieue d'Allemagne au dessus de la surface du Globe?

Car, 1.° comment les rayons du Soleil pousseroient-ils au dessus de ces Zones & des Poles, les particules subtiles qu'ils mettent en mouvement dans l'Atmosphère supérieure, & qu'ils chassent devant eux, ne faisant qu'y raser ces Zones, ces Poles & leur Atmosphère, parallélement aux plans de l'E'quateur & des cercles Polaires? Et comment ces particules ainsi poussées pourroient-elles être conduites & portées ailleurs

ailleurs que ſur le chemin de ces rayons, à l'oppoſite du Soleil, & vers la Zone Torride ? L'impulſion des rayons doit ſi peu élever ces particules au deſſus des Zones Polaires & des Poles, qu'il eſt clair au contraire qu'ils doivent les rabattre au deſſous, par l'effet de la réfraction, en ſe rompant dans l'Atmoſphère.

2.° Je ne prétends pas diſputer ici à M. *Euler* le temps qu'il aſſigne vaguement à la formation de l'Aurore Boréale, pour devenir viſible; mais on ne comprend pas ſur quoi il auroit pû ſe régler, pour nous en donner la moindre idée. On ſait ſeulement que ſelon l'hypothèſe du mouvement tranſlatif de la Lumière, les rayons du Soleil parcourent une trentaine de millions de lieues en ſept à huit minutes, & que ſelon l'hypothèſe des vibrations de preſſion, ils ne parcourroient peut-être pas ſept à huit lieues, ni ſept à huit pieds, en trente millions d'années, comme nous l'expliquerons en ſon lieu. Mais quoi qu'il en ſoit, & puiſque *dans le voiſinage des Poles l'action* des rayons ſolaires *dure pluſieurs jours de ſuite*, il ne ſauroit y reſter de ces particules ſubtiles miſes en mouvement par l'impulſion, & dans l'Atmoſphère, que celles du moment, ou tout au plus, du jour actuel où l'impulſion dure encore ſur elles : de ſorte qu'on ne voit pas comment de ces particules mêlées avec toutes les autres parties de l'Atmoſphère il pourroit jamais réſulter une Aurore Boréale ſenſible pour les pays circompolaires, où eſt pourtant le vrai ſiège des Aurores Boréales, & où, ſi l'on en croyoit quelques voyageurs, elles ſont perpétuelles. En un mot, M. *Euler* conſidère toûjours les particules enlevées de l'Atmoſphère par les rayons du Soleil, & deſtinées à former l'Aurore Boréale, comme ſi elles étoient abandonnées par ces rayons, dès qu'elles ont été portées à la hauteur & à l'endroit du Ciel où il en a beſoin pour l'apparition du Phénomène; & il eſt clair au contraire qu'une particule quelconque ainſi arrachée de l'Atmoſphère par ces rayons qui ſe ſuccèdent ſans ceſſe, en doit être continuellement pourſuivie & chaſſée en avant; de manière que la conſidération des heures ou des jours qui précèdent l'apparition du Phénomène, ne fait qu'apporter ici de la confuſion,

& que quelque temps qu'on prenne pour le former, il faudra toûjours le placer à l'opposite du Soleil.

3.° Si au lieu d'imaginer le Soleil sur le plan de l'Equateur, nous le supposons au Tropique du Cancer, ses rayons y rabattront encore mieux les particules de l'Atmosphere susceptibles de leur impulsion, vers la surface du terrein de la Zone Polaire Boréale : le Phénomène sera renvoyé sur les pays situés sous le Tropique du Capricorne, & ainsi réciproquement d'un Tropique à l'autre, si l'on y suppose alternativement le Soleil.

Mais enfin, à quoi bon toutes ces distinctions de Zones & de contrées sur l'Atmosphère desquelles les rayons solaires tombent plus ou moins obliquement? Le Soleil n'éclaire-t-il pas toûjours successivement & sans cesse un hémisphère entier de la Terre? Il y a donc toujours un hémisphère entier, & du Globe terrestre, & de son Atmosphère, dont les bords sont rasés par les rayons du Soleil, ni plus ni moins que les Poles dans le cas donné des Equinoxes; & cela quelles que soient les Zones dont la partie se trouve sur le cercle Finiteur de l'ombre & de la lumière, quelle que soit la position de la Sphère, par rapport au lieu du Soleil. Donc par l'hypothèse, & par la loi inviolable de l'impulsion dans des espaces libres, les prétendues particules subtiles capables de former l'Aurore Boréale, l'iront toûjours former dans la Zone Torride, sur laquelle l'Aurore Boréale ne fera que tourner à l'opposite du Soleil, tant qu'elle subsistera. Et pourquoi ne subsisteroit-elle pas toûjours, dans ces espaces, dans l'Ether, où rien ne peut la détruire? Ce n'est point là certainement l'Aurore Boréale que nous connoissons.

VIIIME ECLAIRCISSEMENT.

Sur la Queue des Comètes.

JE me suis déjà expliqué sur cet article. La conjecture que j'ai proposée sur les Queues des Comètes, dans la dernière section de mon Traité, sous le titre de Questions & de doutes, ne m'appartient, quant au fond, qu'en ce que je fais résulter ces Queues de la partie de l'Atmosphère Solaire dont les Comètes se sont chargées & qu'elles ont entraînée avec elles, en approchant de leur Périhélie. Tout le reste avoit été imaginé long-temps avant moi.

On croit communément que *Pierre Apian*, Astronome, & Professeur de Mathématique à Ingolstad, vers le commencement du XVIme siècle, est le premier qui ait remarqué, que la Queue des Comètes étoit toûjours tournée du côté opposé au Soleil. Cinq Comètes qui parurent dans l'intervalle de dix ans, depuis 1530 jusqu'en 1540, l'en firent apercevoir ; & il en conclut, que les Queues des Comètes tiroient leur origine du Soleil. Mais c'est vrai-semblablement à *Képler* que nous devons la première explication de ce Phénomène, par l'ingénieuse idée de l'impulsion des rayons solaires sur une Atmosphère ou matière quelconque provenant de la Comète.

Ce ne fut pourtant pas là d'abord le sentiment de *Képler*, comme on peut le voir dans son Astronomie Optique, imprimée en 1604. Il y fait venir la Queue des Comètes de la réfraction des rayons solaires sur l'Ether, au delà du corps de la Comète, supposé transparent, & après qu'ils l'ont traversé, ni plus ni moins qu'au delà d'une bouteille sphérique de verre pleine d'eau, qui réuniroit les rayons de lumière à un foyer de quelque étendue. Il étoit alors si éloigné de l'opinion qu'il embrassa dans la suite sur ce sujet, qu'il ne fait pas difficulté de la traiter de monstrueuse : *Si dixeris* caudam Cometæ *materiam esse, ad Cometæ essentiam spectantem, immanissimum effinxeris monstrum.* Mais enfin il s'aperçut sans doute de l'incongruité qu'il y avoit à nous faire réfléchir une lumière sensible par l'Ether, quelles que soient auparavant les réfractions qu'elle a souffertes, en traversant la Comète ou son Atmosphère. Si l'Ether avoit assez de consistance ou étoit composé de parties assez grossières pour cet effet, il nous renverroit presque autant de lumière la nuit que nous en avons le jour.

Et c'est aussi ce qu'*Hevelius* a vigoureusement combattu dans sa Cométographie. *Képler* y substitua donc une matière subtile qu'il croyoit que les rayons du Soleil entraînoient ou arrachoient de la Comète. C'est ainsi qu'il concevoit encore, que la Comète, après avoir passé par son Périhélie, alloit toûjours en diminuant de substance & d'apparence, comme il le dit dans le second de ses trois livres sur les Comètes, publiés en 1619.

J'ai interprété plus favorablement les paroles de *Képler*, quand j'ai dit dans mon Traité, que selon lui la chevelure ou la Queue des Comètes étoit formée d'une *matière ainsi poussée ou chassée*, non de l'intérieur ou de la substance même de leurs noyaux, mais *de leurs Atmosphères, par l'impulsion des rayons du Soleil, comme le seroit une vraie chevelure exposée au vent.* Et cela à l'imitation de M. *Newton*, qui regardant le sentiment de *Képler* comme assez plausible, *non à ratione prorsùs alienum*, le rapporte ainsi dans son IIIme Livre des Principes: *Ascensum caudarum ex Atmosphæris capitum, & progressum in partes à Sole aversas* Keplerus *ascribit actioni radiorum lucis materiam caudæ secum rapientes* *. Dès les temps même de *Kepler*, & trois ans après la publication de son Livre des Comètes, on ne l'entendoit pas autrement. « Deux choses, » disoit *Longomontanus* *, concourent à la formation de la che- » velure ou de la Queue d'une Comète; les rayons solaires, » & la matière qui environne la Comète : car ces rayons venant » à agir puissamment contre cette matière, depuis sa superficie » jusqu'à la surface de la Comète, en chassent avec impétuosité » les parties les plus légères, & les entraînent bien loin au delà du corps de la Comète à l'opposite du Soleil ». Ce que d'autres Auteurs n'ont pas aussi manqué de dire, chacun à sa manière, & selon ses principes. Ainsi il n'y a pas de doute que l'explication de la Queue des Comètes, par l'impulsion des rayons du Soleil sur leur Atmosphère, ne soit depuis long temps très-connue.

* *Pr. Math. l. I.I, Prop. 41.*

* *Astron. Dan. Append. Cap. VI.* Edit. 1622.

Cependant M. *Newton*, tout persuadé qu'il étoit de l'émission des corpuscules lumineux que cette explication suppose,

& qui en effet y conduit si naturellement, & quelque vraisemblable que lui parût l'idée de *Képler*, ne s'y est pas arrêté. Il attribue l'ascension & la direction des Queues des Comètes vers le côté opposé au Soleil, à la légèreté des parties les plus ténues que le Soleil élève de leurs têtes & de leurs Atmosphères, lorsqu'elles approchent de leurs Périhélies. « Car, dit-il, comme dans notre air * la fumée d'un corps brûlant « ou échauffé se dirige toûjours en-haut, ou perpendicu- « lairement, s'il est en repos, ou obliquement & à côté, s'il « se meut; de même dans le Ciel, où les corps gravitent vers « le Soleil, les fumées & les vapeurs doivent monter en ligne « droite, s'ils sont en repos, ou en ligne courbe & oblique, « s'ils sont en mouvement » & cela indépendamment de toute impulsion de rayons.

* Ub. Sup.

Il n'est pas question ici d'examiner plus particulièrement ces explications. J'ose dire qu'elles venoient toutes également à mon but, & que j'aurois pû également les employer à montrer l'accord de ma théorie sur l'Aurore Boréale, & sur l'Atmosphère solaire, avec les principaux Phénomènes du Ciel, & conformément aux opinions le plus généralement répandues dans le monde savant. Car, je ne saurois trop le répéter, tout ce qui me regarde en cette occasion, tout ce qu'il m'importe d'établir, c'est que la vaste Atmosphère des Comètes & leurs Queues ont été prises dans l'Atmosphère du Soleil. On a vû ci-dessus * que ceux qui ont bien lû mon Ouvrage ne s'y sont pas trompés.

* Page 340.

Quelle a donc été la raison de la préférence que j'ai donnée à l'explication de *Képler* ? C'est qu'il m'étoit facile de faire entendre cette explication avec clarté, & en peu de mots, par l'image sensible d'une chevelure exposée à l'impulsion du vent, dans une partie de mon Ouvrage, presque surnuméraire, & toute destinée à des questions détachées que je voulois traiter succinctement. Je ne pûs trouver la même facilité, ni la même clarté dans les autres, elles me parurent plus compliquées, & je m'abstins d'en parler. En un mot je crus, & je crois encore devoir écarter de mon sujet les discussions dont je puis me passer, & ne point entamer des matières qu'il faudroit reprendre de trop loin pour dire ce que j'en pense.

Venons-en donc enfin à la circonstance essentielle de ma théorie sur les Queues des Comètes, à leur origine dans l'Atmosphère solaire, appliquable, comme j'ai dit, aux différentes explications qu'on en donne, & appliquée en effet à celle de *Képler*, à laquelle je veux bien m'en tenir encore ici.

Est-il vrai que *plusieurs Comètes paroissent avec des Queues, avant que d'avoir atteint la Lumière Zodiacale*, comme le prétend M. *Euler!*

Pour répondre à cette question, qui peut recevoir plus d'un sens, il est bon de poser auparavant quelques principes de fait. Et puisqu'à cet égard j'ai une cause commune à défendre avec M. *Newton*, je ne saurois mieux faire que de puiser ces principes dans la théorie de ce Philosophe. Car nous venons de voir que, selon lui, la formation des Queues n'a lieu que lorsque les Comètes arrivent auprès de leur Périhélie, & suppose en même temps que leur Périhélie ne soit pas bien loin du Soleil; & selon moi, cette proximité du Soleil qu'exige l'explication de M. *Newton*, emporte nécessairement que les Comètes aient pu atteindre à l'Atmosphère solaire ou à la Lumière Zodiacale autour de leur Périhélie. Je dis donc d'après M. *Newton* *, qui est en cela parfaitement d'accord avec les plus fameux Observateurs des Comètes :

* *Phil. nat. Princ. Math. l. III, Lem. 4, pag. 478, & seqq. Edit. 1726.*

Que les Comètes ne prennent des Queues qu'en s'approchant du Soleil :

Que ces Queues sont d'autant plus grandes, & croissent d'autant plus, qu'elles s'en approchent davantage :

Que les Comètes qu'on voit sans Queue & fort petites, sont par conséquent, & de fait, ainsi aperçues fort loin du Soleil, & échappent aux parallaxes :

Que les Comètes descendent le plus souvent au dessous des Orbites de Mars & des Planètes inférieures :

Que leurs Queues sont toûjours plus grandes, après avoir passé par leur Périhélie, qu'auparavant :

Et enfin, qu'en parcourant l'histoire des Comètes, on en trouve quatre ou cinq fois plus dans l'hémisphère du Soleil que dans l'hémisphère opposé.

Mais pour voir tout ceci d'un coup d'œil, & l'appliquer en même temps à notre sujet, prenons la Table des Comètes de M. *Halley*, dans son *Abrégé d'Astronomie Cométique* donné à la Société Royale de Londres en 1705 *. Ce sont 24 Comètes calculées avec toute la sagacité, & tout le travail dont on sait que M. *Halley* étoit capable. Ajoûtons-y 12 autres Comètes ainsi calculées depuis la Table de M. *Halley*, & qu'on trouvera dans les Leçons Astronomiques de M. l'Abbé *de la Caille* *. Ce qui fait en tout 36 Comètes, dont nous avons les distances Périhélies.

* *Phil. Trans. N.° 297.*

* *Page 243.*

Distances des Périhélies des Comètes, en parties dont le rayon de l'orbe annuel a 100000.

COMÈTES des ANNÉES	DISTANCE DU PÉRIHÉLIE AU SOLEIL.	COMÈTES des ANNÉES	DISTANCE DU PÉRIHÉLIE AU SOLEIL.	COMÈTES des ANNÉES	DISTANCE DU PÉRIHÉLIE AU SOLEIL.
1337	40666	1652	84750	1699	74400
1472	54273	1661	44851	1702	64590
1531	56700	1664	102575 $\frac{1}{2}$	1706	42582
1532	50910	1665	10649	1707	85974
1556	46392	1672	69739	1718	102655
1577	18342	1677	28059	1723	99865
1580	59628	1680	612 $\frac{1}{2}$	1729	426140
1585	109358	1682	58328	1737	22282
1590	57661	1683	56020	1739	67358
1596	51293	1684	96015	1742	76568
1607	58680	1686	32500	1744	83501
1618	37975	1698	69129	1747	219851

De ces 36 Comètes, dont la première est de l'an 1337, & la dernière de 1698 dans M. *Halley*, de 1699 & de

1747 dans M. l'Abbé *de la Caille*, il y en a 31 qui ont eu leur Périhélie plus près du Soleil que n'eſt la Terre, ou qui ont paſſé entre le Soleil & l'orbe annuel. Or nous avons vû, d'après les obſervations réitérées de feu M. *Caſſini*, & par tout ce qui a été remarqué là-deſſus dans mon Traité & dans les Eclairciſſemens précédens, que l'Atmoſphère du Soleil s'étend quelquefois viſiblement juſqu'à l'orbe annuel & au delà, ſans qu'on puiſſe aſſigner les bornes de ce qui en échappe à nos yeux. Donc de ces 36 Comètes dont nous avons les Périhélies, entre toutes celles qui ont paru dans l'eſpace de 360 ans, les 31 qui ont paſſé plus près du Soleil que la Terre, ont bien certainement pû atteindre à l'Atmoſphère du Soleil.

Il ſeroit ſuperflu d'avertir que nos principes de fait, non plus que nos réſultats, ne ſauroient être infirmés par la conjecture, d'ailleurs très-plauſible, de quelques Aſtronomes, qu'*il y a peut-être autant ou plus de Comètes, qui, dans leur Périhélie, paſſent au delà de l'orbe annuel, qu'en deçà*. Il y en aura, ſi l'on veut, des milliers entre Saturne & les Fixes & nous : il ne s'agit ici que de celles qui ſont à notre portée, qui ſe manifeſtent avec une Queue ou ſans Queue, & qui peuvent influer par là ſur la queſtion préſente. C'eſt certainement ainſi que l'entendoit M. *Newton*, qui n'ignoroit pas lui-même une ſemblable poſſibilité.

Mais il eſt bon d'obſerver que parmi ces 31 Comètes, dont le Périhélie s'eſt trouvé au deſſous de l'orbe annuel, il y en a 11 qui ont paſſé plus près du Soleil qu'à la moitié de ſa diſtance de cet orbe ou de la Terre, 12 qui n'ont pas paſſé aux trois quarts de cette diſtance, & 8 ſeulement qui en ont paſſé à plus des trois quarts. Et enfin, qu'à l'égard des 5 Comètes, dont le Périhélie ſe trouve plus loin du Soleil que l'orbite terreſtre, il y en a 3 ou 4 qui ont paru ſans Queue, & qui rentrent par là dans notre théorie.

Ces trois ou quatre Comètes ſont celles de 1585 *, 1718

* Découverte par *Tycho-Brahé*, le 18 Octobre, comme une Etoile nébuleuſe, *ronde & ſans Queue*, ſi ce n'eſt, que le 20 & le 22, en y regardant fixement & long-temps, on y aperçut un petit rayon de lumière vers le

1718 *(a)*, 1729 *(b)*, & 1747 *(c)*, comme on peut voir dans les Ecrits des Astronomes qui les ont observées.

Il ne reste donc des 32 ou 33 Comètes sur lesquelles nous devons raisonner, qu'une seule Comète qui ayant son Périhélie au delà de l'Orbite terrestre, se soit montrée bien visiblement avec une Queue, savoir, la Comète de 1664, observée par *Hevelius (d)*. Mais de combien ce Périhélie excédoit-il la distance de cet Orbite? Je trouve dans la Table de M. *Halley*, que c'étoit seulement de 2575 ½ parties, sur les 100000 de celles qu'on donne au rayon de l'orbe annuel; ce qui ne fait qu'environ la 39me partie de cette distance, & qui n'exclut point assurément la possibilité que la Comète ait atteint à l'Atmosphère solaire qui s'étend quelquefois, même visiblement, beaucoup au delà.

Quand je dis de toutes ces Comètes, qu'elles ont atteint ou pû atteindre à cette Atmosphère, il ne faut pas seulement l'entendre de la révolution actuellement observée, mais aussi des révolutions antérieures. Ainsi une Comète, en revenant vers le Soleil, pourra fort bien y reprendre une Queue, avant que d'être arrivée à l'Atmosphère solaire, & à son Périhélie, en ne faisant qu'approcher jusqu'à un certain point de l'une ou

le couchant, *exile quoddam vestigium cujusdam tenelli radioli*, &c. qu'on ne vit plus, pendant tout le reste de son cours. *Epistol. Astron. p. 13.*

(a) Christfr. Kirch, qui l'observa, n'y put appercevoir *aucun vestige de Queue. Miscell. Berolin. Contin. II. p. 201.*

(b) Découverte par le P. *Sarabat* Jésuite à Nîmes, & observée à Paris par M. *Cassini*, sous la forme d'*une Etoile nébuleuse, avec une chevelure autour d'elle dont l'étendue paroissoit au moins aussi grande que le diamètre de Jupiter. Mém. de l'Acad. 1729, p. 210.* Calculée par M. *Maraldi. Mém. Ac. 1743, p. 195.*

(c) Qui parut & fut observée en 1746, mais qui ne dut arriver à son Périhélie qu'en 1747. M. *Maraldi*, l'observa à Paris sans Queue; mais M. de *Chéseaux*, qui l'avoit découverte quelques jours auparavant en Suisse, & dont le témoignage est ici d'un grand poids, après l'excellent Traité qu'il nous a donné de la Comète de 1744, manda y avoir aperçû une Queue d'environ 24 minutes. *Mém. Acad. 1746, p. 55.* Il m'a dit depuis de vive voix, que la Comète, son Atmosphère & cette Queue, formoient une espèce de Conoïde parabolique, & en tout une Atmosphère seulement plus étendue du côté du noyau opposé au Soleil. C'est ce qui m'empêche de l'exclurre entièrement de la classe des Comètes à Queue.

(d) Il en détermine la Queue de 14 degrés de longueur. *Cometogr. p. 912.*

de l'autre. Car il est très-possible & très-vrai-semblable que les Comètes que nous voyons toûjours enveloppées d'une Atmosphère nébuleuse & immense, en comparaison de celle des Planètes, après s'être chargées une ou plusieurs fois de la matière Zodiacale en passant près du Soleil, la conservent en tout ou en partie, en retournant vers le Soleil; que ce qui s'y est conservé de la matière Zodiacale, & qui se range ensuite sphériquement autour de leur Globe, ou de leur Atmosphère propre à leurs grandes distances du Soleil, se transforme de nouveau en Queue, par l'impulsion des rayons de cet astre, lorsqu'elles viennent à s'en rapprocher, quoiqu'elles en soient à une plus grande distance que la Terre, & loin de leur Périhélie : & cela avec toutes les modifications & les différences qu'y auront apporté les vicissitudes d'étendue & de densité de l'Atmosphère solaire, & la différente Sphère d'activité de la gravitation autour du Globe de chaque Comète, selon sa grandeur & sa solidité. Il est d'ailleurs très-vrai-semblable & très-analogue à tout ce que nous connoissons des mouvemens célestes, que le Périhélie de telle Comète, aujourd'hui fort éloigné du Soleil, en ait été plus proche autrefois, dans quelqu'une de ses révolutions, par le changement de lieu de ses Nœuds : ce qui peut aller à des espaces immenses sur son Périhélie, vû la prodigieuse excentricité des orbes des Comètes, & la longueur de leurs périodes. C'est aussi par là qu'on donne raison de l'impossibilité où nous sommes de les reconnoître, & de prédire certainement leurs retours; car on sait le peu de succès qu'ont eu jusqu'ici ces sortes de prédictions. Et ne voilà-t-il pas dès-lors les exceptions apparentes, & qui sont en si petit nombre, ramenées à la loi générale, à nos principes & à ceux de M. *Newton!*

On voit donc combien la proposition de M. *Euler* ainsi énoncée & sans autre restriction, *plusieurs Comètes paroissent avec des Queues, avant que d'avoir atteint la Lumière Zodiacale*, souffre de restrictions, est équivoque, & peu concluante contre l'hypothèse qu'il combat.

Mais de quelque manière qu'on l'entende, j'espère que

M. *Euler* ne me refusera pas d'y joindre cette inverse qu'elle renferme, & qui est d'ailleurs incontestable, *plusieurs Comètes paroissent avec des Queues, après avoir atteint la Lumière Zodiacale ou l'Atmosphère solaire.*

Or cela posé, comment M. *Euler* se défendra-t-il de m'accorder que plusieurs Comètes doivent avoir puisé leurs Queues dans l'Atmosphère solaire, & que presque toutes, c'est-à-dire, 31 sur 32 ou 33, doivent tout au moins les y avoir augmentées? Car 1.° selon ses principes, par les loix de la gravitation, le corps d'une Comète ne sauroit se plonger dans l'Atmosphère Solaire, sans s'y charger d'une partie du fluide ambiant qu'elle y rencontre sur son chemin, & qui compose cette Atmosphère. 2.° Selon ses principes, ce fluide, cette matière ténue & légère, est susceptible d'impulsion de la part des rayons solaires; puisque c'est par là principalement qu'il explique la dilatation, l'étendue & la figure de l'Atmosphère Solaire. Donc les particules les plus ténues & les plus légères de cette matière entraînée par la Comète, & assemblée autour de son noyau, ou de son Atmosphère quelconque, en seront chassées, poussées en avant par la force impulsive des rayons solaires, & à l'opposite du Soleil, en un mot, elles y formeront la Queue de la Comète. Eh! ne s'ensuit-il pas delà que presque toutes les Comètes à Queues seront soumises à l'hypothèse en question? Quelle raison pourroit-on alléguer pour les en exclurre, & pour donner la préférence à l'Atmosphère propre de la Comète, dont il est d'ailleurs très-douteux que les molécules soient susceptibles d'une pareille impulsion de la part de la lumière?

Il ne s'agira donc plus que de quelques exceptions que nous avons montré se réduire presque à rien, & enfin s'évanouir. Mais ce n'est pas sur des exceptions qu'on bâtit un système, comme ce n'est pas aussi sur des exceptions, & des exceptions vagues & incertaines, qu'on en réfute un autre.

J'ai suffisamment expliqué ailleurs * comment la matière Zodiacale pouvoit être chassée par les rayons solaires, de dessus le Globe & de l'Atmosphère propre des Comètes où

* *Sup. p.* 293. *Quest.* XXV.

elle surnage, & ne l'être pas de la région supérieure de l'Atmosphère terrestre où elle se précipite & se mêle. Question qu'on peut faire aussi sur les Planètes inférieures. Car *c'est de la constitution particulière des Atmosphères de tous ces corps célestes, que dépendent & les chevelures, & les Queues, & les Aurores Boréales.*

Quant au peu de convenance que je trouvai à former la Queue des Comètes des fumées ou des vapeurs qui s'en élèvent à l'approche & par l'excessive chaleur du Soleil, comme a fait M. *Newton*, j'en ai, ce me semble, donné d'assez bonnes raisons, dans la partie de mon Ouvrage où je propose mes doutes & mes conjectures. A quoi l'on peut ajoûter que les rayons du Soleil ne produisent point seuls & par eux-mêmes toute la chaleur qu'ils nous font sentir, & que nous leur attribuons, trompés par les matières ignées qu'ils mettent en mouvement autour de nous, ou par d'autres circonstances qu'il seroit trop long de déduire & d'expliquer. C'est cependant d'après cette chaleur attribuée en entier au Soleil, que nous jugeons de celle qu'il excite sur les Comètes, c'est sur cette somme d'effets & de causes que nous formons l'analogie des quarrés des distances de la Terre, des Planètes, & des Comètes au Soleil, quoiqu'elle ne dût porter que sur les rayons solaires qui n'y entrent peut-être pas pour la millième partie, & tandis que tout le reste peut suivre une toute autre loi, en diminution même des effets de celle-ci *. Nous ne pouvons donc pas décider que le Soleil produise sur les Comètes qui s'en approchent le plus, cette extrême raréfaction de parties qu'on croit y découvrir par leur vaste Atmosphère, ni savoir s'il en tire plus ou moins de vapeurs, d'exhalaisons & de fumées, que de la Terre, où nous ne voyons rien de pareil à une telle dissolution. L'existence de la matière Zodiacale est plus certaine, & la matière Zodiacale puisée par ces Comètes à l'endroit ou tout proche de sa plus grande densité, satisfait pour le moins aussi-bien à toutes ces apparences. Il semble que M. *Newton* y auroit pû aussi employer cette quantité de corpuscules, qu'il suppose ailleurs qui émanent des Planètes,

* *Diss. sur la Glace, imprimée au Louvre en 1749 pp. 33, 57 & suiv.*

qui se répandent dans l'Ether, & dont les Comètes pourroient se charger en entrant dans le tourbillon solaire, comme j'imagine, & par la même raison, qu'elles se chargent de la matière Zodiacale. Sans parler du raisonnement que j'ai fait ci-dessus, & qui n'est pas moins appliquable à M. *Newton* qu'à M. *Euler*, savoir, que, selon ses principes, par les résultats ou principes de fait accordés sur les Comètes, & que M. *Newton* nous fournit, on ne peut douter que la plusspart des Comètes n'entrent dans l'Atmosphère Solaire, & que par les loix de la gravitation elles ne doivent s'y charger de la matière qui compose cette Atmosphère. D'où s'ensuivra de même son explication indépendante de l'impulsion des rayons, mais dans laquelle on n'a plus besoin de ces fumées ni de ces vapeurs, pour en former la Queue des Comètes, non plus que dans la mienne. C'est apparemment sous cet aspect que les PP. *le Seur* & *Jacquier*, dans leur savant Commentaire, ont considéré mon idée, quand ils ont dit qu'elle s'accordoit avec les principes de M. *Newton* *, & qu'ils ont bien voulu en donner un précis à la suite de celle de ce Philosophe.

* *Phil. nat. Princip. Math. perp. Comment. illustrata. Tom. III, Part. ult. p. 644.*

Et à l'égard de l'hypothèse de M. *Euler*, où la matière des Queues est prise dans l'Atmosphère propre des Comètes, outre ce que j'ai dit à ce sujet, où sur les Atmosphères en général, dans mon Traité, & dans l'Eclaircissement précédent, je remarque, qu'il s'en faut beaucoup que l'accroissement des Queues suive le rapport des accroissemens d'impulsion des rayons solaires, en raison inverse des quarrés des distances au Soleil, ces Queues étant d'abord presque imperceptibles, & se trouvant peu de jours après de plusieurs degrés de longueur, & fort larges, quoique leur proximité du Soleil & de la Terre avec les autres élémens d'Optique qui entrent dans cette détermination, n'aient pas, à beaucoup près, augmenté dans le même rapport. C'est ce dont je me suis convaincu sur les types que j'ai tracés de quelques Comètes. Mais pour ne pas entrer là-dessus dans un détail qui nous meneroit trop loin, ne faisons attention qu'à cette vaste nébulosité qui entoure la Comète, ou à son Atmosphère propre supposée ne rien tenir de l'Atmoſphère Solaire. On verra que, toutes choſes d'ailleurs égales & proportions gardées, elle augmente avec ſa Queue, à meſure que la Comète approche du Soleil, au lieu de diminuer, ou même de s'évanouir preſque entièrement, lorſqu'elle en eſt à une fort petite diſtance. C'eſt là, dis-je, ce qui devroit arriver, puiſque, par l'hypothèſe, c'eſt aux dépens de cette même Atmoſphère & de la matière qui la compoſe, que la Queue de la Comète eſt d'abord formée, & enſuite ſi conſidérablement augmentée. Et ſi l'on veut que les particules enlevées à l'Atmoſphère de la Comète, pour en former ſa Queue, ſoient ſi ſubtiles, que le volume apparent de cette Atmoſphère n'en puiſſe recevoir une diminution ſenſible, tout au moins n'en doit-il pas être augmenté. Mais encore, comment l'accorder, cette hypothèſe, avec le principe de fait poſé ci-deſſus, & qui eſt certainement l'un des moins ſujets à exception, que *les Queues ſont toûjours plus grandes après que les Comètes ont paſſé par leur Périhélie, qu'auparavant!* D'où viendroit ici une pareille augmentation? N'eſt-ce pas toûjours la même quantité de matière autour de la Comète, & qui ſe diſtribue entre ſon Atmoſphère & ſa Queue? Car on ne ſauroit y admettre d'augmentation en ce cas, ſans tomber dans quelqu'une des hypothèſes qu'on veut éviter. Et les rayons ſolaires n'agiſſent-ils pas toûjours également ſur cette matière à diſtances égales du Soleil? Leur denſité, leur force impulſive n'y eſt-elle pas la même? Par quelle méchanique tirent-ils donc une plus grande Queue de l'Atmoſphère de la Comète, & de beaucoup plus grande, après qu'elle a paſſé par ſon Périhélie qu'auparavant? Toutes difficultés qui diſparoiſſent dans l'hypothèſe que je défends, où, à meſure que la Comète avance vers le Soleil & dans l'Atmoſphère Solaire, elle rencontre de plus en plus une matière plus denſe, dont elle ſe charge, & dont elle n'eſt jamais ſi chargée qu'à ſon retour du Périhélie. Ainſi il n'eſt pas étonnant qu'elle en rapporte une plus grande Atmoſphère & une plus grande Queue qu'elle n'avoit en y allant; comme il ne l'eſt pas auſſi, que cette Queue conſerve des marques ſenſibles de ſon origine, la couleur, la rareté, la transparence, & toutes les qualités de la Lumière Zodiacale.

IXME E'CLAIRCISSEMENT.

Sur l'impulsion des rayons Solaires.

JE me suis prêté jusqu'ici à l'impulsion des rayons Solaires, principe fondamental de M. *Euler*, sans examiner davantage la réalité de cette impulsion, ni la manière dont M. *Euler* la conçoit. C'est sur ce pied que je me flatte d'avoir répondu à ses objections, & montré qu'il s'en faut beaucoup, que son système, sur chacune des questions précédentes, se lie aussi-bien avec les vérités fondamentales de la Physique, qu'il nous l'avoit annoncé. Mais il est temps enfin, que nous sachions à quoi nous en tenir sur un principe de cette importance.

La Lumière est certainement un corps, puisqu'elle affecte des corps, tels que nos organes. Elle a donc une force impulsive contre les corps qu'elle trouve sur son chemin, si elle se meut, & elle se meut, puisqu'elle vient du Soleil jusqu'à nous. Mais de quelle manière y vient-elle ? Il y a là-dessus deux systèmes qui divisent les Savans. Selon l'un de ces systèmes, la Lumière arrive du corps lumineux jusqu'à nous par un mouvement réel, & vient frapper nos yeux, à peu près comme les corpuscules odorans qui s'échappent d'une fleur, viennent frapper notre odorat. Selon l'autre, elle ne se fait sentir que par le mouvement que le corps lumineux communique au fluide interposé entre lui & nous. L'un de ces systèmes est désigné par l'*émission* ou l'*émanation des corpuscules*, l'autre par les *vibrations de pression*. C'est toûjours du mouvement, mais, comme on voit, un mouvement très-différent. J'appellerai le premier, *mouvement de transport, translatif, progressif, non interrompu ;* & le second, *mouvement de vibration*, d'*agitation*, ou de *pression ;* l'impulsion qui se rapporte au premier, *impulsion translative*, ou simplement *impulsion;* & celle qui se rapporte au second, *impulsion de vibration.*

C'est sans autre discussion ni distinction d'hypothèse sur la Lumière, que nous avons supposé jusqu'ici son impulsion comme capable d'imprimer un mouvement progressif & non interrompu aux particules de matière qu'elle rencontre. Il est cependant bien visible qu'un tel mouvement résulte plustôt de l'impulsion translative & de l'hypothèse des émissions, que de celle des vibrations; mais quoi qu'il en soit, c'est par rapport à la première, que nous demanderons présentement, si l'impulsion des rayons Solaires est sensible & jusqu'à quel point, ou si elle ne l'est pas? Car c'est principalement des effets sensibles de cette impulsion qu'il s'agit ici, quelle que fût d'ailleurs sa réalité dans la spéculation.

Si l'on en croit quelques Auteurs, il n'est presque point de Phénomène ici bas, qui ne participe plus ou moins de l'impulsion des rayons Solaires. *Si l'on expose*, disoit M. *Hartsoeker* *, *un petit ressort au foyer d'un verre ardent, on verra ce ressort faire des vibrations assez sensibles. Les rayons du Soleil chassent la fumée du haut en bas de la cheminée. Les voyageurs assurent que le Danube est beaucoup moins rapide le matin, lorsque les rayons du Soleil s'opposent à son cours, qu'il ne l'est après midi, lorsqu'ils aident ce cours. Tout le monde sait que la Meuse a une assez grande mer au Nord-ouest de son embouchûre; & comme cette rivière s'enfle ordinairement la nuit environ d'un demi-pied plus que le jour, si quelque cause étrangère n'y apporte du changement, il semble qu'on ne puisse attribuer ce Phénomène qu'aux rayons du Soleil, lesquels, durant la plus grande partie du jour, chassent la mer loin de la terre; d'où elle se rapproche le soir lorsque le Soleil est couché, & que ses rayons ne la chassent plus.* M. *Hartsoeker* pensoit ainsi en 1696, & il ne paroît pas qu'il ait changé de sentiment avant sa mort, arrivée en 1725. Il dit encore dans son cours de Physique *, que *lorsqu'on expose au foyer d'un verre ardent une poignée de sable, ce sable en est chassé & dissipé aussi-tôt, comme par quelque coup de vent;* que *quand on a quelque dissolution, par exemple, celle de l'argent par*

* Principes de Physiq. p. 137.

* Imprimé à la Haie en 1730, p. 85.

par l'eau forte les rayons de lumière qui se présentent pour y passer, rangent pour cet effet les parcelles de l'argent qui y flottent, & rendent par conséquent cette dissolution claire & transparente; qu'*on observe dans le golfe de Lyon du côté de la mer un courant, qui a rapport au mouvement du Soleil,* & autres semblables preuves. Je m'étonne qu'il n'y ajoûte pas aussi les vents Alisés qui soufflent dans la Zone Torride d'Orient en Occident, & dans la direction du cours du Soleil.

Je me flatte que le Lecteur intelligent n'exigera pas que je discute par ordre un tel amas d'observations & d'expériences, à la pluspart desquelles ce seroit faire grace que de les qualifier simplement d'équivoques. Arrêtons-nous à celle du miroir ardent; c'est la plus connue. Mais comme elle est bien mieux circonstanciée dans l'Histoire de l'Académie des Sciences, c'est sur ce qu'on en trouve dans cette Histoire, & d'après le résultat qu'en donne M. de *Fontenelle,* que je vais l'examiner.

M. *Homberg,* dit le célèbre Historien *, *a observé, que si l'on exposoit au miroir ardent une matière fort légère, telle que l'Amiante, & en assez grande quantité, elle étoit renversée par les rayons du foyer de dessus le charbon qui la portoit, à moins qu'elle ne fût présentée fort doucement, & une partie après l'autre, de sorte qu'elle ne fût pas heurtée par le foyer trop rudement, ni dans toute sa surface à la fois. De plus, M. Homberg ayant redressé un ressort de montre, & en ayant engagé un bout dans un bloc de bois, il poussa par secousses réitérées contre le bout libre du ressort, le foyer d'une lentille de 12 à 13 pouces de diamètre, & il vit que le ressort faisoit des vibrations fort sensibles, comme si on l'avoit poussé avec un bâton.* Voilà, dis-je, tout ce que nous avons de plus fort pour l'impulsion des rayons Solaires.

* *Hist. de l'Acad. des Sc. 1708, p. 21.*

Mais qu'y a-t-il à conclurre de cette expérience, de cette Amiante exposée au miroir ardent & *renversée,* comme on le croit, *par les rayons du foyer de dessus le charbon qui la portoit,* & de ces vibrations du ressort? Je ne vois en tout ceci que des ébranlemens fortuits & irréguliers, des soubresauts excités par la chaleur, par la raréfaction & l'explosion subites de l'air qui entouroit ces matières, & point du tout ce mouvement conſtant & ſoûtenu qui devroit naître du flux des rayons au foyer du miroir où elles étoient expoſées. Il eſt viſible qu'il doit ſe former à ce foyer & tout autour, une eſpèce de courant ou de tourbillon alternativement troublé, & entretenu par l'air froid qui ſuccède à l'air chaud qui en eſt chaſſé, ou qui s'en écarte par ſa propre dilatation; que ce courant ou ce tourbillon doit le plus ſouvent entraîner les matières dont on l'approche, ou qui en ſont approchées, vers le côté oppoſé au lieu d'où il vient, & quelquefois au contraire, ou les jeter çà & là, ſelon qu'elles ſe rencontrent dans le fil de ſa plus grande force, & plus près ou plus loin du centre de cet air agité; ſans qu'on puiſſe en rien déduire de poſitif ſur la part que l'impulſion des corpuſcules lumineux qui s'y confondent, pourroit avoir à tous ces mouvemens.

Pour ſe convaincre de ce que je dis, il ne faut que faire attention aux circonſtances dont on accompagne la prétendue impulſion des rayons. *L'Amiante étoit renverſée, à moins,* ajoûte-t-on, *qu'elle ne fût préſentée fort doucement, & une partie après l'autre, de ſorte qu'elle ne fût pas heurtée par le foyer trop rudement, ni dans toute ſa ſurface à la fois.* Elle n'étoit donc pas renverſée dans les cas de ces reſtrictions ? Et pourquoi ? c'eſt qu'alors elle avoit le temps d'être placée à peu près au centre du tourbillon ou du ballon d'air dilaté, & qu'en étant à peu près également environnée, rien ne la ſollicitoit aſſez fortement à ſe mouvoir d'un côté pluſtôt que de l'autre. Car du reſte il eſt clair, qu'au contraire cette Amiante expoſée au foyer des rayons en devoit être d'autant plus violemment & plus continûment chaſſée, qu'elle y étoit plus continûment & plus parfaitement expoſée. Et pourquoi encore falloit-il pouſſer le reſſort de montre vers le foyer *par ſecouſſes réitérées*, ſi ce n'eſt parce que bien-tôt après l'y avoir pouſſé, l'action du nouveau milieu ou de ce ballon d'air dilaté n'étant pas ſi ſoudaine, n'opéroit plus qu'une impulſion à peu près uniforme, & de tous les côtés, ſur ce reſſort qu'il environnoit? Mais le courant rapide de la lumière au foyer du verre ardent, ſi la lumière étoit capable d'une impulſion ſenſible ſur ces matières, n'y ſubſiſtoit-il pas toûjours, pour y produire les mêmes ébranlemens ?

J'en dirai autant du ſable, des pouſſières, des fétus qui voltigent dans l'air, & contre leſquels on aura pouſſé le foyer du miroir ardent ou d'une loupe.

Quelles que ſoient les conjectures que je mêle ici à mes réflexions, il n'en faut pas davantage pour montrer combien la cauſe à laquelle on attribue tous ces effets eſt douteuſe. Mais je puis dire de plus que mes réflexions ſur ce ſujet ne ſont pas le fruit d'une ſimple ſpéculation. J'ai fait la pluſpart de ces expériences, & je les ai variées de bien des façons. Je voulus auſſi eſſayer de la prétendue impulſion des rayons Solaires réunis au foyer d'une loupe de ſix pouces de diamètre, ſur des aiguilles de bouſſole, ſoit de déclinaiſon, ſoit d'inclinaiſon, de 4 & de 6 pouces de longueur. Il n'en réſulta que de ces trémouſſemens équivoques. Nous conſtruiſimes, M. *du Fay* & moi, une eſpèce de moulinet de cuivre, très-mobile; nous y fimes tomber le foyer d'une loupe de 7 à 8 pouces de diamètre, & nous n'en retirames que la même incertitude. Je me ſuis procuré depuis une ſemblable machine plus légère, & plus artiſtement ſuſpendue. C'eſt une roue horizontale de fer d'environ 3 pouces de diamètre, ayant 6 rayons, à l'extrémité de chacun deſquels eſt une petite aîle oblique, & dont l'axe, qui eſt auſſi de fer, ne tient par ſa pointe ſupérieure, qu'au bout d'une baguette de fer aimantée. La roue & cet axe ne pèſent guère en tout que 30 grains. Rien de plus mobile que cette roue; mais en même temps rien de moins certain que l'induction qu'on en voudroit tirer en faveur de l'impulſion des rayons. La machine tourne tantôt d'un côté, tantôt de l'autre, ſelon qu'on approche plus ou moins une de ſes aîles du foyer, en deçà, ou au delà. Il faudroit en conclurre que les rayons lumineux attirent & repouſſent en divers points du cone qui en eſt formé par la loupe, mais l'exploſion d'une maſſe d'air ſubitement & inégalement échauffé autour de l'aîle où l'on applique le foyer, me paroît donner une raiſon ſuffiſante de ces effets.

L'obstacle perpétuel de cet air me conduisoit naturellement à faire une de ces expériences dans le vuide : mais j'avoue, qu'après avoir un peu réfléchi sur ce qui pouvoit en résulter, je n'ai pas cru devoir m'en donner la peine. Car, outre la difficulté de se procurer un vuide tel qu'il devroit être & qu'on le conçoit communément, je suis persuadé qu'il y a dans notre Atmosphère, parmi cet air grossier que nous respirons & qui ne pénètre point le verre, un autre air plus subtil ou un fluide quelconque qui pénètre le verre. Je crois l'avoir suffisamment prouvé dans la seconde section de mon Traité de l'Aurore Boréale. Or je ne pouvois exécuter celle dont il s'agit que dans un récipient, ou sur une boîte de verre en tout ou en partie, pour voir clair à l'opération ; & comme il y a tout lieu de croire que cet air subtil qui pénètre le verre n'est pas moins susceptible de raréfaction que notre air le plus grossier *, j'allois retrouver alors dans mon expérience tous les sujets de doute que j'en voulois écarter. De plus, & indépendamment de cet air subtil, sur quelle substance pouvois-je diriger le foyer brûlant, dans ce vuide, sans qu'il n'en eût tiré, ou de l'air proprement dit, ou de la fumée, ou une vapeur, dont l'éruption, la réaction ou l'impulsion contre le mobile, ne pouvoient manquer de lui imprimer divers mouvemens ?

Il faut ajoûter, que si ces expériences nous indiquoient véritablement quelque impulsion sensible dans les rayons Solaires, ce ne seroit qu'en redoublant trois ou quatre cens fois leur force impulsive. Car, par exemple, le miroir ardent dont se servoit M. *Homberg*, au foyer duquel l'Amiante sembloit être renversée par ces rayons, & qui est celui de feu M. *le Duc d'Orléans*, consiste en une loupe de verre de près de trois pieds de diamètre. Les rayons réunis au foyer n'y occupent qu'un espace d'environ un pouce circulaire, & par conséquent ils s'y trouvent 1000 ou 1200 fois plus denses & plus forts que sur la surface de la loupe où ils ont été reçûs :

* On en peut voir des preuves dans un Mémoire de M. l'Abbé *Nollet*, imprimé avec ceux de l'Académie, *année 1748, p. 57*.

ainsi, déduction faite d'environ les deux tiers de cet excès, pour les rayons dissipés par la réflexion, l'on peut compter que leur force impulsive est bien au moins trois ou quatre cens fois plus grande à ce foyer qu'à la surface de la loupe. Pourroit-on conclurre de-là que la trois ou quatre-centième partie d'impulsion dans ces rayons disjoints, & tels qu'ils sont à la distance de la Terre au Soleil, fût sensible, & assez sensible pour la production des effets qu'on lui attribue?

Les expériences nous laissant donc tout au moins incertains sur l'impulsion translative & sensible de la Lumière, dans l'hypothèse même des émissions, que penserons-nous de cette impulsion dans l'hypothèse contraire, où la Lumière ne vient frapper notre organe, que par les frémissemens communiqués au milieu élastique qui est entre le corps lumineux & nous? où les parties intégrantes & les molécules de ce milieu, réciproquement appuyées les unes sur les autres, n'éprouvent de la part de ce corps, que des contractions & des dilatations alternatives? où enfin les matières plongées dans ce milieu, & qui participent à cette sorte d'agitation, n'en sauroient recevoir d'autre de sa part que cette agitation même, ni acquerir par cette cause un mouvement progressif que la matière qui les environne n'a pas?

C'est cependant de cette hypothèse contraire que part M. *Euler*, pour adopter l'impulsion translative & sensible des rayons Solaires, & pour expliquer par ce moyen tous les Phénomènes dont il a été question ci-dessus. Ecoutons-donc M. *Euler*, & voyons sur quoi il fonde sa théorie à ce sujet.

Si les rayons de lumière, dit-il, * *partoient effectivement du Soleil, comme Newton le prétend, avec une vîtesse aussi grande que celle que les observations leur attribuent, il n'y auroit aucun lieu de douter qu'ils n'enlèvent avec une extrême force les corpuscules contre lesquels ils heurtent.* Nous venons de voir cependant combien il y auroit encore à douter que les effets de cette force fussent extrêmes ou sensibles. *Mais*, ajoûte-t-il, *si l'on établit au lieu du mouvement véritable des rayons, une propagation de flots de lumière à travers l'Ether, que je crois avoir démontrée dans ma*

* Recherches, &c. Art. IV.

théorie de la Lumière & des Couleurs, de manière que cette propagation de lumière dans l'Ether se fasse comme celle du son dans l'air, il semble plus difficile d'expliquer comment de semblables flots peuvent enlever les particules qui voltigent dans l'Atmosphère. Cependant comme un son véhément excite non seulement un mouvement vibratoire dans les particules de l'air, mais qu'on observe encore un mouvement réel dans les petites poussières très-légères qui voltigent dans l'air, on ne sauroit douter que le mouvement vibratoire causé par la lumière, ne produise un semblable effet.

Il est, ce me semble, bien aisé, après tout ce qui a été observé ci-dessus, de s'apercevoir que cette analogie du Son ne prouve pas mieux l'impulsion translative de la lumière, que l'expérience du miroir ardent que M. *Euler* cite immédiatement après, & dont nous avons fait voir l'insuffisance. Personne, que je sache, n'a jamais attribué les effets d'un son véhément, l'ébranlement des vitres & des maisons par l'éclat du tonnerre ou par l'explosion d'une pièce d'artillerie, & encore moins l'agitation des petites poussières qui voltigent dans l'air, au transport actuel de l'air qui entoure le corps sonore ou le lieu de l'explosion. C'est visiblement l'Amplitude des vibrations de l'air, & l'extrême compressibilité de ce fluide, en comparaison de l'Ether, qui rendent ses secousses sensibles; & s'il n'y a point à conclurre de ces secousses, que l'air ambiant du corps sonore soit porté de ce corps jusqu'aux lieux où elles se communiquent & se font sentir, pourquoi le conclurroit-on de l'Ether ébranlé & mis en vibration par le corps lumineux?

Une autre analogie, qui n'est pas plus concluante, mais qui n'est touchée ici qu'en passant, est celle des *Flots de Lumière*, en tant qu'ils seroient comparés sans restriction aux flots ou aux ondes d'un liquide. Je sais que de célèbres Auteurs l'ont employée dans le système des vibrations, & qu'elle y est en quelque sorte consacrée. Je n'imaginerai pas que M. *Euler* ait pû s'y méprendre; mais je crois devoir avertir ici comme j'ai fait ailleurs, en parlant du Son, que rien n'est plus susceptible d'équivoque & d'erreur que cette comparaison. Le mouvement successif des ondes est quelque chose de très-différent du mouvement *vibratoire* de la Lumière & du Son. La Lumière & le Son, selon l'hypothèse, partent de l'intérieur & comme du centre du milieu élastique qu'occupe le corps lumineux ou sonore; les flots & les ondes n'ont lieu qu'à la surface d'un liquide ou d'un fluide qui est séparé d'un autre très-différent, par cette surface. La Lumière & le Son ne résultent point de la pesanteur des parties insensibles du milieu qui en est le véhicule; les ondes ne sont dûes qu'à la pesanteur du liquide où elles résident, & n'y sont formées que par voie de chûte & d'ascension consécutives, dans des portions ou des masses sensibles de ce liquide, tantôt plus, tantôt moins grandes. Là ce sont des frémissemens de ressorts qui ont été frappés & comprimés, & ce sont ici des balancemens indépendans de toute élasticité, semblables à ceux d'un pendule tiré de son équilibre, qui tombe par son poids, & qui se relève par le mouvement acquis dans sa chûte. Agitez le bout d'une corde ou d'une toile tendue, ses ondulations se communiqueront bien-tôt jusqu'à l'autre bout, & vous représenteront les véritables ondes d'un lac ou d'une mer, sans qu'il y ait rien d'analogue aux vibrations de l'Ether & de l'Air, excitées par le corps lumineux ou sonore, qu'un certain temps que les unes & les autres exigent pour parcourir un certain espace. Encore ce temps est-il toûjours le même dans la Lumière & dans le Son, & toûjours différent dans les ondes, selon leurs différentes grandeurs ou Amplitudes. Tout ce qu'il y a de semblable dans les unes & dans les autres, c'est que leur propagation ne suppose aucun transport actuel de matière de la part du fluide ou du liquide qui en fait le sujet; & c'est-là peut-être le seul côté par où l'analogie puisse subsister.

Mais enfin, M. *Euler croit avoir démontré une propagation de flots de Lumière à travers l'Ether*, & l'on ne peut entendre par cette propagation, qu'une translation effective des parties de l'Ether, d'où s'ensuivroit leur impulsion : car qu'importeroit sans cela toute autre espèce de mouvement à la question présente ? Voyons-donc cette démonstration, ou sachons du moins jusqu'où elle s'étend, & l'application qu'on en peut faire aux Phénomènes qu'elle a ici pour objet. C'est par là que je terminerai cet Éclaircissement, & tout ce que j'avois à dire en réponse à M. *Euler*.

Il nous renvoie à sa *Théorie de la Lumière & des Couleurs*, imprimée avec ses Opuscules, en 1746 *. J'ai vû cette théorie, & j'avoue que, soit que je l'entende, ou que je ne l'entende pas sur cet article, je n'y découvre bien distinctement que des *pulsations* & des vibrations dans l'Ether, lesquelles y produiront autant d'interruptions instantanées d'équilibre, ou de déplacemens de matière, alternativement & incessamment rétablis entre l'explosion & la contraction selon la loi du ressort, & que je ne saurois y démêler clairement cette impulsion translative, ni ce mouvement progressif dont nous avons besoin. Cependant M. *Euler* croit y avoir démontré l'une & l'autre, & une telle confiance de sa part mérite assurément beaucoup d'attention de la nôtre. Nous ne saurions du moins proposer nos doutes sur ce sujet, sans les accompagner des raisons qui les auroient pû faire naître. Mais dans quels détails une pareille discussion ne nous jetteroit-elle pas, sur une matière si délicate & si difficile, de l'aveu même de M. *Euler* ! Accordons-lui plustôt sans conséquence cette propagation translative quelconque, & cette impulsion vague & indéterminée qui s'en ensuit. Quel usage en pourroit-il faire ?

* *Nova Theoria Lucis & Colorum*, p. 169.

Car enfin, il faut la déterminer cette impulsion & le mouvement qui en résulte, soit dans les parties du milieu élastique, soit dans les matières qui s'y trouvent engagées ; il faut assigner l'espace parcouru, du moins entre certaines limites, & le temps employé à le parcourir ; montrer que l'un & l'autre sont à peu près tels qu'ils doivent être pour la production des Phénomènes qu'on veut expliquer par là, & prouver, par exemple, que les parties d'une Atmosphère de Comète susceptibles d'impulsion de la part du milieu élastique de la Lumière ou de l'Ether, s'il existe de telles parties, peuvent être

être portées par cette impulsion à trois ou quatre millions de lieues en trois ou quatre jours de temps. Et c'est ce que je puis assurer que M. *Euler* n'a point démontré. Il convient seulement *que cela demande un temps considérable* *. *Car*, dit-il, *quoique les particules, dont le mouvement vibratoire fait la Lumière, ne s'écartent pas sensiblement des lieux qu'elles occupent, cependant il y a quelque espace très-petit dans lequel elles se meuvent, & ce mouvement suffit pour ébranler un peu les corpuscules les plus légers, contre lesquels elles heurtent; lequel ébranlement étant continuellement répété, il faut qu'à la fin ces corpuscules s'avancent d'un espace sensible. Il est évident que cela demande un temps considérable*, &c. Eh! comment M. *Euler* auroit-il pû en dire davantage, ne pouvant fonder ses calculs que sur des grandeurs prises à volonté, & jusqu'ici inassignables, la densité, l'élasticité de l'Ether, l'amplitude, la durée de ses vibrations, la consistance, la gravité des matières qui doivent céder à son impulsion, & cent autres élémens qui se compliquent avec ceux-ci ? S'il en détermine quelques-uns, ce n'est qu'hypothétiquement, & en dépendance de ceux qu'on ne peut déterminer, ou qui n'influent point sur la question. Par exemple, M. *Euler* fait très-ingénieusement venir à son calcul le rapport connu de la vîtesse de la Lumière à celle du Son, en raison d'environ 500000 à 1, que M. *Huguens* nous avoit donné d'après l'observation immédiate de M. *Roemer* sur l'*inégalité* du premier Satellite de Jupiter, & qu'il faisoit de plus de 600000 à 1, par la supposition d'une plus grande distance de la Terre au Soleil. Mais de quel secours tout cela nous est-il? Ce n'est point là du tout la vîtesse dont il s'agit. Je m'explique. Quelque hypothèse qu'on embrasse sur la propagation de la Lumière, il faut convenir, & il est de fait, qu'elle n'emploie que 7 à 8 minutes de temps pour se faire sentir du Soleil jusqu'à nous, c'est-à-dire, à parcourir une trentaine de millions de lieues. Dans l'hypothèse des émissions, c'est par voie de transport, par un mouvement réel

* *Recherches, &c. Art. IV.*

& continu, que les corpuſcules lumineux parcourent ces 30 millions de lieues en 7 à 8 minutes: & dès-lors il eſt clair que ſi ces corpuſcules rencontrent ſur leur chemin une matière aſſez ténue & aſſez légère, pour céder à leur choc, & pour en recevoir un mouvement bien ſenſible, ils pourront la porter en très-peu de temps à des eſpaces immenſes. Dans l'hypothèſe des vibrations, telle qu'on la conçoit communément, c'eſt ſans aucun tranſport de parties, ni du milieu, ni des corps interpoſés, que la Lumière ſe fait ſentir, & parcourt ces eſpaces, ainſi que le Son qui parvient juſqu'à nous, & parcourt environ 173 toiſes par ſeconde, ſans que l'air qui eſt entre le corps ſonore & nous, ou qui lui eſt contigu, ſoit obligé d'en franchir l'intervalle: & dans ce cas on peut regarder comme infini le temps employé à un tranſport de matière qui eſt nul, & qui n'entre pour rien dans le mouvement ſucceſſif de la Lumière & du Son. Mais quel ſera ce temps dans l'hypothèſe mixte de M. *Euler*, appliquée à nos Phénomènes? Comment l'évaluerons-nous, pour faire parcourir au milieu élaſtique, & à la matière de ces Phénomènes, que ce milieu doit pouſſer & entraîner, tout l'eſpace requis, & dans le temps requis? En un mot, comment ſaurons-nous ſi des millions d'années y pourroient ſuffire? & voilà pourtant la baſe & le principe fondamental de toutes les Recherches Phyſiques de M. *Euler* ſur les queſtions dont il s'agit.

Les Eclairciſſemens qui ſuivent, & où il n'eſt plus parlé des objections ni du ſyſtème de M. Euler, *n'avoient encore été imprimés nulle part; mais ils ont tous été lûs en divers temps à l'Académie des Sciences.*

XME ECLAIRCISSEMENT.

Sur la prétendue perpétuité de l'Aurore Boréale dans les pays septentrionaux, & dans ceux d'une moindre latitude.

MALGRÉ tout ce que j'avois dit & rapporté sur ce sujet, dans le dernier Chapitre de ma seconde Section, il se trouve encore bien des personnes, d'ailleurs éclairées, & dont je ne dois pas négliger le suffrage, qui maintiennent le préjugé vulgaire, de la prétendue perpétuité de l'Aurore Boréale dans les pays septentrionaux; & cela sur la foi de quelques voyageurs que le hasard y a conduits dans des temps où l'Aurore Boréale y étoit très-fréquente. On va même jusqu'à douter, si dans nos climats, les choses ne se sont pas toûjours passées à cet égard, comme elles s'y passent de nos jours & depuis trente ou quarante ans; rejetant sur le défaut d'Observateurs, ou sur la négligence des historiens, le peu de mémoires que nous avons sur ce sujet. J'insiste donc sur ce double point historique, si l'Aurore Boréale est perpétuelle dans les pays voisins du Pole, & si elle a toûjours paru dans nos climats, en Angleterre, en France, &c. à peu-près comme nous l'y voyons paroître depuis 1716.

Deux Auteurs, dont le témoignage est du plus grand poids, me fourniront tout ce que j'ai à ajoûter ici sur le premier point. L'un est M. *Celsius* Suédois, connu dans le monde savant par ses travaux Astronomiques, par son voyage en Laponie avec nos Académiciens, pour la détermination de la figure de la Terre, &, ce qui est ici plus important, par ses observations sur l'Aurore Boréale +; l'autre,

+ *CCCXVI Observationes de Lumine Boreali, ab anno MDCCVI, ad annum MCCXXXII, partim à se, partim ab aliis, in Suecia habitas, collegit* Andreas Celsius, *in Acad. Upsal. Astron. Prof. Reg. & Soc. Reg. Scien. Suec. Secr.* Norimbergæ, 1733.

M. *Anderson*, natif & habitant de Hambourg, qui nous a donné l'*Histoire Naturelle de l'Islande, du Groenland, &c.* traduite depuis peu en François, & qui doit être regardé comme un des hommes du monde les mieux instruits de cette Histoire.

M. *Celsius*, dans le préambule qu'il a mis à la tête de ses Observations, convient, qu'à en juger par la manière dont quelques Historiens du Nord se sont exprimés sur la Lumière Boréale, on seroit tenté de croire que cette Lumière y est constante & perpétuelle : mais il est bien éloigné d'adhérer à ce sentiment. Il compare les temps, ce qu'il voit actuellement de ce Phénomène à Upsal, avec ce qu'il en voyoit, ou plustôt avec ce qu'il n'en voyoit pas autrefois, il confronte le témoignage des Historiens dont nous venons de parler avec celui de plusieurs autres, & il en conclud, que quoiqu'il y ait eu des siècles où les Lumières Boréales étoient aussi communes & aussi grandes en Suède & ailleurs qu'aujourd'hui, il paroît certain, que leurs apparitions ne sont que périodiques *(a)*. Et remarquez que qui dit la Suède en général, embrasse des régions qui s'étendent jusqu'au Cercle Polaire & au delà. Le savant Astronome ne s'en tient pas cependant à sa seule expérience, & à ces inductions, il consulte des hommes âgés, & dignes de foi, qui vivoient à Upsal, & qui lui affirment sans hésiter, qu'il ne se passoit rien de pareil autrefois en Suède, à compter de 1716 en sus, ou environ, & que ces *Lumières* y étoient absolument nouvelles & *insolites (b)*.

Où il faut observer, que d'Upsal même, & à plus forte raison des parties plus septentrionales de la Suède, on auroit pû voir les Aurores Boréales les plus reculées vers le Pole, s'il y en avoit eu d'un peu considérables dans les temps

(a) Hinc tamen non sequitur, Lumina Borealia majora in Suecia & alibi priscis temporibus nunquam fuisse conspecta ; sed potius statuendum esse videtur, eorumdem apparitiones esse periodicas.

(b) Insolitas omninò has in Suecia luces, imprimis majores, talesque sibi nunquam antea visas fuisse, affirmare non dubitant viri omni fide digni, Upsaliæ degentes, & jam septuaginta annis graves.

antérieurs dont il s'agit. Car Upsal est, à quelques minutes près, sur le 60me degré de latitude, la Suède & ses Etats atteignent jusqu'au Cercle Polaire, c'est-à-dire, au delà du 66me degré, & nous avons remarqué en son lieu *, que le rayon visuel tangent, mené du 59me à l'axe prolongé de la Terre, iroit couper cet axe au dessous de la région ordinaire du Phénomène, dont la matière n'occupe certainement pas un point seul, mais s'étend bien loin à la ronde. Les habitans d'Upsal n'auroient donc pû manquer d'apercevoir les moindres de ces Aurores Boréales à plusieurs degrés de hauteur sur leur horizon. Ce qui ajoûte une nouvelle force au témoignage de ces anciens habitans consultés par M. *Celsius*.

* Sect. II, Ch. VI.

Une autre circonstance à se rappeler ici, c'est celle des Phénomènes lumineux particuliers aux terres Arctiques & circonpolaires; ces Phénomènes causés, comme nous l'avons expliqué *, par le reflet des Glaces & des Neiges qui couvrent ces Terres, & qui en bordent les mers; cette *Lumière Septentrionale* dont nous avons parlé *, & qui n'est pourtant pas l'Aurore Boréale, puisqu'elle ne paroît que dans les nuits d'Eté. Sources fécondes d'équivoque & d'erreur sur la prétendue perpétuité de l'Aurore Boréale.

* *Ubi Sup.* p. 79, 80, 82.

* *Ibid.*

M. *Celsius* termine cette recherche par l'analogie qu'il remarque entre ce qui s'est passé à cet égard en Suède, & ce qu'on observe dans les pays d'une moindre latitude, tels que la France & l'Angleterre, où il n'imagine pas que le périodisme du Phénomène soit équivoque. Car « il n'est pas possible, dit-il *, de croire que les habiles Observateurs du « dernier siècle, qui passoient leur vie dans les Observatoires « érigés pour eux, à Paris sur-tout, & à Greenwich, n'eussent « eu grand soin de nous transmettre leurs observations sur cet « admirable Phénomène, s'il avoit paru de leur temps ».

* Quod cogitare nefas foret, *&c.*

Du reste, M. *Celsius* nous fournit encore ailleurs de quoi apprécier les exagérations des Historiens du Nord, & de nos voyageurs, sur la prétendue fréquence journalière de l'Aurore Boréale auprès du Pole, qu'on pourroit croire avoir lieu du moins dans les temps de Reprise. C'est dans ses observations à Torno en Bothnie, tout proche du Cercle Polaire, pendant le séjour qu'il y fit avec nos Académiciens, qui furent imprimées dans les *Acta Litteraria & Scientiarum* de Suède, année 1737. Ces observations commencent au 1er Octobre 1736, & finissent au 22me Avril 1737. Elles ne donnent que 46 apparitions de l'Aurore Boréale sur cet intervalle de près de 7 mois. La reprise se soûtenoit pourtant encore avec beaucoup de force; on en peut juger par les listes des apparitions du Phénomène dans le reste de l'Europe, qui seront rapportées dans le dernier de ces Eclaircissemens. Et il n'y a pas de doute, que M. *Celsius* se trouvant dans un pays si propre à observer ce Phénomène, n'y fût très-attentif après avoir écrit sur la matière, &, comme je m'en flatte, après les entretiens que nous avions eus à Paris, lui & moi, sur ce sujet en 1734. Ne voilà pourtant que 46 apparitions de l'Aurore Boréale, y compris quelques Bandes lumineuses qui en dépendent, sur plus de 200 nuits, dans les saisons de l'année qui y sont les plus favorables. Elle étoit presque aussi fréquente à Paris, & autres lieux de semblable latitude en 1730, 31 & 32 : un habitant de Cadiz, ou de Messine, qui en auroit été témoin en passant, auroit pû dire, de retour chez lui, comme les voyageurs dont nous venons de parler, *l'Aurore Boréale est perpétuelle en France, elle y paroît toutes les nuits.* On le disoit à Paris même.

Passons à M. *Anderson.*

Ce que M. *Celsius* nous a dit de la Suède, & ce qu'il nous a rapporté des vieillards d'Upsal, nous allons le retrouver en Islande, & chez les Islandois. Aussi cette Isle s'étend-elle du Nord au Sud, par les mêmes degrés de latitude que les extrémités Septentrionales de la Suède & de la Laponie Suédoise. Sa plage Nord touche presque au Cercle Polaire, & porte même au delà par quelques-uns de ses Caps.

Il m'a toûjours paru fort extraordinaire, dit M. *Anderson* *, *que les plus anciens Islandois, à ce qu'on m'a assuré, s'étonnent eux-mêmes des apparitions fréquentes des Aurores Boréales, disant qu'autrefois on les voyoit dans leur Isle beaucoup plus*

* *Hist. Nat. d'Islande*, t. I. p. 229.

rarement qu'aujourd'hui. Ce qui renferme visiblement, & que l'Aurore Boréale a eu ses interruptions en Islande, & que du temps même de M. *Anderson* elle n'y paroissoit pas régulièrement toutes les nuits ; car des *apparitions fréquentes* ne signifient point des apparitions régulières de toutes les nuits. Et remarquez encore combien tout ceci est conforme à ce que nous avions dit de l'Islande en traitant le même sujet *, d'après le savant Historiographe de Danemarc, *Thormodus Torfæus*, Islandois lui-même, qui écrivoit en 1706, déjà fort avancé en âge, & qui avoit été témoin dans son enfance de la terreur que l'apparition d'un de ces Phénomènes avoit causée à tous les habitans de l'Isle.

* Ubi Sup. p. 87, 88.

Mais pourquoi M. *Anderson* trouve-t-il si *extraordinaire que les plus anciens Islandois s'étonnent eux-mêmes des apparitions fréquentes, &c !* C'est sans doute qu'il avoit été imbu du commun préjugé, que les Aurores Boréales étoient régulièrement perpétuelles dans les pays septentrionaux, tels que l'Islande, & qu'il se l'étoit persuadé sur les expressions vagues & inexactes de quelques voyageurs ou de quelques Historiens qui appliquoient à tous les siècles ce qui ne convenoit qu'à certains temps de *Reprise*. Il s'en desabusa donc sur le rapport des anciens Islandois, & il fit ensuite le raisonnement que nous venons de lire dans M. *Celsius*. *Je suis*, continue-t-il, *d'autant plus porté à les croire* (ces anciens Islandois) *qu'il est certain que dans d'autres pays de l'Europe ce Phénomène n'étoit pas à beaucoup près si commun autrefois, qu'il l'a été dans ces derniers temps. Il y avoit déjà vers la fin du siècle passé des Académies des Sciences établies en France & en Angleterre, & jamais on n'a fait de plus grandes recherches sur les accidens du Ciel ; cependant nous ne trouvons pas que les Savans de ce temps aient parlé de ces sortes de Phénomènes.*

Il n'en faudroit pas davantage, pour dissiper le doute qui fait le second point de la question, sur les cessations, ou la perpétuité de l'Aurore Boréale dans nos climats : car si les apparitions de l'Aurore Boréale, qui est visiblement un Phénomène Polaire, n'ont été ni réglées, ni perpétuelles auprès du Pole, en Suède, en Islande, à plus forte raison ne l'auront-elles pas été dans les pays plus éloignés du Pole. Mais dérogeons à une induction si pressante, examinons le fait en lui-même détaché du principe, & qu'il me soit permis pour cela d'ajoûter ici mon Commentaire à ces textes des Auteurs dont je viens de rapporter le témoignage.

L'Académie des Sciences de Paris fut établie en 1666; la Société Royale de Londres l'avoit été une année auparavant. De cette époque à l'année 1716, il s'est écoulé plus de cinquante ans, pendant lesquels ces deux savantes Compagnies ont rempli le monde de leurs Ouvrages, & sur tout de leurs observations dans le Ciel. Pas un mot cependant de l'Aurore Boréale, dans tout cet intervalle de temps, si ce n'est indirectement, & en la désignant par le Phénomène de M. *Gassendi;* car on sait qu'en 1621 il parut une Aurore Boréale des plus remarquables, dont ce Philosophe nous a laissé la description.

Cette preuve négative, qui est cependant tout ce qu'on pourroit exiger ici, se change en positive, &, à mon avis, sans replique, par la manière dont les Observateurs, & les Historiens de ces Académies nous annoncent le Phénomène, lorsqu'il vient à reparoître. *Relation du Phénomène surprenant qui a paru en l'air sous une forme lumineuse, le 17 Mars 1716, par M.* Halley*. *Nous avons observé un Phénomène rare & lumineux*, disoit feu M. *Maraldi* en 1716*. Et M. de *Fontenelle*, dans l'histoire de la même année, *on a vû cette année, tant en France qu'en Angleterre, une lumière fort extraordinaire vers la partie septentrionale de l'horizon. Il y a déjà du temps que l'on a quelque connoissance imparfaite d'une certaine lumière particulière aux pays septentrionaux, tels que la Norvège & l'Islande, & que M. Gassendi a nommée Aurore Boréale.* Après quoi, & dès 1717, 1718, il n'est plus question que de cette lumière qui va toûjours en augmentant, jusqu'en 1726, où il en parut une des plus grandes de la *Reprise* qui dure encore, quoique très-affoiblie.

* Philos. Trans. N.° 347.
* Mém. p. 95.

Ce n'est pas seulement dans le titre que nous venons de voir

voir de la relation de M. *Halley*, sur l'Aurore Boréale de 1716, qu'il nous fait entendre combien ce Phénomène avoit été rare jusqu'alors pour l'Angleterre, & combien la cessation en étoit marquée depuis long-temps. « J'ai tâché jusqu'ici*, dit-il, en finissant cette relation, j'ai tâché de « décrire ce que j'ai vû, & je suis véritablement fâché de ne « pouvoir rien dire de plus sur le commencement de ce Phé- « nomène, qui étoit ce qu'il offrit de plus surprenant, & qui, « quoiqu'effrayant aux yeux du vulgaire, auroit été pour moi « un spectacle des plus agréables; puisque j'aurois pû voir de « mes propres yeux toutes ces espèces de météores dont j'ai « entendu parler, & dont j'avois lû les descriptions. Celui « dont il s'agit est le premier que j'aie vû, & je commençois « à desespérer d'en voir jamais; car il est certain, que depuis « que je suis au monde*, il n'en a paru aucun dans cette partie « de l'Angleterre que j'habite, qui fût tant soit peu considéra- « ble. Il y a plus, je n'en trouve point dans nos annales d'An- « gleterre qui soit comparable à ce dernier, depuis celui qui « parut en 1574, c'est-à-dire, il y a plus de cent quarante ans, « & sous le règne de la Reine *Élisabeth*. Dans ce temps-là, « selon nos Historiens, *Cambden* & *Stow*, qui ont été témoins « du fait, & qui sont dignes de foi, on vit », &c. Et passant enfin du XVIme siècle au XVIIme, il s'arrête au Phénomène du 12 Septembre 1621, vû & décrit par *Gassendi*, & il ajoûte: « Depuis ce temps-là nous ne trouvons, dans un espace de plus de quatre-vingts ans, aucune relation de semblable Phé- « nomène vû, ni chez nous, ni dans les pays voisins, quoique « depuis la moitié de ce temps nos Transactions Philosophiques « aient tenu un registre exact de toutes les choses extraordinaires ». Soupçonnera-t-on après cela, que ce fût à sa négligence que M. *Halley* devoit s'en prendre, s'il n'avoit jamais vû le Phénomène de l'Aurore Boréale depuis qu'il étoit au monde, lui qui n'avoit jamais cessé d'observer le Ciel *avec cette ardeur assidue qui faisoit une partie essentielle de son caractère !*

* *Traduit de l'Anglois par M. Demours.*

* *Il avoit alors près de 60 ans.*

Mais revenons aux paroles de M. de *Fontenelle*. Quand cet illustre Historien de l'Académie ajoûte, qu'il y avoit déjà du temps que nous avions quelque connoiſſance de cette lumière particulière aux pays ſeptentrionaux, il veut parler ſans doute de ce qu'il en avoit rapporté dans l'hiſtoire de 1707, d'après M. *Leibnitz*, l'Aurore Boréale ayant paru cette même année à Berlin, pour la première fois de la Repriſe, neuf ans plus tôt qu'à Paris; car, ſelon notre théorie, & comme il a été obſervé en ſon lieu, les Repriſes de ce Phénomène doivent ſe manifeſter toûjours plus tôt dans les pays ſeptentrionaux, que dans ceux d'une moindre latitude. Et voici encore comment M. de *Fontenelle* s'explique ſur cette apparition.

M. Leibnitz a écrit de Berlin à M. l'Abbé Bignon, que le 6 Mars, entre ſept & dix heures du ſoir, on avoit vû dans cette Ville, & dans les pays voiſins, une Lumière Boréale, qui avoit quelque rapport à celle dont parle M. Gaſſendi dans la vie de M. Peireſc. C'étoient deux arcs lumineux, &c. M. *Leibnitz* lui-même ne s'en explique guère autrement dans la note qu'il en donna, pour être inſérée dans les *Miſcellanea* de Berlin *. Il y rappelle quelques obſervations de ce Phénomène, faites dans le IXme & dans le Xme ſiècles, & il cite à cette occaſion un endroit du Chronographe Saxon, dont il avoit donné l'Ouvrage au public *, par où l'on voit que l'Aurore Boréale n'étoit pas moins rare & moins inconnue, ou, comme s'exprime ſon Auteur, moins *inouie* & moins *miraculeuſe*, vers la fin du Xme ſiècle, qu'elle l'étoit pour nous au commencement du ſiècle où nous vivons. C'eſt auſſi vers la fin de ce Xme ſiècle que nous avons fait commencer l'une des Repriſes de ce Phénomène *, en tant que précédée d'une longue interruption. Il en vient enfin à l'Aurore Boréale du 12 Septembre 1621, obſervée par *Gaſſendi, cum ſimile quiddam ſpectarit Petrus Gaſſendus deſcripſeritque*, & il finit par la deſcription qu'en fit ce Philoſophe, & qu'il rapporte en propres termes, n'ayant rien trouvé ſans doute de ſemblable

* G. G. L. Annotatio de Luce quam quidam Borealem vocant. *Miſc. Berolin. t. I, p. 137.*

* *Traité, p. 182.*

* In nocte natali S. Stephani protomartyris inauditum ſeculis vidimus miraculum, tantam videlicet lucem circa primum gallicinium ab Aquilone effulſiſſe, ut plurimi dicerent diem oriri, &c. *ad an. Dom. 993.*

dans tout le long intervalle qui s'en ensuivit, jusqu'au temps où il écrivoit.

M. *God. Kirch* avoit observé la même Aurore Boréale de 1707, à Berlin, & il la traite aussi d'*insuetum quoddam Phænomenon* *.

* *Miscell. Berolin. t. I. p. 136.*

Imaginera-t-on encore que ces hommes célèbres, si éclairés sur la Physique céleste, que tant d'Astronomes, assidus Observateurs du Pole Boréal & des fixes qui l'environnent, n'aperçurent jamais l'Aurore Boréale, tandis qu'elle s'y montroit comme aujourd'hui ? ou que l'ayant aperçue, ils ne daignèrent pas nous dire un mot de ce Phénomène dont ils ne nous parlent ensuite qu'avec admiration ! Feu M. *Cassini* sut démêler dans le Ciel la Lumière Zodiacale, souvent moins visible que la voie Lactée, & il ne sut pas y voir le Phénomène éclatant de l'Aurore Boréale ? voilà, je l'avoue, ce qu'il seroit difficile de se persuader.

Mais finissons une discussion qui sera vrai-semblablement superflue pour bien des Lecteurs.

J'ai rapporté dans le Chapitre déjà cité de ma seconde Section *, un long passage de ce fameux Astronome, dont il résulte évidemment,

* *Page 87.*

1.° Qu'il n'avoit jamais vû l'Aurore Boréale en France, & encore moins sans doute en Italie, où les reprises du Phénomène se montrent beaucoup plus tard. Il n'en dit pas un seul mot dans cet endroit de son Traité de la Lumière Zodiacale, où il étoit si naturel qu'il en parlât. C'est toûjours d'après *le Phénomène de M. Gassendi*, qu'il relève les incongruités de la description que *la Peirere* nous en a donnée, dans sa relation du Groenland, & il ajoûte * à toutes ces remarques des exemples encore plus anciens de l'apparition de ce Phénomène, qu'il distingue de la Lumière Zodiacale, & de la *Lumière Septentrionale* de l'Eté du Groenland. N'auroit-il pas mieux jugé de la ressemblance ou de la dissemblance de ces lumières par ses propres yeux, que sur le rapport d'autrui, que sur le témoignage de gens qui ne vivoient plus, ou sur quelques mots échappés des Anciens, de *Calvisius*, de *Pline*, &c !

* *Lum. Zod. Art. 38.*

2.° Il résulte encore du passage de M. *Cassini*, que ce Phénomène, qui parut si extraordinaire aux Académies de Paris & de Londres en 1716, étoit déjà *un météore rare*, car c'est ainsi qu'il le nomme, oublié depuis long temps, & comme inconnu en 1685 & 86, où se rapportent ses observations; & que par conséquent on ne sauroit attribuer à aucune espèce de négligence, que ces Académies, qui n'étoient alors établies que depuis vingt ans, n'en aient pas fait mention avant 1716. Et *c'est une chose digne de remarque*, disoit aussi feu M. Maraldi *, *que ce Phénomène qui étoit autrefois si rare dans ce climat, soit depuis quelque temps si ordinaire, de sorte que dans l'espace d'une année il paroît plus souvent qu'il n'avoit paru par le passé dans l'espace de quelques siècles. Il n'y a pas lieu de croire*, ajoûte-t-il, *que c'est faute d'y avoir fait attention, s'il n'a point été aperçû; car M. Gassendi qui a observé le Ciel avec beaucoup d'application, vers le commencement du siècle passé, dit n'avoir pû remarquer cette Aurore que cinq fois seulement, deux fois fort claire, & les autres foible, & elle n'auroit pas manqué d'être aperçue par quelqu'un des Astronomes du siècle passé, si elle avoit paru tant de fois, & aussi éclatante que nous l'avons remarquée plusieurs fois.*

* Mém. 1721. p. 3.

3.° Je conclus enfin, que M. *Cassini* étant né en 1625, & ayant plus de soixante ans lorsqu'il écrivoit tout ceci, l'Aurore Boréale devoit avoir été jusqu'à notre dernière Reprise, plus de quatre-vingts ans sans paroître en France, non plus qu'en Angleterre, comme nous l'avons vû d'après M. *Halley*, ou du moins sans y paroître de manière à se faire remarquer par les plus habiles Observateurs : car je ne voudrois pas assurer que pendant cette longue interruption, il n'y ait eu peut-être quelques Aurores Boréales foibles & indécises auxquelles on n'aura pas fait attention, ou qu'on aura confondues avec certains Crépuscules extraordinaires; par la même raison qu'on a pris ensuite certains Crépuscules pour des Aurores Boréales. Tout objet équivoque est ordinairement qualifié de la nature & du nom de celui qu'on a le plus présent à l'esprit. Mais enfin, comment l'Aurore Boréale étoit-elle sortie ainsi de la mémoire des hommes, si ce n'est qu'elle avoit été vie d'homme, & plus long temps encore sans paroître?

XIME E'CLAIRCISSEMENT.

Sur les Bandes lumineuses, Zones ou Arcs célestes extraordinaires qui paroissent quelquefois à une distance considérable de l'Aurore Boréale, & particulièrement sur trois de ces Arcs qui ont paru cette année, 1750. Liaison intime de ces Phénomènes avec l'Aurore Boréale; inductions qu'on en peut tirer.

J'AI rapporté plusieurs exemples de ces Bandes lumineuses ou Arcs célestes dans mon Traité, & dans les observations de l'Aurore Boréale & de la Lumière Zodiacale que je donnai peu de temps après à l'Académie*; mais j'avoue que je n'avois encore rien vû de pareil aux trois Arcs, & surtout au second de ceux que j'ai observés cette année. Leur position & leur étendue dans le Ciel, la comparaison qu'on en peut faire entre eux, & avec quelques Phénomènes de même nature, leur formation, leurs distances, & les inductions qu'on en peut tirer, méritent, ce me semble, une attention particulière, & vont faire le sujet de cet E'claircissement.

* Ann. 1731, 1732, 1733, 1734.

Ces trois Arcs parurent le 27 Février, le 24 & le 26 Août. Comme ils se montrèrent les mêmes jours, & en même temps que l'Aurore Boréale, je ne puis me dispenser de mêler à leur description celle des Aurores Boréales qui les accompagnoient, par la liaison que les deux Phénomènes eurent visiblement entre eux.

Le 3, le 26 & le 27 Février furent marqués par des Aurores Boréales très-brillantes.

La première fut vûe en Italie, comme une des plus grandes

& des plus magnifiques qu'on y eût jamais obſervées.

Celle du 27, telle que je l'obſervai à Paris, & dont je n'avois point vû le commencement, étoit toute formée à 9 heures. Le ſommet du Segment obſcur y étoit élevé d'environ 9 degrés ſur l'Horizon, & le Limbe lumineux qui le bordoit, d'environ 12 degrés, déclinant l'un & l'autre de 5 à 6 degrés vers l'Oueſt. Elle étoit du nombre de celles que j'appelle *tranquilles*, c'eſt-à-dire, où l'on ne voit ni ondulations, ni vibrations, ni jets de lumière, & elle ſe maintint ſous cette forme & ſans aucune variation ſenſible, juſqu'à 11 ½ heures; ce qui eſt digne de remarque. Je ceſſai alors de l'obſerver, mais j'appris qu'elle ſubſiſtoit encore long-temps après minuit.

L'Arc ou la Bande lumineuſe parut donc avec cette Aurore Boréale, quelques minutes avant 10 heures. C'étoit comme un grand Arc-en-ciel, mais un peu plus étroit que l'Arc-en-ciel ordinaire, très-uniforme dans toute ſa longueur, blancheâtre, teint par ſes bords d'un foible couleur de roſe, & d'un verd céladon pâle. Le lieu où j'étois ne me permit pas d'en voir les branches qui s'étendoient à ma droite vers l'Eſt, & à ma gauche vers l'Oueſt. Sa poſition étoit à peu-près parallèle au Segment & au Limbe lumineux de l'Aurore Boréale que je voyois en même temps au deſſous; car il déclinoit du Zénit vers le côté du Ciel, où je regardois en ce moment, c'eſt-à-dire, vers le Nord. Je ſongeai alors à déterminer plus exactement cette déclinaiſon; ce qui me fut facile, parce que le ſommet ou la partie ſupérieure de cet Arc raſoit l'Etoile θ de la jambe gauche antérieure de la grande Ourſe, tandis que ſon bord inférieur paſſoit environ deux degrés au deſſus de l'Etoile ι plus méridionale que la précédente d'environ 4 degrés. Tout cela obſervé, & rapporté ſur le Globe & ſur les Cartes céleſtes, avec les corrections que je pus y faire par les Tables de *Flamſteed*, je trouvai que la déclinaiſon apparente de l'Arc, par rapport au Zénit, étoit d'environ 18 degrés Nord. Son ſommet & toutes ſes autres parties ne me parurent point changer de place, pendant près d'un quart d'heure qui fut tout le temps de sa durée ou que je le vis; car il se dissipa bien-tôt après ou s'éteignit, & cessa d'être visible.

L'Aurore Boréale du 24 Août, tranquille, ainsi que celle du 27 Février, ne fut ni moins décidée, ni moins brillante. Je l'avois observée depuis 9 heures, d'une maison où je me trouvois dans Paris, lorsque vers les 10 heures quelques minutes, je fus averti qu'il paroissoit dans le Ciel un Phénomène *admirable*. C'étoit un de ces Arcs, & en effet je n'ai jamais rien vû dans ce genre de si régulier, de si vivement coloré, ni de si bien terminé. L'Arc-en-ciel ordinaire ne l'est qu'imparfaitement en comparaison de celui-ci. Il y avoit tout proche de l'endroit où j'allai d'abord l'observer, un mur qui regardoit le midi. Je me mis au pied de ce mur, & le rasant de l'œil vers le sommet de l'Arc, je remarquai les Etoiles qui en étoient les plus voisines; d'où je conclûs que ce sommet s'écartoit de deux ou trois degrés du Zénit vers le Sud. La largeur de l'Arc me parut encore, comme le 27 Février, d'environ deux degrés, & par-tout exactement la même. Semblable à un ruban liséré de jaune vers le Nord, & d'un beau couleur de feu vers le Sud, il s'étendoit ainsi uniformément à droite & à gauche, & ces deux couleurs en se dégradant insensiblement vers son milieu, & selon sa longueur, s'y perdoient dans une lumière blancheâtre. Je me transportai un moment après dans le jardin de la maison, & me tournant vers le midi, j'y parcourus de l'Occident à l'Orient, ce grand cintre coloré qui ne paroissoit pas différer du demi-cercle. Il passoit au dessous du triangle de Cassiopée, montoit de-là & par son sommet, au dessus des Etoiles de la Lyre, du Cygne & de la tête de Céphée, & venoit tomber vers l'Est à travers les Etoiles de la jambe gauche d'Hercule. C'est tout ce que je pus observer en moins d'un demi-quart d'heure que dura ce spectacle; car il disparut peu à peu à mes yeux, comme celui du 27 Février. L'Aurore Boréale subsista toûjours, & se soûtenoit encore à 11 $\frac{1}{2}$ heures.

Le lendemain 25me Août, il y eut depuis 9 heures du

soir une clarté fort vive vers le Nord. Je suis bien trompé, si ce n'étoient des restes de l'Aurore Boréale du jour précédent, ou partie des matériaux qui s'assembloient pour celle du 26. Pendant celle-ci, qui fut de la même espèce, mais moins brillante que celle du 24, parut encore l'Arc lumineux près du Zénit vers les $9\frac{1}{2}$ heures, & à peu-près dans le même endroit du Ciel que le 24. Il étoit plus méridional d'un ou deux degrés, moins brillant par ses couleurs, & en général fort blancheâtre, plus large & moins tranché. Il ne se montra que pendant 5 à 6 minutes.

La matière de tous ces Arcs m'a paru, comme je l'ai déjà dit, être absolument la même que celle de l'Aurore Boréale; & je doute qu'on puisse se refuser à cette supposition, par toutes les circonstances qui les caractérisent, ou qui les accompagnent.

J'appris d'abord de différens endroits autour de Paris, & à 20 ou 30 lieues de cette Capitale, que l'Arc du 24me Août y avoit été vû dans le Ciel à la même heure, & à peu près à la même place où je l'avois observé; ce qui lui donne une hauteur très-considérable au dessus de la Terre, & qui le met bien loin hors de la classe des météores ordinaires. Mais peu de temps après avoir lû ces observations à l'Académie des Sciences, j'eus quelque chose de plus exact, pour conjecturer la hauteur de ces Arcs d'après celui du 27 Février. M. *Gabry* avoit observé celui-ci à la Haie, & il en avoit envoyé l'observation à M. *le Monnier* qui me la communiqua. Elle est courte, mais très-bien circonstanciée, & je n'ai rien de mieux à faire que de la rapporter ici en entier +. On y verra

+ *Aurora Borealis, observata à* Petro Gabry, *J. U. D. Phys. Astron. & Math.* Anno 1750 die 27 Februarii Nov. S. Hagæ Com. Observavi tempore vespertino perrarum meteoron, quæ mihi Aurora Borealis visa referens magnam lucem, eamque formam Iridis, principium sumens ab Horizonte circa Orientem, finiensque ad Horizontem circa Occasum. Culmen erat versus meridiem Zenith, & ferè 80 grad. supra Horizontem; latitudo autem prope verticem ferè 2 grad. ad utramque extremitatem pergens quasi cuspidatim. Medius arcus magnam candidamque lucem emittebat, quæ tamen ad Limbos & magis debilis & subcœrulea apparebat. Meteoron hoc decimâ vespertinâ maximè vividum conspicere, at verò y verra que M. *Gabry* ne distingue point ce Phénomène de l'Aurore Boréale, qu'il l'aperçut à dix heures du soir, sous la forme d'un grand Iris, dont les branches s'étendoient de part & d'autre jusqu'à l'Horizon, au Levant & au Couchant, & dont le sommet n'étoit éloigné du Zénit de la Haie que d'environ 10 degrés vers le Midi, la largeur de l'Arc en cette partie lui ayant paru, comme elle étoit à Paris, de 2 degrés; qu'il le vit disparoître en un quart d'heure, &c.

Il est clair par là que tout le Phénomène étoit placé entre les deux Observateurs, puisque M. *Gabry* le voyoit vers le Midi, tandis que je le voyois vers le Nord, & par conséquent que, pour rapporter les deux rayons visuels au même bord du Limbe, par exemple, à celui où M. *Gabry* place son sommet, & qui étoit pour lui le supérieur, & pour moi l'inférieur, il faut ajoûter deux degrés, savoir, la largeur de la Zone, à la déclinaison du Zénit ci-dessus observée à Paris, ce qui fait 20 degrés.

Or, cela posé, & la différence de latitude entre les deux villes, de 3 degrés 14 minutes; on trouvera, selon notre méthode des Parallaxes, que la hauteur du Phénomène au dessus de la surface de la Terre, devoit être d'environ 168 lieues de 25 au degré, hauteur qu'on n'a vû jusqu'ici convenir qu'à la matière de l'Aurore Boréale. Et s'il y a quelque cas où l'on puisse se flatter d'obtenir une assez grande précision sur ce sujet, ce sera certainement celui des observations correspondantes faites sur quelqu'un de ces Arcs, dont la durée est si courte, la largeur si petite, & les bords si bien terminés. On trouve rarement tous ces avantages au même degré, & en même temps, dans les parties de l'Aurore Boréale proprement dite.

La Zone observée par M. *Cramer*, le 15 Février 1730*, fut presque aussi élevée. Il avoit d'abord présumé sa hauteur,

* *Lett. du 17 suiv. sup. p. 64*

at verò post horæ quadrantem discussum erat. Quum autem sidera noctem bellè illustrabant, distinctè dabatur hæc, quamquam debilius, quàm quæ extra arcum, transpicere. *Inséré depuis dans les Transf. Phil. volume XLVII, où l'on en trouvera la figure.*

d'après l'amplitude de l'Arc & quelques autres élémens, d'environ la 9me partie du demi-diamètre terrestre. Il la calcula ensuite sur une observation correspondante qui en avoit été faite à Montpellier, de $\frac{113}{1000}$ du même demi-diamètre, ce qui revient à peu-près à la même quantité, & donne plus de 160 lieues de hauteur *. Mais après avoir relû les Lettres de M. *Cramer*, je vois que cette Zone, quoique semblable en général & en plusieurs points à nos Arcs de 1750, en différoit par bien des circonstances. Elle leur ressembloit par son analogie & sa simultanéité avec l'Aurore Boréale, par sa lumière & sa couleur rouges, par sa continuité depuis son sommet jusqu'à l'extrémité de ses branches appuyées de part & d'autre sur l'Horizon d'Orient en Occident, par le parallélisme de ses bords entre eux & avec l'Arc de l'Aurore Boréale actuelle, & par le grand intervalle qui l'en séparoit; mais elle en différoit par sa largeur, par sa position beaucoup plus méridionale, par sa durée qui fut très-longue, & par son mouvement vrai ou apparent vers le Sud.

* *Let. du 20 Mars suivant.*

Écoutons M. *Cramer* lui-même +: *ce qui attiroit le plus les regards*, dit-il, après avoir décrit l'Aurore Boréale qui étoit *haute, bien décidée & tranquille, c'étoit une grande Bande ou Zone qu'on voyoit directement à l'opposite, terminée par deux Arcs de cercle parallèles. Le supérieur s'appuyoit d'un côté sur le vrai point d'Orient ou à peu-près, & de l'autre sur un point éloigné d'environ 30 degrés de l'Orient vers le Midi. Ainsi son centre déclinoit de 15 degrés du Midi à l'Orient, & étoit directement opposé à celui de l'Aurore Boréale* (qui déclinoit par conséquent de la même quantité vers l'Occident). *Il s'élevoit, vers les 7 heures, jusqu'à la tête, ou du moins à l'épaule d'Orion; ce qui répondoit à 50 ou 54 degrés d'élévation. Mais à 8 heures & ½, il avoit baissé jusqu'au dessous de Procyon; ce qui n'étoit plus qu'une hauteur de 45 à 46 degrés. Le Cercle*

\+ Cette description fut aussi envoyée la même année à la Société Royale de Londres, qui la fit insérer dans ses Transactions, N.° 413; Et M. *Abauzit*, Bibliothécaire de la ville de Genève, où il avoit observé ce Phénomène, m'en confirma les principales circonstances, dans une Lettre pleine de réflexions utiles & curieuses, qu'il m'écrivit le 7 Avril 1734.

inférieur parut toûjours parallèle au supérieur ; mais la Bande eut tantôt plus, tantôt moins de largeur depuis 12 degrés jusqu'à 20. Car à 7 heures le bord inférieur passoit sur Rigel, dont la hauteur étoit de 38 degrés. Alors la largeur de la Bande étoit donc de 12 ou de 14 degrés ; mais à 8 ½ heures le bord inférieur étoit descendu au dessous de Sirius, qui avoit 27 ou 28 degrés de hauteur, alors donc la largeur de la Bande étoit au moins de 18 à 19 degrés. Il sembloit qu'elle augmentât en largeur à mesure qu'elle baissoit, &c. ajoûtons que pendant l'apparition de cette Zone, *on voyoit, mais seulement de temps en temps, un ou deux Arcs blancs & assez entrecoupés, séparés par un autre Arc obscur, & renfermant avec l'Horizon un Segment obscur assez semblable à un broüillard.* Quelques personnes dirent à M. *Cramer* avoir vû ou revû cette Bande jusques & bien avant après minuit, mais je ne prétends mettre ici en ligne de compte que ce qu'il en a vû lui-même, & que je viens de rapporter. Il remarqua encore, que *contre l'ordinaire des Aurores Boréales, celle-ci obscurcissoit considérablement la lumière des Étoiles qui paroissoient à travers, ce qui se doit sur-tout entendre de celles que couvroit la Bande rouge ;* & de plus, que *les Étoiles fort voisines paroissoient même s'en ressentir, & avoient perdu leur brillant ordinaire.*

Sur quoi je remarque,

1.° Que M. *Cramer* n'hésite pas à regarder la Zone de 1730, comme une Aurore Boréale, ou comme un composé de la même matière, ayant même origine & même cause. Et l'on peut dire, d'après la description qu'il nous en donne, qu'il eut alors le spectacle singulier de deux Aurores à la fois, l'une vers le Nord, l'autre vers le Midi, & chacune avec son Segment obscur & son Limbe. Car la Zone devoit former un très-beau Limbe à la seconde, qui avoit aussi son Segment obscur depuis le bord inférieur de son Arc jusqu'à l'Horizon.

2.° Que la véritable Aurore Boréale, vûe vers le Nord, étoit de l'espèce de celles que je nomme *tranquilles*, ainsi que les trois qui parurent avec nos Arcs de 1750. Circonstance à remarquer, & qui, si elle se soûtient dans la suite, pourra fournir des inductions utiles sur ce sujet.

3.° Que malgré la position apparente, & toûjours méridionale de cette Zone, par rapport au lieu du spectateur, il est évident qu'elle ne pouvoit être réellement que septentrionale, & bien avant dans le même hémisphère que l'Aurore Boréale. Car étant supposée, comme il a été rapporté ci-dessus, à 160 lieues au dessus de la Terre, & vûe de Genève, dont la latitude est 46 degrés 12 minutes, à 27 degrés de hauteur angulaire, on trouvera par le calcul des angles, que le parallèle terrestre sur lequel elle portoit verticalement, ne pouvoit être éloigné de celui de Genève, que de 11 à 12 degrés, & par conséquent que la vraie latitude de cette Zone étoit plus de 34 degrés Nord. Quand même elle auroit été vûe tout proche de l'Horizon ou à zéro de hauteur angulaire, son élévation réelle demeurant toûjours de 160 lieues, elle auroit eu encore plus de 20 degrés de la même latitude; & l'on n'auroit pû la supposer véritablement méridionale, ne fût-ce que d'une minute, étant vûe du même parallèle, & sous l'angle de 27 degrés, qu'en lui donnant près de 3000 lieues d'élévation sur la surface de la Terre.

4.° Et enfin, que cette Zone résultoit visiblement d'un plus grand amas de la matière Zodiacale, & beaucoup plus étendu, entre l'Equateur & le Pole Boréal, qu'aucun de nos Arcs de 1750, qui n'avoient qu'environ deux degrés de largeur, & où l'on n'a point vû de Segment obscur, ni rien de pareil vers le Midi. Ce qu'ajoûte M. *Cramer*, qu'elle faisoit perdre aux *Etoiles voisines*, &, comme je l'entends, voisines de son bord supérieur, *leur brillant ordinaire*, ne peut guère venir aussi que de la matière Zodiacale répandue aux environs, moins dense que celle du Segment, & qui, faute d'être enflammée, ou éclairée d'ailleurs, ne se déceloit que par-là. Sur quoi l'on peut voir ce que j'ai dit *de la densité & de la transparence de l'Aurore Boréale**. Une semblable pâleur aperçûe dans le Ciel vers la fin du jour, lorsque les

* *Traité, &c. Chap. VIII, Sect. III.*

Etoiles commencent à se montrer, & sans qu'aucune autre cause paroisse y concourir, a été souvent pour moi un signe certain de l'Aurore Boréale qui devoit la suivre.

Venons présentement à la formation de ces Phénomènes, & à la cause de leur apparition.

Quelques personnes ont imaginé que les trois premiers Arcs lumineux & colorés, décrits ci-dessus, pourroient bien n'avoir été que des Arc-en-ciels Lunaires. Mais pour peu qu'on fasse attention au lieu que ces Arcs occupoient dans le Ciel, & aux autres circonstances de leur apparition, on verra que rien n'est plus incompatible avec l'observation que cette idée. Il auroit fallu pour cela que la Lune eût été tout proche de l'Horizon sous le Pole, ou ne se fût trouvée éloignée de l'Azimuth qui passe par le Pole, que de la quantité dont ces Arcs déclinoient de la position parallèle à l'Equateur; ce qui l'eût mise à plus de 80 ou 90 degrés de son lieu actuel. Car les Arc-en-ciels Lunaires, aussi-bien que les Solaires, effets purement optiques de la réfraction & de la réflexion, ne sauroient paroître que lorsque celui des Astres qui les produit est placé à l'opposite, sur l'axe qui passe par l'œil du spectateur, & par le centre de l'Arc vû dans le Ciel. Mais la Lune n'étoit pas même sur l'Horizon lorsque ceux-ci parurent.

Les Arc-en-ciels Lunaires qu'on dit avec raison être très-rares, le sont peut-être encore plus qu'on ne pense. Il me paroît difficile sur-tout, qu'ils soient peints de couleurs aussi vives que ceux du Soleil, ou comme le fût notre Arc du 24me Août; & je ne sais si en cas pareil, & dans un temps où l'Aurore Boréale étoit peu connue, on n'a pas qualifié de Lunaires des Arcs tout-à-fait semblables à ceux dont il s'agit ici +.

+ Celui qui fut observé en Angleterre le 5 Janvier 1711, & qui est rapporté par M. *Thoresby* (*Trans. Phil. N.° 331*) *avoit*, dit-on, *toutes les couleurs de l'Arc-en-ciel Solaire bien distinctes & très-agréables*; tandis que les Halos ou Couronnes qui environnent la Lune, & qui en sont bien plus éclairées, en étant beaucoup plus proches, nous montrent à peine quelques couleurs pâles & délavées. Cet Iris m'est encore suspect, en tant que tel, par sa largeur qui étoit plus grande que ne le comportont

On ne seroit pas plus fondé à dire, que ces Arcs pourroient avoir été formés par la simple réflexion des rayons de la Lune ou du Soleil, sur une matière quelconque déjà disposée en Arc dans notre Atmosphère : il ne faut encore qu'ouvrir les Ephémérides du jour & heure de leur apparition, pour en voir l'impossibilité, par les lieux actuels de la Lune & du Soleil.

La hauteur de ces Phénomènes au dessus de la Terre, la circonstance de leur apparition avec l'Aurore Boréale, & dans un Ciel d'ailleurs très-serein, leur espèce de lumière, leurs couleurs, ne nous permettant donc pas de douter qu'ils ne fussent de même nature, & composés de la même matière que l'Aurore Boréale. Nous attribuerons aussi leur formation & la configuration de cette matière en Arc, à la même cause, à l'impulsion de l'Atmosphère Terrestre sur les extrémités de l'Atmosphère Solaire, rejettées vers les Poles par le mouvement diurne de la Terre. Méchanisme déjà indiqué, mais dont il faut voir la théorie & le détail dans l'Ouvrage même * que ces Eclaircissemens ont pour objet. Toute la différence qu'il y aura de nos Arcs avec ceux de l'Aurore Boréale proprement dite, & avec son Limbe ordinaire, c'est qu'ils seront tombés assez bas dans l'Atmosphère Terrestre, avant que d'être parvenus aussi près du Pole.

* Sect. III, Ch. II.

Quant à leur apparition, il est très-naturel de penser qu'elle est dûe à la lumière de l'Aurore Boréale même, qui les éclairoit, & dont les rayons s'y réfléchissoient vers nous, ou à leur propre inflammation ; ou à l'une & à l'autre de ces deux causes. La première est certainement applicable à la

les loix d'Optique, & dont aussi l'Observateur *fut étonné*. Les deux Arc-en-ciels Lunaires qu'*Aristote* dit avoir vûs, celui que vit M. *Plot* en 1675, & celui que M. *Musschenbroek* observa en 1729, n'étoient que blancs. (Mussch. *Essai de Phys.* § *1613*). Enfin, & comme il est remarqué là-même, parmi les Phénomènes de cette espèce rapportés par *d'autres Savans, il est fait mention de certains Arc-en-ciels qui représentoient des cercles parfaits, ce qui ne convient pas du tout à l'Iris, de sorte qu'il y a tout lieu de croire que ces prétendus Arc-en-ciels n'étoient autre chose que des Anneaux de la Lune.* J'ajoûterois, hors de ce dernier cas, ou que des Bandes lumineuses & colorées de l'Aurore Boréale.

Zone du 15 Février 1730, & à plusieurs autres Phénomènes de l'Aurore Boréale, auxquels je l'ai en effet appliquée dans mon Traité : mais je doute qu'on puisse se passer de la seconde pour concevoir l'apparition, la visibilité & la lumière des Arcs de 1750, & cela principalement à cause de leur courte durée. Car pourquoi l'Aurore Boréale, qui n'a pas cessé de briller pendant toute leur apparition, & longtemps avant & après, ne les auroit-elle éclairés & rendu visibles qu'un quart d'heure tout au plus, & sans retour ? se seroient-ils formés & dissipés pendant ce quart d'heure ? C'est, je l'avoue, ce que je ne saurois me persuader d'un tel amas de matière si régulièrement assemblée à plus de cent soixante lieues au dessus de nous. Je substitue donc ici l'extinction à cette dissipation presque subite & si peu vrai-semblable, & par conséquent l'inflammation antérieure de la matière de ces Arcs à toute autre cause de leur visibilité.

Tout nous indique l'inflammation & l'extinction successives dans l'Aurore Boréale, & sur-tout dans ces grandes Aurores Boréales que j'appelle *complètes ;* cet amas confus de nuages apparens, lumineux, blancs, colorés & obscurs, qui paroissent & disparoissent presque en un instant, ces ondulations, ces vibrations, ces jets de lumière & ces éclairs, en un mot ce trouble universel & cette agitation flamboyante qu'on aperçoit dans tout le Ciel. Ces Aurores Boréales s'annoncent d'ordinaire par une espèce de nuage grisâtre-foncé & violacée qui occupe toute la partie Nord tirant vers l'Ouest. C'est bien-tôt après un Arc, un Segment circulaire ou elliptique bordé de son Limbe lumineux. Ce Segment s'ébrèche, semble se crevasser, & c'est presque toûjours de ces brèches lumineuses que partent les rayons & les jets de lumière. Les brèches se multiplient, dissipent ou éclairent toute cette partie obscure du Ciel, & c'est par-là enfin & par une simple clarté Boréale, que se termine le Phénomène, à l'approche du Crépuscule du matin, ou du jour, & souvent après avoir éprouvé plusieurs vicissitudes semblables de conflagration & d'extinction du moins très-apparentes.

J'imagine donc que la matière de l'Atmoſphère Solaire dont réſulte l'Aurore Boréale & tout ce qui la compoſe, ne s'enflamme, en ſe mêlant avec celle de l'Atmoſphère Terreſtre, qu'après y être tombée à une certaine profondeur, & y avoir ſéjourné un certain temps; qu'elle s'y enflamme plus ou moins par une eſpèce de fermentation, de la manière dont certains phoſphores s'allument étant expoſés à l'air, & s'y éteint enſuite plus tôt ou plus tard, ſelon la quantité & la qualité de cette matière; & enfin, que nos Arcs de 1750 ont été dans quelqu'un de ces cas, s'y étant allumés & éteints en un quart d'heure, quoique formés, à mon avis, long-temps auparavant, & dans une région plus élevée. Et à l'égard de la Zone de 1730, dont la matière étoit plus abondante & plus étendue, c'eſt par-là que j'explique ſon mouvement que je crois n'avoir été qu'apparent, par l'inflammation qui gagnoit de ſon bord inférieur vers le Midi, où elle ſembloit s'abaiſſer de plus en plus, tandis que l'extinction ſucceſſive avançoit par ſon bord ſupérieur qui s'abaiſſoit auſſi vers ce côté, mais plus lentement; puiſque la diſtance de ces bords entre eux, & la largeur totale de la Bande augmentoient toûjours. Voilà, dis-je, ma conjecture, qu'on mettra, ſi l'on veut, à la ſuite de mes *Queſtions* & de mes *Doutes**, *ſur les modifications que la matière de l'Atmoſphère Solaire peut recevoir, en ſe mêlant avec l'Atmoſphère Terreſtre.*

* *Sect. V. Queſt. IV, V, VI, &c.*

XIIME E'CLAIRCISSEMENT.

Sur l'Anticrépuſcule.

QU'IL me ſoit permis, pour abréger, de nommer ainſi un Phénomène qui ne manque preſque jamais de paroître dans les jours ſereins avec le Crépuſcule, & qui lui eſt oppoſé, non ſeulement par le lieu du Ciel qu'il occupe, mais encore par le renverſement de ſa partie lumineuſe, d'autant moins vive qu'elle eſt plus près de l'Horizon.

Il ne

Il ne faut que regarder le Ciel un peu avant le lever du Soleil, ou quelques minutes après son coucher, pour reconnoître le Phénomène ou le Météore dont il s'agit. Il est très-visible, & vrai-semblablement aussi ancien que le monde; & il y a tout lieu de s'étonner, qu'il n'en soit pas parlé davantage dans les Livres de Physique ou d'Astronomie, tant anciens que modernes. Je n'en connois qu'un, où il en soit fait mention expresse, & qui fut imprimé à Ulm en 1716, ayant pour titre *des Couleurs du Ciel**. M. *Cramer,* qui avoit très-bien remarqué *l'Anticrépuscule*, & qui avoit même fait quelques recherches d'Optique sur ce Météore, s'étonnoit comme moi du silence des Auteurs à cet égard. Il m'en écrivit il y a plusieurs années, & je lui communiquai ce que j'en savois, avec la note du Livre de *Funccius.* D'autres occupations l'empêchèrent sans doute de pousser plus loin ses recherches, ou de les publier. Heureux, si je pouvois encore consulter sur ce sujet, comme sur toute autre matière, un ami si fidèle, si sage, si éclairé, & dont je regretterai éternellement la perte.

* *Joh. Casp. Funccius*, De Coloribus cœli. Sect. IV, §. XXX.

Je n'ai à parler ici de l'Anticrépuscule, qu'en tant qu'il ressemble quelquefois du premier coup d'œil à une foible Aurore Boréale, ou à quelques-unes des Bandes lumineuses décrites dans l'Eclaircissement précédent.

On remarquera donc le soir d'un beau jour, au coucher du Soleil, par exemple, ou quelques minutes après, à la partie opposée du Ciel & immédiatement sur l'Horizon, une espèce de Bande ou de *Segment obscur*, bleuâtre & pourpré, surmonté d'un *Arc lumineux* & coloré, blancheâtre, orangé, & enfin couleur de rose à son bord supérieur, tirant quelquefois sur le couleur de feu. Car ces couleurs, ou plutôt ces nuances des couleurs vraies n'y sont jamais ni bien tranchées ni bien décidées. Ce n'est aussi que par des circonstances plus ou moins favorables, selon que l'air est plus ou moins dégagé de vapeurs, d'exhalaisons & de nuages, que l'Anticrépuscule d'un jour, ou d'un climat, differe de celui d'un autre. Du reste, rien n'est plus uniformément constant que ce Phénomène, qui est purement Optique, & en cela bien différent de l'Aurore Boréale, dont le sujet est Physique, mais variable & accidentel.

Je ne m'arrêterai point à montrer, dans un siècle où la doctrine de *Newton* sur la lumière & les couleurs est si connue, que l'Anticrépuscule n'est dû qu'à la réfraction & à la réflexion combinées des rayons du Soleil qui vont frapper la partie supérieure du Ciel ou de l'air, jusqu'où ils peuvent atteindre, à peu-près comme sur une voûte d'où ils seroient réfléchis à l'opposite du Crépuscule.

Cependant le Soleil s'enfonce encore sous l'Horizon, le Crépuscule s'abaisse, & l'Anticrépuscule s'élève d'autant; les rayons du Soleil qui alloient frapper la voûte au Zénit ou près du Zénit n'y parviennent plus, ils se réfléchissent sur des points plus proches du Soleil, & l'Anticrépuscule s'élève encore; son Arc lumineux & coloré se détache du Segment bleuâtre & pourpré, qui ne demeure bien-tôt que gris ou cendré, il monte toûjours & parvient enfin jusqu'au Zénit, où il est encore sensible lorsque l'air y est pur; car après être monté jusqu'à une certaine hauteur, il s'affoiblit de plus en plus, & disparoît enfin totalement. J'ai observé l'Anticrépuscule une infinité de fois dans les parties les plus méridionales de la France, à Paris & aux environs.

La Bande bleuâtre & pourprée de l'Horizon ne demeure plus que grise & cendrée, lorsque l'Arc Anticrépusculaire s'en est détaché, parce que les rayons rouges du Soleil & de la partie la plus brillante du Crépuscule ne s'y réfléchissent plus. Car cette partie du Crépuscule fait à peu-près & en dégradation, par réflexion secondaire, ce que font les rayons mêmes du Soleil. Ce qui nous remet sur la voie de quelques accidens de lumière tout semblables que nous avons remarqués en différentes parties de l'Aurore Boréale & de ses Bandes colorées, dans le Chapitre neuvième, Section troisième du Traité, & dans l'Eclaircissement précédent.

La génération de l'Arc Anticrépusculaire, sa hauteur apparente, sa grandeur & ses couleurs sont donc tout-à-fait analogues à celles de l'Arc-en-ciel ordinaire & proprement dit. Les différences qu'on peut y remarquer ne viennent que de ce que dans l'un, les réfractions & les réflexions de la lumière se font sur des parties ou des couches d'air, au lieu que dans l'autre c'est sur des gouttelettes d'eau sphériques où la lumière souffre, comme on sait, une double réfraction & une double réflexion, d'où naît aussi le second Arc-en-ciel que je ne sache pas qu'on ait jamais vû à l'Anticrépuscule.

Cette différence de sujet ne peut manquer d'en produire encore une très-grande entre les deux Phénomènes. L'Arc-en-ciel n'est vû que dans la couche de notre Atmosphère jusqu'où s'élèvent les particules d'eau sphériques, & il n'est vû par conséquent que fort bas, à une lieue de hauteur tout au plus *; tandis que l'Arc Anticrépusculaire peut-être aperçû * Sup. p. 69.
dans la couche d'air jusqu'où le Crépuscule est sensible, & par conséquent à quinze ou vingt lieues plus haut *. Aussi cet * Sup. p. 43.
Arc se montre-t-il, quoique le Soleil soit enfoncé de plusieurs degrés sous l'Horizon; ce qui n'arrive jamais à l'Arc-en-ciel ou à l'Iris.

Ce qui a été dit, *Chap. v, Sect. II*, en réfutation de l'hypothèse de ceux qui attribuent la formation de l'Aurore Boréale à la réflexion des rayons du Soleil sur les glaces ou les neiges du Nord, & sur les couches d'air supérieures, avec la figure (V. [illegible]) que nous y avons jointe, peut beaucoup éclaircir ce que nous venons de dire de l'Anticrépuscule; & réciproquement la théorie que nous venons de donner de l'Anticrépuscule fera voir de plus en plus le peu de fondement de cette hypothèse. Si la formation de l'Aurore Boréale étoit pareille ou analogue, sa constance & sa régularité seroient de même semblables ou analogues à celles de l'Anticrépuscule.

XIIIme ECLAIRCISSEMENT.

Sur la hauteur de l'Aurore Boréale au dessus de la surface de la Terre, & sur les Méthodes employées à déterminer cette hauteur.

1. JE donnai d'abord dans mon Traité * les preuves les plus générales de la hauteur du Phénomène, par les distances des différens lieux de la Terre d'où il avoit été vû en même temps, & vû dans ses différentes parties les mieux terminées, plus ou moins élevé sur l'horizon, selon les différentes latitudes des lieux d'observation.

* *Sect. II, Ch. III.*

A ces preuves générales j'en ajoûtai un petit nombre de particulières & plus positives, d'après la méthode des Parallaxes, autant que je pûs les recueillir du peu d'observations que j'avois alors entre les mains.

2. Ces dernières preuves se réduisent à trois. La première est tirée de deux observations de la hauteur apparente & angulaire du Limbe ou du sommet de l'Arc lumineux, dans la fameuse Aurore Boréale du 19 Octobre 1726, observée le même jour & à la même heure à Paris & à Rome, d'où résulte la hauteur réelle de ce sommet au dessus de la surface de la Terre, de 266 lieues de 25 au degré : la seconde, de deux semblables observations, de l'Aurore Boréale du 8me Octobre 1731, faites à Coppenhague & à Breuillepont, qui donnent 250 lieues de hauteur à son sommet; & la troisième enfin, de deux observations correspondantes, à Genève & à Montpellier, sur une Bande lumineuse de l'Aurore Boréale du 15 Février 1730, qui en font la hauteur de 160 lieues *.

* *Voy. aussi Sup. p. 64.*

3. Je ne détaillai point de même quelques autres résultats de cette espèce, & fondés sur la même méthode, non plus que quelques essais imparfaits que je fis sur celle de M. *Maïer*, expliquée là même, & qui donnoient cent,

deux cens, trois cens lieues & plus à la hauteur du Phénomène; mais je crus pouvoir conclurre de leur totalité avec les déterminations précédentes, que la hauteur moyenne de l'Aurore Boréale & de ses parties quelconques rouloit d'assez près autour de 200 lieues.

4. Quoiqu'il n'y ait guère à douter que la différence, souvent très-marquée, qui se trouve entre les déterminations de hauteur de l'Aurore Boréale, ne vienne principalement des erreurs presque inévitables dans les observations, par rapport à des objets dont les mieux terminés ne le sont jamais qu'imparfaitement, il est cependant plus que vrai-semblable que la hauteur des Aurores Boréales varie réellement, qu'elle n'est pas toûjours la même dans l'une que dans l'autre; non plus que dans les différentes parties d'une seule; dans le Segment obscur, par exemple, que dans l'Arc lumineux; dans une Bande colorée, Méridionale, Occidentale ou Orientale, que dans les parties précédentes, ou dans ces flocons de matière, blancs ou rougeâtres, répandus çà & là dans le Ciel. C'est qu'il n'y a nulle apparence que les différentes extensions de l'Atmosphère solaire, ses différentes densités à différentes distances, n'en fassent pas précipiter les parties plus ou moins profondément dans l'Atmosphère terrestre qui, elle-même, subit une infinité de vicissitudes capables de faire varier sa consistance & sa perméabilité, dans son tout & dans ses parties, selon les lieux, les latitudes & les saisons. Toutes ces variétés se trouvent sans doute renfermées dans certaines limites que l'expérience & un grand nombre d'observations pourront seules nous faire connoître, mais qui jusqu'ici nous ont constamment donné l'Aurore Boréale fort au dessus de la surface de la Terre.

5. C'est là qu'en étoient nos connoissances sur la hauteur de ce Phénomène lorsque j'écrivis mon Traité. C'en étoit assez sans doute pour remplir mon objet & tirer l'Aurore Boréale de la région des météores ordinaires où on l'avoit mise jusqu'alors : mais vingt années d'observation de plus nous fournissent de quoi jeter aujourd'hui plus de précision & de

certitude sur ce point, comme on va le voir, après que nous aurons fait quelques réflexions sur les deux méthodes expliquées & employées dans le chapitre cité ci-dessus, & premièrement sur celle de M. *Maïer.*

Avantages & inconvéniens de la Méthode de M. Maïer.

6. Je ne rétracte point les éloges que j'ai donnés à cette méthode, & qu'elle mérite, par l'avantage inestimable de n'exiger qu'un seul observateur & qu'une seule station : mais enfin cet avantage demeure presque inutile & de pure spéculation, par le peu d'occasions qui se présentent d'en profiter. Je ne puis faire fond sur les cas auxquels je ne l'avois appliquée jusqu'ici que par voie d'essai, & qui péchoient tous par quelqu'une des conditions requises : je n'ai guère été plus heureux dans la suite, & pour tout dire, M. *Maïer* lui-même ne s'en est jamais servi dans l'espace de plusieurs années, & ayant des centaines d'observations sous les yeux.

7. C'est, je l'avoue, ce qu'on auroit quelque peine à croire, sur le simple énoncé du problème, *la latitude du lieu de l'observation, la hauteur & l'amplitude apparentes de l'Arc Boréal sur l'Horizon, étant données, trouver la hauteur réelle de la matière lumineuse au dessus de la surface de la Terre**. Mais voici de quoi concevoir l'extrême difficulté qu'il y a d'obtenir ces données & des observations d'où elles puissent être sûrement déduites.

* *Comm. Ac. Imp. Pet. t. IV, p. 127.*

8. 1.° Le problème suppose que cet Arc, dont on doit prendre la hauteur & l'amplitude apparentes sur l'Horizon, soit réellement circulaire, parfaitement concentrique au Pole ou à l'Axe de la Terre, & parallèle à l'Equateur, ce qui est très-rare, comme nous l'avons expliqué dans le Traité*. Cet Arc a presque toûjours une déclinaison & communément occidentale de plusieurs degrés.

* *Sect. III, Ch. III.*

9. 2.° Quand on voit cet Arc sans déclinaison & directement sous le Pole par son sommet, il est très-possible que l'apparence ne réponde pas à la réalité; savoir, si le côté vers

lequel il décline se trouve dans le plan du Méridien & sur la ligne du rayon visuel. Il est clair qu'en ce cas un second Observateur placé à l'Occident du premier y verroit, par exemple, la déclinaison orientale, tandis qu'un troisième placé à l'Orient l'y verroit Occidentale; ce qui arrive en effet assez souvent, lorsque le même Phénomène est observé en même temps de plusieurs lieux de la Terre, qui different considérablement de longitude.

10. 3.° Si pour s'assûrer d'un élément aussi essentiel au problème que la concentricité de l'Arc, il faut avoir recours à un ou deux autres Observateurs, la méthode en question tombe dès-lors dans le cas de celle des Parallaxes; elle perd toute sa commodité & toute son élégance.

11. 4.° L'Arc concentrique ou non concentrique, peut être elliptique; & il l'est vrai-semblablement dans le cas de la déclinaison. Car avant que toute la matière du Phénomène ait été contrainte à se ranger circulairement autour du Pole, ainsi qu'il a été expliqué dans la troisième Section, avant qu'elle soit parvenue à cette espèce d'équilibre qui résulte de l'égalité des forces qui l'y entretiennent de tous côtés, elle y doit tendre dans la direction de la plus grande force qui l'y sollicite, & prendre une figure oblongue selon cette direction. D'où naîtront autant d'erreurs, dans un calcul tout fondé sur la concentricité & la circularité parfaites. Du reste, on voit bien que je ne parle pas ici de l'ellipticité qui n'est qu'Optique par rapport à l'Observateur qui voit obliquement l'Arc Boréal, celle-ci pouvant avoir lieu & nous montrer cet Arc surbaissé, non seulement lorsqu'il est circulaire, mais même elliptique en sens contraire, c'est-à-dire, lorsqu'il se présente à l'Observateur par le sommet du grand axe de l'Ellipse.

12. 5.° Enfin toutes ces sources d'erreur se compliqueront avec celles qui peuvent résulter de l'amplitude attribuée à cet Arc, autre élément non moins essentiel au problème, & qui, dans le cas le plus favorable, lorsque l'Arc est réellement circulaire & concentrique, devient souvent très-difficile à déterminer, ou demeure absolument indéterminable. Car

il eſt rare qu'à la ville ou à la campagne on ait un Horizon aſſez découvert, & en même temps aſſez dégagé de vapeurs, pour bien juger de cette amplitude. La partie la plus baſſe du Phénomène & de ſon Limbe eſt preſque toûjours chargée d'une eſpèce de vapeurs ſombres, ou de nuages rougeâtres autour des pieds de l'Arc, qui en éteignent ou en obſcurciſſent la clarté, & où il n'eſt jamais tranché comme à ſon ſommet. Eh! que deviennent alors les rapports de la hauteur de l'Arc à ſon amplitude, de ſa flèche à ſa corde, au diamètre du cercle ou de la calotte dont il exprime les bords, & enfin au diamètre Terreſtre qui eſt la ſeule grandeur linéaire connue du problème, toutes les autres n'étant que purement angulaires? Quelle incertitude tout cela ne jettera-t-il point dans le réſultat du calcul!

13. J'avoue que dans ce cas, lorſque l'Horizon ſe trouve chargé de vapeurs, comme lorſqu'il eſt caché par des éminences & des montagnes, & qu'on ne peut obtenir l'amplitude par obſervation immédiate, on pourroit quelquefois y ſuppléer, & ſe la procurer par eſtime, d'après la partie ſupérieure de l'Arc, ſi cette partie eſt bien viſible & bien tranchée, à vingt ou vingt-cinq degrés de part & d'autre du ſommet. Mais je dois avertir qu'on tombera encore à cet égard dans une erreur conſidérable, ſi l'on n'y apporte l'attention qui ſuit.

14. Suppoſons cet Arc véritablement circulaire, & tel que l'exige la méthode; il n'en ſera pas moins vû comme elliptique par l'Obſervateur qui ne l'aperçoit qu'obliquement, & cette Ellipticité ſera cependant telle qu'on ne pourra guère la diſtinguer à la vûe ſimple de la circularité dans cette partie qui répond au petit axe de l'Ellipſe. C'eſt ce que ſavent tous ceux qui ont quelque habitude dans ces ſortes d'obſervations. Or, cela poſé, & que de cette portion de l'Arc, priſe pour circulaire, & de ſa hauteur apparente, on déduiſe l'amplitude de part & d'autre ſur l'Horizon, je dis qu'on la ſera toûjours plus grande qu'elle n'eſt réellement, & d'autant plus que l'Ellipſe eſt plus Ellipſe, ou le plan du cercle plus incliné au rayon viſuel de l'Obſervateur. Car on ſait que la

la courbure de l'Ellipse autour du sommet de son petit axe est équivalente à celle d'un cercle dont le rayon est celui-là même de la développée en ce point, & que le rayon de la développée de l'Ellipse en ce point est égal à la moitié du paramètre du petit axe, ou, ce qui est la même chose, à la moitié de la troisième proportionnelle au petit & au grand axe. Donc le rayon de ce cercle excèdera le grand axe de cette Ellipse, en même raison que le grand axe excède le petit. Donc le demi-cercle, &, toutes proportions gardées, l'Arc ou le Segment circulaire du Phénomène dont on aura conclu le diamètre, ou la corde d'après sa partie supérieure, donneront une amplitude trop grande en semblable raison. Ce qui pourra quelquefois, & selon les circonstances, devenir très-considérable. Par exemple, que l'Arc réel sur l'Horizon soit sémi-circulaire, & que le petit axe de la demi-Ellipse à laquelle il appartient optiquement, & dont les extrémités sont cachées sur l'Horizon, soit au grand axe comme 60 est à 80, l'amplitude réelle ne seroit en effet que 80, tandis qu'on l'auroit jugée d'environ comme 100. La moitié (30) du petit axe est ici proportionnelle au sinus de la hauteur de l'Arc sur l'Horizon. Mais comment savoir son rapport avec le grand, l'inclinaison du cercle réel, & la nature de l'Ellipse apparente, avant que le problème qui en dépend & qui les renferme soit résolu ?

* 15. Tout ce qu'on peut conclurre de cette théorie, c'est qu'en général, & en cas pareils, on fait presque toûjours les amplitudes de beaucoup trop grandes ; & je l'ai vérifié d'ailleurs, par des amplitudes correspondantes, prises à différentes latitudes. Par exemple, que penser d'une Amplitude qui aura été donnée de 140 ou de 150 degrés, pour un lieu de plusieurs degrés plus méridional que Paris, lorsqu'à Paris même, à l'Observatoire où l'Horizon est très-découvert, & dans les circonstances les plus favorables, elle n'aura pas été jugée de 100 ou de 120 degrés ! Car s'il est quelque chose de bien connu & de constant dans l'Aurore Boréale, c'est que son Arc dans une de ses apparitions quelconques

va toûjours en augmentant de hauteur & d'amplitude vers le Pole, & en diminuant vers le Midi, lorsque cet Arc ne passe pas le demi-cercle.

16. Nous savons aujourd'hui que M. *Maïer* ne fut pas long-temps à s'apercevoir, en tout ou en partie, des inconvéniens de sa méthode, & il ne sera pas hors de propos de voir ici dans quels termes il s'en explique, & l'effet qu'ils firent sur son esprit.

17. Son premier Mémoire, *de Luce Boreali*, lû en 1726 à l'Académie Impériale de Péterſbourg, le seul dont nous pouvions parler dans le Traité*, ne contient, comme nous l'avons dit, que la simple exposition de son Problème ou de sa Méthode, & la Formule analytique qui en résulte*. Mais dès 1728, il en donna à la même Académie & la construction géométrique & la démonstration, qui ne parurent cependant qu'en 1735, avec les remarques qu'un grand nombre d'Aurores Boréales qu'il avoit observées depuis avoient pû lui fournir*. C'est dans ce second Mémoire qu'il nous annonce les corrections qu'il faut faire au premier en conséquence de ces remarques, & les restrictions qu'on doit apporter à toute sa théorie. Par exemple, que quand il avoit dit que le Phénomène étoit *constamment* accompagné de telles ou telles circonstances, il auroit dû dire seulement *pour l'ordinaire;* que quand il avoit assuré du sommet de l'Arc lumineux qu'il se trouvoit *toûjours* exactement placé sous le Pole, il n'auroit dû dire que *le plus souvent;* & ainsi de plusieurs autres circonstances dont nous avons parlé. Cependant malgré ces simples limitations qui se réduisent à ne regarder que comme ordinaire & plus fréquent ce qu'il avoit traité de constant & d'absolu, malgré ces apparitions de l'Aurore Boréale, *devenues si communes à Péterſbourg, que le peuple n'en étoit plus étonné comme autrefois*, malgré, dis-je, une position & un temps si favorables, il termine son Mémoire par nous avouer, qu'il n'avoit pû trouver encore aucun de ces Phénomènes dont il pût appliquer les observations à sa Règle, *nullas idoneas hactenus licuit observationes instituere, quibus regulam illustrarem.* Il

* Page 65.

* Comm. Ac. Imp. Pet. t. I, p. 365.

* Tome IV, p. 121.

n'en fit pas même l'essai, du moins n'en parle-t-il pas, sur aucun de ceux de ces Phénomènes qui en approchoient le plus, & qui devoient, selon lui, faire le plus grand nombre, ou s'y accorder parfaitement*. Ce qui est assurément bien difficile à imaginer d'un Auteur aussi laborieux qu'éclairé, & sur une de ses idées qu'il pouvoit, sans se flatter, regarder comme des plus heureuses.

* Ut plurimum, quàm plurimum.

18. Je suis bien éloigné de soupçonner là-dessus aucun manque de bonne foi; mais qu'il me soit permis de proposer ma conjecture.

Quelque fondée que fût la défiance de M. *Maïer* sur les observations d'un Phénomène sujet à tant d'irrégularités, & quelles que soient ces irrégularités, je me persuade qu'il se mêla ici une toute autre raison qui en grossit les inconvéniens à ses yeux. Il croyoit *avec un illustre Philosophe*, que la matière de l'Aurore Boréale n'étoit guère autre chose qu'un amas indigeste de celle qui produit la Foudre & les Eclairs, *materiam Lucis Boreæ immaturam fulguris materiam**, & en conséquence il n'en faisoit pas monter l'Arc lumineux au dessus de la région des nuées; *de loco materiæ lucidæ dico, quod existat in aëris regione ubi nubes hærere solent.* Que pouvoit-il donc penser d'après un tel principe, lorsque sa règle le renvoyoit au centuple de cette distance, & quelquefois au delà? Cependant sa règle étoit bonne, elle étoit démontrée, il étoit habile calculateur; il falloit donc s'en prendre aux observations qu'il ne pouvoit manquer de trouver fautives, & infiniment plus fautives qu'elles n'étoient, puisqu'il en résultoit une prétendue erreur si énorme. Voilà, si je ne me trompe, le dénouement de la difficulté, & pourquoi M. *Maïer* négligea sans doute de nous rapporter des tentatives qui devoient lui paroître si défectueuses. Il donna la même année ou la suivante quelques autres Mémoires dans lesquels il n'est plus question de la *Lumière Boréale*, & il mourut le 5 Décembre 1729.

* *Comment. t. I, p. 364.*

19. J'avois aussi allégué contre la Formule de M. *Maïer* l'excessive composition du calcul numérique qu'elle renferme,

& j'avois imaginé à cette occasion quelques moyens de la simplifier : mais on n'a plus rien à desirer sur ce sujet, depuis l'ingénieuse réduction que M. *Krafft* en a faite au calcul Logarithmique, dans le IXme tome de l'Académie de Péterbourg, & la construction élégante que le R. P. *Boscovich* en a donnée, dans ses Notes sur le Poëme de *Aurora Boreali* du R. P. *Noceti.* Ainsi le grand inconvénient de la Méthode de M. *Maïer*, & qui est à la vérité très-grand, se réduit à la difficulté de trouver des Phénomènes, & des observations où l'on puisse l'appliquer. Elle est précieuse en tout autre cas; & en voici des exemples sur deux Aurores Boréales fameuses.

Application de la Méthode de M. Maïer *à quelques Phénomènes.*

Aurore Boréale du 12 Septembre 1621.

20. C'est l'*Aurore Boréale de Gassendi*, que ce Philosophe a décrite en trois endroits de ses Ouvrages*, & dont nous avons si souvent parlé dans celui-ci. Il l'observa à Peinier en Provence, dont je trouve la latitude, selon la carte de cette Province par feu M. *Delisle*, de 43 degrés 28 $\frac{1}{2}$ minutes. Le sommet de l'Arc lumineux y étoit élevé de *plus* de 40 degrés sur l'Horizon, & directement sous le Nord, puisque cet Arc s'étendoit également à droite & à gauche jusqu'à environ le levant & le couchant d'Eté, à *près* de 60 degrés d'amplitude; ce qui donne l'amplitude totale de 120 degrés ou tout au moins de 119 *. Prenant donc sur ce pied la hauteur de l'Arc de 40 $\frac{1}{2}$ degrés & la demi-amplitude de 59 $\frac{1}{2}$, la construction de M. *Maïer*, & sa Formule réduite aux Logarithmes par la méthode de M. *Krafft*, nous donneront 232 $\frac{1}{10}$ lieues de distance de l'Observateur

* V. Sup. p. 202.

* Albor ille Septentrionalis elatus jam fuit quadraginta & ampliùs gradus, videlicet, penè ad Stellam polarem; & cum in arcûs modum formaretur, occupavit hinc inde ex Horizonte gradus proximè sexagintaq; hoc est, parum abfuit, quin æstivos ortum, occasumque attingeret. *Gass. T. II, p. 107, De Aurora Borea. &c.*

au ſommet de l'Arc, & environ 160 lieues d'élévation pour ce ſommet au deſſus de la ſurface de la Terre.

Aurore Boréale du 3 Février 1750.

21. Cette Aurore Boréale, l'une des plus remarquables par elle-même, ſe trouve encore revêtue de circonſtances qui la rendent très-déciſive ſur la queſtion dont il s'agit. Elle ſe montra dans tous les lieux de l'Europe, où le temps permit de l'obſerver, & parut en quelques-uns avec le *Pavillon* ou la *Couronne* au Zénit, partie du Phénomène aſſez rare, & que je ne me ſouviens pas qu'on eût vûe en France depuis bien des années. Le Limbe ou l'Arc lumineux & ſon ſommet y furent bien tranchés, & faciles à déterminer par les grandes Etoiles qui les entouroient ou qui ſe montroient au travers, ſans déclinaiſon apparente, ni vrai-ſemblablement réelle, puiſque ce ſommet y fut vû de différentes longitudes ſenſiblement ſous le Pole, ou du moins ſous l'Etoile polaire; ce qui remplit une des conditions des plus rigoureuſes du Problème de M. *Maïer.* M. *de Fouchy* l'obſervoit à l'Obſervatoire Royal, tandis que je l'obſervois au Louvre, vers les ſix heures du ſoir, avant & après. Nous en déterminames la hauteur de l'Arc de 26 à 27 degrés, ou de $26^d\ 30'$. La grande Etoile (α) du Dragon en raſoit le bord inférieur tout proche de ſon ſommet, & la largeur de cet Arc étoit d'environ deux degrés. D'où il eſt aiſé de conclurre à peu-près cette hauteur, par la diſtance de cette Etoile au Pole, telle qu'on la trouve dans *Flamſteed,* & réduite à l'année 1750. Quant à l'amplitude, je ne pûs en bien juger à cauſe des maiſons de la ville qui me cachoient les pieds de l'Arc; mais M. *de Fouchy,* qui avoit à l'Obſervatoire un horizon bien découvert, la détermina de cent un, deux ou trois degrés, ou d'environ 102 degrés.

Calculant donc d'après ces données, la latitude de Paris $48^d\ 50'\ 10''$, la hauteur apparente du ſommet de l'Arc $26^d\ 30'$, & la demi-amplitude 51^d, on trouvera la diſtance du point obſervé à l'Obſervateur $320\frac{7}{10}$ lieues, & ſa hauteur réelle, au dessus de la surface de la Terre, de 169 lieues.

Ces deux Aurores Boréales, & ces deux observations, celle de *Gassendi*, & celle de M. *de Fouchy*, sont tout ce que je connois à quoi l'on puisse le plus sûrement appliquer la Méthode de M. *Maïer;* & d'autant plus, à l'égard de la dernière, que, comme on verra dans la suite, la Parallaxe la mieux conditionnée que j'en aie pû obtenir par les observations correspondantes, nous redonne, à trois ou quatre lieues près, la même hauteur du Phénomène.

22. Mais je ne dois pas passer sous silence qu'une de ces observations à laquelle on peut aussi appliquer la Méthode de M. *Maïer*, & qui a été faite par un homme infiniment éclairé, ne s'accorde pas si bien avec les mêmes résultats. Je la tiens de M. *Jallabert*, Professeur de Philosophie à Genève, Correspondant de l'Académie des Sciences, & si connu du monde Savant, qui l'avoit *recueillie de M. Abauzit*, n'ayant pû observer lui-même toutes les circonstances du Phénomène. « Le 3 de ce mois, me marque-t-il dans une de ses lettres*, nous avons eu une assez belle Aurore Boréale que vous aurez, je pense, observée. A six heures 2 ou 3' elle avoit déjà le Segment obscur, l'Arc blanc & lumineux, & ce que vous appelez dans votre Traité le Pavillon, formé par une infinité de rayons rouges bien tranchés, & fort serrés, qui sortant du bord supérieur de l'Arc blanc, tendoient au Zénit, & passoient au delà. L'amplitude de l'Arc blanc sur l'horizon, déterminée par les points des montagnes auxquels il aboutissoit, étoit pour le moins de cent degrés. La hauteur de son sommet en avoit 19 ou 20, & ce sommet paroissoit être à peu-près dans la verticale de l'Etoile polaire que l'on entrevoyoit au travers des rayons, quoique d'un rouge foncé. Ces rayons convergeoient vers le Zénit, &c. »

*Du 16 Février 1750.

Or, de la latitude de Genève, 26^d 12', & de ces déterminations de l'Arc, résultent par la même méthode de M. *Maïer*, une distance de $315\frac{1}{5}$ lieues de l'Observateur au sommet de l'Arc, & seulement 134 lieues de hauteur réelle sur la Terre.

Il eſt vrai, 1.° qu'une amplitude concluë par induction & entre des montagnes peut-être bien équivoque, ſi l'on n'y apporte certaines attentions (nn. 13 & 14). 2.° qu'une amplitude immédiatement obſervée à Paris, & dans les circonſtances les plus favorables, de 102 degrés, ne ſauroit guère être préſumée de 100 degrés à Genève, c'eſt-à-dire, à plus de $2\frac{1}{2}$ degrés au delà de Paris vers le Sud. 3.° & que la ſuppoſition d'environ 3 degrés d'erreur en excès, par l'obſtacle des montagnes, & par la cauſe expliquée, n.° 14, rétabliroit à cet égard, dans les obſervations de Paris & de Genève, tout l'accord qu'on y peut deſirer. Mais enfin le ſavoir & l'habileté de l'Obſervateur me font paſſer par deſſus tous ces ſujets de doute. Le réſultat dont il s'agit tiendra donc ſa place ici avec tous les autres.

23. Par une ſemblable raiſon je ne dois pas omettre trois obſervations de cette eſpèce, rapportées par M. *Krafft*, en exemple de ſa réduction de la Formule de M. *Maïer**, & parmi leſquelles il y en a deux qui ne donnent au Phénomène qu'une très-petite hauteur, quoique plus de quarante ou cinquante fois plus grande que celle des météores ordinaires. Mais il n'y a rien en cela qui ne s'accorde parfaitement avec notre théorie (n.° 4) & avec la variété qui doit régner ſur cette matière. Ce ſont trois Aurores Boréales dont les deux premières furent obſervées à Péterſbourg, ſans doute par M. *Krafft* lui-même, & la troiſième à Genève, dont il ne nomme point l'Obſervateur. M. *Krafft* ne nous dit pas non plus que ces Phénomènes fuſſent ſans déclinaiſon ; mais nous devons ſuppoſer qu'ils l'étoient, perſonne ne ſachant mieux que lui l'importance de cette condition en pareil cas.

* V. Sup n.° 19.

Le premier de ces Phénomènes du 16 Mars 1730, ſur 9^d de hauteur de l'Arc, & 45^d de demi-amplitude, toutes réductions faites des lieues d'Allemagne aux nôtres, de 25 au degré, & de la diſtance de l'Obſervateur au ſommet de l'Arc, fait la hauteur perpendiculaire de ce ſommet d'environ 47 lieues.

Le ſecond, du 6 Septembre de la même année, ſur 9^d

12′ de hauteur, & 42^d de demi-amplitude, d'environ 58 lieues.

Et le troisième, du 2 Novembre suivant, sur 12^d de hauteur, & 37^d 30′ de demi-amplitude, d'environ 170 lieues.

Avantages & inconvéniens de la Méthode des Parallaxes.

24. La condition que renferme cette Méthode, de deux Observateurs placés à différentes latitudes, & qui prennent à peu-près en même temps la hauteur apparente d'un point du Phénomène, par exemple, du sommet du Limbe ou de l'Arc lumineux, en rend l'application assez rare, mais cependant infiniment moins rare que ne sont toutes les conditions requises dans la Méthode précédente. C'est que dans l'une, dans celle des Parallaxes, les conditions ne tombent que sur les Observateurs, & que dans l'autre elles tombent, & sur les Observateurs, & sur la nature du Phénomène qui, pour être susceptible de l'application qu'on y en veut faire, doit être tel que nous l'avons décrit ci-dessus (n.° 8). Or, il sera toûjours plus aisé de trouver ou de se préparer des Observateurs correspondans, que de se procurer des Phénomènes tels qu'on les demande, d'autant plus qu'ils sont plus rares, & ils le sont beaucoup.

25. L'avantage qu'a la Méthode des Parallaxes, de n'exiger que l'observation correspondante d'un seul point, qu'on peut choisir, & qui sera toûjours ici le sommet du Limbe ou de l'Arc lumineux, est déjà très-considérable; mais combien n'augmente-t-il pas, par la circonstance que ce point est presque toûjours ce qu'il y a de plus distinct dans le Phénomène, de mieux tranché & de plus constant?

26. La hauteur apparente du sommet de l'Arc lumineux sur l'Horizon, pourra donc être prise avec toute la précision que comportent de semblables objets, soit par le moyen d'un instrument, soit, & pour l'ordinaire, par ses distances & par sa position réciproques avec les grandes Etoiles de l'Ourse, du Dragon, de Cassiopée, ou de telle autre de ces

ces constellations qui en approchent le plus, & qui brillent à cette hauteur, dans la partie Boréale du Ciel.

27. Il est vrai que l'excentricité indiquée par la déclinaison, jointe à la différence en longitude des lieux où les deux Observateurs sont placés, & même quelquefois lorsqu'ils sont sur le même Méridien, y peut apporter des erreurs sensibles, en tant que le sommet aperçû n'est pas le même, ni à même distance du Pole pour tous les deux : mais ces erreurs seront peu considérables en comparaison de celles que donne la Méthode de M. *Maïer* en pareils cas, & absolument nulles dans d'autres cas où cette dernière les conserve en leur entier.

28. Pour mieux comprendre tout ceci, jetons les yeux sur un Globe terrestre, & sur le cercle de 24 heures qu'on a coûtume d'attacher sur son Méridien & au dessus du Pole Arctique, portant un style ou index à son centre, sur l'axe même du Globe, & qui tourne avec le Globe. Une projection de tout cet assemblage sur le papier, convenable à tous nos cas, seroit trop composée ou exigeroit plusieurs figures, & ne nous éclaireroit pas tant. Ce cercle, auquel on en pourra substituer ou ajoûter un autre plus ou moins grand, & à telle distance qu'on voudra de la surface du Globe, représentera parfaitement la calotte Boréale du Phénomène & son Limbe, lorsqu'il est réellement circulaire, concentrique à l'axe & parallèle à l'Equateur. Ce qui fait le seul cas où la Méthode de M. *Maïer* soit également sûre & praticable. Le même cercle ou un autre cercle excentriquement ajusté sur cet axe, de telle excentricité & selon telle direction qu'on voudra, ou enfin une Ellipse, donneront de même tous les cas de l'excentricité ou de la déclinaison réelle, apparente ou non apparente, auxquels on peut appliquer la Méthode des Parallaxes, & avec plus ou moins de sûreté & d'exactitude. Et c'est ce que je vais succinctement parcourir, laissant au Lecteur le soin d'en chercher la démonstration, qui ne sera pas difficile avec ce secours. Car faisant tourner alternativement ou le Globe & les lieux de l'observation,

ou l'index, ou la calotte Boréale & son Limbe, selon l'exigence des cas, & imaginant le rayon visuel de chaque Observateur dirigé vers ce Limbe, on verra à peu près le degré de justesse qu'on peut attendre du cas donné, ou l'erreur qui peut s'en ensuivre.

29. Je dis donc 1.° que lorsque les deux Observateurs, que nous supposons toûjours placés à différente latitude, le sont aussi à différente longitude, & que tous les deux voient la déclinaison quelconque du même côté, qui fait en général le cas le moins favorable de notre Méthode des Parallaxes, l'erreur qui en peut naître sur la hauteur de l'Arc, n'est que de la quantité de la Flèche ou du Sinus verse du petit Arc intercepté entre les deux sommets observés, & qu'elle est d'autant moindre que cet Arc est plus petit & plus surbaissé par rapport à l'Arc total & à son amplitude, ou qu'il fait partie d'un plus grand cercle.

30. 2.° D'autant moindre encore, que la distance longitudinale des lieux est plus petite, & la latitudinale plus grande.

31. 3.° Que lorsque l'un des Observateurs voit la déclinaison vers l'Orient, & l'autre vers l'Occident, l'erreur est encore plus petite, & quelquefois nulle, les deux rayons visuels pouvant concourir au même point, & souvent à très-peu près.

32. 4.° Que la déclinaison étant vûe du même côté, si les deux Observateurs se trouvent sur le même vertical que le sommet observé, comme il est aisé de s'en convaincre par les quantités apparentes de la déclinaison, l'erreur s'évanouit ou devient d'autant moindre que les trois points approchent davantage de ce vertical.

33. 5.° Que les deux Observateurs voyant la déclinaison du même côté, & se trouvant placés sur le même Méridien, l'erreur sera peu considérable, si le plus septentrional voit la déclinaison plus grande que le plus méridional, & s'il la voit d'autant plus grande qu'il est plus septentrional; leurs rayons visuels pouvant alors concourir au même point du

Limbe ; & en général, que l'erreur ſera d'autant moindre par cette circonſtance, que le concours des rayons viſuels s'approchera davantage du Méridien de la déclinaiſon.

34. 6.° Que dans le cas des deux Obſervateurs placés ſur le même Méridien, & d'une déclinaiſon réelle quelconque de l'Arc, circulaire ou Elliptique, ſi cette déclinaiſon n'eſt que réelle & non apparente, comme il a été expliqué ci-deſſus (n.° 9) l'erreur eſt abſolument nulle, & les deux Obſervateurs voient préciſément le ſommet de l'Arc au même point.

35. 7.° Et à plus forte raiſon, que ſi l'Arc eſt réellement circulaire & concentrique, la déclinaiſon ne pouvant être alors qu'abſolument nulle pour les deux Obſervateurs, à quelque latitude & ſur quelque Méridien qu'ils ſoient placés, l'erreur ſera auſſi abſolument nulle, & la diſtance de l'Arc aux Obſervateurs & à la Terre, déduite des obſervations correſpondantes & du calcul, parfaitement exacte.

36. 8.° Que la ligne de la plus grande excentricité de la calotte Boréale ſe trouvant dans le Méridien de l'un des Obſervateurs, le ſommet de l'Arc qui ſe préſente à lui, & où il ne verra point de déclinaiſon, peut être ou le plus proche ou le plus éloigné de l'axe de la Terre ; que cela poſé, & que le ſecond Obſervateur ſoit ſur un autre Méridien, à droite ou à gauche, il eſt clair que celui-ci verra une déclinaiſon occidentale ou orientale, & que la hauteur du ſommet apparent ſera pour lui plus petite ou plus grande que celle qui réſulteroit de la concentricité, ſelon que ce ſommet ſera celui de la plus grande ou de la moindre diſtance à l'axe, & réciproquement, ſelon que la latitude du lieu de ce ſecond Obſervateur ſera plus petite ou plus grande, par rapport à celle de ſon correſpondant. Ce qui étant combiné, peut produire un très-grand nombre de cas différens, qu'il ſuffit d'avoir indiqués, pour y avoir tel égard qu'on jugera à propos lorſque l'occaſion s'en préſentera.

37. 9.° Enfin on prendra garde qu'en général, & toutes choſes d'ailleurs égales, l'erreur en excès, dans l'obſervation

de la hauteur apparente du Limbe, de la part de l'Observateur le moins septentrional, donne la hauteur réelle trop grande, & en défaut, trop petite; & que c'est tout le contraire dans le cas opposé de l'Observateur le plus septentrional. Dans le premier cas, l'angle parallactique ou de concours des deux rayons visuels est trop aigu, & ils se vont couper trop loin des Observateurs; comme dans le second il n'est pas assez aigu, & ils viennent se couper trop près.

38. Ces remarques nous conduiront dans le choix que nous allons faire entre plusieurs Phénomènes & plusieurs observations, pour y appliquer la Méthode des Parallaxes; ou, n'ayant pas ici autant à choisir qu'il seroit à desirer, elles nous éclaireront du moins sur le degré de certitude qu'il conviendra d'attribuer à chacun des résultats que nous en allons tirer, ou enfin sur l'espèce d'erreur que nous y devrons soupçonner en excès ou en défaut, par rapport à la hauteur réelle du Phénomène.

39. Mais avant que de passer aux Phénomènes qui ont paru depuis la composition de mon Ouvrage, revenons un moment sur un de ceux qui faisoient mon principal objet, & auxquels, j'appliquai la Méthode dont il s'agit. Je veux parler de la fameuse Aurore Boréale du 19 Octobre 1726, que j'ai lieu de croire aujourd'hui avoir été dans un des cas les moins favorables à cette application *(Sup. n.° 29)*; puisqu'elle déclinoit, selon moi, de 14 à 15 degrés vers l'Ouest*, & que les lieux des deux observations correspondantes, Paris & Rome, sur lesquels j'en calculai la hauteur, différoient de plus de 10 degrés en longitude, sur moins de 7 en latitude. Il est vrai que feu M. *Maraldi* n'y avoit point remarqué de déclinaison à Thury*, & que je fondai là dessus mon calcul; mais la suite me persuade que mon observation, plus positive que la sienne, étoit à cet égard préférable. Ce qui est certain, c'est que je desirai dès-lors que l'observation de cette Aurore Boréale eût été faite dans deux villes situées à peu-près sur le même Méridien, à *Coppenhague*, par exemple, en même temps qu'à *Rome**, qui ne different que de 15

* A Breuillepont. *Mém. Acad.* 1726, *p.* 203.

* *Ibid. p.* 332.

* *Sup. p.* 61.

à 16 minutes en longitude, sur 13 ou 14 degrés en latitude. Or, on me manda quelque temps après, que ce Phénomène avoit été observé en effet à Coppenhague : mais l'incendie arrivé en 1728, dans cette ville, ayant fait retirer tumultuairement les papiers qui étoient dans la Tour Astronomique, ce ne fut qu'en 1734 que l'observation fut retrouvée, & me fut envoyée. C'est à M. *Horrebow*, dont il a été parlé plus d'une fois dans mon Ouvrage, & qui me sera encore ici d'un grand secours, que j'eus cette obligation*. Il y joignit le calcul entier de la hauteur réelle du Phénomène en correspondance avec l'observation faite à Rome. Et comme le sommet apparent de l'Arc se trouva passer par le zénit de Coppenhague*, cette hauteur en fut conclue de 187 de nos lieues; bien différente de celle de 266 lieues où le faisoit monter l'observation de Rome, comparée à celle de Paris, en le faisant passer par le zénit de Péterſbourg*. Différence qui ne doit point surprendre, vû la complication d'erreur que pouvoit produire ici la grande déclinaison du Phénomène, jointe à la grande distance des Méridiens. Cependant on pourroit très-bien concilier les deux résultats, en supposant seulement, & comme il y a grande apparence, que l'observation faite à Rome, par exemple, péchoit en excès; car par ce moyen (n.° 37) la hauteur réelle tirée des deux observations correspondantes, Rome & Paris, devient plus petite, & celle qui résulte des deux autres, Rome & Coppenhague, plus grande. Du reste, on n'a pû savoir le lieu qu'occupoit le sommet de l'Arc à Péterſbourg* : le temps y avoit été nébuleux ce jour-là; *on y vit seulement une lumière qui s'étendoit beaucoup de toutes parts**.

* *Let. du 1 Août 1734.*

* Aurora fuit planè verticalis, *Ibid.*

* *Sup. p. 62.*

* *Comm. Ac. Pet. t. IX. p. 328.*

* *Sup. p. 269.*

Application de la Méthode des Parallaxes à quelques-unes des Aurores Boréales qui ont paru depuis 1731, jusqu'en 1751.

40. Les latitudes & les longitudes des lieux d'observation seront prises dans le livre de la *Connoissance des Temps* que

l'Académie publie tous les ans, & la latitude de l'Obſervatoire, $48^d\ 50'\ 10''$, ſera toûjours vaguement réputée celle de Paris.

La hauteur apparente de *l'Arc lumineux*, ou ſimplement de l'*Arc*, du *Limbe*, ou, en général, de l'*Aurore Boréale*, ſera toûjours cenſée celle du ſommet de cet Arc, & de ſon bord ſupérieur.

Cette hauteur étant ordinairement renfermée, dans les obſervations, entre certaines limites, d'un ou deux degrés, plus ou moins, nous prendrons toûjours la hauteur moyenne qui en réſulte.

Il ſeroit ſuperflu dans une pareille recherche d'avoir égard à l'aplatiſſement de la Terre vers ſes Poles. Nous la ſuppoſerons toûjours exactement ſphérique, de 2865 lieues de diamètre, & ces lieues de 25 au degré & de 2282 toiſes chacune, conformément encore à la *Connoiſſance des temps.* Je négligerai auſſi les fractions de lieue dans les réſultats de la hauteur du Phénomène, comme je l'ai déjà pratiqué.

Aurore Boréale du 1er Septembre 1732.

41. Depuis 1731, où ſe termine la partie hiſtorique de mon Traité, juſqu'à aujourd'hui, nous n'avons point eu en France d'année plus féconde en Aurores Boréales que 1732; comme on peut en juger par la liſte & les deſcriptions que j'en donnai l'année ſuivante à l'Académie, & par la diminution très-ſenſible de fréquence qu'on y a remarquée depuis. Mais parmi tant de Phénomènes, dont pluſieurs furent très-brillans & très-magnifiques, je n'en trouve que deux, ſavoir, ceux du 1er Septembre & du 12 Novembre, auxquels je puiſſe appliquer le calcul, faute d'avoir pû recouvrer des obſervations correſpondantes des autres, à une aſſez grande diſtance de Paris, vers le Nord ou vers le Midi, & où la hauteur de l'Arc ait été priſe ou indiquée avec quelque exactitude.

M. *Buache* de cette Académie, premier Géographe du Roi, me donna la figure & la note de celui-ci qu'il avoit obſervé à 10 heures du ſoir; car je n'avois pas ſoupçonné qu'il dût paroître, ayant vû *le Ciel couvert de gros nuages, à 7, 8 & 9 heures, avec une grande pluie & du tonnerre**. Sur cette figure, & par l'Etoile γ de la grande Ourse qui y rasoit l'extrémité supérieure du Limbe, un peu à gauche du sommet, j'en jugeai la hauteur de 14 à 15 degrés sur l'horizon. J'appris quelque temps après, par une lettre de M. le Comte de *Plelo*, Ambassadeur de la Cour de France en Danemarc, adressée à M. *du Fay**, que M. *Horrebow* avoit vû la même Aurore Boréale à Coppenhague vers les $10\frac{1}{2}$ heures du soir +, & qu'il en avoit observé la hauteur apparente du Limbe de 29 à 30 degrés sur l'horizon.

* Mém. 1731. p. 487.

* En date du 15 du même mois.

Sur quoi, prenant les hauteurs moyennes $14\frac{1}{2}$ & $29\frac{1}{2}$, & les autres élémens de calcul ci-dessus énoncés, je trouve la hauteur réelle du Phénomène ou du sommet de son Limbe au dessus de la surface de la Terre, d'environ 214 lieues.

Aurore Boréale du 12 Novembre 1732.

42. Je ne vis pas non plus cette Aurore Boréale. Elle ne parut point à 18 lieues de Paris où j'étois, vers l'Occident, ou elle n'y parut qu'avec *des signes équivoques**. Mais M. *Godin* l'observa à Paris, & M. *Horrebow* à Coppenhague.

* Mém. 1733. p. 491.

M. *Godin* la vit *vers les 6 heures du soir entre les Etoiles de la grande Ourse. Elle étoit basse mais bien terminée par son Limbe*, & il en jugea la hauteur de 9 à 10 degrés. Il n'y remarqua aucune déclinaison, ce qui arrive assez souvent à l'égard de ces Aurores Boréales peu élevées sur l'horizon, & dont l'Arc ne peut paroître par-là que fort surbaissé, la hauteur apparente en étant à peu près la même à son sommet que quelques degrés à côté, à droite & à gauche. C'est par la position de ses jambes, de part & d'autre de la verticale abaissée de l'Etoile Polaire, qu'on en pourroit connoître la déclinaison ; mais il arrive encore assez souvent

+ Cette heure revient à peu près à celle où M. *Buache* l'avoit observée, parce que Coppenhague est plus oriental que Paris de 41′ 41″ de temps. Ce qui soit dit ici pour tout ce qui suit en cas pareil, tant pour Coppenhague que pour tous les autres lieux d'observation qui diffèrent entre eux de longitude.

que cette partie du Limbe de ces Phénomènes se confond avec des vapeurs obscures, vraies ou apparentes, dont l'horizon est chargé pendant leur apparition. Quoi qu'il en soit, M. *Horrebow*, qui vit celui-ci à Coppenhague, après 6 heures, & sur-tout à $6^h \frac{3}{4}$ y observa une déclinaison occidentale d'environ 10 degrés, & il en détermina la hauteur de 23 *.

Ce qui, par la méthode & le calcul ci-dessus, donne environ 174 lieues de hauteur réelle sur la Terre.

Aurore Boréale du 22 Février 1734.

« 43. Le 22 *Février*, il y a eu une Aurore Boréale tran-
» quille, basse, mais assez bien terminée. Je ne l'ai observée que
» sur ses fins, pendant que des nuages l'offusquoient, vers les
» $8\frac{1}{2}$ heures du soir; mais M. *Godin*, qui l'a vûe à $7\frac{3}{4}$ heures,
» m'en a donné une note, d'où je recueille, qu'il y avoit un
» Segment obscur, & par dessus ce Segment un Arc lumineux
» très-brillant, dont le milieu qui s'élevoit à plus de 10 degrés,
» déclinoit du Nord vers l'Ouest de 14 degrés » *.

* *Mém. Ac. 1734. p. 569.*

Le même Phénomène fut observé à Coppenhague vers les 8 heures du soir, par M. *Horrebow* *, & trouvé de 22 à 23 degrés de hauteur apparente par le sommet de son Limbe, avec une déclinaison de 7 à 8 degrés.

* *Lett. du 15 Mars suivant.*

Calculant donc sur ce pied, donnant 15 minutes à ce *plus* que M. *Godin* dit qu'il avoit au dessus de 10 degrés à Paris, & supposant la hauteur apparente du Phénomène à Coppenhague, de $22^d\ 30'$, je trouve que sa hauteur réelle devroit avoir été de 211 lieues.

La déclinaison beaucoup moindre à Coppenhague qu'à Paris, fait voir que la plus grande excentricité de la Calotte Boréale, circulaire ou Elliptique, devoit être vers la gauche

* Lettre de M. *Horrebow* à M. le Comte de *Plelo* du 13 Novembre 1732. *Vidi tandem hesternâ vesperâ luculam Borealem ; sed hoc tantùm scribo, ut noscat Excellentia tua, memet petitionis .... Domini Mayranii memorem esse, &c.* Cette Lettre, & quelques autres du même sur ce sujet, me furent envoyées en original, & je les ai encore entre les mains. Mais notre commerce entre M. *Horrebow* & moi devint bien-tôt plus direct, comme on verra dans la suite.

des

des Obfervateurs, & par conféquent (n.° 28) que l'erreur en excès par rapport à la hauteur obfervée du Limbe, & relativement à ce qu'elle auroit été, s'il n'avoit pas été excentrique, tombe fur l'Obfervateur le plus occidental, & en même temps le plus méridional; d'où il fuit (n.° 37) que le calcul doit avoir donné la hauteur réelle du Phénomène plus grande qu'elle n'étoit.

Aurore Boréale du 22 Février 1735.

44. Cette Aurore Boréale vûe à peu près en même temps à Paris & à Coppenhague, mérite une attention particuliere par bien des circonftances; par la netteté avec laquelle fon Arc lumineux parut tranché dans ces deux villes, malgré quelques nuages qui en interrompoient de temps en temps la continuité; & fur-tout par fa pofition directe fous le Pole.

Je l'obfervai à Paris d'un lieu affez élevé, & d'où cependant je ne pus bien déterminer fon amplitude, tant à caufe des nuages dont je viens de parler, & qui demeurèrent plus conftamment attachés de part & d'autre à l'horizon, que par l'obftacle de plufieurs bâtimens : mais il me fut très-aifé de prendre dans plufieurs momens la hauteur apparente de fon fommet qui paffoit tout proche & au deffous des Etoiles de la tête & du col du Dragon, & rafoit à gauche l'Etoile $\varkappa$ de l'extrémité de l'aîle Boréale du Cygne, comme je le vérifiai le lendemain fur les Cartes céleftes & fur les Tables de *Flamfteed*. Je déterminai donc cette hauteur de 11 à 12 degrés ou d'environ 11 degrés 30 minutes fur la verticale de l'Etoile Polaire, depuis $7\frac{1}{2}$ heures du foir jufque vers les 8 heures.

M. *Horrebow* l'obfervoit à peu près en même temps à Coppenhague, & il en fixa la hauteur à 26 degrés 30 minutes +. Il ne parle d'aucune déclinaifon occidentale ni orientale, à quoi cependant il étoit très-attentif, comme il

+ Aurora Borealis per hanc hyemem frequenter apparuit, fed nunquam adeò limitatè, ut inde quidquam defcribere potuerim, nifi hac vice: die 22 Febr.... vefperi, hor. 8. Barom. 27. $7\frac{1}{2}$. Aurora Borealis alta $26\frac{1}{2}$ grad. &c. *Lettre du 9 Avril 1735.*

paroît par ses observations précédentes, & selon que nous en étions convenus. D'où il est à présumer que le Phénomène n'avoit aussi nulle déclinaison à Coppenhague; cas le plus favorable (n.° 35) qu'on puisse desirer, pour l'application de notre méthode des Parallaxes.

On trouvera donc, d'après ces données, la hauteur réelle du Phénomène ou du sommet de son Arc lumineux, d'environ 165 lieues.

Aurore Boréale du 22 Décembre 1736.

45. Dans le séjour que M. *Celsius* fit à Torno en Bothnie avec nos Académiciens, pour constater la figure de la Terre, il observa quarante-cinq ou quarante-six Aurores Boréales en moins de sept mois, savoir, depuis le 1er Octobre 1736 jusqu'au 22 Avril 1737*. Torno est à 65d 50′ 50″ de latitude, & sa différence latitudinale avec Paris, se trouve par conséquent de 17d 0′ 40″, ce qui donne une base de plus de 420 lieues pour les Parallaxes de l'une à l'autre de ces deux villes. On voit par là combien il seroit à desirer que nous eussions à Paris ou à d'autres semblables latitudes, plusieurs observations des mêmes Phénomènes & en correspondance à celles de M. *Celsius;* mais je n'en trouve que deux à leur associer. Toutes les Aurores Boréales observées à Torno, dont la hauteur apparente ou réelle n'a pas été très-grande, ont été perdues pour nous; nous n'avons pû les voir, & parmi quelques-unes de celles qu'on a vûes dans ces pays-ci, la hauteur angulaire de l'Arc n'a pas été observée, ou ne l'a été qu'à des heures très-différentes. Il faut excepter cependant de ce nombre d'Aurores Boréales qui n'ont pas été vûes fort haut à Torno, celles qu'on y a vûes au delà du zénit vers le Midi. Celles-ci, toûjours très-septentrionales pour nous*, & placées entre Torno & nous, auroient fort bien pû être observées de part & d'autre. Mais quoi qu'il en soit, les deux dont je vais faire usage, sont à cet égard dans le cas le plus favorable, & ne souffrent aucune difficulté.

* *Acta Lit. & Scient. Sueciæ, an. 1737.*

* *XI Ecl. p. 396.*

Le 11 Décembre 1736, dit M. *Celsius* (le 22 nouveau style) *à sept heures trois quarts après midi, l'Arc lumineux passoit par le Zénit (a)*. M. de *Fouchy*, aujourd'hui Secrétaire de l'Académie des Sciences, l'observoit à peu près en même temps, c'est-à-dire, vers les cinq heures & demie, de son Observatoire rue des Postes, & il en détermina la hauteur angulaire, par les Etoiles adjacentes de la grande Ourse, de 14 à 15 degrés. Aucun des deux Observateurs ne fait mention de la déclinaison.

Cela posé, & les autres élémens du calcul étant donnés, on trouvera la hauteur réelle d'environ 194 lieues.

Aurore Boréale du 21 Janvier 1737.

46. Par tout ce que M. *Celsius* nous indique de la hauteur apparente & de la position du Limbe de ce Phénomène, vû à Torno à 8 heures du soir, c'étoit un grand Arc plus que demi-circulaire, immobile, dont le milieu ou le sommet passoit par l'étoile de la Chèvre, *Capella*, 20 degrés 8 à 9 minutes au delà du Zénit vers le Midi, & qui pouvoit avoir 5 à 6 degrés de déclinaison vers l'Est. C'est ce qui se déduit de la distance de cette Etoile au Pole, laquelle étoit en 1737, de $44^d\ 17'\ 44''$, & du point du Ciel où se trouvoit cette Etoile à 8 heures du soir à Torno *(b)*, (qui répondent à environ nos $6\frac{1}{2}$ heures). Il est vrai cependant qu'à en juger par les amplitudes des verticaux où se terminoient les pieds de l'Arc, sa déclinaison pouvoit être de 12 à 13 degrés vers l'Ouest, & qu'on ne voit pas bien aussi, par l'expression de M. *Celsius*, si l'Etoile brilloit précisément sur le bord extérieur du Limbe, ou à quelque distance de ce bord, dans sa largeur. Mais je passe par dessus tous ces doutes, en faveur d'une observation si précieuse, faite à plus de 17 degrés de

(a) In *Œfwer-Torneå, 11 Decemb.* Hor. $7\frac{3}{4}$ p. m. Arcus lucidus zenith secabat. *Act. Lit. sup. cit. p. 256.*

(b) D. 10 Januar. *(21 N. S.)* in *Torneå* Hor. 8 p. m. Arcus immobilis apparebat, in cujus medio transflucebat *Capella*. Hic Arcus Orientem versus secabat horizontem in verticali per γ *Ursæ majoris*, versus Occidentem verò per β *Cassiopeæ* transeunte. *Ubi sup. p. 259.*

distance latitudinale de Paris, & dont nous avons sa correspondante. L'erreur qui en peut résulter, par rapport à notre objet, ne sauroit être bien considérable; 1.° parce que quelques degrés de déclinaison de part ou d'autre de ce grand Arc n'y changent que peu sa hauteur angulaire; 2.° parce que le point observé se trouvant placé entre les deux Observateurs, il en résulte ici un très-grand angle parallactique, savoir, de plus de 80 degrés; sur quoi l'erreur de quelques minutes, ou d'un degré, plus ou moins, n'en sauroit produire une bien grande sur la hauteur réelle.

J'observai cette même Aurore Boréale à Paris, dans plusieurs momens de clarté, depuis 6 jusqu'à 7 heures du soir. Le Ciel se couvrit après cela de nuages sans retour; mais je l'observai très-bien dans ces momens, où son Limbe étoit assez distinctement tranché, entre les Etoiles de la queue de l'*Ourse* & de la tête du *Dragon*, & j'en déterminai la hauteur apparente ou angulaire, de 13 à 14 degrés, ou $13^d\ 30'$.

D'où, & des élémens ci-dessus, on tirera la hauteur réelle d'environ 155 lieues.

Aurore Boréale du 16 Décembre 1737.

47. J'ai assez parlé de la célébrité de cette Aurore Boréale en Italie, & des Ecrits qu'elle y occasionna *. Le R. P. *Boscovich*, sur l'Observation de M. le Marquis *Poleni* à Padoue, & sur ce que le Phénomène avoit paru jusqu'aux extrémités septentrionales de l'Angleterre, en avoit d'abord déterminé la hauteur réelle à plus de 836 milles, dont les 720 font 300 de nos lieues, c'est-à-dire, à plus de 348 lieues *. Mais plus particulièrement informé depuis, il réduisit cette hauteur à 660 milles ou 275 lieues *.

* *Sup. p. 303.*

* *Diss. de Aur. Bor. p. 7.*

* *[illegible], in Aur. [illegible]* R. P. Noccti.

48. Nous la diminuerons encore, sur les deux observations correspondantes qui en furent faites à Paris & à Montpellier, dont la différence longitudinale est d'environ un degré & demi, & la latitudinale de plus de cinq degrés. M. de *Fouchy* l'observa dans la première de ces deux villes, depuis $6\frac{1}{2}$ jusque vers les $7\frac{1}{2}$ heures du soir, & il en jugea la hauteur

angulaire sur l'horizon, par les fixes adjacentes, de 29 à 30 degrés. M. de *Plantade* trouva cette même hauteur du Limbe à Montpellier, vers les 7 heures, de 17 degrés. D'où & par la méthode précédente, résulte une hauteur réelle d'environ 200 lieues.

49. L'observation de M. de *Plantade* me fut envoyée par M. de *Guilleminet*, ancien Greffier de la Province de Languedoc, & très-versé dans l'Astronomie. Il y joignit une figure du Phénomène, soigneusement dessinée & coloriée. Cette figure m'a paru si curieuse par les accidens de lumière, par les couleurs, & par l'espèce de nuages singuliers dont ce Phénomène y est accompagné, que j'ai cru ne pouvoir mieux faire que de la rapporter ici, en y suppléant les couleurs par les traits de la gravure, par des lignes différemment couchées, & par des points, comme on les emploie dans le Blason. Mais il convient d'en indiquer plus particulièrement l'espèce & les nuances. Fig. XXXVI.

Le Segment obscur qu'on voit communément d'un gris d'ardoise ou violet brun, n'est dans cette figure que d'un bleu foncé: le limbe, couleur de feu auprès du Segment, se termine insensiblement en jaune; le rouge domine dans la gerbe de rayons qu'on voit à gauche vers l'Occident; ce qu'on prendroit pour un gros nuage du même côté, & qui y cache une partie du Limbe, tire sur le couleur de sang; les nuages noirâtres de la droite sont plus foncés, & sur-tout mieux tranchés que ne le comporte la contexture ordinaire des vrais nuages; tout le reste du Ciel est d'un gris cendré, peu uniforme, fouetté de violet, & qui s'éclaircit de plus en plus en approchant du Limbe, jusqu'à devenir blanc citrin. Ce Limbe est plus large qu'il n'a coûtume d'être, il fait plus du tiers de toute la hauteur du Phénomène à compter de l'horizon jusqu'au sommet de l'Arc. Les Etoiles qui brillent à travers ces nuages apparens, & toutes les autres circonstances me persuadent que ce n'étoient ici que des flocons, des amas de la matière Zodiacale, plus ou moins denses, plus ou moins élevés dans les couches supérieures de notre Atmosphère.

Aurore Boréale du 3 Novembre 1740.

50. Parmi une trentaine d'Aurores Boréales que M. *Celsius* observa à Upsal en 1740 *, je ne trouve que celle-ci dont je puisse établir la correspondance; encore n'est-ce pas sans quelque sujet de doute. *Pendant toute la soirée* (tota vespera) *du 23 Octobre* (3 Nov. N. S.) dit M. *Celsius, il s'éleva du Nord-nord-ouest des Arcs lumineux l'un après l'autre*, qui passoient ou *qui se répandoient par le zénit, & qui y formoient différentes courbures ;* apparemment, selon qu'ils déclinoient plus ou moins, ou qu'ils devenoient quelquefois concentriques à l'axe de la Terre. Le Lecteur fera là-dessus les réflexions qu'il jugera à propos; mais quoi qu'il en soit, j'observai la même soirée, étant au Château de Sain-port, de $6\frac{1}{2}$ jusque vers les $7\frac{1}{2}$ heures, une Aurore Boréale dont le sommet de l'Arc étoit rasé par l'Etoile α de la grande Ourse, & qui, par conséquent, vû la déclinaison actuelle de cette Etoile, devoit avoir environ 22 degrés de hauteur sur l'horizon, & ne s'écartoit pas bien sensiblement du vertical de l'Etoile Polaire.

* *Acta Soc. Reg. Scient. Upsaliensis, ad an. 1740, p. 43.*

Le Château de Sain-port ou de S.te Assise, comme je puis en juger par quelques observations Astronomiques que j'y avois faites, est de $17\frac{3}{4}$ minutes plus méridional que l'Observatoire de Paris. Ce qui étant ôté de la latitude de cet Observatoire, & le tout retranché de la latitude d'Upsal, qui est de $59^d\ 51'\ 50''$, donne à notre Parallaxe une base latitudinale de $11^d\ 19'\ 25''$, & à la hauteur du sommet de l'Arc au dessus de la Terre, environ 157 lieues; dans la supposition que cet Arc passoit par le zénit d'Upsal, & abstraction faite de la déclinaison qui, dans le cas dont il s'agit, ne pouvoit pas produire une erreur bien considérable.

Aurore Boréale du 3 Février 1750.

51. La fréquence du Phénomène diminue de plus en plus dans nos climats; c'est encore ici le seul depuis 1740, dont j'aie pû faire usage dans cette recherche, & le dernier

Planche XVII. Eclair. XIII. Pag. 430.

Fig. XXXVI. Aurore Boreale observée à Montpellier le 16 Decembre 1737.

que j'y emploierai; mais il eſt tel qu'il pourra me tenir lieu de plusieurs autres. Je l'ai décrit ci-deſſus *nn.° 21 & 22,* en y appliquant la méthode de M. *Maïer,* & d'après les deux obſervations qui en avoient été faites, l'une par M. de *Fouchy* à l'Obſervatoire, où la hauteur apparente de l'Arc fut trouvée de 26 à 27 degrés, l'autre par M. *Abauzit* à Genève, où cette hauteur fut eſtimée de 19 à 20 degrés.

La Parallaxe qu'il s'agit préſentement d'en tirer d'après ces deux obſervations, ſera ſans doute d'un grand poids, par l'intelligence & l'exactitude des Obſervateurs, ſur un Phénomène dont les circonſtances ont été des plus favorables. Cependant la petite diſtance latitudinale qui ſe trouve entre Paris & Genève, qui ne paſſe guère deux degrés & demi, & qui ne donne par-là qu'un angle parallactique fort aigu, ne peut qu'en rendre le réſultat incertain entre d'aſſez grandes limites. Car quelques minutes d'erreur en plus ou en moins ſur la hauteur apparente & angulaire de l'Arc, peuvent fort bien influer en ce cas d'une trentaine de lieues ſur la hauteur réelle attribuée à cet Arc, &, comme nous l'avons ſouvent remarqué, cette erreur eſt preſque inévitable ſur des objets de cette nature.

52. J'ai donc tâché de me procurer quelque autre obſervation correſpondante de ce Phénomène, faite à une plus grande diſtance latitudinale; & c'eſt ce que j'ai heureuſement trouvé dans l'obſervation de M. d'*Arquier,* de l'Académie Royale des Sciences, Inſcriptions & Belles-Lettres de Toulouſe, où il avoit obſervé la même Aurore Boréale avec beaucoup d'intelligence & d'exactitude, & aux mêmes heures qu'on l'avoit obſervée à Paris & à Genève. M. d'*Arquier* a eu la bonté de m'en envoyer la deſcription, & de répondre à tous les Eclairciſſemens que je lui avois demandés ſur ce ſujet *, & il réſulte de ſon obſervation, que le ſommet de l'Arc blanc & lumineux fut vû à Toulouſe de 14 à 15 degrés de hauteur.

Ces trois obſervations combinées, comparées entre elles, & avec ce que nous avons déjà conclu des deux premières

* *Lettre de M. d'*Arquier *du 18 Mars 1753.*

par la méthode de M. *Maïer,* nous donneront, ſi je ne me trompe, tout ce qu'on pouvoit eſpérer juſqu'ici de plus précis ſur cette matière.

La latitude de Toulouſe n'étant que de $43^d\ 35'\ 54''$, nous fournit un Arc latitudinal, entre cette ville & Paris, de $5^d\ 14'\ 16''$, & une baſe parallactique de plus de cent trente lieues. Remarquons encore que Toulouſe eſt preſque ſur le même Méridien que Paris; la différence n'en eſt pas d'un degré. Et quoiqu'il ſoit comme certain que l'Arc du Phénomène dont il s'agit, n'avoit point de déclinaiſon *(Sup. n.º 21)*, ou qu'il n'en avoit qu'une bien peu ſenſible, le calcul en devient toûjours plus ſûr par la circonſtance du même Méridien.

Calculant donc d'après ces élémens, & par notre méthode, on trouvera que la hauteur réelle du ſommet de cet Arc au deſſus de la ſurface de la Terre, étoit d'environ 173 lieues.

53. Pareil calcul étant fait ſur les deux obſervations de Paris & Genève, il n'en réſulte qu'environ 154 lieues.

54. Mais Toulouſe & Genève nous redonnent à peu près la même hauteur que Toulouſe & Paris, 175 lieues.

55. Réſumant enfin toutes ces hauteurs d'Aurore Boréale, déterminées ou indiquées dans cet Eclairciſſement, j'en forme la Table ſuivante, où je les raſſemble ſous un coup d'œil, avec les noms des Villes d'obſervation, ceux des Obſervateurs, & avec les Numero où j'en ai plus particulièrement donné le détail & les preuves. Je n'ai point héſité de faire entrer dans cette Table les deux Bandes lumineuſes obſervées & calculées, l'une du 15 Février 1730, l'autre du 27 Février 1750, n'y ayant aucun doute qu'elles ne fiſſent partie des Aurores Boréales qui parurent les mêmes jours & en même temps. Les Phénomènes qui ne ſont ſuivis ici que d'un ſeul nom de Ville & d'Obſervateur ont été calculés par la Méthode de M. *Maïer,* tous les autres par celle des Parallaxes.

56. *TABLE*

56. *TABLE des différentes hauteurs de l'Aurore Boréale au dessus de la surface de la Terre, déterminées dans cet E'claircissement.*

Numero.	ANNÉES, MOIS & JOURS.	VILLES & LIEUX d'Observation.	OBSERVATEURS	LIEUES de Hauteur.
20	1621. Septembre, 12	Peynier,	*Gassendi,*	160.
2	1726. Octobre, 19	Paris, Rome,	*Godin,* *Bianchini,*	266.
39	. . . .	Rome, Coppenhague,	*Bianchini,* *Horrebow,*	187.
2	1730. Février, 15	Genève, Montpellier,	*Cramer,*	160.
23	1730. Mars, 16	Péterſbourg,	*Krafft,*	47.
23	. . . . . Septembre, 6	Péterſbourg,	*Krafft,*	58.
23	. . . . . Novembre, 2	Genève,	. . . .	170.
2	1731. Octobre, 2	Coppenhague, Breuillepont,	*Horrebow,* *De Mairan,*	250.
41	1732. Septembre, 1	Paris, Coppenhague,	*Buache,* *Horrebow,*	214.
42	. . . . . Novembre, 12	Paris, Coppenhague,	*Godin,* *Horrebow,*	174.
43	1734. Février, 22	Paris, Coppenhague,	*Godin,* *Horrebow,*	211.
44	1735. Février, 22	Paris, Coppenhague,	*De Mairan,* *Horrebow,*	165.
45	1736. Décembre, 22	Paris, Torno,	*De Fouchy,* *Celſius,*	194.
46	1737. Janvier, 21	Paris, Torno,	*De Mairan,* *Celſius,*	155.

Numero.	ANNÉES, MOIS & JOURS.	VILLES & LIEUX d'Obfervation.	OBSERVATEURS	LIEUES de Hauteur.
47	1737. Décembre, 16	En Angleterre, Padoue,	........., *Poleni,*	275.
48	....	Paris, Montpellier,	*De Fouchy, Plantade,*	200.
50	1740. Novembre, 3	Upfal, Sain-port,	*Celfius, De Mairan,*	157.
21	1750. Février, 3	Paris,	*De Fouchy,*	169.
22	....	Genève,	*Abauzit,*	134.
52	....	Paris, Touloufe,	*De Fouchy, d'Arquier,*	173.
53	....	Paris, Genève,	*De Fouchy, Abauzit,*	154.
54	....	Genève, Touloufe.	*Abauzit, d'Arquier,*	175.
Sup. p. 393	..... Février, 27	Paris, La Haie,	*De Mairan, Gabry,*	168.

57. Si l'on fait une fomme de toutes les hauteurs contenues dans la dernière colonne de cette Table, & qu'on divife cette fomme par 23, nombre des hauteurs données, on en tirera une hauteur moyenne de $174\frac{14}{23}$, ou d'environ 175 lieues.

58. Toutes ces hauteurs pourroient à la rigueur être vraies ou approchantes du vrai, n.° 4; mais il eft bien plus à croire qu'il y en ait plufieurs qui pèchent en excès ou en défaut, felon que les Phénomènes auxquels elles fe rapportent fe feront trouvés moins fufceptibles d'obfervations exactes, & les Obfervateurs dans des circonftances moins favorables.

59. On peut donc faire ici un choix de ceux de ces

Phénomènes où les conditions requises pour la plus grande justesse de l'observation, accompagnées des circonstances extérieures les plus favorables, auront été le mieux remplies; & sur ce pied je choisis les dix Phénomènes suivans; savoir,

Le Phénomène de *Gassendi*, n.° 20, calculé par la méthode de M. *Maïer*, & trouvé de 160 lieues de hauteur.

Celui du 3 Février 1750, trouvé par cette même méthode, n.° 21, de 169 lieues, & par celle des Parallaxes appliquée, n.° 52, à la plus grande base, de 173.

Et les huit autres, compris sous les numero 39, 42, 43, 44, 45, 46, 48, & page 393.

Le Lecteur verra assez par la lecture de ces articles, & des instructions répandues dans cet Eclaircissement, les raisons de la préférence que j'ai donnée à ces Phénomènes sur les autres.

60. Du reste, on peut les considérer tous sous trois aspects différens, & les renfermer dans ces trois classes.

La première, de ceux qui ont été vûs sans déclinaison, ou qui n'ont eu qu'une déclinaison insensible.

La seconde, de ceux dont les observations correspondantes ont été faites sur le même Méridien ou à peu près, relativement à la distance latitudinale des Observateurs.

Et la troisième, de ceux où les conditions précédentes se trouvent suppléées par la grandeur des bases & des angles parallactiques, ou par telle autre circonstance importante.

Car nous avons vû, nn.° 35, 34, 30, 31, &c. que ce sont là les conditions qui peuvent porter le plus de justesse dans les résultats de nos calculs.

61. Parmi les Phénomènes choisis, celui de *Gassendi* ne remplit qu'une de ces conditions, mais la plus importante de toutes, & qui renferme ou supplée les trois autres.

Le Phénomène du 3 Février 1750, nn.° 21 & 52, les remplit toutes trois.

Celui du n.° 44 remplit la première & la troisième.

Ceux des nn.° 39, 48 remplissent les deux dernières.

Et les cinq autres, nn.° 42, 43, 45, 46, & p. 393,

ſeulement la troiſième, les circonſtances favorables du dernier, expliquées à l'endroit cité, pouvant ſuppléer à la petiteſſe de la baſe.

62. Que ſi l'on veut enfin tirer une hauteur moyenne de ces dix Phénomènes, ou des onze hauteurs qui réſultent de la double méthode appliquée à celui du 3 Février 1750, on trouvera $177\frac{9}{11}$ lieues qui ne different de la moyenne qu'a fourni toute la Table, que d'environ 3 lieues.

63. D'où il eſt à préſumer que, quelles que ſoient les erreurs de cette Table, en excès & en défaut, s'il y en a, n.° 58, elles doivent s'y trouver aſſez bien compenſées; & que la hauteur moyenne ou la plus ordinaire de la matière du Phénomène, que nous en avons déduite, ſavoir, d'environ 175 lieues, ne peut guère s'écarter de la véritable.

XIVME E'CLAIRCISSEMENT.

Sur l'Aurore Polaire Auſtrale.

L'Aurore Boréale étant, ſelon ma théorie, un Phénomène Coſmique, & qui, toutes choſes d'ailleurs égales, ne doit pas moins appartenir au Pole Auſtral & à l'hémiſphère de ce nom, qu'au Boréal*, on a pu demander, pourquoi parmi tant de voyageurs qui ont paſſé une partie de leur vie dans cet hémiſphère, ou qui l'ont parcouru, aucun que nous ſachions, n'y a vû l'Aurore Polaire, ou ne nous a donné connoiſſance qu'il l'y eût vûe? J'en ai dit les raiſons dans ce même Traité*, il eſt bon de ſe les rappeler; mais je ſuis aujourd'hui en état d'y ajoûter quelque choſe de plus poſitif & de plus ſatisfaiſant.

* *Tr. de l'Aur. Bor. Sect. III, Chap. II, p. 104.*

* *Sect. V, Queſt. XI.*

Toute la partie Sud, compriſe dans l'hémiſphère Auſtral, depuis le Cap de Bonne-eſpérance ($34\frac{1}{2}$^d^ de latitude Auſtrale) en tirant vers l'Eſt, ne nous préſente que de petites Iſles, des liſières de côtes peu connues & peu fréquentées, ou trop peu avancées vers le Pole, pour en attendre des relations de l'Aurore Polaire Auſtrale. Car, à raiſonner ſur cet hémiſphère, d'après ce qui ſe paſſe à cet égard dans le nôtre, il n'y a nulle apparence que le Phénomène s'y montre jamais en deçà du 36me degré de latitude Auſtrale, & il doit s'y montrer bien rarement & bien foiblement juſqu'au 40me & au delà. Mais en prenant la route oppoſée, vers l'Oueſt, on rencontre des Iſſes plus prochaines du Pole, & enfin la pointe de l'Amérique méridionale, l'Iſle d'Anican, la Terre de Feu, les détroits de Magellan & de le Maire, & le Cap de Horn, qui, par rapport à l'Aurore Polaire, ſe trouvent dans le cas de l'Angleterre, de la Poméranie & du Danemarc, où les Aurores Boréales ſont, depuis trente ou quarante ans, très-grandes & très-fréquentes. Car toutes ces Terres giſent entre les 50 & 56 degrés de latitude méridionale. Cependant une poſition ſi favorable aux apparitions de l'Aurore Auſtrale ne nous avoit procuré juſqu'ici aucun Eclairciſſement ſur ce ſujet, & bien des cauſes peuvent y avoir concouru.

Ces parages ſont aſſez connus, ils ont été ſouvent fréquentés; mais enfin ils n'ont été vûs qu'en paſſant, en allant à la mer du Sud, & en revenant de la mer du Sud dans celles de nos continens. En un mot, il n'y a point eu d'établiſſement fixe d'où un Obſervateur aſſidu ait pû nous donner des nouvelles de l'Aurore Auſtrale. Philippe II Roi d'Eſpagne avoit fait des dépenſes immenſes pour peupler les terres Magellaniques. Il y avoit envoyé, vers l'an 1585, une Colonie qui s'établit ſur la côte ſeptentrionale du détroit même de Magellan, lequel étoit alors le ſeul paſſage connu, & dont il paroiſſoit important de ſe rendre maître. Cette Colonie porta d'abord le nom de *Philippopolis*, ou de *Saint-Philippe*, & bien-tôt après, celui de *Port-Famine.* Nom trop juſtement mérité; car les habitans y ayant été laiſſés ſans ſecours & ſans vivres, y périrent tous de misère, de froid & de faim. Les Eſpagnols n'ont fait depuis le commerce de la mer du Sud, que par Porto-Belo & Panama. Le détroit de Magellan a été abandonné, ce n'eſt que par celui de *le Maire*, & en doublant le Cap de Horn, découverts en 1616, que l'on va aujourd'hui de l'une à l'autre mer. Ce paſſage ne fut jamais plus fréquenté que pendant la guerre de la ſucceſſion d'Eſpagne en 1702, par les Armateurs de S.t Malo, qui alloient faire leurs courſes dans la mer du Sud; mais notre dernière Repriſe des Aurores Boréales n'avoit pas encore commencé, & quoi qu'il en ſoit, ce ne ſont toûjours que des paſſages dénués de tout établiſſement.

Conſidérons encore que dans toutes ces mers qui environnent la pointe de l'Amérique méridionale, on n'a le plus ſouvent qu'un Ciel couvert, un temps *brumeux*, & ſujet à de fréquentes tempêtes. Eſt-il étonnant que pendant de ſi courts intervalles, on n'y ait point vû un Phénomène qui eſt quelquefois trente ou quarante ans ſans paroître, & qui, dans les temps de ſes Repriſes, ne paroit qu'en certains jours ſouvent fort éloignés les uns des autres? Nous avons été plus de cinquante ans, ſans le voir ou ſans l'obſerver à Paris; on l'avoit oublié à Coppenhague en 1709, *& une très-grande & très-lumineuſe Aurore Boréale s'y étant manifeſtée,* cette année-là, *pluſieurs corps de garde ſortirent, prirent les armes, & battirent le tambour* *. Combien de fois des Navigateurs pourroient-ils avoir paſſé dans nos mers, ſans voir l'Aurore Boréale?

* *Sup. p. 84.*

Enfin les Navigateurs, & ceux ſur-tout qui ont doublé le Cap de Horn, occupés de ſoins plus preſſans, auront négligé de nous inſtruire d'un Phénomène dont ils n'étoient pas eux-mêmes aſſez inſtruits, & qu'ils auront bien pu confondre avec le feu S.t Elme, ou avec quelqu'autre météore. Il y falloit, des connoiſſances préliminaires, ou des attentions qu'ils n'ont point eues, pour le démêler parmi ces apparences trompeuſes; faute de quoi tout ce qu'ils ont pu voir dans ce genre aura été perdu pour nous.

Telles étoient mes conjectures, & les voici enfin pleinement juſtifiées, par un de ces hazards heureux que les temps n'amènent quelquefois que bien tard.

• Ayant été informé que Don Antoine de *Ulloa,* Capitaine

de Vaisseau du Roi d'Espagne, & l'un des deux Officiers nommés par Sa Majesté Catholique, pour faire avec nos Académiciens le voyage de l'Equateur, avoit doublé le Cap de Horn, & qu'il y avoit vû une lumière vers le Pole, je pris le parti de lui en écrire, & il m'accorda la réponse qui suit, en date de Rouen le 28 Avril 1750.

« M. C'est avec bien du plaisir que j'ai reçû la Lettre que vous m'avez fait l'honneur de m'écrire, du 24 de ce mois, sur les Aurores de l'Hémisphère Austral, dont M. *Jallabert* vous a parlé, d'après l'entretien que j'avois eu avec lui sur ce sujet. Je lui ai dit que j'en avois vû quelques-unes, lorsque le temps étoit favorable, mais non que j'en eusse fait des observations dans toutes les formes, comme il auroit été à desirer, parce que le brouillard plus ou moins épais dont notre Navire étoit presque toûjours enveloppé ne le permettoit pas. C'est la raison pourquoi je n'en ai point parlé dans la Relation de mon Voyage. Et il est bon que je vous dise à ce sujet, que tout ce que j'ai pu distinguer, lorsque les brouillards se dissipoient du côté du Sud, c'étoit une grande clarté dans le Ciel, qui montoit quelquefois jusqu'à 30 degrés au dessus de l'horizon, à peu près comme quand la Lune est prête à se lever, quelquefois plus rougeâtre, & quelquefois plus brillante ou plus blanche. Ces entrevûes ne duroient guère au delà de trois ou quatre minutes, parce qu'un nouvel amas de brouillard en reprenoit la place, & si celui-ci venoit à être dissipé par le vent, il en succédoit bien-tôt un autre qui nous empêchoit de voir l'horizon, & même les autres Vaisseaux de la Compagnie. Et pour vous faire mieux comprendre l'effet de ces brouillards dans la saison où je passai le Cap de Horn, j'aurai l'honneur de vous dire, que quelquefois nous ne nous voyions point réciproquement entre les trois Navires, & que d'autres momens, lorsque nous nous croyions le plus éloignés les uns des autres, nous en découvrions les girouettes qui paroissoient assez proches, sans voir le corps du Vaisseau, & que quelquefois nous voyions le corps du Vaisseau & une partie de la mâture, sans rien

» apercevoir de tout le reste. Un moment après nous ne nous » voyions plus, & vous devez imaginer que c'est comme » par une fenêtre qu'on y découvre les objets, & qu'on les » y perd avec la même promptitude qu'on les avoit vûs, & » lorsqu'on s'y attend le moins. C'est ce qui arrivoit aussi à » l'égard de tout l'horizon, par ce brouillard qui nous accom- » pagna depuis les 40 degrés de latitude Sud, en allant vers le » Cap de Horn, jusqu'à pareille hauteur après l'avoir doublé. » Je passai ce Cap dans le mois de Mars & partie d'Avril de » l'année 1745. Mais suivant ce que j'appris de ceux qui » avoient fait plus tôt la même traversée, c'est-à-dire, aux mois » de Janvier & de Février, les brouillards n'y sont pas alors si » communs, ou même y sont-ils assez rares. Mais en pareille sai- » son on ne peut guère s'apercevoir de ces Aurores, parce que » le Crépuscule n'a pas le temps de finir, celui du matin se » confondant avec celui du soir. Je pense qu'elles doivent être » fréquentes dans l'Hiver de cet Hémisphère, puisque toutes » les fois que les nuages le permettoient, & que le Ciel » venoit à se découvrir du côté du Pole, j'en apercevois quel- » que chose. Pour ne pas m'y tromper, je comparois cette » partie où je voyois la clarté, aux autres parties du Ciel, » en attendant qu'il s'y fît quelque ouverture de côté ou d'au- » tre. Il me falloit quelquefois attendre plus de deux heures, » & pour lors je ne me fiois pas à ma comparaison. Quant » à l'heure où paroissoit cette Aurore, j'aurai l'honneur de » vous dire, que je restois d'ordinaire sur le gaillard jusqu'à » minuit, & que j'en ai quelquefois vû la clarté jusqu'à pareille » heure, mais le plus souvent c'étoit jusqu'à dix heures, & ce » n'est que deux ou trois fois que je l'ai aperçue plus tard. Je » faisois aussi attention à l'état de la Lune, & à voir si ce que » j'apercevois n'étoit pas plustôt un effet de la réflexion de » sa lumière sur le brouillard délié des particules de glace répan- » dues dans l'Atmosphère, qu'une véritable Aurore, & ce n'est » que lorsque la Lune étoit sous l'horizon, que je la regardois » comme telle. Je la fis observer aussi aux Officiers du Vais- » seau, qui jusqu'alors n'avoient pas fait attention à un pareil Phénomène.

Phénomène. Je ferois charmé de pouvoir vous donner de « plus amples instructions sur ce sujet, & vous pouvez être « persuadé, » &c.

La retenue & l'intelligence qui règnent dans toute cette Lettre de M. de *Ulloa*, son attention aux moindres circonstances, font de son témoignage tout ce que nous pouvions espérer là-dessus de plus authentique & de plus instructif. Ces *entrevûes* de la Lumière Australe, qui ne duroient que quelques minutes, ces ouvertures subites qui se faisoient dans le brouillard, & à travers lesquelles on la voyoit, *comme par une fenêtre* qui se refermoit le moment d'après, nous donnent la clef de ce que rapporte M. *Frézier* dans sa Relation de la Mer du Sud, lorsqu'il doubloit le même Cap, en 1712 *. *Nous nous estimions*, dit-il, *par les* $57\frac{1}{2}$ *de latitude, & 69 ou 66 de longitude* (occidentale) *lorsque par un grand vent & un temps brumeux, une heure* $\frac{1}{2}$ *après minuit, le Quart de babord vit un météore inconnu aux plus anciens Navigateurs qui étoient présens; c'étoit une lueur différente du Feu S.t Elme & d'un Eclair, qui dura environ une demi-minute, &c.* Je supprime les imaginations de l'Equipage à ce sujet; mais il y a bien de l'apparence que ce n'étoit autre chose, que la lumière aperçue à diverses reprises par M. de *Ulloa*.

* *Le 18 Mai, p. 34.*

XVME ECLAIRCISSEMENT.

Sur les Aurores Boréales qui pourroient se former sur la Lune.

J'AI assez discuté cette matière dans les Questions XIV, XV & XVI de ma cinquième Section. Je me bornerai pour le présent à rapporter l'observation curieuse qui me fut envoyée de Rome sur ce sujet, par le R. P. *Jacquier*, déjà cité dans ces Eclaircissemens.

« Le 11 Avril *, en observant l'occultation de l'Etoile ε « des Gémeaux par la Lune, on voyoit sortir du Limbe Boréal «

* *1742. Lettre du 27 du même mois.*

» de la Lune, un rayon blanchâtre dont la largeur égaloit à » peu près le demi-diamètre de la Lune, & dont la longueur » étoit environ quadruple. L'extrémité Boréale de ce rayon » étoit fort brillante, & touchoit exactement le Limbe Boréal » de la Lune. Cette lumière décroissoit en s'éloignant de ce » même Limbe. Tous ceux qui furent témoins de ce Phéno- » mène crurent à la première vûe que c'étoit un nuage; mais » on s'aperçut que cette clarté suivoit le mouvement de la » Lune, & elle l'accompagna avec les mêmes circonstances » jusqu'à son coucher. Je me suis informé si l'on n'avoit point » observé le même Phénomène les jours précédens; plusieurs » personnes m'ont assuré avoir vû avec admiration, le 9me » d'Avril, un rayon de feu sortir de la Lune, & ressemblant » à un Globe de flammes. Ceux qui en furent témoins atten- » doient ce Phénomène la nuit suivante; mais des nuages en » dérobèrent la vûe. Enfin le 11 on observa ce que je viens » de raconter. Ainsi ce Phénomène dura au moins deux jours: » nous ne pûmes rien voir les jours suivans. Quelle en peut- » être l'origine? Ne pourroit-on pas soupçonner que la Lumière » Zodiacale & la matière de l'Atmosphère Solaire ramassée » & condensée vers la Lune, ont produit le même effet que » les Aurores Boréales sur notre Terre? Cette lumière ayant » été observée vers le Limbe Boréal de la Lune, ne seroit-ce » pas un fondement de conjecturer qu'il y a aussi des Aurores » Boréales dans la Lune? Il seroit à souhaiter que ce Phéno- » mène eût été observé ailleurs ».

« L'occultation de l'Étoile ε des Gémeaux arriva le même jour ».

« Son immersion fut à 11^h 1′ 8″,

« L'Émersion à . . . 11 41 45 ».

Cette occultation par la Lune n'avoit été indiquée ni dans la *Connoissance des Temps*, ni dans les Éphémérides de feu M. *Manfredi*, ni dans celles de M. l'Abbé *de la Caille*, ni ailleurs que je sache; ce qui peut avoir empêché qu'on ne se soit avisé de faire en d'autres pays l'observation qui fut faite à Rome. On aura pû aussi n'y voir le Phénomène de la Lune que vaguement, & le prendre pour un nuage, comme il étoit d'abord arrivé aux Obſervateurs de Rome. Le Lecteur fera ſes réflexions ſur tout le reſte.

J'en étois à l'impreſſion de ces Eclairciſſemens, lorſque j'ai reçu du R. P. *Boſcovich* ſa Diſſertation *De Lunæ Atmoſphæra*, qui venoit d'être imprimée à Rome; Ouvrage rempli de recherches curieuſes & profondes, tant par rapport à la Phyſique céleſte, qu'à l'Aſtronomie pratique. Il ſuit de ces recherches, que ſi la Lune a une Atmoſphère, c'eſt quelque choſe de très-différent de l'Atmoſphère Terreſtre & de notre air. C'eſt un fluide ou pluſtôt un liquide par-tout homogène, tel que l'eau, ſeulement plus ténu & plus diaphane, ſenſiblement incompreſſible, ou auſſi denſe à ſa ſuperficie qu'à ſa partie inférieure immédiatement appuyée ſur le Globe ſolide de la Lune. C'eſt donc, relativement à notre ſujet, comme ſi la Lune n'avoit point d'Atmoſphère. Or, *en ce cas*, avons-nous dit *, & nous pouvons ajoûter, dans le cas de ce fluide, *la queſtion des Aurores Boréales de la Lune ſeroit bien-tôt décidée*, il ne ſauroit y en avoir; *car la matière du Phénomène n'y trouvant aucun milieu dans lequel*, ou dans les différentes couches duquel *elle pût ſe ſoûtenir aſſez long-temps & s'enflammer, ne feroit que ſe précipiter rapidement ſur ſa ſurface*, comme dans le cas du fluide dont il s'agit, ſuppoſé uniformément plus léger, plus rare que cette matière, ou, s'il étoit plus peſant & plus denſe, qu'y ſurnager, ſe répandre concentriquement & de niveau par deſſus, *ce qui*, dans aucun de ces cas, *ne ſauroit produire ni pour la Lune, ni pour l'Obſervateur qui voit la Lune de la Terre, rien qui approchât des apparences de notre Aurore Boréale.* Tout ce qu'on pourroit imaginer, c'eſt que quelque longue & vaſte traînée de la matière Zodiacale, éclairée du Soleil ou lumineuſe par elle-même, qui tomberoit continûment vers la Lune, ſe rendît viſible pour nous pendant ſa chûte, qu'elle y parût comme un jet de lumière blancheâtre ou coloré; & c'eſt-là peut-être le cas ſingulier de l'obſervation que je viens de rapporter du R. P. *Jacquier.*

* *Queſt. XIV, p. 275.*

XVIME ECLAIRCISSEMENT.

Sur la direction vraie ou apparente des Jets de lumière de l'Aurore Boréale.

C'EST par rapport aux figures XIII & XVIII du Traité, que j'ajoûte ce mot d'Eclairciſſement à ce que j'avois dit ſur ce ſujet dans le Chapitre cinquième de la Section troiſième.

Il n'eſt pas rare que tous les Jets de lumière de l'Aurore Boréale, ſes colonnes & ſes rayons, ſoient vûs perpendiculaires à l'horizon ſenſible, & parallèles entre eux, étant regardés ſucceſſivement du centre de cet horizon, où l'Obſervateur eſt placé. Il eſt certain cependant que les Jets de lumière de l'Aurore Boréale ſont preſque toûjours, & en plus grande partie, inclinés à l'horizon, divergens entre eux, & le plus ſouvent dirigés vers le centre de l'Arc lumineux & du Segment obſcur d'où ils partent.

J'ai ſuivi la réalité, & en même temps les règles d'Optique & de la Projection dans mes figures du Phénomène vû en entier, & particulièrement dans la XIIIme & dans la XVIIIme, en y faiſant les Jets de lumière convergens; tandis que dans la pluſpart des repréſentations qui nous ont été données de ce Phénomène, avant & après mon Traité, on a cru ſe conformer aux apparences, & peut-être à la nature, en faiſant ces mêmes Jets de lumière perpendiculaires à l'horizon & parallèles entre eux: c'eſt-à-dire, en nous repréſentant ſous un coup d'œil ce qui, en général, n'a pû être vû d'un ſeul coup d'œil. C'eſt donc un ſujet d'erreur ou d'équivoque, qu'il eſt bon de prévenir plus particulièrement que je n'avois fait dans cet endroit de mon Ouvrage *.

* P. 130, &c.

Il eſt établi dans les Livres d'Optique que l'œil n'embraſſe guère un objet au delà des points où ſe terminent les deux rayons visuels qui forment l'angle droit ou de 90 degrés : mais l'amplitude apparente des Aurores Boréales sur l'horizon est souvent de plus de 100 degrés, & quelquefois de 140 ou de 150, à la latitude de Paris, & plus grande encore à mesure qu'on approche du Pole. Donc, en général, on ne sauroit représenter cette amplitude, & tout le Phénomène, les renfermer dans une figure & sous un coup d'œil, sans en écarter considérablement le centre de la vision, ou, comme le pratiquent les Astronomes en pareil cas, sans imaginer l'Observateur à une distance infinie. D'où il est clair, que les Jets de lumière qui se trouveront être réellement inclinés à l'horizon & divergens entre eux, y paroîtront tels en effet, & devront être représentés comme tels dans la figure. La distinction des Jets de lumière en colonnes & en rayons, la différente direction qui peut en résulter, les exceptions & les modifications que tout ceci peut recevoir, ont été suffisamment traitées ou indiquées dans le Chapitre cité.

XVIIME E'CLAIRCISSEMENT.

Sur l'E'lectricité donnée pour cause de l'Aurore Boréale.

ON a voulu me persuader que je devois un Eclaircissement à la célébrité des expériences Electriques modernes, & à l'opinion de quelques Auteurs qui en confondent la cause & les effets avec ceux de l'Aurore Boréale. Mais qu'aurois-je à dire sur une hypothèse, ou plustôt sur une assertion si gratuite, sinon qu'elle est gratuite & jusqu'ici absolument dénuée d'observations relativement au sujet ? J'attends donc que ceux qui voudront me l'opposer soient entrés là-dessus dans quelque détail, & qu'ils nous aient appris,

1.° D'où l'on sait que la matière Electrique dont nous ne connoissons l'existence & les effets que sur la Terre, &, tout au plus, que dans la région inférieure de notre

Atmosphère, réside aussi à deux cens lieues au delà ? comment elle s'y rend visible pendant des nuits entières, & sous une forme si différente de celle que nous lui voyons ici bas ?

2.° Comment cette matière dont toutes les expériences nous indiquent la perpétuité, la permanence dans tous les corps, dans l'air que nous respirons, & qui, selon qu'on le prétend, & qu'on est fondé à le croire, n'a jamais cessé d'être dans le tonnerre, & dans tous les météores ignées, après s'être montrée par intervalles, & pendant quelques années dans le Phénomène dont il s'agit, disparoît enfin, & cesse d'être visible à cette hauteur, pendant cinquante ou soixante ans ? tandis que ces météores où elle réside, se montrent annuellement, & presque périodiquement ? y a-t-il de plus grands changemens, & des vicissitudes plus marquées à deux cens lieues au dessus de nous, que dans la région des nuages, des pluies & du tonnerre ? Il faudra de bonnes observations pour établir ce paradoxe.

3.° Quelle est la liaison de cette matière avec le mouvement annuel de la Terre dans son Orbite, avec le Périhélie & l'Aphélie de cette Orbite, pour doubler ou tripler la fréquence de ses apparitions, lorsque la Terre est autour de l'un de ces points, plustôt que lorsqu'elle est autour de l'autre, comme il arrive aux apparitions de l'Aurore Boréale ?

4.° Par quel méchanisme, par quelle impulsion, ou par quelle attraction cette matière dont la surface de la Terre est, pour ainsi dire, inondée, va-t-elle se rassembler autour des Poles, sous la forme de l'Arc lumineux qui constitue l'Aurore Boréale ? Ne devroit-elle pas plustôt, venant de la Terre *, refluer vers l'Equateur en vertu de la rotation diurne ? Et pourquoi ne se rassemble-t-elle plus, ou n'est-elle plus visible au dessous d'une certaine latitude, presque point aux parties méridionales de l'Europe, & jamais au delà, ni dans la Zone Torride ? Ces parties de la Terre sont-elles privées de la matière électrique ? ou, si elles n'en sont pas privées, pourquoi cette matière ne sauroit-elle plus s'y élever, s'y rassembler sous la forme de l'Aurore Boréale, comme dans les autres ?

* Sup. p. 105.

5.° Et enfin, que voit-on dans la matière Electrique qui ressemble le moins du monde au Segment obscur de l'Aurore Boréale, à ces flocons blancheâtres & cotonneux qui s'élèvent, ou semblent quelquefois s'élever, de toutes les parties de l'horizon vers le zénit, à la couronne du zénit, & à cent autres Phénomènes qui accompagnent ou qui composent l'Aurore Boréale?

Voilà, dis-je, ce que nous sommes en droit d'attendre, ou plustôt d'exiger, de ceux qui entreprendront de nous expliquer l'Aurore Boréale par l'Electricité.

Il est étonnant que dans un siècle où l'on ne cesse de crier contre les systèmes, on se hâte si fort d'en bâtir un sur la simple inspection de quelques expériences qui ne sont que de naître, qui n'y ont qu'un rapport si éloigné, si équivoque & jusqu'ici de pure supposition.

Voudra-t-on que l'Atmosphère Solaire, en tant qu'une partie du fluide qui la compose se précipite dans la région inférieure de l'Atmosphère Terrestre, après avoir séjourné à deux cens lieues au dessus, & y avoir produit l'Aurore Boréale, vienne produire ici-bas les effets de l'Electricité? car enfin on ne peut révoquer en doute l'existence de cette Atmosphère, & il n'est pas moins certain que tout notre Globe, & l'air qui l'environne, s'y trouvent quelquefois entièrement plongés. Il n'y aura rien dans cette idée à quoi je doive m'opposer, j'en ai présumé la possibilité ou quelque chose d'équivalent, dans les doutes que j'ai proposés, sur les affections que la chûte d'une semblable matière peut causer dans l'air que nous respirons, sur la longueur & la clarté extraordinaires de certains crépuscules, &c*. Mais enfin, rien de tout cela n'explique le moins du monde ni la formation de l'Aurore Boréale, ni aucun des Phénomènes qui la caractérisent; & conjecture pour conjecture, il me paroîtroit plus vrai-semblable, à en juger par les expériences, que la matière Electrique fût une émanation du feu central ou intérieur de la Terre, tel que *Boerhaave* & d'autres Physiciens l'ont conçû, que de l'Atmosphère Solaire.

* *Questions IV, V, VI & VII, Sect. V.*

XVIIIme ECLAIRCISSEMENT.

Sur la relation qu'il paroît y avoir entre les variations de l'Aiguille aimantée, & les apparitions de l'Aurore Boréale.

* Sect. II. Ch. V. p. 77.

* Phil. Transf. n.° 347.

JE pense en avoir assez dit en son lieu * sur l'insuffisance du systême de M. *Halley*, pour expliquer la formation de l'Aurore Boréale par le fluide magnétique qui émane de la Terre, ou de ce Globe d'Aimant qu'il faisoit tourner sur son axe propre, de cette *petite Terre* qu'il imaginoit au centre du Globe creux de la grande, pour donner raison des variations magnétiques, & qu'il employoit encore à l'explication de l'Aurore Boréale. Car ce hardi génie, & à la hardiesse duquel nous sommes redevables de plusieurs découvertes, supposoit que l'intervalle compris entre la surface concave de l'un de ces Globes, & la surface convexe de l'autre, étoit rempli d'une vapeur légère & lumineuse, qui, venant à s'échapper en certains temps par les Poles terrestres, y produisoit au dessus toutes les apparences de notre Phénomène *. Et si l'on insistoit en faveur d'une telle hypothèse, je n'aurois qu'à répéter ici presque tout ce qu'on vient de lire dans l'Eclaircissement précédent, en y substituant le Magnétisme & la matière magnétique à la place de l'Electricité & de la matière Electrique; ce seroient, dis-je, à peu près les mêmes demandes à faire, & la même incompatibilité à alléguer entre les effets magnétiques ou électriques, & les Phénomènes qui constituent l'Aurore Boréale. Nous savons bien certainement que le Soleil est environné d'un vaste fluide, d'une Atmosphère qui s'étend quelquefois visiblement jusqu'à l'Orbite terrestre & au delà; que ce fluide doit, par les loix de la Pesanteur, tomber sur l'Atmosphère terrestre, la pénétrer, ou s'y soûtenir jusqu'à une certaine profondeur : mais savons-nous si c'est ce même fluide ou tel autre quelconque qui

qui produit l'Electricité ou le Magnétisme, ou qui en est produit ? Supposons cependant que ce soit tel qu'on voudra de tous ces cas; faisons plus, disons gratuitement que c'est le fluide Electrique ou le Magnétique, qui va former autour du Soleil ce que nous appelons son Atmosphère; sera-ce là encore expliquer la formation de l'Aurore Boréale & de ses Phénomènes ? Et si, sans m'arrêter à ces identités de fluides, que j'ignore, je trouve dans celui dont l'existence m'est constatée par mille observations, & que je vois, de quoi satisfaire pleinement à l'explication de l'Aurore Boréale & de ses divers Phénomènes, mon explication cessera-t-elle d'être légitime, & faudra-t-il recourir à la matière Electrique ou Magnétique pour la formation de l'Aurore Boréale, parce que quelques effets de l'Electricité ou du Magnétisme viendront à se lier avec les apparitions de l'Aurore Boréale ? Et dans ce cas, ne sera-t-il pas naturel de penser, que ces effets sont dûs à quelques émanations de l'Aurore Boréale, dont les parties les plus grossières ou les plus pesantes auront pû tomber jusqu'à la région la plus basse de notre air * & y modifier l'Electricité ou le Magnétisme, plustôt que d'attribuer à ceux-ci la formation de l'Aurore Boréale, à cent ou deux cens lieues au dessus de la région du tonnerre, au delà de laquelle nous ne les avons jamais vûs ni s'exercer ni se montrer sous aucune forme qui ressemblât le moins du monde à l'Aurore Boréale ?

* *Quest. 17. page 265 & suiv.*

Remarquons cependant & malgré le parallèle que nous venons de faire de l'Electricité & du Magnétisme, qu'on n'a encore observé dans les effets de l'Electricité aucune relation sensible avec l'Aurore Boréale. M. *Franklin*, qui est le premier, que je sache, à qui il soit venu dans l'esprit d'en faire la cause commune, ne nous a donné là-dessus qu'une simple conjecture briévement & modestement proposée *, nulle sorte d'observation immédiate; & ceux qui nous en ont parlé après lui d'un ton plus affirmatif, ne nous en ont pourtant pas appris davantage. Tandis qu'à l'égard du Magnétisme nous savons déjà, par des observations bien

* *Exp. & obs. sur l'Electricité p. 115.*

circonstanciées, & qui partent de bon lieu, que l'Aurore Boréale ou même ses simples approches, & les dispositions qu'elle peut avoir laissées dans l'Atmosphère peu de temps après qu'elle a disparu, sont capables de produire des variations très marquées & très-fréquentes sur l'Aiguille aimantée.

Je veux parler des observations de M. *Wargentin*, Secrétaire de l'Académie Royale des Sciences de Suède, & grand Astronome, contenues dans une Lettre à M. *Mortimer*, de Stockolm le 1er Mai 1750, & insérées dans le XLVIIme volume des Transactions Philosophiques de la Société Royale de Londres.

M. *Wargentin*, sans toucher au systématique de la question, & ne s'attachant qu'aux faits, remarque d'abord que « M. *Halley* avoit soupçonné quelque correspondance entre » la Lumière Boréale & l'Aiguille magnétique. Il ajoûte, que » MM. *Celsius* & *Hiorter* s'étoient aperçûs que cette Aiguille » étoit quelquefois *troublée*, & comme *inquiète*, lorsque la » Lumière Boréale montoit jusqu'au zénit, ou passoit au delà » vers la partie méridionale du Ciel, de manière que sa décli- » naison sembloit suivre cette Lumière & varier quelquefois de trois ou quatre degrés en quelques minutes de temps ». Sur quoi en ayant voulu tenter les observations avec une Aiguille d'un pied Suédois de longueur, il les avoit trouvées conformes à ce qu'en avoient dit ces savans Astronomes.

J'en transcrirai ici un exemple. Mais remarquons auparavant avec M. *Wargentin*, que dès le commencement du mois de Février où il avoit fait l'acquisition de son Aiguille magnétique, il en avoit tous les jours marqué les déclinaisons; que ces déclinaisons avoient été variables, & qu'ainsi que MM. *Graham* & *Celsius*, & plusieurs autres l'avoient observé avant lui, l'Aiguille s'écartoit quelquefois d'un tiers ou d'un quart de degré de l'Orient vers l'Occident de sa direction ordinaire, depuis sept heures du matin jusqu'à deux heures après midi; que de là jusqu'à huit heures du soir elle retournoit vers l'Orient, jusqu'à ce qu'elle se retrouvât à peu près dans la même direction où elle avoit été à huit heures du matin, demeurant presque stationnaire pendant toute la nuit, si ce n'est que vers le minuit elle se rapprochoit de l'Occident, pour revenir encore au commencement de la matinée vers l'Orient. « Cette variation diurne, ajoûte-t-il, ne manque jamais, elle est régulière & constante, à moins que la Lumière « Boréale ne vienne la troubler ». Du reste, il paroît que la déclinaison ordinaire & occidentale de l'Aiguille étoit actuellement à Stockolm d'environ 7 degrés.

L'Aiguille ayant donc *divagué* chaque jour de cette manière, autour du 7me degré de la déclinaison ordinaire, depuis le 6 jusqu'au 15 Février, parut enfin l'Aurore Boréale de ce même jour, *quoique peu brillante;* & c'est alors, ou plustôt *le lendemain*, 16me, que M. *Wargentin* eut la satisfaction de voir les variations suivantes *.

TEMPS.			DÉCL. DE L'AIG.		TEMPS.			DÉCL. DE L'AIG.	
Heur.	Min.		Deg.	Min.	Heur.	Min.		Deg.	Min.
8	avant midi		7	0	10	56	après midi	7	1
10	0	....	7	4	11	6	....	6	25
12	0	....	7	10	11	10	....	5	51
2	0	après midi	7	15	11	19	....	6	43
4	0	....	7	11	11	22	....	6	26
8	0	....	7	2	11	26	....	6	42
9	0	....	6	50	11	37	....	5	23
10	0	....	6	8	11	45	....	5	0
10	5	....	5	31	11	58	....	4	35
10	8	....	5	47	12	0	....	5	0
10	15	....	5	29	12	15	....	6	30
10	30	....	6	0	12	27	....	6	22
10	46	....	7	26	12	35	....	6	55

M. *Wargentin, plus attentif aux variations de l'Aiguille qu'aux apparences de l'Aurore Boréale*, ne nous a pas circonstancié

* Magna cum voluptate percepi, acum mox affici, ut intra 10 temporis minuta, circa horam decimam vespertinam, abiret 20′ ad occasum, & intra alia decem minuta rediret & discederet 37′ ad ortum. Cessante lumine acquievit acus. Postero die insignis contigit turbatio, ideòque ipsas observationes citare non ingratum tibi esse judico, pro tota ista die. *Après*

davantage les divers états de celle-ci. Les nuits suivantes l'Aiguille demeura *tranquille*, les variations diurnes y furent plus petites que de coûtume, jusqu'au 28 du même mois, où le Phénomène reparut avec éclat, & se fit sentir d'avance. Mais des circonstances accidentelles ont empêché M. *Wargentin* de nous dire autre chose de ses effets, sinon que l'Aiguille y *vacilla* entre $6^d\ 50'$ & $9^d\ 1'$. Rien de pareil ne se fit voir pendant le mois de Mars, *non pas même le 6 de ce mois, quoique la Lumière Boréale parût ce jour-là ; l'Aiguille n'y eut que les variations diurnes ordinaires.*

Mais l'Aurore Boréale ayant paru de nouveau le 2 & le 3 Avril, s'ensuivirent les mêmes variations que le 16 Février, ou plus marquées encore ; car depuis minuit 3 minutes du 2, jusqu'à $4^h\ 49'$ après midi du 3, c'est-à-dire, en moins de 17 heures, la variation fut de $4^d\ 59'$, la déclinaison occidentale s'étant trouvée de $4^d\ 56'$ le 2, & $9^d\ 55'$ le 3. Variations qui continuèrent jusqu'à $11^h\ 3'$ après midi du 4, & dont M. *Wargentin* nous donne le détail dans une Table pareille à la précédente.

Enfin, ayant beaucoup plu le 20me Avril, pendant toute la journée, l'Aiguille magnétique y varia continuellement entre les limites de 2 degrés, & elle ne cessa pas même de varier pendant toute la matinée du 21.

Voilà les curieuses observations de M. *Wargentin*, qu'il est à desirer qui soient continuées avec la même exactitude. En attendant, je remarque,

1.° Que ce qui est rapporté d'après M M. *Celsius* & *Hiorter*, que *l'Aiguille magnétique étoit troublée & varioit quelquefois de trois ou quatre degrés, lorsque la Lumière Boréale montoit jusqu'au zénit, ou passoit au delà vers la partie*

quoi suivent les observations, & ces paroles de M. Wargentin : Per totam hanc noctem vix aliquo momento quievit acus... vagabatur hinc inde quasi vertigine correpta. Lumen Boreale hac nocte fuit in plaga meridionali splendidum & vivacissimum, interdum per totum cœlum se rapidissimo motu diffundens. *p. 128. Ce qui fait voir que, quoique M.* Wargentin *ne l'ait pas dit, il y avoit aussi une Aurore Boréale le soir & la nuit du 16 Février.*

méridionale du Ciel, je remarque, dis-je, que cette circonstance s'accorde parfaitement avec ce que nous avons conjecturé ci-dessus, de la chûte de la matière Zodiacale dans notre Atmosphère, & de tous les changemens Physiques qui pouvoient en être la suite, tant par rapport au Magnétisme, qu'à une infinité d'autres Phénomènes qui se montrent sur la surface de la Terre, & qui en sont produits ou affectés.

2.° Que ces balancemens de l'Aiguille, quoique toûjours déclinante de plusieurs degrés vers l'Ouest, dans ses variations & ses retours alternatifs de l'Orient vers l'Occident, & de l'Occident vers l'Orient, pendant que le Phénomène paroît, ou seulement pendant qu'il reste encore de la matière dont il résulte, dans la région inférieure de notre Atmosphère, ne sont dûs vrai-semblablement qu'à ce qu'il se trouve ou qu'il survient plus ou moins de cette matière de côté ou d'autre, & vers le Nord ou vers le Sud. Aussi voit-on par tout ce qui en est dit ici, tant d'après MM. *Celsius* & *Hiorter,* que par M. *Wargentin* lui-même, que ces variations arrivent principalement, lorsque la plus grande partie du Ciel paroît ou a paru couverte de la matière du Phénomène, depuis le Pole jusqu'au zénit, & par delà vers le Sud.

3.° Que les Aurores Boréales datées par M. *Wargentin*, ou dans les Transactions Philosophiques, du 15 & du 16 Février (vieux style), sont les mêmes que nous vimes à Paris le 26 & le 27 du même mois * (nouveau style), & *Sup. p. 389.* que celle du 27, sur laquelle roulent les observations de la Table ci-dessus, dût s'étendre bien loin au delà du zénit de Stockolm vers le Midi, puisqu'il s'en manifesta une partie entre le zénit de Paris & celui de la Haie, dans cette Bande lumineuse dont nous avons calculé la hauteur *. *Sup. p. 393.* Ce sont le plus souvent ces sortes de Bandes ou d'Arcs que M. *Celsius* qualifie, ainsi que nous *, *Sup. p. 165.* d'Aurores ou Lumières Méridionales, dans les observations de l'Aurore Boréale, & sur-tout dans celles qu'il fit à Torno en 1736 & 37, & à Upsal en 1740. Sur quoi il ne faut pas imaginer que ces Phénomènes aient appartenu pour cela à l'hémisphère méridional : ils étoient au contraire bien avant dans le ſeptentrional, comme nous l'avons démontré dans l'Eclairciſſement qui vient d'être cité, & comme il réſulte de la hauteur réelle, particulière & ordinaire de ces Phénomènes *.

* Sup. pp. 64, 393, 396.

4.° Qu'on a vû ci-deſſus des cas, où malgré la préſence & l'apparition actuelle de l'Aurore Boréale, l'Aiguille magnétique ne ſouffroit aucune variation, comme, par exemple, à l'apparition du 6 Mars, & en même temps d'autres cas où, ſans aucune apparence d'Aurore Boréale, pluſieurs heures avant qu'elle parût, pluſieurs heures après ſon apparition, & plus d'un jour après, l'Aiguille varioit comme pendant l'apparition. Or il eſt vrai-ſemblable que dans les premiers cas, la matière du Phénomène n'atteignoit point juſqu'au zénit du lieu de l'Obſervateur & de la Bouſſole, ou que cette matière ſe trouvoit alors trop légère & trop rare pour deſcendre juſqu'à la Sphère d'activité du Magnétiſme, ou du fluide qui le conſtitue auprès de la Terre. Et n'eſt-il pas également vrai-ſemblable, dans les ſeconds cas, que la matière quoiqu'inviſible, du Phénomène, déjà tombée dans la région inférieure de notre air, ou n'y ayant pû parvenir qu'après l'apparition, y opéroit ſes impreſſions quelconques, comme pendant l'apparition? Il ne faut que ſe rappeler la théorie de la Lumière Zodiacale ou de l'Atmoſphère Solaire, expoſée & répandue dans tout cet Ouvrage, pour ſe convaincre de la légitimité, &, ſi je l'oſois dire, de la certitude de ces inductions.

5.° Que pour mieux s'aſſurer de tout ce que nous venons de dire, en conſéquence de la remarque de MM. *Celſius* & *Hiorter*, confirmée par M. *Wargentin*, il ſeroit à propos d'obſerver, ſi dans des pays beaucoup moins ſeptentrionaux que la Suède, tels que la France, l'Italie & l'Eſpagne, les variations de l'Aiguille aimantée, en préſence ou aux approches de l'Aurore Boréale, ont également lieu, ſi elles ne ſont pas renfermées dans des limites plus étroites, ou ſi elles ne ceſſent pas totalement. J'avoue qu'il pourroit ſe faire, qu'independamment de la chûte immédiate de la matière

Zodiacale du zénit de ces pays méridionaux, elle s'y fit sentir de proche en proche par voie de fermentation; mais de quelque manière qu'on l'entende, il est très-vrai-semblable, que ses impressions sur le Magnétisme y seront d'autant moins fortes, que le pays se trouvera plus éloigné du foyer de cette matière ou de l'Aurore Boréale.

6.° Que plusieurs matières, autres que le fer, & très-différentes entre elles, attirent l'Aimant & en sont attirées, plus ou moins fortement, ainsi que le célèbre M. *Musschenbroek* nous l'apprend par un grand nombre d'expériences, dans sa Dissertation *de Magnete*, & dans ses Essais de Physique. Toutes ces matières troubleront donc aussi plus ou moins la direction & la déclinaison de l'Aiguille magnétique, selon qu'elles en seront plus ou moins approchées, & ce sera, si l'on veut, de la même quantité que la trouble ou la fait varier la matière de l'Aurore Boréale. Nous ne nous en servirons pourtant pas davantage, non plus que du fer, pour expliquer la formation & les Phénomènes de l'Aurore Boréale.

7.° Quant aux variations diurnes & réglées, rapportées & confirmées par M. *Wargentin*, & dont l'étendue n'est que la 15me ou la 20me partie des précédentes, on pourroit demander par analogie, & d'après l'hypothèse, si elles ont toûjours subsisté, & de la même quantité dans les pays septentrionaux, si elles ont eu lieu dans les méridionaux, ou si au contraire elles n'ont pas été, & ne sont pas toûjours plus grandes dans la Zone Torride que par-tout ailleurs. Car on ne sauroit les attribuer alors, & dans les cas de cessation de l'Aurore Boréale, qu'aux émanations insensibles de l'Atmosphère Solaire, trop foibles & trop rares pour la production de ce Phénomène, mais assez fortes pour les variations diurnes de l'Aiguille aimantée. Or, on a vû * que l'Atmosphère Solaire, toûjours couchée depart & d'autre du plan de l'Equateur du Soleil, ne sort point de la Zone Torride, ou ne s'en écarte par ses bords, que de sept à huit degrés. Idées, doutes & questions, que je ne voudrois pas même employer à bâtir la moindre conjecture, mais qui mériteront

* Sup. pp. 25. 215, &c.

peut-être quelque attention de la part des Obſervateurs, lorſqu'ils ſe trouveront à portée d'obſerver en conſéquence.

8.° Je recueille enfin de toutes ces obſervations & de ces Remarques, que l'Aurore Boréale a viſiblement quelque action ſur l'Aiguille aimantée, mais que cette action eſt bien peu de choſe en comparaiſon de celle qu'y exerce la Terre où paroît être l'origine du Magnétiſme. Le moindre changement de lieu ſur le Globe Terreſtre, en longitude ou en latitude, produit ordinairement de tout autres changemens de direction ſur la Bouſſole. Nous venons d'en voir la déclinaiſon occidentale de 7 degrés à Stockolm en 1750, elle étoit alors de plus de 17 degrés à Paris; portez-vous à droite ou à gauche, en Amérique ou en Aſie, ſur mer ou ſur terre, vous la trouverez quelquefois de 20 ou 25 degrés, orientale ou occidentale, & par-tout variable, mais annuellement & périodiquement variable; tandis que le foyer de l'Aurore Boréale va par ſauts & ſans règle de l'Occident à l'Orient, & s'arrête quelquefois directement ſous le Pole, quoique communément il décline vers l'Occident, & tout cela dans la même année, dans un ſeul mois; l'Aurore Boréale ceſſe pendant quarante ou cinquante ans, elle reprend enſuite, elle eſt tantôt plus, tantôt moins fréquente pendant ſes repriſes, & le Magnétiſme ſuit ſa marche ordinaire & réglée, ou ne reçoit des apparitions du Phénomène que quelques atteintes légères, variables & momentanées; il y a tel ſiècle où la déclinaiſon magnétique étoit orientale*, & l'Aurore Boréale n'y affectoit pas moins la déclinaiſon occidentale. Le Magnétiſme ne dépend donc pas eſſentiellement de l'Aurore Boréale, & il n'en eſt qu'accidentellement modifié dans quelques-uns de ſes effets. A plus forte raiſon l'Aurore Boréale qui n'a jamais paru ſe reſſentir du Magnétiſme, qui ne lui reſſemble en rien, ni par la viſibilité des parties qui la compoſent, ni par la variété de ſes couleurs, ni par la diverſité de ſes Phénomènes, ni par la viciſſitude de ſes repriſes & de ſes apparitions, ni par la région qu'elle occupe, ni par le lieu d'où elle vient, ſera-t-elle indépendante du Magnétiſme?

* *En 1580, à Paris, de 11d 30', Muſſchenb. Diſſ. de Magn. p. 152, & voy. Sup. p. 77.*

XIXme

XIXME ÉCLAIRCISSEMENT.

Addition de trois articles ou exemples au Chapitre VIII de la Section IV, sur la correspondance des Reprises de l'Aurore Boréale avec les apparitions de la Lumière Zodiacale.

CETTE correspondance peut être conçûe sous deux points de vûe différens, & déduite, 1.° De ce que dans les temps de Reprise de l'Aurore Boréale, on trouve presque toûjours que la Lumière Zodiacale s'est montrée, ou qu'il a paru des Phénomènes qui ne peuvent être expliqués que par la Lumière Zodiacale. Car cette Lumière ou l'Atmosphère solaire qui se manifeste par son moyen, étant autrefois absolument inconnue comme telle, c'est sous d'autres noms, & relativement à de tout autres idées qu'il faut la démêler dans les anciens Historiens ou Chronographes qui nous l'ont indiquée. 2.° De ce que pendant la Reprise que nous éprouvons depuis 1716, & où la Lumière Zodiacale est très-connue, cette Lumière s'est montrée bien des fois, ou seule, ou conjointement avec l'Aurore Boréale, & pour l'ordinaire un peu avant que celle-ci ait acquis un éclat dont l'autre est presque toûjours effacée.

Nous n'avons donc pû trouver qu'un petit nombre d'exemples de la première classe; auxquels on peut ajoûter les deux suivans.

J'ai placé la VIIme Reprise *un peu après le commencement du dixième siècle*, &, selon ce que j'en puis juger d'après les Auteurs que j'avois consultés, elle doit s'étendre tout au moins depuis la 920me année de ce siècle jusqu'à la 930me. Or, il est rapporté dans l'Histoire des Califes d'*El-Macin**, que l'an 313 de l'Hégire, qui répond au 925 de l'Ère Chrétienne, « il parut en Égypte une Étoile immense, rayonnante & étincelante, suivie d'une grande flamme rougeâtre, «

* *Hist. Saracenica ex Arab. in Lat. conversa a Thom. Erpenio, p. 247.*

» qui tendoit du Septentrion vers l'Orient, d'environ trente
» piques de longueur, sur deux de largeur, & tortillée comme
» un serpent; que tout le Phénomène se montra après le
» coucher du Soleil, & qu'il ne dura que trois heures, après quoi il disparut entièrement » +. Où il n'est pas possible de méconnoître la Lumière Zodiacale; nous en avons vû cent descriptions pareilles chez les Anciens. Ils la prenoient communément pour la queue de quelque grande Comète, & l'on trouve ici en effet, que l'Historien, le Traducteur, ou l'Editeur nous l'annoncent comme telle à la marge du texte.

Dans la XIXme Reprise, qui nous est principalement indiquée par le Phénomène de *Gassendi*, Reprise qui n'a duré qu'un petit nombre d'années autour de 1620, & qui ne se manifesta en France que par cinq Aurores Boréales *, je n'ai eu d'autre apparition correspondante de la Lumière Zodiacale à citer que celle que *Descartes* pouvoit avoir vûe, selon le témoignage de feu M. *Cassini*, & qui est de pure conjecture par rapport au temps. Mais M. *Krafft*, des lumières de qui j'ai déjà profité dans ces Eclaircissemens, va y suppléer par la curieuse Anecdote qu'il nous apprend à ce sujet, dans sa seconde Dissertation *de Atmosphæra Solis*. Il a trouvé dans un livre écrit en langue Russe, sur les *Gestes des Empereurs Osmanides par Demetrius Cantemir, Dynaste de Moldavie*, qu'en 1620, car c'est à cette année que M. *Krafft* rapporte celle qui nous est indiquée ici d'après l'Ere Turque, & vers le 3me jour de Mars, « on vit dans le Ciel à Cons-
» tantinople un météore étonnant qu'on n'avoit jamais vû,
» & qu'on ne verra peut-être jamais, une grande Epée,
» cinq fois aussi longue qu'une lance, & large de trois pieds,
» un peu courbée, qui s'étendoit de sa pointe à sa base,
» d'Orient en Occident, (ce qui revient à la même position

* *Sup. p. 388.*

+ La Lumière Zodiacale est souvent un peu *rougeâtre*, & peut ressembler par-là à une flamme (*Sup. p. 19*). Il est plus rare qu'on la voie *ondoyante*, de manière qu'elle puisse être comparée à un serpent; mais enfin la chose n'est pas sans exemple. C'est ainsi que la vit quelquefois M. *Fatio*, (*Sup. p. 22*), & il n'en faut pas tant à des yeux étonnés, pour se former de pareilles images.

que la précédente considérée de la base à la pointe), & qui se « montra après le coucher du Soleil, pendant un mois entier ». On ne peut mieux décrire la Lumière Zodiacale, qui paroît en effet quelquefois un peu courbe, comme nous l'avons expliqué dans la IVme Section, & qui est plus visible dans cette saison qu'en aucun autre temps de l'année.

J'ai donné au contraire bien des exemples de la seconde classe, soit dans mon Traité, soit dans les observations que je communiquai peu de temps après à l'Académie, pour les années 1732, 1733 & 1734, & qui furent imprimées dans ses Mémoires. Mais celui que je vais y ajoûter est tel, si positif, si réitéré, qu'il pourra nous tenir lieu d'une infinité d'autres.

Il paroît depuis peu un *Voyage de la Baie de Hudson, fait en 1746 & 1747, pour la découverte du passage de Nord-ouest, traduit de l'Anglois de M. HENRI ELLIS, Gentilhomme, Agent des Propriétaires pour cette expédition*, où, après une exacte description du pays, de la température du climat, « des Parhélies & des Anneaux autour du Soleil & de la Lune, « qu'on y voit si souvent, très-lumineux & marqués fort vive- « ment avec toutes les couleurs de l'Arc-en-ciel*, on trouve « ce qui suit. Quand le Soleil se lève & se couche ici, on voit « un grand Cone de Lumière jaunâtre qui se lève perpendi- « culairement sur lui, & ce Cone n'a pas si-tôt disparu avec « le Soleil couchant, que l'Aurore Boréale en prend la place, « en lançant sur l'Hémisphère mille rayons lumineux & colo- « rés, qui sont si brillans, que la pleine Lune n'efface pas « même leur lustre ».

* *Tome II, p. 80.*

C'est sous cette forme, de Cone ou de Pyramide plustôt que d'Epée ou de Lance, que paroît toûjours la Lumière Zodiacale, lorsque par des circonstances favorables de lieu ou de temps, une grande partie de son épaisseur se rend visible vers sa base; c'est ainsi que la voyoient *Pontanus*, dans le XVme siècle*, & M. *Derham* dans celui-ci, en 1707, en Angleterre*; c'est ainsi enfin, qu'on l'a vûe quelquefois dans d'autres siècles que le nôtre, & dans d'autres pays, plus dense & plus

* *Sup. p. 237.*

* *Sup. pp. 234, 238, Pyramis vespertina.*

décidée qu'elle n'eſt communément de nos jours, & qu'elle n'étoit du temps où elle ſe fit voir à feu M. *Caſſini.*

Du reſte, la Baie de Hudſon, aux environs de ſon milieu, s'étend juſques & par delà le 60me degré de latitude: ainſi les Aurores Boréales y ſont & y doivent être par cette raiſon très-fréquentes, lorſqu'elles ne le ſont chez nous que médiocrement, comme elles l'ont été dans les deux années 1746 & 1747.

XXME ECLAIRCISSEMENT.

Sur la liaiſon que les différens aſpects de l'Aurore Boréale peuvent avoir avec les viſions chimériques qu'elle a fait naître, ſelon la latitude des lieux d'où elle eſt vûe, & ſelon que ſes apparitions y ſont plus ou moins complètes, & plus ou moins fréquentes. Fable de l'Olympe; Fée Morgane; Aurores Boréales de la Chine.

ON a vû dans les premiers Chapitres de la quatrième Section du Traité, ſous combien de formes différentes l'ignorance & la ſuperſtition des ſiècles paſſés nous ont préſenté l'Aurore Boréale. Les mœurs, les préjugés du pays, les idées dominantes du temps, les évènemens arrivés depuis peu, & qui ont le plus frappé les eſprits, y ont eu ſans doute autant ou plus de part que les cauſes que je prétends en aſſigner: mais ces cauſes ſont permanentes, tandis que tout le reſte eſt variable & paſſager. Il faudra donc que les effets relatifs au climat du pays & aux circonſtances locales portent un caractère de conſtance, qui ſe démèle en général parmi ceux qui ne ſont dûs qu'aux circonſtances paſſagères qui s'y compliquent; & c'eſt ce que l'expérience m'a paru confirmer.

Je conſidère l'Aurore Boréale ſous trois aſpects différens.

Le premier, comme nous étant le plus connu, ſera celui ſous lequel ce Phénomène s'eſt montré aux habitans des pays qui tiennent un milieu entre les Terres qu'on nomme Arctiques, & les extrémités méridionales de l'Europe, telles que la France, l'Angleterre, l'Allemagne, les parties ſeptentrionales d'Eſpagne & d'Italie, &c.

Je placerai le ſecond autour du cercle Polaire, depuis quelques degrés en deçà juſqu'au Pole.

Le troiſième ne conviendra qu'aux pays méridionaux, peu éloignés des limites au delà deſquelles l'Aurore Boréale ne paroît plus, & qui, ſelon que nous l'avons remarqué & expliqué dans le ſecond Chapitre de la troiſième Section, feront compris entre le 35 ou 36me degré de latitude, & environ le 39me ou le 40me; & de ce nombre ſont les extrémités méridionales de l'Eſpagne, de l'Italie, de la Grèce, &c.

C'eſt la partie moyenne de l'Europe & le premier aſpect qui nous ont fourni la pluſpart des exemples, ſur leſquels ont roulé nos recherches; & c'eſt-là auſſi que nous avons vû l'Aurore Boréale dans toute ſa magnificence, & diſtinctement accompagnée des Phénomènes qui la caractériſent. Je dis diſtinctement, parce que ces Phénomènes ſe trouvent le plus ſouvent confondus auprès du Pole avec une infinité d'autres qui leur ſont ſubordonnés, avec le vaſte amas de matière lumineuſe ou colorée dont tout le Ciel y eſt couvert; & qu'au contraire, on ne voit preſque jamais dans les pays fort méridionaux qu'une petite partie de l'Arc Boréal, & plus petite encore du Segment obſcur, qui conſtituent l'Aurore Boréale proprement dite, & tout cela fort bas & tout proche de l'horizon.

Voilà certainement trois ſortes de poſition bien marquées, &, par une ſuite néceſſaire, trois aſpects de l'Aurore Boréale bien différens. Quelles ſortes d'idées, différentes auſſi, aura-t-il dû en réſulter dans l'eſprit des peuples, abſtraction faite des cauſes morales & accidentelles qui ont pû s'y joindre? Mais ne cherchons point à deviner, conſultons pluſtôt l'expérience.

Qu'eſt-ce que nos pères ont vu dans l'Aurore Boréale? Des objets triſtes ou menaçans, affreux ou terribles. Le concours des rayons au zénit, cette *Couronne* dont nous avons tant parlé, n'étoit pour eux que le conflict de deux armées qui se livroient une sanglante bataille ; ces flocons de matière Zodiacale, blancs ou colorés, répandus çà & là dans le Ciel, & qui semblent s'y élever de toutes les parties de l'horizon, ces nuages rouge foncé, fouettés de violet, qui viennent quelquefois s'y mêler, leur ont montré des têtes hideuses séparées de leur tronc, des boucliers ardens, des chars enflammés, des hommes à pied & à cheval qui couroient rapidement les uns contre les autres, & qui se perçoient de leurs lances ; ils en ont vû tomber des pluies de sang, ils y ont entendu le cliquetis des armes, le bruit de la mousqueterie, & le son des trompètes : présages funestes de guerre & de calamités publiques. Voilà, dis-je, ce que nos pères ont presque toûjours vû & entendu dans l'Aurore Boréale, ce que des Historiens & des Naturalistes d'ailleurs respectables nous ont transmis.

Il n'en est pas de même des habitans du Nord. L'Aurore Boréale a bien été pour eux un sujet d'alarme, lorsqu'elle a commencé à reparoître après quelque longue interruption ; ils ont cru leurs campagnes en feu, & l'ennemi à leurs portes ; mais le Phénomène devenant presque journalier, ils l'ont bien-tôt regardé comme ordinaire & naturel, ils l'ont même confondu assez souvent avec le Crépuscule du soir.

Restent les peuples méridionaux chez qui l'Aurore Boréale a été souvent des siècles entiers sans se montrer, & où elle n'a paru ensuite que par intervalles, basse, & communément tranquille. *Aristote* qui vivoit dans un semblable pays, & qui a si bien & si disertement décrit ce Phénomène, ne nous rapporte à ce sujet rien de pareil à nos anciennes rêveries ; &, si ma conjecture ne me trompe, les anciens Grecs n'ont vû dans l'Aurore Boréale que Jupiter & les Dieux tenant leur conseil sur l'Olympe ; Fable qui étoit en crédit du temps d'*Homère* & d'*Hésiode*, & qui peut remonter par là jusqu'à l'antiquité la plus reculée.

L'Olympe dont il s'agit, car il y en a plus d'un dans la

Grèce, consiste en une chaîne de hautes montagnes qui bordent la Thessalie vers le midi, & qui sont par conséquent au Nord déclinant vers l'Ouest de l'Achaïe, de la Phocide, & de tout ce qui formoit la Grèce proprement dite, l'*Hellas*, l'ancienne Grèce, pays fertile en idées poëtiques & fabuleuses. L'Aurore Boréale qui n'est jamais guère élevée à de semblables latitudes, & qui décline le plus souvent vers l'Ouest, y aura donc paru immédiatement au dessus de ces montagnes, & comme adhérente à leur sommet. De là le Limbe, ce cintre lumineux & rayonnant du Phénomène, n'aura été pour le spectateur étonné qu'un signe non équivoque de la présence des Dieux; le Segment obscur, qu'il y aura quelquefois vû au dessous, qu'un nuage respectable qui cachoit ces Immortels aux yeux profanes. Et les jets de lumière couleur de feu qui s'en élançoient, qu'auroient-ils pû être, qu'autant de foudres qui partoient de la main de Jupiter? Plus le Phénomène aura été rare, plus il aura été merveilleux, & plus la tradition, comme tel, aura dû s'en conserver long-temps sans atteinte.

Quand les enchantemens & la Féerie se sont emparés des esprits dans les pays situés comme l'ancienne Grèce, les Palais de cristal & de pierres précieuses ont succédé aux Dieux de l'Olympe. C'est sous cette forme que la Fée Morgain ou Morgane, *Fata Morgana Rheginorum*, se montroit aux habitans de la ville de Reggio, à l'extrémité méridionale de la Calabre & des montagnes de l'Apennin, vers le 38me degré de latitude. Ces Palais brillans & superbes étoient ornés de Colonnes, d'Arcades & de Portiques, de Tours qui se changeoient en des Forêts de Pins & de Cyprès; ils paroissoient assis sur une espèce de *Montagne noire du côté de la mer de Calabre*, c'est-à dire, du côté du Nord. Pourroit-on méconnoître l'Aurore Boréale dans de pareilles descriptions, ses Arcs lumineux, son Segment obscur, & ses jets de lumière, que nous avons nous-mêmes si souvent qualifiés de colonnes? C'est-là, disoit le témoin oculaire d'une de ces apparitions merveilleuses dont le P. *Kircher* nous a conſervé la relation, « c'eſt-là cette Fée Morgane » dont on parle tant, & dont j'ai révoqué en doute l'exiſtence » pendant plus de vingt ans, mais que je viens de voir plus » belle qu'on ne me l'avoit dépeinte. A préſent je crois ce que » l'on en raconte, je ſuis convaincu qu'elle paroît aſſez ſouvent, » & avec des couleurs plus belles & plus vives que l'art, & » même la Nature dans ſon état ordinaire, n'ont coûtume d'en produire ». Images riantes, qui ne contraſtent pas mal avec les terreurs de nos ancêtres.

La Chine, à compter de ſon extrémité la plus ſeptentrionale où ſe trouve Pekin, juſqu'à ſoixante ou quatre-vingts lieues au deſſous vers le Sud, eſt dans le cas de l'ancienne Grèce, de la Calabre ultérieure, de la Sicile, & de tout ce que nous avons de plus méridional en Europe. Auſſi l'Aurore Boréale ne préſente-t-elle aux yeux des Chinois ni armées ſanglantes, ni combats, ni combattans, en un mot, rien d'affreux ni de triſte par elle-même. C'eſt au contraire, & comme ils s'expriment, *un ſpectacle beau à voir, admirable ;* mais elle y eſt cenſée être d'un mauvais préſage pour l'Empereur, parce que, ſelon le préjugé national, tout Phénomène qui ſort de ce qu'on appelle le cours reglé de la Nature eſt regardé comme tel à la Chine. Les Parhélies, par exemple, *marquent,* dit-on, *deux Empereurs ;* & les Mandarins, les courtiſans ſe gardent bien d'en publier l'apparition quand par malheur ils en ont vû quelqu'un. A plus forte raiſon l'Aurore Boréale, bien plus rare pour la Chine, & qui vrai-ſemblablement y étoit peu connue ou entièrement oubliée avant la Repriſe de 1716, y ſera-t-elle mal reçûe & peu divulguée. « Depuis trente-deux ans que je ſuis à la Chine, m'écrivoit » le P. *Parrenin* en 1730, non ſeulement je n'ai rien vû, mais » même à l'Obſervatoire on n'a rien obſervé qui mérite le » nom d'Aurore Boréale. Si quelque Phénomène ſemblable a » paru par les 47, 48me degrés de latitude Boréale dans la » Tartarie dépendante de l'Empereur, les habitans de ce pays-là » ne s'en ſont pas mis en peine, & quand même ils en » auroient averti le Tribunal des Mathématiques, je doute qu'il qu'il eût voulu se charger d'en faire le rapport à l'Empereur, « parce que ces sortes d'apparitions célestes se prennent presque « toûjours en mauvaise part ». Cependant on ne pût empêcher en 1718, 1719 & 1722, que les Aurores Boréales qui parurent en trois différentes Provinces n'attirassent tous les regards, & qu'on n'en gravât des figures sur une planche dont les estampes furent répandues dans tout l'Empire. Ce que le P. *Parrenin* ne marque pas, mais que je crois pouvoir ajoûter sans témérité, c'est qu'il n'y eut guère que les Néophytes du pays qui fussent & les Auteurs & les Promoteurs de ces figures. On y voit toûjours une grande Croix entourée ou accompagnée d'une espèce de nuages blancs, & quelquefois surmontée d'un cintre qualifié de *Traînée de feu*, qui est visiblement notre Arc lumineux, *la poutre ardente recourbée* des Anciens. Et voilà comment le pieux, le moral, le fabuleux, le romanesque, le politique même, se sont venu mêler de tout temps & dans tout pays au physique de notre Phénomène. On voit cependunt par tous les exemples que je viens d'en rapporter, que le physique y domine toûjours, qu'il perce à travers les chimères qu'il fait naître ou qu'il modifie, selon les différens objets qu'il met sous les yeux du spectateur, & qui sont eux-mêmes déterminés & modifiés par le différent point de vûe, par la latitude d'où ils sont aperçûs.

Les Lettres du célèbre & savant Missionnaire à qui je suis redevable de ces connoissances & d'une infinité d'autres sur la Chine, se trouvent pour la pluspart imprimées dans les Recueils des *Lettres édifiantes & curieuses*, qu'on publioit alors tous les ans. Voyez sur-tout le XXIme Recueil. Les figures dont il s'agit, sont dans le XVIme.

XXIME ET DERNIER ECLAIRCISSEMENT.

Sur la Correſpondance des apparitions de l'Aurore Boréale avec les différentes ſituations de la Terre dans ſon Orbite, par rapport au Soleil & à l'Atmoſphère Solaire.

C'EST ici l'une des plus fortes preuves de la vérité de mon hypothèſe ſur l'Aurore Boréale, & en même temps la Pierre de touche de tout ce qu'on a pû ou qu'on pourra imaginer d'hypothèſes ſur ce ſujet. J'en ai donné l'eſſai & des exemples dans le neuvième Chapitre de ma quatrième Section, qui, par les raiſons énoncées à la tête du volume, demeure le même dans cette édition que dans celle de 1733. Je comparai dès-lors le nombre des Aurores Boréales qui avoient paru en Périhélie, c'eſt-à-dire, dans les petites diſtances de la Terre au Soleil ou à l'Atmoſphère Solaire, avec le nombre de celles qui avoient paru en Aphélie, dans les grandes diſtances, & je trouvai que la fréquence du Phénomène étoit ſenſiblement & de beaucoup plus grande dans la première de ces poſitions que dans la ſeconde, & d'autant plus grande, que la Terre parcouroit une plus petite portion de ſon Orbite autour du Périhélie, relativement à une ſemblable portion parcourue autour de l'Aphélie: en un mot, que ſous quelque aſpect que l'on conſidère la Terre, ſoit par rapport à ſes Apſides, ſoit par rapport à ſes Nœuds avec l'Equateur ou l'Atmoſphère Solaire, les Aurores Boréales ſont d'autant plus fréquentes, que ſa poſition actuelle ſur ſon Orbite l'approche davantage de l'Atmoſphère Solaire. D'où réſulte la liaiſon conſtante de l'Aurore Boréale & de ſes apparitions, avec ce fluide lumineux ou éclairé par le Soleil, qui s'étendant quelquefois juſqu'à la Terre & au delà, doit par les loix de la gravitation, tomber dans l'Atmoſphère terreſtre, & y produire ce

Phénomène, dont il a d'ailleurs les principales qualités, la rareté, la légèreté & la transparence, conformément à la théorie que j'avois à justifier.

L'induction tirée des fréquences du Phénomène à la Correspondance dont il s'agit, est certainement légitime, & des Lecteurs intelligens en ont été frappés; on ne conclud pas autrement la Correspondance des Marées avec la Lune. Mais comme cette induction n'a porté jusqu'ici que sur les observations que j'avois rassemblées en 1731, dont le nombre ne va guère au delà de deux cens, & au choix desquelles on pourroit douter, si des hasards favorables ou des préjugés n'ont point concouru, elle paroîtra peut-être défectueuse en ce point, & peu concluante. Tâchons-donc enfin de la rendre complète & incontestable, par tout ce que les temps & de nouvelles recherches nous fournissent sur ce sujet. La matière est intéressante & curieuse, & je me propose aussi de la traiter dans toute l'étendue qu'elle mérite.

1. Il parut en 1739, un livre de M. *Frobès*, Professeur de Philosophie à Helmstad, intitulé, *Nova & antiqua luminis atque Auroræ Borealis miracula, secundùm sæculorum atque annorum seriem, subnexâ mirabilis Phænomeni consideratione Philosophicâ. Recensuit* Nicolaus Frobesius, Philos. in Acad. Julia D. & P. P. O. *Helmstadii*, 1739. C'est la première & la principale pièce que j'emploierai à cet examen.

2. La collection de M. *Frobès* est, comme on voit par ce titre, divisée en deux parties. La première partie, & de beaucoup la plus considérable, contient un dénombrement de toutes les Aurores Boréales qui ont été observées, ou dont l'Auteur a eu connoissance, depuis le commencement du Monde, jusqu'au mois d'Avril 1739, où son livre fut imprimé. La seconde est purement philosophique, ainsi qu'il nous l'annonce. M. *Frobès* y décrit fort bien le Phénomène & toutes ses apparences, ses vicissitudes, ses accidens; &, après avoir rapporté là-dessus les hypothèses de plusieurs Auteurs, il propose modestement la sienne qui diffère peu de l'opinion commune, en ce que ce sont

toûjours des particules terrestres, des exhalaisons ou des vapeurs subtiles, de petites lames de glace qui s'élèvent de la surface de la Terre jusqu'à la région supérieure de l'Atmosphère. Mais c'est de quoi nous n'avons ici nul besoin de nous embarrasser.

3. Par le dépouillement que j'ai fait de la première partie de cet Ouvrage, je trouve 796 Aurores Boréales dont on sait le jour ou le mois, & qui peuvent servir à notre dessein. Voici comment je m'y suis pris pour les mettre en œuvre.

4. 1.° J'en ai dressé un Catalogue bien circonstancié, & une Table générale, année par année, mois par mois, & jour par jour, depuis le commencement du VIme siècle de l'Ere Chrétienne, ou de l'an 500, jusqu'au mois de Mars inclusivement de l'année 1739. Je me suis fixé au VIme siècle, parce que les jours, ni les mois des apparitions du Phénomène, ne sont point marqués auparavant, & qu'il est nécessaire à notre recherche qu'ils le soient. J'étois parti de la même époque dans mon Traité, & par les mêmes raisons.

5. 2.° M. *Frobès*, & la pluspart des Auteurs où il a puisé, ayant suivi l'ancien style dans leurs dates, tant avant qu'après la réformation du Calendrier, j'ai été obligé de ramener au nouveau toutes celles que M. *Frobès* n'y a pas ramenées; & cela, non seulement pour la commodité du plus grand nombre des Lecteurs, mais sur-tout, parce que le nouveau style est conforme à l'état du Ciel, & que l'ancien ne l'est pas, & s'en écarte considérablement, depuis le IVme siècle. J'ai donc ajoûté 11 jours à ces dates, depuis 1700, & un jour de moins dans chaque Période de 134 ans, en remontant de 1700 vers l'époque, ainsi que je l'avois pratiqué dans mon Traité. D'où il est arrivé que telle Aurore Boréale qui tombe sur la fin d'un mois dans le livre de M. *Frobès*, se trouve rapportée ici au commencement du suivant. Et de là naît en général, la nécessité de savoir le jour où l'Aurore Boréale a paru, ou du moins si son apparition se trouve au commencement ou à la fin du mois, comme l'Auteur l'a quelquefois marqué. Car il est clair que

dans le premier de ces deux cas, la correction du Calendrier ne fauroit faire fortir le Phénomène du mois nommé, & que dans le fecond elle le renvoie vifiblement aux premiers jours du mois qui fuit, fur-tout lorfqu'il y a neuf, dix à onze jours à ajoûter, & ceux-ci ont été défignés par la lettre *n* dans la lifte qu'on trouvera ci-après. Or, felon le plan que je me fuis fait, je n'ai ordinairement befoin que des mois d'apparition. J'ai auffi conftaté plufieurs de ces mois par d'autres circonftances, par certains jours de fête, autour defquels le Phénomène a paru, par les points des Equinoxes ou des Solftices, auxquels ils font vaguement, mais prochainement rapportés, & par toutes les reffources que l'Art de vérifier les dates a pû me fournir.

6. 3.° Je ne me fuis point rendu difficile fur la certitude & la légitimité des Aurores Boréales de M. *Frobès;* j'ai pris pour telles tout ce qu'il en a rapporté, & cela par la raifon que je dirai bien-tôt. A quoi je dois ajoûter que fon Ouvrage montre à cet égard autant d'exactitude & de difcernement, que d'érudition +.

7. 4.° Enfin ce Catalogue circonftancié par les qualifications du Phénomène, & par d'autres remarques, & cette grande Table par quantièmes, dont j'ai parlé ci-deffus, & que j'ai voulu d'abord me donner, tant pour ne me pas tromper dans ce vafte dénombrement, que pour pouvoir plus aifément revenir fur mes pas, lorfque je me ferois trompé, tous ces préparatifs, dis-je, m'ayant paru d'une longueur exceffive, & au fond inutiles pour le Lecteur qui peut avoir le livre même fous les yeux, je les fupprime ici, & je les convertis en une fimple lifte par dates, & en une Table du nombre d'Aurores Boréales qui ont paru dans chaque mois, vis-à-vis l'année qui eft à la première colonne de cette Table. J'en uferai de même pour tous les autres dénombremens pareils qu'on verra dans la fuite.

+ Laudibus id Autori ducendum, quod nullum temerè prodigium ad Lumina Borealia retulit, nifi in quo propria Luminis Borealis veftigia quædam deprehendit. *Acta Erud. Lipf. an. 1740, p. 473.*

8. LISTE des Aurores Boréales recueillies par M. FROBÈS.

En 583. *Février*, le 2.
778. *Février*, le 4.
808. *Février*, le 2.
871. *Août*, 14.
930. *Février*, 19.
956. *Septembre*, 7.
979. *Novembre*, 2.
998. *Décembre*, 19.
1014. *Novembre*, 2.
1039. *Avril*, 12.
1096. *Mars*, 9.
1098. *Octobre*, 3.
1099. *Mars*, 2.
1106. *Février*, 19.
1115. *Avril*, 24.
1117. *Février*, 22.
Décembre, 26.
1200. *Août*, 19.
1269. *Décembre*, 13.
1307. *Mars*, 6.
1325. *Mai*, 30.
1352. *Octobre*, 30.
1353. *Août*, 19.
1354. *Mars*, 9.
1446. *Février*, 5.
1499. *Mai*, 30.
1514. *Janvier*, 22.
1518. *Janvier*, 3.
1520. *Septembre*, 13.
Décembre, 2.
1527. *Octobre*, 20.
1529. *Janvier*, 18.
1534. *Juin*, 12.
1535. *Mai*, 26.
1536. *Février*, 16.
1537. *Février*, 10.
1541. *Janvier*, 3.
1543. *Mai*, 13.
1545. *Avril*, 7.
1546. *Février*, 19.
1547. *Juillet*, 31.
Octobre, 10.
1548. *Novembre*, 15.
1551. *Février*, 6.
Octobre, 1.
1554. *Février*, 10.
Mars, 5.
1555. *Mars*, 22.
1556. *Janvier*, 20.
1557. *Mars*, 26.
Décembre, 4.
1560. *Janvier*, 6.
1561. *Mars*, 8.
1564. *Octobre*, 16.
1565. *Décembre*, 5.
1568. *Avril*, 4, 11.
1569. *Janvier*, 4.
1571. *Mars*, 15.
1572. *Avril*, 26.
1573. *Janvier*, 1.
Avril, 9.
Novembre, 28.
1574. *Novembre*, 24, 25.
1575. *Février*, 23.
Septembre, 28.
1580. *Mars*, 16.

1580. *Avril*, 16, 19.
Septembre, 20.
Octobre, 1.
1581. *Janvier*, 5, 7.
Février, 26.
Avril, 14.
1582. *Mars*, 16, 18.
1586. *Février*, 13.
1588. *Janvier*, 5.
Février, 14, 15, 16.
1592. *Mars*, 29.
1599. *Août*, 17.
1600. *Décembre*, 28.
1602. *Juin*, 20.
1603. *Septembre*, 17.
1605. *Novembre*, 17.
1606. *Septembre*, 13, 15.
1607. *Novembre*, 28.
1608. *Novembre*, 27.
1609. *Mars*, n.
1614. *Juillet*, 5.
1621. *Septembre*, 12, 21.
1623. *Mai*, 13, 17.
1624. *Avril*, 7.
Mai, 12.
Juin, 7.
1627. *Décembre*, 17, 21.
1630. *Février*, 3, 4.
1633. *Mai*, 28.
Juin, 23.
Décembre, 30.
1634. *Janvier*, 3.
Février, 1, 11.
1637. *Août*, 20.
1638. *Janvier*, 6.
1640. *Janvier*, 27.
1645. *Avril*, 27.
1646. *Novembre*, n.
1650. *Janvier*, 17.
1654. *Mars*, 5.
1655. *Juillet*, 9.
1657. *Avril*, 13.
1661. *Janvier*, 30.
Avril, 16.
1662. *Décembre*, 15.
1663. *Novembre*, 9.
1664. *Avril*, 18.
1665. *Avril*, 18.
Août, 23.
1666. *Janvier*, 31.
1671. *Novembre*, 29.
1673. *Janvier*, n.
1676. *Février*, 3.
Mars, 2.
1677. *Novembre*, 18.
Décembre, 12.
1680. *Septembre*, 30.
1682. *Novembre*, 7.
Décembre, 15.
1683. *Janvier*, n.
Août, 22.
1684. *Mars*, 28.
Novembre, 23.
1685. *Avril*, 26.
1686. *Février*, 2.
Octobre, 29.
1692. *Mars*, 22.
Avril, 12.
1693. *Novembre*, 10, 22.
1694. *Mars*, 31.

1694. *Avril*, 4.
1695. *Octobre*, 5, 12, 31.
Novembre, 20.
1696. *Mai*, 12.
Septembre, 26.
Novembre, 6, 18.
1697. *Août*, 18.
1698. *Février*, 24, 26.
Mai, 18.
Septembre, 30.
Novembre, 15, 27.
Décembre, 7, 23, 28.
1699. *Janv.* 3, 17, 23, 25.
Avril, 17, 20, 21, 28.
Juin, 18, 26.
Juillet, 23, 26.
Août, 14, 19, 21, 22, 24, 26, 27.
Sept. 16, 17, 18, 19, 21, 22, 24.
Oct. 9, 18, 21, 22, 24.
Novemb. 10, 15, 18, 21, 23, 24.
Décemb. 14, 15, 17.
1702. *Mai*, 29.
1704. *Décemb.* 28.
1707. *Février*, 12.
Mars, 17, 18, 20.
Août, 16, 18.
Octobre, 27.
Novembre, 24.
1708. *Septembre*, 22.
1709. *Octobre*, 18.
Novemb. n.
Décemb. 19.
1710. *Décemb.* 7.
1711. *Mars*, n.
1714. *Octobre*, 15.
1716. *Mars*, 17.
Avril, 11, 12, 13.
Mai, 1, 2, 3, 4, 5.
Décemb. 15, 16.
1717. *Avril*, 6, 9, 10, 11.
Août, 21.
Octobre, 1.
1718. *Février*, 5, 14.
Mars, 4, 15, 18, 21, 22.
Avril, 2.
Mai, 11.
Juin, 8.
Août, 28.
Septemb. 16.
Octobre, 11, 27.
Novemb. 2.
Décemb. 17, 18, 30, 31
1719. *Février*, 23.
Mars, 5, 6, 30
Avril, 9, 10, 18.
Septembre, 25.
Octob. 27, 30.
Nov. n, 14, 17, 22, 24.
Décembre, 1.
1720. *Janvier*, 1.
Févr. 6, 10, 11, 22, 26.
Mars, 9.
Septembre, 10.
Novemb. 7, 29.
Décemb. 2, 6, 10, 28.
1721. *Février*, 17, 23, 28.
Mars, 12, 29.

1721. *Octob.* 3, 23, 24, 31.
Novembre, 1.
1722. *Janv.* 22, 23, 25.
Février, 23, 24, 27.
Mars, 17, 18, 27.
Avril, 5.
Mai, 23.
Juin, 4.
Septemb. 16, 17, 18.
Oct. 14, 19, 20, 21, 25, 26.
Nov. 10, 14, 22, 23, 24.
Déc. 3, 12, 15, 31.
1723. *Janv.* 6, 12, 14, 24.
Février, 4.
Mars, 3, 4, 7, 10, 21, 24.
Avril, 2, 4, 9.
Septemb. 7, 12, 28.
Octob. 31.
Novemb. 1, 12.
Décemb. 18.
1724. *Janv.* 17, 29, 30.
Févr. 4, 11.
Mars, 24, 25.
Avril, 14.
Mai, 4, 22.
Août, 4, 12, 17, 24, 31.
Septemb. 9, 22, 23.
Octob. 16.
Novemb. 8, 16.
Décemb. 6, 7, 8, 25.
1725. *Janv.* 7, 8, 9, 12, 13.
Févr. 6, 9, 11, 15.
Avril, 2, 17.
Septembre, 19.
Octob. 5, 7, 8, 9.
1725. *Novembre*, 26.
Décemb. 5, 6, 7, 8, 21.
1726. *Janvier*, 19.
Février, 7.
Mars, 2, 10, 14, 24, 26, 27.
Septemb. 5, 28.
Octob. 14, 17, 19, 20, 21.
Novemb. 4, 18.
Déc. 1, 10, 16, 17, 21, 22.
1727. *Janv.* 1, 13, 15, 16, 17, 27.
Février, 21, 27.
Mars, 9, 11, 12, 13, 14, 15, 16, 17, 19, 24, 28.
Avril, 8, 10, 14, 18.
Août, 1, 6, 22, 24, 31.
Septemb. 7, 14, 18, 22, 23, 30.
Octob. 2, 5, 6, 13, 14, 15, 17, 19, 20, 21.
Novemb. 4, 6, 20.
Déc. 6, 11, 16, 17, 19.
1728. *Janvier*, 1, 20.
Févr. 8, 9, 10, 11, 12, 13, 14, 26, 29.
Mars, 10, 14, 20, 26, 27, 28, 29.
Avril, 2, 3, 4, 7.
Juin, 7, 25.
Août, 28, 29, 30, 31.
Sept. 5, 7, 13, 27, 29, 30.
Octob. 2, 4, 7, 11, 12, 24.
Novemb. 2, 5, 8, 22, 23.
Décemb. 4, 14, 31.
1729. *Janv.* 14, 17, 20, 24.
Février, 2, 3, 16, 17, 25, 27, 28.

1729. *Mars*, 2, 15, 16, 25, 27, 28, 30.
Avril, 6, 19, 24, 27, 28, 30.
Mai, 1, 2, 22, 29, 31.
Juin, 15, 26.
Septemb. 12, 15, 20, 22.
Octob. 11, 13, 17, 22, 24.
Nov. 16, 17, 18, 19, 20, 30.
Décemb. 17, 22, 27, 30.

1730. *Janv.* 8, 16, 17, 26.
Févr. 3, 7, 9, 10, 15, 16, 18, 27.
Mars, 2, 6, 9, 15, 17, 18, 22.
Avril, 12, 13, 14, 20.
Mai, 2, 5, 9.
Juin, 21.
Juillet, 5, 6, 17, 19, 31.
Août, 15, 23, 24, 29, 30.
Sept. 2, 3, 4, 5, 6, 7, 8, 9, 10, 11, 17, 20, 21, 27, 28, 30.
Octob. 3, 4, 5, 6, 7, 8, 9, 10, 11, 12, 16, 17, 20, 21, 22, 26.
Nov. 2, 3, 4, 5, 7, 8, 9, 12, 14, 17, 18, 19, 21, 22, 28, 30.
Déc. 2, 8, 9, 17, 23, 25, 26, 28.

1731. *Janvier*, 2, 26.
Févr. 4, 10, 28.
Mars, 2, 4, 7, 9, 14.
Août, 21, 24, 27, 30, 31.

1731. *Septemb.* 1, 20, 26, 30.
Octob. 3, 4, 7, 8, 16, 23, 29.
Nov. 4, 11, 17, 18, 27, 29.
Déc. 1, 4, 6, 7, 27, 30.

1732. *Janv.* 1, 3, 17, 18, 26, 27, 28, 29, 30.
Févr. 2, 12, 17, 18, 20, 21, 24, 27.
Mars, 1, 2, 14, 15, 18, 21, 22, 23, 24, 25, 26, 27, 28, 29, 31.
Avril, 2, 17, 18, 19, 20, 22.
Juin, 25, 26.
Août, 22, 23.
Sept. 10, 19, 20, 23, 24, 25, 26.
Octob. 5, 15, 22, 23.
Novemb. 12, 13, 20.
Décemb. 7, 12, 16, 18.

1733. *Avril*, 13.
Juillet, 7.

1734. *Septembre*, 19.

1735. *Mars*, 13, 15, 20, 22, 24.
Avril, 22.
Novemb. 18.
Décemb. 8, 13, 15.

1736. *Février*, 17.
Oct. 22, 26, 27, 28, 29, 30.
Novemb. 24.

1737. *Septemb.* 22.
Décemb. 16, 28.

1739. *Janvier*, 27.
Févr. 11, 17, 27.
Mars, 10, 12, 22, 29.

Ce qui donne en tout 796 Aurores Boréales.

9. *TABLE RÉDUITE des Aurores Boréales, recueillies par M.* Frobès, *depuis l'an 501, jusqu'au mois de Mars 1739 inclusivement. I.re partie de la Table.*

ANNÉES.	*Janvier.*	*Février.*	*Mars.*	*Avril.*	*Mai.*	*Juin.*	*Juillet.*	*Août.*	*Septemb.*	*Octobre.*	*Novemb.*	*Décemb.*	SOMMES pour les Années.
583		1											1
778		1											1
808		1											1
871								1					1
930		1											1
956									1				1
979											1		1
998												1	1
1014											1		1
1039				1									1
1096			1										1
1098										1			1
1099			1										1
1106		1											1
1115				1									1
1117		1										1	2
1200								1					1
1269												1	1
1307			1										1
1325					1								1
1352										1			1
1353								1					1
1354			1										1
1446		1											1
SOMMES pour les Mois.		7	4	2	1			3	1	2	2	3	Somme totale 25

II.me partie de la Table.

ANNÉES.	*Janvier.*	*Février.*	*Mars.*	*Avril.*	*Mai.*	*Juin.*	*Juillet.*	*Août.*	*Septemb.*	*Octobre.*	*Novemb.*	*Décemb.*	SOMMES pour les Années.
1499					1								1
1514	1												1
1518	1												1
1520									1			1	2
1527										1			1
1529	1												1
1534						1							1
1535					1								1
1536		1											1
1537		1											1
1541	1												1
1543					1								1
1545				1									1
1546		1											1
1547							1			1			2
1548											1		1
1551		1								1			2
1554		1	1										2
1555			1										1
1556	1												1
1557			1									1	2
1560	1												1
1561			1										1
1564										1			1
SOMMES pour les Mois.	6	5	4	1	3	1	1		1	4	1	2	Somme totale 29

III.me partie de la Table.

ANNÉES.	*Janvier.*	*Février.*	*Mars.*	*Avril.*	*Mai.*	*Juin.*	*Juillet.*	*Août.*	*Septemb.*	*Octobre.*	*Novemb.*	*Décemb.*	SOMMES pour les Années.
1565												1	1
1568				2									2
1569	1												1
1571			1										1
1572				1									1
1573	1			1							1		3
1574											2		2
1575		1							1				2
1580			1	2					1	1			5
1581	2	1		1									4
1582			2										2
1586		1											1
1588	1	3											4
1592			1										1
1599								1					1
1600												1	1
1602						1							1
1603									1				1
1605											1		1
1606									2				2
1607											1		1
1608											1		1
1609			1										1
1614							1						1
SOMMES pour les Mois.	5	6	6	7		1	1	1	5	1	6	2	Somme totale 41

IV.me partie de la Table.

ANNÉES.	*Janvier.*	*Février.*	*Mars.*	*Avril.*	*Mai.*	*Juin.*	*Juillet.*	*Août.*	*Septemb.*	*Octobre.*	*Novemb.*	*Décemb.*	SOMMES pour les Années.
1621									2				2
1623					2								2
1624				1	1	1							3
1627												2	2
1630		2											2
1633					1	1						1	3
1634	1	2											3
1637								1					1
1638	1												1
1640	1												1
1645				1									1
1646											1		1
1650	1												1
1654			1										1
1655							1						1
1657				1									1
1661	1			1									2
1662												1	1
1663											1		1
1664				1									1
1665				1				1					2
1666	1												1
1671											1		1
1673	1												1
SOMMES pour les Mois.	7	4	1	6	4	2	1	2	2		3	4	Somme totale 36

Vme partie de la Table.

ANNÉES.	*Janvier.*	*Février.*	*Mars.*	*Avril.*	*Mai.*	*Juin.*	*Juillet.*	*Août.*	*Septemb.*	*Octobre.*	*Novemb.*	*Décemb.*	SOMMES pour les Années.
1676		1	1										2
1677											1	1	2
1680									1				1
1682											1	1	2
1683	1							1					2
1684			1								1		2
1685				1									1
1686		1								1			2
1692			1	1									2
1693											2		2
1694			1	1									2
1695										3	1		4
1696					1				1		2		4
1697								1					1
1698		2			1				1		2	3	9
1699	4			4		2	2	7	7	5	6	3	40
1702					1								1
1704												1	1
1707		1	3					2		1	1		8
1708									1				1
1709										1	1	1	3
1710												1	1
1711			1										1
1714										1			1
SOMMES pour les Mois.	5	5	8	7	3	2	2	11	11	12	18	11	Somme totale 95

VIme & dernière partie de la Table.

ANNÉES.	*Janvier.*	*Février.*	*Mars.*	*Avril.*	*Mai.*	*Juin.*	*Juillet.*	*Août.*	*Septemb.*	*Octobre.*	*Novemb.*	*Décemb.*	SOMMES pour les Années.
1716			1	3	5							2	11
1717				4				1		1			6
1718		2	5	1	1	1		1	1	2	1	4	19
1719		1	3	3					1	2	5	1	16
1720	1	5	1						1		2	4	14
1721		3	2							4	1		10
1722	3	3	3	1	1	1			3	6	5	4	30
1723	4	1	6	3					3	1	2	1	21
1724	3	2	2	1	2			5	3	1	2	4	25
1725	5	4		2					1	4	1	5	22
1726	1	1	6						2	5	2	6	23
1727	6	2	11	4				5	6	10	3	5	52
1728	2	9	7	4		2		4	6	6	5	3	48
1729	4	7	7	6	5	2			4	5	6	4	50
1730	4	8	7	4	3	1	5	5	16	16	16	8	93
1731	2	3	5					5	4	7	6	6	38
1732	9	8	15	6		2		2	7	4	3	4	60
1733				1			1						2
1734									1				1
1735			5	1							1	3	10
1736		1								6	1		8
1737									1			2	3
1739	1	3	4										8
SOMMES pour les Mois	45	63	90	44	17	9	6	28	60	80	62	66	Somme totale 570

10. RÉSULTAT

10. *RÉSULTAT des parties ou des sommes de la Table précédente.*

PARTIES de la TABLE.	*Janvier.*	*Février.*	*Mars.*	*Avril.*	*Mai.*	*Juin.*	*Juillet.*	*Août.*	*Septemb.*	*Octobre.*	*Novemb.*	*Décemb.*	SOMMES pour les Années.
I.		7	4	2	1			3	1	2	2	3	25
II.	6	5	4	1	3	1	1		1	4	1	2	29
III.	5	6	6	7		1	1	1	5	1	6	2	41
IV.	7	4	1	6	4	2	1	2	2		3	4	36
V.	5	5	8	7	3	2	2	11	11	12	18	11	95
VI.	45	63	90	44	17	9	6	28	60	80	62	66	570
SOMMES pour les Mois.	68	90	113	67	28	15	11	45	80	99	92	88	Somme totale 796

C'est donc en tout 796 apparitions de l'Aurore Boréale que contient la Table précédente.

Venons maintenant à l'emploi que nous devons faire de ce nombre d'apparitions, conformément à la théorie ci-dessus, plus amplement expliquée dans mon Traité.

11. De tous les principes de fréquence ou de rareté des Aurores Boréales, il n'y en a point qui, selon cette théorie, doive être plus efficace, ni se manifester plus constamment, que celui des grandes & des petites distances de la Terre au Soleil & à l'Atmosphère Solaire. Sept cens demi-diamètres terrestres, c'est-à-dire, plus d'un million de lieues de différence, ne peuvent qu'en apporter une très-considérable à la chûte de ce fluide sur la Terre, ou dans la région supérieure de l'Atmosphère qui l'enveloppe. Car je conserve ici par-tout la même parallaxe, la même excentricité, & par conséquent les mêmes distances Solaires que j'ai adoptées dans mon Traité, dans cette édition comme dans la précédente, & par les mêmes raisons. Ainsi la parallaxe du Soleil sera de 10 secondes *, sa grande distance

* *Sup. note de la p. 96.*

de la Terre, de 20976 $\frac{7}{11}$ demi-diamètres terrestres, & la petite de 20275 $\frac{4}{11}$ *; d'où résulte la double excentricité ou la différence entre ces deux distances, de 701 $\frac{3}{11}$ demi-diamètres terrestres, qui font plus d'un million de lieues de 25 au degré.

* Sup. p. 244.

12. C'est par-là aussi que je commencerai cette recherche, d'après toutes les collections que j'ai entre les mains, en les appliquant d'abord chacune en particulier au principe, & ensuite dans leur totalité. J'en viendrai après cela aux autres causes de fréquence, dont l'examen sera d'autant plus court & plus facile, que tous les matériaux en auront été préparés dans l'application que j'en vas faire à celle-ci.

13. Divisant donc l'Orbite terrestre en deux parties à peu près égales, dont l'une, que j'appellerai *inférieure*, est prise du côté du Périhélie, & l'autre que j'appellerai *supérieure*, du côté de l'Aphélie, il ne s'agit plus que de les comparer & de voir au moyen de la Table, & sur les 796 Phénomènes qu'elle contient, le rapport numérique de ceux qui tombent dans les six mois où la Terre parcourt la partie inférieure de son Orbite, à ceux qui tombent dans les six autres mois, où la Terre parcourt la partie supérieure opposée, en prenant trois mois de part & d'autre de chacun des points de milieu, Périhélie & Aphélie. Car, comme il a été expliqué en son lieu*, la Terre passe aujourd'hui par son Périhélie vers le 30 Décembre, & par son Aphélie vers le 30me Juin; & quoique ces mois ne soient pas exactement accomplis au moment de ces passages, quoique les lieux n'en soient pas exactement les mêmes que dans les siècles passés, la commodité qu'il y a ici de prendre les mois entiers, tant pour ces calculs, que pour la construction des Tables, nous fera déroger à une plus grande exactitude. On verra que l'erreur qui en peut naître est presque insensible, eu égard aux résultats & à la théorie de l'hypothèse. Le mouvement vrai ou apparent des Apsides de l'Orbite de la Terre, par rapport aux Fixes, n'est, selon les plus anciennes observations, que d'environ un degré 43 minutes en cent ans, & selon les

* Tr. p. 244.

plus modernes, que d'un degré 13 ou 14 minutes dans le même intervalle. Or, à compter de 1716 jusqu'en 1739, où se termine la Table précédente, c'est-à-dire, en moins de vingt-quatre ans, le nombre des Aurores Boréales observées est trois ou quatre fois aussi grand que celui de toutes celles qui y sont marquées dans les siècles antérieurs, & 30 fois plus grand que du VIme au XVIme siècle ou dans l'espace de mille ans. L'erreur qui se distribue également ou inégalement sur cette 30me partie est donc ici de nulle conséquence, & ne fait qu'y déplacer un peu le Périhélie du milieu des mois qui entourent ce point de l'Orbite terrestre. On prendra garde enfin, que la position du Périhélie & de l'Aphélie, dans l'année, est telle, que les mois qui y répondent de part & d'autre, étant pris trois à trois, deux à deux, ou un à un, les sommes des jours autour de chacun de ces deux points, sont toûjours égales, ou ne different que d'un jour, selon que l'année est commune ou bissextile.

14. PREMIÈRE COMPARAISON.

Aurores Boréales qui ont été observées dans les douze mois de l'année, d'après la Table précédente.

La Terre étant dans la partie inférieure de son Orbite.	*Octobre* . . .	99	La Terre étant dans la partie supérieure de son Orbite.	*Avril*	67
	Novembre	92		*Mai*	28
	Décembre	88		*Juin*	15
	PÉRIHÉLIE.			APHÉLIE.	
	Janvier	68		*Juillet*	11
	Février	90		*Août*	45
	Mars	113		*Septembre* . .	80
	Somme	550	SOMME TOT. 796	Somme	246

Où l'on voit que la plus grande fréquence du Phénomène se trouve avec un excès bien marqué du côté du Périhélie,

& en raiſon de 550 à 246, ou environ comme 9 à 4, & plus exactement : 9, $4\frac{14}{550}$.

15. Si ce rapport de fréquence entre les ſix mois de Périhélie & les ſix mois d'Aphélie, eſt dû aux différentes diſtances de la Terre au Soleil, comme il n'eſt guère poſſible d'en douter, il faudra donc qu'il ſoit plus marqué en ne prenant que quatre mois autour de chacun de ces points, & plus marqué encore ſi l'on ne prend que les deux mois qui les entourent immédiatement ou qui y touchent, puiſque les plus grandes & les plus petites diſtances ſe trouvent alors répandues ſur de plus courts intervalles de temps. Ces trois comparaiſons ſe ſerviront réciproquement de preuve enre elles, & je les déſignerai dans la ſuite par *première*, qui eſt celle qu'on vient de voir, *ſeconde* & *dernière*, qui ſont celles que je vais donner.

16. SECONDE COMPARAISON.

Aurores Boréales obſervées autour du Périhélie & de l'Aphélie, deux mois avant & deux mois après le paſſage de la Terre par chacun de ces deux points.

La Terre parcourant les $\frac{2}{3}$ de la partie inférieure de ſon Orbite, autour de 8d ♋.	*Novembre*	92	La Terre parcourant les $\frac{2}{3}$ de la partie ſupérieure de ſon Orbite, autour de 8d ♑.	*Mai....*	28
	Décembre	88		*Juin....*	15
	PÉRIHÉLIE.			APHÉLIE.	
	Janvier..	68		*Juillet...*	11
	Février..	90		*Août....*	45
	Somme	338	[437]	Somme	99

Où l'avantage du Périhélie ſur l'Aphélie eſt plus grand que dans l'exemple précédent, & ſe trouve en raiſon de 338 à 99, ou de 7 à $2\frac{17}{338}$.

17. TROISIÈME COMPARAISON.

Aurores Boréales observées autour du Périhélie & de l'Aphélie, un mois avant & un mois après le passage de la Terre par chacun de ces deux points.

La Terre étant autour de 8d ♋, & de distance au ☉, 20275 demi-diamètres terrestres.	*Décembre*	88	La Terre étant autour de 8d ♑, & de distance au ☉, 20976 demi-diamètres terrestres.	*Juin*	15
	PÉRIHÉLIE.			APHÉLIE.	
	Janvier ...	68		*Juillet*	11
	Somme	156	[182]	Somme	26

Où l'avantage du Périhélie sur l'Aphélie est encore plus grand que dans l'exemple précédent, & en raison de 156 à 26, ou de 7 à $1\frac{26}{156}$.

REMARQUES.

18. Ce n'est, en général, qu'à de grandes masses de nombres ou de Phénomènes, qu'il convient d'appliquer la seconde ou la dernière Comparaison, & sur-tout la dernière. Car comme celle-ci, par exemple, ne tombe que sur une petite portion des Phénomènes de toute la masse, il est clair que le moindre hasard, quelques Aurores Boréales de plus ou de moins, pourroit y changer le rapport qui en résulte, ou même en faire évanouir l'un des termes, si la masse totale étoit trop petite ; & ainsi à proportion dans la seconde. Il faut donc au moins que cette masse soit de deux ou trois cens Phénomènes, pour en tirer des rapports admissibles & de quelque conséquence dans ces deux dernières Comparaisons.

19. Il faut prendre garde encore que les rapports de fréquence trouvés par l'opération, devant être d'autant plus approchans du vrai, qu'ils ont été tirés d'un plus grand

nombre de Phénomènes, celui qui résulte de la Comparaison des six mois de Périhélie aux six mois d'Aphélie, l'emportera toûjours de vrai-semblance sur le rapport de quatre mois à quatre mois, & celui-ci sur le rapport de deux mois à deux mois; quoiqu'en général les trois Comparaisons concourent pareillement à prouver la relation dont il s'agit, par cela seul, que le plus grand excès quelconque de la fréquence s'y trouve toûjours du côté où la théorie l'indique, & selon qu'on approche davantage du point où en réside le principe. Car c'est à la rigueur tout ce que nous avons à prouver, & qu'on est en droit d'exiger.

20. Mais il se présentera peut-être ici une difficulté, qui ne doit pourtant pas en être une. Les Aurores Boréales qui constituent la collection de M. *Frobès* ont été vûes en différens pays de l'Europe, & remarquées ou recueillies par différens Auteurs; il y en a plusieurs dont je n'ai pas fait mention dans mon Traité, & plusieurs autres dont j'ai tenu compte, & que M. *Frobès* a omises; il a été plus instruit des régions du Nord, je l'ai été davantage de celles du Sud, & malgré cette différence, cette diversité de pays, d'Observateurs, d'Historiens & de Chronographes où nous avons puisé; malgré la supériorité du nombre de près de huit cens Aurores Boréales sur celui d'environ deux cens, les résultats tirés de nos deux collections s'accordent parfaitement, ou à quelque fraction près, sur les nombres qui les expriment +: car qu'est-ce que ces petites différences fractionnaires, dans une théorie où il suffit à la rigueur, qu'un excès quelconque bien marqué se trouve toûjours du côté où il doit être?

21. C'est que le principe de fréquence dont il s'agit étant vrai, toutes ces différences disparoissent sur les grandes masses de temps & de nombres; tout se compense enfin

+ Je ne prétends indiquer à cet égard que la première Comparaison *(Sup. n.° 14)* & sa correspondante, dans le Traité, *p. 245*, l'une & l'autre se réduisant à peu-près au rapport de 9 à 4; car les deux dernières, prises sur les 229 Aurores Boréales que j'avois alors, tombent sur de trop petits nombres pour pouvoir en tirer des conséquences valables *(n.° 18)*.

felon la *Doctrine* des hafards, & le rapport cherché fe manifefte. Si la manière de voir ou de juger, d'un Obfervateur, d'un Hiftorien, fes attentions, fes préjugés, fa fuperftition même, lui font multiplier ou omettre certains Phénomènes, des difpofitions contraires dans un autre lui feront rejeter ce que celui-là a admis, & retenir ce qu'il avoit rejeté. Et voilà pourquoi je ne me fuis point rendu difficile (n.° 6) fur les Aurores Boréales contenues dans le Recueil de M. *Frobès*, où je reconnois d'ailleurs avec les Journaliftes de Leipfik, beaucoup de difcernement & d'érudition. Si les longs crépufcules de l'Été, & plus longs dans un climat que dans l'autre, nous font perdre quelques petites Aurores Boréales, les nuits fombres de l'Hiver, & dont la longueur eft relative à ces climats en raifon inverfe des jours & des crépufcules, nous en dérobent d'autres de même efpèce. Car à l'égard des grandes Aurores Boréales bien brillantes, on eft revenu aujourd'hui de l'idée qu'on s'étoit faite fur ce Phénomène, qu'il ne paroiffoit qu'en des temps fereins, après le crépufcule, & *filente Lunâ,* comme difoit *Gaffendi.* Nous favons que les Aurores Boréales bien décidées fe démêlent d'avec les crépufcules, & qu'elles fe montrent fouvent en Hiver parmi des nuages, pendant la pluie, & malgré la clarté de la Lune. Enfin fi dans les fiècles paffés, & dans des temps où les Obfervateurs de ce Phénomène étoient rares, & le Phénomène peu connu, on n'a fait mention que des plus marqués, des plus lumineux & des plus frappans, d'après certains préjugés, fi l'on en a quelquefois confondu les apparitions avec celles de la Lumière Zodiacale, ou avec les chevelures & les queues des Comètes, tout cela fe compenfe encore ou difparoît dans les grandes maffes, l'analogie du principe perce au travers, comme nous le verrons encore mieux dans la fuite.

22. C'eft donc de cette diverfité même, de temps, de pays & d'écrivains, & de ces grandes maffes d'années, d'obfervations & de nombres, que nos inductions fur la correfpondance dont il s'agit, tireront leur plus grande force,

23. N'excluons pas cependant de cette recherche les obſervations particulières, faites par un ſeul Obſervateur, ou dans un ſeul pays, & pendant des intervalles de temps beaucoup plus courts, lorſqu'elles auront d'ailleurs les qualités & l'authenticité requiſes: mais apportons-y les attentions & les reſtrictions convenables.

24. Par exemple, tout pays où l'arrière-ſaiſon & l'Hiver ne préſentent aux yeux de l'Obſervateur, pendant des mois entiers, qu'un Ciel toûjours couvert, qu'un temps pluvieux ou chargé de brouillards, doit être exclus de nos Comparaiſons & de nos calculs. Car de ſemblables pays ne pourroient nous fournir dans cette partie de l'année que quelques grandes Aurores Boréales, & il s'agit ici du nombre pluſtôt que de la grandeur. Eh quel uſage faire en ce cas d'une Comparaiſon où l'un des termes ſeroit ſi défectueux, & manqueroit quelquefois totalement ! Par une ſemblable raiſon, je rejetterai les obſervations faites dans des pays trop Polaires & où le Soleil ſeroit des jours & des mois entiers ſur l'horizon, dans la ſaiſon oppoſée à la précédente; car il n'y auroit encore alors que les très-grandes Aurores Boréales qui puſſent s'y montrer, tandis qu'on en auroit obſervé un très-grand nombre d'autres qui auroient paru en Hiver.

25. Il ne faut auſſi s'arrêter qu'à des obſervations ſuivies & non interrompues pendant un temps de repriſe, tout au moins de douze, quinze ou vingt ans; car un plus petit intervalle de temps ſeroit inſuffiſant pour en établir la Comparaiſon.

26. Enfin le choix des Obſervateurs eſt de grande importance. On ne doit guère compter que ſur ceux qui ſont exercés, & aſſez Aſtronomes pour ne ſe point méprendre à des circonſtances équivoques, tant par rapport au Phénomène, qu'à l'état du Ciel. Car il n'y a plus ici de compenſations à eſpérer, comme ſur les grandes maſſes de temps & de lieux, & ſur la diverſité des diſpoſitions & des préjugés des Auteurs. Avant cette dernière & grande repriſe, dont le commencement

commencement peut être fixé à l'année 1716 pour tous les pays de l'Europe qui sont à plusieurs degrés en deçà du Cercle Polaire, on a pris quelquefois les Aurores Boréales qui y ont paru, pour de simples crépuscules plus longs seulement, ou plus lumineux qu'ils n'ont coûtume d'être, parce qu'on ne pensoit point alors à la Lumière Boréale. D'où il est arrivé, que les Anciens ne nous ont guère transmis que celles de ses apparitions que nous qualifierions aujourd'hui de grandes & remarquables. Au contraire, depuis que de nos jours le Phénomène est devenu commun, on l'a vû assez souvent où il n'étoit pas, dans les crépuscules d'Eté, & sur-tout, lorsque la Lumière Zodiacale s'est venu compliquer avec ces crépuscules : ce qui est très-ordinaire dans les grandes extensions de cette Lumière, en des temps de Reprise, & dans cette saison, où le Soleil se couche près du Pole & où il passe au dessous tout proche de l'horizon. J'ai rapporté dans ma seconde Section * un Article de feu M. *Cassini*, sur les Crépuscules Solstitiaux de l'Eté, où l'on voit perpétuellement cette Lumière se joindre au crépuscule, & produire vers le Nord une splendeur qu'il appelle *Lumière Septentrionale*, mais que l'habile Astronome n'a garde de confondre avec le Phénomène auquel nous donnons aujourd'hui ce nom[a], ou celui de *Lumière Boréale*[b]. Il est donc très-facile de prendre ces crépuscules ainsi compliqués pour des Aurores Boréales *Tranquilles*, & il n'y a souvent d'autre moyen de les distinguer, que d'observer si le mouvement général de cet amas de lumière équivoque le porte d'Occident en Orient avec la Terre, ou d'Orient en Occident avec le premier mobile, comme il a été expliqué ci dessus *. Je me suis aussi convaincu quelquefois de la fausseté des Aurores Boréales qui m'étoient suspectes, & qu'on trouve dans des Auteurs peu attentifs à ces distinctions, par le silence de tous les autres Observateurs sur ces mêmes Phénomènes, en des jours clairs & sereins pour toute l'Europe. Enfin, comme il est aisé de se prévenir en faveur de ses idées, & de voir par-là les choses différentes de ce qu'elles sont, je

* Page 81.

[a] Hist. Acad. 1721, page 9, &c.

[b] Sup. p. 306, &c. &c.

* Page 348.

crois qu'on ne doit pas fonder une recherche pareille à celle-ci, ſur le témoignage des Auteurs qui auroient là-deſſus quelque ſyſtème à établir ou à combattre, & qui en auroient pris de trop forts engagemens avec le public. Cette ſeule conſidération m'auroit ſans doute inſpiré la délicateſſe de m'exécuter le premier ſur cet article, & de ſupprimer ici mes propres obſervations : mais j'y ſuis obligé par une raiſon encore plus déciſive; c'eſt que depuis les trois ou quatre années qui ſuivirent la publication de mon Ouvrage, je les ai diſcontinuées plus d'une fois, par des accidens qu'il eſt inutile de rapporter, & qui mettent par-là ces obſervations hors d'état de ſervir à notre deſſein, n.° 25.

27. A ces conditions, & avec ces précautions, je ne doute point que nous ne retrouvions dans les obſervations particulières, le principe de fréquence dont il s'agit, & tel à peu près que nous venons de le voir dans la collection générale de M. *Frobès*. En voici les exemples d'après des Aſtronomes célèbres, & très-exercés dans ces ſortes d'obſervations.

OBSERVATIONS DE M. CELSIUS.

28. Peu de temps après la publication de mon Traité de l'Aurore Boréale, M. *Celſius* donna ſon Recueil d'Obſervations ſur ce Phénomène, dont j'ai déjà parlé plus d'une
* *Sup. p. 379.* fois, & rapporté le titre*. Il fut l'année ſuivante en Italie, & M. le Marquis *Poleni*, à qui il avoit fait préſent de ſon Livre, m'écrivit, qu'ayant appliqué ma Méthode & mes principes à ces obſervations, par rapport à la fréquence du Phénomène, il en avoit tiré les mêmes réſultats. Il voulut bien encore
* *Du 16 Mars 1734.* ajoûter dans ſa Lettre*, & ſes calculs, & la Table qu'il en avoit dreſſée. On peut juger de l'empreſſement que j'eus de recouvrer cet Ouvrage, mais je n'eus pas long-temps à l'attendre; M. *Celſius* vint la même année à Paris, il me donna ſon Livre, & de plus un ſupplément de pluſieurs autres obſervations faites depuis par lui-même, ou qu'il avoit recueillies de ſes correſpondans, & qui portent ſur-tout

l'intervalle compris entre 1716 & 1734. Supplément qui concourt encore à prouver tout ce qui fait notre objet. Je vais d'abord donner ici séparément la Liste & la Table de l'un & de l'autre, comme j'ai fait ci-dessus de la collection de M. *Frobès;* je mettrai ensuite les Phénomènes contenus dans le Livre, & ceux qu'il faut y ajoûter d'après le supplément, sous un même point de vûe, & comme ne faisant qu'un tout. Car les observations & le suffrage de M. *Celsius* sur cette matière, comme sur plusieurs autres, sont d'un si grands poids, que nous ne devons perdre aucun des avantages qu'on en peut tirer.

29. *LISTE des Aurores Boréales contenues dans le Livre de M.* Celsius.

En 1716. *Mars*, le 17.
1718. *Février*, 14.
Mars, 4, 18.
Août, 28.
Septembre, 16.
Octobre, 11, 27.
Décembre, 18, 30.
1720. *Janvier*, 1.
1723. *Octobre*, 31.
1724. *Février*, 11.
Avril, 14.
Novembre, 8, 9.
1725. *Janvier*, 7.
Février, 9.
Octobre, 5.
Novembre, 26.
Décembre, 21.
1726. *Janvier*, 19.
Mars, 27.
Octobre, 19.
Novembre, 4.
1726. *Décembre*, 10, 21, 22.
1727. *Janvier*, 1, 27.
Février, 21, 27.
Mars, 9, 11.
Décembre, 17, 19.
1728. *Janvier*, 1, 30.
Février, 8, 9, 10, 11, 12, 13, 14.
Mars, 10, 14, 28.
Avril, 3, 7.
Août, 28, 29, 30.
Septembre, 7, 29, 30.
Octobre, 2, 11, 12, 24.
Novembre, 22, 23.
Décembre, 31.
1729. *Janvier*, 14.
Février, 2, 3, 25, 27, 28.
Mars, 15, 16, 25, 28, 30.
Avril, 6, 24, 27, 28.
Mai, 2.
Septembre, 12, 15, 22.

1729. *Octobre*, 2, 22, 24.
Novembre, 16, 17, 18, 19, 20, 30.
Décembre, 22, 27, 30.
1730. *Janvier*, 8, 16, 17, 26.
Février, 3, 9, 10, 15, 16.
Mars, 2, 9, 22.
Mai, 9.
Juillet, 31.
Août, 23, 29, 30.
Septembre, 3, 4, 5, 6, 7, 8, 9, 10, 11, 17, 20, 21, 27, 28, 30.
Octobre, 3, 4, 5, 6, 7, 8, 11, 12, 16, 17.
Novembre, 2, 3, 4, 5, 8, 9, 17, 18, 22, 30.
1731. *Janvier*, 2, 26.
1731. *Février*, 4, 10, 28.
Mars, 2, 4, 7, 9, 14.
Août, 21, 24, 27, 30, 31.
Septembre, 1, 20, 26, 30.
Octobre, 3, 4, 7, 8, 16, 23.
Novembre, 4, 17, 18, 27, 29.
Décembre, 1, 4, 6, 7, 27, 30.
1732. *Janvier*, 1, 3, 16, 17, 18, 26, 27, 28, 29, 30.
Février, 2, 12, 17, 18, 24, 27.
Mars, 2, 15, 21, 22, 23, 24, 25, 27, 28, 29, 31.
Avril, 2, 17, 18, 19, 20, 22.
Août, 22.
Octobre, 5, 22, 23.
Novembre, 11.
Décembre, 7, 12, 16, 18.

Ce qui fait en tout 224 Aurores Boréales ou apparitions, ſur les trois cens ſeize obſervations annoncées à la tête du Livre, les quatre-vingt-douze autres ayant été faites les mêmes jours, par les Correſpondans de M. *Celſius* en différens lieux de la Suède; le tout réduit au nouveau ſtyle, comme il le ſera toûjours ici en cas pareil.

30. *TABLE réduite des Aurores Boréales contenues dans le livre de M.* Celsius.

ANNEES.	*Janvier.*	*Février.*	*Mars.*	*Avril.*	*Mai.*	*Juin.*	*Juillet.*	*Août.*	*Septemb.*	*Octobre.*	*Novemb.*	*Décemb.*	SOMMES pour les Années.
1716			1										1
1718		1	2					1	1	2		2	9
1720	1												1
1723										1			1
1724		1		1							2		4
1725	1	1								1	1	1	5
1726	1		1							1	1	3	7
1727	2	2	2									2	8
1728	2	7	3	2				3	3	4	2	1	27
1729	1	5	5	4	1				3	3	6	3	31
1730	4	5	3		1		1	3	15	10	10		52
1731	2	3	5					5	4	6	5	6	36
1732	10	6	11	6				1		3	1	4	42
SOMMES pour les Mois.	24	31	33	13	2		1	13	26	31	28	22	Somme totale 224

31. *Aurores Boréales observées autour du Périhélie & de l'Aphélie dans les douze mois de l'année.*

Octobre	31	*Avril*	13
Novembre	28	*Mai*	2
Décembre	22	*Juin*	0
PÉRIHÉLIE.		APHÉLIE.	
Janvier	24	*Juillet*	1
Février	31	*Août*	13
Mars	33	*Septembre*	26
	169	(224)	55

Où le rapport des fréquences est en raison de 169 à 55, ou environ : 3, 1.

32. *SUPPLÉMENT aux Aurores Boréales rapportées dans le Livre de M.* Celsius, *donné par lui-même.*

En 1717. *Avril*, le 10.
Août, 10.
Septembre, 11.
1719. *Octobre*, 16.
Novembre, 13, 20.
1720. *Février*, 11, 15.
Octobre, 27.
Novembre, 29.
Décembre, 6.
1721. *Février*, 17.
Mars, 1.
Septembre, 12, 22.
Octobre, 21.
1722. *Février*, 12, 13, 16.
Mars, 1.
Septembre, 6, 7.
Octobre, 3, 8, 9, 10, 14, 15.
Novembre, 3, 10.
Décembre, 4.
1723. *Janvier*, 1, 3, 24.
Février, 4.
Mars, 3, 4, 7, 24.
Avril, 2, 4, 9.
Septembre, 1, 17.
Novembre, 1, 2.
1724. *Janvier*, 17, 29.
Mars, 24.
Mai, 4, 22.
Août, 17.
1725. *Janvier*, 8, 9, 12, 13.
Mai, 2.

1725. *Octobre*, 6, 7, 8, 9.
Décembre, 5, 6, 7, 8.
1726. *Février*, 7.
Mars, 24.
Septembre, 5, 28.
Octobre, 26.
Décembre, 18.
1727. *Janvier*, 13, 16, 17.
Mars, 12, 13, 14, 16, 17, 24, 28.
Avril, 8, 10, 18.
Août, 6, 22, 24, 31.
Sept. 7, 14, 18, 23, 30.
Octobre, 2, 5, 6, 14, 15, 19, 20, 21.
Novemb. 3, 20, 23, 24, 25.
Décemb. 6, 11, 16.
1728. *Février*, 26, 29.
Mars, 20.
Avril, 2.
Juin, 25.
Août, 31.
Octobre, 14, 17.
Novembre, 2, 5, 8.
1729. *Janvier*, 17, 18.
Février, 3, 11, 16.
Mars, 2, 27.
Avril, 6.
Mai, 1, 22, 26, 27.
1730. *Mars*, 6, 15.
Avril, 14.

1730. *Mai*, 2, 5.
Août, 15, 24.
Septembre, 2.
Octobre, 9, 20.
Novembre, 12, 14, 21.
Décemb. 2, 4, 17, 25.

1731. *Septembre*, 27.
1732. *Août*, 23.
1733. *Janvier*, 12, 17.
Mars, 2, 3, 5, 17.
Avril, 1, 18.
Juillet, 7.

33. TABLE *réduite du Supplément donné par M.* Celsius.

ANNÉES.	*Janvier.*	*Février.*	*Mars.*	*Avril.*	*Mai.*	*Juin.*	*Juillet.*	*Août.*	*Septemb.*	*Octobre.*	*Novemb.*	*Décemb.*	SOMMES pour les Années.
1717				1				1	1				3
1719										1	2		3
1720		2								1	1	1	5
1721		1	1						2	1			5
1722		3	1						2	6	2	1	15
1723	3	1	4	3					2		2		15
1724	2		1		2			1					6
1725	4				1					4		4	13
1726		1	1						2	1		1	6
1727	3		7	3				4	5	8	5	3	38
1728		2	1	1		1		1		2	3		11
1729	2	3	2	1	4								12
1730			2	1	2			2	1	2	3	4	17
1731									1				1
1732								1					1
1733	2		4	2			1						9
SOMMES pour les Mois.	16	13	24	12	9	1	1	10	16	26	18	14	Somme totale 160

34. *Aurores Boréales observées autour du Périhélie & de l'Aphélie, dans les douze mois de l'année, d'après la Table précédente.*

Octobre	26	*Avril*	12
Novembre	18	*Mai*	9
Décembre	14	*Juin*	1
PÉRIHÉLIE.		APHÉLIE.	
Janvier	16	*Juillet*	1
Février	13	*Août*	10
Mars	24	*Septembre*	16
Somme	111	(160) Somme	49

Où la fréquence autour du Périhélie est à la fréquence autour de l'Aphélie comme 111 à 49, ou environ : 9 à 4.

35. Quant à la Comparaison des quatre mois autour de chacun des deux points, Périhélie & Aphélie, il ne convient point ici d'en tenir compte, & encore moins de celle de deux mois; par la raison même *(n.° 18)* dont ces deux Tables donnent des exemples bien sensibles. Mais celle qui suit, & qui est formée des deux, contiendra d'assez grands nombres pour y avoir quelque égard.

36. *TABLE*

36. *TABLE RÉDUITE des Aurores Boréales contenues dans le livre & dans le supplément de M.* Celsius.

ANNÉES.	*Janvier.*	*Février.*	*Mars.*	*Avril.*	*Mai.*	*Juin.*	*Juillet.*	*Août.*	*Septemb.*	*Octobre.*	*Novemb.*	*Décemb.*	SOMMES pour les Années.
1716			1										1
1717				1				1	1				3
1718		1	2					1	1	2		2	9
1719										1	2		3
1720	1	2								1	1	1	6
1721		1	1						2	1			5
1722		3	1						2	6	2	1	15
1723	3	1	4	3					2	1	2		16
1724	2	1	1	1	2			1			2		10
1725	5	1			1					5	1	5	18
1726	1	1	2						2	2	1	4	13
1727	5	2	9	3				4	5	8	5	5	46
1728	2	9	4	3		1		4	3	6	5	1	38
1729	3	8	7	5	5				3	3	6	3	43
1730	4	5	5	1	3		1	5	16	12	13	4	69
1731	2	3	5					5	5	6	5	6	37
1732	10	6	11	6				2		3	1	4	43
1733	2		4	2			1						9
SOMMES pour les Mois.	40	44	57	25	11	1	2	23	42	57	46	36	Somme totale 384

Comparaiſons de fréquence du Périhélie à l'Aphélie, d'après la Table précédente.

37. PREMIÈRE COMPARAISON.

Octobre	57	*Avril*	25
Novembre	46	*Mai*	11
Décembre	36	*Juin*	1
PÉRIHÉLIE.		APHÉLIE.	
Janvier	40	*Juillet*	2
Février	44	*Août*	23
Mars	57	*Septembre*	42
Somme	280	(384) Somme	104

Où 280, 104 :: environ 8, 3.

38. SECONDE COMPARAISON.

Novembre	46	*Mai*	11
Décembre	36	*Juin*	1
PÉRIHÉLIE.		APHÉLIE.	
Janvier	40	*Juillet*	2
Février	44	*Août*	23
	166	(203)	37

Où 166, 37 :: environ 14, 3.

39. TROISIÈME COMPARAISON.

Décembre	36	*Juin*	1
PÉRIHÉLIE.		APHÉLIE.	
Janvier	40	*Juillet*	2
	76	(79)	3

Où le terme, 3, qui répond à l'Aphélie, eſt ſi petit, qu'il en réſulte un rapport avec le Périhélie, d'environ 25 à 1.

OBSERVATIONS DE M. KIRCH.

40. J'ai dit, dans le premier de ces Éclaircissemens, à quelle occasion M. *Chr. Kirch* m'avoit envoyé des observations dont je comptois faire usage; & voici leur véritable place. Ces observations consistent en deux parties bien distinctes. La première est un dénombrement de quatre-vingt-neuf Aurores Boréales anciennes, que j'avois omises dans mon Traité, depuis l'an 1549 jusqu'à l'an 1657, inclusivement *(a)*: la seconde contient 106 apparitions du même Phénomène, observées à Berlin, depuis 1707, jusqu'au mois d'Octobre 1735, où elles me furent envoyées *(b)*. Il y en a encore plusieurs parmi celles-ci dont je n'avois pas fait mention. C'est par cette dernière partie que je commencerai, me réservant d'employer la première sous un autre point de vûe. Les Aurores Boréales observées par M. *Kirch* sont très-succinctement, mais très-exactement décrites ou qualifiées. Quelques-unes sont marquées comme douteuses; mais le doute est levé par la confrontation que j'en ai faite avec d'autres Catalogues de différens pays, où elles ont paru sans équivoque, conformément à l'instruction qu'on en trouve dans mon Traité*. Comme j'ignore si ces observations ont été imprimées depuis, car je vois M. *Kirch* souvent cité sur cette matière, j'en donnerai ici l'extrait, par les mêmes raisons que j'ai donné celui du Supplément de M. *Celsius*, & avec les mêmes précautions.

* *Page 167.*

(a) *Observationes aliquot antiquæ Auroræ Borealis ad Supplementum Historiæ Auroræ Borealis, collectæ à C. Kirch.*

(b) *Observationes recentiores Auroræ Borealis, quarum 4 priores à Gottfrido Kirch* (son Père) *reliquæ verò à Christfrido Kirch sunt observatæ.*

41. *Années, mois & jours des Aurores Boréales de M.* Kirch.

En 1707. *Mars*, le 6.
Octob. 21, 29.
Novembre, 27.
1716. *Mars*, 17.
Avril, 11, 12.
1717. *Février*, 2.
Avril, 10.
Août, 31.
Septembre, 8.
1718. *Mars*, 4, 19.
Mai, 1.
1719. *Février*, 11.
Octobre, 16.
Novembre, 13.
1720. *Janvier*, 2.
Février, 15.
Novembre, 7, 25.
1721. *Janvier*, 23.
Février, 17.
Mars, 1.
1722. *Septembre*, 17, 18.
Octobre, 3, 7.
1723. *Mars*, 3.
Avril, 24.
1725. *Février*, 12.
Mars, 16.
Avril, 24.

1725. *Octobre*, 5, 7.
1726. *Octobre*, 19.
1727. *Mars*, 13, 14.
Avril, 18.
Octobre, 19.
1728. *Février*, 13.
Avril, 2.
Mai, 3.
Juin, 25.
Juillet, 13.
Août, 30.
Septemb. 26.
Octobre, 2.
Novembre, 12, 13.
1729. *Juillet*, 7.
Septembre, 26.
Octobre, 13, 22.
Novembre, 16.
Décemb. 17.
1730. *Février*, 15.
Mars, 2.
Avril, 12.
Mai, 29.
Septembre, 30.
Octobre, 8, 9, 20.
Novemb. 2, 3, 5.

1731. *Janvier*, 2.
Septembre, 26.
Octobre, 3, 4, 7, 8, 23.
1732. *Févr.* 24, 29.
Mars, 21, 28.
Avril, 24.
Août, 22.
Septembre, 10, 27.
Octobre, 5, 22, 23.
Novemb. 12.
1733. *Mars*, 2, 3.
Avril, 18.
Juillet, 7.
Août, 17.
Octobre, 3, 10.
Novemb. 7.
Décemb. 8, 22.
1734. *Janvier*, 8.
Février, 3.
Mars, 1.
Avril, 8.
Septembre, 19.
1735. *Janvier* 25, 26.
Mars, 23, 24.
Avril, 23.

En tout 106 Aurores Boréales.

42. *TABLE RÉDUITE des Aurores Boréales observées par M.* Kirch.

ANNÉES.	*Janvier.*	*Février.*	*Mars.*	*Avril.*	*Mai.*	*Juin.*	*Juillet.*	*Août.*	*Septemb.*	*Octobre.*	*Novemb.*	*Décemb.*	SOMMES pour les Années.
1707			1							2	1		4
1716			1	2									3
1717		1		1				1	1				4
1718			2		1								3
1719		1								1	1		3
1720	1	1									2		4
1721	1	1	1										3
1722									2	2			4
1723			1	1									2
1725		1	1	1						2			5
1726										1			1
1727			2	1						1			4
1728		1		1	1	1	1	1	1	1	2		10
1729							1		1	2	1	1	6
1730		1	1	1	1				1	3	3		11
1731	1								1	5			7
1732		2	2	1				1	2	3	1		12
1733			2	1			1	1		2	1	2	10
1734	1	1	1	1					1				5
1735	2		2	1									5
SOMMES pour les Mois	6	10	17	12	3	1	3	4	10	25	12	3	Somme totale 106

43. COMPARAISON DES DOUZE MOIS.

Octobre	25	*Avril*	12
Novembre	12	*Mai*	3
Décembre	3	*Juin*	1
PÉRIHÉLIE.		APHÉLIE.	
Janvier	6	*Juillet*	3
Février	10	*Août*	4
Mars	17	*Septembre*	10
	73	(106)	33

Où les deux sommes, 73 & 33, sont à très-peu près en raison de 9 à 4.

OBSERVATIONS DE M. WEIDLER.

44. M. *Weidler*, Professeur de Mathématiques à Wittemberg, a bien voulu aussi me faire part au commencement de cette année*, de ses observations sur l'Aurore Boréale, depuis 1730, jusqu'à 1751. C'est dommage que des observations qui me viennent de si bon lieu ne soient pas plus nombreuses. En voici le Catalogue avec les dates.

* Lettre du 13 Janvier 1752.

1730. *Janvier*, 8.
Juillet, 5.
Octobre, 7, 9.

1731. *Août*, 28, 31.
Septembre, 28.
Octobre, 2, 4, 7, 8, 10, 23.

1732. *Janvier*, 26.
Février, 7, 29.
Août, 22.
Octobre, 23.

1733. *Mai*, 16.
Juillet, 7.
Novemb. 7.

1734. *Février*, 2.
Avril, 8.
Août, 20.

1735. *Janvier*, 26.
Février, 22.
Mars, 23, 24, 25.
Avril, 18, 23.
Novemb. 14, 18.

1736. *Avril*, 5.
Septembre, 3, 4.
Octobre, 10, 26, 27.

1737. *Mars*, 28, 29.
Avril, 7.
Août, 20, 21, 23.

1737. *Novembre*, 26.
Décembre, 16.
1738. *Décemb.* 4.
1739. *Février*, 27.
Avril, 10.
Septembre, 28.
Octobre, 31.
1741. *Janvier*, 23.
Février, 16.
Août, 13.
Novemb. 2, 9.
1742. *Février*, 25.
Mars, 3, 26, 27.
Mai, 23.
Août, 26, 30.
Septemb. 7, 10.
Décemb. 22, 26.
1743. *Janvier*, 30.
1743. *Mars*, 16, 19, 20, 26, 28.
Septemb. 19.
Octobre, 8.
1744. *Avril*, 2.
1745. *Janvier*, 21.
1746. *Novembre*, 17.
1747. *Janvier*, 6.
Septembre, 10.
Décemb. 3.
1748. *Février*, 27.
Décemb. 24.
1750. *Janvier*, 6.
Février, 3, 4, 27.
Mai, 2.
Août, 24.
1751. *Février*, 19.

Qui font en tout 91 Aurores Boréales.

45. *TABLE RÉDUITE des Aurores Boréales observées par M.* Weidler, *à Wittemberg en Saxe.*

ANNÉES.	*Janvier.*	*Février.*	*Mars.*	*Avril.*	*Mai.*	*Juin.*	*Juillet.*	*Août.*	*Septemb.*	*Octobre.*	*Novemb.*	*Décemb.*	SOMMES pour les Années.
1730	1						1			2			4
1731								2	1	6			9
1732	1	2						1		1			5
1733					1		1				1		3
1734		1		1				1					3
1735	1	1	3	2							2		9
1736				1					2	3			6
1737			2	1				3			1	1	8
1738												1	1
1739		1		1					1	1			4
1741	1	1						1		2			5
1742		1	3		1			2	2			2	11
1743	1		5						1	1			8
1744				1									1
1745	1												1
1746											1		1
1747	1								1			1	3
1748		1										1	2
1750	1	3			1			1					6
1751		1											1
SOMMES pour les Mois.	8	12	13	7	3		2	11	8	16	5	6	Somme totale 91

46. *Comparaison*

46. COMPARAISON des douze mois de la Table précédente.

Octobre	16	*Avril*	7
Novembre	5	*Mai*	3
Décembre	6	*Juin*	0
PÉRIHÉLIE.		APHÉLIE.	
Janvier	8	*Juillet*	2
Février	12	*Août*	11
Mars	13	*Septembre*	8
	60	(91)	31

Qui donne le rapport de 60 à 31, à peu près : 2, 1.

OBSERVATIONS DE M.rs Eust. ZANOTTI & Jac. Barth. BECCARI.

47. Je ne saurois mieux faire que d'ajoûter aux observations précédentes celles que j'ai reçûes de Bologne, & que je dois aux soins de l'illustre Secrétaire de l'Académie de l'Institut de cette Ville, M. *Fr. Mar. Zanotti.* On a peu de ces observations dans les pays méridionaux de l'Europe, & cela par une suite nécessaire du lieu qu'occupe ordinairement le Phénomène *. M. *Zanotti* m'a donc procuré à ce sujet, de la part de M. son frère, *Eust. Zanotti*, Professeur en Astronomie & chef de l'Observatoire de l'Institut, une Lettre où sont contenues,

* *Voy. Traité Sect. III, ch. II. p. 104.*

1.° Ses propres observations de 21 Aurores Boréales, qu'il qualifie de grandes +; savoir,

En 1727. *Mars*, le 14, 16, 17, 18, 19, 20.	1730. *Juin*, 21.
Mai, 13.	1731. *Février*, 10.
1728. *Mars*, 31.	1734. *Avril*, 10.
Avril, 2.	1737. *Décembre*, 16.
1730. *Mars*, 11, 13, 18, 21.	1739. *Mars*, 10, 29.
	Juin, 2.
	1750. *Août*, 26.

+ *Insignes Auroræ Boreales, ab observationum cœlestium abaco Eustachii Zanotti depromptæ.*

2.° Les obſervations de M. *Barth. Beccari*, de la même Académie, qui s'étendent depuis la même année, 1727, juſques & y compris 1751. Celles-ci ſont partagées en deux claſſes; la première, des Aurores Boréales bien décidées, & obſervées par M. *Beccari;* la ſeconde, des Aurores Boréales douteuſes, & qui lui ont été communiquées par ſes Correſpondans, de divers endroits de l'Italie. Les Aurores Boréales décidées ſont au nombre de 40; ſavoir,

En 1727. *Février*, le 13.
Mars, 18, 19.
Octobre, 17, 18.
1728. *Janvier*, 3.
Mai, 30.
Juillet, 13.
Octobre, 2.
Décembre, 2.
1730. *Février*, 15.
Mars, 3, 6, 13.
Juin, 21.
1731. *Février*, 10.
Octobre, 8.
1736. *Mai*, 4.
Septembre, 25.
1737. *Janvier*, 24.
Juin, 3, 30.
Décembre, 16.
1738. *Août*, 13.
1739. *Mars*, 10, 29.
1741. *Octobre*, 8, 9.
1744. *Octobre*, 3.
1747. *Septembre*, 27.
1748. *Octobre*, 22.
1749. *Septembre*, 17, 22.
Octobre, 8.
1750. *Février*, 3.
Avril, 3.
Août, 26, 27.
Décembre, 14.
1751. *Août*, 19.

Parmi ces obſervations, il y en a 9 qui ſont communes à M. *Zanotti* & à M. *Beccari*. Je les ai ſoulignées, pour les ſupprimer, & n'en pas faire un double emploi dans la Table réduite que je vais donner de leur totalité.

48. Reſtent les Aurores Boréales douteuſes, qui ſont au nombre de 67, & ſur la réalité deſquelles M. *Beccari* ſuſpend ſon jugement, juſqu'à ce que, par la confrontation de celles qui auront paru dans les pays plus ſeptentrionaux de l'Europe, au même jour & environ à la même heure, les parties qui en ont été vûes en Italie ceſſent d'être équivoques +.

+ C'eſt l'Avertiſſement de M. *Beccari*, mis à la tête de toutes ces obſervations: *Phænomena Borealia relata in Ephemerides ſuas à Jac. Barth. Beccario, partim à ſe viſa, partim à fidis obſervatoribus accepta. Quæ nullo aſteriſco notantur, pro veris Auroris Borealibus; quæ aſteriſco notata ſunt, idcirco ſic notata ſunt, ut facta comparatione cum aliorum obſervationibus, cognoſci poſſint, an fuerint partes Auroræ Borealis alibi illuſtrioris, & in diem atque horam Phænomeni apud nos obſervati illuſtrioris.*

Cette vérification faite, conformement à l'instruction de M. *Beccari*, & au desir qu'il m'a témoigné avoir d'en être informé, je trouve 36 de ces Aurores Boréales bien réelles, dont je lui ai envoyé la note, avec les noms des pays où elles ont paru, & des Observateurs qui en font mention. Je me dispense d'en transcrire ici le détail, parce que presque tous ces Phénomènes sont compris dans les Listes que j'ai données ci-dessus, ou que je donnerai dans la suite.

En 1727. *Mars*, le 11, 29.
1728. *Avril*, 9.
Septembre, 26.
Octobre, 30.
1730. *Avril*, 16.
Septembre, 11.
Novembre, n.
1732. *Février*, 26.
Mars, 24.
Juillet, 21.
Novembre, 20.
1733. *Juillet*, 7.
1735. *Février*, 21, 22.
Mars, 25.
1736. *Mars*, 15.
1736. *Juillet*, 7, 8.
Septembre, 30.
1737. *Janvier*, 1.
Août, 21, 25.
Décemb. 21, 22, 28.
1738. *Février*, 16.
Juillet, 11.
1739. *Novembre*, 16.
1741. *Janvier*, 13.
1743. *Mars*, 24.
1745. *Octobre*, 9, 17.
1747. *Août*, 31.
Décembre, 24.
1750. *Février*, 7.

Ces 36 apparitions de l'Aurore Boréale en Italie, étant ajoûtées aux 52 observées par M.rs *Zanotti* & *Beccari*, font en tout 88, & ne changent presque rien au rapport de fréquence du Périhélie à l'Aphélie, qui résulte des 52.

49. *TABLE RÉDUITE des Aurores Boréales qui ont paru à Bologne & en plusieurs autres endroits d'Italie, de 1727 à 1751 inclusivement, observées ou rapportées par M.rs* Eust. Zanotti & Barth. Beccari.

ANNÉES.	*Janvier.*	*Février.*	*Mars.*	*Avril.*	*Mai.*	*Juin.*	*Juillet.*	*Août.*	*Septemb.*	*Octobre.*	*Novemb.*	*Décemb.*	SOMMES pour les Années.
1727		1	8		1					2			12
1728	1		1	2	1		1		1	2		1	10
1730		1	6	1		1			1		1		11
1731		1								1			2
1732		1	1				1				1		4
1733							1						1
1734				1									1
1735		2	1										3
1736			1		1		2		2				6
1737	2					2		2				4	10
1738		1					1	1					3
1739			2			1					1		4
1741	1									2			3
1743			1										1
1744										1			1
1745										2			2
1747								1	1			1	3
1748										1			1
1749									2	1			3
1750		2		1				2				1	6
1751								1					1
SOMMES pour les Mois.	4	9	21	5	3	4	6	7	7	12	3	7	Somme totale 88

50. COMPARAISON des fréquences du Périhélie à l'Aphélie.

Octobre	12	*Avril*	5
Novembre	3	*Mai*	3
Décembre	7	*Juin*	4
PÉRIHÉLIE.		APHÉLIE.	
Janvier	4	*Juillet*	6
Février	9	*Août*	7
Mars	21	*Septembre*	7
Somme	56	(88) Somme	32

Qui donne 56 . 32 :: 7 . 4.

Je comptois que les obſervations d'Italie termineroient ces collections particulières. Celles que j'avois reçûes de Péterſbourg, & que M. *Deliſle* avoit eu la bonté de m'envoyer, pour les dix à douze premières années de ſon ſéjour dans cette Capitale, n'étoient pas aſſez nombreuſes, pour entrer dans cette recherche. Mais enfin M. *Deliſle* m'a rappelé, qu'il les avoit raſſemblées à la fin de ſon volume de *Mémoires pour ſervir à l'Hiſtoire & au progrès de l'Aſtronomie* * &c. avec un très-grand nombre d'autres faites dans la même Ville, par M. *de la Croyère* ſon frère: ce qui forme en tout une ſuite non interrompue de plus de deux cens Aurores Boréales que l'habileté des Obſervateurs doit nous rendre précieuſes. Je paſſe ſous ſilence celles que le même M. *de la Croyère* avoit obſervées pendant ſes voyages dans les parties ſeptentrionales de la Ruſſie, à Kola & à Kilduin, ſur les côtes de la mer Glaciale, à deux ou trois degrés par delà le Cercle Polaire, & dont la Liſte, au nombre de 57, précède celles de Péterſbourg dans les Mémoires de M. *Deliſle.* Je pourrai m'en ſervir en toute autre occaſion, mais je n'en ferai pour le préſent nul uſage, quelque favorables qu'elles ſoient d'ailleurs à mes inductions, ſelon la loi que je me ſuis impoſée ſur les obſervations de cette eſpèce *(n.° 24.)*.

* *Imprimé à Péterſbourg en 1738.*

51. *LISTE des Aurores Boréales observées à Péterſbourg par M.*[rs] Deliſle.

En 1726. *Mars*, le 27.
Octobre, 19.
1727. *Février*, 18, 20, 21, 22.
Mars, 24.
Septembre, 18, 22.
Octobre, 14, 15.
Décembre, 20.
1728. *Janvier*, 29.
Février, 12, 13.
Mars, 2, 3, 4, 8, 9, 10, 27.
Avril, 2, 3.
Mai, 1.
Août, 25.
Septembre, 26, 28.
Octobre, 7, 8, 11, 25, 27, 30.
Novembre, 2, 7.
Décembre, 3.
1729. *Mai*, 2.
Août, 29.
Septembre, 10, 21, 22.
Novembre, 16.
1730. *Janvier*, 16.
Février, 15.
Mars, 6, 10, 13, 15, 16, 18.
Avril, 7, 9, 14, 15, 19, 22.
Mai, 29.
Août, 19, 23, 24.
Sept. 6, 8, 13, 17.
1730. *Octobre*, 4, 9, 11, 17, 20, 23.
Novembre, 2, 5, 7, 10.
Décembre, 14.
1731. *Janvier*, 2, 10.
Mars, 1, 2, 7, 8, 14.
Avril, 3.
Août, 29.
Septembre, 26.
Octobre, 2, 3, 4, 7, 8.
Novembre, 2.
Décembre, 20, 21.
1732. *Janvier*, 4, 29, 30.
Février, 17, 19, 22, 28, 29.
Mars, 3, 12, 13, 21, 22, 24, 25, 28, 29, 31.
Avril, 1, 3, 4.
Juillet, 27.
Septembre, 1, 18, 19, 20, 26, 27, 28.
Octobre, 5, 7, 12, 18, 19, 25, 26, 29.
Novembre, 1, 4, 9, 12, 13, 14, 15, 19, 21, 22, 24.
Décemb. 10, 13, 19.
1733. *Mars*, 22, 25.
Octobre, 6.
Novembre, 12.
Décembre, 31.
1734. *Février*, 23.

1734. *Mars*, 8, 10, 17, 22.
Septembre, 1, 2, 3, 8, 18, 23, 24, 29, 30.
Octobre, 1, 2, 4, 6, 14, 16, 17, 20, 30, 31.
Novembre, 26.

1735. *Février*, 4, 13, 24.
Mars, 4, 26.
Avril, 16, 17, 18, 19, 21.
Août, 22, 23, 27, 31.
Sept. 1, 10, 15, 16, 17, 18, 23, 24, 25.
Octobre, 11, 23, 24.

1735. *Novembre*, 14.
Décemb. 10, 18, 20.

1736. *Janvier*, 7.
Fév. 13, 16, 17, 28.
Mars, 30.
Avril, 5, 14.
Août, 13, 15, 20.
Septembre, 5, 13, 26.
Novembre, 17, 19.
Décembre, 1.

1737. *Janvier*, 3.
Mars, 28.
Avril, 10, 11, 24.
Août, 23, 24, 25.
Septembre, 4, 18.
Octobre, 23.

Qui font en tout 233 Aurores Boréales.

52. *TABLE RÉDUITE des Aurores Boréales observées à Péterſbourg par M.rs* Deliſle.

ANNÉES.	*Janvier.*	*Février.*	*Mars.*	*Avril.*	*Mai.*	*Juin.*	*Juillet.*	*Août.*	*Septemb.*	*Octobre.*	*Novemb.*	*Décemb.*	SOMMES pour les Années.
1726			1							1			2
1727		4	1						2	2		1	10
1728	1	2	7	2	1			1	2	6	2	1	25
1729					1			1	3		1		6
1730	1	1	6	6	1			3	4	6	4	1	33
1731	2		5	1				1	1	5	1	2	18
1732	3	5	10	3			1		7	8	11	3	51
1733			2							1	1	1	5
1734		1	4						9	10	1		25
1735		3	2	5				4	9	3	1	3	30
1736	1	4	1	2				3	3		2	1	17
1737	1		1	3				3	2	1			11
SOMMES pour les Mois.	9	20	40	22	3		1	16	42	43	24	13	Somme totale 233

53. COMPARAISON des ſix mois de Périhélie aux ſix mois d'Aphélie.

Octobre	43	*Avril*	22
Novembre	24	*Mai*	3
Décembre	13	*Juin*	0
PÉRIHÉLIE.		APHÉLIE.	
Janvier	9	*Juillet*	1
Février	20	*Août*	16
Mars	40	*Septembre*	42
	149	(233)	84

Qui

Qui donne 149 . 84 :: 9 . $5\frac{11}{149}$ :: 7 . $3\frac{1}{149}$.

54. On trouve parmi les Mémoires de l'Académie Impériale de Péterſbourg, 141 obſervations de l'Aurore Boréale, faites par M. *Krafft*, dans la même Ville, & pendant le même temps que les précédentes, ſavoir, depuis le 27 Mars 1726, juſqu'au premier Décembre 1736, dont la pluſpart tombent auſſi ſur les mêmes Aurores Boréales. M. *Krafft* nous en avertit lui-même, & il croit cependant qu'une Comparaiſon exacte de ſes obſervations avec celles de M. *de la Croyère*, pourroit un jour éclaircir bien des doutes ſur la théorie de ce Phénomène *. Mais, ſans entrer ici dans un plus grand détail, & quelles que ſoient là-deſſus les vûes du ſavant Obſervateur, je me contenterai de remarquer, par rapport à mon ſujet, que des 141 obſervations de M. *Krafft* il n'y en a que 7 qui ne ſoient pas renfermées dans la Liſte qu'on vient de voir de celles de M.rs *Deliſle;* ſavoir, celles du 4 & du 9 Mars 1730, du 5 Mars 1731, du 27 Août & du 21 Septembre 1732, du 11 Novembre 1733 & du 15 Octobre 1734. Et ces ſept Phénomènes, diſtribués ſur l'analogie précédente, n'y feront autre choſe que la changer en celle-ci, 154 . 86 :: 9 . $5\frac{4}{154}$ :: 7 . $3\frac{140}{154}$.

Réſumé des obſervations particulières de M.rs Celſius, Kirch, Weidler, Zanotti *&* Beccari, *&* Deliſle.

55. Si l'on raſſemble maintenant les ſommes des mois & des années des cinq Tables ci-deſſus, *nn.° 36, 42, 45, 49, 52*, il en réſultera 902 obſervations, ſur la totalité de trente-ſix années; & l'on en tirera les trois Comparaiſons ſuivantes, en parallèle à celles des obſervations générales recueillies par M. *Frobès, nn.° 14, 16 & 17.*

* *Multæ Auroræ Boreales, & plures quàm in iiſdem annis hìc annotatæ ſunt, obſervatæ fuerunt diligentiſſimè à clariſſ.* de la Croyère, *qui inſignem curam huic Phænomeno cæleſti impendit. Harum itaque comparatio exacta cum noſtris hìc memoratis, multum lucis inferre poterit dubiis adhuc theoriis circa hanc materiam, ſi aliquando inſtituatur.* Commentar. Tom. IX, p. 339.

56. Première Comparaison.

Octobre	153	*Avril*	71
Novembre	90	*Mai*	23
Décembre	65	*Juin*	6
Périhélie.		Aphélie.	
Janvier	67	*Juillet*	14
Février	95	*Août*	62
Mars	148	*Septembre*	108
	618	(902)	284

Où 618 . 284 :: 9 . $4\frac{84}{618}$.

57. Seconde Comparaison.

Novembre	90	*Mai*	23
Décembre	65	*Juin*	6
Périhélie.		Aphélie.	
Janvier	67	*Juillet*	14
Février	95	*Août*	62
	317	(422)	105

Qui donne 317 . 105 :: 7 . $2\frac{101}{317}$.

58. Troisième Comparaison.

Décembre	65	*Juin*	6
Périhélie.		Aphélie.	
Janvier	58	*Juillet*	14
	123	(143)	20

Qui donne 123 . 20 :: 7 . $1\frac{17}{123}$.

59. Et ce qui me paroît bien digne d'attention, c'est que les trois rapports ci-dessus sont sensiblement les mêmes que ceux qui résultent de la collection générale de M. *Frobès*, *n.os 14, 16 & 17*, malgré la différence infinie des circonstances & des temps; les uns n'étant pris que sur les

observations des trente-six ans qui se sont écoulés depuis 1716 jusqu'à 1751 inclusivement, & les autres sur plus de douze siècles.

Autres genres d'essais sur ce sujet. Anciennes Aurores Boréales recueillies par M. Kirch.

60. Venons présentement aux anciennes observations de M. *Kirch (Sup. n.° 40)* qui font une classe à part, étant prises çà & là sur l'intervalle de plus d'un siècle, & par voie de supplément à la collection que j'en avois donnée dans mon Traité. Des observations ainsi isolées, & dont l'assemblage tient si fort du cas fortuit, pourroient-elles aussi nous donner un rapport de fréquence du Périhélie à l'Aphélie, qui approchât des précédens? On va voir qu'il s'en écarte peu, & que ce n'est vrai-semblablement qu'au petit nombre d'observations qui le constituent, qu'il faut en attribuer la différence.

61. *LISTE des anciennes Aurores Boréales recueillies en Supplément par M.* C. Kirch.

En 1549. *Septembre,* le 30.
1551. *Septembre,* 11.
1554. *Août,* 21.
1555. *Septembre,* 2.
1556. *Septembre,* 14.
1560. *Avril,* 19.
1561. *Janvier,* 6.
Mars, 13.
1564. *Février,* 27.
Septemb. 9.
Novembre, 6.
1567. *Février,* 16.
Avril, 26.
1571. *Mars,* 12, 13, 14.
1572. *Janvier,* 22.
1572. *Mars,* 11, 12, 13, 14.
1573. *Avril,* 21.
1574. *Novembre,* 25.
1575. *Octobre,* 8.
1577. *Décembre,* 28.
1580. *Avril,* 19.
Septembre, 20.
Octobre, 11.
1581. *Janvier,* 17.
Avril, 12, 16.
Septembre, 5.
Novembre, 18, 24.
1582. *Mars,* 16, 17, 18.
Avril, 10, 11.
1583. *Mars,* 23.

1583. *Avril*, 12.
Septembre, 12.
1584. *Février*, 29.
1585. *Décembre*, 5, 22.
1586. *Février*, 13.
1588. *Décembre*, 16.
1589. *Janvier*, 12.
1590. *Avril*, 12.
1591. *Mars*, 30.
1593. *Octob.* 24, 25, 26, 27, 28, 29, 30.
1596. *Avril*, 26.
1609. *Mars*, 26.
1612. *Août*. 6.
1621. *Mars*, 3.
Septembre, 12.
1622. *Juin*, 10.
1623. *Janvier*, 12, 16, 27.
1623. *Février*, 18.
Décembre, 11.
1625. *Septembre*, 17.
Octobre, 10.
Novemb. 3.
1626. *Février*, 5.
Mai, 28.
Août, 8.
Septembre, 17, 24.
1628. *Janvier*, n.
Décembre, 30.
1629. *Janvier*, 5, 11.
Août, 21.
Septembre, 19, 20.
Octobre, 1, 2, 26, 30.
1630. *Février*, 4.
1657. *Janvier*, 13.

Ce qui fait 89 Aurores Boréales.

62. *Table réduite des anciennes Aurores Boréales, recueillies en Supplément par M.* C. Kirch.

ANNÉES.	*Janvier.*	*Février.*	*Mars.*	*Avril.*	*Mai.*	*Juin.*	*Juillet.*	*Août.*	*Septemb.*	*Octobre.*	*Novemb.*	*Décemb.*	Sommes pour les Années.
1549—60				1				1	4				6
1561	1		1										2
1564		1							1		1		3
1567		1		1									2
1571			3										3
1572	1		4										5
1573—77				1						1	1	1	4
1580				1					1	1			3
1581	1			2					1		2		6
1582			3	2									5
1583			1	1					1				3
1584		1											1
1585												2	2
1586—91	1	1	1	1								1	5
1593										7			7
1596—612			1	1				1					3
1621		1							1				2
1622						1							1
1623	3	1										1	5
1625									1	1	1		3
1626		1			1			1	2				5
1628	1											1	2
1629	2							1	2	4			9
1630—57	1	1											2
Sommes pour les Mois.	11	8	14	11	1	1		4	14	14	5	6	Somme totale 89

63. COMPARAISON des six mois de Périhélie aux six mois d'Aphélie.

Octobre	14	*Avril*	11
Novembre	5	*Mai*	1
Décembre	6	*Juin*	1
PÉRIHÉLIE.		APHÉLIE.	
Janvier	11	*Juillet*	0
Février	8	*Août*	4
Mars	14	*Septembre*	14
	58	(89)	31

Où le rapport de 58 à 31 diffère peu de celui de 2 à 1.

64. Ainsi le Supplément de M. *Kirch* ajoûté aux 229 Aurores Boréales de mon Traité*, & distribué sur les six mois de Périhélie (161)* & sur les six mois d'Aphélie (68) n'auroit fait d'autre changement au rapport de 161 à 68, ou de 12 à $5\frac{11}{161}$, qui en résulte, que de le convertir en celui de 12 à $5\frac{93}{219}$, ou de 9 à $4\frac{15}{219}$; car $\overline{161 + 58} = 219 . \overline{68 + 31} = 99 :: 12 . 5\frac{93}{219} :: 9 . 4\frac{15}{219}$.

* Page 213.

* Page 245.

65. *Inductions à tirer des grandes Aurores Boréales considérées séparément.*

Je passe à d'autres matériaux, & d'une autre espèce; car je ne dois pas me lasser d'entasser preuve sur preuve, pour mettre dans la dernière évidence un point de Physique aussi neuf & aussi décisif que celui-ci. J'ai observé *(n.° 26)* que les anciennes Aurores dont les Historiens font mention, devoient, pour la pluspart, avoir été du nombre de celles que nous qualifions aujourd'hui de grandes & remarquables, & j'en ai dit la raison. Celles qu'on voit dans les pays méridionaux, tels que l'Italie, la Grèce & l'Espagne, peuvent encore être rangées dans cette classe; car elles n'y sauroient paroître sans avoir été fort élevées dans les pays qui approchent davantage du Pole. Or, il m'étoit venu là-deſſus en penſée de faire un dénombrement particulier de toutes les Aurores Boréales qu'on a pû ainſi nommer à plus juſte titre, tant chez les Anciens, que chez les Modernes, à dater pour ces derniers depuis 1716. Car il eſt clair que le même principe de fréquence qui produit en général le plus grand nombre d'Aurores Boréales quelconques, doit ſe manifeſter dans les grandes préférablement aux petites. Et, ſelon notre théorie, plus la Terre s'approchera du centre de l'Atmoſphère Solaire, où la denſité de ce fluide va toûjours en augmentant, plus elle s'y chargera de la matière de ce fluide, & plus, par conſéquent, les Aurores Boréales qui en réſulteront pourront être grandes & remarquables. Mais j'ai bien-tôt renoncé à ce projet, par les difficultés & les doutes qui l'environnent. Car quelle commune meſure, quelle ſorte de tarif pouvois-je aſſigner à ce choix, ſur-tout pour les obſervations modernes? Les limites en ſont trop incertaines & trop arbitraires. Cependant il n'en ſeroit pas de même, ſi un autre que moi, & dans des vûes très-différentes, avoit mis en exécution la même idée; je pourrois, ce me ſemble, me ſervir légitimement de ſon choix, ſans diſcuter autrement le plan ſur lequel il ſe ſeroit réglé, ni les diſpoſitions qu'il y auroit apportées. La loi des haſards, & les compenſations dont j'ai déjà aſſez parlé, devroient du moins y faire démêler le principe de fréquence dont il s'agit, s'il eſt auſſi conforme à la Nature que je le prétends, & tel que le dévoilent en effet toutes les obſervations précédentes. Quoi qu'il en ſoit, je vais en faire l'eſſai ſur le ſeul dénombrement de cette eſpèce qui ſoit venu à ma connoiſſance.

Aurores Boréales recueillies par M. Th. Short.

66. On a imprimé à Londres en 1749, un Livre attribué à M. *Thomas Short,* Médecin, intitulé, *Hiſtoire générale & chronologique de l'Air, de l'Eau, des Saiſons, des*

Météores, &c. *(a)* en deux volumes in-8°. A la page 178 du second volume, se trouve ce dénombrement des Aurores Boréales les plus remarquables *(b)*, qu'il fait commencer à l'an du Monde 3516, mais dont on n'a les dates par jour ou par mois, que depuis l'an 993 de l'Ere Chrétienne. Celles-ci même ne sont qu'au nombre de sept à huit, jusqu'en 1625, & toutes finissent à l'an 1748, inclusivement.

67. *LISTE des Aurores Boréales les plus remarquables, recueillies par M.* Th. Short.

993. *Janvier, n.*
1105. *Décemb.* 29.
1117. *Novembre, n.*
Décembre, n.
1193. *Janvier, n.*
Février, n.
Novemb. n.
1625. *Septemb.* 7, 30.
1626. *Juin*, 26.
1628. *Décemb.* 20, 26, 28.
1629. *Septembre*, 21.
Octobre, 16, 29..
1686. *Juin*, 1.
Juillet, 19.
1690. *Octobre, n.*
Novembre, n.
Décembre, n.
1717. *Février*, 16.
Avril, 10.
1718. *Septembre*, 16.
1719. *Septemb.* 22, 24.
1719. *Octobre*, 22.
Novemb. 6, 21.
Décemb. 7, 22, 30
1720. *Janvier*, 23.
Mars, 23.
Avril, 7.
Novemb. 6, 20.
1721. *Février*, 11.
Septembre, 28.
1722. *Janvier*, 17, 23.
Septembre, 22.
1723. *Mars*, 2, 26.
Août, 31.
Octobre, 31.
1725. *Septemb.* 16.
Octobre, 14, 15.
1726. *Janvier*, 3.
Oct. 10, 14, 15, 19
Novembre, 6.
Décemb. 7.
1727. *Mars*, 14, 16.

(a) *A general chronological History of the Air, Weather*, &c.
(b) *A few most remarkable* Auroræ Boreales.

1728.

1728. *Mars*, 8.
Avril, 2, 3.
Août, 29.
Octobre, 12. 25.
Décemb. 3.
1729. *Janvier*, 17.
Avril, 22.
Mai, 17.
Septembre, 23.
Octobre, 25.
Novembre, 16.
1730. *Mars*, 6, 20.
Avril, 12.
Septemb. 8.
Octobre, 5.
1731. *Mars*, 2.
Avril, 27.
Août, 27.
Septembre, 24.
Décemb. 30.
1732. *Janvier*, 29.
Févr. 18.
1733. *Février*, 13.
Avril, 1.
Juillet, 8, 21.
Septemb. 19.
Octob. 10.
Novemb. 7.
Décemb. 8.
1734. *Mars*, 25, 26.
Septemb. 20.
1735. *Août*, 31.
Octob. 14, 15, 23.
1736. *Septemb.* 25.
Octobre, 7, 8.
Novemb. 7, 8, 9, 18, 19, 24.
1737. *Mars*, 18, 21, 29.
Août, 20, 21, 22, 23.
Septemb. 27, 28, 30.
Octobre, 1.
1738. *Février*, 19.
Mars, 18.
Avril, 10.
1739. *Janvier*, 8.
Février, 15.
Mars, 6, 12.
Sept. 24, 25, 26, 29.
Oct. 29, 30.
Décembre, 6.
1740. *Octobre*, 17.
1741. *Avril*, 6, 17.
Août, 10.
Octobre, 1, 2, 3, 9, 10, 12, 14, 15.
Novemb. 11.
1742. *Janv.* 2.
Octobre, 22, 23.

Ce qui fait en tout 148 Aurores Boréales.

68. On trouve ici 9 Aurores Boréales dont on n'a absolument que le mois, & que j'ai marquées d'une *n*. J'en tiens compte, parce que je puis les employer utilement

dans la Comparaiſon des ſix mois de Périhélie aux ſix mois d'Aphélie, & que par les mois où elles tombent, ſoit que la réduction au nouveau ſtyle les retienne dans le mois nommé ou les renvoie au ſuivant, il n'en ſauroit réſulter aucune différence dans le rapport des deux ſommes ou des deux termes de cette Comparaiſon. Quant aux autres eſpèces de Comparaiſons, de quatre, ou de deux mois de part & d'autre, la conſéquence en ſera petite ſur la totalité de nos Aurores Boréales, & d'autant plus que les ſix premières de celles-ci tombant ſur des ſiècles reculés d'environ cinq
* Sup. n. 5. périodes de cent trente-quatre ans *, & dans la ſuppoſition des mois de 30 jours l'un portant l'autre, il y a environ 30 contre 6 ou 5 contre 1 à parier, qu'elles ſeront renfermées dans les mois nommés, les trois autres donnant encore environ 3 contre 1.

69. *TABLE RÉDUITE des Aurores Boréales les plus remarquables, recueillies par M.* Th. Short.

ANNÉES.	*Janvier.*	*Février.*	*Mars.*	*Avril.*	*Mai.*	*Juin.*	*Juillet.*	*Août.*	*Septemb.*	*Octobre.*	*Novemb.*	*Décemb.*	SOMMES pour les Années.
993–1690	*n n*	*n*				2	1		3	2. *n*	*n n n*	4. *n n*	21
1717–19		1		1					3	1	2	3	11
1720	1		1	1							2		5
1721		1							1				2
1722	2								1				3
1723			2					1		1			4
1725									1	2			3
1726	1									4	1	1	7
1727			2										2
1728			1	2				1		2		1	7
1729	1			1	1				1	1	1		6
1730			2	1					1	1			5
1731			1	1				1	1			1	5
1732	1	1											2
1733		1		1			2		1	1	1	1	8
1734			2						1				3
1735								1		3			4
1736									1	2	6		9
1737			3					4	3	1			11
1738		1	1	1									3
1739	1	1	2						4	2		1	11
1740										1			1
1741				2				1		8	1		12
1742	1									2			3
SOMMES pour les Mois.	10	7	17	11	1	2	3	9	22	35	17	14	Somme totale 148

70. COMPARAISON des fréquences du Périhélie à celles de l'Aphélie d'après la Table précédente.

Octobre	35	*Avril*	11
Novembre	17	*Mai*	1
Décembre	14	*Juin*	2
PÉRIHÉLIE.		APHÉLIE.	
Janvier	10	*Juillet*	3
Février	7	*Août*	9
Mars	17	*Septembre*	22
Somme	100	(148) Somme	48

Qui donne 100 . 48 environ :: 2 . 1, ainsi que la plusspart des Comparaisons ci-dessus, pour les Aurores Boréales de toute espèce.

OBSERVATIONS DE L'AURORE BORÉALE, rapportées dans les Transactions Philosophiques de la Société Royale de Londres +.

71. Ce sera la dernière de mes pièces justificatives. J'y trouve quelque rapport avec la précédente; car, selon toute apparence, les Membres de cette illustre Société, qui sont en grand nombre, & répandus dans toute l'Europe, lui ont le plus souvent fait part des Aurores Boréales les plus remarquables préférablement aux petites. Mais par quelque côté qu'on envisage cette collection, on peut la regarder comme une des plus concluantes pour notre sujet. La loi des hasards & le principe des fréquences doivent certainement se montrer sur plus de deux cens observations ainsi rassemblées de toutes parts. La collection commence à l'année 1716, & finit en 1750 inclusivement; car, comme il a été remarqué en son lieu, il n'est point question de l'Aurore Boréale avant 1716, dans les Transactions Philosophiques, non

\+ Le dépouillement en a été fait par M. *de la Bottière,* Maître de Mathématique à Paris, homme exact & intelligent, qui m'a beaucoup aidé dans tout ce genre de travail.

plus que dans les Mémoires de l'Académie des Sciences, & je n'y ai plus trouvé d'obſervations ſur ce Phénomène après l'année 1750, toutes mes recherches ſur ce ſujet ſe terminant à la fin de 1751.

72. *LISTE des Aurores Boréales rapportées dans les Tranſactions Philoſophiques de la Société Royale de Londres.*

En 1716. *Mars*, le 17.
Avril, 11, 12, 13.
1717. *Février*, 16.
Avril, 10.
Octobre, 1.
1718. *Sept.* 16, 17, 22, 24.
Octobre, 22.
Décemb. 16, 20, 30.
1719. *Mars*, 23, 30.
Avril, 7.
Novemb. 6, 20, 21.
Décemb. 5, 23.
1720. *Janvier*, 13.
Février, 11.
Septembre, 28.
Décemb. 3, 5.
1721. *Janv.* 17, 23.
Février, 17.
Septembre, 22.
Novembre, 2.
1722. *Septemb.* 16.
Octobre, 14, 15.
1723. *Janvier*, 3.
Mars, 2, 26.
Août, 31.
Octobre, 31.
1725. *Octobre*, 5, 6, 7.
1726. *Mars*, 6, 10, 14, 25, 26, 27, 28.

1726. *Avril*, 2, 23.
Oct. 14, 15, 17, 19, 21, 23, 24, 26.
Novemb. 2, 4, 6, 13, 18, 19.
Déc. 16, 17, 18, 19, 20, 21, 23, 25, 26, 27.
1727. *Janvier*, 2, 15, 16.
Mars, 13, 14, 16.
1728. *Mars*, 31.
Avril, 2, 4, 15.
Juillet, 1, 13.
Août, 2.
Septembre, 6, 29, 30.
Oct. 2, 5, 18, 19, 24, 26, 29, 30.
Novembre, 2, 3, 23.
1729. *Octobre*, 21.
Novembre, 16.
1730. *Février*, 15.
Mars, 6.
Avril, n.
Septembre, 10.
Novemb. 5, 6.
1731. *Mars*, 7.
Mai, 14.
Oct. 3, 4, 7, 8, n, n, 10, 23.

1731. *Novemb.* 6, 30.
1732. *Février*, 29.
Mars, 21.
Avril, 24.
Août, 22.
Septembre, 10.
Octobre, 23.
1733. *Mai*, 14, 16.
Juillet, 7.
Novemb. 7.
1734. *Février*, 3.
Mars, 30.
Avril, 9.
Août, 20.
1735. *Mars*, 24.
Septemb. 24.
Octob. 15, 22.
Décemb. 22.
1736. *Janvier*, 22.
Févr. 17, 27.
Avril, 14.
Septembre, 5, 25.
Octobre, 27, 28, 29.
1737. *Janvier*, 9.
1737. *Mars*, 21.
Août, 20, 21, 22, 23.
Sept. 14, 27, 28, 30.
Oct. 1, 2, 24, 25.
Novembre, 30.
Décembre, 16, 20.
1738. *Mars*, 18.
Avril, 10.
1739. *Février*, 15.
Mars, 6, 7, 12, 29.
Septemb. 24, 25, 26, 29, 30.
Novemb. 2.
Décembre, 6, 13.
1740. *Janvier*, 27.
Octobre, 17.
1741. *Mars*, 11, 16, 17, 20.
Octobre, 9.
1742. *Décembre*, 22.
1744. *Juin*, 7.
Décemb. *n*, *n*, *n*, *n*, *n*.
1747. *Mars*, 19.
1750. *Février*, 3, 26, 27.

Ce qui fait en tout 202 Aurores Boréales.

73. Je n'ai point indiqué les volumes, les numeros, ni les pages des Transactions Philosophiques, pour abréger, & pour conserver l'uniformité dans toutes ces Listes. On trouvera les uns & les autres par les années; cependant il faut prendre garde que le volume qui suit celui de l'année, rappelle quelquefois des Phénomènes qui y ont paru, & dont il n'y étoit pas fait mention. J'ai encore désigné par des *n* ceux de ces Phénomènes dont on ne sait que le mois, comme dans les Listes de Mrs *Frobès* & *Short*, par les mêmes raisons, & avec les mêmes précautions.

74. *TABLE RÉDUITE des Aurores Boréales rapportées dans les Transactions Philosophiques de la Société Royale de Londres.*

ANNÉES.	*Janvier.*	*Février.*	*Mars.*	*Avril.*	*Mai.*	*Juin.*	*Juillet.*	*Août.*	*Septemb.*	*Octobre.*	*Novemb.*	*Décemb.*	SOMMES pour les Années.
1716			1	3									4
1717		1		1						1			3
1718									4	1		3	8
1719			2	1							3	2	8
1720	1	1							1			2	5
1721	2	1							1			1	5
1722									1	2			3
1723	1		2					1		1			5
1725										3			3
1726			7	2						8	6	10	33
1727	3		3										6
1728			1	3			2	1	3	8	3		21
1729										1	1		2
1730		1	1	1					1		2		6
1731			1		1					8	2		12
1732		1	1	1				1	1	1			6
1733					2		1				1		4
1734		1	1	1				1					4
1735			1						1	2		1	5
1736	1	2		1					2	3			9
1737	1		1					4	4	4	1	2	17
1738			1	1									2
1739		1	4						5		1	2	13
1740	1									1			2
SOMMES pour les Mois.	10	9	27	15	3		3	8	24	44	20	23	Somme totale 186

Suite de la Table des Aurores Boréales rapportées dans les Transactions, &c.

ANNÉES.	*Janvier.*	*Février.*	*Mars.*	*Avril.*	*Mai.*	*Juin.*	*Juillet.*	*Août.*	*Septemb.*	*Octobre.*	*Novemb.*	*Décemb.*	SOMMES pour les Années.
1741			4							1			5
1742												1	1
1744						1						5	6
1747			1										1
1750		3											3
SOMMES pour les Mois.		3	5			1				1		6	16
SOMMES de la page précédente	10	9	27	15	3		3	8	24	44	20	23	186
SOMMES TOT. des Mois.	10	12	32	15	3	1	3	8	24	45	20	29	Somme totale 202

75. COMPARAISON des six mois de Périhélie aux six mois d'Aphélie.

PÉRIHÉLIE.		APHÉLIE.	
Octobre	45	*Avril*	15
Novembre	20	*Mai*	3
Décembre	29	*Juin*	1
Janvier	10	*Juillet*	3
Février	12	*Août*	8
Mars	32	*Septembre*	24
	148	(202)	54

Où 148 . 54 :: 11 . $4\frac{2}{148}$.

76. Résumons présentement toutes nos observations, pour en tirer les rapports moyens de fréquences qui résultent de leur totalité.

77. RÉSUMÉ

77. *RÉSUMÉ de toutes les Tables réduites des Collections & Observations précédentes, nn. 10, 36, 42, 45, 49, 52, 62, 69 & 74.*

Collections ou Observations de MM.	*Janvier.*	*Février.*	*Mars.*	*Avril.*	*Mai.*	*Juin.*	*Juillet.*	*Août.*	*Septemb.*	*Octobre.*	*Novemb.*	*Décemb.*	SOMMES pour les Années.
Frobès,	68	90	113	67	28	15	11	45	80	99	92	88	796
Celsius,	40	44	57	25	11	1	2	23	42	57	46	36	384
Kirch,	6	10	17	12	3	1	3	4	10	25	12	3	106
Weidler,	8	12	13	7	3		2	11	8	16	5	6	91
Zan. & Bec.	4	9	21	5	3	4	6	7	7	12	3	7	88
Delisle,	9	20	40	22	3		1	16	42	43	24	13	233
Kirch,	11	8	14	11	1	1		4	14	14	5	6	89
Short,	10	7	17	11	1	2	3	9	22	35	17	14	148
Transf. Philos.	10	12	32	15	3	1	3	8	24	45	20	29	202
SOMMES pour les Mois.	166	212	324	175	56	25	31	127	249	346	224	202	Somme totale 2137

Ce qui donne, comme on voit, 2137 observations qui concourent à prouver l'avantage du Périhélie sur l'Aphélie, pour l'excès de fréquence dont il s'agit, & dans les rapports suivans.

78. PREMIÈRE COMPARAISON.

PÉRIHÉLIE.		APHÉLIE.	
Octobre	346	*Avril*	175
Novembre	224	*Mai*	56
Décembre	202	*Juin*	25
Janvier	166	*Juillet*	31
Février	212	*Août*	127
Mars	324	*Septembre*	249
	1474	(2137)	663

Où 1474 . 663 :: 9 . $4\frac{71}{1474}$.

79. SECONDE COMPARAISON.

Novembre	224	*Mai*	56
Décembre	202	*Juin*	25
PÉRIHÉLIE.		APHÉLIE.	
Janvier	166	*Juillet*	31
Février	212	*Août*	127
	804	(1043)	239

Où 804 . 239 :: 7 . $2\frac{65}{804}$.

80. TROISIÈME COMPARAISON.

Décembre	202	*Juin*	25
PÉRIHÉLIE.		APHÉLIE.	
Janvier	166	*Juillet*	31
	368	(424)	56

Où 368 . 56 :: 7 . $1\frac{24}{368}$.

REMARQUES.

81. Ces trois rapports, dans les Comparaisons précédentes, de 9 à $4\frac{71}{1474}$, de 7 à $2\frac{65}{804}$, de 7 à $1\frac{24}{368}$, sont presque absolument les mêmes que ceux que nous avons tirés* de la collection de M. *Frobès*, savoir, de 9 à $4\frac{14}{550}$, de 7 à $2\frac{17}{338}$, & de 7 à $1\frac{26}{158}$.

* NN. 14, 16, 17.

82. Le rapport de la première Comparaison, dans toutes les grandes collections qui composent la somme totale de nos 2137 observations, se trouvera toûjours renfermé dans les limites de 9 ± 1 à 4; celui de la seconde Comparaison dans celles de 7 ± 1 à 2, & celui de la troisième dans celles de 7 ± 1 à 1. Et tel est, par exemple, le résultat que nous avons tiré* de la somme des cinq collections particulières, de M.rs *Celsius*, *Kirch*, *Weidler*, *Zanotti & Beccari*, *& Delisle*, qui donne, pour les trois Comparaisons, les rapports de 9 à $4\frac{84}{618}$, de 7 à $2\frac{101}{317}$, & de 7

* N.° 55.

à $1\frac{17}{123}$. Mais il y a plus, c'eſt qu'en général, & à quelque petite fraction près, les rapports résultans de chacune de ces collections particulières, ainſi que des ſuivantes, *nn.° 63, 70, 75,* ſe trouvent encore renfermés dans ces mêmes limites, & s'il y a quelque exception marquée, comme aux *nn.° 31 & 39,* elle eſt à l'avantage du Périhélie ſur l'Aphélie. Ce ne ſont donc point ici de ces moyennes proportionnelles qui réſultent d'un amas d'obſervations dont les unes ſont favorables à l'hypothèſe, les autres contraires & ſeulement plus foibles ou en plus petit nombre; tout s'accorde ici, le composant & le composé, avec une conſtance dont il y a lieu d'être ſurpris. C'eſt la dépoſition unanime & non concertée d'une foule de témoins & d'Obſervateurs.

83. Il y auroit peut-être une petite correction à faire dans la ſeconde Comparaiſon & dans la troiſième, en vertu de ces Aurores Boréales dont nous n'avons déterminé que les mois, & qui, ſelon la remarque du *n.° 5,* pourroient cauſer quelque altération au rapport des ſommes du Périhélie à celles de l'Aphélie; mais outre ce qui a été déjà remarqué là-deſſus*, & que ces Aurores Boréales ſont en fort petit nombre, & ſur un total de plus de deux mille obſervations, il s'y trouveroit encore preſque toûjours une compenſation de celles qui tombent réciproquement du mois qui précède celui qui eſt à la tête d'une colonne, avec celles qui tombent dans le premier de l'autre, ou de celles qui pourroient ſortir du dernier mois de chacune de ces colonnes. Tout cela, je le repète, eſt ici de nulle conſidération. Il ſuffit que le rapport des fréquences augmente toûjours ſenſiblement, & à ne pouvoir s'y méprendre, du côté du Périhélie, à meſure que la Terre approche davantage de ce point de ſon Orbite. Ce qui ſoit dit pour les autres opérations pareilles qui nous reſtent à faire ſur ce ſujet. Quant à la première Comparaiſon, qui eſt préférable aux deux autres, en tant qu'elle eſt fondée ſur un plus grand nombre d'obſervations, elle n'a beſoin d'aucune correction; j'y ai eu égard par-tout aux remarques que je viens de citer.

* *Sup. n. 68.*

Mais il se présente à ce sujet une autre espèce de difficultés auxquelles il est à propos de répondre avant que de pousser plus loin nos recherches.

RÉPONSES à quelques difficultés sur les résultats des Tables précédentes.

84. On a pû remarquer, en jetant les yeux sur les *Sommes pour les mois* de la Table composée, *n.° 77*, & de la plupart de celles qui la composent, que la fréquence des apparitions de l'Aurore Boréale autour des Équinoxes, ou environ un mois avant & après, est aussi grande, & quelquefois plus grande qu'autour du Périhélie ; ce qui paroît, dit-on, infirmer les inductions que nous avons tirées de la fréquence du Phénomène autour du Périhélie.

J'ai donné plusieurs raisons de cette fréquence autour des Équinoxes dans le Traité *. Mais indépendamment de ces raisons & de tout ce qu'on pourroit y ajoûter, je dis que le fait n'a rien de contradictoire à la correspondance que nous venons d'établir sur la relation constante & non équivoque des apparitions du Phénomène, avec le passage de la Terre par le Périhélie & par l'Aphélie. La ligne des Apsides & celle qui joint les points des Équinoxes se coupant presque à Angles droits ou sous un Angle de 82 degrés, il est clair que les effets qui résultent du passage de la Terre par les quatre points de leurs extrémités, n'en sauroient être troublés de manière à les méconnoître : nous avons quelque chose de tout semblable dans le Phénomène du Flux & Reflux de la mer. On sait que les plus hautes Marées de l'année se trouvent de même autour des nouvelles & pleines Lunes des Équinoxes; en a-t-on moins sûrement conclu, d'après les observations, la relation intime des Marées avec les moindres & les plus grandes distances de la Terre & de la Lune au Soleil ? avec le Périhélie & l'Aphélie ? Il a suffi pour cela que, toutes choses d'ailleurs égales, les Marées d'Hiver, autour du Périhélie, se trouvassent plus grandes que les Marées d'Été autour de l'Aphélie.

* *Sup. pp. 111, 112, 158, 251.*

On peut voir dans plusieurs volumes de nos Mémoires les excellens morceaux que M. *Cassini* nous a donnés sur ce sujet. Ce sont des comparaisons continuelles des Marées qui arrivent autour de ces deux points de l'Orbite Terrestre, & qui ne different de celles que nous avons tirées des fréquences de l'Aurore Boréale autour de ces mêmes points, qu'en ce que les résultats en sont beaucoup moins marqués. Quelle que soit donc la cause particulière, Physique ou Astronomique, ou l'une & l'autre à la fois, de la fréquence des Aurores Boréales autour des Equinoxes, nous n'en conclurrons pas moins légitimement la correspondance du Phénomène avec le Périhélie & l'Aphélie de la Terre; correspondance qui sera confirmée d'ailleurs par tous les autres principes qui se mêlent à celui-ci.

85. Une autre difficulté, & qui feroit une forte objection, si elle étoit aussi fondée qu'elle le paroît d'une première vûe, est celle qui suit :

Le temps où la Terre parcourt la partie supérieure de son Orbite autour du Périhélie, & celui où elle parcourt la partie inférieure de cette même Orbite autour de l'Aphélie, répondent successivement à l'Hiver & à l'Eté de notre Hémisphère. Or, ne seroit-ce point aux longues nuits de l'Hiver, & au peu de durée des nuits de l'Eté, toûjours précédées & suivies d'un grand crépuscule, que seroient dûes la fréquence & la rareté de l'Aurore Boréale faussement attribuées aux différentes distances du Périhélie & de l'Aphélie ?

J'avois encore prévenu cette objection dans mon Traité*; mais les deux mille observations de plus que j'ai aujourd'hui entre les mains, & qu'on vient de voir, me fourniront de quoi y répondre d'une manière plus complète.

* *Sect. IV, Ch. IX, page 246.*

Je ferai donc remarquer, 1.° qu'il est bien rare que l'Aurore Boréale, qui commence le plus souvent à paroître sans équivoque une heure après le coucher du Soleil, ne se laisse pas apercevoir auparavant & dans le plus fort crépuscule.

2.° Qu'il est plus rare encore qu'elle finisse avant la fin

ou l'affoibliſſement du crépuſcule; de manière que ſur cent à peine en trouvera-t-on une qui ſoit dans ce cas, & dont il ne reſte long-temps après des ſignes certains. On peut voir ce que j'ai dit dans la troiſième Section, Chapitre III, du commencement de ce Phénomène, de ſa durée & de ſa fin. Je ne crains pas d'en être deſavoué par les Obſervateurs un peu exercés en pareille matière.

3.° Il y a pour le moins autant de nuits ſombres & qui nous dérobent entièrement l'Aurore Boréale en Hiver, que d'Aurores Boréales qui ceſſent en Eté avant la fin ou l'affoibliſſement du crépuſcule; de ſorte que, tout compté, on peut faire une compenſation aſſez juſte des nuits ſombres de l'Hiver avec les longs crépuſcules de l'Eté; & c'eſt ce que nous allons voir qui s'accorde parfaitement avec les obſervations.

4.° Si c'eſt la longueur des nuits en Hiver, & leur peu de durée en Eté qui produiſent le rapport des fréquences qu'on éprouve dans ces deux Saiſons, il y aura donc une analogie marquée entre ces longueurs des nuits & ces fréquences, & le rapport variera en raiſon des pays où l'on aura obſervé, ſelon que les nuits de l'Hiver y excéderont celles de l'Eté? Mais rien de pareil ne ſe montre ici. Les rapports de fréquence du Périhélie à l'Aphélie qui réſultent de nos Comparaiſons, y demeurent ſenſiblement les mêmes pour toutes les latitudes *(n.° 82)*, quoique les ſommes des termes y varient beaucoup, ſelon une fonction quelconque de ces latitudes. Par exemple, les obſervations d'Italie ou de Bologne *(n.° 49)* autour du 44me degré 30 minutes, & celles de Péterſbourg *(n.° 52)* autour du 60me, nous donnent à peu près le même rapport & d'environ 7 à 4; tandis que les premières ne nous offrent que 88 apparitions du Phénomène ſur un intervalle de vingt-cinq ans, & que les ſecondes en comptent 233 ſur une douzaine d'années. Cependant il eſt certain, par la Table connue des Arcs ſemi-diurnes, réciproquement proportionnels aux ſemi-nocturnes, qui conviennent aux latitudes de ces deux Villes, que les plus longues nuits d'Hiver de la première sont moins que doubles de ses nuits d'Eté, savoir, en raison à peu près de 9 à 5 ; & que celles de la seconde sont plus que triples dans le même sens, & environ comme 10 à 3. Donc les fréquences de l'Hiver à l'Eté devroient être à Bologne en raison moins que double, & à Péterſbourg en raison plus que triple. Ce qui est assurément bien éloigné du fait & des observations, qui nous les donnent semblables.

5.° L'incongruité de l'objection va se montrer encore plus à découvert dans la comparaison des crépuscules d'Eté. C'est pourtant de la longueur de ces crépuscules qu'elle devroit tirer sa plus grande force ; car dans les pays dont il s'agit ici, toûjours supposés en deçà du Cercle Polaire, il n'y a point de nuit à compter depuis le coucher jusqu'au lever du Soleil, qui ne soit suivie du jour & où le Soleil ne reparoisse sur l'horizon ; au lieu que sur tous les Parallèles au delà tout au plus du $48^{me}\frac{1}{2}$ degré de latitude, il y a autour du Solstice d'Eté, des jours où le crépuscule du soir anticipe sur celui du matin, & qui n'ont point de nuit absolue. Je parts, comme on voit, de l'hypothèse ordinaire, que le crépuscule du soir finit, & que celui du matin commence, lorsque le Soleil se trouve à 18 degrés au dessous de l'horizon. Or, cela posé, reprenant l'exemple de Bologne & de Péterſbourg, ôtant 18 degrés de chacune des hauteurs Equatoriales de ces deux Villes, & achevant l'opération selon les règles connues, on trouvera qu'à Bologne le crépuscule du soir ne se confond jamais avec celui du matin, & qu'au contraire à Péterſbourg le crépuscule du soir anticipe sur celui du matin, pendant trois grands mois de l'année autour du Solstice d'Été ; savoir, depuis le 2me Mai, de cette année 1752, par exemple, jusqu'au 4me Août ; & que tout proche du Solstice autour de minuit, le Soleil n'est qu'à environ 12 degrés au dessous de l'horizon. Quelle prodigieuse inégalité de rapports de fréquence du Périhélie à l'Aphélie, entre Bologne & Péterſbourg, ne résulteroit-il point de cette circonstance, si la longueur des crépuſcules & les nuits d'Eté, en oppoſition aux crépuſcules & aux nuits d'Hiver, étoient la véritable cauſe de ces rapports !

6.° Enfin, l'objection porte abſolument à faux, en tant qu'elle ſuppoſe la plus grande fréquence du Phénomène ou des obſervations aux plus longues nuits, & autour du Solſtice d'Hiver. Il ne faut que jeter les yeux ſur nos Tables, pour ſe convaincre que ce n'eſt point là qu'elle réſide. C'eſt dans le mois de Mars & au commencement d'Avril, & principalement vers la fin de Septembre & dans le mois d'Octobre; temps où la Terre paſſe par des points équidiſtans & fort éloignés du Périhélie & du Solſtice d'Hiver, & où la longueur des nuits eſt peu différente de celle des jours. Nous verrons auſſi bien-tôt, quoique ſous un autre aſpect & indépendamment des Equinoxes, que le Périhélie n'eſt pas, & ne doit pas être le point de la plus grande fréquence, & qu'il cède en cela à un autre point avec lequel il ſe complique.

Je ne parlerai point ici d'une petite compenſation en faveur de l'Eté, ou du temps d'Aphélie, parce que j'y ai pleinement ſatisfait dans le Traité *; mais je terminerai ces difficultés par celle que je vais me faire moi-même, plus ſolide à mon avis que les précédentes, & à laquelle auſſi je n'ai à répondre qu'en l'adoptant, & en rempliſſant la condition qu'en exigent les conſéquences. Il ne s'agit pas de moins que d'une refonte générale de nos matériaux.

* Page 247.

86. Les 2137 obſervations ſur leſquelles nous venons d'opérer ne nous donnent en effet qu'autant d'obſervations, & non autant d'apparitions du Phénomène; la même Aurore Boréale s'y trouve obſervée par différens Obſervateurs à la fois, & il y en a telle qui l'a été par tous ceux dont nous avons adopté les obſervations. Mais n'eſt-ce pas ſeulement de la fréquence des apparitions qu'il s'agit dans notre recherche? Il pourroit donc s'enſuivre, de cet emploi double ou multiple quelconque, des erreurs conſidérables dans les rapports de fréquence que nous en avons déduits. Car ſuppoſons,

ſuppoſons, par exemple, que parmi ces 2137 obſervations, il y en eût 600 qui ne répondiſſent qu'à 100 apparitions effectives, & que ces 600 obſervations ne tombaſſent toutes précisément que ſur la colonne du Périhélie, *n.° 78;* la ſomme de cette colonne, qui eſt 1474, devroit dès-lors être réduite à 974, par le retranchement des 500 obſervations ſuperflues; & ſon rapport à celle de l'Aphélie (663) qui étoit de 9 à $4\frac{71}{1474}$, ne ſe trouveroit plus être que de 9 à $6\frac{121}{974}$. J'avoue qu'il eſt moralement impoſſible que le double emploi tombe ainſi tout entier du côté du Périhélie, & que l'Aphélie en ſoit exempt. Il eſt au contraire très-naturel de penſer que les 500 Phénomènes communs à pluſieurs Obſervateurs, ſe trouveroient diſtribués ſur les deux colonnes, à peu près en raiſon des nombres 1474 & 663 qui les expriment. Nous avons vû auſſi que les rapports de fréquence réſultans des ſommes particulières *(nn.° 56, 57, 58)* ne s'éloignoient pas ſenſiblement de ceux que nous venons de tirer de la ſomme totale; & de plus il ne s'agit pas ici à la rigueur de ce rapport exact, mais d'un excès bien marqué du côté du Périhélie, qui eſt inconteſtable. Mais enfin c'eſt un doute à lever, & nous avons pouſſé trop loin cette recherche, pour la laiſſer imparfaite à cet égard. Voici donc toutes les apparitions du Phénomène, ſoigneuſement extraites des Liſtes précédentes. La Collection de M. *Frobès*, comme la plus nombreuſe, en ſera la baſe. J'y ajoûterai toutes les Aurores Boréales de M. *Celſius* qui ne ſont pas communes à M. *Frobès;* & à ce tout celles qui ſont particulières à M. *Kirch*, & ainſi de ſuite, juſqu'aux Tranſactions Philoſophiques incluſivement.

87. *LISTE des apparitions de l'Aurore Boréale contenues dans toutes les observations & collections précédentes, depuis le commencement du VIme siècle, jusqu'en 1751 inclusivement.*

En 583. *Février*, le 2.
778. *Février*, 4.
808. *Février*, 2.
871. *Août*, 14.
930. *Févr.* 19.
956. *Septembre*, 7.
979. *Novembre*, 2.
998. *Décembre*, 19.
1014. *Novembre*, 2.
Décembre, 29.
1039. *Avril*, 12.
1096. *Mars*, 9.
1098. *Octobre*, 3.
1099. *Mars*, 2.
1105. *Décemb.* 29.
1106. *Février*, 19.
1115. *Avril*, 24.
1117. *Février*, 22.
Décemb. 26.
1200. *Août*, 19.
1269. *Décembre*, 13.
1307. *Mars*, 6.
1325. *Mai*, 30.
1352. *Octobre*, 30.
1353. *Août*, 19.
1354. *Mars*, 9.
1446. *Février*, 5.
1499. *Mai*, 30.
1514. *Janvier*, 22.
1518. *Janvier*, 3.
1520. *Septembre*, 13.
1520. *Décembre*, 2.
1527. *Octobre*, 20.
1529. *Janvier*, 18.
1534. *Juin*, 12.
1535. *Mai*, 26.
1536. *Février*, 16.
1537. *Février*, 10.
1541. *Janvier*, 3.
1543. *Mai*, 13.
1545. *Avril*, 7.
1546. *Février*, 19.
1547. *Juillet*, 31.
Octobre, 10.
1548. *Novemb.* 15.
1549. *Septembre*, 30.
1551. *Février*, 6.
Septembre, 11.
Octobre, 1.
1554. *Février*, 10.
Mars, 5.
Août, 21.
1555. *Mars*, 22.
Septembre, 2.
1556. *Janvier*, 20.
Septembre, 14.
1557. *Mars*, 26.
Décembre, 4.
1560. *Janvier*, 6.
Avril, 19.
1561. *Janvier*, 6.
Mars, 8, 13.

1564. *Février*, 27.
Septemb. 9.
Octobre, 16.
Novembre, 6.
1565. *Décemb.* 5.
1567. *Février*, 16.
Avril, 26.
1568. *Avril*, 4, 11.
1569. *Janvier*, 4.
1571. *Mars*, 12, 13, 14, 15.
1572. *Janvier*, 22.
Mars, 11, 12, 13, 14.
Avril, 26.
1573. *Janvier*, 1.
Avril, 9, 21.
Novembre, 28.
1574. *Novemb.* 24, 25.
1575. *Février*, 23.
Septembre, 28.
Octobre, 8.
1577. *Décembre*, 28.
1580. *Mars*, 16.
Avril, 16, 19.
Septembre, 20.
Octobre, 1, 11.
1581. *Janvier*, 5, 17.
Févr. 26.
Avril, 12, 14, 16.
Septembre, 5.
Novembre, 18, 24.
1582. *Mars*, 16, 17, 18.
Avril, 10, 11.
1583. *Mars*, 23.
Avril, 12.
Septembre, 12.
1584. *Févr.* 29.
1585. *Decembre*, 5, 22.
1586. *Février*, 13.
1588. *Janvier*, 5.
Févr. 14, 15, 16.
Décembre, 16.
1589. *Janvier*, 12.
1590. *Avril*, 12.
1591. *Mars*, 30.
1592. *Mars*, 29.
1593. *Octob.* 24, 25, 26, 27, 28, 29, 30.
1596. *Avril*, 26.
1599. *Août*, 17.
1600. *Décemb.* 28.
1602. *Juin*, 20.
1603. *Septembre*, 17.
1605. *Novembre*, 17.
1606. *Septemb.* 13, 15.
1607. *Novemb.* 28.
1608. *Novembre*, 27.
1609. *Mars*, n, 26.
1612. *Août*, 6.
1614. *Juillet*, 5.
1621. *Février*, 3.
Septemb. 12, 21.
1622. *Juin*, 10.
1623. *Janv.* 12, 16, 17.
Février, 18.
Mai, 13, 17.
Décemb. 11.
1624. *Avril*, 7.
Mai, 12.
Juin, 7.
1625. *Septemb.* 7, 17, 30.

1625. *Octob.* 10.
Novemb. 3.
1626. *Février*, 5.
Mai, 28.
Juin, 26.
Août, 8.
Septembre, 17, 24.
1627. *Décembre*, 17, 21.
1628. *Janvier*, n.
Décembre, 20, 26, 28, 30.
1629. *Janv.* 5, 11.
Août, 21.
Septemb. 19, 20, 21.
Oct. 1, 2, 16, 26, 29, 30.
1630. *Février*, 3, 4.
1633. *Mai*, 28.
Juin, 23.
Décemb. 30.
1634. *Janv.* 3.
Févr. 1, 11.
1637. *Août*, 20.
1638. *Janvier*, 6.
1640. *Janvier*, 27.
1645. *Avril*, 27.
1646. *Novembre*, n.
1650. *Janv.* 17.
1654. *Mars*, 5.
1655. *Juillet*, 9.
1657. *Janv.* 13.
Avril, 13.
1661. *Janv.* 30.
Avril, 16.
1662. *Décemb.* 15.
1663. *Novembre*, 9.
1664. *Avril*, 18.
1665. *Avril*, 18.
Août, 23.
1666. *Janvier*, 31.
1671. *Novemb.* 29.
1673. *Janvier*, n.
1676. *Février*, 3.
Mars, 2.
1677. *Novemb.* 18.
Décemb. 12.
1680. *Septembre*, 30.
1682. *Novemb.* 7.
Décemb. 15.
1683. *Janvier*, n.
Août, 22.
1684. *Mars*, 28.
Novembre, 23.
1685. *Avril*, 26.
1686. *Février*, 2.
Juin, 1.
Juillet, 19.
Octobre, 29.
1692. *Mars*, 22.
Avril, 12.
1693. *Novemb.* 10, 22.
1694. *Mars*, 31.
Avril, 4.
1695. *Octobre*, 5, 12, 31.
Novemb. 20.
1696. *Mai*, 12.
Septemb. 26.
Novemb. 6, 18.
1697. *Août*, 18.
1698. *Février*, 24, 26.
Mai, 18.
Septembre, 30.

1698. *Novembre*, 15, 27.
Décemb. 7, 23, 28.
1699. *Janvier*, 3, 17, 23, 25.
Avril, 17, 20, 21, 28.
Juin, 18, 26.
Juillet, 23, 26.
Août, 14, 19, 21, 22, 24, 26, 27.
Sept. 16, 17, 18, 19, 21, 22, 24.
Octob. 9, 18, 21, 22, 24.
Novembre, 10, 15, 18, 21, 23, 24.
Décemb. 14, 15, 17.
1702. *Mai*, 29.
1704. *Décembre*, 28.
1707. *Février*, 12.
Mars, 6, 17, 18, 20.
Août, 16, 18.
Octob. 21, 27, 29.
Novemb. 24, 27.
1708. *Septemb.* 22.
1709. *Octob.* 18.
Novembre, *n.*
Décemb. 19.
1710. *Décembre*, 7.
1711. *Mars*, *n.*
1714. *Octob.* 15.
1716. *Mars*, 17.
Avril, 11, 12, 13.
Mai, 1, 2, 3, 4, 5.
Décembre, 15, 16.
1717. *Février*, 2, 16.
Avril, 6, 9, 10, 11.
Août, 10, 21, 31.
1717. *Septemb.* 8, 11.
Octobre, 1.
1718. *Février*, 5, 14.
Mars, 4, 15, 18, 19, 21, 22.
Avril, 2.
Mai, 1, 11.
Juin, 8.
Août, 28.
Sept. 16, 17, 22, 24.
Octob. 11, 22, 27.
Novemb. 2.
Décembre, 16, 17, 18, 20, 30, 31.
1719. *Février*, 11, 23.
Mars, 5, 6, 23, 30.
Avril, 7, 9, 10, 18.
Septembre, 22, 24, 25.
Oct. 16, 22, 27, 30.
Novemb. *n*, 6, 13, 14, 17, 20, 21, 22, 24.
Déc. 1, 5, 7, 22, 23, 30.
1720. *Janvier*, 1, 2, 23.
Févr. 6, 10, 11, 15, 22, 26.
Mars, 9, 23.
Avril, 7, 11.
Août, 15.
Septemb. 10, 28.
Octobre, 27.
Nov. 6, 7, 20, 25, 29.
Déc. 2, 3, 5, 6, 10, 28.
1721. *Janv.* 17, 23.
Fév. 11, 17, 23, 28.
Mars, 1, 12, 29.
Septemb. 12, 22, 28.
Octob. 3, 21, 23, 24, 31.

1721. *Novemb.* 1, 2.

1722. *Janvier*, 17, 22, 23, 25.
Février, 12, 13, 16, 23, 24, 27.
Mars, 17, 18, 25, 27.
Avril, 5.
Mai, 23.
Juin, 4.
Sept. 6, 7, 16, 17, 18, 22.
Octobre, 3, 7, 8, 9, 10, 14, 15, 19, 20, 21, 25, 26.
Novembre, 3, 10, 14, 22, 23, 24.
Déc. 3, 4, 12, 15, 31.

1723. *Janvier*, 1, 3, 6, 12, 14, 24.
Février, 4.
Mars, 2, 3, 4, 7, 10, 21, 24, 26.
Avril, 2, 4, 9, 24.
Août, 31.
Septemb. 1, 7, 12, 17, 28.
Octobre, 31.
Novemb. 1, 2, 12.
Décemb. 18.

1724. *Janvier*, 17, 29, 30.
Février, 4, 11.
Mars, 24, 25.
Avril, 14.
Mai, 4, 22.
Août, 4, 12, 17, 24, 31.
Septembre, 9, 22, 23.
Octobre, 16.
Novembre, 8, 9, 16.
Décemb. 6, 7, 8, 25.

1725. *Janvier*, 7, 8, 9, 12, 13.
Février, 6, 9, 11, 12, 15.
Mars, 16.
Avril, 2, 17, 24.
Mai, 2.
Septembre, 16, 19.
Oct. 5, 6, 7, 8, 9, 14, 15.
Novembre, 26.
Déc. 5, 6, 7, 8, 21.

1726. *Janvier*, 3, 19.
Février, 7.
Mars, 2, 6, 10, 14, 24, 25, 26, 27, 28.
Avril, 2, 23.
Septembre, 5, 28.
Octobre, 10, 14, 15, 17, 19, 20, 21, 23, 24, 26.
Novembre, 2, 4, 6, 13, 18, 19.
Décemb. 1, 7, 10, 16, 17, 18, 19, 20, 21, 22, 23, 25, 26, 27.

1727. *Janvier*, 1, 2, 13, 15, 16, 17, 27.
Février, 13, 18, 20, 21, 22, 27.
Mars, 9, 11, 12, 13, 14, 15, 16, 17, 18, 19, 20, 24, 28, 29.
Avril, 8, 10, 14, 18.
Mai, 13.
Août, 1, 6, 22, 24, 31.
Septembre, 7, 14, 18, 22, 23, 30.
Oct. 2, 5, 6, 13, 14, 15, 17, 18, 19, 20, 21.

1727. *Novemb.* 3, 4, 6, 20, 23, 24, 25.
Décembre, 6, 11, 16, 17, 19, 20.

1728. *Janvier*, 1, 3, 20, 29, 30.
Février, 8, 9, 10, 11, 12, 13, 14, 26, 29.
Mars, 2, 3, 4, 8, 9, 10, 14, 20, 26, 27, 28, 29, 31.
Avril, 2, 3, 4, 7, 9, 15.
Mai, 1, 3, 30.
Juin, 7, 25.
Juillet, 1, 13.
Août, 2, 25, 28, 29, 30, 31.
Septemb. 5, 6, 7, 13, 26, 27, 28, 29, 30.
Octobre, 2, 4, 5, 7, 8, 11, 12, 14, 17, 18, 19, 24, 25, 26, 27, 29, 30.
Novemb. 2, 3, 5, 7, 8, 12, 13, 22, 23.
Décemb. 2, 3, 4, 14, 31.

1729. *Janvier*, 14, 17, 18, 20, 24.
Février, 2, 3, 11, 16, 17, 25, 27, 28.
Mars, 2, 15, 16, 25, 27, 28, 30.
Avril, 6, 19, 22, 24, 27, 28, 30.
Mai, 1, 2, 17, 22, 26, 27, 29, 31.
Juin, 15, 26.
Juillet, 7.
Août, 29.

1729. *Sept.* 10, 12, 15, 20, 21, 22, 23, 26.
Octob. 2, 11, 13, 17, 21, 22, 24, 25.
Novembre, 16, 17, 18, 19, 20, 30.
Décemb. 17, 22, 27, 30.

1730. *Janvier*, 8, 16, 17, 26.
Février, 3, 7, 9, 10, 15, 16, 18, 27.
Mars, 2, 3, 6, 9, 10, 11, 13, 15, 16, 17, 18, 20, 21, 22, 28.
Avril, *n*, 7, 9, 12, 13, 14, 15, 16, 19, 20, 22.
Mai, 2, 5, 9, 29.
Juin, 21.
Juillet, 5, 6, 17, 19, 31.
Août, 15, 19, 23, 24, 29, 30.
Septembre, 2, 3, 4, 5, 6, 7, 8, 9, 10, 11, 13, 17, 20, 21, 27, 28, 30.
Octobre, 3, 4, 5, 6, 7, 8, 9, 10, 11, 12, 16, 17, 20, 21, 22, 23, 26.
Novembre, 2, 3, 4, 5, 6, 7, 8, 9, 10, 12, 14, 17, 18, 19, 21, 22, 28, 30, *n*.
Décemb. 2, 8, 9, 14, 17, 23, 25, 26, 28.

1731. *Janvier*, 2, 10, 26.
Février, 4, 10, 28.
Mars, 1, 2, 4, 7, 8, 9, 14.

1731. *Avril*, 3, 27.
Mai, 14.
Août, 21, 24, 27, 28, 29, 30, 31.
Septembre, 1, 20, 24, 26, 27, 30.
Octobre, n, n, 2, 3, 4, 7, 8, 10, 16, 23, 29.
Nov. 2, 4, 6, 11, 17, 18, 27, 29, 30.
Décembre, 1, 4, 6, 7, 20, 21, 27, 30.

1732. *Janvier*, 1, 3, 4, 17, 18, 26, 27, 28, 29, 30.
Fév. 2, 7, 12, 17, 18, 19, 20, 21, 22, 24, 26, 27, 28, 29.
Mars, 1, 2, 3, 12, 13, 14, 15, 18, 21, 22, 23, 24, 25, 26, 27, 28, 29, 31.
Avril, 1, 2, 3, 4, 17, 18, 19, 20, 22, 24.
Juin, 25, 26.
Juillet, 21, 27.
Août, 22, 23.
Septembre, 1, 10, 18, 19, 20, 23, 24, 25, 26, 27, 28.
Octobre, 5, 7, 12, 15, 18, 19, 22, 23, 25, 26, 29.
Novembre, 1, 4, 9, 11, 12, 13, 14, 15, 19, 20, 21, 22, 24.
Décembre, 7, 10, 12, 13, 16, 18, 19.

1733. *Janvier*, 12, 17.
Février, 13.
Mars, 2, 3, 5, 17, 22, 25.
Avril, 1, 13, 18.
Mai, 14, 16.
Juillet, 7, 8, 21.
Août, 17.
Septembre, 19.
Octobre, 3, 6, 10.
Novembre, 7, 12.
Décemb. 8, 22, 31.

1734. *Janvier*, 8.
Févr. 2, 3, 23.
Mars, 1, 8, 10, 17, 22, 25, 26, 30.
Avril, 8, 9, 10.
Août, 20.
Septembre, 1, 2, 3, 8, 18, 19, 20, 23, 24, 29, 30.
Octob. 1, 2, 4, 6, 14, 16, 17, 20, 30, 31.
Novemb. 26.

1735. *Janvier*, 25, 26.
Février, 4, 13, 21, 22, 24.
Mars, 4, 13, 15, 20, 22, 23, 24, 25, 26.
Avril, 16, 17, 18, 19, 21, 22, 23.
Août, 22, 23, 27, 31.
Septembre, 1, 10, 15, 16, 17, 18, 23, 24, 25.

1735. *Octobre*,

1735. *Octobre*, 11, 14, 15, 22, 23, 24.
Novemb. 14, 18.
Décembre, 8, 10, 13, 15, 18, 20, 22.

1736. *Janvier*, 7, 22.
Février, 13, 16, 17, 27, 28.
Mars, 15, 30.
Avril, 3, 5, 14.
Mai, 4.
Juillet, 7, 8.
Août, 13, 15, 20.
Septembre, 3, 4, 5, 13, 25, 26, 30.
Octobre, 7, 8, 10, 22, 26, 27, 28, 29, 30.
Novembre, 7, 8, 9, 17, 18, 19, 24, *n.*
Décembre, 1.

1737. *Janvier*, 1, 3, 9, 24.
Mars, 18, 21, 28, 29.
Avril, 7, 10, 11, 24.
Juin, 3, 30.
Août, 20, 21, 22, 23, 24, 25.
Septembre, 4, 14, 18, 22, 27, 28, 30.
Octobre, 1, 2, 23, 24, 25, 26.
Novemb. 26, 30.
Décembre, 16, 20, 21, 22, 28.

1738. *Février*, 16, 19.
Mars, 8, 18, 19.
Avril, 10.

1738. *Juillet*, 11.
Août, 13.
Décembre, 4.

1739. *Janvier*, 8, 27.
Février, *n*, 15, 17, 27.
Mars, 6, 7, 10, 12, 22, 29.
Avril, 10.
Juin, 2.
Septembre, 24, 25, 26, 28, 29, 30.
Octobre, 29, 30, 31.
Novembre, 2, 16.
Décembre, 6, 13.

1740. *Janvier*, 27.
Octobre, 17.

1741. *Janvier*, 12, 23.
Février, 16.
Mars, 11, 16, 17, 20.
Avril, 6, 17.
Août, 10, 13.
Octobre, 1, 2, 3, 8, 9, 10, 12, 14, 15.
Novembre, 11.

1742. *Janvier*, 2.
Février, 25.
Mars, 3, 26, 27.
Mai, 23.
Août, 26, 30.
Septembre, 7, 10.
Octobre, 22, 23.
Décembre, 22, 26.

1743. *Janvier*, 30.
Mars, 16, 19, 20, 24, 26, 28.

1743. *Septembre*, 19.
Octobre, 8.
1744. *Avril*, 2.
Juin, 7.
Octobre, 3.
Décembre, *n*, *n*, *n*, *n*, *n*.
1745. *Janvier*, 21.
Octobre, 9, 17.
1746. *Novembre*, 17.
1747. *Janvier*, 6.
Mars, 19.
Août, 31.
Septembre, 10, 27.
Décembre, 3, 24.
1748. *Février*, 27.
Octobre, 22.
Décembre, 24.
1749. *Septembre*, 17, 22.
Octobre, 8.
1750. *Janvier*, 6.
Février, 3, 4, 7, 26, 27.
Avril, 13.
Mai, 2.
Août, 24, 26, 27.
Décembre, 14.
1751. *Février*, 19.
Août, 19.

88. Ce qui donne en tout 1441 apparitions de l'Aurore Boréale; de manière que sur les 2137 observations, il y en doit avoir 696 qui tombent encore sur ces mêmes apparitions. C'est à cette suite de Phénomènes, la plus complète & la plus authentique qu'on ait eue jusqu'ici, que nous nous arrêterons desormais. Nous allons la distribuer dans la Table suivante; & c'est de là enfin que nous tirerons par préférence les trois Comparaisons & les trois rapports de fréquence qu'on a vûs ci-dessus, du Périhélie à l'Aphélie, comme tout ce qui nous reste de Comparaisons semblables à faire sur d'autres points de l'Orbite terrestre.

39. *TABLE RÉDUITE de toutes les apparitions de l'Aurore Boréale, contenues dans la Liste précédente. I.ère partie de la Table.*

ANNÉES.	*Janvier.*	*Février.*	*Mars.*	*Avril.*	*Mai.*	*Juin.*	*Juillet.*	*Août.*	*Septemb.*	*Octobre.*	*Novemb.*	*Décemb.*	SOMMES pour les Années.
583		1											1
778		1											1
808		1											1
871								1					1
930		1											1
956									1				1
979											1		1
998												1	1
1014											1	1	2
1039				1									1
1096			1										1
1098										1			1
1099			1										1
1105												1	1
1106		1											1
1115				1									1
1117		1										1	2
1200								1					1
1269												1	1
1307			1										1
1325					1								1
1352										1			1
1353								1					1
1354			1										1
SOMMES pour les Mois.		6	4	2	1			3	1	2	2	5	Somme totale 26

II.me partie de la Table.

ANNEES.	*Janvier.*	*Février.*	*Mars.*	*Avril.*	*Mai.*	*Juin.*	*Juillet.*	*Août.*	*Septemb.*	*Octobre.*	*Novemb.*	*Décemb.*	SOMMES pour les Années.
1446		1											1
1499					1								1
1514	1												1
1518	1												1
1520									1			1	2
1527										1			1
1529	1												1
1534						1							1
1535					1								1
1536		1											1
1537		1											1
1541	1												1
1543					1								1
1545				1									1
1546		1											1
1547							1			1			2
1548											1		1
1549									1				1
1551		1							1	1			3
1554		1	1					1					3
1555			1						1				2
1556	1								1				2
1557			1									1	2
1560	1			1									2
SOMMES pour les Mois.	6	6	3	2	3	1	1	1	5	3	1	2	Somme totale 34

III.me partie de la Table.

ANNÉES.	*Janvier.*	*Février.*	*Mars.*	*Avril.*	*Mai.*	*Juin.*	*Juillet.*	*Août.*	*Septemb.*	*Octobre.*	*Novemb.*	*Décemb.*	SOMMES pour les Années.
1561	1		2										3
1564		1							1	1	1		4
1565												1	1
1567		1		1									2
1568				2									2
1569	1												1
1571			4										4
1572	1		4	1									6
1573	1			2							1		4
1574											2		2
1575		1							1	1			3
1577												1	1
1580			1	2					1	2			6
1581	2	1		3					1		2		9
1582			3	2									5
1583			1	1					1				3
1584		1											1
1585												2	2
1586		1											1
1588	1	3										1	5
1589	1												1
1590				1									1
1591			1										1
1592			1										1
SOMMES pour les Mois.	8	9	17	15					5	4	6	5	Somme totale 69

IV.me partie de la Table.

ANNÉES.	*Janvier.*	*Février.*	*Mars.*	*Avril.*	*Mai.*	*Juin.*	*Juillet.*	*Août.*	*Septemb.*	*Octobre.*	*Novemb.*	*Décemb.*	SOMMES pour les Années.
1593										7			7
1596				1									1
1599								1					1
1600												1	1
1602						1							1
1603									1				1
1605											1		1
1606									2				2
1607											1		1
1608											1		1
1609			2										2
1612								1					1
1614							1						1
1621		1							2				3
1622						1							1
1623	3	1			2							1	7
1624				1	1	1							3
1625									3	1	1		5
1626		1			1	1		1	2				6
1627												2	2
1628	1											4	5
1629	2							1	3	6			12
1630		2											2
1633					1	1						1	3
SOMMES pour les Mois.	6	5	2	2	5	5	1	4	13	14	4	9	Somme totale 70

V.me partie de la Table.

ANNÉES.	Janvier.	Février.	Mars.	Avril.	Mai.	Juin.	Juillet.	Août.	Septemb.	Octobre.	Novemb.	Décemb.	SOMMES pour les Années.
1634	1	2											3
1637								1					1
1638	1												1
1640	1												1
1645				1									1
1646											1		1
1650	1												1
1654			1										1
1655							1						1
1657	1			1									2
1661	1			1									2
1662												1	1
1663											1		1
1664				1									1
1665				1				1					2
1666	1												1
1671											1		1
1673	1												1
1676		1	1										2
1677											1	1	2
1680									1				1
1682											1	1	2
1683	1							1					2
1684			1								1		2
SOMMES pour les Mois.	9	3	3	5			1	3	1		6	3	Somme totale 34

VI.me partie de la Table.

ANNÉES.	*Janvier.*	*Février.*	*Mars.*	*Avril.*	*Mai.*	*Juin.*	*Juillet.*	*Août.*	*Septemb.*	*Octobre.*	*Novemb.*	*Décemb.*	SOMMES pour les Années.
1685				1									1
1686		1				1	1			1			4
1692			1	1									2
1693											2		2
1694			1	1									2
1695										3	1		4
1696					1				1		2		4
1697								1					1
1698		2			1				1		2	3	9
1699	4			4		2	2	7	7	5	6	3	40
1702					1								1
1704												1	1
1707		1	4					2		3	2		12
1708									1				1
1709										1	1	1	3
1710												1	1
1711			1										1
1714										1			1
1716			1	3	5							2	11
1717		2		4				3	2	1			12
1718		2	6	1	2	1		1	4	3	1	6	27
1719		2	4	4					3	4	9	6	32
1720	3	6	2	2				1	2	1	5	6	28
1721	2	4	3						3	5	2		19
SOMMES pour les Mois	9	20	23	21	10	4	3	15	24	28	33	29	Somme totale 219

VII.me partie

VII.me partie de la Table.

ANNÉES.	*Janvier.*	*Février.*	*Mars.*	*Avril.*	*Mai.*	*Juin.*	*Juillet.*	*Août.*	*Septemb.*	*Octobre.*	*Novemb.*	*Décemb.*	SOMMES pour les Années.
1722	4	6	4	1	1	1			6	12	6	5	46
1723	6	1	8	4				1	5	1	3	1	30
1724	3	2	2	1	2			5	3	1	3	4	26
1725	5	5	1	3	1				2	7	1	5	30
1726	2	1	9	2					2	10	6	14	46
1727	7	6	14	4	1			5	6	11	7	6	67
1728	5	9	13	6	3	2	2	6	9	17	9	5	86
1729	5	8	7	7	8	2	1	1	8	8	6	4	65
1730	4	8	15	11	4	1	5	6	17	17	19	9	116
1731	3	3	7	2	1			7	6	11	9	8	57
1732	10	14	18	10		2	2	2	11	11	13	7	100
1733	2	1	6	3	2		3	1	1	3	2	3	27
1734	1	3	8	3				1	11	10	1		38
1735	2	5	9	7				4	9	6	2	7	51
1736	2	5	2	3	1		2	3	7	9	8	1	43
1737	4		4	4		2		6	7	6	2	5	40
1738		2	3	1			1	1				1	9
1739	2	4	6	1		1			6	3	2	2	27
1740	1									1			2
1741	2	1	4	2				2		9	1		21
1742	1	1	3		1			2	2	2		2	14
1743	1		6						1	1			9
1744				1		1				1		5	8
1745	1									2			3
SOMMES pour les Mois.	73	85	149	76	25	12	16	53	119	159	100	94	Somme totale 961

VIII.me & dernière partie de la Table.

ANNEES.	*Janvier.*	*Février.*	*Mars.*	*Avril.*	*Mai.*	*Juin.*	*Juillet.*	*Août.*	*Septemb.*	*Octobre.*	*Novemb.*	*Décemb.*	SOMMES pour les Années.
1746											1		1
1747	1		1					1	2			2	7
1748		1								1		1	3
1749									2	1			3
1750	1	5		1	1			3				1	12
1751		1						1					2
SOMMES pour les Mois.	2	7	1	1	1			5	4	2	1	4	Somme totale 28

90. *RÉSUMÉ des huit parties ou des sommes de la Table précédente.*

PARTIES de la TABLE.	*Janvier.*	*Février.*	*Mars.*	*Avril.*	*Mai.*	*Juin.*	*Juillet.*	*Août.*	*Septemb.*	*Octobre.*	*Novemb.*	*Décemb.*	SOMMES pour les Années.
I.		6	4	2	1			3	1	2	2	5	26
II.	6	6	3	2	3	1	1	1	5	3	1	2	34
III.	8	9	17	15					5	4	6	5	69
IV.	6	5	2	2	5	5	1	4	13	14	4	9	70
V.	9	3	3	5			1	3	1		6	3	34
VI.	9	20	23	21	10	4	3	15	24	28	33	29	219
VII.	73	85	149	76	25	12	16	53	119	159	100	94	961
VIII.	2	7	1	1	1			5	4	2	1	4	28
SOMMES pour les Mois.	113	141	202	124	45	22	22	84	172	212	153	151	Somme totale 1441

91. PREMIÈRE COMPARAISON.

Aurores Boréales qui ont paru trois mois avant & trois mois après le passage de la Terre par le Périhélie & par l'Aphélie.

La Terre étant dans la partie inférieure de son Orbite.	*Octobre* . . .	212	La Terre étant dans la partie supérieure de son Orbite.	*Avril*	124
	Novembre	153		*Mai*	45
	Décembre	151		*Juin*	22
	PÉRIHÉLIE.			APHÉLIE.	
	Janvier	113		*Juillet*	22
	Février	141		*Août*	84
	Mars	202		*Septembre* . .	172
		972	(1441)		469

Où 972 . 469 :: 9 . 4 $\frac{333}{972}$.

92. DEUXIÈME COMPARAISON.

Deux mois avant & deux mois après, &c.

La Terre parcourant les $\frac{2}{3}$ de la partie inférieure de son Orbite.	*Novembre*	153	La Terre parcourant les $\frac{2}{3}$ de la partie supérieure de son Orbite.	*Mai*	45
	Décembre	151		*Juin*	22
	PÉRIHÉLIE.			APHÉLIE.	
	Janvier . .	113		*Juillet*	22
	Février . .	141		*Août*	84
		558	(731)		173

Où 558 . 173 :: 7 . 2 $\frac{95}{558}$.

93. TROISIÈME COMPARAISON.

Un mois avant & un mois après, &c.

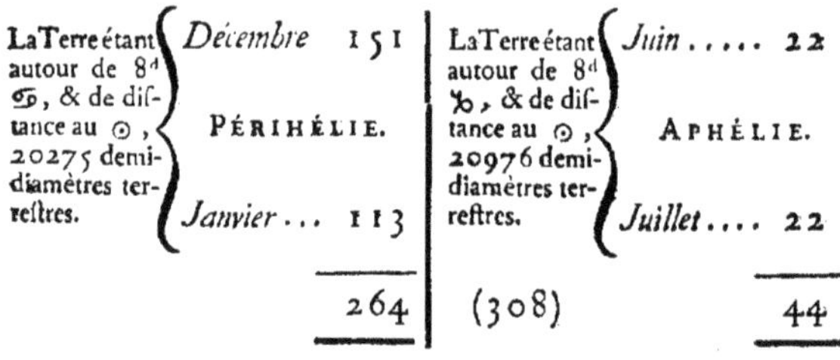

La Terre étant autour de 8ᵈ ♋, & de distance au ☉, 20275 demi-diamètres terrestres.	*Décembre*	151	La Terre étant autour de 8ᵈ ♑, & de distance au ☉, 20976 demi-diamètres terrestres.	*Juin*	22
	PÉRIHÉLIE.			APHÉLIE.	
	Janvier ...	113		*Juillet*	22
		264	(308)		44

Où 264. 44 :: 7. $1\frac{34}{264}$.

REMARQUES.

94. Les trois rapports de fréquence qui résultent des trois Comparaisons précédentes sont donc, de 9 à $4\frac{333}{972}$, de 7 à $2\frac{95}{558}$, & de 7 à $1\frac{34}{264}$; & ceux qui leur répondent dans la somme totale des observations *(nn. 78, 79, 80)*, de 9 à $4\frac{71}{1474}$, de 7 à $2\frac{2}{804}$, & de 7 à $1\frac{24}{368}$.

95. D'où il est clair que les rapports tirés des seules apparitions ne different de ceux que nous avoit fournis la somme totale des observations, que par quelques fractions de l'unité; & qu'ainsi les 696 de ces observations, dont le nombre surpasse celui des apparitions *(n.° 88)* doivent avoir été assez également répandues sur les mois de Périhélie, & sur ceux d'Aphélie, pour y laisser par-tout à peu près les mêmes rapports.

Mais c'est ce qui va être mis encore plus particulièrement sous les yeux dans la Récapitulation de la petite Table suivante.

96. *TABLE des Rapports de fréquence du Périhélie à l'Aphélie; d'après les grandes Collections*, nn. 8, 55, 77, 87.

COMPARAISONS.	Dans LES TROIS MOIS de part & d'autre.	Dans LES DEUX MOIS de part & d'autre.	Dans LE SEUL MOIS de part & d'autre.
D'après la collection de M. *Frobès*, *nn.* 14, 16, 17.	: 9 . $4\frac{14}{550}$.	: 7 . $2\frac{17}{338}$.	: 7 . $1\frac{26}{156}$.
D'après la somme des collections particulières, *nn.* 56, 57, 58.	: 9 . $4\frac{84}{618}$.	: 7 . $2\frac{101}{317}$.	: 7 . $1\frac{17}{123}$.
D'après la collection générale des Observations, *nn.* 78, 79, 80.	: 9 . $4\frac{71}{1474}$.	: 7 . $2\frac{2}{804}$.	: 7 . $1\frac{124}{368}$.
D'après la collection générale des Apparitions, *nn.* 91, 92, 93.	: 9 . $4\frac{333}{972}$.	: 7 . $2\frac{95}{558}$.	: 7 . $1\frac{34}{264}$.

97. Où l'on peut remarquer, que le premier terme du Rapport demeurant le même dans chaque colonne, le second, dans la seconde colonne, ne varie qu'entre les limites de 4 & $4\frac{1+}{3}$; dans la troisième, qu'entre les limites de 2 & $2\frac{1-}{3}$; & dans la quatrième, qu'entre celles de 1 & $1\frac{1}{6}$. De manière que la variation & la différence diminuent d'autant plus, que l'intervalle du temps autour des Apsides est plus petit, & que la Terre en approche davantage.

98. Voilà donc le principe de fréquence & de rareté, qui naît des différentes distances de la Terre au Soleil ou à l'Atmosphère Solaire, en Périhélie & en Aphélie, porté jusqu'au plus haut degré de vrai-semblance, &, si je l'ose dire, de certitude dont le sujet soit susceptible.

Passons maintenant à d'autres causes qui se lient avec

celle-ci, & qui acheveront de mettre notre théorie dans tout son jour.

AUTRES PRINCIPES DE FREQUENCE, *en confirmation de la Correspondance des apparitions de l'Aurore Boréale avec l'Atmosphère Solaire. Nœuds de cette Atmosphère avec l'Orbite Terrestre.*

99. Pour mieux démêler ces Principes ou ces causes de fréquence & de rareté, à travers tout ce qui les complique, nous n'en prendrons les effets que sur la petite portion de l'Orbite Terrestre, qui répond immédiatement à un mois d'intervalle de part & d'autre autour de chacun des points qui les constituent.

C'est en général, & toutes choses d'ailleurs égales, la proximité ou la distance absolue de l'Atmosphère du Soleil à la Terre, qui détermine une partie de ce fluide à tomber avec plus ou moins de force & de vîtesse, en plus grande ou en moindre quantité, dans l'Atmosphère Terrestre. Mais, comme nous l'avons déjà dit, cette proximité & cette distance peuvent être conçûes de deux manières; ou directement & centralement, comme quand on parle de la distance des Planètes au Soleil, & de la manière dont nous l'avons considérée jusqu'ici; ou latéralement, en latitude & en déclinaison, comme quand il s'agit des Nœuds & des limites des Planètes, par rapport à la Section de leurs Orbites avec l'Ecliptique, & c'est ainsi que nous allons la considérer à présent.

100. Une Planète est le plus proche qu'elle puisse être de l'Ecliptique & sur le plan même de ce cercle, lorsqu'elle est à ses Nœuds; elle en est à sa plus grande distance, à sa plus grande latitude, lorsqu'elle est à ses limites, & ainsi de suite à proportion dans ses latitudes ou déclinaisons moyennes entre ces deux sortes de points.

101. Il en est de même de l'Ecliptique ou de l'Orbite Terrestre, par rapport au plan de l'Equateur Solaire sur

lequel l'Atmoſphère du Soleil eſt couchée de part & d'autre. Le tranchant lenticulaire de cette Atmoſphère doit être regardé comme une Orbite de Planète décrite ſur le plan de l'Equateur Solaire qui fait avec le plan de l'Orbite Terreſtre, ſelon feu M. *Caſſini*, un angle de $7\frac{1}{2}$ degrés. Leurs Nœuds réciproques, Aſcendant & Deſcendant, ont été déterminés par ce grand Aſtronome, l'un, comme Nœud Aſcendant proprement dit de l'Equateur Solaire, au 8me degré du ſigne des Gémeaux, qui répond au dernier jour de Novembre, l'autre au 8me degré du ſigne du Sagittaire, qui répond à la fin de Mai; & par conſéquent leurs limites, Boréale & Auſtrale, ſeront, l'une au 8me degré de la Vierge, l'autre au 8me des Poiſſons. Ce qui a été ſuffiſamment expliqué en ſon lieu *.

* *Tr. Sect. IV. Ch. V.*

102. Cela poſé, on conçoit bien que les Nœuds, toutes choſes d'ailleurs égales, devroient avoir un grand avantage, & égal entre eux, ſur les limites, pour la production de nos Phénomènes. Mais comme cet avantage ſe trouve plus grand dans l'un des deux, par ſa proximité du Périhélie, & plus petit dans l'autre, par une raiſon contraire ou par ſa proximité de l'Aphélie, de cette double circonſtance naiſſent des exceptions qui ont été diſcutées dans mon Traité, & que je ne répéterai point ici. Ce qui eſt certain & ſans difficulté, c'eſt que le Nœud Aſcendant qui n'eſt qu'à 30 degrés du Périhélie, doit de beaucoup l'emporter ſur le Nœud Deſcendant qui en eſt à 150 degrés plus loin, & à 30 degrés ſeulement de l'Aphélie. Prenant donc le mois de part & d'autre de chacun de ces Nœuds, d'après la Table des Apparitions, *n.° 90*, on en formera la Comparaiſon ſuivante.

103. *Aurores Boréales qui ont paru autour & tout proche des Nœuds de l'Equateur Solaire.*

La Terre étant autour de 8d ♊.	*Novembre* ..	153	La Terre étant autour de 8d ♐.	*Mai*	45
	NŒUD ASC.			NŒUD DESC.	
	Décembre ..	151		*Juin*	22
		304	(371)		67

Où 304 est à 67 environ comme 9 à 2. Et cet avantage du Nœud Ascendant sur le Descendant, comme il est très-marqué, se déduira de toutes les collections générales & particulières qu'on a vûes ci-dessus.

104. Ce qui montre combien le Périhélie est par lui-même une puissante cause de fréquence ; puisque sans cela, & comme nous venons de l'observer, les fréquences devroient être égales autour des Nœuds. Et l'on ne peut pas dire que la cause physique qui agit vers les Equinoxes produise en partie cette supériorité ; car si le Nœud Ascendant est de 30 degrés plus près de l'Equinoxe du Printemps que le Périhélie, le Nœud Descendant l'est de la même quantité de l'Equinoxe d'Automne, par rapport à l'Aphélie.

105. Mais ce qui est digne de remarque, c'est que le Nœud Ascendant, ainsi aidé de la proximité du Périhélie, l'emporte en fréquence d'apparitions sur le Périhélie même. Le nombre des Phénomènes est plus grand un mois avant & un mois après le passage de la Terre par ce Nœud, que dans un semblable intervalle de temps autour du Périhélie, & pour s'en convaincre il ne faut que comparer la somme de la première colonne du type précédent à la somme de la première colonne du *n.° 93.*

106. COMPARAISON *des fréquences autour & tout proche du Nœud Ascendant, avec les fréquences autour & tout proche du Périhélie.*

La Terre étant autour de 8d ♊.			La Terre étant autour de 8d ♋.		
	Novembre ..	153		*Décembre* ..	151
	NŒUD ASC.			PÉRIHÉLIE.	
	Décembre ..	151		*Janvier*	113
		304	(568)		264

Dont la différence est 40, & le rapport comme 7 à $6\frac{24}{304}$.

107. Et n'importe que cette différence ne soit pas plus grande, & ce rapport plus marqué. Il est clair que cela doit être ainsi, par la complication & la proximité des deux points. Il suffit que cet avantage quelconque se trouve constamment dans toutes nos collections les plus nombreuses. On ne doit pas le chercher dans les autres, où la moindre circonstance physique ou accidentelle pourroit le faire disparoître, ainsi que nous en avons averti *(n.° 18)* pour les petites masses dont résultent les rapports; ni appuyer sur ce qu'il s'y trouveroit, comme en effet il s'y trouve dans la plufpart.

108. Cette supériorité du Nœud Ascendant est fondée sur la circonstance, que ce qu'il a de plus en distance directe est beaucoup moindre que ce que le Périhélie a de plus en distance latérale; d'où résulte en général une moindre distance absolue de ce Nœud à l'Atmosphère Solaire prise dans ses cas de moyenne ou de moindre extension. Ce que je conçois de la manière qui suit.

109. L'Atmosphère Solaire, ou la Lumière Zodiacale, qui n'est autre chose que l'amas sphéroïdique aplati ou lenticulaire de ce fluide vû de profil, varie visiblement de longueur & de largeur. Elle atteint quelquefois jusqu'à l'Orbite Terrestre, elle passe quelquefois au delà, elle s'arrête quelquefois

en deçà vers le Soleil, tantôt plus, tantôt moins large ou moins épaiſſe vers ſa baſe & vers ſa pointe. Suppoſant donc ſa longueur moyenne égale au rayon mené du Périhélie au centre du Soleil, ce rayon ſera celui d'une Sphère dont la ſurface coupera un ſemblable rayon mené du Nœud Aſcendant à ce même centre ; & la partie interceptée entre cette ſurface & le Nœud, exprimera la quantité directe dont ce Nœud eſt plus éloigné du Soleil que le Périhélie; tandis que la partie reſtante n'eſt autre choſe que le rayon même de l'Atmoſphère Solaire couchée de part & d'autre ſur le plan de l'Equateur du Soleil. Or, on trouvera par les Tables Aſtronomiques, & par la réſolution d'un Triangle ſphérique tracé ſur la ſurface de cette Sphère fictice dont je viens de parler, que la diſtance latérale ou en déclinaiſon du Périhélie eſt 24 ou 25 fois plus grande que la quantité directe dont le Nœud Aſcendant eſt plus éloigné du Soleil ou du tranchant de l'Atmoſphère Solaire. D'où il ſuit, que dans pluſieurs cas de moyenne ou de moindre extenſion de l'Atmoſphère Solaire, & ſur-tout de ſes moindres épaiſſeurs auprès de ces points, le Périhélie n'atteindra pas à cette Atmoſphère, ou à la diſtance requiſe, ſelon les loix de la Peſanteur, pour en recevoir une portion, tandis que le Nœud Aſcendant en pourra être atteint. En un mot, dans tous les cas où l'épaiſſeur de l'Atmoſphère Solaire ne compenſera pas ou ne remplira pas à peu près cet intervalle latéral qui ſe trouve entre le Périhélie & l'Equateur Solaire, la Terre en Périhélie n'aura point l'Aurore Boréale, tandis qu'au Nœud Aſcendant elle pourroit l'avoir. Or ces cas, à en juger par la Lumière Zodiacale, ne ſont pas rares. Donc, &c.

110. Ce que nous allons dire du Nœud Deſcendant, comparé à l'Aphélie, va mettre encore tout ceci dans un plus grand jour. On croiroit d'une première vûe, que ce Nœud, diamétralement oppoſé au précédent, devroit donner en inverſe des effets tout contraires, & par conſéquent, que la fréquence du Phénomène y devroit être moindre qu'à

l'Aphélie, également opposé au Perihélie; mais il n'en est pas ainsi. La fréquence des Aurores Boréales est non seulement plus grande autour du Nœud Descendant qu'autour de l'Aphélie, mais elle l'est encore en beaucoup plus grande raison, que du Nœud Ascendant au Périhélie, & il est évident qu'elle le doit être. Car 1.° l'avantage est égal de part & d'autre pour les Nœuds, en tant qu'ils resident sur le plan de l'Equateur Solaire. 2.° Le desavantage du Périhélie & de l'Aphélie n'est pas égal par rapport à leur distance latérale de ce plan; leur déclinaison est la même, de $7\frac{1}{2}$ degrés; mais cette distance angulaire en produit latéralement une plus grande dans l'Aphélie à raison de sa plus grande distance directe du Soleil. 3.° Et enfin, cette distance directe est plus grande pour l'Aphélie que pour le Nœud Descendant, au lieu qu'elle étoit moindre pour le Périhélie que pour le Nœud Ascendant. Donc l'avantage des Nœuds étant égal, & le desavantage relatif des points d'Aphélie & de Périhélie ne l'étant pas, il faut nécessairement qu'il en résulte une inégalité relative dans les effets, & que le Nœud Descendant l'emporte d'autant plus sur l'Aphélie, que le desavantage de l'Aphélie est plus grand. Et c'est aussi ce que les observations confirment parfaitement.

111. *COMPARAISON des fréquences autour & tout proche du Nœud Descendant, avec les fréquences autour & tout proche de l'Aphélie,* nn.° 103 & 93, Col. 2.

La Terre étant autour de 8d ♐.	*Mai*	45	La Terre étant autour de 8d ♑.	*Juin*	22
	NŒUD DESC.			APHÉLIE.	
	Juin	22		*Juillet*	22
		67	(111)		44

Dont la différence est 23, & le rapport comme 9 est à $5\frac{1}{67}$, tandis que celui du Nœud Ascendant au Périhélie n'est que comme 7 à $6\frac{24}{304}$.

Je crois que c'eſt tout ce qu'il y avoit de plus eſſentiel à remarquer ſur les Nœuds de l'Atmoſphère Solaire, & ſur les effets de leur complication avec le Périhélie & l'Aphélie de la Terre, auprès deſquels ils ſe trouvent placés.

RÉUNION de tous les Principes de fréquence & de rareté, conſidérés ſous un nouveau point de vûe.

112. Il ne me reſte plus qu'une opération à faire ſur nos 1441 apparitions de l'Aurore Boréale, qui eſt de les diſtribuer ſur l'Orbite Terreſtre, & ſur les 12 mois de l'année, en un ſens tout différent de celui qu'on vient de voir. Nous avons d'abord diviſé cette Orbite par ſon petit diamètre en deux parties à peu près égales, dont l'une, qui eſt l'inférieure, a le Périhélie à ſon ſommet, & l'autre, qui eſt la ſupérieure, a l'Aphélie *(n.° 13)*, & c'eſt en conſéquence de cette diviſion que nous avons comparé les fréquences du Phénomène, ſelon que la Terre étoit autour & plus ou moins proche de ces deux ſommets, & des Nœuds de l'Equateur ou de l'Atmoſphère Solaire avec l'Ecliptique. Diviſons-la préſentement, cette Orbite, en deux parties qui coupent les précédentes à angles droits, c'eſt-à-dire, par ſa ligne des Apſides, qui fait ſon grand axe ou diamètre, & qui paſſe par ſon Périhélie & par ſon Aphélie. L'une de ces parties pourroit être appelée Orientale, & l'autre Occidentale; mais je crois plus à propos de les déſigner par l'Aſcendance & par la Deſcendance des Signes qu'elles portent; ce qui ne ſouffre aucune équivoque. Car nous pouvons confondre ici l'Orbite Terreſtre avec l'Ecliptique, & y placer les Signes, l'une & l'autre étant ſur le même plan. J'appellerai donc la première de ces parties *Aſcendante*, parce qu'elle contient tous les Signes Aſcendans, à 8 degrés près ſur 180, ſavoir, depuis le 8me degré du Capricorne, où ſe trouve l'Aphélie, juſqu'au 8me degré de Cancer, où eſt le Périhélie, en ſuivant toûjours l'ordre des Signes. La ſeconde ſera par conſéquent nommée *Deſcendante*, contenant de même tous les Signes Deſcendans,

à 8 degrés près, ſavoir, depuis le 8me de Cancer, juſqu'au 8me du Capricorne. Les 12 mois de l'année y ſeront diſtribués conformément à ce qui a été expliqué ci-deſſus, *n.° 13.* Où il faut encore obſerver que ces 8 degrés de part & d'autre ne différant en déclinaiſon des Tropiques mêmes, que de quelques minutes, n'ôtent preſque rien à la partie du mouvement composé qui porte la Terre vers le Nord ou vers le Sud, en Aſcendance ou en Deſcendance.

113. Or, de cette diviſion doit naître une égalité parfaite de fréquence & de rareté du Phénomène, pour chacune des deux parties de l'Orbite, pendant que la Terre les parcourt, à moins que des circonſtances, qu'il s'agit de démêler, n'y apportent une différence ſenſible. Car de part & d'autre ſe trouvent des arcs égaux de Périhélie & d'Aphélie, un Nœud, & un Equinoxe. C'eſt, dis-je, ce qu'il faut démêler; il faut voir ce que nous donne à cet égard ce nouveau plan de théorie, & enfin comment cette théorie s'accorde avec la précédente, & avec les faits ou les obſervations que nous avons entre les mains. Et c'eſt ce que je vais examiner dans le reſte de cet Eclairciſſement.

J'invite encore ici le Lecteur à jeter les yeux ſur la Xme figure de mon Traité, & plus particulièrement ſur la XXVme qui en eſt le développement, & qui a été conſtruite à ce deſſein, avec les explications qui les accompagnent.

114. J'obſerve donc, que dans la partie Aſcendante, c'eſt le Pole Boréal de la Terre qui va à la rencontre de la matière du Phénomène, comme la proue du Navire qui fend l'eau, dans tous les cas où l'Atmoſphère Solaire s'étend juſque là, tant par ſon épaiſſeur, que par ſa longueur priſe du Soleil à la Terre : ce qui ne peut qu'être favorable à la fréquence ou à la grandeur des apparitions. Or, la grandeur des apparitions eſt ici équivalente à la fréquence, parce qu'elle l'eſt aux obſervations, & que telle Aurore Boréale qui par ſa petiteſſe ne ſeroit pas obſervable en deçà du Cercle Polaire, le devient par ſa grandeur. Et il ne s'agit

ici que des Phénomènes visibles dans la Zone tempérée de l'Hémisphère Boréal, où se bornent nos observations.

115. C'est tout le contraire dans la partie Descendante : le Pole Boréal de la Terre y fuit la matière du Phénomène, & c'est l'Austral qui va à sa rencontre. Cette partie a cependant un avantage d'une autre espèce, qui paroît bien capable de balancer celui de la partie Ascendante. Le Pole Boréal de la Terre y est presque toûjours tourné vers l'Equateur du Soleil, & par conséquent vers le tranchant de l'Atmosphère Solaire qui est couchée sur ce plan ; au lieu que c'est le Pole Austral qui regarde presque toûjours cet Equateur dans la partie Ascendante, comme on le voit relativement à la ligne *MNLD* de la figure XXV qui représente ce tranchant. D'où il suit que dans tous les cas de petite extension, tant directe que latérale, de l'Atmosphère Solaire, la Terre parcourant la partie Descendante de son Orbite, y aura l'avantage de tout son diamètre pour recevoir une portion de la matière Zodiacale qui peut y tomber en raison inverse des quarrés de distance, & y produire l'Aurore Boréale.

116. On voit bien que ces deux principes de fréquence qui se balancent dans les parties de l'Orbite, l'un dans le cas des grandes extensions, l'autre dans celui des petites, sont jusqu'ici inassignables, quant à leur valeur, & au rapport qu'ils ont entre eux, puisque la cause des expansions & des contractions alternatives de l'Atmosphère Solaire nous est inconnue. Nous ne pouvons donc inférer autre chose de cette alternative même, telle que nous l'observons dans la Lumière Zodiacale, sinon qu'il y aura des intervalles de temps où l'un de ces deux principes de fréquence, dans une partie de l'Orbite, l'emportera sur l'autre, dans l'autre partie ; & aussi que leurs effets pourront quelquefois se compenser, & se reduire à l'égalité, sur de grandes masses de temps & de Phénomènes.

117. Mais voici un avantage bien décidé en faveur de la partie Ascendante. C'est l'avantage même du Nœud

qu'elle renferme, à 30 degrés en deçà du Périhélie avec lequel il se complique, ce Nœud Ascendant dont nous avons expliqué l'énergie, & calculé les effets, relativement au Nœud opposé de l'autre partie, & au principe des distances directes & latérales *(nn. 103, 106 & 111)*. D'où il suit que, tout le reste demeurant égal, la fréquence du Phénomène, dans la partie Ascendante de l'Orbite terrestre, doit être sensiblement plus grande que dans la Descendante. Et c'est à quoi les observations se trouvent aussi très-conformes.

118. *Aurores Boréales qui ont paru pendant les douze mois de l'année, dans la partie Ascendante de l'Orbite terrestre, & dans la Descendante.*

La Terre allant de 8d ♑ à 8d ♋, selon l'ordre des Signes.	*Juillet*	22	La Terre allant de 8d ♋ à 8d ♑, selon l'ordre des Signes.	*Janvier*	113
	Août	84		*Février*	141
	Septembre	172		*Mars*	202
	Octobre . . .	212		*Avril*	124
	Novembre	153		*Mai*	45
	Décembre	151		*Juin*	22
		794	(1441)		647

Dont la différence est 147 & le rapport, 794 . 647 :: 9 . $7\frac{245}{794}$.

119. Les Equinoxes, qui, par une cause quelconque *(n.° 84)* la même pour tous les deux, donnent une si grande fréquence, & qui de plus occupent une espèce de milieu entre tous les autres points de l'Orbite, dans l'une & l'autre division, les Equinoxes, dis-je, par toutes ces raisons, doivent se rapprocher ici de l'égalité; & c'est encore ce que confirment les observations.

120. *COMPARAISON des fréquences de l'un à l'autre E'quinoxe, un mois avant & un mois après.*

La Terre étant autour de 0^d ♈, E'quinoxe d'Automne.	Du 22 au dern. incluf.	*Août..*	46	La Terre étant autour de 0^d ♎, E'quinoxe du Printemp.	Du 20 au dern.	*Février*	45
		Sept.	172			*Mars*	202
	Du 1 au 20.	*Octobre*	132		Du 1 au 20.	*Avril..*	98
			350	(695)			345

Qui donne l'égalité, à 5 Phénomènes près qui ſe trouvent de plus à l'E'quinoxe de la partie Aſcendante, ſur la ſomme totale de 695.

121. Ainſi les E'quinoxes ne doivent point troubler *(n.° 84)* & ne troublent point en effet, les rapports de fréquence & de rareté qui ſe déduiſent de tous nos principes mis en oppoſition de part & d'autre, dans chacune de nos diviſions de l'Orbite, & ſelon l'analogie qu'ils ont entre eux, ſoit dans les diſtances directes, de Périhélie & d'Aphélie, ſoit dans les latérales, de l'un à l'autre Nœud, ſoit enfin dans l'Aſcendance & dans la Deſcendance des Signes que la Terre parcourt annuellement.

122. J'en dis à peu près autant des Limites de l'E'quateur Solaire avec l'Orbite terreſtre, & par les mêmes raiſons. Ces deux points, pris ſur cette Orbite, peuvent être mis dans la claſſe des E'quinoxes, dont ils s'éloignent peu, & avec leſquels ils ſe compliquent. Mais enfin ils s'en éloignent de 22 degrés, & cette quantité, rapportée d'un côté au Périhélie, & de l'autre à l'Aphélie, ne peut manquer de mettre entre les Limites, par rapport au Phénomène, une différence plus marquée qu'entre les E'quinoxes, toutes choſes étant ſuppoſées d'ailleurs égales. C'eſt la Limite Boréale qui eſt de 22 degrés plus près du Périhélie que l'E'quinoxe d'Automne, & c'eſt d'autant que la Limite Auſtrale ſe rapproche de l'Aphélie, en s'éloignant de la Section

Section du Printemps. Aussi la Limite Boréale l'emporte-t-elle plus sur l'Australe, que l'Equinoxe d'Automne ne l'emporte sur celui du Printemps; ceux-ci se réduisant presque à l'égalité, en raison de 350 à 345 ou de 70 à 69, & sur la différence de $\frac{5}{350}$, tandis que celles-là donnent entre elles le rapport d'environ 13 à 11, & diffèrent de $\frac{58}{384}$; comme on peut le voir par la Comparaison qui suit, & qui sera la dernière de cette recherche.

123. *COMPARAISON des fréquences autour des points de Limite de l'Orbite terrestre avec l'Equateur Solaire, un mois avant & un mois après le passage de la Terre par ces points.*

La Terre étant autour de 8d ♍.	*Septembre* ..	172	La Terre étant autour de 8d ♓.	*Mars*	202
	LIM. BOR.			LIM. AUST.	
	Octobre	212		*Avril*	124
	Somme	384	(710)	Somme	326

Après tout ce qui a été observé ci-dessus, & dans le Traité *, sur tous ces points intermédiaires au Périhélie & à l'Aphélie, & aux Nœuds, par rapport à l'Ascendance & à la Descendance des Signes, & aux principes de variation qu'ils renferment, il ne faut pas s'étonner, que les résultats de plus de deux mille observations & de quatorze cens apparitions du Phénomène, sur lesquelles nous venons d'opérer, diffèrent de ceux qu'on trouve dans le Traité, qui ne portent que sur environ deux cens observations. Mais on doit compter pour beaucoup, que malgré cette prodigieuse différence de matériaux, le plus grand terme du rapport y soit toûjours du côté où il doit être, conformément à la théorie des cas moyens appliquée aux grandes masses. S'il y a cependant un choix à faire entre toutes ces preuves de la correspondance du Phénomène avec l'Atmosphère Solaire,

* *Sect. IV, Ch. IX.*

je n'héſiterai point à donner la préférence à celles qui ſont déduites de la Comparaiſon du Périhélie à l'Aphélie, & qui ont fait le ſujet de la première & de la principale partie de cet Eclairciſſement. Rien de plus ſimple, ni de plus déciſif: nous avons ici non ſeulement le plus grand terme de la Comparaiſon du côté où il doit être, mais preſque toûjours dans un rapport conſtant, & ſi marqué, qu'on ne ſauroit en méconnoître la cauſe, ſoit dans la totalité de notre collection, ſoit dans les collections particulières qui la compoſent, ſoit enfin dans la Comparaiſon des ſix mois de l'année autour de chacun de ces points, comme dans celles des quatre & des deux mois. Mais quelle force une ſemblable analogie ne reçoit-elle pas du concours de toutes les autres! & n'eſt-il pas moralement impoſſible qu'un tel accord, entre tant de parties & d'obſervations différentes, ſoit l'effet du haſard?

FIN.

TABLE DES MATIÈRES.

A

B

Pourquoi

F

L

M

N

O

P

S

T

V

W

Z

Fin de la Table des Matières.

www.ingramcontent.com/pod-product-compliance
Ingram Content Group UK Ltd.
Pitfield, Milton Keynes, MK11 3LW, UK
UKHW021838190726
13855UKWH00001B/38